Springer-Lehrbuch

Wilhelm Merz · Peter Knabner

Mathematik
für Ingenieure
und Naturwissenschaftler

Lineare Algebra und Analysis in $\mathbb{R}$

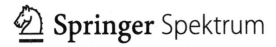 Springer Spektrum

Wilhelm Merz
Peter Knabner

Universität Erlangen-Nürnberg
Department Mathematik
Lehrstuhl Angewandte Mathematik 1
Erlangen
Deutschland

ISSN 0937-7433
ISBN 978-3-642-29979-7   ISBN 978-3-642-29980-3 (eBook)
DOI 10.1007/978-3-642-29980-3

Mathematics Subject Classification (2010): 15A03, 15A06, 15A18, 26A06, 26A24, 26A42

Die Deutsche Nationalbibliothek verzeichnet diese Publikation in der Deutschen Nationalbibliografie; detaillierte bibliografische Daten sind im Internet über http://dnb.d-nb.de abrufbar.

Springer Spektrum ist eine Marke von Springer DE.
Springer DE ist Teil der Fachverlagsgruppe Springer Science+Business Media
www.springer-spektrum.de

Vorwort

Wir gratulieren zum Kauf dieses Buches. Sie dürfen jetzt schon umblättern.

Erlangen, August 2012

GeDANKEn zur Entstehung und Struktur

Mathematische Methoden gehören seit jeher zum Werkzeugkasten eines jeden Ingenieurs. Gerade im Zeitalter des rechnergestützten Entwurfs, bei dem immer mehr reale Experimente durch „virtuelle" Experimente auf dem Computer ersetzt werden, ist ihre Bedeutung enorm gestiegen, wobei neben die klassischen analytischen Methoden verstärkt numerische Methoden als Grundlage technischer Simulation treten.

Angesichts der großen Stofffülle ist es verführerisch sich dem Gebiet in Form von „Kochrezepten" nähern zu wollen. Dagegen sind wir der Meinung, dass ein erfolgreicher Einsatz mathematischer Methoden nur auf einem grundlegenden Verständnis ihrer Herleitung und Zusammenhänge beruhen kann. Insofern ist der vorliegende Text bei aller Bemühung um Verständlichkeit auch von einem Anspruch an Genauigkeit getragen.

So werden die meisten Aussagen bewiesen oder zumindest in Form von Beweisideen verständlich gemacht. Damit eignet sich dieses Lehrbuch, über den Kreis der Studierenden der Ingenieurwissenschaften hinaus, auch für Studierende naturwissenschaftlicher Fächer oder eines Lehramtsstudienganges mit Mathematik. Auch für Studierende von Mathematikstudiengängen ist der hier gewählte, und äußerst beispielbetonte Zugang überaus nützlich.

Der vorgelegte Band umfasst den Stoff, wie er allgemein in den ersten beiden Semestern in einer Ausbildung für Ingenieurstudierende gelehrt wird. Ein weiterer Band für die nächsten Semester wird in Kürze folgen. Darüberhinaus ist ein Lösungsbuch geplant, das weitere Aufgaben und insbesondere Musterlösungen enthält. Im Rahmen der E-Book-Version der angesprochenen Bände ist an eine neuartige Präsentation von Aufgabenlösungen in Form von Videos gedacht. Die Aufgaben, die sich passgenau an jeden Abschnitt anschließen, sind größtenteils der umfangreichen lokalen Aufgabensammlung entnommen, einige Aufgaben stammen aus der Aufgabendatenbank der Technischen Universität Darmstadt oder sind aus anderen Lehrbüchern entliehen. Der letztere Fall ist entsprechend zitiert. Sollte im Lauf der Jahre die Herkunft einer Aufgabe „vergessen" worden sein, bitten wir um entsprechende Hinweise.

Wir danken der Firma Beratung & Coaching Anja Keitel für pfiffige Ideen, insbesondere für die Idee, die Lösungen von Aufgaben in der E-Book-Version per Video zu präsentieren. Danke sagen wir Herrn Ralf Gerstenlauer von der Firma audiomotion für die Produktion und Realsierung dieser Videos. Danken wollen wir auch Herrn Dipl.-Math. Florian Frank für seine wertvollen Ratschläge und Hilfeleistungen zum Textverabeitungssystem LATEX. Ebenso gebührt der Lektorin Frau Tatjana Strasser vom Springer-Verlag unser Dank für das Korrekturlesen des Manuskriptes zu diesem Buch.

Die Lehre der Mathematik für Studierende der Ingenieurwissenschaften hat eine lange Tradition an der Friedrich-Alexander-Universität Erlangen-Nürnberg, der »Technischen Universität Nordbayerns«. Mit der Gründung der Technischen Fakultät in den späten 1960er Jahren entstanden zwei Lehrstühle in Angewandter Mathematik, deren Hauptlehraufgabe in diesem Unterricht bestand. Diese Basis hat sich seitdem nur leicht verbreitert. Aufgrund dieser an anderen Orten unüblichen Konzentration auf wenige große Gruppen ist hier im Laufe der Jahre eine erhebliche Expertise entstanden. Hier sind insbesondere die Professoren Hans Grabmüller und Hans Strauß zu nennen sowie auch der Akademische Direktor Peter Mirsch und der früh verstorbene Oberrat Horst Letz. Die Autoren stehen auf den Schultern dieser vier Dozenten der ersten Generation:
Die hier dargestellte Stoffauswahl und -anordnung und auch weite Teile der Darstellung wurde von diesen entwickelt und auch die Aufgabensammlung, aus der hier reichlich geschöpft wird, entstand schon zu großen Teilen. Dieses damals eher ungewöhnliche Lehrkonzept wurde in Form von erst handschriftlichen, dann mit LaTeX geschriebenen Skripten dokumentiert, und fand so seine Verbreitung bei Studierenden und Dozenten auch weit über Erlangen hinaus.

Während andernorts im Laufe der Zeit hervorragende Lehrbücher für Ingenieurmathematik entstanden, ist dies in Erlangen weitestgehend versäumt worden. Der vorgelegte Band und seine Nachfolger sollen diese Lücke schließen und sind der genannten ersten Generation von Mathematikdozenten gewidmet.

Erlangen, August 2012 W. Merz, P. Knabner

Inhaltsverzeichnis

Kapitel 1

Reelle Zahlen

1.1 Grundlagen aus der Logik

Der deutsche Dichter NOVALIS (mit bürgerlichem Namen Georg Philipp Friedrich Freiherr von Hardenberg (1772-1801)) sagte: „Alle göttlichen Gesandten müssen Mathematiker sein". Natürlich freut sich die mathematische Zunft über eine derart hohe Wertschätzung, und macht sich gleichzeitig Gedanken über den präzisen Inhalt dieser Aussage. Novalis sagte keineswegs, dass Mathematiker mit göttlichen Gesandten gleichzustellen sind, er meinte lediglich, dass göttliche Gesandte notwendigerweise Mathematiker sein müssen, die irdischen Mathematiker also weiterhin als ganz normale Menschen anzusehen sind, und in berechtigter Weise diese Aussage für ihre Zwecke nutzen dürfen.

Wir tun dies, und formalisieren das obige Zitat, indem wir dem Ausdruck „göttlicher Gesandter" den Buchstaben A, dem „Mathematiker" den Buchstaben B zuweisen. Damit lautet der Ausspruch von NOVALIS

$$\boxed{A \Longrightarrow B,}$$

Dies ist eine **Implikation**, und wir sagen: „aus A folgt B" oder „wenn A dann B" oder „A ist hinreichend für B" oder „B ist notwendig für A".

Sind dagegen beide Audrücke gleichbedeutend (wir meinen jetzt nicht mehr das Zitat von NOVALIS!), dann ergibt sich die **Äquivalenzaussage**

$$\boxed{A \Longleftrightarrow B,}$$

und wir sagen: „A genau dann, wenn B" oder „A ist notwendig und hinreichend für B", d.h. also $A \Longrightarrow B$ und $B \Longrightarrow A$.

W. Merz, P. Knabner,
Mathematik für Ingenieure und Naturwissenschaftler, Springer-Lehrbuch,
DOI 10.1007/978-3-642-29980-3_1, © Springer-Verlag Berlin Heidelberg 2013

Wir haben eben von einer Zuweisung gesprochen. So wurde beispielsweise dem Ausdruck „göttlicher Gesandter" der Buchstabe A zugewiesen und dafür schreiben wir abkürzend „A :=göttlicher Gesandter". Allgemein bedeutet nun

$$\boxed{A := \text{Ausdruck,}}$$

dass „A eine neue Bezeichnung für Ausdruck definiert" oder noch kürzer gesagt, dass „$:=$" für „definierende Gleichheit" steht. Häufig wird diese Art der Zuweisung für abkürzende Bezeichnungen gebraucht.

Weitere häufig verwendete Abkürzungen sind die Quantoren

$$\boxed{\begin{aligned} &\exists \ : \text{„existiert",} \\ &\nexists \ : \text{„existiert kein",} \\ &\exists_1 : \text{„existiert genau ein",} \\ &\exists! : \text{„existiert genau ein",} \\ &\forall \ : \text{„für alle".} \end{aligned}}$$

Nun sind die berühmten drei Worte **quod erat demonstrandum (qed)** am Ende eines mathematischen Beweises allgemein bekannt. Es gibt ein weiteres lateinisches Dreiergespann, welches nicht weniger bedeutend ist. Mit **tertium non datur** ist das grundlegende **Axiom** gemeint, welches besagt, dass eine Aussage A entweder **wahr** oder **falsch** ist, eine dritte Möglichkeit es also nicht gibt. Wir bezeichnen das **Negat** einer Aussage A mit $\neg A$ und sagen dazu „nicht A". Damit liest sich das Axiom folgendermaßen:

$$\boxed{\text{Entweder } A \text{ oder } \neg A\,.} \qquad (1.1)$$

Bezeichnen wir die Wahrheitswerte „wahr oder falsch" einer Aussage mit „W oder F", dann kann (1.1) in Form der nachstehenden **Wahrheitstafel** zusammengefasst werden:

A	$\neg A$
W	F
F	W

(Wenn A wahr ist, dann ist $\neg A$ falsch und umgekehrt).

Liegen zwei Aussagen A und B vor, so stellt sich mitunter die Frage nach dem Wahrheitswert der **Konjunktion** von „A und B" (in Zeichen: $A \wedge B$) sowie der **Adjunktion** von „A oder B" (in Zeichen: $A \vee B$). Nachfolgende Wahrheitstafeln geben Auskunft darüber, wie es sich beim „logischen Und" sowie beim „logischen Oder" verhält:

A	B	$A \wedge B$
W	W	W
W	F	F
F	W	F
F	F	F

(„A und B" ist genau dann wahr, wenn beide Aussagen wahr sind),

A	B	$A \vee B$
W	W	W
W	F	W
F	W	W
F	F	F

(„A oder B" ist genau dann wahr, wenn eine oder beide Aussagen wahr sind).

Der Vollständigkeit halber fassen wir noch die **Implikation** und die **Äquivalenz** in einer Tafel zusammen:

A	B	$A \Rightarrow B$	$A \Leftrightarrow B$
W	W	W	W
W	F	F	F
F	W	W	F
F	F	W	W

Wir erkennen, dass die Implikation wahr ist, wenn beide Aussagen A und B wahr sind. Lateinisch formuliert: „Ex vero sequitur verum". Ebenfalls wahr ist die Implikation, wenn A falsch ist und B einen beliebigen Wahrheitswert annimmt. Dazu sagt man: „Ex falso sequitur quodlibet".

Mit diesen **Postulaten** (Negat, Konjunktion, Adjunktion, Implikation, Äquivalenz) lassen sich mit Hilfe von Wahrheitstafeln eine Reihe von logischen Gesetzen (Tautologien) herleiten. Es gilt:

Satz 1.1 *Seien A, B und C Aussagen. Dann gelten die*

1. *Assoziativgesetze:*

$$\bigl(A \vee (B \vee C)\bigr) \Leftrightarrow \bigl((A \vee B) \vee C\bigr),$$
$$\bigl(A \wedge (B \wedge C)\bigr) \Leftrightarrow \bigl((A \wedge B) \wedge C\bigr).$$

2. *Distributivgesetze:*

$$\bigl(A \wedge (B \vee C)\bigr) \Leftrightarrow \bigl((A \wedge B) \vee (A \wedge C)\bigr),$$
$$\bigl(A \vee (B \wedge C)\bigr) \Leftrightarrow \bigl((A \vee B) \wedge (A \vee C)\bigr).$$

3. *Kommutativgesetze:*

$$\bigl(A \wedge B\bigr) \Leftrightarrow \bigl(B \wedge A\bigr),$$
$$\bigl(A \vee B\bigr) \Leftrightarrow \bigl(B \vee A\bigr).$$

4. DE MORGAN*schen Regeln:*

$$\bigl(\neg(A \vee B)\bigr) \Leftrightarrow \bigl((\neg A) \wedge (\neg B)\bigr),$$
$$\bigl(\neg(A \wedge B)\bigr) \Leftrightarrow \bigl((\neg A) \vee (\neg B)\bigr).$$

Beweis. Stellvertretend überprüfen wir die Regeln von DE MORGAN[1].

A	B	$\neg(A \wedge B)$	$(\neg A) \vee (\neg B)$	$\bigl(\neg(A \wedge B)\bigr) \Leftrightarrow \bigl((\neg A) \vee (\neg B)\bigr)$
W	W	F	F	W
W	F	W	W	W
F	W	W	W	W
F	F	W	W	W

qed

In der Mathematik werden alle Aussagen der Form $A \Longrightarrow B$ bewiesen. Beim **direkten Beweisverfahren** wird ausgehend von der **Voraussetzung** A solange durch logische Implikationen geschlossen, bis letztlich die **Folgerung**

---

[1] Nach dem englischen Mathematiker AUGUSTUS DE MORGAN (1806-1871).

B daraus resultiert. Formal geschrieben (vgl. Wahrheitstafel) lautet das Beweisprinzip:

a) A ist wahr.

b) Zu Zeigen: $A \Longrightarrow \cdots \Longrightarrow B$ ist wahr.

c) Dann ist B wahr.

Beim **indirekten Beweisverfahren** wird B als falsch angenommen und solange geschlossen, bis ein Widerspruch zur Voraussetzung A resultiert, also $\neg A$ vorliegt. Dann folgt, dass B gilt. Formal geschrieben lautet das Beweisprinzip:

a) A ist wahr.

b) Zu Zeigen: $\neg B \Longrightarrow \cdots \Longrightarrow \neg A$ ist wahr.

c) Dann ist B wahr.

Das indirekte Beweisverfahren basiert somit auf dem sog. **Kontrapositionsgesetz**

$$\boxed{(A \Longrightarrow B) \Longleftrightarrow (\neg B \Longrightarrow \neg A).}$$

Um eine Äquivalenzaussage $A \Longleftrightarrow B$ zu beweisen, sind beide Richtungen $A \Longrightarrow B$ und $B \Longrightarrow A$ nach einem der oben genannten Beweisverfahren zu verifizieren.

Aufgaben

Aufgabe 1.1. Seien A, B und C Aussagen.

a) Zeigen Sie, dass für diese die Assoziativ-, Distributiv- und Kommutativgesetze sowie die DE MORGANschen Regeln gelten.

b) Zeigen Sie auch das Kontrapositionsgesetz

$$(A \Rightarrow B) \ \Leftrightarrow \ (\neg B \Rightarrow \neg A).$$

Aufgabe 1.2. Seien A und B Aussagen. Zeigen Sie mit Hilfe von Wahrheitstafeln:

a) $(A \Rightarrow B) \ \Leftrightarrow \ (\neg A \vee B)$,

b) $[(A \wedge B) \vee (\neg A \wedge \neg B)] \ \Leftrightarrow \ (A \Leftrightarrow B)$.

Aufgabe 1.3. Vier Personen sind verdächtigt, einen Diebstahl begangen zu haben. Es gelten folgende Aussagen:

1. Ist Antonia unschuldig, dann ist auch Bastian außer Verdacht, und die Schuld von Christian wäre unzweifelhaft.

2. Christian hat ein absolut sicheres Alibi für die Tat.

3. Ist Bastian schuldig, dann sind auch sowohl Antonia als auch Christian bei den Tätern.

4. Ist Christian unschuldig, dann ist auch David unschuldig.

Wer war am Diebstahl beteiligt? Wandeln Sie dazu die Sätze in logische Ausdrücke um, und gelangen Sie damit zu einer Lösung.

Aufgabe 1.4. Es gelten folgende Aussagen:

A: „Das Buch ist klasse",

B: „alle wollen es lesen".

Formulieren Sie alle Fälle verbal, bei denen die Implikation $A \Rightarrow B$ wahr bzw. falsch ist.

Aufgabe 1.5. Bilden Sie die Negation des Satzes: „Zu jedem Mann gibt es mindestens eine Frau, die ihn nicht liebt".

Aufgabe 1.6. Vereinfachen Sie folgenden logischen Ausdruck:

$$(\neg A \wedge B \wedge \neg C) \vee (A \wedge \neg B \wedge \neg C) \vee (A \wedge \neg B \wedge C) \vee (A \wedge B \wedge C).$$

1.2 Aus der Mengenlehre

Die sog. naive Mengenlehre geht zurück auf den deutschen Mathematiker GEORG CANTOR (1845-1918). Er formulierte folgende

> **Definition 1.2** *Eine* **Menge** *ist eine Zusammenfassung bestimmter, wohlunterscheidbarer Objekte unserer Anschauung oder unseres Denkens, welche* **Elemente** *der Menge genannt werden, zu einem Ganzen.*

Viele Teilgebiete der Mathematik basieren auf der Mengenlehre, andere Teilbereiche dagegen benutzen deren Konzepte und Formulierungen. Die grundlegende Aussage der Mengenlehre

$$x \in M$$

bedeutet, dass das Element x in der Menge M enthalten ist. Ist x nicht in M enthalten, so schreiben wir entsprechend $x \notin M$.

Nun definieren wir unter Anwendung obiger Definition als Beispiel eine Menge M als die

„Menge aller Mengen, die sich nicht selbst enthalten".

Dieses Paradoxon wurde von BERTRAND ARTHUR WILLIAM RUSSELL (1872-1970) formuliert (RUSSELLsche Antinomie). Der Widerspruch ergibt sich bei der Frage, ob die Menge M sich selbst enthält oder nicht. Nehmen wir also an, die Menge M enthält sich selbst, dann ergibt sich sofort, dass sie sich nicht selbst enthalten kann, weil M eben nur aus solchen Mengen besteht, die sich selbst nicht enthalten. Nehmen wir dagegen umgekehrt an, M enthält sich selbst nicht, dann folgt im selben Atemzug, dass sie sich gemäß ihrer Definition selbst enthält. Formal geschrieben liest sich dies in der Form

$$
\begin{aligned}
M \in M &\Longrightarrow M \notin M, \\
M \notin M &\Longrightarrow M \in M.
\end{aligned}
\qquad (1.2)
$$

Wir haben demnach den Widerspruch

$$M \in M \Longleftrightarrow M \notin M.$$

Befriedigender wird die Antwort auch nicht, wenn wir über die folgende anschaulichere Version dieses Paradoxons nachdenken:

„Der Barbier von Sevilla rasiert alle Männer aus seiner Stadt, die sich selbst nicht rasieren".

Es ergibt sich die berechtigte Frage: Rasiert er sich nun selbst?

Die zu (1.2) entsprechende Formulierung lautet somit

Wenn er sich selbst rasiert, dann rasiert er sich nicht selbst,

wenn er sich selbst nicht rasiert, dann rasiert er sich selbst.

Darüber wurde viel nachgedacht. Eine Möglichkeit, zumindest dem Dilemma von Sevilla zu entrinnen, bestünde in der Annahme, dass es sich beim besagten Barbier um eine Frau handelt.

Um derartige Widersprüche in der Mengenlehre zu vermeiden, wurde nach und nach ein axiomatischer Aufbau formuliert, der solche Mengendefinitionen erst gar nicht zulässt. Wir wollen diesen Sachverhalt nicht weiter beleuchten, sondern vielmehr die wichtigsten Resultate für unsere Zwecke zusammenstellen.

Wir beginnen mit einem

Axiom. Es existiert eine Menge ohne Element, die sog. **leere Menge** $\emptyset$.

Mengen werden i. Allg. mit Großbuchstaben bezeichnet. Die Elemente von Mengen werden entweder in geschweiften Klammern aufgezählt (auf die Reihenfolge kommt es dabei nicht an) oder hinter einem Doppelpunkt mit charakterisierenden Eigenschaften versehen.

Beispiel 1.3

a) $A := \{a, \cdots, z\}$,

b) $B := \{1, \cdots, 100\}$,

c) $C := \{1, 2, 3, \cdots\}$,

d) $D := \{\alpha \,:\, \alpha$ *ist ein griechischer Kleinbuchstabe*$\}$,

e) $E := \{n \,:\, n = 1, \cdots, 100\}$,

f) $F := \{n \,:\, n = 1, 2, \cdots\}$,

g) $G := \{n \,:\, n := 2k, \ k = 1, 2, \cdots\}$ *(gerade Zahlen)*,

h) $U := \{n \,:\, n := 2k - 1, \ k = 1, 2, \cdots\}$
$= \{n \,:\, n := 2k + 1, \ k = 0, 1, 2, \cdots\}$ *(ungerade Zahlen)*.

Die Einteilung in *gerade* und *ungerade* Zahlen geht zurück auf die Pythagoreer. Dabei galten die ungeraden Zahlen als gut, hell und männlich, gerade Zahlen dagegen als schlecht, dunkel und weiblich! Trotz dieser so uncharmanten Charakterisierung waren Frauen in vielen Bereichen den Männern dennoch gleichgestellt. So leitete nach dem Tod des PYTHAGORAS VON SAMOS (ca. 540-510 v.Chr.) seine Frau THEANO VON KROTON die Schule der Pythagoreer. Später übernahm deren gemeinsame Tochter DAMO die Führung.

Zurück zur RUSSELLschen Antinomie. Diese liest sich jetzt gemäß obiger Schreibweise wie folgt:

Beispiel 1.4 *Es bezeichne X eine Menge, die sich selbst nicht enthält. Die Menge M bestehend aus allen diesen Mengen lautet dann*

$$M := \{X : X \notin X\}.$$

Wir definieren jetzt gängige Operationen und Beziehungen zwischen Mengen.

Definition 1.5 *Seien A und B Mengen. Dann heißt*

1. *$A \cup B := \{x : x \in A \vee x \in B\}$ ist die **Vereinigung** von A und B.*

2. *$A \cap B := \{x : x \in A \wedge x \in B\}$ ist der **Durchschnitt** von A und B.*

3. *$A \times B := \{(x,y) : x \in A \wedge y \in B\}$ ist das **kartesische Produkt** von A und B.*

4. *$A \setminus B := \{x : x \in A \wedge x \notin B\}$ ist das **Komplement** von B bezüglich A.*

Bemerkung 1.6

1. *Sind die Mengen A und B **disjunkt**, d.h., sie haben keine gemeinsamen Elemente, dann ist $A \cap B = \emptyset$.*

2. *Das kartesische Produkt besteht aus allen geordenten Paaren (x,y), und es kommt dabei auf die Reihenfolge von x und y an.*

3. *Eine Teilmenge R von $A \times B$ wird **Relation** auf A und B genannt.*

Für die Mengen aus Beispiel 1.3 gilt

a) $A \cup B = \{a, \cdots, z, 1, \cdots, 100\}$, $B \cup C = C$, $G \cup U = C$,

b) $A \cap B = \emptyset$, $B \cap C = B$, $G \cap U = \emptyset$,

c) $A \times B = \{(a,1), \cdots (z,1), (a,2), \cdots, (z,100)\}$,
   $B \times B = \{(1,1), \cdots, (100,100)\}$,

d) $R := \{(x,y) : x \in A, \ y = 1\} = \{(a,1), \cdots (z,1)\} \subset A \times B$,

e) $C \setminus B = \{101, 102, \cdots\}$,

f) $B \setminus C = \emptyset$.

Definition 1.7 *Seien A und B Mengen.*

1. *A heißt* **Teilmenge** *von B (in Zeichen: $A \subset B$) $:\Longleftrightarrow x \in B \; \forall x \in A$.*

2. *A und B heißen* **gleich** *(in Zeichen: $A = B$) $:\Longleftrightarrow A \subset B$ und $B \subset A$.*

3. *A heißt* **echte Teilmenge** *von $B :\Longleftrightarrow A \subset B$ und $A \neq B$.*

($:\Longleftrightarrow$ steht für „definierende Äquivalenz".)

Bemerkung 1.8

1. *Häufig wird die Inklusion $\subseteq$ (gesprochen: „Teilmenge oder gleich") verwendet. Es besteht zwischen zwei Mengen A und B der Zusammenhang*

$$A \subset B \Longleftrightarrow A \subseteq B \; \wedge \; \exists a \in B \; mit \; a \notin A.$$

2. *Gilt $B \subseteq A$, dann schreiben wir*

$$B^c := A \setminus B$$

für das Komplement von B bezüglich A und es gilt $B \cap B^c = \emptyset$.

Folgende Zusammenhänge der Mengen aus Beispiel 1.3 sind sofort erkennbar:

$$B \subset C \; \text{ bzw. } \; C \supset B, \quad B = E, \quad C = F \; \text{ und } \; A = D.$$

Wir sind nun in der Lage, mit Hilfe der Definitionen 1.5 und 1.7 folgende Gesetze herzuleiten:

Satz 1.9 *Seien A, B und C Mengen. Dann gelten die*

1. *Assoziativgesetze:*

$$A \cup (B \cup C) = (A \cup B) \cup C,$$
$$A \cap (B \cap C) = (A \cap B) \cap C.$$

2. *Distributivgesetze:*

$$A \cap (B \cup C) = (A \cap B) \cup (A \cap C),$$
$$A \cup (B \cap C) = (A \cup B) \cap (A \cup C).$$

3. *Kommutativgesetze:*

$$A \cap B = B \cap A,$$
$$A \cup B = B \cup A.$$

4. *Transitivität:*
$$A \subset B \ und \ B \subset C \Longrightarrow A \subset C.$$

5. *Falls* $B, C \subset A$, *dann gelten die* DE MORGAN*schen Regeln:*

$$A \setminus (B \cap C) = (A \setminus B) \cup (A \setminus C),$$
$$A \setminus (B \cup C) = (A \setminus B) \cap (A \setminus C).$$

Beweis. Wir zeigen nur das erste Gesetz. Die restlichen Aussagen ergeben sich nach dem selben Prinzip.

Wir verwenden Definition 1.5, 1. und Satz 1.1, 1. und erhalten:

$$
\begin{aligned}
A \cup (B \cup C) &= \{x : x \in A \ \vee \ x \in B \cup C\} \\
&= \{x : x \in A \ \vee \ (x \in B \ \vee \ x \in C)\} \\
&= \{x : (x \in A \ \vee \ x \in B) \ \vee \ x \in C\} \\
&= \{x : x \in A \cup B \ \vee \ x \in C\} \\
&= (A \cup B) \cup C.
\end{aligned}
$$

qed

Wir betrachten weitere Zusammenhänge zwischen Mengen.

Satz 1.10 *Seien A, B und C Mengen. Dann gelten*

1. $A \cap A = A, \ \ A \cup A = A, \ \ A \cap \emptyset = \emptyset, \ \ A \cup \emptyset = A.$

2. $A \subset B \Longleftrightarrow A \cup B = B \Longleftrightarrow A \cap B = A.$

3. $\emptyset \subset A, \ \ A \subset A.$

4. $A \setminus (A \setminus B) = B, \ falls \ B \subset A.$

Beweis. Wir überprüfen alle Aussagen.

1. Nach den vorausgegangenen Definitionen gilt:

$$A \cap A = \{x : x \in A \ \wedge \ x \in A\} = \{x : x \in A\} = A,$$

$$A \cup A = \{x : x \in A \ \vee \ x \in A\} = \{x : x \in A\} = A,$$

$$A \cap \emptyset = \{x : x \in A \ \wedge \ x \in \emptyset\} = \{x : x \in \emptyset\} = \emptyset,$$

$$A \cup \emptyset = \{x : x \in A \ \vee \ x \in \emptyset\} = \{x : x \in A\} = A.$$

2. a) Wir zeigen $(A \subset B) \Rightarrow (A \cup B = B)$:

   Sei also $A \subset B$, dann folgt natürlich sofort, dass $B \subset (A \cup B)$ gilt. Um die gewünschte Gleichheit zu bekommen, müssen wir noch $(A \cup B) \subset B$ herleiten. Sei $x \in A \cup B$. Ist $x \in B$, ist alles gezeigt. Für $x \in A$ gilt aber nach der Voraussetzung $A \subset B$, dass auch $x \in B$.

   b) Wir zeigen $(A \cup B = B) \Rightarrow (A \subset B)$:

   Sei also $A \cup B = B$. Wir nehmen an, dass $A \not\subset B$ gilt. Dann exisiert ein $x \in A$ mit $x \notin B$. Nun ist aber $x \in A \subset A \cup B = B$, im Widerspruch zur Annahme.

3. Diese beiden Aussagen ergeben sich unmittelbar aus den vorangegangenen Resultaten dieses Satzes.

4. Wir verwenden die leicht zu verifizierende Tatsache, dass eine doppelte Verneinung wieder die ursprüngliche Aussage ergibt ($\neg(\neg\text{Aussage}) = \text{Aussage}$). Es gilt

$$A \setminus (A \setminus B) = \{x \in A : x \notin A \setminus B\} = \{x \in A : (\neg(\neg(x \in B)))\}$$

$$= \{x \in A : x \in B\} = B,$$

da $B \subset A$ vorliegt.

qed

Aufgaben

Aufgabe 1.7. Sei $G = \{1, 2, 3, 4, 5, 6, 7, 8, 9, 10, 11\}$ eine Grundmenge und $A \subset G$ die Menge aller Quadratzahlen, die in G enthalten sind, sowie $B \subset G$ die Menge aller geraden Zahlen aus G.

a) Geben Sie die Mengen A und B durch explizite Aufzählung an.

b) Bestimmen Sie bezüglich G die Mengen A^c, B^c, $A \cup B$, $A \cap B$, $A^c \cap B^c$, $A \setminus B$, $(A \cup B)^c$, $B \setminus A$, $(A \setminus B) \cup (B \setminus A)$.

c) Überprüfen Sie die Regeln von DE MORGAN anhand von A und B.

Aufgabe 1.8.

a) Geben Sie die Vereinigung der Mengen $M := \{M, a, t, h, e\}$ und $L := \{M, a, c, h, t\}$ an.

b) Es seien die folgenden Mengen gegeben:

$$C := \{17, 4, 13, 21\}, \quad D := \{4, 13, 42, 111\} \text{ und } E := \{4, 111\}.$$

Geben Sie $(C \cup D) \setminus E$ und $(C \cap D) \setminus E$ an.

Aufgabe 1.9.

a) Wir betrachten die Mengen $A := \{$Teller, Schüssel, Tasse$\}$ und $B := \{$gelb, grün$\}$. Bestimmen Sie die Menge $B \times A$. Wie viele Elemente besitzt die Menge $B \times A \times \emptyset$?

b) Sei $M := A \times \{$grün$\}$. Bestimmen Sie die Mengen

  a. $(A \times B) \setminus M$,

  b. $M \cap (\{$Teller, Schüssel$\} \times \{$gelb, grün$\})$.

Aufgabe 1.10. Gegeben seien die Mengen $A = \{1, 2, 3, 4\}$, $B = \{1, 3, 5\}$, $C = \{2, 3, 4\}$ und $D = (A \cap C) \setminus B$. Welche der folgenden Aussagen sind richtig:

  a) $2 \in D$,   b) $\{2, 4\} \subset D$,

  c) $D \cap B = \emptyset$,   d) $D \cup C = A$.

Aufgabe 1.11. A, B und C seien Teilmengen von M. Vereinfachen Sie folgende Ausdrücke:

  a) $A \setminus (A \setminus B)$,   b) $A^c \cap (B \setminus A)^c$,

  c) $A \setminus [A \setminus [B \setminus (B \setminus C)]]$, d) $M \setminus [(M \setminus A) \cap B^c]$.

Aufgabe 1.12. Ist folgende Aussage zutreffend:

$$\forall x \in A \text{ mit } x \notin B \Leftrightarrow A \cap B = \emptyset.$$

Aufgabe 1.13. Ein Erlanger Einwohner sagt, dass alle Erlanger lügen. Handelt es sich hierbei um eine Antinomie?

1.3 Abbildungen

Wir definieren jetzt einen zentralen Begriff der Mathematik. Nahezu jede in der Mathematik durgeführte „Aktion" wird als Abbildung formuliert und je nach Zusammenhang werden auch andere Begriffe wie **Funktion**, **Operator** oder **Verknüpfung** verwendet.

Definition 1.11

1. *Seien X und Y nichtleere Mengen. Eine Vorschrift f, die* jedem $x \in X$ *genau ein $y \in Y$ zuordnet, heißt* **Abbildung von** X **in** Y.

2. X *heißt* **Definitionsbereich** *von f, und*

$$f(X) := \{y \in Y \ : \ \exists x \in X \ \ mit \ y = f(x)\}$$

   heißt **Bildbereich** *oder* **Zielmenge** *von f.*

3. *Für $x \in X$ heißt $f(x) \in Y$* **Bild von** x **unter** f, *und für $y \in Y$ heißt*

$$\tilde{f}(y) := \{x \in X \ : \ f(x) = y\}$$

   die **Urbildmenge von** y.

Erst die Angaben von *Definitionsbereich, Zielmenge und Abbildungsvorschrift* legen eine Funktion f eindeutig fest. Diese drei Erfordernisse werden in der Symbolik

$$f : X \to Y \quad \text{oder} \quad X \xrightarrow{f} Y \quad \text{oder} \quad x \mapsto f(x) \quad \text{oder} \quad f(x) = y$$

vereint zum Ausdruck gebracht.

Der **Funktionenraum**

$$\mathrm{Abb}\,(X,Y) := \{f : X \to Y \ : \ f \text{ ist eine Funktion}\}$$

ist die Menge aller Funktionen von X in Y.

Definition 1.12 *Seien $f, g \in \mathrm{Abb}(X, Y)$ zwei Abbildungen.*

$$f \text{ und } g \text{ heißen } \mathbf{gleich} \quad :\Longleftrightarrow \quad f(x) = g(x) \ \forall x \in X.$$

Die Bildbereiche können dabei verschieden sein!

Beispiel 1.13

a) *Sei $X := \{x\}$ und $Y := \{y_1, y_2\}$. Dann ist $f : X \to Y$ mit $f(x) = y_1$ und $f(x) = y_2$ keine Abbildung (zwei verschiedenen Werten aus dem Bildbereich liegt derselbe Wert aus dem Definitionsbereich zugrunde).*

b) *Sei $X := \{x_1, x_2\}$ und $Y := \{y\}$. Dann ist $f : X \to Y$ mit $f(x_1) = f(x_2) = y$ eine Abbildung (zwei verschiedenen Werte aus dem Definitionsbereich nehmen denselben Wert im Bildbbereich an).*

c) *Die Abbildung $\mathrm{id}_X : X \to X$; $x \mapsto \mathrm{id}_M(x) = x \ \forall x \in X$ heißt die $\mathbf{Identität}$ auf X.*

d) *Ist $f : X \to Y$ eine Abbildung und $X_0 \subset X$ mit $X_0 \neq \emptyset$, dann ist durch die Vorschrift $f_{|X_0} : X_0 \to Y$; $x \mapsto f(x) \ \forall x \in X_0$ eine Abbildung von X_0 in Y definiert; man nennt sie eine $\mathbf{Restriktion}$ von f auf X_0.*

e) *Seien $X := \{1, 2, 3, 4\}$, $Y_1 := \{1\}$ und $Y_2 := \{1, 2\}$. Die Funktionen $f : X \to Y_1$ gegeben durch $x \mapsto 1$ und $f : X \to Y_2$ gegeben durch $x \mapsto \dfrac{1 + x}{1 + x}$ sind gleich.*

Von besonderem Interesse sind sog. Umkehrabbildungen. Dies sind Abbildungen mit besonderen Eigenschaften, welche wir nun zusammenstellen.

Definition 1.14 *Sei $f : X \to Y$. Diese Abbildung heißt*

1. $\mathbf{surjektiv}$ $:\Longleftrightarrow$ $\forall y \in Y \ \exists x \in X$ *mit* $y = f(x)$,

2. $\mathbf{injektiv}$ $:\Longleftrightarrow$ *Aus $x_1, x_2 \in X$ mit $x_1 \neq x_2$, folgt immer $f(x_1) \neq f(x_2)$,*

3. $\mathbf{bijektiv}$ $:\Longleftrightarrow$ $\forall y \in Y \ \exists_1 x \in X$ *mit $y = f(x)$. Mit anderen Worten:*

$$\text{bijektiv} \Longleftrightarrow \text{surjektiv und injektiv.}$$

4. *Ist $f : X \to Y$ bijektiv, dann existiert zu jedem $y \in Y$ genau ein $x \in X$ mit $y = f(x)$. Durch die Darstellung*

$$f^{-1} : Y \to X; \ y \mapsto f^{-1}(y); \ f^{-1}(y) = x$$

wird die **Umkehrabbildung** *definiert, und in diesem Fall gilt gemäß Definition 1.11 der Zusammenhang* $f^{-1} = \tilde{f}$.

Beispiel 1.15 *Wir betrachten die beiden Mengen*

$X := \{m \ : \ m := 2k, \ k = 1, 2, \cdots\}$ *und* $Y := \{n \ : \ n := 2k-1, \ k = 1, 2, \cdots\}$.

a) *Die Abbildung* $f : X \to Y$, $f(m) = m - 1$ *oder gleichbedeutend* $f(2k) = 2k-1$, $k = 1, 2, \cdots$ *bildet die geraden auf die ungeraden Zahlen ab. Sie ist* surjektiv, *da der Reihe nach für* $k = 1, 2, \cdots$ *jede Zahl aus* Y *erfasst wird. Weiter liefern zwei verschiedene Zahlen* $m_1 := 2k$, $m_2 := 2(k + 1) \in X$ *zwei verschiedene Zahlen* $n_1 = 2k - 1$, $n_2 = 2k + 1 \in Y$, *woraus sich die* Injektivität *ergibt. Insgesamt ist die Abbildung* bijektiv. *Es liegt also eine eineindeutige und damit* umkehrbare *Beziehung zwischen den geraden und ungeraden Zahlen vor.*

Die Umkehrabbildung von $n = f(m) = m - 1$ *lautet*

$$m = f^{-1}(n) = n + 1 \quad bzw. \quad 2k = f^{-1}(2k - 1), \ k = 1, 2, \cdots.$$

b) *Die Abbildung* $f : X \to Y$, $f(2k) = 2k + 1$, $k = 1, 2, \cdots$ *bildet ebenfalls gerade auf die ungerade Zahlen ab. Jedoch ist sie* nicht surjektiv, *da die Zahl* $1 \in Y$ *nicht erfasst wird. Aber die Abbildung ist* injektiv.

c) *Die Abbildung* $f : X \to Y$, $f(2k) = 3$, $k = 1, 2, \cdots$ *ist* weder surjektiv noch injektiv.

Definition 1.16 *Seien* X, Y, Z *nichtleere Mengen mit* $x \in X$, $y \in Y$ *und* $z \in Z$. *Wir betrachten weiter die Abbildungen* $f : X \to Y$ *und* $g : Y \to Z$. *Dann heißt die Abbildung*

$$(g \circ f) : X \to Z; \ x \mapsto (g \circ f)(x); \ (g \circ f)(x) := g(f(x)) = g(y) = z$$

die **Hintereinanderausführung** *oder* **Komposition** *von* f *und* g.

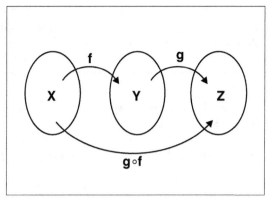

Das Kompositum von f und g

Für eine *bijektive* Abbildung $f : X \to Y$ gilt der Zusammenhang

$$\boxed{f \circ f^{-1} = \mathrm{id}_Y \quad \text{und} \quad f^{-1} \circ f = \mathrm{id}_X.}$$
(1.3)

Insbesondere gilt der

Satz 1.17 *Sei $f : X \to Y$, dann gilt*

$$f \text{ bijektiv} \implies f^{-1} \text{ bijektiv.}$$

Beweis. Wir überprüfen folgende zwei Eigenschaften:

1. f^{-1} ist surjektiv: Sei $x \in X$, dann existiert ein $y \in Y$ mit $x = f^{-1}(y)$, denn für $y = f(x) \in Y$ gilt

$$f^{-1}(y) = f^{-1}(f(x)) = x.$$

2. f^{-1} ist injektiv: Seien $y_1, y_2 \in Y$ mit $f^{-1}(y_1) = f^{-1}(y_2)$, dann muss $y_1 = y_2$ gelten. Dies ist auch so, denn wegen der Surjektivität existieren $x_1, x_2 \in X$ mit $y_1 = f(x_1)$, $y_2 = f(x_2)$. Also ist

$$x_1 = f^{-1}(f(x_1)) = f^{-1}(f(x_2)) = x_2,$$

d.h. $y_1 = y_2$.

qed

Definition 1.18 *Zwei Mengen* X *und* Y *heißen* **gleichmächtig**, *wenn eine bijektive Abbildung* $f : X \to Y$ *zwischen diesen beiden Mengen existiert.*

Beispiel 1.19 *So sind nach obigem Beispiel 1.15 a) die geraden und ungeraden Zahlen gleichmächtig. Setzen wir*

$$X := \{m \,:\, m := 2k, \ k = 1, 2, \cdots\} = \{2, 4, 6, \cdots\}$$

und

$$Y := \{n \,:\, n := 2k + 101, \ k = 1, 2, \cdots\} = \{103, 105, 107, \cdots\},$$

so sind auch diese beiden Mengen gleichmächtig. Denn als Bijektion zwischen X *und* Y *agiert* $f(2k) = 2k + 101$, $k = 1, 2, \cdots$.

Abschließend betrachten wir noch ein Beispiel aus der Physik. Zahlreiche physikalische Vorgänge werden ebenfalls durch Funktionen beschrieben.

Beispiel 1.20 *Wir betrachten das Beispiel eines* idealen Gases, *welches bei konstanter Temperatur in einem Kolben eingeschlossen sei. Nach dem* BOYLE–MARIOTTE-*Gesetz besteht der folgende* **funktionale Zusammenhang** *zwischen dem Druck* p *und dem Volumen* V:

$$p V = c = \text{const} \ (= R T),$$

worin T *die Temperatur des Gases und* R *die ideale Gaskonstante bezeichnet.*

Hier kann der Druck p *gemäß folgender Vorschrift als Funktion des Volumens* V *aufgefasst werden:*

$$\boxed{p(V) = \frac{c}{V}.}$$

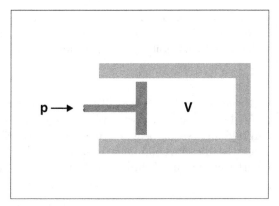

Zum BOYLE-MARIOTTE–Gesetz von idealen Gasen

ROBERT BOYLE (1627–1691) war ein wohlhabender irischer Naturforscher und EDME MARIOTTE (1620–1684) ein französischer Physiker. Beide entdeckten das o.g. Gesetz unabhängig voneinander.

Aufgaben

Aufgabe 1.14. Seien $A = \{1, 2, 3\}$ und $B = \{4, 5, 6\}$. Für jedes feste $x \in A$ und jedes feste $y \in B$ ist $R = \{(2, 5), (x, 4), (3, y)\}$ eine Relation. Geben Sie $x \in A$ und $y \in B$ an, so dass R

a) keine Abbildung von A nach B ist,

b) eine Abbildung und keine injektive Abbildung ist,

c) eine injektive Abbildung ist.

Aufgabe 1.15. Seien $X = \{1, 2, 3, 4\}$ und $Y = \{a, b, c, d, e, f\}$.

a) Welche der folgenden Teilmengen von $X \times Y$ ist der Graph einer Abbildung $f : X \to Y$?

(i) $\{(1, b), (2, d), (3, a), (4, f)\}$, (iv) $\{(3, b), (1, c), (2, d), (4, e), (1, f)\}$,

(ii) $\{(1, a), (2, b), (3, c)\}$, $\qquad (v)$ $\{(4, c), (1, f), (3, e), (2, c)\}$,

(iii) $\{(3, e), (2, a), (1, b), (3, f)\}$, (vi) $\{(2, d), (1, f), (3, a), (1, b), (4, c)\}$.

b) Seien $A \subseteq X$ und $B \subseteq Y$ gegeben durch $A = \{1, 2, 3\}$ und $B = \{a, b, c, d\}$. Berechnen Sie die Bildmenge $f(A) = \{y \in Y : \exists x \in A \text{ mit } y = f(x)\}$ und die Urbilder von B bezüglich f für alle Funktionen f, die oben gefunden wurden.

Aufgabe 1.16. Bezeichne S die Menge aller Studenten an der Universität Erlangen und M die Menge aller dort vergebenen Matrikelnummern. Sei $g : S \to M$ die Abbildung, welche jedem Studenten die persönliche Matrikelnummer zuordnet. Ist diese Abbildungsvorschrift surjektiv, injektiv oder bijektiv? Was ändert sich, wenn M durch die Menge $\{1, 2, 3, 4, \cdots\}$ ersetzt wird?

Aufgabe 1.17.

a) Finden Sie zwei Abbildungen $f \neq g$ mit $f \circ g = g \circ f$. Gilt diese Aussage für alle Abbildungen (Begründung)?

b) Betrachten Sie die Funktionen $f : A \to B$ und $g : C \to D$ mit $D \subseteq A$.

   a. Angenommen, f und g sind injektiv, ist dann die Komposition $f \circ g : C \to B$ auch injektiv?

   b. Angenommen, f und g sind surjektiv, ist dann die Komposition $f \circ g : C \to B$ auch surjektiv?

   Begründen Sie die Antworten.

Aufgabe 1.18. Es seien X und Y zwei endliche Mengen mit der gleichen Anzahl von Elementen. Zeigen Sie: Ist eine Abbildung von X nach Y injektiv odersurjektiv, dann ist sie bijektiv.

Aufgabe 1.19. Sind die beiden Mengen

$$\{0, 1, 2, 3, \cdots\} \quad \text{und} \quad \{\cdots, -3, -2, -1, 0, 1, 2, 3, \cdots\}$$

gleichmächtig?

1.4 Der Weg von $\mathbb{N}$ nach $\mathbb{R}$

Wir wollen im Folgenden eine kurze Einführung in die reellen Zahlen formulieren. Ausgangspunkt dafür sind die von *Gott gegebenen* natürlichen Zahlen

$$1, 2, 3, 4, \ldots.$$

Wir setzen die vier Grundrechenarten Addition, Subtraktion, Multiplikation und Division $(+, -, \cdot, :)$ als bekannt voraus und leiten mit deren Hilfe und den natürlichen Zahlen weitere Zahlenmengen her. Wir bezeichnen die **Menge der natürlichen Zahlen** mit

$$\mathbb{N} := \{1, 2, 3, \ldots\}.$$

Nehmen wir noch die Null dazu, dann schreiben wir

$$\mathbb{N}_0 := \{0, 1, 2, 3, \ldots\}.$$

Führen wir die **Operationen** $+, \cdot$ auf den natürlichen Zahlen $\mathbb{N}$ aus, so erhalten wir wieder eine natürliche Zahl, d.h. mit $a, b \in \mathbb{N}$ gilt $a + b$, $a \cdot b \in \mathbb{N}$.

Diese beiden Operationen oder Verknüpfungen für $a, b \in \mathbb{N}$ **auf** $\mathbb{N}$ können mit Hilfe des in Definition 1.5, 3. eingeführten kartesischen Produktes auch so formuliert werden:

$$\begin{array}{|c|} \hline \overset{+}{\cdot} : \mathbb{N} \times \mathbb{N} \to \mathbb{N}; \ (a, b) \mapsto a \overset{+}{\cdot} b. \\ \hline \end{array} \qquad (1.4)$$

Dagegen ist die Subtraktion auf $\mathbb{N}$ nicht immer möglich. Es existiert z.B. kein $x \in \mathbb{N}$ mit $5 + x = 3$, da $x = 3 - 5 \notin \mathbb{N}$.

Die Subtraktion ist ausführbar auf der **Menge der ganzen Zahlen**

$$\mathbb{Z} = \{\ldots, -3, -2, -1, 0, 1, 2, 3, \ldots\}.$$

Es gilt natürlich die Beziehung $\mathbb{N} \subset \mathbb{Z}$ und mit $a, b \in \mathbb{Z}$ existiert stets ein $x \in \mathbb{Z}$ mit $a + x = b$, nämlich $x = b - a \in \mathbb{Z}$. Somit kann diese Zahlenmenge um die Subtraktion erweitert werden, und wir erhalten

$$\begin{array}{|c|} \hline \overset{+}{\underset{\cdot}{-}} : \mathbb{Z} \times \mathbb{Z} \to \mathbb{Z}; \ (a, b) \mapsto a \overset{+}{\underset{\cdot}{-}} b. \\ \hline \end{array} \qquad (1.5)$$

Aber die Division ist in $\mathbb{Z}$ nicht immer möglich, d.h. $b \cdot x = a$ ist i. Allg. nicht für alle $0 \neq b$, $a \in \mathbb{Z}$ lösbar. Zum Beispiel existiert kein $x \in \mathbb{Z}$ mit $3 \cdot x = 5$.

In $\mathbb{Z}$ gibt es lediglich eine **Division mit Rest**. Zu $a \in \mathbb{Z}$ und $b \in \mathbb{N}$ existieren eindeutige Zahlen $r, x \in \mathbb{Z}$ mit

$$a = x \cdot b + r,$$

wobei $r \in \{0, \cdots, b - 1\}$ den Rest bezeichnet.

So gilt etwa $9 = 4 \cdot 2 + 1$ bzw. $9 : 2 = 4$ Rest 1.

Die **Division** dagegen ist ausführbar auf der **Menge der rationalen Zahlen**

$$\mathbb{Q} = \left\{ \frac{p}{q} : p \in \mathbb{Z} \; q \in \mathbb{N} \right\}.$$

Es handelt sich dabei um die **periodischen Dezimalbrüche**, und es gilt die Beziehung $\mathbb{Z} \subset \mathbb{Q}$. Dazu betrachten wir die Beispiele

$$\frac{-30}{7} = -4.\overline{285714} \in \mathbb{Q}, \quad \frac{-61}{30} = -2.0\overline{3} \in \mathbb{Q}, \quad \frac{3}{5} = 0.6 = 0.6\overline{0} \in \mathbb{Q}.$$

Umgekehrt ergibt sich für $5,1\overline{23} \in \mathbb{Q}$, dass

$$5.1\overline{23} = \frac{1}{10} \cdot (51 + 0.\overline{23}) = \frac{1}{10} \cdot \left(51 + \frac{23}{99}\right)$$

$$= \frac{51 \cdot 99 + 23}{990} = \frac{5072}{990} = \frac{2536}{495}.$$

Diese Umrechnung lässt sich verallgemeinern. Sei dazu $x = 0.\overline{a_1 \dots a_n}$ eine Dezimalzahl mit Periode n. Multiplizieren wir diese mit $\underbrace{10 \cdot 10 \cdots 10}_{n\text{-mal}} =: 10^n$,

dann erhalten wir

$$10^n x = a_1 \dots a_n + x,$$

d.h.

$$\boxed{x = \frac{a_1 \dots a_n}{10^n - 1} = \frac{a_1 \cdot 10^{n-1} + a_2 \cdot 10^{n-2} + \cdots + a_n}{10^n - 1}.}$$

Zusammenfassend gilt also

$$\boxed{\genfrac{}{}{0pt}{}{+}{\vdots} : \mathbb{Q} \times \mathbb{Q} \to \mathbb{Q}; \; (a,b) \mapsto a \genfrac{}{}{0pt}{}{+}{\vdots} b.} \qquad (1.6)$$

Wenn wir die vier elementaren Rechenoperationen auf den rationalen Zahlen $\mathbb{Q}$ durchführen, kommt wieder eine rationale Zahl heraus. Man stellt allerdings fest, dass die Darstellung $\frac{p}{q}$ nicht eindeutig ist, denn $\frac{p}{q} = \frac{7}{3} = \frac{21}{9} = \frac{14}{6}$ usw. Eindeutigkeit erreicht man, wenn man fordert, dass p und q teilerfremd sind, also hier $\frac{p}{q} = \frac{7}{3}$ wählt. Ebenso sind die Dezimalbrüche nicht eindeutig, was das Beispiel $0,3142\overline{9} = 0,3143\overline{0}$ belegt.

Nun haben die rationalen Zahlen im Gegensatz zu den natürlichen und ganzen Zahlen eine weitere nennenswerte Eigenschaft. Es gilt

$$\forall \, a, b \in \mathbb{Q}, \quad b \neq a \Longrightarrow \frac{a+b}{2} \in \mathbb{Q}. \tag{1.7}$$

Zwischen zwei rationalen Zahlen liegt demnach stets eine weitere rationale Zahl. Eine Wiederholung dieser Argumentation zeigt, dass zwischen zwei verschiedenen rationalen Zahlen sogar beliebig viele Zahlen aus $\mathbb{Q}$ liegen. Damit kann gezeigt werden, dass auf dem Zahlenstrahl kein Intervall positiver Länge existiert, in dem sich keine rationale Zahl befindet. Diese Eigenschaft hat einen Namen, wir sagen, dass die Menge der rationalen Zahlen **dicht** auf dem Zahlenstrahl liegt.

Nun wissen wir zwar immer noch nicht, was reelle Zahlen sind. Das nachfolgende Resultat wird uns aber zeigen, dass mit den rationalen Zahlen das Ende der Fahnenstange noch lange nicht erreicht ist, obwohl der Zahlenstrahl reichlich viele davon enthält. Schon die Pythagoreer bemerkten mit Entsetzen, dass man nicht jede Streckenlänge mit rationalen Zahlen messen kann. Damit war ein Grund für eine zusätzliche Erweiterung des Zahlenbereichs gegeben. Betrachten wir ein Quadrat mit Seitenlänge $l = 1$, so lässt sich für die Diagonale keine rationale Länge x angeben. Denn es gilt

---

Satz 1.21 *Es existiert keine rationale Zahl $x \in \mathbb{Q}$ mit $x \cdot x = 2$.*

Beweis. Wir nehmen an, es existiert ein $x = \frac{p}{q} \in \mathbb{Q}$, wobei $p, q \in \mathbb{N}$ und teilerfremd sind. Damit ergeben sich folgende Implikationen:

$$x \cdot x = \tfrac{p^2}{q^2} \quad \Rightarrow \quad p^2 = 2q^2 \quad \Rightarrow \quad 2 \text{ teilt } p^2 \quad \Rightarrow \quad \underline{2 \text{ teilt } p}$$

$$\Rightarrow \quad 4 \text{ teilt } p^2 = 2q^2 \quad \Rightarrow \quad 2 \text{ teilt } q^2 \quad \Rightarrow \quad \underline{2 \text{ teilt } q}.$$

Die unterstrichenen Anteile der Implikationskette zeigen, dass p und q nicht teilerfremd sind. Dies ist ein Widerspruch zur Voraussetzung, woraus die Behauptung folgt. qed

Wir kommen zu dem Schluss, dass die Lösung dieser Gleichung **zwischen** zwei rationalen Zahlen liegen muss. Füllen wir nun alle Lücken in $\mathbb{Q}$ auf, so erhalten wir die **Menge der reellen Zahlen**, welche wir mit dem Symbol $\mathbb{R}$ bezeichnen. Es handelt sich dabei um die **nichtperiodischen Dezimalbrüche**, und wir sprechen von **irrationalen Zahlen**. Es gilt der Zusammenhang

$$\mathbb{N} \subset \mathbb{Z} \subset \mathbb{Q} \subset \mathbb{R}. \tag{1.8}$$

Damit sind natürliche, ganze und rationale Zahlen auch reelle Zahlen, das Umgekehrte gilt dagegen nicht.

Wie soll nun $a + b$ und $a \cdot b$ für $a, b \in \mathbb{R}$ erklären werden? Ist $x \cdot x = 2$ in $\mathbb{R}$ wirklich lösbar? Wir haben noch keine befriedigende Definition für $\mathbb{R}$. Bevor wir eine solche angeben, wollen wir zunächst Rechengesetze für $\mathbb{R}$ angeben. Es stellt sich heraus, dass mit der Angabe von Rechengesetzen auf $\mathbb{R}$ (für die wir nur eine vorläufige Erklärung haben) schon der wesentliche Schritt zu einer Definition von $\mathbb{R}$ gemacht worden ist.

Aufgaben

Aufgabe 1.20. Wandeln Sie die Zahlen $7.56\overline{47}$ und 23.89 in Dezimalbrüche um. Schreiben Sie die Brüche $25/3$, $50/6$ und $63/9$ als periodische Dezimalzahlen.

Aufgabe 1.21. Zeigen Sie nun, dass auch keine rationale Zahl $x \in \mathbb{Q}$ mit $x \cdot x = 7$ existiert.

1.5 Arithmetische Eigenschaften in $\mathbb{R}$

Wir betrachten jetzt auf den reellen Zahlen einige Grundgesetze bezüglich der Addition und Multiplikation

$$\boxed{\;\overset{+}{\cdot} \;:\; \mathbb{R} \times \mathbb{R} \to \mathbb{R}; \;\; (a, b) \mapsto a \overset{+}{\cdot} b \,, \;} \tag{1.9}$$

mit deren Hilfe alle weiteren bekannten Rechengesetze abgeleitet werden können.

Grundgesetze der Addition:

Für alle $a, b, c \in \mathbb{R}$ gilt das

A1)   *Assoziativgesetz:* $a + (b + c) = (a + b) + c$.

A2)   *Kommutativgesetz:* $a + b = b + a$.

A3)   *Neutrale Element:* Es existiert genau eine Zahl $0 \in \mathbb{R}$ mit

$$a + 0 = a.$$

A4)   *Inverse Element:* Zu jedem a existiert eine Zahl $(-a) \in \mathbb{R}$ mit

$$(-a) + a = 0.$$

Grundgesetze der Multiplikation:

Für alle $a, b, c \in \mathbb{R}$ gilt das

M1)   *Assoziativgesetz:* $a \cdot (b \cdot c) = (a \cdot b) \cdot c.$

M2)   *Kommutativgesetz:* $a \cdot b = b \cdot a.$

M3)   *Neutrale Element:* Es existiert genau eine Zahl $1 \in \mathbb{R}$ mit

$$a \cdot 1 = a.$$

M4)   *Inverse Element:* Zu jedem $a \neq 0$ existiert ein $\frac{1}{a} \in \mathbb{R}$ mit

$$\frac{1}{a} \cdot a = 1.$$

Eine Verbindung zwischen Addition und Multiplikation liefert das

---

Distributivgesetz:

Für alle $a, b, c \in \mathbb{R}$ gilt

D) $a \cdot (b + c) = a \cdot b + a \cdot c$ und $1 \neq 0.$

Definition 1.22 *Eine Menge mit den Eigenschaften A1–A4, M1–M4, D heißt* **Körper**.

Beispiele hierfür sind $(\mathbb{R}, +, \cdot)$ und $(\mathbb{Q}, +, \cdot)$. Auf eine genauere Untersuchung dieser Strukturen verzichten wir.

Mit Hilfe der o.g. Grundgesetze lassen sich nun zahlreiche Rechenregeln herleiten. Zumindest die wichtigsten wollen wir zusammenstellen.

Rechenregeln 1.23

1. Kürzungsregel: $a \cdot b = a \cdot c$ *und* $a \neq 0 \Longrightarrow b = c$.

2. Eindeutige Lösung: $a \cdot x = b$ *und* $a \neq 0 \Longrightarrow x = \dfrac{1}{a} \cdot b$.

3. Division durch Null: *Es existiert kein* $x \in \mathbb{R}$ *mit* $0 \cdot x = b \neq 0$.

4. Nullstellen: $a \cdot b = 0 \Longleftrightarrow a = 0 \vee b = 0$.

Die dritte Regel besagt:

$$\boxed{\textbf{Division durch Null ist verboten!}}$$

Beweis. Wir überprüfen alle Aussagen.

1. Aus $a \neq 0$ folgt nach M3 die Existenz von $\dfrac{1}{a}$ mit $\dfrac{1}{a} \cdot a = 1$.

$$\text{Falls} \quad a \cdot b = a \cdot c \Longrightarrow b = b \cdot 1 = 1 \cdot b = \left(\frac{1}{a} \cdot a \right) \cdot b = \frac{1}{a} \cdot (a \cdot b)$$
$$\qquad\qquad\qquad\qquad \underset{\text{M3}}{\uparrow} \qquad \underset{\text{M2}}{\uparrow} \qquad\qquad\qquad\qquad \underset{\text{M1}}{\uparrow}$$

$$= \frac{1}{a} \cdot (a \cdot c) = \left(\frac{1}{a} \cdot a \right) \cdot c = 1 \cdot c = c \cdot 1 = c .$$
$$\qquad \underset{\text{M1}}{\uparrow} \qquad\qquad\qquad\qquad \underset{\text{M2}}{\uparrow}$$

2. Die Lösung lautet $x = \dfrac{1}{a} \cdot b$, denn eingesetzt ergibt

$$a \cdot \left(\frac{1}{a} \cdot b \right) = \left(a \cdot \frac{1}{a} \right) \cdot b = 1 \cdot b = b \cdot 1 = b ,$$
$$\qquad\qquad \underset{\text{M1}}{\uparrow} \qquad\qquad\qquad\qquad \underset{\text{M2}}{\uparrow}$$

womit die Existenz gezeigt wurde. Wir kommen zum Nachweis der Eindeutigkeit der Lösung. Sei dazu y eine beliebige Zahl mit $a \cdot y = b$. Wir multiplizieren von links mit $\frac{1}{a}$ und erhalten $\frac{1}{a} \cdot (a \cdot y) = \frac{1}{a} \cdot b$. Nun gilt ähnlich wie vorher

$$\frac{1}{a} \cdot (a \cdot y) = \left(\frac{1}{a} \cdot a\right) \cdot y = 1 \cdot y = y \cdot 1 = y \, ,$$

$$\underset{\text{M1}}{\uparrow} \qquad\qquad\qquad \underset{\text{M2}}{\uparrow}$$

also auch hier $y = \dfrac{1}{a} \cdot b$.

3. Aus A3 folgt $0 = 0 + 0$, und damit ergibt sich nach dem Distributivgesetz

$$x \cdot 0 + x \cdot 0 = x \cdot (0 + 0) = x \cdot 0 \, ,$$

d.h. wieder nach A3, dass $x \cdot 0 = 0$. Nach M4 gilt $0 = x \cdot 0 = 0 \cdot x$, also folgt die Behauptung.

4. Wir müssen zwei Richtungen nachweisen. Sei also zunächst $a \cdot b = 0$, dann folgt nach 2., dass $b = \dfrac{1}{a} \cdot 0 = 0$, also verschwindet eine der beiden Zahlen a oder b. Umgekehrt, falls $a = 0$ oder $b = 0$, ergibt sich nach 3., dass $a \cdot b = 0$.

qed

Bemerkung. In der Mathematik bedeutet „$\exists$ eine Lösung", dass **mindestens** eine Lösung existiert. Bei Nichteindeutigkeit existieren i. Allg. sogar unendlich viele Lösungen. Die Eindeutigkeit einer Lösung muss eigens nachgewiesen werden. Meistens nimmt man dazu an, es existieren zwei Lösungen, und bringt diesen Ansatz zum Widerspruch.

Wir benutzen im weiteren Verlauf oft wohlbekannte **Abkürzungen** wie

$$\boxed{a - b := a + (-b) \, , \quad \frac{a}{b} := a \cdot \frac{1}{b} \, , \quad ab := a \cdot b \, , \quad a + b + c := a + (b + c) \, .}$$

Wo werden nun die o.g. Rechenregeln 1.23 verwendet? Betrachten wir dazu die folgenden zwei Beispiele:

a) Bei der Kürzungsregel wird häufig die Forderung $a \neq 0$ vergessen:

Seien a und b beliebige reelle Zahlen und sei $c := a - b$

$$\begin{aligned}
\Rightarrow \quad & b + c = a \mid \cdot (a - b) \\
\Rightarrow \quad & ab + ac - bb - bc = aa - ab \mid - ac \\
\Rightarrow \quad & ab - bb - bc = aa - ab - ac \\
\Rightarrow \quad & b(a - b - c) = a(a - b - c) \mid : (a - b - c) \\
\Rightarrow \quad & b = a \, ,
\end{aligned}$$

d.h., zwei beliebige Zahlen sind gleich. Wo steckt hier der Fehler?

b) Die Nullstellenbestimmung wird bei Gleichungen der folgenden Art verwendet:

$$x^2 - 6x + 8 = 0 \iff (x - 2)(x - 4) = 0 \iff x = 2 \text{ oder } x = 4.$$

Nun lassen sich natürlich die Assoziativgesetze A1 und M1 verallgemeinern. Betrachten wir z.B. die Summe

$$S = (((a_1 + a_2) + a_3) + a_4) = (a_1 + a_2) + (a_3 + a_4) = a_1 + a_2 + a_3 + a_4,$$

wobei $a_k \in \mathbb{R}$ für $k = 1, \cdots, 4$. Entsprechendes könnte für Produkte formuliert werden. Wir erkennen, dass sehr lange Summen und Produkte entstehen können. Um sich Schreibarbeit zu ersparen, werden folgende **abkürzende Bezeichnungen** eingeführt:

Bezeichnungen 1.24

$$\textbf{Summenzeichen: } \sum_{k=n_0}^{n} a_k := a_{n_0} + a_{n_0+1} + \ldots + a_n,$$

$$\textbf{Produktzeichen: } \prod_{k=n_0}^{n} a_k := a_{n_0} \cdot a_{n_0+1} \cdots a_n,$$

wobei $n_0 \leq n$ gelten muss und $k = n_0, n_0 + 1, \cdots, n$.

Der Index $k \in \mathbb{Z}$ in den obigen Formeln heißt **Summationsindex** (bzw. Multiplikationsindex), der durch jeden anderen Buchstaben ersetzt werden kann wie z.B.

$$\sum_{k=n_0}^{n} a_k = \sum_{l=n_0}^{n} a_l.$$
$$\uparrow$$
$$k \curvearrowright l$$

Ebenso kann eine Indexverschiebung vorgenommen werden. Es gilt für alle $r \in \mathbb{Z}$

$$\sum_{k=n_0}^{n} a_k = \sum_{k=n_0-r}^{n-r} a_{k+r}. \qquad (1.10)$$
$$\uparrow$$
$$k \curvearrowright k + r$$

Nachdem das Produktzeichen eher selten verwendet wird, beziehen wir die nachfolgenden Beispiele hauptsächlich auf Summen. Der sichere Umgang mit diesen Zeichen erfordert gerade hinsichtlich der Indizierung eine gewisse Routine. Nachfolgende Beispiele sollen dazu beitragen:

Beispiel 1.25

a) $a_5 + a_6 + a_7 + a_8 = \sum_{k=5}^{8} a_k = \sum_{l=5}^{8} a_l = \sum_{l=0}^{3} a_{l+5} = \sum_{l=7}^{10} a_{l-2}.$

b) $\sum_{k=1}^{N} a = N \cdot a = \underbrace{a + a + \ldots + a}_{N-\text{mal}} \quad (N \in \mathbb{N}).$

c) $\prod_{k=1}^{N} a = \underbrace{a \cdot a \cdot a \cdot \ldots \cdot a}_{N-\text{mal}} =: a^N \quad (N \in \mathbb{N}).$

d) $1 + 2 + 3 + \ldots + n = \sum_{l=1}^{n} l = \sum_{l=1}^{n} (n + 1 - l) = n + (n - 1) + \ldots + 1.$

e) $\sum_{k=n}^{n} a_k = a_n.$

f) $\sum_{k=5}^{3} a_k$ *ist entweder nicht erklärt oder man definiert* $\sum_{k=5}^{3} a_k := 0.$

g) $\prod_{k=5}^{3} a_k$ *ist entweder nicht erklärt oder man definiert* $\prod_{k=5}^{3} a_k := 1.$

Wir formulieren nun einige Rechenregeln und erkennen, dass es sich hierbei um **verallgemeinerte Assoziativ- und Distributivgesetze** handelt.

Rechenregeln 1.26

1. $\sum_{k=1}^{N} a_k = \sum_{k=1}^{n} a_k + \sum_{k=n+1}^{N} a_k \quad (1 \le n < N).$

2. $\sum_{k=1}^{N} a_k \pm c \sum_{k=1}^{N} b_k = \sum_{k=1}^{N} (a_k \pm c\, b_k).$

3. $\sum_{k=1}^{N} a_k = \sum_{k=1}^{N} a_{N+1-k}.$

Mit Hilfe dieser Regeln berechnen wir jetzt die Summe der ersten n natürlichen Zahlen (siehe Beispiel 1.25, d)).

Beispiel 1.27

$$S_n := \sum_{l=1}^{n} l = \sum_{l=1}^{n} (n + 1 - l) = \sum_{l=1}^{n} (n + 1) - \sum_{l=1}^{n} l = \underline{n(n + 1) - S_n}.$$

Die unterstrichenen Anteile liefern $2S_n = n(n + 1)$, *woraus die gewünschte Formel*

$$\boxed{S_n = \frac{n(n + 1)}{2}} \tag{1.11}$$

folgt.

Einem Gerücht zufolge, schien der sechsjährige CARL FRIEDRICH GAUSS (1777-1855) diese Formel gekannt zu haben. Denn als der Lehrer nach der Summe der ersten hundert natürlichen Zahlen fragte, lieferte der junge Gauß blitzschnell mit $S_{100} = 5050$ die richtige Antwort.

Anderen Darstellungen zu Folge, umschrieb der Lehrer die o.g. Aufgabenstellung mit Bohnen: Ein Dreieck hat auf der ersten Reihe 100 Bohnen und auf den restlichen 99 Reihen jeweils eine Bohne weniger. Insgesamt wird das Dreieck dann mit 5050 Bohnen bedeckt.

In Beispiel 1.25, c) haben wir die **Potenz** von a^N für $0 \neq a \in \mathbb{R}$ und $N \in \mathbb{N}$ definiert. Der Vollständigkeit halber erweitern wir diese Definition durch

---

Definition 1.28

$$a^0 = 1 \quad \textit{für} \quad a \in \mathbb{R},$$

$$a^{-N} = \frac{1}{a^N} \quad \textit{für} \quad a \neq 0 \quad \textit{und} \quad N \in \mathbb{N}.$$

Es gelten weitere bekannte Rechenregeln für Potenzen, von denen wir die wichtigsten zusammenstellen.

$$\boxed{a^n a^m = a^{n+m}, \quad (a^n)^m = a^{n \cdot m}, \quad a^n b^n = (ab)^n.} \tag{1.12}$$

Wir verwenden dies, um im nachfolgenden Beispiel die **geometrische Summe** zu erklären.

Beispiel 1.29 *Sei* $q \in \mathbb{R}$ *und* $n \in \mathbb{N}$.

$$\underline{G_n} := \sum_{k=0}^{n} q^k = 1 + \sum_{k=1}^{n} q^k = 1 + q \sum_{k=1}^{n} q^{k-1} = 1 + q \sum_{k=0}^{n-1} q^k$$

$$= 1 + q \left(\sum_{k=0}^{n} q^k - q^n \right) = \underline{1 + q\,G_n - q^{n+1}}.$$

Also ist $(1-q)G_n = 1 - q^{n+1}$, *und das bedeutet*

$$\boxed{\begin{aligned} G_n &= \frac{1 - q^{n+1}}{1 - q} \quad &\text{für } q \neq 1, \\ G_n &= n + 1 \quad &\text{für } q = 1. \end{aligned}}$$

(1.13)

Wir präsentieren abschließend die **Teleskopsumme**.

Beispiel 1.30

$$T_n := \sum_{k=1}^{n} \frac{1}{k(k+1)} = \sum_{k=1}^{n} \left(\frac{1}{k} - \frac{1}{k+1} \right)$$

$$= 1 - \frac{1}{2} + \frac{1}{2} - \frac{1}{3} + \frac{1}{3} - \cdots - \frac{1}{n+1} = 1 - \frac{1}{n+1}.$$

Damit ist also

$$\boxed{T_n = 1 - \frac{1}{n+1}.}$$

(1.14)

Die letzten Beispiele 1.27, 1.29 und 1.30 werden uns an verschiedenen Stellen wieder begegnen.

Häufig treten sog. Doppelsummen auf. Wie wir gleich sehen werden, verbirgt sich dahinter ein **allgemeines Distributivgesetz.** Es gilt

$$\boxed{\begin{aligned} \sum_{k=1}^{n} a_k \sum_{r=1}^{s} b_r &= \sum_{r=1}^{s} \sum_{k=1}^{n} a_k b_r \\ &= a_1 b_1 + a_1 b_2 + \ldots + a_1 b_s + a_2 b_1 + \ldots a_n b_s \\ &= a_1 b_1 + a_2 b_1 + \ldots + a_n b_1 + a_1 b_2 + \ldots a_n b_s \\ &= \sum_{k=1}^{n} \sum_{r=1}^{s} a_k b_r. \end{aligned}}$$

(1.15)

Ist $n = s$, dann schreiben wir lediglich

$$\sum_{k,r=1}^{n} a_k b_r := \sum_{k=1}^{n} a_k \sum_{r=1}^{n} b_r. \tag{1.16}$$

Gilt $a_k = b_k$ für $k = 1, \cdots, n$, dann lässt sich die Doppelsumme in der folgenden (noch ungewohnt indizierten) Form schreiben als

$$\left(\sum_{k=1}^{n} a_k\right)^2 = \sum_{i,k=1}^{n} a_i\, a_k = \sum_{i=1}^{n} a_i^2 + \sum_{\substack{i,k=1 \\ i \neq k}}^{n} a_i\, a_k = \sum_{i=1}^{n} a_i^2 + 2 \sum_{\substack{i,k=1 \\ i < k}}^{n} a_i\, a_k.$$

Das Beispiel

$$(a_1 + a_2 + a_3)^2 = \left(\sum_{k=1}^{3} a_k\right)^2 = a_1^2 + a_2^2 + a_3^2 + 2(a_1 a_2 + a_1 a_3 + a_2 a_3)$$

sollte einige Erklärungen dazu liefern.

Aufgaben

Aufgabe 1.22. Wie lautet die größte Zahl, die mit drei Ziffern geschrieben werden kann?

Aufgabe 1.23. Gegeben sei eine beliebige reelle Zahl x und die Aussagen

a) $x^2 = 1 \iff x = 1$,

b) $x^2 = 1 \implies x = 1$,

c) $x^2 = 0 \iff x = 0$,

d) $x^2 = 1 \iff (x = 1 \lor x = -1)$,

e) $x^2 = 1 \iff (x = 1 \land x = -1)$.

Entscheiden Sie, ob die Aussagen wahr oder falsch sind und begründen Sie die Entscheidung.

Aufgabe 1.24. Gegeben seien beliebige reelle Zahlen x, y und die Aussagen

a) $xy = 0 \iff x = 0$,

b) $xy = 0 \implies x = 0,$

c) $xy = 0 \iff x = 0,$

d) $xy = 0 \iff (x = 0 \lor y = 0),$

e) $xy = 0 \iff (x = 0 \land y = 0).$

Entscheiden Sie, ob die Aussagen wahr oder falsch sind und begründen Sie die Entscheidung.

Aufgabe 1.25. Bestimmen Sie die Werte der folgenden Summen und Produkte:

$$a) \sum_{i=0}^{5} (i+1) \qquad b) \sum_{m=1}^{3} \sum_{k=0}^{2} (km - 2k)$$

$$c) \sum_{m=1}^{2} \prod_{k=m}^{3} (k^2 - 1).$$

Aufgabe 1.26. Berechnen Sie mit Hilfe des Summenzeichens die folgende Teleskopsumme:

$$S = \sum_{k=1}^{N} \frac{1}{k(k+2)} \quad \text{für } N \in \mathbb{N}.$$

Hinweis: Zerlegen Sie den Summanden in die Summe zweier einfacher Brüche.

Aufgabe 1.27. Berechnen Sie

$$S = \sum_{k=1}^{n} k^2$$

mit Hilfe des Summenzeichens.

Hinweis: Beginnen Sie mit $\hat{S} = \sum_{k=1}^{n} (k+1)^3$ und führen Sie diese Summe auf die gegebene zurück.

Zusätzliche Information. Zu Aufgabe 1.27 ist bei der Online-Version dieses Kapitels (doi:10.1007/978-3-642-29980-3_1) ein Video enthalten.

1.6 Ordnungsaxiome und Ungleichungen

Ein wesentlicher Bestandteil der Mathematik sind vergleichende Operationen zwischen Zahlen und Ausdrücken. Die Frage lautet, ob eine Zahl oder ein

Ausdruck **kleiner, gleich** oder **größer** als ein anderer ist. Dazu werden die folgenden wohlbekannten **Ordnungsrelationen** verwendet:

$$
\begin{aligned}
&< : \text{„kleiner“}, \\
&\leq : \text{„kleiner oder gleich“}, \\
&> : \text{„größer“}, \\
&\geq : \text{„größer oder gleich“}.
\end{aligned}
$$

Anders formuliert, bedeutet dabei

$$
\begin{aligned}
a \leq b &:\Longleftrightarrow a < b \ \vee \ a = b, \\
a \geq b &:\Longleftrightarrow a > b \ \vee \ a = b.
\end{aligned}
$$

So gilt z.B. $5 < 6$, $7 \leq 7$, $8 \geq 5$ und $8 \geq 8$.

Es stellt sich heraus, dass alle Ordnungsrelationen auf den Begriff eines **positiven** Elements zurückgeführt werden können. Dazu die

Bezeichnung 1.31 *Es gibt gewisse* $a \in \mathbb{R}$, *die wir* **positiv** *nennen und dafür* $a > 0$ *schreiben. Falls* $-a > 0$ *ist, heißt* a **negativ**, *und wir schreiben* $a < 0$.

Darauf beruhen nun vier grundlegende Gesetze, mit deren Hilfe alle wichtigen Rechenregeln für Ungleichungen hergeleitet werden können. Es gelten die

Ordnungsaxiome. $\forall a, b, c \in \mathbb{R}$ gelten folgende Eigenschaften:

O1)   Es gilt genau eine der Beziehungen: $a < b$, $a = b$, $a > b$.

O2) $a < b$, $b < c \implies a < c$ (Transitivität).

O3) $a < b \implies a + c < b + c$ (Monotonie der Addition).

O4) $a < b$, $c > 0 \implies a \cdot c < b \cdot c$ (Monotonie der Multiplikation).

Beachten Sie die Forderung $c > 0$ in O4). Für $c \leq 0$ ist dieser Schluss nicht mehr richtig, denn es gilt z.B. $5 < 7$, aber $(-1) \cdot 5 \not< (-1) \cdot 7$.

Wie versprochen, leiten wir nun aus den Ordnungsaxiomen eine Reihe wichtiger Rechenregeln ab.

Rechenregeln 1.32 $\forall a, b, c, d \in \mathbb{R}$ *gilt:*

1. $a \leq b$ *und* $b \leq a \iff a = b$.

2. $a > b \implies -a < -b$.

3. $a \neq 0 \iff a^2 > 0$.

4. $a < b$ *und* $c \leq d \implies a + c < b + d$ *und* $a - d < b - c$.

5. $0 \leq a < b$ *und* $0 \leq c < d \implies 0 \leq a \cdot c < b \cdot d$.

6. $0 < a < b \implies 0 < \dfrac{1}{b} < \dfrac{1}{a}$.

Diese Aussagen können nun mit Hilfe von O1.-O4. nachgewiesen werden. Exemplarisch wollen wir dies nur für eine dieser Aussage tun.

Beweis. Wir zeigen 4.

α) Sei zunächst $a < b$ und $c < d \implies c + a < d + a$ und $a + d < b + d$ (nach O3)). Das bedeutet aber, dass $c + a < b + d$ gilt (nach O2)).

β) Sei nun $c = d \implies c + a < b + d$ (nach O3)).

Aus α) und β) ergibt sich die Behauptung. qed

Weitere **Rechenregeln** lassen sich herleiten. Es gelten

Rechenregeln 1.33 $\forall a, b \in \mathbb{R}$ *und* $n \in \mathbb{N}$ *gilt:*

1. $a < b \implies a < \dfrac{a + b}{2} < b$.

2. $0 \leq a < b \implies 0 \leq a^n < b^n$.

3. $a \geq 0$, $b \geq 0$ und $a^n > b^n \implies a > b$.

4. $a \cdot b > 0 \implies (a > 0 \wedge b > 0) \vee (a < 0 \wedge b < 0)$.

5. $a < b + \varepsilon \; \forall \varepsilon > 0 \implies a \leq b$.

Beispiel 1.34

a) *In 5. muss unbedingt* $\leq$ *(und nicht nur* $<$*) stehen. Denn es gilt die Implikation*

$$5 < 5 + \frac{1}{n} \ \forall n \in \mathbb{N} \implies 5 \le 5 \ (5 < 5 \ \textit{wäre ja falsch!}).$$

b) Sei $A := \{1, 2, \cdots, 10\}$, dann ist $R := \{(a, b) : a \in A, \ b \in A, \ b < a\}$ eine Relation auf A. Denn $R \subset A \times A$.

Wir definieren jetzt **Intervalle** auf dem Zahlenstrahl wie folgt:

Definition 1.35 *Sei $a \le b$, $a, b \in \mathbb{R}$. Dann heißt*

    $[a, b] := \{x \mid a \le x \le b\}$ *heißt* **abgeschlossenes Intervall**,

    $(a, b) := \{x \mid a < x < b\}$ *heißt* **offenes Intervall**,

    $[a, b) := \{x \mid a \le x < b\}$ *heißt* **halboffenes Intervall**,

    $(a, b] := \{x \mid a < x \le b\}$ *heißt* **halboffenes Intervall**.

Beispiel 1.36

a) $5 \in [5, 7)$, $7 \notin (5, 7)$, $(5, 5) = \emptyset$, $[5, 5] = \{5\}$.

b) Sei $\varepsilon > 0$, dann nennt man das offene Intervall

$$U_\varepsilon(a) := (a - \varepsilon, a + \varepsilon) = \{x \in \mathbb{R} : a - \varepsilon < x < a + \varepsilon\}$$

*eine ε-**Umgebung** von a. Diese wird uns noch sehr oft begegnen.*

Jetzt können natürlich die Intervallgrenzen a oder b aus der obigen Definition die „Werte" $\pm\infty$ annehmen. Damit bekommen wir

---

Definition 1.37 *Unendliche Intervalle sind*

    $[a, \infty) := \{x \mid x \ge a\}$, $(-\infty, a] := \{x \mid x \le a\}$,

    $(a, \infty) := \{x \mid x > a\}$, $(-\infty, a) := \{x \mid x < a\}$,

    $(-\infty, \infty) := \{x \mid x \in \mathbb{R}\} = \mathbb{R}$, $(0, \infty) := \{x \mid x > 0\} =: R_+$.

Beachten Sie, dass diese Intervalle an der „∞-Seite" stets **offen** sind, da es sich bei $\pm\infty$ um *keine* reellen Zahlen handelt! Wären es welche, würde sich nach bekannten Rechenregeln folgender Unsinn ergeben:

$$\underbrace{\infty + a = \infty}_{\text{gültige Regel}} \implies \underbrace{a = 0 \;\; \forall a \in \mathbb{R}}_{\text{Unsinn}}.$$

Wir sehen auch, dass offene Intervalle im Gegensatz zu abgeschlossenen Intervallen keine **größten und kleinsten Elemente** haben. So ist das größte Element von $(1,8]$ die Zahl 8, bei $(1,8)$ dagegen nicht.

Ein wesentlicher Bestandteil der Mathematik ist der **Absolutbetrag** einer reellen Zahl.

Definition 1.38 *Für $x \in \mathbb{R}$ heißt*

$$|x| := \begin{cases} x & : & x \geq 0, \\ -x & : & x < 0, \end{cases}$$

*der **Absolutbetrag** (oder einfach nur **Betrag**) von x.*

Beispiele dazu sind

$$|0| = 0, \;\; |5| = 5, \;\; |-5| = -(-5) = 5.$$

Etwas eleganter wird die Definition des Betrages mit Hilfe des **Signums** einer reellen Zahl.

Definition 1.39 *Für $x \in \mathbb{R}$ heißt*

$$\text{sign}(x) := \begin{cases} +1 & : & x > 0, \\ 0 & : & x = 0, \\ -1 & : & x < 0, \end{cases}$$

*das **Signum** von x.*

Damit ergibt sich folgende Formulierung:

Definition 1.40 *Für* $x \in \mathbb{R}$ *heißt*

$$|x| := x \cdot \text{sign}(x)$$

der **Absolutbetrag** *von* x.

Einfache Beispiele hierfür sind

$$\text{sign}(0) = 0 \implies |0| = 0,$$
$$\text{sign}(2) = 1 \implies |2| = 2 \cdot 1 = 2,$$
$$\text{sign}(-2) = -1 \implies |-2| = (-2) \cdot (-1) = 2.$$

Bemerkung. Für alle $x \in \mathbb{R}$ gilt somit $|x| \geq 0$. Anders ausgedrückt

$$|-x| = |x| \text{ und } |x| = 0 \iff x = 0.$$

Rechenregeln 1.41 $\forall x, y \in \mathbb{R}$ *gilt*

1. $|x \cdot y| = |x| \cdot |y|$.

2. $\left|\frac{x}{y}\right| = \frac{|x|}{|y|}$, $y \neq 0$.

3. $|x| \leq y \iff -y \leq x \leq y$.

Mit Hilfe der Definition 1.40 lassen sich diese Aussagen leicht bestätigen.

Beispiel 1.42

a) $|4 \cdot (-5)| = |4| \cdot |-5| = 4 \cdot 5 = 20$, $|10| = |2| \cdot |5|$.

b) Sei $\varepsilon > 0$, dann lässt sich die in Beispiel 1.36, b) vorgestellte ε-Umgebung um den Punkt a jetzt formulieren als

$$U_\varepsilon(a) = \{x \in \mathbb{R} : |x - a| < \varepsilon\} = \{x \in \mathbb{R} : |a - x| < \varepsilon\}.$$

Mit den eben präsentierten Rechenregeln für Beträge lässt sich eine der wichtigsten Ungleichungen beweisen. Es gilt

> **Satz 1.43** $\forall x, y \in \mathbb{R}$ *gilt die* **Dreiecksungleichung**
>
> $$|x + y| \leq |x| + |y|.$$

Beweis. Da $|x| \geq x$ und $|y| \geq y$ gilt

$$|x| + |y| \geq x + y \geq -(|x| + |y|) \iff |x + y| \leq |x| + |y|$$

nach Rechenregeln 1.41, 3.   qed

Als kleines Beispiel dazu betrachten wir

$$|4 - 6| \leq |4| + |-6| = |4| + |6|,$$

d.h. im Beispiel gilt mit $2 \leq 10$ eine „großzügige Abschätzung" beider Zahlen untereinander.

Als Folgerung der Dreiecksungleichung ergibt sich

> **Satz 1.44** $\forall x, y \in \mathbb{R}$ *gilt die* **umgekehrte Dreiecksungleichung**
>
> $$\big||x| - |y|\big| \leq |x + y|.$$

Beweis. Wir bekommen mit der Dreiecksungleichung

a) $|x| = |x + y - y| \leq |x + y| + |y|$, d.h $|x| - |y| \leq |x + y|$.

b) $|y| = |y + x - x| \leq |y + x| + |x|$, d.h $-(|x| - |y|) \leq |x + y|$.

Die Definition des Betrages liefert die Behauptung.   qed

Die **allgemeine Dreiecksungleichung** lautet

$$\boxed{\left|\sum_{k=1}^{n} a_k\right| \leq \sum_{k=1}^{n} |a_k|\,.}\tag{1.17}$$

An dieser Stelle sei daran erinnert, dass die Erklärung der reellen Zahlen bisher nicht zufriedenstellend zu Ende gebracht wurde. Um dies zu erreichen, muss noch ein kleiner Weg beschritten werden. Die vorletzte Station des Endspurts sind **Wurzeln**.

Definition 1.45 *Suche für $a \geq 0$ die* **nicht-negative** *Lösung $x \geq 0$ mit $x^n = a$, $n \in \mathbb{N}$. Dieses x heißt die* **n-te Wurzel** *aus a, und wir schreiben dafür $x = \sqrt[n]{a}$ oder $x = a^{\frac{1}{n}}$.*

Satz 1.46 *Falls ein solches $x \geq 0$ existiert, dann ist es eindeutig.*

Beweis. Angenommen, es existieren zwei Lösungen $x, y \geq 0$ mit

$$x^n = y^n = a \text{ und } x < y.$$

Dann folgt aus Rechenregel 1.32, 2 der Widerspruch

$$a = x^n < y^n = a.$$

Damit folgt die Eindeutigkeit.   qed

Wir vereinbaren für **quadratische Wurzeln** folgende Schreibweise:

$$\sqrt[2]{a} =: \sqrt{a}.$$

Beachten Sie nochmals, dass $\sqrt[n]{a}$, $n \in \mathbb{N}$ nur für Zahlen $a \geq 0$ definiert ist. Somit ist z.B. der Ausdruck $\sqrt[3]{-8}$ **nicht** erklärt, insbesondere gilt $\sqrt[3]{-8} = -2$ **nicht**, obwohl $(-2)^3 = -8$ richtig ist. Dieses Beispiel greifen wir etwas später nochmals auf.

Beispiel 1.47

a) $\sqrt{(-2)^2} = |-2| = 2$.

b) $x^2 = 0$ *hat die Lösung* $x = 0$.

c) $x^2 = 2$ *hat die Lösungen* $x = \pm\sqrt{2}$, *denn* $(x - \sqrt{2})(x + \sqrt{2}) = x^2 - 2 = 0$.

d) $x^3 = 2$ *hat die Lösung* $x = \sqrt[3]{2}$.

e) $x^2 = -2$ *hat keine Lösung.*

f) $x^3 = -8$ *hat die Lösung* $x = -\sqrt[3]{|-8|} = -2$.

Folgerung 1.48 *Für die reellen Lösungen der Gleichung $x^n = a$ gilt allgemein*

$$a \geq 0: \qquad x = \begin{cases} \pm \sqrt[n]{a} & : \quad n = 2k \qquad (d.h \; n \; gerade), \\[2mm] \sqrt[n]{a} & : \quad n = 2k+1 \qquad (d.h. \; n \; ungerade). \end{cases}$$

$$a < 0: \qquad x = \begin{cases} \not\exists & : \quad n = 2k \qquad (d.h. \; n \; gerade), \\[2mm] -\sqrt[n]{|a|} & : \quad n = 2k+1 \qquad (d.h. \; n \; ungerade), \end{cases}$$

für $k \in \mathbb{N}$.

Nützlich ist oft folgende

Definition 1.49 *Für $a > 0$ und $z := \frac{p}{q}$ setzen wir*

1. $a^{\frac{p}{q}} := (\sqrt[q]{a})^p = \sqrt[q]{a^p}$.

2. $0^z := \begin{cases} 0 & : \quad z > 0, \\[2mm] 1 & : \quad z = 0. \end{cases}$

3. 0^z *ist nicht definiert für $z < 0$.*

Mit diesen Notationen können wir belegen, warum z.B. der Ausdruck $A := \sqrt[3]{-8}$ so nicht erklärt ist. Angenommen, er wäre es, dann würde gelten

$$\sqrt[3]{-8} =: (-8)^{\frac{1}{3}} = (-8)^{\frac{2}{6}} = ((-8)^2)^{\frac{1}{6}} = 2 \left(\neq -2 = -\left(|-8|\right)^{\frac{1}{3}} \right).$$

Ungleichungen der Form

$$\boxed{\text{Ausdruck}_1 \leq \text{Ausdruck}_2} \tag{1.18}$$

spielen in der Mathematik eine zentrale Rolle. Eine interessante und ebenso bedeutende Ungleichung ist die nachfolgende **Ungleichung von Cauchy**:[2]

---

[2] Benannt nach dem französischen Mathematiker Augustin Louis Cauchy (1789-1857).

Beispiel 1.50 *Seien $a, b \in \mathbb{R}$ beliebig. Dann gilt*

$$ab \leq \frac{1}{2\varepsilon} a^2 + \frac{\varepsilon}{2} b^2 \ \forall \varepsilon > 0. \tag{1.19}$$

Wir wollen nun diese Ungleichung auf der Basis der Rechenregeln 1.32 und 1.33 auf **zwei verschiedene Arten** nachweisen und danach die Unterschiede diskutieren.

Beweis 1. $\forall a, b \in \mathbb{R}$ und $\varepsilon > 0$ gilt nach Rechenregel 1.32, 3, dass

$$0 \leq \left(\frac{a}{\sqrt{\varepsilon}} - \sqrt{\varepsilon}\, b\right)^2 = \frac{a^2}{\varepsilon} - 2 \frac{a}{\sqrt{\varepsilon}} \sqrt{\varepsilon}\, b + \varepsilon b^2 = \frac{a^2}{\varepsilon} - 2ab + \varepsilon b^2$$

$$\Longrightarrow 2ab \leq \frac{a^2}{\varepsilon} + \varepsilon b^2$$

$$\Longrightarrow ab \leq \frac{1}{2\varepsilon} a^2 + \frac{\varepsilon}{2} b^2.$$

qed

Beweis 2. $\forall a, b \in \mathbb{R}$ und $\varepsilon > 0$ gilt nach Rechenregel 1.32, 3, dass

$$ab \leq ab + \frac{1}{2} \left(\frac{a}{\sqrt{\varepsilon}} - \sqrt{\varepsilon}\, b\right)^2$$

$$= ab + \frac{1}{2\varepsilon} a^2 - ab + \frac{\varepsilon}{2} b^2$$

$$= \frac{1}{2\varepsilon} a^2 + \frac{\varepsilon}{2} b^2.$$

qed

In Beweis 1 haben wir das **Umformungsverfahren** verwendet. Dabei sind wir von „irgendeiner geeigneten Ungleichung" ausgegangen und haben diese solange umgeformt, bis unsere gewünschte Ungleichung daraus resultierte. Formal geschrieben bedeutet dies

$$\text{Geeignetes}_1 \leq \text{Geeignetes}_2 \Longrightarrow \cdots \Longrightarrow \text{Ausdruck}_1 \leq \text{Ausdruck}_2.$$

In Beweis 2 haben wir das **Abschätzverfahren** verwendet. Dabei sind wir von einem bereits gegebenen Ausdruck (hier z.B. von Ausdruck$_1$) ausgegangen und haben diesen solange „abgeschätzt", bis die andere Seite der Ungleichung erreicht wurde. Formal geschrieben bedeutet dieses Vorgehen

$$\text{Ausdruck}_1 \le \cdots \le \text{Ausdruck}_2$$

oder

$$\text{Ausdruck}_2 \ge \cdots \ge \text{Ausdruck}_1.$$

Welches der beiden Verfahren in der Praxis (vor allem bei sehr komplizierten Ungleichungen) verwendet wird, ist schwierig zu sagen. Noch schwieriger ist es zu wissen, von welcher Ungleichung (wie in Beweis 1) ausgegangen werden kann oder welche Terme (wie in Beweis 2) addiert bzw. subtrahiert werden darf, um die gewünschte Ungleichung zu erlangen. Es bleibt die Antwort, dass es letzlich Übungssache ist, das „Angemessene" zu tun.

Deswegen gleich ein weiteres

Beispiel 1.51 *Seien $a, b \in \mathbb{R}$ beliebig. Dann gilt*

$$ab \le \left(\frac{a+b}{2}\right)^2. \tag{1.20}$$

Beweis 1. $\forall a, b \in \mathbb{R}$ gilt nach Rechenregel 1.32, 3, dass

$$0 \le (a-b)^2 \implies 0 \le a^2 + b^2 - 2ab \implies 2ab \le a^2 + b^2$$

$$\implies ab \le \frac{a^2}{4} + \frac{b^2}{4} + \frac{ab}{2} \implies ab \le \left(\frac{a+b}{2}\right)^2.$$

qed

Beweis 2. $\forall a, b \in \mathbb{R}$ gilt nach Rechenregel 1.32, 3, dass

$$\left(\frac{a+b}{2}\right)^2 = \frac{a^2}{4} + \frac{b^2}{4} + \frac{ab}{2} \ge \frac{a^2}{4} + \frac{b^2}{4} + \frac{ab}{2} - \left(\frac{a-b}{2}\right)^2 = ab.$$

qed

Das letzte Beispiel gibt Anlass zu weiteren Rechenregeln, von denen die nachfolgende zweite Regel unmittelbar aus der obigen Ungleichung (1.20) folgt.

Rechenregeln 1.52 $\forall a, b \in \mathbb{R}$ *und* $n \in \mathbb{N}$ *gilt:*

1. $0 \le a < b \implies \sqrt[n]{a} < \sqrt[n]{b}$.

2. $a, b \ge 0 \implies \sqrt{ab} \le \dfrac{a+b}{2}$.

Eine Verallgemeinerung von Rechenregel 1.52, 2 ist

Satz 1.53 *Sei $a_k \geq 0$ für $k = 1, \ldots, n$. Dann gilt*

$$A := \frac{1}{n} \sum_{k=1}^{n} a_k \geq \sqrt[n]{\prod_{k=1}^{n} a_k} =: G.$$

Dabei bezeichne A das **arithmetische-** und G das **geometrische Mittel** der a_k.

Wir beenden diesen Abschnitt mit einem abschließenden Beispiel.

Beispiel 1.54 *Sei $k \in \mathbb{N}$ und $a_k := \sqrt{k^2 + 2} - \sqrt{k^2 + 1}$.*

a) *Schätzen Sie a_k durch einen „einfachen Ausdruck" b_k nach oben ab.*

b) *Geben Sie ferner ein $k_0 \in \mathbb{R}$ an, sodass für $k > k_0$ sicher $a_k < \varepsilon = 10^{-6}$ gilt.*

Da über b_k keine genaueren Angaben gemacht sind, beginnen wir unsere Abschätzungen mit a_k, und lassen uns überraschen:

$$a_k = \sqrt{k^2 + 2} - \sqrt{k^2 + 1}$$

$$= \frac{(\sqrt{k^2 + 2} - \sqrt{k^2 + 1})(\sqrt{k^2 + 2} + \sqrt{k^2 + 1})}{\sqrt{k^2 + 2} + \sqrt{k^2 + 1}}$$

$$= \frac{(\sqrt{k^2 + 2})^2 - \sqrt{(k^2 + 1)}^2}{\sqrt{k^2 + 2} + \sqrt{k^2 + 1}} = \frac{1}{\sqrt{k^2 + 2} + \sqrt{k^2 + 1}}$$

$$< \frac{1}{\sqrt{k^2} + \sqrt{k^2}}$$

$$= \frac{1}{2k} =: b_k < \varepsilon \quad \text{für} \quad 2k > \frac{1}{\varepsilon} = 10^6,$$

d.h. für $k > k_0 = \dfrac{1}{2\varepsilon} = 0.5 \cdot 10^6$ ist $a_k < \varepsilon = 10^{-6}$.

Aufgaben

Aufgabe 1.28. Gegeben seien die folgenden Aussagen:

a) $\forall x \in \mathbb{R} : \exists n \in \mathbb{N} : n > x$,

b) $\exists x \in \mathbb{R} : \forall n \in \mathbb{N} : n > x$,

c) $\exists x \in \mathbb{R} : \forall n \in \mathbb{N} : x \geq n$,

d) $\forall n \in \mathbb{N} : \exists x \in \mathbb{R} : x^2 = n$,

e) $\exists n \in \mathbb{N} : \exists! x \in \mathbb{R} : x^2 = n$.

Entscheiden Sie, ob die Aussagen wahr oder falsch sind und begründen Sie die Entscheidung.

Aufgabe 1.29. Für welche $x \in \mathbb{R}$ ist $\mathrm{sign}(-x + 2\sqrt{|x+1|}) = 1$?

Aufgabe 1.30. Für welche $x \in \mathbb{R}$ gilt

$$\text{a)} \ \ 7 - x < 8 - 3x, \quad \text{b)} \ \ x^3 - x^2 < 2x - 2,$$

$$\text{c)} \ \ \frac{1}{x} < \frac{1}{x+1}, \qquad \text{d)} \ \ \frac{x-2}{x+3} < 2x.$$

Aufgabe 1.31. Welche $x \in \mathbb{R}$ erfüllen die Ungleichungen

$$\text{a)} \ \ x < \sqrt{a+x}, \ a > 0, \qquad\qquad \text{b)} \ \ \sqrt{4x - x^2 - 4} > 3,$$

$$\text{c)} \ \ 2|x-7| < 7(x+2) + |5x+2|, \quad \text{d)} \ \ \big||x+1| - |x+3|\big| < 1.$$

Aufgabe 1.32. Seien $a, b \geq 0$. Zeigen Sie die Ungleichungen

$$\text{a)} \ \ \frac{a}{b} + b \geq 2\sqrt{a}, \ b > 0, \quad \text{b)} \ \ (a+b)^3 \leq 4a^3 + 4b^3.$$

Aufgabe 1.33. Zeigen Sie, dass für $x > 1$ die Ungleichungskette

$$2(\sqrt{x+1} - \sqrt{x}) < \frac{1}{\sqrt{x}} < 2(\sqrt{x} - \sqrt{x-1})$$

gilt.

1.7 Vollständige Induktion

Wir kommen nochmals auf die natürlichen Zahlen zurück. In $\mathbb{N}$ gibt es gewisse Eigenschaften, die für $\mathbb{R}$ nicht gelten. So hat z.B. das halboffene Intervall

$(2,5] \subset \mathbb{R}$ kein kleinstes Element, dagegen hat die Menge $\{2,3,4,5\} \subset \mathbb{N}$ das kleinste Element 2. Nun könnte sich die Frage stellen, ob die Existenz der natürlichen Zahlen nachgewiesen werden muss oder was natürliche Zahlen überhaupt sind? Der italienische Mathematiker GUISEPPE PEANO (1858-1932) definierte auf der Basis von fünf Axiomen die natürlichen Zahlen.

PEANO-**Axiome.**

1. 1 ist eine natürliche Zahl.

2. Zu jedem $n \in \mathbb{N}$ existiert ein „**nächstes Element**" $n + 1 \in \mathbb{N}$.

3. 1 ist kein Nachfolger.

4. Jede Teilmenge $M \subset \mathbb{N} \ \wedge \ M \neq \emptyset$ besitzt ein kleinstes Element.

5. Beginnend bei 1, kann durch sukzessives Voranschreiten zum Nachfolger jede Zahl in $\mathbb{N}$ erreicht werden.

Auf dem fünften Axiom basiert das wichtige Beweisprinzip der **vollständigen Induktion.**

Satz 1.55 (Prinzip der vollständigen Induktion) *Es sei $A(n)$ eine für alle $n \in \mathbb{N}$ gültige Aussage. Dann gilt:*

a) **Induktionsanfang:** *Zeigen Sie, dass $A(1)$ wahr ist.*

b) **Induktionsschluss:** *Zeigen Sie, falls $A(n)$ für ein beliebiges $n \in \mathbb{N}$ wahr ist, so ist auch $A(n + 1)$ wahr.*

Dann ist $A(n)$ wahr $\forall n \in \mathbb{N}$.

Bemerkung. Die Induktionsvoraussetzung muss nicht zwingend bei $n = 1$ beginnen. Jedes $n_0 \geq 0$ kann dafür in Betracht kommen.

Beispiel 1.56 *Für alle $x \geq -1$ gilt die* BERNOULLI-*Ungleichung*[3]

$$(1 + x)^n \geq 1 + nx \quad \forall n \in \mathbb{N}.$$

---

[3] Benannt nach dem schweizer Mathematiker JAKOB BERNOULLI, 1655-1705.

Beweis. (Vollständige Induktion).

a) **Induktionsanfang:** *Sei* $n = 1$. *Dann gilt*

$$(1 + x)^1 = 1 + 1 \cdot x \geq 1 + 1 \cdot x,$$

d.h., Behauptung ist für $n = 1$ *richtig.*

b) **Induktionsschritt:** *Es gelte* $A(n)$, *d.h., wir nehmen an, dass* $(1+x)^n \geq 1 + nx$ *richtig ist* (**Induktionsannahme**) *und zeigen damit* $A(n) \implies A(n+1) \; \forall n \in \mathbb{N}$:

$$(1+x)^{n+1} = \underbrace{(1+x)^n(1+x) \geq (1+nx)(1+x)}_{(1+x) \geq 0 \; und \; A(n) \; wahr} = 1 + (n+1)x + \underbrace{nx^2}_{\geq 0}$$

$$\geq 1 + (n+1)x,$$

damit gilt die Aussage auch für $n + 1$.

Die Behauptung ist für alle $n \in \mathbb{N}$ *wahr.*   *qed*

Beispiel 1.57 *Die Summe aufeinanderfolgender ungerader Zahlen lautet:*

$$\left. \begin{array}{rcl} 1 &=& 1 \\ 1+3 &=& 4 \\ 1+3+5 &=& 9 \\ 1+3+5+7 &=& 16 \\ \vdots & & \end{array} \right\} \quad \textit{mit der Vermutung:} \quad \sum_{k=0}^{n}(2k+1) = (n+1)^2.$$

Beweis. (Vollständige Induktion).

a) **Induktionsanfang:** *Sei* $n = 0$. *Dann gilt*

$$\sum_{k=0}^{0}(2k+1) = 1 = (1)^2,$$

d.h., die Behauptung ist für $n = 0$ *richtig.*

b) **Induktionsschritt:** *Es gelte* $A(n)$, *wir nehmen also an, dass* $\sum_{k=0}^{n}(2k+1) = (n+1)^2$ *richtig ist* (**Induktionsannahme**) *und zeigen damit* $A(n) \implies A(n+1) \; \forall n \in \mathbb{N}$:

$$\sum_{k=0}^{n+1}(2k+1) = \underbrace{\sum_{k=0}^{n}(2k+1) + (2(n+1)+1) = (n+1)^2 + (2(n+1)+1)}_{Induktionsannahme}$$

$$= ((n+1)+1)^2.$$

Damit ist die Behauptung für alle $n \in \mathbb{N}_0$ wahr.   qed

Wir können obige Formel in Analogie zu Beispiel 1.27 mit Hilfe der Rechen-regeln für Summen auch direkt berechnen. Es gilt

$$\sum_{k=0}^{n}(2k+1) = 2\sum_{k=0}^{n}k + \sum_{k=0}^{n}1 = 2 \cdot \frac{n(n+1)}{2} + (n+1) = (n+1)^2.$$

Eine vollständige Induktion dazu wäre nicht nötig. Mit Induktionsbeweisen werden Formeln und Aussagen nicht berechnet oder hergeleitet, sondern le-diglich auf ihre Richtigkeit hin überprüft. **Vermutungen werden verifi-ziert**. So könnten wir jetzt in umgekehrter Weise mit Hilfe dieses Beweis-prinzips kontrollieren, ob wir in Beispiel 1.27 richtig gerechnet haben.

Gegenbeispiele beleben nicht nur die Materie, sie verdeutlichen gewisse Zu-sammenhänge oft noch besser.

Gegenbeispiel. Ist die Gleichung

$$\sum_{k=1}^{n}k(k+1) = \frac{n}{3}(n+1)(n+2) + 7$$

für alle $n \in \mathbb{N}$ richtig?

Wir beginnen zur Abwechslung mit dem

a) **Induktionsschritt:** Es gelte $A(n)$, d.h., wir nehmen an, dass $\sum_{k=1}^{n}k(k+1) = \frac{n}{3}(n+1)(n+2) + 7$ richtig ist (**Induktionsannahme**) und zeigen damit $A(n) \implies A(n+1) \ \forall n \in \mathbb{N}$:

$$\sum_{k=1}^{n+1}k(k+1) = \underbrace{\sum_{k=1}^{n}k(k+1)}_{Induktionsannahme} + (n+1)(n+2)$$

$$= \overbrace{\frac{n}{3}(n+1)(n+2) + 7} + (n+1)(n+2)$$

$$= \frac{n+1}{3}((n+1)+1)((n+1)+2) + 7.$$

b) **Induktionsanfang:** Es gibt aber **kein erstes** $n \in \mathbb{N}$, welches einen gültigen Anfang liefert!

Der Induktionsschluss klappt, es gibt jedoch keinen Induktionsanfang! Die Aussage ist damit falsch!

Für alle $n \in \mathbb{N}$ ist jedoch die nachfolgende Gleichung richtig:

$$\sum_{k=1}^{n} k(k+1) = \frac{n}{3}(n+1)(n+2).$$

Beispiel 1.58 *Sei $a \in \mathbb{R}$ so gewählt, dass $b_1 = a + \dfrac{1}{a} \in \mathbb{Z}$. Dann ist auch*

$$b_n = a^n + \frac{1}{a^n} \in \mathbb{Z} \text{ für } n \in \mathbb{N}_0.$$

(Dies gilt z.B. für $a = \dfrac{1}{2}(2 + \sqrt{5}) \in \mathbb{R}$.)

Beweis. *a)* **Induktionsanfang:** *Sei $n = 0$. Dann gilt $b_0 = 1 + 1 = 2 \in \mathbb{Z}$ und $b_1 \in \mathbb{Z}$ nach Voraussetzung.*

b) **Induktionsschritt:** *Es gelte $A(n)$, wir nehmen also an, $b_0, \ldots, b_n \in \mathbb{Z}$ und zeigen damit $A(n) \implies A(n+1) \; \forall n \in \mathbb{N}$:*

$$b_{n+1} = a^{n+1} + \frac{1}{a^{n+1}} = \left(a^n + \frac{1}{a^n}\right)\left(a + \frac{1}{a}\right) - \left(a^{n-1} + \frac{1}{a^{n-1}}\right)$$

$$= b_n \cdot b_1 - b_{n-1} \in \mathbb{Z}.$$

Damit ist alles gezeigt, da nach Induktionsannahme $b_1, b_{n-1}, b_n \in \mathbb{Z}$. qed

Bevor wir mit weiteren Beispielen fortfahren, führen wir noch einige Begriffe ein.

Definition 1.59 *Für $n \in \mathbb{N}_0$ sei* **die Fakultät von** *n definiert als*

$$n! := \prod_{k=1}^{n} k = 1 \cdot 2 \cdot 3 \cdot \ldots \cdot n,$$

wobei $0! := 1$ gesetzt wird.

Diese Definition kann auch **rekursiv** gestaltet werden. Es handelt sich dabei um eine Vorschrift derart, dass sich ein Ausdruck $A(n)$ aus vorherigen Ausdrücken $A(k)$ für $1 \leq k \leq n-1$ berechnen lässt. Bei der Fakultät liest sich dieser Sachverhalt folgendermaßen:

$$\boxed{n! = n \cdot (n-1)! \, .} \qquad (1.21)$$

Die Fakultät spielt beispielsweise in der **Kombinatorik** eine Rolle. Es gilt

---

Satz 1.60 *Die Anzahl der möglichen Anordnungen einer n-elementigen Menge ist $n!$.*

Beweis. a) **Induktionsanfang:** Sei $n = 1$. Da $1 = 1!$ gilt, ist alles klar.

b) **Induktionsschritt:** Die Aussage gelte für eine n-elementige Menge, und wir zeigen damit wieder $A(n) \Longrightarrow A(n+1) \; \forall n \in \mathbb{N}$:

Wir nehmen eine Menge mit $n + 1$ Elementen. Daraus lassen sich n-elementige Mengen auf $n + 1$ verschiedene Arten auswählen, wie man sich leicht vorstellen kann. Jede dieser $n + 1$ Mengen mit n Elementen hat nach Induktionsannahme $n!$ Anordnungen. Insgesamt also

$$(n+1) \cdot n! = (n+1)!$$

Anordnungen nach obiger Rekursionsformel.

Damit gilt die Behauptung für alle $n \in \mathbb{N}$.   qed

Die Fakultät wächst schneller als eine Potenz a^n. Dies präzisieren wir im

Beispiel 1.61 *Sei $a \in \mathbb{R}$ vorgegeben. Dann gilt für „große" $n \in \mathbb{N}$, dass*

$$a^n < n! \, .$$

Zusätzliche Information. Zu Beispiel 1.61 ist bei der Online-Version dieses Kapitels (doi:10.1007/978-3-642-29980-3_1) ein Video enthalten.

Beweis. Wir beginnen auch diesmal mit dem

a) **Induktionsschritt:** *Es gelte $a^n < n!$ (Induktionsannahme). Dann ergibt sich*

$$a^{n+1} = \overbrace{a \cdot a^n}^{Annahme} < a \cdot n! \leq (n+1) \cdot n! = (n+1)!,$$

$$\uparrow$$

$$falls\ (n+1) \geq a$$

d.h., die Behauptung ist „vererblich" für $n \geq a - 1$.

Das heißt nicht, dass die Behauptung richtig ist $\forall n \geq a - 1$. Wir müssen noch ein **erstes** $n_0 \geq a - 1$ finden, für das die Behauptung stimmt. Damit ist dann sichergestellt, dass die Behauptung $\forall n \geq n_0$ richtig ist. Die ersten n müssen wir „von Hand" ausrechnen.

Für welche $n \in \mathbb{N}$ gilt also z.B. $3^n < n!$? Vererblich wäre die Behauptung schon für $n \geq 3 - 1 = 2$, ob dies tatsächlich stimmt, zeigt der

b) **Induktionsanfang:**

$$n = 1 : \qquad 3^1 \not< 1! = 1$$

$$n = 2 : \qquad 3^2 = 9 \not< 2! = 2$$

$$n = 3 : \qquad 3^3 = 27 \not< 3! = 6$$

$$n = 4 : \qquad 3^4 = 81 \not< 4! = 24$$

$$n = 5 : \qquad 3^5 = 243 \not< 5! = 120$$

$$n = 6 : \qquad 3^6 = 729 \not< 6! = 720$$

$$n = 7 : \qquad 3^7 = 2187 < 7! = 5040$$

Also gilt insgesamt $3^n < n!$ erst für alle $n \geq 7$.

$$qed$$

Definition 1.62 Für $n, k \in \mathbb{N}$ sei $\binom{n}{k}$ (in Worten: „n über k") definiert als

$$\binom{n}{k} := \frac{n \cdot (n-1) \cdot \ldots \cdot (n-k+1)}{1 \cdot \ldots \cdot k} \qquad mit \qquad \binom{n}{0} := 1.$$

Dabei beschreibt $\binom{n}{k}$ für $k \leq n$ gerade die Anzahl der Möglichkeiten, k Kugeln aus einer Kiste mit n Kugeln ohne Beachtung der Reihenfolge zu ziehen. Die bekanntesten Kugeln in diesem Zusammenhang sind wohl die berühmten „6 aus 49", mit dem ernüchterenden Ergebnis

$$\binom{49}{6} = 13\,983\,816.$$

Nennenswert wird ein Lottogewinn aber nur dann, wenn auch die Superzahl richtig ist. Man erhält jetzt nicht weniger als

$$\binom{49}{6} \cdot \binom{10}{1} = 13\,983\,816 \cdot 10 = 139\,836\,160$$

Möglichkeiten.

Wir stellen jetzt einige hilfreiche Rechenregeln zusammen.

Rechenregeln 1.63 *Für* $0 \le k \le n$ *gilt*

1. $\binom{n}{k} = \dfrac{n!}{k!(n-k)!}$,

2. $\binom{n}{k} = 0$,

3. $\binom{n}{k} = \binom{n}{n-k}$,

4. $\binom{n+1}{k} = \binom{n}{k-1} + \binom{n}{k}$.

Beweis. Wir zeigen nur die 4. Regel und üben damit gleichzeitig das Rechnen mit Fakultäten.

$$\binom{n}{k} + \binom{n}{k-1} = \frac{n!}{k!(n-k)!} + \frac{n!}{(k-1)!(n-k+1)!}$$

$$= \frac{n!\big[(k-1)!(n-k+1)! + k!(n-k)!\big]}{k!(k-1)!(n-k)!(n-k+1)!}$$

$$= \frac{n!(n-k+1+k)}{k!(n+1-k)!} = \frac{(n+1)!}{k!(n+1-k)!} = \binom{n+1}{k}.$$

qed

Damit ergibt sich eine Anordnung von $\binom{n}{k}$ im folgenden PASCAL-**Dreieck**[4]. Diese Anordnung ist leicht zu merken, denn jede Zeile beginnt mit $\binom{n}{0} = 1$ und endet mit $\binom{n}{n} = 1$. Nach Rechenregel 1.63, 4. ist jede Zahl die Summe der beiden darüberstehenden Zahlen.

$$
\begin{array}{ll}
\binom{0}{0} & \qquad\qquad 1 \\[2mm]
\binom{1}{k} & \qquad\qquad 1 \quad 1 \\[2mm]
\binom{2}{k} & \qquad\quad 1 \quad 2 \quad 1 \\[2mm]
\binom{3}{k} & \qquad\; 1 \quad 3 \quad 3 \quad 1 \\[2mm]
\binom{4}{k} & \quad\; 1 \quad 4 \quad 6 \quad 4 \quad 1 \\[2mm]
\binom{5}{k} & 1 \quad 5 \quad 10 \quad 10 \quad 5 \quad 1
\end{array}
$$

Wir sind nun in der Lage, den **binomischen Lehrsatz** zu beweisen. Dazu verwenden wir Rechenregeln für Summen und die eben vorgestellten Rechenregeln 1.63.

Satz 1.64 (Binomischer Lehrsatz) *Für $\forall a, b \in \mathbb{R}$ und $\forall n \in \mathbb{N}$ gilt die Darstellung*

$$
(a+b)^n = \sum_{k=0}^{n} \binom{n}{k} a^k \, b^{n-k}.
$$

Beweis. a) **Induktionsanfang:** Sei $n = 1$, dann gilt

$$
(a+b)^1 = \sum_{k=0}^{1} \binom{1}{k} a^k \, b^{1-k} = \binom{1}{0} a^0 b^1 + \binom{1}{1} a^1 b^0 = a + b.
$$

b) **Induktionsschritt:** Falls die Behauptung für n als richtig angenommen wird, folgt

---

[4] Nach dem französischen Mathematiker BLAISE PASCAL (1588-1651).

$$(a+b)^{n+1} = (a+b)(a+b)^n = (a+b)\underbrace{\sum_{k=0}^{n}\binom{n}{k}a^k b^{n-k}}_{\text{Induktionsannahme}}$$

$$= \sum_{k=0}^{n}\binom{n}{k}a^{k+1}b^{n-k} + \sum_{k=0}^{n}\binom{n}{k}a^k b^{n+1-k}$$

$$= \sum_{k=1}^{n+1}\binom{n}{k-1}a^k b^{n+1-k} + \underbrace{\sum_{k=0}^{n(+1)}\binom{n}{k}a^k b^{n+1-k}}_{\binom{n}{n+1}=0}$$

$$= \sum_{k=1}^{n+1}\left[\binom{n}{k-1}+\binom{n}{k}\right]a^k b^{n+1-k} + b^{n+1}$$

$$= \sum_{k=1}^{n+1}\binom{n+1}{k}a^k b^{n+1-k} + \underbrace{\binom{n+1}{0}}_{=1}b^{n+1}$$

$$= \sum_{k=0}^{n+1}\binom{n+1}{k}a^k b^{n+1-k}.$$

Damit ist alles bewiesen.   qed

Beispiel 1.65

1. $2^n = (1+1)^n = \sum_{k=0}^{n}\binom{n}{k}$ (*Zeilensummen im* PASCAL*-Dreieck*).

2. $0 = (1-1)^n = \sum_{k=0}^{n}\binom{n}{k}(-1)^k = \binom{n}{0}-\binom{n}{1}+\ldots+(-1)^n\binom{n}{n}.$

3. $0^0 = (1-1)^0 = \sum_{k=0}^{0}\binom{0}{k}(-1)^k = \binom{0}{0}(-1)^0 = 1.$

Aufgaben

Aufgabe 1.34. Zeigen Sie mittels vollständiger Induktion

$$\sum_{k=1}^{n}(3k-1)k = n^2(n+1) \ \ \forall\, n \in \mathbb{N}.$$

Aufgabe 1.35. Zeigen Sie mit Hilfe vollständiger Induktion

$$\sum_{k=0}^{n} a^k b^{n-k} = \frac{a^{n+1} - b^{n+1}}{a - b} \quad \forall\, n \in \mathbb{N}_0,\; a \neq b.$$

Aufgabe 1.36. Sie zeigen nun mit vollständiger Induktion, dass $4^n + 15n - 1$ für $n \in \mathbb{N}$ durch 9 teilbar ist.

Aufgabe 1.37. Bestätigen Sie per vollständiger Induktion

$$(1 - x) \prod_{k=0}^{n} \left(1 + x^{(2^k)}\right) = 1 - x^{(2^{n+1})} \quad \text{für } n \in \mathbb{N}_0.$$

Aufgabe 1.38. In einer Spielzeugkiste befinden sich 4 weiße und 12 bunte Teddybären. Wie viele Möglichkeiten hat ein Kind, dass beim zufälligen Herausgreifen von 6 Bären höchstens 2 bunte dabei sind?

Aufgabe 1.39. Eine Übungsgruppe zur Ingenieursmathematik bestehe aus 27 Studierenden. Wie viele Möglichkeiten gibt es, dass mindestens 2 Studenten am selben Tag Geburtstag haben?

Aufgabe 1.40. Zu Beginn einer Veranstaltung begrüßt jeder Teilnehmer jeden anderen. Der Gruß wird 272-mal ausgesprochen. Wie viele Personen nehmen an der Veranstaltung teil?

Aufgabe 1.41. Bei einer Party stoßen alle Gäste miteinander an. Die Gläser klingen 66-mal. Wie viele Partygäste sind anwesend?

1.8 Vollständigkeitsaxiom

Die bisherige Erklärung der reellen Zahlen als „lückenloser" Zahlenstrahl durch $\mathbb{R} := (-\infty, +\infty)$ soll nun abschließend präzisiert werden (vgl. Definition 1.37). Entsprechend den Peano-Axiomen für $\mathbb{N}$ wollen wir auch $\mathbb{R}$ axiomatisch definieren. Eine Menge $\mathbb{R}$ heißt dementsprechend „Menge der reellen Zahlen", falls gewisse Axiome erfüllt sind. In den vergangenen Abschnitten haben wir eine ganze Reihe von Grundgesetzen und Ordnungsaxiomen für reelle Zahlen formuliert. Es handelt sich dabei um die Axiome A1-A4, M1-M4, D (Körperaxiome) und O1-O4, die auf den Seiten 24 und 34 zu finden sind. Diese charakterisieren $\mathbb{R}$ sicher nicht vollständig, da $\mathbb{Q}$ sie auch erfüllt. Den wesentlichen Unterschied zwischen $\mathbb{Q}$ und $\mathbb{R}$ arbeiten wir heraus und führen dazu einige neue Begriffe ein.

Definition 1.66 *Sei $M \subset \mathbb{R}$ und $M \neq \emptyset$.*

1. *$u \in \mathbb{R}$ heißt* **obere Schranke** *von M $:\Longleftrightarrow x \leq u \; \forall x \in M$.*

2. *$l \in \mathbb{R}$ heißt* **untere Schranke** *von M $:\Longleftrightarrow l \leq x \; \forall x \in M$.*

3. *$S \in \mathbb{R}$ heißt* **kleinste obere Schranke** *oder* **Supremum** *vom M $:\Longleftrightarrow S$ ist obere Schranke und $S \leq u$ für alle oberen Schranken u von M (in Zeichen: $S = \sup M$).*

4. *$s \in \mathbb{R}$ heißt* **größte untere Schranke** *oder* **Infimum** *vom M $:\Longleftrightarrow s$ ist untere Schranke und $s \geq l$ für alle unteren Schranken l von M (in Zeichen: $s = \inf M$).*

Folgerung 1.67

1. *M heißt nach oben bzw. nach unten beschränkt, falls M eine obere bzw. untere Schranke besitzt (falls also Supremum bzw. Infimum existieren).*

2. *Supremum und Infimum sind eindeutig bestimmt.*

3. *$\inf M = -\sup(-M)$, wobei $-M := \{-x \in \mathbb{R} : x \in M\}$.*

4. *Gilt $S \in M$ (das Supremum wird angenommen), dann heißt $\sup M$ das* **Maximum** *von M (in Zeichen: $\max M$).*

5. *Gilt $s \in M$ (das Infimum wird angenommen), dann heißt $\inf M$ das* **Minimum** *von M (in Zeichen: $\min M$).*

Nachfolgende Beispiele sollen dies verdeutlichen:

Beispiel 1.68 *Sei $M = (1, 2)$, dann*

a) *$u = 5$, $l = 0$,*

b) *$\inf M = 1$, $\sup M = 2$.*

Sei $M = (1, 2]$, dann

a) *$u = 5$, $l = 0$,*

b) *$\inf M = 1$, $\sup M = \max M = 2$.*

Sei $M = [1, 2)$, dann

a) $u = 5$, $l = 0$,

b) $\inf M = \min M = 1$, $\sup M = 2$.

Beispiel 1.69

a) Sei $M = [a, \infty)$, dann gilt $\min M = a$. Das Supremum existiert nicht, da M nach oben unbeschränkt ist, daher setzen wir $\sup M =: +\infty$.

b) Sei $M = (-\infty, a)$, dann gilt $\sup M = a$. Das Infimum existiert nicht, da M nach unten unbeschränkt ist, daher setzen wir analog $\inf M =: -\infty$.

c) Die Menge $\mathbb{N}$ ist nach oben unbeschränkt.

Mit den Begriffen aus Definition 1.66 sind wir nun in der Lage das **Vollständigkeitsaxiom** von DEDEKIND[5] zu formulieren.

> **Vollständigkeitsaxiom V.** Jede nichtleere Menge reeller Zahlen, die eine obere Schranke hat, besitzt auch eine kleinste obere Schranke.

Das Vollständigkeitsaxiom bedeutet kurz gesagt (was wir ohnehin schon in etwas salopperer Form beschrieben haben):

> Die reelle Achse hat keine Löcher!

Beispiel 1.70 *Sei $M = \{x \in \mathbb{R} : x \geq 0 \ \wedge \ x^2 < 2\}$. Dann gilt*

$$\sup M = \sqrt{2}.$$

Wir sind nun in der Lage, die lang ersehnte **axiomatische Beschreibung der reellen Zahlen** zu geben.

> **Definition 1.71** *Eine Menge, die die beiden Elemente $\{0, 1\}$ enthält und mit den Operationen $+$, $\cdot$ ausgestattet ist, die weiter A1-A4, M1-M4, D, O1-O4 und V erfüllt, heißt* **Menge der reellen Zahlen**.

Es gilt zusammenfassend

> $\mathbb{R}$ ist ein vollständiger, geordneter Körper!

---

[5] nach dem deutschen Mathematiker JULIUS WILHELM RICHARD DEDEKIND (1831-1916)

Abschließend formulieren wir noch einen Zusammenhang zwischen den reellen und natürlichen Zahlen, welcher letztlich Beispiel 1.69, c) wiederspiegelt. Es gilt der **Satz des** ARCHIMEDES[6].

Satz 1.72 *Für jede reelle Zahl $x \in \mathbb{R}$ existiert eine natürliche Zahl $n \in \mathbb{N}$ mit $x \leq n$.*

Eine Anmerkung zu ARCHIMEDES sei an dieser Stelle gestattet. Archimedes beschäftigte sich u.a. auch mit Hebelgesetzen und sagte in diesem Zusammenhang, er könne ganz alleine die Erde anheben, wenn er nur einen festen Punkt außerhalb der Erde und einen ausreichend langen Hebel zur Verfügung hätte.

Deswegen nennen wir Punkte, die außerhalb eines Versuchsaufbaus liegen und Hebelpunkte sein können auch **ARCHIMEDische Punkte**.

Aufgaben

Aufgabe 1.42. Skizzieren Sie folgende Teilmengen von $\mathbb{R}$:

$M_1 = \{x \in \mathbb{R} : x^2 < 9\}$, $M_2 = \{x \in \mathbb{R} : |x| \leq 2\}$, $M_3 = \{n \in \mathbb{N} :$ 2 ist Teiler von $n\}$.

1. Bestimmen Sie

   (i) $M_1 \setminus M_2$,   (ii) $M_3 \cup M_2$,   (iii) $M_1 \cap M_3$

   und skizzieren Sie diese Mengen.

2. Sie geben jetzt für die Mengen M_1, M_2 und M_3 jeweils zwei obere und zwei untere Schranken an, falls diese existieren.

3. Bestimmen Sie für die Mengen M_1, M_2 und M_3 jeweils Supremum und Infimum, falls sie existieren, und geben Sie an, ob sie in der jeweiligen Menge liegen.

4. Beweisen Sie $M_2 \subset M_1$.

Aufgabe 1.43. Zeigen Sie, dass es zu jedem $\varepsilon > 0$ eine Zahl $n \in \mathbb{N}$ gibt mit $1/n < \varepsilon$.

---

[6] Nach dem griechischen Mathematiker und Physiker ARCHIMEDES VON SYRAKUS, um 287-212 v.Chr.

1.9 Noble Zahlen

Man glaubt es kaum, in der Mathematik gibt es noble Zahlen, und eine davon ist sogar die *Nobelste*. Bevor wir jedoch diese auserwählte Zahl identifizieren, beschäftigen wir uns mit *Kettenbrüchen*.

Diese sind verbunden mit dem Namen CHRISTIAAN HUYGENS (1629-1695), einem niederländischen Astronom und Mathematiker. Er stieß auf Kettenbrüche, als er ein Zahnradmodell unseres Sonnensystems bauen wollte und dabei versuchte, die Periodenverhältnisse der Planeten durch möglichst wenige Zähne anzunähern.

Betrachten wir nun als Ausgangsbeispiel die wohlbekannte Beziehung

$$\boxed{\sqrt{2} = 1 + \frac{1}{1 + \sqrt{2}}.}$$

Weiteres Einsetzen in die rechte Seite liefert die Darstellung

$$\sqrt{2} = 1 + \cfrac{1}{1 + \left(1 + \cfrac{1}{1 + \sqrt{2}}\right)}$$

und schließlich

$$\sqrt{2} = 1 + \cfrac{1}{2 + \cfrac{1}{2 + \cfrac{1}{2 + \cfrac{1}{2 + \cdots}}}}.$$

Dies kann wie folgt verallgemeinert werden:

Definition 1.73 *Unter einem* **unendlichen Kettenbruch** *verstehen wir einen Ausdruck der Form*

$$a_0 + \cfrac{1}{a_1 + \cfrac{1}{a_2 + \cfrac{1}{a_3 + \cfrac{1}{a_4 + \cdots}}}},$$

mit reellen Zahlen $a_0, a_1, a_2, a_3, a_4, \cdots$. *Abkürzend für den o.g. Ausdruck verwenden wir die Schreibweise*

$$[a_0, a_1, a_2, a_3, a_4, \cdots].$$

Damit ergibt sich z.B. die Darstellung

$$\sqrt{2} = [1, 2, 2, 2, 2, \cdots] = [1, \overline{2}].$$

Entsprechend gilt

Definition 1.74 *Ein* **endlicher Kettenbruch** *hat die Form*

$$[a_0, a_1, \cdots, a_n] := a_0 + \cfrac{1}{a_1 + \cfrac{1}{a_2 + \cfrac{1}{a_3 + \cdots \cfrac{\ddots}{\cfrac{1}{a_{n-1} + \cfrac{1}{a_n}}}}}}.$$

Die Frage nach der Darstellbarkeit einer reellen Zahl durch einen Kettenbruch klärt folgende Aussage:

Satz 1.75 *Jede Zahl* $x \in \mathbb{R}$ *lässt sich auf* **eindeutige** *Weise durch einen Kettenbruch darstellen. Dabei ist zu unterscheiden, dass*

1. *$x \in \mathbb{R}$ rational ist, falls der entsprechende Kettenbruch* **endlich** *ist,*

2. *$x \in \mathbb{R}$ irrational ist, falls der entsprechende Kettenbruch* **unendlich** *ist.*

Bei rationalen Zahlen mit dem endlichen Kettenbruch $x = [a_0, a_1, \cdots, a_n]$ verlangen wir zusätzlich $a_n \neq 1$ für alle $n \geq 1$, um Mehrdeutigkeiten bei dieser Darstellung zu vermeiden.

Anstatt eines exakten Beweises formulieren wir ein rekursives Verfahren zur Konstruktion eines endlichen bzw. unendlichen Kettenbruches.

Kettenbruchdarstellung. Sei $x \in \mathbb{R}$. Wir setzen $x_0 := x$ und $[x]$ bezeichne die größte ganze Zahl mit $[x] \leq x$. Es gilt die rekursive Darstellung

$$x_0 = [x_0] + \frac{1}{x_1},$$

$$x_1 = [x_1] + \frac{1}{x_2},$$

$$x_2 = [x_2] + \frac{1}{x_3},$$

$$\vdots$$

Das Verfahren wird abgebrochen, sobald kein Rest mehr auftritt. Anderenfalls endet es nie. Insgesamt erhalten wir den gewünschten Kettenbruch

$$x = [a_0, a_1, a_2, \cdots],$$

mit $a_i := [x_i]$ für $i \geq 0$.

Beispiel 1.76

a) $x = \dfrac{11}{3}$ *liefert die Rekursion*

$$\frac{11}{3} = \boxed{3} + \frac{2}{3} = \frac{1}{3/2},$$

$$\frac{3}{2} = \boxed{1} + \frac{1}{2},$$

$$2 = \boxed{2} + 0,$$

und damit den Kettenbruch $\dfrac{11}{3} = [3,1,2] = \boxed{3} + \cfrac{1}{\boxed{1} + \cfrac{1}{\boxed{2}}}$.

b) *Die* EULER*sche Zahl hat die Darstellung*

$$e = [2, \overline{1, 2n, 1}]_{n=1}^{\infty}.$$

c) *Die Kreiszahl* π *weist keine Periodizität auf. Es gilt*

$$\pi = [3, 7, 15, 1, 292, 1, 1, 1, 2, 1, 3, 1, 14, \cdots].$$

d) CHRISTIAAN HUYGENS *beschäftigte sich im Rahmen seiner o.g. Betrachtungen auch mit dem Verhältnis*

$$\frac{77\,708\,491}{2\,640\,858} = [29, 2, 2, 1, 5, 1, 6, 1, 1, 1, 1, 9, 1, 1, 14, 2, 2],$$

welches der Vollständigkeit halber nicht unerwähnt bleiben soll.

Beispiel 1.77 *Um die Forderung $a_n \neq 1$ aus Satz 1.75 zu untermauern, betrachten wir nochmals $x = 11/3$. Wir hatten*

$$[3,1,2] = \boxed{3} + \cfrac{1}{\boxed{1} + \cfrac{1}{\boxed{2}}} \overset{!!}{=} \boxed{3} + \cfrac{1}{\boxed{1} + \cfrac{1}{\boxed{1} + \cfrac{1}{\boxed{1}}}} = [3,1,1,1].$$

Wie das Beispiel deutlich zeigt, liefert eine Missachtung der erwähnten Konvention (hier $a_3 = 1$ im zweiten Kettenbruch) eine Mehrdeutigkeit der Darstellung. Unser rekursiver Algorithmus berücksichtigt die gewünschte Forderung jedoch automatisch!

Nachfolgende Tabelle fasst bereits vorgeführte und weitere Beispiele zusammen:

Reelle Zahl	Kettenbruchdarstellung
$\sqrt{2}$	$[1, \overline{2}]$
$\sqrt{3}$	$[1, \overline{1,2}]$
$\sqrt{4}$	$[2]$
$\sqrt{5}$	$[2, \overline{4}]$
$\sqrt{6}$	$[2, \overline{2,4}]$
$\sqrt{7}$	$[2, \overline{1,1,1,4}]$

Wir benötigen den seit der Antike wohlbekannten **Goldenen Schnitt**. Seien dazu $a, b \in \mathbb{R}$ mit den Eigenschaften $a, b > 0$ und $a > b$. Wir betrachten das Verhältnis

$$\boxed{\frac{a}{b} = \frac{a+b}{a}.} \tag{1.22}$$

Setzen wir $G := \dfrac{a}{b}$, dann liest sich (1.22) in der Form

$$\boxed{G = 1 + \frac{1}{G} \iff G^2 - G - 1 = 0 \iff G_{1,2} = \frac{1 \pm \sqrt{5}}{2}.} \tag{1.23}$$

Der positive dieser beiden Werte hat einen Namen:

Definition 1.78 *Teilen wir eine längere Strecke a > 0 durch eine kürze-re Strecke b > 0 und genügt dieses Verhältnis der Beziehung (1.22), dann heißt diese Streckenteilung der* **Goldene Schnitt** *und hat gemäß (1.23) den Zahlenwert*

$$G = \frac{1 + \sqrt{5}}{2}.$$

Wir kommen jetzt zur langersehnten Definition einer noblen Zahl.

Definition 1.79 *Wir nennen eine* **irrationale** *Zahl* $x \in \mathbb{R}$ *eine* **no-ble Zahl***, wenn deren unendliche Kettenbruchdarstellung ab irgend einer Stelle nur noch die Zahl* **Eins** *enthält, d.h. wenn die Darstellung*

$$x = [a_0, a_1, \cdots, a_n, \overline{1}]$$

vorliegt, wobei $a_n \neq 1$.

Beispiel 1.80 *Noble Zahlen sind demnach*

a) $\dfrac{\sqrt{5} - 1}{2} = [0, \overline{1}].$

b) $\dfrac{\sqrt{5} + 1}{2} = [\overline{1}].$

Daran erkennen wir sofort, dass der *Goldene Schnitt die nobelste Zahl* ist, da dessen Kettenbruchdarstellung ausschließlich die Zahl 1 enthält.

Bemerkung. Häufig wird anstatt $\dfrac{\sqrt{5} + 1}{2} = 1.618\cdots$ die Zahl $\dfrac{\sqrt{5} - 1}{2} = 0.618\cdots$ als der Goldene Schnitt bezeichnet. Letztere resultiert aus der Beziehung $\dfrac{1}{x} = \dfrac{x}{1 - x}$, $0 < x < 1$. Das Streckenverhältnis ist in beiden Fällen natürlich dasselbe, wir haben uns aus verständlichen Gründen lediglich für die „nobelste Version" entschieden.

Streckenverhältnisse gemäß des Goldenen Schnittes werden von Menschen als äußerst ästhetisch empfunden. Deswegen ist es nicht verwunderlich, dass in der Architektur und in der Kunst häufig davon Gebrauch gemacht wird. Ebenso finden wir dieses Verhältnis in der Botanik bei der Anordnung von Blättern mancher Pflanzen wieder.

Berühmt in diesem Zusammenhang ist der *vitruvianische Mensch* von LEO-
NARDO DA VINCI (1452-1519), eine Studie über natürliche und ästhetische
Körperproportionen beim Menschen.

Das *Pentagramm*, ein regelmäßiges Fünfeck, dessen Diagonalen sich im Goldenen Schnitt teilen, war das Ordenszeichen der Pythagoreer.

Aufgaben

Aufgabe 1.44. Ermitteln Sie die Kettenbrüche von $13/4$, 4.7 und $\sqrt{5}/3$.

Aufgabe 1.45. Berechnen Sie

$$\sqrt{1 + \sqrt{1 + \sqrt{1 + \sqrt{1 + \cdots}}}}.$$

1.10 Maschinenzahlen

KONRAD ZUSE (1910-1995) gilt als der Erfinder des modernen *programmierbaren* Computers. Im elterlichen Wohnzimmer stellte er im Jahre 1938 den
ersten programmierbaren Rechner fertig und nannte ihn **Z1**. Diese Maschi-
ne funktionierte zwar äußerst unzuverlässig, enthielt aber alle Bausteine eines modernen Computers, wie Leitwerk, Speicher, Programmsteuerung und
Gleitkommarechenwerk. Die Z1 hatte das beachtliche Gewicht von ca. 500 kg
und eine Taktfrequenz von 1 Hertz. Die sog. Maschinenzahlen wurden mit
einer Mantisse von 24 Bit, einem Exponenten von 7 Bit und einem Bit für
das Vorzeichen dargestellt. Was sich hinter diesen Zahlen verbirgt und welche
Auswirkungen die Einschränkungen der Zahldarstellung im Computer haben,
ist Inhalt dieses Abschnitts.

Gewohnheitsgemäß denken wir im **Dezimalsystem**, d.h., wir legen unseren
Zahlen die Basis $B = 10$ zugrunde und verwenden die Ziffern $\{B - 10, B -
9, \cdots, B - 1\} = \{0, 1, \cdots, 9\}$. Mit Hilfe dieses Basisbegriffs läßt sich z.B. die
Zahl 765 wie folgt darstellen:

$$765 = 7 \cdot 10^2 + 6 \cdot 10 + 5 = 10^3 \left(7 \cdot 10^{-1} + 6 \cdot 10^{-2} + 5 \cdot 10^{-3}\right).$$

Bei digitalen Rechnern dagegen ist es sinnvoll, das **Dualsystem** (auch **Bi-
närsystem** genannt) zu verwenden, den Zahlen also die Basis $B = 2$ zugrun-

de zu legen. Die Dualzahlen gehen zurück auf GOTTFRIED WILHELM LEIBNIZ (1646-1716). So lautet z.B. die Darstellung der Zahl 765 im Dualsystem

$$765 = 1011111101 = 1 \cdot 2^9 + 0 \cdot 2^8 + \cdots + 1 = 2^{10}\left(1 \cdot 2^{-1} + 0 \cdot 2^{-2} + \cdots + 1 \cdot 2^{-10}\right).$$

Allgemein gilt nun für die Darstellung (i. Allg. nicht endlicher) reeller Zahlen der

---

Satz 1.81 *Sei* $B \in \mathbb{N}$, $B \geq 2$, $x \in \mathbb{R}$, $x \neq 0$.
Dann gibt es genau eine Darstellung der Gestalt

$$x = \sigma B^N \sum_{k=1}^{\infty} x_{-k} B^{-k}$$

mit $\sigma \in \{+1, -1\}$, $N \in \mathbb{Z}$, $x_{-k} \in \{0, \dots, B-1\}$, *so dass*

$x_{-1} \neq 0$ *und zu jedem* $n \in \mathbb{N}$ *existiert ein* $k \geq n$ *mit* $x_{-k} \neq B - 1$.

Auf den komplizierten *Beweis* verzichten wir.

Damit gilt z.B. im Dezimalsystem

$$\sqrt{2} = 1.414 \cdots = 10^1\left(1 \cdot 10^{-1} + 4 \cdot 10^{-2} + 1 \cdot 10^{-3} + 4 \cdot 10^{-4} + \cdots\right)$$

und

$$0.999 \cdots = 10^0 \sum_{k=1}^{\infty} 9 \cdot 10^{-k} = 9 \cdot 10^{-1} \cdot \sum_{k=0}^{\infty} 10^{-k} = 9 \cdot 10^{-1} \cdot \frac{1}{1 - 10^{-1}} = 1.$$

Da es gemäß Satz 1.81 genau eine Darstellung für eine reelle Zahl geben soll und hier $0.999 \cdots = 1$ gilt, stellt sich die Frage, warum das so ist. Dies liegt daran, dass bei $0.999 \cdots$ die letzgenannte Bedingung „zu jedem $n \in \mathbb{N}$ existiert ein $k \geq n$ mit $x_{-k} \neq B - 1$" verletzt ist. Allerdings gibt es auch nicht mehr als diese zwei Darstellungen.

Allgemein kann nun $x \in \mathbb{R}$ in **normalisierter** Form ohne Summenzeichen geschrieben werden als

$$x = \sigma \cdot B^N \cdot 0.x_{-1}x_{-2}x_{-3} \cdots$$

Häufig verwendete Basisdarstellungen sind:

Darstellung	Basis B	Ziffern
Dual-	2	$0, 1$
Oktal-	8	$0, 1, 2, 3, 4, 5, 6, 7$
Hexadezimal-	16	$0, 1, 2, 3, 4, 5, 6, 7, 8, 9, A, B, C, D, E, F$

Nun können in einem digitalen Rechner nur **rationale Zahlen endlicher Länge** dargestellt werden. Dass aber dennoch reelle Zahlen wie π oder $\sqrt{2}$ richtig verarbeitet werden können, basiert auf der bereits bekannten Tatsache, dass die **rationalen Zahlen dicht in den reellen Zahlen** liegen. Wir präzieren diesen so wichtigen Sachverhalt im

Satz 1.82 *Zu jeder Zahl $x \in \mathbb{R}$ und zu jedem noch so kleinen $\varepsilon > 0$ existiert eine Zahl $q \in \mathbb{Q}$ mit $|x - q| < \varepsilon$.*

Computer rechnen demnach mit **rationalen Approximationen** reeller Zahlen. Dadurch werden natürlich Fehler begangen, welche durch die sog. **Maschinengenauigkeit** bestimmt werden. Darauf gehen wir im Folgenden nun ein.

In einem Computer darstellbare Zahlen, sog. **Maschinenzahlen**, haben die Form

$$x = \sigma B^N \sum_{k=1}^{t} x_{-k} B^{-k} =: \sigma B^N m, \quad t \in \mathbb{N} \text{ ist } \textbf{fest} \text{ gewählt.} \qquad (1.24)$$

Dabei heißen

> m *Mantisse,*
>
> t *Mantissenlänge,*
>
> σ *Vorzeichen,*
>
> N *Exponent der Zahl x.*

Bei der **Gleitpunkt–Arithmetik** (floating point arithmetic) werden Zahlen $x \neq 0$ von der Form (1.24) mit fester Mantissenlänge t und den Schranken $N_-, N_+ \in \mathbb{Z}$ mit $N_- < N_+$ für den Exponenten N benutzt mit

$$\sigma \in \{-1, 1\}, \quad N_- \leq N \leq N_+,$$

$$x_{-1} \neq 0, \quad x_{-k} \in \{0, \ldots, B-1\} \quad \text{und} \quad k = 1, \ldots, t.$$

Dazu wird noch die Zahl 0 genommen.

Die Menge der so definierten *Gleitpunkt-* oder *Maschinenzahlen* bezeichnen wir als $I\!\!F = I\!\!F(B, t, N_-, N_+)$.

Beispiel 1.83 *Wir betrachten einen (zweifellos etwas veralteten) Computer mit der Arithmetik*

$$I\!\!F = I\!\!F(16, 6, -64, 63).$$

Als Basis B wird häufig eine Zweierpotenz verwendet, hier also $B = 16 = 2^4$. Wie der abkürzenden Schreibweise entnommen wird, besteht die hier angegebene (einfache) Gleitpunktzahl aus 4 Byte = 32 Bit, die sich wie folgt zusammensetzt:

a) *1 Byte wird verwendet für Vorzeichen (1 Bit) und Exponent (7 Bit), denn wegen*

$$N_- = -64, \ N_+ = 63$$

müssen wir die „Verschiebung" $N + 64 \in [0, 127]$ $(127 = 2^7 - 1)$ einführen, welche im Dualsystem mit 7 Bit dargestellt werden kann und somit ein Bit für das Vorzeichen gespart wird.

b) *Die restlichen 3 Byte werden für die Mantisse verwendet. Da die Darstellung der Hexadezimalziffern $0, \ldots, F$ im Dualsystem 4 Bit pro Ziffer benötigt, sind $(32-8)/4 = 6$ Ziffern darstellbar. Es gilt also $t = 6$.*

*Nun ist $I\!\!F$ eine endliche und zu $x = 0$ symmetrische Menge. Letzteres bedeutet $x \in I\!\!F \implies -x \in I\!\!F$, d.h., es genügt das kleinste und größte **positive** Element anzugeben. Im Einzelnen gilt*

a) *$|I\!\!F| = 2(B-1)B^{t-1}(N_+ - N_- + 1)$ (Anzahl aller Elemete).*

b) *$x_{\min} = B^{N_- - 1}$ (kleinstes positives Element).*

c) *$x_{\max} = (1 - B^{-t})B^{N_+}$ (größtes positives Element).*

*Bei einer **doppelten Genauigkeit** liegen 8 Byte = 64 Bit vor. Hier gilt dann $t = (64-8)/4 = 14$, und 1 Byte wird wieder von Vorzeichen und Exponent belegt.*

Wir wollen nun reelle Zahlen in Maschinenzahlen umwandeln und damit rechnen. Die **Approximation** von $x \in \mathbb{R}$, $x \neq 0$ (gemäß der Darstellung nach Satz 1.81) durch eine Maschinenzahl $\tilde{x}$ geschieht durch **Runden**.

Definition 1.84 *Sei* $B \in \mathbb{N}$, $B \geq 2$ *gerade,* $t \in \mathbb{N}$ *und* $x \in \mathbb{R} \setminus \{0\}$. *Ist* $N \in [N_-, N_+]$, *dann definieren wir den auf* t *Stellen gerundeten Wert von* x *durch*

$$
\mathrm{Rd}_t(x) := \begin{cases} \sigma B^N \displaystyle\sum_{k=1}^{t} x_{-k} B^{-k} & \text{für } x_{-t-1} < \dfrac{B}{2}, \\[2em] \sigma B^N \left(\displaystyle\sum_{k=1}^{t} x_{-k} B^{-k} + B^{-t} \right) & \text{für } x_{-t-1} \geq \dfrac{B}{2}. \end{cases}
$$

Gilt für $x \in \mathbb{R}$ *oder für* $\mathrm{Rd}_t(x)$, *dass* $N \notin [N_-, N_+]$, *dann ergibt sich*

für $N < N_-$ *einen Unterlauf* (Underflow) $\Rightarrow$ $x \equiv 0$,

für $N > N_+$ *einen Überlauf* (Overflow) $\Rightarrow$ *Abbruch.*

Bemerkung. Alle darstellbaren Zahlen $x \neq 0$ liegen somit im Bereich

$$
B^{N_- - 1} \leq |x| < B^{N_+}.
$$

Beispiel 1.85 *Wir betrachten die Arithmetik* $B = 10$, $t = 4$ *und* $-99 \leq N \leq 99$. *Nachfolgende Zahlen* $x \in \mathbb{R}$ *sollen demnach auf* **vier** *Stellen* $\tilde{x} := \mathrm{Rd}_4(x)$ *gerundet werden:*

a) $x = 10^{99} \cdot 0.99994$, *d.h.*

$$
\tilde{x} = \mathrm{Rd}_4(10^{99} \cdot 0.99994) = 10^{99} \cdot 0.9999,
$$

da $x_{-5} = 4 < 10/2$.

Die gerundete Zahl $\tilde{x}$ *ist mit der vorgegeben Arithmetik auf dem Computer darstellbar, da der Exponent weiterhin im vorgeschrieben Bereich* $-99 \leq N \leq 99$ *liegt.*

b) $x = 10^{99} \cdot 0.99997$, *d.h.*

$$
\tilde{x} = \mathrm{Rd}_4(10^{99} \cdot 0.99997) = 10^{99} \cdot (0.9999 + 10^{-4}) = 10^{100} \cdot 0.1000,
$$

da $x_{-5} = 7 \geq 10/2$.

Wir sehen, dass der Exponent nicht mehr im zulässigen Bereich $-99 \leq N \leq 99$ *liegt, womit wir uns einen Überlauf eingehandelt haben, diese Zahl* $\tilde{x}$ *mit der vorgegeben Arithmetik somit nicht im Computer dargestellt werden kann.*

c) $x = 10^{-99} \cdot 0.099994$, *d.h.*

$$\tilde{x} = \mathrm{Rd}_4(10^{-100} \cdot 0.99994) = 10^{-100} \cdot 0.9999.$$

Man sieht, dass hier ein Unterlauf vorliegt.

d) $x = 10^{-99} \cdot 0.099997$, *d.h.*

$$\tilde{x} = \mathrm{Rd}_4(10^{-100} \cdot 0.99997) = 10^{-99} \cdot 0.1000.$$

Diese Zahl ist mit der vorgegebenen Arithmetik auf dem Computer darstellbar.

Die Fehler zwischen Maschinenzahl und tatsächlicher Zahl lassen sich wie folgt abschätzen:

Satz 1.86 *Die Zahl $x \in \mathbb{R}$ besitze die Darstellung gemäß Satz 1.81 mit $N \in \mathbb{Z}$. Dann gilt*

1. $\mathrm{Rd}_t(x)$ *hat nach (1.24) die Darstellung*

$$\mathrm{Rd}_t(x) = \sigma B^{N'} \sum_{k=1}^{t} x'_{-k} B^k$$

   mit $N' \in \{N, N+1\}$.

2. *Der* **absolute Fehler** *erfüllt die Ungleichung*

$$|\mathrm{Rd}_t(x) - x| \leq 0.5\, B^{N-t}.$$

3. *Der* **relative Fehler** *bezüglich x erfüllt die Ungleichung*

$$\left| \frac{\mathrm{Rd}_t(x) - x}{x} \right| \leq 0.5\, B^{-t+1}.$$

4. *Der* **relative Fehler** *bezüglich $\mathrm{Rd}_t(x)$ erfüllt die Ungleichung*

$$\left| \frac{\mathrm{Rd}_t(x) - x}{\mathrm{Rd}_t(x)} \right| \leq 0.5\, B^{-t+1}.$$

Beweis.

1. Von Bedeutung ist hier nur der Fall, wenn $x_{-t-1} \geq \frac{B}{2}$. Denn dann *kann* es passieren, dass durch die Addition von B^{-t} gemäß Satz 1.81 eine Ziffer $x_1 \neq 0$ vor dem Komma auftritt. Wird der Exponent um die Zahl 1 erhöht, steht dort wieder die Null.

2. Im Fall $x_{-t-1} < \frac{B}{2}$ (d.h. $x_{-t-1} \leq \frac{B}{2} - 1$) gilt

$$-\sigma(\mathrm{Rd}_t(x) - x) = B^N \sum_{\nu=t+1}^{\infty} x_{-\nu} B^{-\nu}$$

$$= B^{N-t-1} x_{-t-1} + B^N \sum_{k=t+2}^{\infty} x_{-k} B^{-k}$$

$$\leq B^{N-t-1}(B/2 - 1) + B^{N-t-1} = 0.5\, B^{N-t},$$

und im Fall $x_{-t-1} \geq \frac{B}{2}$ gilt

$$\sigma(\mathrm{Rd}_t(x) - x) = B^{N-t} - B^N x_{-t-1} B^{-t-1} - B^N \sum_{k=t+2}^{\infty} x_{-k} B^{-k}$$

$$= B^{N-t-1}(B - x_{-t-1}) - B^N \sum_{k=t+2}^{\infty} x_{-k} B^{-k}$$

$$\leq 0.5\, B^{N-t}.$$

Andererseits folgt aus

$$B^N \sum_{ku=t+2}^{\infty} x_{-k} B^{-k} < B^{N-t-1} \leq B^{N-t-1} \underbrace{(B - x_{-t-1})}_{\geq 1},$$

dass

$$\sigma(\mathrm{Rd}_t(x) - x) = |\mathrm{Rd}_t(x) - x|,$$

woraus insgesamt die gewünschte Abschätzung folgt.

3. Wegen $x_{-1} \neq 0$ gilt $|x| \geq B^{N-1}$ und damit

$$\left| \frac{\mathrm{Rd}_t(x) - x}{x} \right| \leq \frac{0.5\, B^{N-t}}{B^{N-1}} = 0.5\, B^{-t+1}.$$

4. Aus der Rundungsvorschrift folgt

$$\mathrm{Rd}(x) \geq x_{-1} B^{N-1} \geq B^{N-1}.$$

Damit folgt aus 2., dass

$$\left| \frac{\mathrm{Rd}_t(x) - x}{\mathrm{Rd}_t(x)} \right| \leq \frac{1}{2} B^{N-t} \cdot B^{-N+1} = 0.5\, B^{-t+1}.$$

qed

Damit sind wir nun in der Lage, den bereits erwähnten Begriff der Maschinengenauigkeit zu präzisieren. Wir setzen

$$\varepsilon := \frac{\mathrm{Rd}_t x - x}{x},$$

dann gilt

$$\mathrm{Rd}_t(x) = x(1 + \varepsilon) \quad \text{mit} \quad |\varepsilon| \leq 0.5\, B^{-t+1} =: \tau. \tag{1.25}$$

Damit ergibt sich

Definition 1.87 *Die Zahl*

$$\tau = 0.5 B^{-t+1}$$

heißt die relative Maschinengenauigkeit *der t–stelligen Gleitpunkt–Arithmetik.*

Bemerkung. Vergleichen Sie (1.25) mit Satz 1.82.

Beispiel 1.88 *Alle* $x \in \mathbb{R}$ *im Kernspeicher sind mit folgendem relativen Fehler behaftet:*

a) *Beim „ersten Rechner" namens Z1 hatten wir* $B = 2$ *und* $t = 24$. *Das bedeutet*

$$\tau = 0.5 \cdot 2^{-23} < 0.6 \cdot 10^{-7}.$$

b) *Für* $B = 16$ *und* $t = 6$ *ergibt sich*

$$\tau = 0.5 \cdot 16^{-5} < 0.5 \cdot 10^{-6}.$$

Nun wollen wir mit den Maschinenzahlen $\mathbb{F}$ rechnen, und es stellt sich leider heraus, dass $\mathbb{F}$ bezüglich der vier Grundrechenarten **nicht abgeschlossen** ist, d.h.

$$x, y \in \mathbb{F} \overset{i.\,Allg.}{\Longrightarrow} x \pm y,\, x \cdot y,\, x/y \notin \mathbb{F}.$$

Daher müssen $+, -, \cdot, /$ durch **Gleitpunkt-Operationen** $+^*, -^*, .^*, /^*$ ersetzt werden, um ein Resultat in $\mathbb{F}$ zu erzielen.

Definition 1.89 *Sei* $\square$ *eine Grundoperation,* $x, y \in \mathbb{F}$. *Dann setzen wir*

$$x \square^* y := \mathrm{Rd}_t(x \square y).$$

Bemerkung. Wir führen demnach eine der Grundoperationen im herkömmlichen Sinne durch und runden danach das Ergebnis je nach Mantisselänge.

Folgerung. Nach (1.25) gilt

$$x \square^* y = (x \square y)(1 + \varepsilon),\quad |\varepsilon| \leq \tau.$$

Wir präsentieren jetzt eine mögliche Realisierung der Gleitpunkt-Operationen gemäß Definition 1.89 mit Hilfe einer Zwischenspeicherung in **2t–stelliger Arithmetik** am Beispiel einer Addition und den nachstehenden Maschinenzahlen x, y:

$$\square = +,$$
$$B = 10,$$
$$x = \sigma_1\, m_1\, 10^{N_1},$$
$$y = \sigma_2\, m_2\, 10^{N_2},$$

wobei $0.1 \leq m_1, m_2 < 1$ und $N_2 \leq N_1$ gelten soll.

Durch die Vordopplung der Mantisse ist eine **Anpassung** an den Exponenten N_1 (gemeinsamer Exponent für beide Zahlen!) wie folgt möglich:

a) Für $N_1 - N_2 \leq t$ gilt

$$x \quad = \sigma_1\, m_1\, 10^{N_1},$$
$$y \quad = \sigma_2\, \underbrace{m_2\, 10^{N_2 - N_1}}_{N_1 - N_2 \text{ Nullen einschieben}} 10^{N_1},$$
$$\overset{i.\,Allg.}{\Longrightarrow} x + y \notin \mathbb{F}.$$

Nun wird $x + y$ normalisiert und auf t Stellen in der Mantisse gerundet. Wir erhalten $x +^* y \in \mathbb{F}$.

b) Für $N_1 - N_2 > t$ erfüllt

$$x +^* y = x,$$

denn die Anpassung an N_1 liefert

$$x = \underbrace{*\ldots*}_{t \text{ Stellen}} \overbrace{0\,0\ldots0}^{t \text{ Stellen}} 10^{N_1},$$

$$y = 0\ldots0 \ 0*\ldots* \ 10^{N_1},$$

$$\Longrightarrow x+y = *\ldots* \ 0*\ldots* \ 10^{N_1}.$$

Die Summe $x+y$ ist bereits normalisiert, und eine Rundung auf t Stellen in der Mantisse ergibt $x +^* y = x$, da $x_{-t-1} = 0$.

Beispiel 1.90 *Wir wählen wieder $B = 10$ und $t = 3$.*

a) *Mit $x = 0.100 \cdot 10^1$ und $y = -0.998 \cdot 10^0$ liegt der Fall $N_1 - N_2 \leq t$ vor. Dann ergibt die Anpassung an $N_1 = 1$ die Darstellung*

$$x = \ \ 0.100\,000 \cdot 10^1,$$

$$y = -0.099\,800 \cdot 10^1,$$

$$\Longrightarrow x + y = \ \ 0.000\,200 \cdot 10^1.$$

Normalisieren und Rundung in 3-stelliger Mantisse liefert

$$x +^* y = 0.200 \cdot 10^{-2}.$$

b) *Mit $x = 0.123 \cdot 10^6$ und $y = 0.456 \cdot 10^2$ liegt der Fall $N_1 - N_2 > t$ vor. Dann ergibt die Anpassung an $N_1 = 6$ die Darstellung*

$$x = 0.123\,000 \cdot 10^6,$$

$$y = 0.000\,045 \cdot 10^6,$$

$$\Longrightarrow x + y = 0.123\,045 \cdot 10^1.$$

Normalisiert ist diese Zahl schon, und Rundung in 3-stelliger Mantisse liefert

$$x +^* y = 0.123 \cdot 10^6 = x.$$

Beispiel 1.91

a) *Nun gilt z.B. für die Maschinenzahlen aus Beispiel 1.90 a), dass*

$$0.100 \cdot 10^1 = \mathrm{Rd}_t(0.9995) \quad \Longrightarrow \quad \frac{|0.100 \cdot 10^1 - 0.9995|}{|0.9995|} = 5.02 \cdot 10^{-4},$$

$$-0998 \cdot 10^0 = \mathrm{Rd}_t(-0.9984) \Longrightarrow \frac{|-0.998 \cdot 10^0 + 0.9985|}{|-0.9984|} = 4.00 \cdot 10^{-4},$$

d.h., die relativen Fehler der Maschinenzahlen gemessen an den ursprünglichen Zahlen sind äußerst gering (0.05% und 0.04%).

b) *Dagegen verursacht die Addition dieser gerundeten Zahlen folgenden relativen Fehler:*

$$\frac{|(0.100 \cdot 10^1 - 0.998 \cdot 10^0) - (0.9995 - 0.9984)|}{|0.9995 - 0.9984|}$$

$$= \frac{|0.2 \cdot 10^{-2} - 0.11 \cdot 10^{-2}|}{0.11 \cdot 10^{-2}} = 0.\overline{81},$$

der relative Fehler beträgt also stattliche 82%!

Erklärung. Diese Erscheinung heißt **Auslöschung**, wenn also kleine Fehler in den Eingangsdaten (hier x, y) große Fehler bei einer Operation (hier $x + y$) bewirken. Dieser Effekt tritt immer nur bei der Gleitkomma-Addition auf und auch nur dann, wenn zwei **nahezu gleichgroße Zahlen mit entgegengesetztem Vorzeichen addiert** werden. Dies sollte (so gut es geht) bei der Erstellung numerischer Verfahren berücksichtigt werden, um **instabile Algorithmen** zu vermeiden. Später in (2.13) bei der Auswertung von Polynomen und bei der numerischen Differentiation (siehe Beispiel 6.118) werden wir darauf achten!

Es bleibt noch zu sagen, dass $+^*$ und $\cdot^*$ zwar noch kommutativ, aber nicht mehr assoziativ sind und auch das Distributivgesetz i. Allg. nicht gilt. In $\mathbb{R}$ äquivalente Ausdrücke können somit unterschiedlich fehleranfällig sein.

Aufgaben

Aufgabe 1.46. Wandeln Sie natürliche, ganze, rationale und irrationale Zahlen Ihrer Wahl um in Dual-, Oktal- und Hexadezimalzahlen.

Aufgabe 1.47. Wiederholen Sie die oben vorgeführten Beispiele mit Zahlen Ihrer Wahl.

Aufgabe 1.48. Formen Sie nachfolgende Ausdrücke so um, dass deren Auswertungen für $|x| \ll 1$ stabil werden:

$$a)\ \frac{1}{1+2x} - \frac{1-x}{1+x}, \quad b)\ \frac{1-\cos x}{x}, \quad x \neq 0.$$

Kapitel 2

Komplexe Zahlen und Polynome

2.1 Mathematische Motivation und Definition

Im vorangegangenen Kapitel haben wir mit großen Anstrengungen die reellen Zahlen $\mathbb{R}$ eingeführt. Ausgangspunkt dabei war die Gleichung $x \cdot x = 2$, welche in $\mathbb{Q}$ nicht lösbar war. Dies führte zur Erweiterung auf $\mathbb{R}$.

Erinnern wir uns zudem an Definition 1.45 (welche uns den Begriff der Wurzel näherbrachte), dann stellen wir fest:

Folgerung 2.1 *Es existiert keine reelle Zahl $x \in \mathbb{R}$ mit $x \cdot x = -1$.*

Wir versuchen konsequenterweise wieder eine Erweiterung anzugeben, in der dies möglich ist. Dazu betrachten wir die geordneten Zahlenpaare

$$\mathbb{R} \times \mathbb{R} := \{(a,b) \ : \ a,b \in \mathbb{R}\}.$$

Für diese Paare erklären wir folgende Operationen:

$$
\begin{aligned}
+ : \quad & (a_1,b_1) + (a_2,b_2) = (a_1 + a_2, b_1 + b_2), \\
\cdot \ : \quad & (a_1,b_1) \ \cdot \ (a_2,b_2) = (a_1 a_2 - b_1 b_2, a_1 b_2 + a_2 b_1).
\end{aligned}
\tag{2.1}
$$

Damit gilt der

W. Merz, P. Knabner,
Mathematik für Ingenieure und Naturwissenschaftler, Springer-Lehrbuch,
DOI 10.1007/978-3-642-29980-3_2, © Springer-Verlag Berlin Heidelberg 2013

Satz 2.2 *Die Menge* $\mathbb{R} \times \mathbb{R}$ *mit den Operationen* $\{+, \cdot\}$ *erfüllt die Körperaxiome A1-A4, M1-M4, D und V aus Definition 1.71 mit* $(0,0)$ *als neutrales Element von* „$+$" *und* $(1,0)$ *als neutrales Element von* „$\cdot$".

Beweis. Wir zeigen die Eigenschaft M3. Zu $(a, b) \neq (0, 0)$ ist das Zahlenpaar

$$\left(\frac{a}{a^2 + b^2}, \frac{-b}{a^2 + b^2} \right)$$

das **inverse Element**, denn

$$(a, b) \cdot \left(\frac{a}{a^2 + b^2}, \frac{-b}{a^2 + b^2} \right) = (1, 0).$$

$$\text{qed}$$

Beispiel 2.3

a) $(3, 2) + (4, 1) = (7, 3)$.

b) $(3, 2) \cdot (4, 1) = (3 \cdot 4 - 2 \cdot 1, 3 \cdot 1 + 4 \cdot 2) = (10, 11)$.

c) *Mit Hilfe des inversen Elements lässt sich die Division wie folgt formulieren:*

$$(3, 2) : (4, 1) = (3, 2) \cdot \frac{1}{(4, 1)} = (3, 2) \cdot \left(\frac{4}{17}, \frac{-1}{17} \right) = \left(\frac{14}{17}, \frac{5}{17} \right).$$

Daher folgt

Definition 2.4 $\mathbb{C} = \mathbb{R} \times \mathbb{R}$ *mit oben erklärten Operationen* $\{+, \cdot\}$ *heißt* **Körper der komplexen Zahlen**.

Es gilt demnach

$$\boxed{\mathbb{C} \text{ ist ein vollständiger Körper!}}$$

Bemerkung. Die Ordnungsrelationen O1-O4 (siehe Seite 34) gelten hier i. Allg. nicht! Die Beziehungen $(a_1, b_1) \underset{>}{\overset{\leq}{=}} (a_2, b_2)$ für geordnete Paare gelten nur dann, wenn die Ordnungsrelationen für beide Komponenten gleichzeitig erfüllt sind, d.h.

$$\left(a_1 \underset{>}{\lessgtr} a_2\right) \; \wedge \; \left(b_1 \underset{>}{\lessgtr} b_2\right).$$

Für die komplexen Zahlen gelten alle Rechenregeln $\{\pm, \cdot, :\}$ wie für reelle Zahlen. So gilt z.B. für $z, w \in \mathbb{C}$:

$$z \cdot w = (0,0) \iff z = (0,0) \; \vee \; w = (0,0).$$

Betrachten wir nun die Teilmenge $\mathbb{R}_\mathbb{C} := \{(a,0)\} \subset \mathbb{C}$. Hier gilt

$$(a_1, 0) + (a_2, 0) = (a_1 + a_2, 0) \text{ und } (a_1, 0) \cdot (a_2, 0) = (a_1 \cdot a_2, 0).$$

Daher ist es vernünftig, $\mathbb{R}_\mathbb{C}$ mit $\mathbb{R}$ zu identifizieren.

Bezeichnung 2.5

$$a := (a, 0),$$

$$i := (0, 1),$$

wobei i als die **imaginäre Einheit** *bezeichnet wird.*

Der italienische Mathematiker RAFFAELE BOMBELLI (1526-1572) entwickelte eine umfassende Theorie der imaginären Zahlen, welche als Ursprung der komplexen Zahlen gilt.

Die Einführung der imaginären Einheit i als „Zahl" wird allerdings dem bedeutenden, in der Schweiz geborenen Mathematiker LEONARD EULER (1707-1783) zugeschrieben.

Folgerung 2.6 *Wir schreiben*

1. $(a,b) = a + ib = a + bi$ *und damit* $\mathbb{C} = \{a + ib : a, b \in \mathbb{R}\}$.

2. $i^2 = -1$, *d.h. die Gleichung* $x^2 = -1$ *hat in $\mathbb{C}$ mindestens die Lösung* $x = i$.

Beweis. Einfaches Nachrechnen liefert:

1. $(a,b) = (a,0) + (0,1) \cdot (b,0) = a + ib$.
2. $(0,1) \cdot (0,1) = (-1,0) = -1$.

Mit $a + ib$ wird wie mit reellen Zahlen unter Beachtung von

$$\boxed{i^2 = -1}$$

gerechnet. Damit sind keine neuen Regeln (wie die Multiplikation in (2.1)) nötig.

Bezeichnung 2.7 *Sei* $z = a + ib \in \mathbb{C}$, $\mathbf{a}, \mathbf{b} \in \mathbb{R}$. *Dann*

$a =: \mathrm{Re}(z)$ *heißt* **Realteil** *von* z,

$b =: \mathrm{Im}(z)$ *heißt* **Imaginärteil** *von* z.

Es gilt z.B. $\mathrm{Re}(-i) = 0$ und $\mathrm{Im}(-i) = -1$.

Die komplexen Zahlen $\mathbb{C}$ lassen sich in der GAUSSschen **Zahlenebene** veranschaulichen.

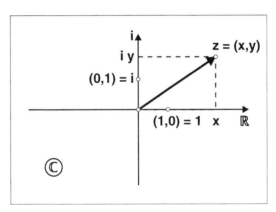

GAUSSsche **Zahlenebene**

ROBERT EDLER VON MUSIL (1880-1942) studierte zunächst Maschinenbau, war dann aber als österreichischer Schriftsteller und Theaterkritiker tätig. Die imaginären Zahlen jedenfalls schienen ihm Kopfzerbrechen gemacht zu haben, denn von ihm stammt der Satz:

„Wissen Sie, ich gebe ja gerne zu, dass z.B. diese imaginären, diese gar nicht wirklich existierenden Zahlenwerte, ha, ha, gar keine kleine Nuss für einen jungen Studenten sind ".

Aufgaben

Aufgabe 2.1. Führen Sie die Addition, die Multiplikation und die Division mit den Zahlenpaaren

$$a)\ (1,2),\ (3,4),\quad b)\ (5,6),\ (7,8)$$

durch.

Aufgabe 2.2. Bestimmen Sie zu dem Zahlenpaar $(2,4)$ das neutrale und das inverse Element bezüglich der Addition und der Multiplikation. Bestätigen Sie zudem das Kommutativgesetz bezüglich der Multiplikation.

2.2 Elementare Rechenoperationen in $\mathbb{C}$

Die vier Grundrechenarten $\{\pm, \cdot, :\}$ in $\mathbb{C}$ fassen wir wie folgt zusammen:

Rechenregeln 2.8

1. $(a_1 + ib_1) \pm (a_2 + ib_i) = (a_1 \pm a_2) + i(b_1 \pm b_2)$.

2. $(a_1 + ib_1) \cdot (a_2 + ib_2) = (a_1 a_2 - b_1 b_2) + i(b_1 a_2 + b_2 a_1)$.

3. $\dfrac{a_1 + ib_1}{a_2 + ib_2} = \dfrac{(a_1 + ib_1)(a_2 - ib_2)}{(a_2 + ib_2)(a_2 - ib_2)} = \dfrac{1}{a_2^2 + b_2^2}\big[(a_1 a_2 + b_1 b_2) + i(b_1 a_2 - a_1 b_2)\big]$,

   wobei $a_2 \vee b_2 \neq 0$.

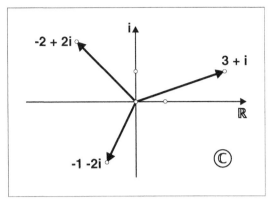

Beispiele komplexer Zahlen

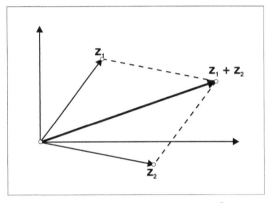

Summe zweier Zahlen $z_1, z_2 \in \mathbb{C}$

Eine weitere wichtige Rechenoperation in $\mathbb{C}$ ist das Potenzieren. Analog zu den reellen Zahlen gelten für **Potenzen** folgende

Rechenregeln 2.9 *Für $n \in \mathbb{N}$ gelten*

1. $z^n = (a + ib)^n = \sum_{k=0}^{n} \binom{n}{k} a^{n-k} (ib)^k,$

2. $z^0 = 1,$

3. $z^{-n} = \left(\dfrac{1}{z}\right)^n \quad für \quad z \neq 0.$

Beispiel 2.10

a) $(1-2i)^3 = 1^3 + 3 \cdot 1^2 (-2i) + 3 \cdot 1 (-2i)^2 + (-2i)^3 = 1 - 6i - 12 + 8i = -11 + 2i$.

b) $i^{17} = i$, $i^{90} = -1$.

Letzteres kann verallgemeinert werden. Es gilt die

Rechenregel 2.11 *Für $k \in \mathbb{N}_0$ ergibt sich*

$$
i^n = \begin{cases}
1 & : & n = 4k, \\
i & : & n = 4k + 1, \\
-1 & : & n = 4k + 2, \\
-i & : & n = 4k + 3.
\end{cases}
$$

Neben den Potenzen sind umgekehrt natürlich die **Wurzeln** einer komplexen Zahl von Bedeutung. Wir beginnen mit Quadratwurzeln, berechnen solche und werden später einfachere Verfahren liefern, um auch die n-ten Wurzeln für $n > 2$ einer komplexen Zahl zu berechnen. Zunächst aber

---

Definition 2.12 *Die Lösungen $z \in \mathbb{C}$ von $z^2 = c = (\alpha + i\beta) \in \mathbb{C}$ heißen Quadratwurzeln aus c.*

Eine **Lösung** obiger Gleichungen erlangen wir durch Einsetzen des **Ansatzes** $z = x + iy$ in die Gleichung $z^2 = \alpha + i\beta$. Das nachfolgende Beispiel soll diese Vorgehensweise und den nicht unerheblichen Aufwand verdeutlichen.

Beispiel 2.13 *Gesucht wird die komplexe Zahl $z = x + iy$ mit*

$$
z^2 = 5 - 12i \iff \underbrace{z^2 = (x + iy)^2}_{Ansatz} = (x^2 - y^2) + 2xyi \stackrel{!}{=} 5 - 12i.
$$

Vergleichen wir Real- und Imaginärteil, dann ist dies gleichbedeutend mit

$$
\left. \begin{array}{r} x^2 - y^2 = 5, \\[2mm] 2xy = -12. \end{array} \right\} \implies \begin{cases} x^4 + y^4 - 2x^2 y^2 = 25, \\[2mm] 4x^2 y^2 = 144. \end{cases}
$$

Beachten Sie: $a = b \implies a^2 = b^2$, **aber** $a^2 = b^2 \not\!\!\implies a = b$.

Wenn Gleichungen so umgeformt werden, vergrößert man eventuell die Lösungsmenge. Man muss die gefundenen Lösungen in die Ausgangsgleichungen einsetzen, um die richtigen wie folgt zu identifizieren:

Dazu addieren wir die letzten beiden Gleichungen und erhalten

$$x^4 + y^4 - 2x^2y^2 + 4x^2y^2 = (x^2 + y^2)^2 = 169 \implies x^2 + y^2 = 13.$$

Wir addieren bzw. subtrahieren $x^2 - y^2 = 5$ und erhalten

$$2x^2 = 18 \implies x = \pm 3 \quad bzw. \quad 2y^2 = 8 \implies y = \pm 2.$$

In den Ausgangsgleichungen war aber $2xy = -12$, weswegen nur die Lösungspaare

$$z_1 = 3 - 2i \quad und \quad z_2 = -z_1 = -3 + 2i$$

in Frage kommen.

Allgemein gilt für **Quadratwurzeln** die leicht zu verifizierende Lösungsformel

$$z^2 = \alpha + i\beta \iff z = \pm \left(\sqrt{\frac{1}{2}\left(\sqrt{\alpha^2 + \beta^2} + \alpha\right)} + \epsilon i \sqrt{\frac{1}{2}\left(\sqrt{\alpha^2 + \beta^2} - \alpha\right)} \right),$$

$$\text{wobei } \epsilon = \begin{cases} 1 \text{ für } \beta \geq 0, \\ -1 \text{ für } \beta < 0. \end{cases}$$

Anhand dieses Ansatzes kann man mit Hilfe der binomischen Formel auch $z^3 = \alpha + i\beta$ lösen. Das ist mühsam und sei daher den ergeizigen Lesern überlassen. Ein einfacheres Verfahren für $z^n = \alpha + i\beta$, $n \in \mathbb{N}$, wird, wie bereits angekündigt, im nächsten Abschnitt zu finden sein.

Zunächst noch einige allgemeine Aussagen über komplexe Zahlen.

Definition 2.14 *Sei $z = \alpha + i\beta \in \mathbb{C}$ mit $(\alpha, \beta \in \mathbb{R})$. Dann heißt*

1. $|z| := \sqrt{\alpha^2 + \beta^2}$ **Absolutbetrag** *von z (dies entspricht der Länge des Pfeils in der Gauß-Ebene).*

2. $\overline{z} = \alpha - i\beta$ *die* **konjugiert komplexe Zahl** *oder die* **Konjugierte** *von z.*

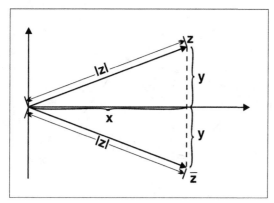

Betrag und konjugierte Zahl von $z \in \mathbb{C}$

Damit ist z.B. für $z = 7 - 2i$ der Betrag $|z| = \sqrt{53}$ und $\bar{z} = 7 + 2i$.

Es gelten einige wichtige und nützliche

Rechenregeln 2.15

1. $\overline{(z_1 \pm z_2)} = \bar{z}_1 \pm \bar{z}_2, \quad \overline{(z_1 \cdot z_2)} = \bar{z}_1 \cdot \bar{z}_2, \quad \overline{(z_1 : z_2)} = \bar{z}_1 : \bar{z}_2,$

2. $\operatorname{Re}(\bar{z}) = \operatorname{Re}(z), \quad \operatorname{Im}(\bar{z}) = -\operatorname{Im}(z),$

3. $\operatorname{Re}(z) = \frac{1}{2}(z + \bar{z}), \quad \operatorname{Im}(z) = \frac{1}{2i}(z - \bar{z}),$

4. $z \cdot \bar{z} = |z|^2 \geq 0, \quad \dfrac{z_1}{z_2} = \dfrac{z_1 \bar{z}_2}{|z_2|^2},$

5. $|z_1 \cdot z_2| = |z_1| \cdot |z_2|, \quad |z_1 : z_2| = |z_1| : |z_2|,$

6. $|z| = 0 \iff z = 0,$

7. *wie in $\mathbb{R}$ gilt auch hier die (umgekehrte) Dreiecksungleichung:*

$$\big|\, |z_1| - |z_2| \,\big| \leq |z_1 + z_2| \leq |z_1| + |z_2|.$$

Beweis. Regeln 1)...6) erhält man durch elementares Nachrechnen.

Regel 7) wird aus elementargeometrischer Sicht plausibel, denn **Summe bzw. Differenz** der Länge zweier Seiten im Dreieck ist **größer bzw. kleiner** als die dritte. Dies wird im nachstehenden Dreieck mit den Ecken 0, z_1, $z_1 + z_2$ klar!

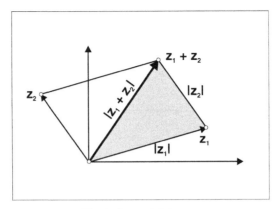

Dreiecksungleichung

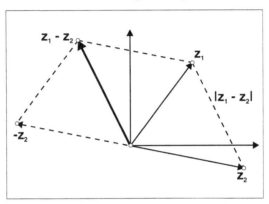

Differenz zweier Zahlen $z_1, z_2 \in \mathbb{C}$

qed

Die **allgemeine Dreiecksungleichung** für komplexe Zahlen lautet:

$$\boxed{\left| \sum_{k=1}^{n} z_k \right| \leq \sum_{k=1}^{n} |z_k| \, .} \qquad (2.2)$$

Aufgaben

Aufgabe 2.3.

a) Berechnen Sie die komplexen Zahlen

$$z_1 = (4+i)\overline{(-1+6i)} \qquad z_2 = \frac{10(3+2i)}{i-1} - \frac{50+10i}{3+i}$$

und bestimmen Sie $|z_1 z_2|$.

Geben Sie die Ergebnisse in der Form $x + iy$ mit $x, y \in \mathbb{R}$ an.

b) Lösen Sie die Gleichung

$$\frac{4 + 20i + (-2 + 2i)z}{1 + i + (2 - i)z} = 2 + 4i, \qquad z \in \mathbb{C}.$$

Aufgabe 2.4. Bestimmen Sie Real- und Imaginärteil der folgenden komplexen Zahlen z.

$$a)\ z = 3 - 7i, \quad b)\ z = \overline{\left(\frac{a + ib}{c + id} \right)}, \quad c)\ z = \frac{1}{i}, \quad d)\ z^2 = i.$$

Gibt es mehrere Möglichkeiten, so sind alle anzugeben.

Aufgabe 2.5. Sei $v = -\frac{1}{2} + \frac{1}{2}\sqrt{3}\,i$ und $w = -5 + 12i$. Berechnen Sie

a) $u = \frac{v}{w}$,

b) $u = v^4$,

c) die Lösung der Gleichung $z^4 = v$.

Aufgabe 2.6. Welche der folgenden Ungleichungen sind richtig?

$$a)\ -2i^2 < 5, \quad b)\ (2 + i)^2 > 1, \quad c)\ i^2 + 2 > 0, \quad d)\ \left| \sqrt{21}\,i - 6 \right| < |7 + 3i|.$$

Aufgabe 2.7. Sei $z \in \mathbb{C}$, $z \neq 0$. Zeigen Sie, dass

$$a)\ \mathrm{Re}(\frac{1}{z}) = \frac{1}{|z|^2}\mathrm{Re}(z), \quad b)\ \mathrm{Im}(\frac{1}{z}) = \frac{1}{|z|^2}\mathrm{Im}(z).$$

Aufgabe 2.8. Für welche Punkte $z = x + iy$ in der GAUSSschen Zahlenebene gilt

$$a)\ |z + 2 - i| \geq 2, \quad b)\ \frac{\bar{z}}{z} = 1, \quad c)\ |z + 1| \leq |z - 1|, \quad d)\ |z| + \mathrm{Re}(z) = 1.$$

2.3 Polardarstellung komplexer Zahlen

Die bisherige Darstellung einer komplexen Zahl $z = x + iy$ als Pfeil durch den Ursprung in der GAUSSschen Zahlenebene mit den **Koordinaten** $x =$

$\mathrm{Re}(z)$ und $y = \mathrm{Im}(z)$ ist eine Möglichkeit. Eine für manche Zwecke günstigere Beschreibung dieser „Pfeile" ist gegeben durch dessen **Länge** und des mit der waagrechten Achse eingeschlossenen **Winkels**. Man nennt den Winkel auch **Phase** oder **Argument** von z und schreibt für $z \neq 0$ auch $\arg(z)$. Wir werden in Kürze sehen, dass gerade diese Art der Darstellung die Berechnung **komplexer Wurzeln** erheblich vereinfacht.

Nun kann bekanntlich die Winkelmessung im **Gradmaß** oder im **Bogenmaß** vorgenommen und von der einen zur anderen Darstellung gemäß nachstehender Tabelle übergegangen werden:

Gradmaß	$\longleftrightarrow$	**Bogenmaß**
α^0	$\longrightarrow$	$\varphi = \frac{\alpha}{180}\,\pi$
$\alpha^0 = \frac{180^0}{\pi}\,\varphi$	$\longleftarrow$	φ

So entspricht z.B. $60^0 \,\hat{=}\, \frac{\pi}{3}$, $180^0 \hat{=} \pi$ und $360^0 \hat{=} 2\pi$.

Das Bogenmaß eines Winkels ist gerade die entsprechende Bogenlänge am Einheitskreis. Wir messen den Winkel (i.Z. $\sphericalangle$) **gegen** den Uhrzeigersinn und nennen diese Umlaufrichtung „mathematisch positiv", anderenfalls „mathematisch negativ". Wir bezeichnen den durch die beiden Schenkel a und b eingeschlossenen Winkel mit $\sphericalangle(a, b)$.

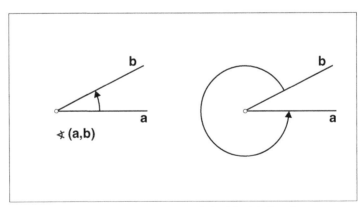

Orientierung beachten: $\sphericalangle(\mathbf{a}, \mathbf{b}) \neq \sphericalangle(\mathbf{b}, \mathbf{a})$

Wir stellen bedauerlicherweise fest, dass $\sphericalangle(a, b)$ nur bis auf additive Vielfache von 2π festgelegt ist. So hat man z.B. bei $\sphericalangle(a, b) = \dfrac{\pi}{4} + 2k\pi$, $k \in \mathbb{Z}$, für $k = -1, 0, 1$ die Werte

$$\sphericalangle(a,b) = \begin{cases} -\dfrac{7}{4}\,\pi, \\[2mm] \dfrac{9}{4}\,\pi, \\[2mm] \dfrac{1}{4}\,\pi. \end{cases}$$

Soll Eindeutigkeit erreichen, wird der sog. **Hauptwert** φ_H eines Winkels φ festgelegt. Der Hauptwert von $\arg(z)$ ist definiert als der „sichtbare" Winkel dieser komplexen Zahl, und folgende zwei Darstellungsmöglichkeiten sind üblich:

$$\boxed{\text{Entweder } 0 \leq \varphi_H < 2\pi \text{ oder } -\pi < \varphi_H \leq \pi.} \tag{2.3}$$

Nachfolgende Skizzen veranschaulichen diesen Sachverhalt:

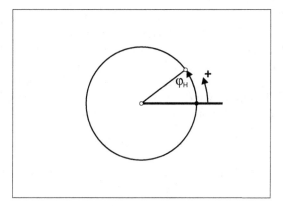

$$0 \leq \varphi_{\mathbf{H}} < 2\pi$$

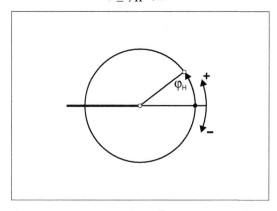

$$-\pi < \varphi_{\mathbf{H}} \leq \pi$$

Damit gilt z.B., dass

$$\text{entweder} \quad \left(\frac{17}{3}\,\pi\right)_H = \frac{5}{3}\,\pi \quad \text{oder} \quad \left(\frac{17}{3}\,\pi\right)_H = -\frac{1}{3}\,\pi,$$

also stets

$$\varphi_H - \varphi = 2k\pi \quad \text{für ein} \quad k \in \mathbb{Z}.$$

Bemerkung. Wenn wir sagen $\measuredangle\,(a,b) = \varphi$, so meinen wir auch stillschweigend die anderen Werte $\varphi + 2k\pi$, $k \in \mathbb{Z}$. Sie sind geometrisch unbedeutend, weil man sie in den Zeichnungen nicht sieht. Sie werden aber schon bald bei den komplexen Wurzeln relevant werden.

Um nun sinnvoll mit der neuen Darstellung rechnen zu können, besprechen wir die trigonometrischen Funktionen **Sinus** und **Cosinus**, auch Kreis- oder Winkelfunktionen genannt. Wir beschränken uns an dieser Stelle jedoch nur auf das Notwendigste und kommen an späterer Stelle ausführlicher auf diese Funktionen zurück.

Wir betrachten dazu in der (x,y)-Ebene den Einheitskreis um den Ursprung. Jeder Punkt $P(x,y)$ auf diesem Kreis kann als Pfeil durch den Ursprung repräsentiert werden, welcher die Länge $l = 1$ hat und mit dem Pfeil $E(0,1)$ einen Winkel φ einschließt, welcher zunächst mathematisch positiv orientiert sein soll. Wir bezeichnen die x-Koordinate des winkelabängigen Punktes $P(x,y)$ mit $\cos\varphi$, die y-Koordinate mit $\sin\varphi$, also

$$P(x,y) = (\cos\varphi, \sin\varphi),$$

was die nachstehende Skizze verdeutlicht. Dadurch haben wir für $\varphi \in \mathbb{R}_0^+$ die trigonometrischen Funktionen

$$\varphi \mapsto \cos\varphi, \quad \varphi \mapsto \sin\varphi$$

erklärt. Lassen wir noch eine Bewegung des Punktes auf dem Einheitskreis im Uhrzeigersinn zu, dann kann $\varphi \in \mathbb{R}$ gewählt werden.

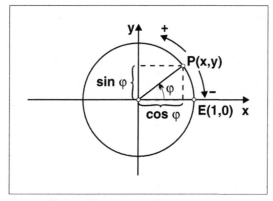

Winkelfunktionen

Nachstehende Funktionswerte lassen sich leicht (im ersten Quadranten auch durch Berechnungen am rechtwinkligen Dreieck) verifizieren:

φ	0	$30° \hat{=} \frac{\pi}{6}$	$45° \hat{=} \frac{\pi}{4}$	$60° \hat{=} \frac{\pi}{3}$	$90° \hat{=} \frac{\pi}{2}$
$\sin \varphi$	$\frac{1}{2}\sqrt{0} = 0$	$\frac{1}{2}\sqrt{1}$	$\frac{1}{2}\sqrt{2}$	$\frac{1}{2}\sqrt{3}$	$\frac{1}{2}\sqrt{4} = 1$
$\cos \varphi$	$\frac{1}{2}\sqrt{4} = 1$	$\frac{1}{2}\sqrt{3}$	$\frac{1}{2}\sqrt{2}$	$\frac{1}{2}\sqrt{1}$	$\frac{1}{2}\sqrt{0} = 0$

φ	$120° \hat{=} \frac{2\pi}{3}$	$135° \hat{=} \frac{3\pi}{4}$	$150° \hat{=} \frac{5\pi}{6}$	$180° \hat{=} \pi$
$\sin \varphi$	$\frac{1}{2}\sqrt{3}$	$\frac{1}{2}\sqrt{2}$	$\frac{1}{2}\sqrt{1}$	$\frac{1}{2}\sqrt{0} = 0$
$\cos \varphi$	$-\frac{1}{2}\sqrt{1}$	$-\frac{1}{2}\sqrt{2}$	$-\frac{1}{2}\sqrt{3}$	$-\frac{1}{2}\sqrt{4} = -1$

Wir entnehmen aus der obigen Tabelle die folgende **trigonometrische Eselsbrücke**:

$$\sin 0 = \frac{1}{2}\sqrt{0}, \ \sin \frac{\pi}{6} = \frac{1}{2}\sqrt{1}, \ \sin \frac{\pi}{4} = \frac{1}{2}\sqrt{2}, \ \sin \frac{\pi}{3} = \frac{1}{2}\sqrt{3}, \ \sin \frac{\pi}{2} = \frac{1}{2}\sqrt{4}.$$

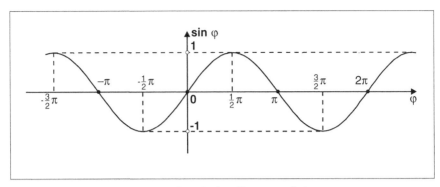

Graph der Sinus–Funktion

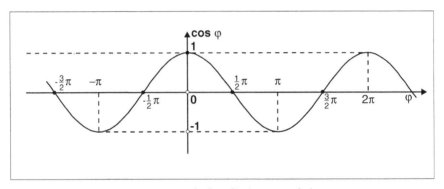

Graph der Cosinus–Funktion

Sinus und **Cosinus** sind auf ganz $\mathbb{R}$ erklärte reelle Funktionen, für die folgende Rechenregeln Gültigkeit haben:

Rechenregeln 2.16 *Seien* $\varphi, \psi \in \mathbb{R}$. *Dann gelten*

1. $-1 \leq \sin\varphi \leq 1, \ \ -1 \leq \cos\varphi \leq 1$,

2. $\cos^2\varphi + \sin^2\varphi = 1$,

3. $\cos(-\varphi) = \cos\varphi$, *d.h.,* cos *ist eine gerade Funktion,*

4. $\sin(-\varphi) = -\sin\varphi$, *d.h.,* sin *ist eine ungerade Funktion,*

5. $\cos(\varphi + 2k\pi) = \cos\varphi, \ \sin(\varphi + 2k\pi) = \sin\varphi, \ k \in \mathbb{Z}$,

   d.h., beide Funktionen sind 2π-*periodisch,*

6. $\cos(\varphi \pm \psi) = \cos\varphi\cos\psi \mp \sin\varphi\sin\psi$ (*Additionstheorem*),

7. $\sin(\varphi \pm \psi) = \sin\varphi\cos\psi \pm \sin\psi\cos\varphi$ (*Additionstheorem*).

Aus den Rechenregeln ergibt sich unmittelbar die

Folgerung 2.17 *Gelte für zwei Zahlen* $a, b \in \mathbb{R}$ *der Zusammenhang*

$$a^2 + b^2 = 1,$$

dann existiert ein Winkel $\varphi \in \mathbb{R}$ *mit*

$$\cos \varphi = a \quad und \quad \sin \varphi = b.$$

Dabei ist φ *bis auf ein additives Vielfaches von* 2π *eindeutig bestimmt. Der Hauptwert* φ_H *dagegen ist eindeutig.*

Daraus ergibt sich die gewünschte Darstellung einer beliebigen komplexen Zahl $z = x + iy$, deren Länge durch

$$r = |z| = \sqrt{x^2 + y^2}$$

gegeben ist. Die **Polardarstellung** lautet

$$z = r(\cos \varphi + i \sin \varphi). \tag{2.4}$$

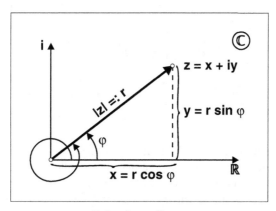

Polardarstellung

Ist nun eine komplexe Zahl $z = x + iy$ gegeben, dann lassen sich deren Betrag und Argument durch Trennung von Real- und Imaginärteil folgendermaßen berechnen:

$$r \cos \varphi + ir \sin \varphi \overset{!}{=} x + iy \implies \begin{cases} \cos \varphi = \dfrac{x}{\sqrt{x^2 + y^2}} = \dfrac{x}{r}\,, \\ \sin \varphi = \dfrac{y}{\sqrt{x^2 + y^2}} = \dfrac{y}{r}\,. \end{cases}$$

Damit lässt sich schließlich $\varphi = \arg(z)$ (z.B. aus Tabellen) ermitteln.

Beispiel 2.18

a) $z = 2 - 3i \implies r = \sqrt{13}$

$$\left. \begin{aligned} \cos \varphi &= \frac{2}{\sqrt{13}} = 0.5547 \cdots \\ \sin \varphi &= \frac{-3}{\sqrt{13}} = -0.8320 \cdots \end{aligned} \right\} \implies \varphi = \arg(z) = -0.98 \cdots$$

Dies ergibt sich folgendermaßen:

$$\cos \varphi = 0.5547 \cdots \implies \varphi = \pm 0,98 \cdots$$

$$\sin \varphi = -0.8320 \cdots \implies \varphi = -0,98 \cdots$$

Somit erhalten wir die Polardarstellung

$$z = \sqrt{13} \left(\cos(-0,98 \cdots) + i \sin(-0,98 \cdots) \right).$$

b) *Für* $r = |z| = 2$ *und* $\arg(z) = \dfrac{\pi}{3}$ *ergibt sich sofort*

$$z = 2 \left(\cos \frac{\pi}{3} + i \sin \frac{\pi}{3} \right) = 2 \left(\frac{1}{2} + i \frac{1}{2} \sqrt{3} \right) = 1 + i\sqrt{3}\,.$$

Wir formulieren nun eine von EULER eingeführte Abkürzung der Polardarstellung und werden in wenigen Augenblicken feststellen, dass sich damit nicht nur der Schreibaufwand reduziert, sondern auch das Rechnen mit komplexen Zahlen erheblich vereinfacht wird.

Definition 2.19 *Für alle* $\varphi \in \mathbb{R}$ *schreiben wir*

$$e^{i\varphi} := \cos \varphi + i \sin \varphi. \tag{2.5}$$

Damit lautet die Polardarstellung einer komplexen Zahl z mit $r = |z|$ und $\varphi = \arg(z)$

$$\boxed{z = re^{i\varphi} = re^{i(\varphi + 2k\pi)},}$$

wobei wir die 2π−Periodizität der trigonometrischen Funktionen in weiser Voraussicht wieder berücksichtigt haben.

So ist z.B. $1 + i\sqrt{3} = 2e^{\pi i/3} = 2e^{7\pi i/3}$ und $e^{i\pi} + 1 = \cos\pi + i\sin\pi + 1 = -1 + 0 + 1 = 0$.

Dass sich hinter dieser abkürzenden Schreibweise die **komplexe** Exponentialfunktion verbirgt, ist im Moment unerheblich. Vielmehr kommt es uns auf die daraus resultierenden Gesetzmäßigkeiten an, welche auf den Eigenschaften und Rechenregeln 2.16 der trigonometrischen Funktionen beruhen.

Soviel sei allerdings an dieser Stelle bemerkt, $\boxed{e = 2.718\,281\,828\,459\cdots}$ ist die **Euler** sche **Zahl**, eine bemerkenswerte Naturkonstante, die beispielweise bei der Beschreibung des natürlichen Wachstumsverhaltens eine Rolle spielt.

Rechenregeln 2.20 (Regeln von De Moivre) *Für alle* r, r_1, r_2, φ, φ_1, $\varphi_2 \in \mathbb{R}$ *gilt*

1. $\overline{re^{i\varphi}} = re^{-i\varphi} = \dfrac{r}{e^{i\varphi}}$,

2. $r_1 e^{i\varphi_1} \cdot r_2 e^{i\varphi_2} = r_1 \cdot r_2 e^{i(\varphi_1 + \varphi_2)}$,

3. $\dfrac{r_1 e^{i\varphi_1}}{r_2 e^{i\varphi_2}} = \dfrac{r_1}{r_2} e^{i(\varphi_1 - \varphi_2)}$,

4. $(re^{i\varphi})^n = r^n e^{in\varphi}$ *für alle* $n \in \mathbb{Z}$.

   Insbesondere ergibt sich $(\cos\varphi + i\sin\varphi)^n = \cos n\varphi + i\sin n\varphi$.

Abraham De Moivre, (1667-1754), war französischer Mathematiker und ein enger Freund von Isaac Newton, (1642-1726).

Beweis. Wir benutzen die Rechenregeln 2.16.

1. Sei $z = re^{i\varphi} = r(\cos\varphi + i\sin\varphi)$,

   $\implies \overline{z} = r(\,\overline{\cos\varphi + i\sin\varphi}\,) = r(\cos\varphi - i\sin\varphi)$

   $\qquad = r(\cos(-\varphi) + i\sin(-\varphi)) = re^{-i\varphi}$,

   $\implies \overline{re^{i\varphi}} = re^{-i\varphi} = \dfrac{r}{e^{i\varphi}}$.

Das bedeutet $\boxed{\arg(\overline{z}) = -\arg(z)}$.

2. Sei $z_k = r_k e^{i\varphi_k} = r_k(\cos\varphi_k + i\sin\varphi_k), \quad k = 1, 2,$

$\implies \quad z_1 \cdot z_2 = r_1 \cdot r_2 \left[(\cos\varphi_1\cos\varphi_2 - \sin\varphi_1\sin\varphi_2) + i(\cos\varphi_1\sin\varphi_2 + \cos\varphi_2\sin\varphi_1)\right]$

$$= r_1 \cdot r_2(\cos(\varphi_1 + \varphi_2) + i\sin(\varphi_1 + \varphi_2))$$

$$= r_1 \cdot r_2 e^{i(\varphi_1 + \varphi_2)},$$

$\implies \quad r_1 e^{i\varphi_1} \cdot r_2 e^{i\varphi_2} = r_1 \cdot r_2 e^{i(\varphi_1 + \varphi_2)}.$

Das bedeutet $\boxed{\arg(z_1 \cdot z_2) = \arg(z_1) + \arg(z_2)}$.

3. Es gilt $\dfrac{z_1}{z_2} = \dfrac{r_1 e^{i\varphi_1}}{r_2 e^{i\varphi_2}} = \dfrac{r_1}{r_2} e^{i\varphi_1} \cdot e^{-i\varphi_2} = \dfrac{r_1}{r_2} e^{i(\varphi_1 - \varphi_2)}.$

Das bedeutet $\boxed{\arg\left(\dfrac{z_1}{z_2}\right) = \arg(z_1) - \arg(z_2)}$ für $r_2 \neq 0$.

4. Sei $z = re^{i\varphi}$,

$\implies \quad z \cdot z = re^{i\varphi} \cdot re^{i\varphi} = \underbrace{\left(re^{i\varphi}\right)^2 = r^2 e^{i2\varphi}}_{\text{nach 2)}}.$

Sukzessive Multiplikation mit z liefert die Behauptung für $n \in \mathbb{N}$. Schreiben wir nun $-\varphi$ anstatt φ,

$\overset{nach 3)}{\implies} (re^{i\varphi})^n = r^n e^{in\varphi}$ für $n \in \mathbb{Z}$.

Das bedeutet $\boxed{\left(\arg(z)\right)^n = \arg(nz)}$.

qed

Bemerkung. Wir sehen, dass die Bezeichnung $e^{i\varphi}$ gut gewählt ist, weil damit für die Argumente die Potenzregeln gelten!

Beispiel 2.21

a) $z_1 = -1 - i, \quad z_2 = 3i \implies z_1 = \sqrt{2}\, e^{5\pi i/4}, \quad z_2 = 3e^{\pi i/2}.$

$$z_1 \cdot z_2 = 3\sqrt{2}\, e^{7\pi i/4} = 3\sqrt{2}\, e^{-\pi i/4} = 3\sqrt{2}\left(\frac{1}{2}\sqrt{2} - \frac{1}{2}\sqrt{2}\, i\right) = 3 - 3i,$$

$$z_1 : z_2 = \frac{\sqrt{2}}{3}\, e^{3\pi i/4} = \frac{\sqrt{2}}{3}\left(-\frac{1}{2}\sqrt{2} + \frac{1}{2}\sqrt{2}\, i\right) = -\frac{1}{3} + \frac{1}{3}\, i.$$

b) $(1-i)^{10} = \left(\sqrt{2}e^{-\pi i/4}\right)^{10} = 2^5 e^{-10\pi i/4} = 32 \cdot e^{-5\pi i/2} = 32 \cdot (-i) = -32i$.

c) $(\cos\varphi + i\sin\varphi)^2 = \cos^2\varphi - \sin^2\varphi + 2i\cos\varphi\sin\varphi \overset{!}{=} \cos 2\varphi + \sin 2\varphi.$

Vergleichen wir Real- und Imaginärteil, so erhalten wir

$$\cos^2\varphi - \sin^2\varphi = \cos 2\varphi,$$

$$2\cos\varphi\sin\varphi = \sin 2\varphi.$$

Wir erkennen die beiden Additionstheoreme aus Rechenregeln 2.16 (mit $\psi = \varphi$) wieder. Für $n > 2$ lassen sich auf diese Art und Weise weitere **trigonometrische Formeln** *bequem herleiten.*

d) $|e^{i\varphi}| = |\cos\varphi + i\sin\varphi| = \sqrt{\cos^2\varphi + \sin^2\varphi} = 1.$

Das bedeutet, dass die Zahlen $e^{i\varphi} \in \mathbb{C}$ auf dem Einheitskreis liegen.

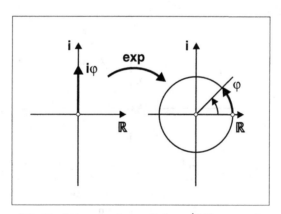

Die Funktionswerte $\exp(i\varphi) := e^{i\varphi}$ liegen auf der Einheitskreislinie

Merken Sie sich: $\boxed{|e^{i\varphi}| = 1 \ \textit{für alle} \ \varphi \in \mathbb{R}.}$

e) $e^{i\pi/2} = \cos\pi/2 + i\sin\pi/2 = i \implies e^{in\pi/2} = i^n$ *für alle* $n \in \mathbb{N}_0$.

Beachte dazu Rechenregel 2.11.

Bemerkung. Multiplikation und Division der Zahl $z_1 := r_1 e^{i\varphi_1}$ mit $z_2 :=$ $r_2 e^{i\varphi_2}$ bewirken **Drehstreckungen**, d.h. eine Drehung um den Winkel φ_2 und eine Streckung (oder Stauchung) um den Faktor r_2. Die nachfolgend eingezeichneten Dreiecke sind jeweils **ähnlich**; sie haben gleiche Winkel. Daraus resultiert eine **graphische** Konstruktionsmöglichkeit von $z_1 z_2$ und z_1/z_2.

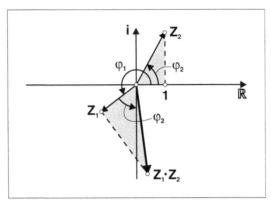

Graphische Darstellung
der Multiplikation

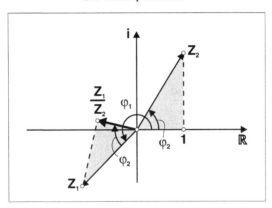

Graphische Darstellung
der Division

Eine weitere wichtige Anwendung der Rechenregeln 2.20 von DE MOIVRE ist die komfortable Berechnung **komplexer Wurzeln.**

Satz 2.22 *Sei* $c = re^{i\varphi} \neq 0$, $n \in \mathbb{N}$. *Die Lösungen der Gleichung* $z^n = c \in \mathbb{C}$ *sind gegeben durch*

$$z_k = \sqrt[n]{r}\, e^{i\varphi_k} \ mit \ \varphi_k = \frac{\varphi}{n} + \frac{2k\pi}{n}, \quad k = 0, 1, 2, \cdots, n-1.$$

*Die Lösungen von $z^n = c \neq 0$ heißen die **n-ten komplexen Wurzeln** von $c \in \mathbb{C}$, und man bezeichnet die Menge der z_k mit*

$$c^{1/n} := \sqrt[n]{c} := \{z_0, z_1, \cdots, z_{n-1}\}.$$

Diese bilden ein regelmäßiges n-Eck auf dem Kreis mit dem Radius $\sqrt[n]{r}$.

Beweis. Die Lösungen sollen dem Ansatz $z = R\, e^{i\phi}$ genügen. Damit erhält man

$$z^n = R^n\, e^{in\phi} \overset{!}{=} r\, e^{i\varphi} \iff R = \sqrt[n]{r} \ \text{und} \ \phi = \frac{1}{n}(\varphi + 2k\pi), \ k \in \mathbb{Z}.$$

Dabei ergeben sich für $k = 0, 1, \ldots, n-1$ verschiedene Lösungen, und für $k = n$ ergibt sich wieder φ_0.   qed

Bemerkung 2.23

1. *Es gilt $\sqrt[n]{0} = 0$.*

2. *Für $c \neq 0$ ist $\sqrt[n]{c}$ $n-$deutig. Dies gilt auch, wenn wir aus einer reellen Zahl die komplexe Wurzel berechnen, wie nachfolgendes Beispiel zeigt.*

3. *Wegen der Mehrdeutigkeit haben viele Potenzgesetze aus $\mathbb{R}$, wie z.B. $(\sqrt[n]{z})^m \neq \sqrt[n]{z^m}$, keine Gültigkeit mehr.*

Beispiel 2.24

a) *Wir suchen $z = \sqrt[5]{1}$, d.h. die Lösungen von $z^n = 1$, $n = 5$. Die Polardarstellung lautet $1 = e^{i\cdot 0}$. Damit ergeben sich die fünf Werte*

$$z_k = e^{0/5 + 2k\pi i/5}, \quad k = 0, 1, 2, 3, 4.$$

Im Einzelnen (auf vier Stellen gerundet) lauten diese

$$z_0 = e^{i\cdot 0} = 1,$$

$$z_1 = e^{2\pi i/5} = \cos 2\pi/5 + i\,\sin 2\pi/5 = \ \ 0.3090 + 0.9511i,$$

$$z_2 = e^{4\pi i/5} = \cos 4\pi/5 + i\,\sin 4\pi/5 = -0.8090 + 05878i,$$

$$z_3 = e^{6\pi i/5} = \cos 6\pi/5 + i\,\sin 6\pi/5 = -0.8090 - 05878i,$$

$$z_4 = e^{8\pi i/5} = \cos 8\pi/5 + i\,\sin 8\pi/5 = \ \ 0.3090 - 0.9511i.$$

Sie bilden ein 5−Eck im Einheitskreis.

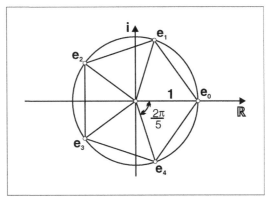

5−te Einheitswurzeln

Wir nennen die $e_k := z_k = \sqrt[n]{1}$, $k = 0, 1, \ldots, n - 1$, die **n-ten Einheitswurzeln,** *also*

$$\sqrt[n]{1} = \left\{ e_k : e_k := e^{2\pi i k/n}, \; k = 0, 1, \ldots, n - 1 \right\}.$$

b) Wir suchen jetzt $z^3 = -8i$, wobei $-8i = 8e^{3\pi i/2}$. Man rechnet leicht nach, dass

$$z_0 = 2e^{1/2\,\pi i} = 2i,$$

$$z_1 = 2e^{1/2\,\pi i + 2\pi/3\,i} = 2e^{7/6\,\pi i} = 2\left(-\frac{1}{2}\sqrt{3} - \frac{1}{2}\,i\right) = -\sqrt{3} - i,$$

$$z_2 = 2e^{1/2\,\pi\,i + 4/3\,\pi i} = 2e^{11/6\,\pi i} = 2\left(\frac{1}{2}\sqrt{3} - \frac{1}{2}\,i\right) = \sqrt{3} - i.$$

Wir überprüfen dies und sehen, dass alles stimmt:

$$(2i)^3 = 8i^3 = -8i,$$

$$\left(\pm\sqrt{3} - i\right)^3 = \pm(\sqrt{3})^3 - 3 \cdot 3i \pm \sqrt{3}\,(-i)^2 + (-i)^3$$

$$= \pm(\sqrt{3})^3 - 9i \mp \sqrt{3} + i = -8i.$$

Man kann die Berechnung von Wurzeln stets auf die Berechnung der o.g. Einheitswurzeln zurückführen. Es gilt

---

Satz 2.25

1. Ist $\hat{z}$ eine (bekannte) Lösung von $z^n = c \neq 0$, so erhält man alle Lösungen gemäß

$$z_k = \hat{z} \cdot e_k, \quad k = 0, \ldots, n-1,$$

wobei e_k die n–ten Einheitswurzeln sind.

2. Die Lösungen von $z^n = c$ erfüllen

$$\sum_{k=0}^{n-1} z_k = 0, \quad n \geq 2.$$

Beweis.

1) Da $c \neq 0$, ist auch $\hat{z} \neq 0$. Damit sind für alle $k = 0, \ldots, n-1$ die Zahlen $z_k = \hat{z} \cdot e_k$ verschieden. Da $e_k^n = 1$, $k = 0, \ldots, n-1$, folgt daraus sofort

$$z_k^n = \hat{z}^n \cdot e_k^n = \hat{z}^n = c.$$

$$2)\ \sum_{k=0}^{n-1} z_k = \hat{z} \underbrace{\sum_{k=0}^{n-1} e_k = \hat{z} \sum_{k=0}^{n-1} \left(e^{2\pi i/n}\right)^k = \hat{z}\, \frac{1 - e^{2\pi i n/n}}{1 - e^{2\pi i/n}}}_{\text{vgl. Beispiel 1.29}} = \hat{z}\, \frac{1 - 1}{1 - e^{2\pi i/n}} = 0.$$

$$\text{qed}$$

2.3.1 Praktische Anwendung der komplexen Zahlen

Abschließend behandeln wir noch ein kleines **Anwendungsbeispiel** der komplexen Zahlen aus der Elektrotechnik. Dazu betrachten wir gemäß nachstehender Skizze einen Wechselstromkreis mit einem Ohmschen Widerstand R, einem Kondensator C, einer Spule L und einer Spannungsquelle U_i.

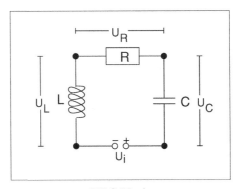

RLC-Kreis

Dabei bezeichne R den Widerstand mit der elektrischen Maßeinheit $[R] = \Omega$ (Ohm), C die Kapazität des Kondensators mit $[C] = F$ (Farad), L die Induktivität der Spule mit $[L] = H$ (Henry) und U_i die Spannung mit $[U] = V$ (Volt).

Benannt wurden die Größen nach den Persönlichkeiten GEORG SIMON OHM (1789-1836), MICHAEL FARADY (1791-1867), JOSEF HENRY (1797-1878) und ALESSANDRO VOLTA (1745-1827).

Bei angelegter Spannung U_i entsteht ein zeitabhängiger oszillierender Strom $I = I(t)$, $[I] = A$ (ANDRÉ-MARIE AMPÈRE (1775-1836)) mit der Darstellung

$$\boxed{I(t) = I_0 \cos(\omega t) = \mathrm{Re}\left(I_0 e^{i\omega t}\right)} \qquad (2.6)$$

gemäß Definition 2.19, wobei ω, $[\omega] = Hz$ (benannt nach HEINRICH RUDOLF HERTZ (1857-1894)) die Frequenz bezeichne und I_0 den Scheitelwert oder die Amplitude der Stromstärke.

An den einzelnen Bauteilen gelten nun folgender *Spannungsabfälle*:

a) Am OHMschen Widerstand R gilt das bekannte Gesetz

$$\boxed{U_R(t) = RI(t) = RI_0 \cos(\omega t) = \mathrm{Re}\left(RI_0\, e^{i\omega t}\right).} \qquad (2.7)$$

Damit lautet das OHMsche Gesetz für die *Amplitude* einfach

$$U_0 := RI_0.$$

b) Der Kondensator speichert elektrische Ladung $Q = Q(t)$, $[Q] = C$ (benannt nach CHARLES AUGUSTIN COULOMB (1789-1854)), welche proportional zur angelegten Spannung ist, d.h.

$$Q(t) = CU_C(t).$$

Nun nimmt aber an den Zeitpunkten t_k, an denen die Ladung maximal oder minimal wird, der Strom notwendigerweise den Wert Null an. Es gilt also

$$Q(t_k) = Q_{max} \quad \text{oder} \quad Q(t_k) = Q_{min} \implies I(t_k) = 0.$$

Dies geschieht für $t_k = (2k + 1)\,\pi/2\omega$, $k \in \mathbb{Z}$. Nachstehende *Phasenverschiebung* des Stromes liefert die gewünschte Darstellung von Q:

$$Q(t) = \tilde{Q} \cos\left(\omega t - \frac{\pi}{2}\right) = \tilde{Q} \sin(\omega t),$$

mit der Zuweisung $\tilde{Q} := I_0/\omega$. Damit ergibt sich für die *Spannung am Kondensator*

$$\boxed{U_C(t) = \frac{Q(t)}{C} = \frac{I_0}{C\omega} \sin(\omega t) = \operatorname{Re}\left(-\frac{i}{\omega C} I_0\, e^{i\omega t}\right).} \qquad (2.8)$$

Der Strom I *eilt* somit bei der Kapazität C gegenüber der Spannung U_C um den Phasenwinkel $\pi/2$ *vor*.

c) Eine Spule erzeugt ein Magnetfeld, dessen Stärke proportional zum Strom durch diese Spule ist. Im Magnetfeld steckt Energie, welche beim Aufbau des Magnetfeldes aus dem Netz entnommen wird. Damit ist also die *Spannung proportional zur zeitlichen Änderung der Stromstärke*. Das bedeutet, dass an denselben Zeitpunkten t_k, an denen die Stromstärke maximal oder minimal wird, die Spannung notwendigerweise den Wert Null hat, d.h.

$$I(t_k) = \pm I_0 \implies U_L(t_k) = 0.$$

Dies geschieht für $t_k = k\,\dfrac{\pi}{2\omega}$, $k \in \mathbb{Z}$, und die Phasenverschiebung

$$U_L(t) = \tilde{U} \cos\left(\omega t + \frac{\pi}{2}\right) = -\tilde{U} \sin(\omega t)$$

erfüllt diese Forderung, wobei $\tilde{U} := L\omega I_0$ gesetzt wird. Damit lautet die *Spannung an der Spule*

$$\boxed{U_L(t) = -L\omega I_0 \sin(\omega t) = \operatorname{Re}\left(iL\omega I_0\, e^{i\omega t}\right).} \qquad (2.9)$$

Bei der Induktivität L *eilt* der Strom I gegenüber der Spannung um den Phasenwinkel $\pi/2$ *nach*.

Wir erkennen mit (2.6) an den Darstellungen (2.7)-(2.9), dass die sog. **komplexen Impedanzen** $\boxed{R,\ -\frac{i}{\omega C}\ ,\ iL\omega}$ die Rolle der reellen Widerstände übernehmen.

Georg Simon Ohm wurde in Erlangen geboren und studierte dort auch Physik. Ohms völlige Abkehr von der damaligen *naturphilosophischen Betrachtung der Elektrizität* wurde anfangs überhaupt nicht verstanden, ja man polemisierte sogar gegen sein „zweckloses Spiel mit den mathematischen Symbolen".

Aufgaben

Aufgabe 2.9. Welche Lösungsmenge hat die Gleichung $\cos^2 \varphi + \sin^2 \varphi = \frac{1}{4}$ in $M = [0, 2\pi)$?

Aufgabe 2.10. Sei $\varphi \in \mathbb{R}$. Bestätigen oder widerlegen Sie die folgende Gleichung:
$$\sin^4 \varphi - \cos^4 \varphi = \sin^2 \varphi - \cos^2 \varphi.$$

Aufgabe 2.11. Seien $z_1 = -\sqrt{3} + 3i$ und $z_2 = -\frac{3}{2} + i\frac{\sqrt{3}}{2}$.

a) Bestimmen Sie die Polardarstellungen von z_1 und z_2.

b) Berechnen Sie unter Verwendung der Ergebnisse aus a) die Polardarstellungen von $z_3 = z_1 z_2$, $z_4 = \frac{z_1}{z_2}$ und $z_5 = z_2^{12}$.

c) Geben Sie z_3, z_4 und z_5 in der Form $x + iy$ mit $x, y \in \mathbb{R}$ an.

Aufgabe 2.12. Seien $z_1 = 2i$ und $z_2 = -\frac{4}{\sqrt{2}} + i\frac{4}{\sqrt{2}}$.

a) Bestimmen Sie die Polardarstellungen von z_1 und z_2.

b) Bestimmen Sie unter Verwendung der Ergebnisse aus a) die Polardarstellungen von $z_3 = z_1 z_2$ und $z_4 = \frac{z_1}{z_2}$.
   Hinweis: Benutzen Sie die Schreibweise mit der Exponentialfunktion.

c) Geben Sie z_3 und z_4 in der Form $x + iy$ mit $x, y \in \mathbb{R}$ an.

d) Zeichnen Sie z_1, z_2, z_3 und z_4 in eine komplexe Ebene ein und interpretieren Sie die Multiplikation mit z_2 und die Division mit z_2 geometrisch.

Aufgabe 2.13. In $\mathbb{C}$ ist folgende Zahlenmenge gegeben:

$$M = M_1 \cup M_2 \cup M_3 \cup M_4 \,,$$

mit

$$M_1 = \{z \mid z \cdot \bar{z} = 1\}\,, \quad M_2 = \{z \mid z \cdot \bar{z} = 4 \text{ und } z - \bar{z} > 0\}\,,$$

$$M_3 = \{ix \mid x \le -2\} \text{ und } M_4 = \{z \mid z^2 + 2iz = 2\}\,.$$

Zeichnen Sie in der GAUSS-Ebene die Menge der Zahlen $W = \{\frac{1}{z} \mid z \in M\}$

Aufgabe 2.14. Bestimmen Sie alle komplexen Wurzeln folgender Zahlen:

$$a)\ \sqrt{8 - 15i}, \quad b)\ \sqrt[3]{i}, \quad c)\ \sqrt[5]{5 + 8i}, \quad d)\ \sqrt[3]{-2 + 2i}.$$

Aufgabe 2.15. Es seien $z_1 = 3 - i$, $z_2 = 1 + i$ und $z_3 = e^{i\frac{3}{4}\pi}$, $z_4 = \sqrt{2}e^{i\frac{5}{4}\pi}$ gegeben. Geben Sie Realteil, Imaginärteil, Argument und Polarkoordinatendarstellung dieser komplexen Zahlen an. Tragen Sie sie zudem in die komplexe Zahlenebene ein und berechnen Sie

$$a)\ z_1 - 2z_2, \quad b)\ \overline{z_3}\,(-z_4)\,, \quad c)\ z_3^2 + 3z_2$$

in der für Sie angenehmsten Form.

Aufgabe 2.16. Durch die Gleichung $|z^2 - 1| = 1$ wird eine Punktmenge in der GAUSS-Ebene bestimmt. Geben Sie diese in der Form $z = r(\varphi)e^{i\varphi}$ an.

2.4 Polynome

In nahzu jedem Teilbereich der Mathematik sind Polynome zu finden. In diesem Abschnitt wollen wir elementare Rechenoperationen für Polynome und auch numerische Algorithmen für deren Realisierungen auf dem Rechner formulieren.

Vereinbarung. Wir möchten nicht immer explizit zwischen dem Körper der reellen Zahlen $\mathbb{R}$ und dem Körper der komplexen Zahlen $\mathbb{C}$ unterscheiden und schreiben für beide Möglichkeiten $z \in \mathbb{C}$ oder $z \in \mathbb{R}$ einfach $\boxed{z \in \mathbb{K}}$, wir meinen also beide Körper gleichzeitig.

Definition 2.26 *Eine Abbildung $P_n : \mathbb{K} \to \mathbb{K}$, $n \in \mathbb{N}_0$, der Form*

$$P_n(z) = a_0 + a_1 z + \ldots + a_n z^n = \sum_{k=0}^{n} a_k z^k, \quad z = x + iy \in \mathbb{K},$$

$a_k \in \mathbb{K}$ *und* $a_n \neq 0$ *heißt* **reelles oder komplexes Polynom n-ten Grades**. (*Bei reellen Polynomen verwenden wir i. Allg.* x *als Variablenbezeichnung*).

Mit $\mathrm{Grad}\, P_n := n$ *bezeichnen wir in beiden Fällen den* **Grad** (*höchste Potenz*)*, und wir nennen die gegebenen Zahlen* a_k, $k = 0, \cdots, n$ *die* **Koeffizienten** *des Polynoms.*

Beispiel 2.27

a) $P_7(z) = iz^7 + (2 - 3i)z^2 + (3 - 5i)$ *ist ein komplexes Polynom 7-ten Grades.*

b) $P_7(x) = 8x^7 + 9x^6 + 2x^2 + 4$ *ist ein reelles Polynom 7-ten Grades.*

c) $P_0(z) \equiv 5$ *ist ein Polynom 0-ten Grades.*

d) $P(z) \equiv 0$ *heißt das* **Nullpolynom** *und hat keinen Grad.*

e) $P_n(z) = (1 + z)^n = \sum_{k=0}^{n} \binom{n}{k} z^k = 1 + nz + \frac{1}{2} n(n-1)z^2 + \cdots + z^n$ *ist ein (komplexes, falls* $z \in \mathbb{C}$ *bzw. reelles, falls* $z \in \mathbb{R}$*) Polynom vom Grade* n (*Binompotenz*).

Für die Polynome vom Grade ≤ 3 verwendet man folgende Bezeichnungen:

1. $P_0(z) := a_0$ heißt **konstantes** Polynom oder **Konstante**,

2. $P_1(z) := a_0 + a_1 z$ heißt **lineares** Polynom,

3. $P_2(z) := a_0 + a_1 z + a_2 z^2$ heißt **quadratisches** Polynom,

4. $P_3(z) := a_0 + a_1 z + a_2 z^2 + a_3 z^3$ heißt **kubisches** Polynom.

Wir bezeichnen die Menge der reellen oder komplexen Polynome beliebigen Grades mit $\boxed{\Pi(z)}$. Gelegentlich unterscheiden wir jedoch zwischen den beiden Typen, dann schreiben wir bei reellen bzw. komplexen Koeffizienten konsequenterweise $\boxed{\mathbb{R}(z)}$ bzw. $\boxed{\mathbb{C}(z)}$.

Zwei Polynome $P_n, Q_n \in \Pi(z)$ desselben Grades heißen *gleich*, falls ihre Koeffizienten gleich sind, d.h.

$$P_n(z) := \sum_{k=0}^{n} a_k z^k = \sum_{k=0}^{n} b_k z^k =: Q_n(z) \iff a_i = b_i \text{ für } i = 0, \cdots, n.$$

Beim sog. **Koeffizientenvergleich** in späteren Anwendungen wird von der obigen Tatsache Gebrauch gemacht. So gilt z.B.

$$5z^3 + 2z^2 + 3z + 7 = (\alpha + 2\beta)z^3 + \beta z^2 + \gamma z + (\gamma + \delta)$$
$$\iff \alpha = 1, \, \beta = 2, \, \gamma = 3, \, \delta = 4.$$

Auf $\Pi(z)$ lassen sich Addition „+" und Multiplikation „·" ausführen. Dabei dürfen die zu addierenden bzw. zu multiplizierenden Polynome durchaus verschiedene Grade aufweisen, zu klären bleibt lediglich der Grad des jeweils resultierenden Polynoms.

Wir betrachten nun zwei solche Polynome $P_n, Q_m \in \Pi(z)$, $n \neq m$ i. Allg., dann definiert man für alle $z \in \mathbb{K}$ die beiden Operationen

$$
\boxed{
\begin{aligned}
+ : \quad & (P_n + Q_m)(z) := P_n(z) + Q_m(z), \\
\cdot \; : \quad & (P_n \cdot Q_m)(z) \; := P_n(z) \cdot Q_m(z).
\end{aligned}
}
\tag{2.10}
$$

Dabei werden zwei (oder mehrere Polynome) addiert, indem Terme mit gleichen Potenzen addiert werden, und multipliziert, indem jeder Term mit jedem multipliziert wird. Formal lässt sich dies wie folgt ausdrücken:

Sei dazu ohne Beschränkung der Allgemeinheit $m < n$. Dann

$$P_n(z) + Q_m(z) = \sum_{k=0}^{n} a_k z^k + \sum_{k=0}^{m} b_k z^k$$
$$= \sum_{k=0}^{m} (a_k + b_k) z^k + \sum_{k=m+1}^{n} a_k z^k.$$

$$P_n(z) \cdot Q_m(z) = \left(\sum_{k=0}^{n} a_k z^k \right) \cdot \left(\sum_{r=0}^{m} b_r z^r \right)$$
$$= \sum_{k=0}^{n} \sum_{r=0}^{m} a_k z^k b_r z^r = \sum_{k=0}^{n} \sum_{r=0}^{m} a_k b_r z^{k+r}.$$

Vergleiche die Multiplikation mit (1.15).

Daran erkennt man die resultierenden Grade

$$\text{Grad}\,(P_n + Q_m) = \max\{\text{Grad}\,P_n, \text{Grad}\,Q_m\},$$

$$\text{Grad}\,(P_n \cdot Q_m) \;\; = \text{Grad}\,P_n + \text{Grad}\,Q_m, \;\; \text{sofern} \;\; P_n \neq 0 \neq Q_m.$$

Beispiel 2.28

a) $P_3(z) = 2z^3 + 2z^2 + iz + 1 \;$ und $\; Q_2(z) = 2z^2 + iz + i.$

$$(P_3 + Q_2)(z) \;\; = \;\; 2z^3 + 2z^2 + 4z^2 + 2iz + (1 + i)$$
$$\Longrightarrow \text{Grad}(P_3 + Q_2) = 3.$$

$$(P_3 \cdot Q_2)(z) \;\; = \;\; = (2z^3 + 2z^2 + iz + 1) \cdot (2z^2 + iz + i)$$
$$= \;\; 4z^5 + (4 + 2i)z^4 + 6iz^3 + (1 + 2i)z^2 + (-1 + i)z + i$$
$$\Longrightarrow \text{Grad}\,(P_3 \cdot Q_2) = \text{Grad}\,P_3 + \text{Grad}\,Q_2 = 3 + 2 = 5.$$

b) $P_4(x) = x^4 + 3x^2 + 2 \;$ und $\; Q_4(x) = -x^4 + 2x^3.$

$$(P_4 + Q_4)(z) \;\; = \;\; 2x^3 + 3x^2 + 2$$
$$\Longrightarrow \text{Grad}(P_4 + Q_4) = 3.$$

$$(P_4 \cdot Q_4)(x) \;\; = \;\; = (x^4 + 3x^2 + 2) \cdot (-x^4 + 2x^3)$$
$$= \;\; -x^8 + 2x^7 - 3x^6 + 6x^5 - 2x^4 + 4x^3$$
$$\Longrightarrow \text{Grad}\,(P_4 \cdot Q_4) = \text{Grad}\,P_4 + \text{Grad}\,Q_4 = 4 + 4 = 8.$$

Polynome genügen den gleichen Axiomen wie $\mathbb{Z}$. So konnten wir auf $\mathbb{Z}$ lediglich eine **Division mit Rest** formulieren. Dies ist auch bei Polynomen der Fall.

Satz 2.29 (Division mit Rest) *Sei* $P_n \in \Pi(z)$ *mit* $P_n \neq 0$. *Dann existieren zu jedem* $Q_m \in \Pi(z)$ *eindeutig bestimmte Polynome* $D, R \in \Pi(z)$ *mit* $R = 0$ *oder* $\text{Grad}\,R < \text{Grad}\,P_n$ *und*

$$Q_m(z) = P_n(z) \cdot D(z) + R(z) \; \forall \, z \in \mathbb{K}.$$

Beweisidee. Wir verifizieren, dass a) die Polynome $D, R \in \Pi(z)$ überhaupt existieren und b) diese auch eindeutig bestimmt sind.

a) *Existenz.* Gilt $Q_m = 0$ oder $\mathrm{Grad}\, Q_m = m < n = \mathrm{Grad}\, P_n$, so liegt der **triviale** Fall mit $D(z) = 0$ und $R := Q_m$ vor. Es sei also $m \geq n$. Dann berechnet man D und R mit dem bekannten EUKLIDischen **Teileralgorithmus**, den wir hier exemplarisch an einem Beispiel vorführen.

Seien dazu $P_3(z) := -8z^3 + 15z^2 - 5$ und $Q_4(z) := 2z^4 - 5z^3 + 5z - 2$, dann lautet die **Polynomdivision**

$$
\overbrace{(2z^4 \quad -5z^3 \qquad\qquad +5z \;-2) :}\; \overbrace{(-8z^3 + 15z^2 - 5)}^{=P_3(z)} = \overbrace{-\tfrac{1}{4}z + \tfrac{5}{32}}^{=:D(z)}
$$

$$
\begin{array}{l}
\underline{2z^4 - \tfrac{15}{4}z^3 \qquad\quad\; +\tfrac{5}{4}z} \\[4pt]
\qquad\;\; -\tfrac{5}{4}z^3 \qquad\quad +\tfrac{15}{4}z \;-2 \\[4pt]
\qquad\;\; \underline{-\tfrac{5}{4}z^3 + \tfrac{75}{32}z^2 \qquad\qquad -\tfrac{25}{32}} \\[4pt]
\qquad\qquad\quad -\tfrac{75}{32}z^2 + \tfrac{15}{4}z - \tfrac{39}{32} \qquad =: R(z)
\end{array}
$$

Es gilt in der Tat

$$
P_3(z) \cdot D(z) + R(z) = (-8z^3 + 15z^2 - 5)\left(-\frac{1}{4}z + \frac{5}{32}\right)
$$

$$
+\left(-\frac{75}{32}z^2 + \frac{15}{4}z - \frac{39}{32}\right)
$$

$$
= Q_4(z) = 2z^4 - 5z^3 + 5z - 2.
$$

Mit diesem konstruktiven Verfahren können auf ganz analoge Weise die Polynome $D(z)$ und $R(z)$ über einem beliebigen Körper $\mathbb{K}$ berechnet werden.

b) *Eindeutigkeit.* Sind $\tilde{D}$ und $\tilde{R}$ ebenfalls Polynome, die das Verlangte leisten, so folgt

$$
P_n(z) \cdot \left(D(z) - \tilde{D}(z)\right) = R(z) - \tilde{R}(z) \;\; \forall\, z \in \mathbb{K}
$$

mit $\mathrm{Grad}\,(R - \tilde{R}) < \mathrm{Grad}\, P_n$. Wäre $D - \tilde{D} \neq 0$, so wäre im Widerspruch dazu $\mathrm{Grad}\,(R - \tilde{R}) = \mathrm{Grad}\, P_n + \mathrm{Grad}\,(D - \tilde{D}) \geq \mathrm{Grad}\, P_n$. Also folgt $D = \tilde{D}$ und somit auch $R = \tilde{R}$.

qed

Für **numerische** Zwecke kann der EUKLIDische Teileralgorithmus leicht mit dem folgenden Programm realisiert werden, welches zu den vorgegebenen Polynomen

$$P_n(z) := \sum_{k=0}^{n} a_k z^k, \quad Q_m(z) := \sum_{k=0}^{m} b_k z^k, \quad a_n, b_n \neq 0$$

die beiden Polynome

$$D(z) := \sum_{k=0}^{m-n} d_k z^k, \quad R(z) := \sum_{k} r_k z^k, \quad \operatorname{Grad} R < \operatorname{Grad} P_n,$$

so berechnet, dass folgende Darstellung gilt:

$$Q_m(z) = P_n(z) \cdot D(z) + R(z).$$

Wir formulieren nun den versprochenen Algorithmus zur Polynomdivision.

1:	Einlesen von $n := \operatorname{Grad} P_n$; $m := \operatorname{Grad} Q_m$; a_k mit $a_n \neq 0$; b_k;
2:	$a := a_n$; $k := 1$;
3:	für $j := 0, 1, \ldots, \max\{n, m\}$:
4:	$d_j := 0$; (Ende j)
5:	falls $(b_m = 0)$ dann
6:	wiederhole
7:	$m := m - 1$;
8:	bis $((b_m \neq 0)$ oder $(m = 0))$; (Ende falls)
9:	falls $(b_m \neq 0$ und $m \geq n)$ dann
10:	$e := m - n + 1$;
11:	wiederhole
12:	$c := b_{m-k+1}/a$; $d_{e-k} := c$;
13:	für $j := 0, 1, \ldots, n$:
14:	$b_{j+e-k} := b_{j+e-k} - c * a_j$; (Ende j)
15:	$k := k + 1$;
16:	bis $(k > e)$. (Ende dann)

EUKLIDischer Divisionsalgorithmus zur Berechnung von D(z) und R(z)

Nach Ablauf des Programms hat der Algorithmus die gesuchten Koeffizienten d_k und $r_k := b_k$ berechnet.

Grundlage für die nun folgenden Überlegungen ist die Division (mit Rest) eines Polynoms $P_n \in \Pi(z)$ durch ein lineares Polynom in der speziellen Form $P_1(z) := z - z_0$. Man nennt dieses spezielle $P_1(z)$ mit festem $z_0 \in \mathbb{K}$ einen **Linearfaktor**. Die gestellte Aufgabe wird am effizientesten gelöst durch das sog. **HORNER-Schema**[1].

Zunächst einmal liefert das HORNER-Schema einen **numerisch stabilen Algorithmus** zur Berechnung des Funktionswertes $P_n(z_0)$ für ein gegebenes Polynom $P_n \in \Pi(z)$ in einem festen Punkt $z_0 \in \mathbb{K}$. Auf Computern ist es wegen der ungünstigen Fehlerfortpflanzung unvorteilhaft, die Berechnung durch sequentielles Abarbeiten der Darstellung

$$P_n(z_0) = a_0 + a_1 z_0 + a_2 z_0^2 + \cdots + a_n z_0^n \tag{2.11}$$

vorzunehmen. Besser ist es (nach einer Idee von P. RUFFINI (1765–1822) aus dem Jahre 1808, die dann 1819 von HORNER nochmals unabhängig entdeckt wurde), die Berechnung durch sequentielles Abarbeiten der folgenden Darstellung (ohne explizite Potenzen) vorzunehmen:

$$P_n(z_0) = [\cdots [[(a_n z_0 + a_{n-1}) z_0 + a_{n-2}] z_0 + a_{n-3}] z_0 + \cdots + a_1] z_0 + a_0. \tag{2.12}$$

Die Gleichheit der beiden Darstellungen (2.11) und (2.12) erkennt man sofort durch Ausmultiplizieren. Man startet mit der Berechnung der innersten Klammer und schreitet danach sukzessive bis zur Berechnung der äußersten Klammer voran. Die Rechenvorschrift (2.12) ist gegenüber (2.11) weitaus **unempfindlicher** hinsichtlich der **Fortpflanzung von Rundungsfehlern** bei numerischer Rechnung. Betrachten wir z.B.

$$P_{100}(z) = 30 z^{100} - 8 z^{99} + \cdots + 1$$

und beabsichtigen, dieses Polynom an einer Stelle $|z_0| \ll 1$, $z_0 \in \mathbb{R}$ (d.h. z_0 ist sehr klein verglichen mit der Zahl 1) auszuwerten, dann sind die führenden Terme des Polynoms sicherlich nahezu identisch ($30 z_0^{100} \approx 8 z_0^{99}$) und eine Subtraktion (vgl. Beispiel 1.91) führt zu erheblichen *Stellenauslöschungen*.

Ein computergerechter Algorithmus des HORNER-Schemas hat folgende Form:

1:	Einlesen von a_k, z_0;
2:	$p := a_n$;
3:	für $k := n - 1, n - 2, \ldots, 0$:
4:	$\quad p := a_k + z_0 * p$. (Ende k)

$$\tag{2.13}$$

Algorithmus zur Auswertung von $P_n(z_0)$

---

[1] Benannt nach WILLIAM GEORGE HORNER, (1786–1837).

Nach Ablauf des Algorithmus hat die Variable p die Wertzuweisung $P_n(z_0)$ erhalten.

Wollen wir genau dieselbe Rechnung von Hand auf dem Papier durchführen, so ist es vorteilhaft, die folgende Anordnung zu verwenden. Diese gilt für beliebige Polynome $P_n \in \Pi(z)$:

$$
\begin{array}{c|cccccc}
 & \boxed{a_n} & \boxed{a_{n-1}} & \boxed{a_{n-2}} & \cdots & \boxed{a_1} & \boxed{a_0} \\[2pt]
 & + & + & + & \cdots & + & + \\[2pt]
 & 0 & z_0 b_{n-1} & z_0 b_{n-2} & \cdots & z_0 b_1 & z_0 b_0 \\
\hline
z_0 & b_{n-1} \nearrow & b_{n-2} \nearrow & b_{n-3} & \cdots \nearrow & b_0 \nearrow & \boxed{P_n(z_0)}
\end{array}
$$

Beachten Sie: Auch verschwindende Koeffizienten $a_k = 0$ müssen in diesem Schema mitgeführt werden!

Beispiel 2.30

a) *Es sei das reelle Polynom $P_4(x) = 4x^4 - 3x^3 + x - 10$ gegeben. Wir berechnen den Funktionswert $P_4(-3)$. Hier ist also zu beachten, dass $a_2 = 0$ gilt. Wir werten das Polynom an der Stelle $x_0 = -3$ aus.*

$$
\begin{array}{r|rrrrr}
 & 4 & -3 & 0 & 1 & -10 \\
 & 0 & -12 & 45 & -135 & 402 \\
\hline
x_0 = -3 & 4 & -15 & 45 & -134 & \boxed{392} = P_4(-3)
\end{array}
$$

b) *Wir werten jetzt das komplexe Polynom $P_4(z) = z^4 + iz^3 + (3+2i)z + 3i$ an der Stelle $z_0 = i$ aus. Auch hier ist $a_2 = 0$ zu beachten.*

$$
\begin{array}{r|rrrrr}
 & 1 & i & 0 & 3+2i & 3i \\
 & 0 & i & -2 & -2i & 3i \\
\hline
z_0 = i & 1 & 2i & -2 & 3 & \boxed{6i} = P_4(i)
\end{array}
$$

Wir erkennen an der oben angegebenen Berechnungsvorschrift sehr leicht, dass die Koeffizienten b_k gemäß folgender Vorschrift rekursiv definiert sind:

$$
\boxed{b_{n-1} := a_n, \quad b_k := a_{k+1} + z_0 b_{k+1}, \; k = n-2, n-3, \ldots, 0.}
\tag{2.14}
$$

Die so definierten Koeffizienten b_k sind mit der Lösung der folgenden Aufgabe verknüpft: Zu gegebenem $P_n \in \Pi(z)$ ist dasjenige Polynom

$$P_{n-1}(z) := \sum_{k=0}^{n-1} \beta_k z^k$$

gesucht, für welches die Beziehung

$$
\begin{aligned}
P_n(z) &= (z - z_0)P_{n-1}(z) + P_n(z_0) \\
&= (z - z_0)\left[\beta_{n-1}z^{n-1} + \beta_{n-2}z^{n-2} + \cdots + \beta_0\right] + P_n(z_0)
\end{aligned}
\tag{2.15}
$$

identisch in $z \in \mathbb{K}$ erfüllt ist. Ordnen nach gleichen Potenzen in z ergibt die äquivalente Gleichung

$$
\begin{aligned}
[a_n - \beta_{n-1}]z^n &+ [a_{n-1} - (\beta_{n-2} - z_0\beta_{n-1})]z^{n-1} + \\
&\cdots + [a_1 - (\beta_0 - z_0\beta_1)]z + [a_0 - (P_n(z_0) - z_0\beta_0)] = 0.
\end{aligned}
$$

Diese Gleichung ist genau dann für alle $z \in \mathbb{K}$ erfüllt, wenn die in eckigen Klammern stehenden Koeffizientenausdrücke vor den z–Potenzen verschwinden (Methode des **Koeffizientenvergleichs** mit dem Nullpolynom). Dies führt ganz offenbar auf die Bedingungen

$$\beta_{n-1} := a_n, \quad \beta_k := a_{k+1} + z_0\beta_{k+1}, \ k = n - 2, n - 3, \ldots, 0, \tag{2.16}$$

und schließlich $P_n(z_0) - z_0\beta_0 = a_0$. Durch Vergleich der beiden Rekursionen (2.14) und (2.16) ergibt sich offenkundig $\beta_k = b_k \ \forall \, k = 0, 1, \ldots, n - 1$.

Zusammenfassend haben wir den

Satz 2.31 (Abspaltung eines Linearfaktors) *Es sei ein Polynom*
$P_n(z) := \sum\limits_{k=0}^{n} a_k z^k \in \Pi(z)$ *vom Grade* $n \geq 1$ *gegeben, ferner ein festes Element* $z_0 \in \mathbb{K}$. *Es seien* b_k, $k = 0, 1, \ldots, n - 1$, *die gemäß* (2.14) *mit dem* HORNER*–Schema berechneten Koeffizienten. Dann gilt*

$$P_n(z) = (z - z_0)\sum_{k=0}^{n-1} b_k z^k + P_n(z_0) \quad \forall \, z_0 \in \mathbb{K}. \tag{2.17}$$

Das lineare Polynom $z - z_0$ *heiße* **Linearfaktor**.

In Beispiel (2.30) hat also (2.17) jeweils die Darstellung

$$P_4(x) = 4x^4 - 3x^3 + x - 10 = \big(x - (-3)\big)(4x^3 - 15x^2 + 45x - 134) + 392,$$

$$P_4(z) = z^4 + iz^3 + (3 + 2i)z + 3i = (z - i)(z^3 + 2iz^2 - 2z + 3) + 6i.$$

Aufgaben

Aufgabe 2.17. Berechnen Sie

$$(x^{12} + x^6 + x + 1) : (2x^4 + 3).$$

Aufgabe 2.18. Gegeben sei

$$F(x) = \frac{x^4 - 2x^3 - 2x^2 - 2x - 3}{x^4 - 3x^3 - 7x^2 + 15x + 18}.$$

Bestimmen Sie den gemeinsamen Teiler von Zähler und Nenner.

Aufgabe 2.19. Gegeben sei das Polynom $P(x) = 6x^5 - 2x^3 + 3x - 4$ und $\alpha = 2$.

a) Bestimmen Sie $P(\alpha)$.

b) Bestimmen Sie ein Polynom Q_1 und eine Zahl c_0 mit

$$P(x) = (x - \alpha)\, Q_1 + c_0\,.$$

c) Bestimmen Sie die Entwicklung von P um $\alpha = 2$.

2.5 Nullstellen und Zerlegung von Polynomen

Wir beginnen mit

Definition 2.32 *Ein Element* $z_0 \in \mathbb{K}$ *heißt* **Nullstelle** *des Polynoms* $P_n \in \Pi(z)$, *wenn gilt*

$$P_n(z_0) = 0.$$

Beispiel 2.33

a) $P(x) \equiv 0$ *für jedes* $z \in \mathbb{K}$.

b) $P_0 = a \neq 0$ *hat keine Nullstelle.*

c) $P_1(x) = ax + b = 0 \iff x = -\dfrac{b}{a}$.

d) $P_2(x) = ax^2 + bx + c = 0 \iff x_{1,2} = \dfrac{-b \pm \sqrt{b^2 - 4ac}}{2a}$.

Für $a, b, c \in \mathbb{R}$ *nennen wir* $\Delta := b^2 - 4ac$ *die* **Diskriminante** *der quadratischen Gleichung* $P_2(x) = 0$. *Damit gilt*

$$\Delta = 0 \implies P_2 \text{ hat eine Nullstelle,}$$

$$\Delta > 0 \implies P_2 \text{ hat zwei reelle Nullstellen,}$$

$$\Delta < 0 \implies P_2 \text{ hat zwei komplexe Nullstellen.}$$

Allgemein gilt für $a, b, c \in \mathbb{R}$, *dass höchstens zwei Nullstellen in* $\mathbb{K}$ *existieren und diese nach der obigen Formel berechnet werden.*

e) *Für* $P_n \in \Pi(z)$, $n = 3, 4$, *gibt es Formeln zur Bestimmung der Nullstellen. Speziell für kubische Polynome sind dies die* CARDANI*schen Formeln* (*nach* GEROLAMO CARDANO, *1501-1576*), *welche äußerst unhandlich und in jeder gängigen Formelsammlung zu finden sind.*

f) *Die Nullstellen von Polynomen vom Grade* $n \geq 5$ *lassen sich formelmäßig nicht mehr erfassen.*

Das Existenzproblem von Nullstellen für Polynome vom Grade $n \geq 5$ wurde 1797 von CARL FRIEDRICH GAUSS (1777–1855) in seiner Dissertation gelöst. Daraus resultierte folgende berühmte Aussage:

Satz 2.34 (Fundamentalsatz der Algebra) *Jedes Polynom* $P_n \in$ $\Pi(z)$ *vom Grade* $n \geq 1$ *besitzt in* $\mathbb{C}$ **mindestens** *eine Nullstelle.*

Bemerkung. Wir hatten $\mathbb{C}$ eingeführt, um darin eine Nullstelle des Polynoms $P_2(x) = x^2 + 1$ zu finden. Nun stellt sich sogar heraus, dass wir durch diese Erweiterung die Nullstellen aller anderen Polynome gleichermaßen bekommen. Um Nullstellen von Polynomen zu erhalten, muss der Zahlenbereich über $\mathbb{C}$ hinaus nicht zu erweitert werden.

Definition 2.35 *Ein Element $z_1 \in \mathbb{K}$ heißt Nullstelle der* **Ordnung** *oder* **Vielfachheit** $k \in \mathbb{N}$ *von $P_n \in \Pi(z)$, wenn ein Polynom $Q_{n-k} \in \Pi(z)$ existiert mit*

$$P_n(z) = (z - z_1)^k \, Q_{n-k}(z) \; \forall \, z \in \mathbb{K} \; \text{ und } \; Q_{n-k}(z_1) \neq 0.$$

Mit diesen Begriffsbildungen ergibt sich der

Satz 2.36 (Linearfaktorzerlegung) *Sei $z \in \mathbb{K}$ und sei $P_n(z) = \sum\limits_{k=0}^{n} a_k z^k$ mit $a_n \neq 0$, $n \geq 1$, ein Polynom aus $\Pi(z)$. Dann gelten folgende Aussagen:*

1. *Sind $z_1, z_2, \ldots, z_m$ paarweise verschiedene Nullstellen von $P_n(z)$ mit Vielfachheiten $k_1, k_2, \ldots, k_m$, so ist $P_n(z)$ teilbar durch*

$$(z - z_1)^{k_1} (z - z_2)^{k_2} \cdots (z - z_m)^{k_m}.$$

2. *$P_n \in \Pi(z)$ hat in $\mathbb{K}$ höchstens n Nullstellen, wobei jede Nullstelle so oft gezählt wird, wie ihre Vielfachheit angibt.*

3. *$P_n \in \Pi(z)$ hat in $\mathbb{C}$ genau n Nullstellen.*

4. *$P_n \in \Pi(z)$ gestattet in $\mathbb{C}$ die* **Linearfaktorzerlegung**

$$P_n(z) = a_n (z - z_1)^{k_1} (z - z_2)^{k_2} \cdots (z - z_m)^{k_m} \; \forall \, z \in \mathbb{C}, \quad (2.18)$$

wobei $z_1, z_2, \ldots, z_m$, $m \leq n$, die paarweise verschiedenen Nullstellen mit Vielfachheiten $k_1, k_2, \ldots, k_m$ sind. Es gilt nach 3., dass $n = k_1 + k_2 + \cdots + k_m$.

Beweis.

1. Diese Behauptung folgt nach derselben Argumentation wie im Vorspann, indem wir nun mehrere Nullstellen berücksichtigen.

2. Gemäß 1. gilt

$$P_n(z) = (z - z_1)^{k_1} (z - z_2)^{k_2} \cdots (z - z_m)^{k_m} Q(z) \; \forall \, z \in \mathbb{K}, \quad (2.19)$$

mit $0 \neq Q \in \Pi(z)$ und $Q(z_j) \neq 0$ für $j = 1, 2, \ldots, m$. Somit haben wir

$$n = \text{Grad} \, P_n = k_1 + k_2 + \cdots + k_m + \text{Grad} \, Q \geq k_1 + k_2 + \cdots + k_m. \quad (2.20)$$

3. Gemäß Satz 2.34 hat $P_n \in \Pi(z)$ mindestens eine Nullstelle $z_1 \in \mathbb{C}$. Es seien nun $z_1, z_2, \ldots, z_m$ bereits alle Nullstellen von $P_n(z)$ mit Vielfachheiten $k_1, k_2, \ldots, k_m$. Dann gilt (2.19). Wäre $k_1 + \ldots + k_m < n$, so wäre nach (2.20) $\operatorname{Grad} Q \geq 1$. Gemäß Satz 2.34 hätte Q eine Nullstelle $z_{m+1} \neq z_j, j = 1, 2, \ldots, m$, und wir hätten somit widersprüchlich eine weitere Nullstelle von P_n konstruiert. Also gilt $k_1 + \ldots + k_m = n$.

4. Aus der Beweisführung von 3. folgt diese Aussage unmittelbar.

$$\text{qed}$$

Beispiel 2.37 *Das Polynom*

$$P_6(z) = 3z^6 - (15 - 6i)z^5 + (15 - 30i)z^4 + (27 + 36i)z^3$$
$$- (42 - 24i)z^2 - (12 + 48i)z + 24$$

hat die Linearfaktorzerlegung $P_6(z) = 3(z - 2)^3 (z + 1)(z + i)^2$, *und damit*

$$
\left.
\begin{array}{l}
z_1 = 2 \quad \text{ist Nullstelle der Vielfachheit } k_1 = 3, \\[4pt]
z_2 = -1 \quad \text{ist Nullstelle der Vielfachheit } k_2 = 1, \\[4pt]
z_3 = -i \quad \text{ist Nullstelle der Vielfachheit } k_3 = 2,
\end{array}
\right\} \implies \sum_{i=1}^{3} k_i = 6.
$$

Wir formulieren jetzt die **Viètaschen Wurzelsätze** für die Polynome $P_n \in \Pi(z)$ (François Viète (Vièta), 1540–1603).

Ist $\boxed{a_n \equiv 1}$ und sind $z_1, z_2, \ldots, z_n \in \mathbb{C}$ die nicht notwendig voneinander verschiedenen Nullstellen des Polynoms

$$P_n(z) = 1 \cdot z^n + \sum_{k=0}^{n-1} a_k z^k \in \Pi(z),$$

so erhält man gemäß (2.18) die Darstellung

$$P_n(z) = (z - z_1)(z - z_2) \cdots (z - z_n) \overset{\text{Ausmultipl.}}{=} \sum_{k=0}^{n-1} V_k(z_1, z_2, \ldots, z_n) z^k + z^n.$$

Ein Koeffizientenvergleich liefert $a_k = V_k(z_1, z_2, \ldots, z_n)$, d.h., wir bekommen **formelmäßige** Beziehungen zwischen den **Koeffizienten** a_k und den **Wurzeln** $z_1, z_2, \ldots, z_n$ des Polynoms $P_n(z)$. Diese Beziehungen heißen die **Viètaschen Wurzelsätze**.

Beispiel 2.38

a) *Für quadratische Polynome gilt* $z^2 + a_1 z + a_0 = (z - z_1)(z - z_2) = z^2 - (z_1 + z_2)z + z_1 z_2$, *und somit*

$$a_1 = -(z_1 + z_2), \quad a_0 = z_1 z_2.$$

b) *Für kubische Polynome gilt* $z^3 + a_2 z^2 + a_1 z + a_0 = (z - z_1)(z - z_2)(z - z_3) = z^3 - (z_1 + z_2 + z_3)z^2 + (z_1 z_2 + z_1 z_3 + z_2 z_3)z - z_1 z_2 z_3$, *und somit*

$$a_2 = -(z_1 + z_2 + z_3), \quad a_1 = z_1 z_2 + z_1 z_3 + z_2 z_3, \quad a_0 = -z_1 z_2 z_3.$$

Im allgemeinen Fall $n \geq 2$ erhalten wir die folgenden

VIÈTASchen Wurzelsätze für $P_n \in \Pi(z)$:

$$a_{n-1} = -\sum_{k=1}^{n} z_k,$$

$$a_{n-2} = +\sum_{\substack{j,k=1 \\ j<k}}^{n} z_j z_k,$$

$$a_{n-3} = -\sum_{\substack{j,k,l=1 \\ j<k<l}}^{n} z_j z_k z_l,$$

$$\vdots$$

$$a_0 \quad = (-1)^n z_1 z_2 \cdots z_n.$$

Das Erraten von Nullstellen kann durch die nachstehende Aussage unter Umständen vereinfacht werden:

Satz 2.39 *Gegeben sei das Polynom n-ten Grades* $P_n(z) = \sum_{k=0}^{n} a_k z^k \in \Pi(z)$, *mit* $a_n \neq 0$, $n \geq 1$. *Dann gilt für jede Nullstelle* $z_1, z_2, \ldots, z_n \in \mathbb{C}$ *von* P_n, *dass*

$$|z_k| \leq \max \left\{ \left| \frac{a_0}{a_n} \right|, 1 + \left| \frac{a_1}{a_n} \right|, \ldots, 1 + \left| \frac{a_{n-1}}{a_n} \right| \right\}. \qquad (2.21)$$

Beweis. Wir setzen

$$M := \max \left\{ \left| \frac{a_0}{a_n} \right|, 1 + \left| \frac{a_1}{a_n} \right|, \ldots, 1 + \left| \frac{a_{n-1}}{a_n} \right| \right\}.$$

Dann folgt für $|z| > M$:

$$|P_n(z)| \geq |a_n| \left\{ |z|^n - \sum_{k=1}^{n-1} \left| \frac{a_k}{a_n} \right| |z|^k - \left| \frac{a_0}{a_n} \right| \right\}$$

$$\geq |a_n| \left\{ |z|^n - (M-1) \sum_{k=1}^{n-1} |z|^k - M \right\}$$

$$\geq |a_n| \left\{ |z|^n - (M-1) \frac{|z|^n - 1}{|z| - 1} - 1 \right\}$$

$$> |a_n| \left\{ |z|^n - (M-1) \frac{|z|^n - 1}{M - 1} - 1 \right\} = 0.$$

Also kann für $|z| > M$ keine Nullstelle von $P_n(z)$ existieren. qed

Beispiel 2.40 *Die Abschätzung (2.21) kann sehr grob sein, wie bei*

$$P_3(z) = z^3 - 6z^2 + 11z - 6 = (z-1)(z-2)(z-3)$$

erkennbar wird. Wir haben hier für die drei komplexen Nullstellen $z_1 = 1$, $z_2 = 2$ und $z_3 = 3$ insgesamt die Abschätzung $|z_k| \leq 3$, während aus (2.21) die Abschätzung $|z_k| \leq 12$ folgt.

Bisher haben wir uns mit Polynomen aus $\Pi(z)$ beschäftigt, womit vornehmlich die komplexen Polynome gemeint waren und die reellen Polynome als Spezialfall von diesen angesehen werden konnten. Insbesondere gelten natürlich alle bisher gemachten Aussagen auch speziell für alle Polynome $P_n \in \mathbb{R}(x)$, also für Polynome mit **reellen Koeffizienten**. Diese nehmen eine gewisse Sonderstellung ein, wenn man auch Nullstellen im Erweiterungskörper $\mathbb{C}$ zulässt. Damit wollen wir uns im restlichen Abschnitt beschäftigen.

Satz 2.41 *Sei $P_n(x) = \sum_{k=0}^{n} a_k x^k \in \mathbb{R}(x)$ ein Polynom n-ten Grades mit* **reellen** *Koeffizienten $a_k \in \mathbb{R}$, $k = 0, 1, \ldots, n$, $a_n \neq 0$. Ist $z_0 \in \mathbb{C}$ eine*

> *Nullstelle von $P_n(x)$, so ist auch die konjugiert komplexe Zahl $\bar{z}_0$ eine Nullstelle.*

Beweis. Da für $a_k \in \mathbb{R}$ trivialerweise $a_k = \bar{a}_k$ gilt, folgern wir aus $P_n(z_0) = 0$, dass

$$P_n(\bar{z}_0) = \sum_{k=0}^{n} a_k \bar{z}_0^k = \overline{\sum_{k=0}^{n} a_k z_0^k} = \overline{P_n(z_0)} = \bar{0} = 0.$$

qed

Folgerung 2.42 bei reellen Koeffizienten.

1. *Nichtreelle Nullstellen von $P_n \in \mathbb{R}(x)$ treten stets paarweise auf: $z_0, \bar{z}_0 \in \mathbb{C}$ sind entweder beide Nullstellen oder beide keine Nullstellen.*

2. *Ist* $\mathrm{Grad}\, P_n = 2m + 1$ *eine* **ungerade** *Zahl, so hat $P_n \in \mathbb{R}(x)$ mindestens eine* **reelle** *Nullstelle.*

3. *Ist $z_0 = x_0 + iy_0$ eine nichtreelle Nullstelle von $P_n \in \mathbb{R}(x)$, so gilt gemäß (2.18) für alle $x \in \mathbb{R}$ die Beziehung*

$$P_n(x) = (x - z_0)(x - \bar{z}_0)P_{n-2}(x) = \underbrace{[x^2 - 2x_0 x + (x_0^2 + y_0^2)]}_{\text{hat keine reellen Nullstellen}} P_{n-2}(x).$$

Das heißt, ein Polynom $P_n \in \mathbb{R}(x)$ lässt sich stets in **reelle** *Linearfaktoren und* **reelle** *quadratische Polynome zerlegen. Letztere sind in $\mathbb{R}$ selbst nicht mehr in* **reelle** *Linearfaktoren zerlegbar, also*

$$P_n(x) = a_n(x - x_1)(x - x_2) \cdots (x^2 - \alpha_1 x + \beta_1) \cdots (x^2 - \alpha_m x + \beta_m)$$

für alle $x \in \mathbb{R}$ mit x_j, α_j, $\beta_j \in \mathbb{R}$ und $\alpha_j^2 - 4\beta_j < 0$, d.h. die Diskriminante ist strikt negativ.

Neben den reellen *Nullstellen x_j existieren demnach die komplexen Null-stellenpaare $z_j^\pm := \frac{1}{2}(\alpha_j \pm i\sqrt{4\beta_j - \alpha_j^2})$.*

Beispiel 2.43 *Das reelle Polynom*

$$P_6(x) = x^6 - 3x^5 + 5x^4 - 9x^3 + 8x^2 - 6x + 4 = (x - 1)(x - 2)(x^2 + 1)(x^2 + 2)$$

hat die sechs Nullstellen

$$x_1 = 1,\ x_2 = 2,\ z_1^\pm = \pm i,\ z_2^\pm := \pm i\sqrt{2}.$$

Eine weitere Hilfestellung für das **Erraten** von Nullstellen leistet der

---

Satz 2.44 *Hat das Polynom $P_n(x) = \sum_{k=0}^{n} a_k x^k \in \mathbb{R}(x)$ mit* **ganzzahligen** *Koeffizienten $a_k \in \mathbb{Z}$* **ganzzahlige** *Nullstellen $x_k \in \mathbb{Z}$, so sind diese* **Teiler** *des Koeffizienten a_0, wobei auch die trivialen Teiler ± 1, $\pm a_0$ zugelassen sind.*

Beispiel 2.45 *Die ganzzahligen Nullstellen des Polynoms*

$$P_4(x) = 2x^4 - 6x^3 - 4x^2 + 24x - 16$$

brauchen nur unter den Teilern von $a_0 = -16$ gesucht zu werden. Als mögliche Kandidaten müssen die Zahlen

$$\pm 1, \pm 2, \pm 4, \pm 8, \pm 16$$

betrachtet werden. Wir nehmen den betragskleinsten Teiler und sehen, dass $x_1 = 1$ als Nullstelle erkannt wird.

Das **Abspalten des Linearfaktors** *$x - x_1$ mit dem* HORNER*–Schema liefert ein Restpolynom $P_3(x) = 2x^3 - 4x^2 - 8x + 16$.*

Ganzzahlige Nullstellen von $P_3(x)$ teilen wie vorher den Koeffizienten 16. Die Probe mit den obigen Teilern führt auf die Nullstelle $x_2 = 2$, und nach Abspalten des Linearfaktors $x - x_2$ mit dem HORNER*–Schema verbleibt das quadratische Restpolynom $P_2(x) = 2x^2 - 8 = 2(x - 2)(x + 2)$.*

$$
\begin{array}{r|rrrrr}
 & 2 & -6 & -4 & 24 & -16 \\
1 & 0 & 2 & -4 & -8 & 16 \\
\hline
 & 2 & -4 & -8 & 16 & \boxed{0} = P_4(1) \\
2 & 0 & 4 & 0 & -16 & \\
\hline
 & 2 & 0 & -8 & \boxed{0} & \\
\end{array}
$$

An der Linearfaktorzerlegung des Polynoms

$$P_4(x) = 2(x - 1)(x - 2)^2(x + 2)$$

sind jetzt alle Nullstellen mit ihren Vielfachheiten ablesbar.

Zusammenfassung einiger Tricks.

1. $P_n(z) = \sum_{k=0}^n a_k z^k \in \mathbb{C}(z)$:

   a. $a_0 = 0 \implies z_0 = 0$ ist eine Nullstelle.

   b. $\sum_{k=0}^n a_k = 0 \implies z_0 = 1$ ist eine Nullstelle.

   c. $|z_k| \leq \max \left\{ \left| \dfrac{a_0}{a_n} \right|, 1 + \left| \dfrac{a_1}{a_n} \right|, \ldots, 1 + \left| \dfrac{a_{n-1}}{a_n} \right| \right\}$ für alle Nullstellen $z_k \in \mathbb{C}$.

2. $P_n(x) = \sum_{k=0}^n a_k x^k \in \mathbb{R}(z)$:

   a. Ist $z_0 \in \mathbb{C}$ Nullstelle, dann auch $\bar{z}_0 \in \mathbb{C}$.

   b. Grad $P_n = 2m + 1$ (ungerade), dann ist mindestens eine Nullstelle reell.

   c. Sind alle $a_k \in \mathbb{Z}$, dann sind ganzzahlige Nullstellen Teiler von a_0.

3. Führen o.g. Methoden auf eine Nullstelle $z_0 \in \mathbb{K}$, so wird diese herausdividiert, und wir bekommen die Zerlegung $P_n(z) = (z - z_0)Q_{n-1}$. Die Methoden werden jetzt auf das Polynom niedrigeren Grades Q_{n-1} angewendet, solange, bis sich schließlich ein Polynom vom Grade Null ergibt.

Einige Anekdoten über GEROLAMO CARDANO (1501–1576) wollen wir nicht vorenthalten. Er war nicht nur Mathematiker, sondern auch der berühmteste Arzt seiner Zeit. Zu seinen Patienten gehörten Adelige und Könige.

Im Jahre 1545 veröffentlichte er sein Buch *Ars magna de Regulis Algebraicus*, welches Lösungsmethoden zur Nullstellenbestimmung von Polynomen dritten und vierten Grades enthielt. Dadurch entstand ein erbitterter Streit in mehrerer Hinsicht. Einerseits behauptete sein Schüler LUDOVICO FERRARI (1522–1565), er habe als erster Lösungsmethoden zu kubischen Gleichungen gefunden, andererseits behauptete sein Widersacher NICCOLO FONTANA TARTAGLIA (1499–1557), die Publikation des Buches beruhe nicht nur auf Diebstahl, sondern auch auf einem Meineid. Denn Tartaglia behielt sein Wissen über kubische Polynome für sich, um damit mit verschiedenen Berechnungen Geld zu verdienen, und so behauptete er, Cardano habe ihm geschworen, die Geheimnisse der Polynome ebenfalls nicht zu verraten. Es gelang Tartaglia tatsächlich Cardano 1570 in den „Keller der Inquisition" zu bringen. Der

Erzbischof von Schottland, der Patient von Cardano war, brachte es fertig, diesen zu rehabilitieren.

Damit nicht genug. Cardano gelangte auch durch das Erstellen von Horoskopen zu großem Ansehen. So behauptete er, die Stunde seines eigenen Todes genau zu kennen und gab diese auch bekannt. Als er sich jedoch zur vorhergesagten Stunde am 21. September 1576 bester Gesundheit erfreute, nahm er sich, so wird jedenfalls berichtet, selbst das Leben.

Aufgaben

Aufgabe 2.20. Von

$$P(x) = x^4 + Ax^3 + Bx^2 + Cx + D,$$

mit $A, B, C, D \in \mathbb{R}$ sei bekannt, dass $x_1 = 1 + i \in \mathbb{C}$ eine doppelte Nullstelle ist. Berechnen Sie mit Hilfe dieser Information $P(3)$.

Aufgabe 2.21. Gegeben sei das Polynom

$$P(x) = x^7 + 9x^6 + 31x^5 + 55x^4 + 63x^3 + 55x^2 + 33x + 9.$$

a) Zerlegen Sie P in (komplexe) Linearfaktoren.

b) Zerlegen Sie P in reelle Linearfaktoren und irreduzible quadratische Polynome.

Aufgabe 2.22.

a) Sei $P(x) = 3x^4 + ax^3 + bx^2 + cx + d$, $a, b, c, d \in \mathbb{R}$.

Bestimmen Sie $a, b, c, d \in \mathbb{R}$ so, dass $P(i) = P(2i) = 0$ gilt.

b) Sei $a \in \mathbb{C}$ eine Lösung von $z^4 + 4z^3 + 6z^2 + 4z + 1 = 16$.

Bestimmen Sie alle Lösungen von $z^4 = 15 - 4a^3 - 6a^2 - 4a$.

Aufgabe 2.23. Gegeben seien die Polynome

$$P(x) = x^5 - 2x^4 - 4x^3 + 4x^2 - 5x + 6 \quad \text{und} \quad Q(x) = x^4 - 3x^3 + 3x^2 - 2.$$

a) Bestimmen Sie die reellen und komplexen Nullstellen von P mit Hilfe des HORNERschemas.

b) Bestimmen Sie die reellen und komplexen Nullstellen von Q mit einem Verfahren Ihrer Wahl. Es sei bekannt, dass $Q(1 + i) = 0$ gilt.

c) Geben Sie jeweils sowohl die reelle als auch die komplexe Faktorisierung an.

Aufgabe 2.24. Bestimmen Sie alle Nullstellen des Polynoms

$$P(x) = x^4 - 2x^3 - 2x - 1.$$

Es sei bekannt, dass $P(i) = 0$ gilt.

Aufgabe 2.25.

a) Untersuchen Sie die Funktion

$$f(x) = x^5 - 12x^4 + 40x^3 - 18x^2 - 41x + 30$$

mit dem HORNERschema auf Nullstellen und geben Sie die Faktorisierung der Form

$$f(x) = (x - x_1)(x - x_2)(x - x_3)(x - x_4)(x - x_5)$$

an. Geben Sie die Vielfachheit der Nullstellen an.
Hinweis: Hat eine quadratische Funktion $g(x) = x^2 + bx + c$ die Nullstellen $x_1, x_2 \in \mathbb{Z}$, so gilt immer $c = (-x_1) \cdot (-x_2)$ und $b = -x_1 - x_2$.

b) Bestimmen Sie die Nullstellen von

$$g(x) = x^5 - 2x^4 + 2x^3 - 4x^2 - 3x + 6$$

und geben Sie die komplette reelle und komplexe Faktorisierung an.

2.6 Polynominterpolation

Wir wenden uns nun folgender Aufgabenstellung zu: Von einer Funktion $f : [a, b] \to \mathbb{R}$, $[a, b] \subset \mathbb{R}$, sind lediglich die Funktionswerte an einigen Stellen aus dem Intervall $[a, b]$ bekannt. So nimmt z.B. f an den Stellen $x_0, x_1, \ldots, x_n \in [a, b]$ die Werte $y_0 = f(x_0), y_1 = f(x_1), \ldots, y_n = f(x_n)$ an. Die Funktionswerte dazwischen sind nicht bekannt. Gibt es nun eine „einfache" Ersatzfunktion φ, die die *unbekannte* Funktion f in geschlossener Form annähert? Diese Frage führt zu dem

---

Interpolationsproblem. Gegeben seien $n + 1$ paarweise verschiedene *Stützstellen* $x_0, x_1, \ldots, x_n \in \mathbb{R}$ und dazu $n + 1$ (nicht notwendig verschiedene) *Stützwerte* $y_0 := f(x_0)$, $y_1 := f(x_1), \ldots, y_n := f(x_n)$.

Bestimme ein geeignetes *Interpolationspolynom* $\varphi \in \mathbb{R}(x)$, das die folgenden Interpolationsbedingungen

$$y_j = \varphi(x_j) \ \forall\, j = 0, 1, \ldots, n$$

erfüllt.

Eine einfache Lösung bietet sich im Falle $n = 1$:

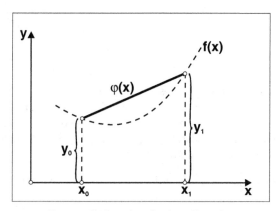

Interpolation durch eine Gerade

Die Funktion f wird im Intervall $[x_0, x_1]$ durch die **Sehne** ersetzt; diese ist ein *Polynom vom Grade 1*:

$$\varphi(x) := y_0 + \frac{y_1 - y_0}{x_1 - x_0} \cdot (x - x_0), \quad x_0 \leq x \leq x_1.$$

Polynome bieten sich wegen ihrer einfachen Möglichkeit der Funktionsauswertung durch das HORNER-Schema besonders zur Lösung des Interpolationsproblems an. Es gilt

---

Satz 2.46 *Zu beliebig vorgegebenen $n + 1$* **Stützpunkten** *(x_j, y_j), $j = 0, 1, \ldots, n$, mit $x_j \neq x_k$ für $j \neq k$, gibt es* **genau ein** *Polynom $P_n \in \mathbb{R}(x)$, welches die Interpolationsbedingungen erfüllt, nämlich*

$$P_n(x_j) = y_j \ \forall j = 0, 1, \ldots, n. \tag{2.22}$$

Dies ist das **LAGRANGE-Interpolationspolynom**

$$P_n(x) := \sum_{j=0}^{n} y_j L_j(x), \tag{2.23}$$

worin L_j das j-te **LAGRANGE**sche **Polynom** vom Grade n bezeichnet mit der Darstellung

$$L_j(x) := \prod_{\substack{k=0 \\ k \neq j}}^{n} \frac{(x - x_k)}{(x_j - x_k)}$$

$$= \frac{(x - x_0) \cdots (x - x_{j-1})(x - x_{j+1}) \cdots (x - x_n)}{(x_j - x_0) \cdots (x_j - x_{j-1})(x_j - x_{j+1}) \cdots (x_j - x_n)}. \tag{2.24}$$

Beweisidee.

a) Das Polynom ist eindeutig bestimmt, denn wären $P_n, Q_n \in \mathbb{R}(x)$ zwei Polynome mit der Interpolationseigenschaft (2.22), so hätte das Differenzpolynom $P(x) := P_n(x) - Q_n(x)$ mit Grad $P \leq n$ mindestens die $n + 1$ verschiedenen Nullstellen $x_0, x_1, \ldots, x_n$. Sofern nicht $P \equiv 0$ ist, widerspricht dies dem Fundamentalsatz der Algebra.

b) Die Polynome L_j aus (2.24) mit Grad $L_j = n$ haben offenbar die Eigenschaft

$$L_j(x_k) = \delta_{jk} := \begin{cases} 1 & \text{für } j = k, \\ 0 & \text{für } j \neq k. \end{cases} \tag{2.25}$$

Somit löst das Polynom $P_n \in \mathbb{R}(x)$ aus obiger Darstellung offenkundig das Interpolationsproblem.

qed

Beispiel 2.47 *Wir bestimmen für $n = 2$ das Interpolationspolynom $P_2 \in \mathbb{R}(x)$ bei Vorgabe der Stützpunkte*

x_j	0	1	3
y_j	-1	1	4

Wir berechnen P_2 gemäß (2.24) und erhalten

$$L_0(x) = \frac{(x-1)(x-3)}{(0-1)(0-3)} = \frac{1}{3}(x-1)(x-3),$$

$$L_1(x) = \frac{(x-0)(x-3)}{(1-0)(1-3)} = -\frac{1}{2}x(x-3),$$

$$L_2(x) = \frac{(x-0)(x-1)}{(3-0)(3-1)} = \frac{1}{6}x(x-1).$$

Setzen wir dies in (2.23) ein, so erhalten wir das gesuchte Interpolationspolynom

$$P_2(x) = -\frac{1}{3}(x-1)(x-3) - \frac{1}{2}x(x-3) + \frac{2}{3}x(x-1).$$

Die entsprechende Summendarstellung lautet

$$P_2(x) = \sum_{k=0}^{2} a_k x^k = -\frac{1}{6}x^2 + \frac{13}{6}x - 1. \tag{2.26}$$

Bemerkung 2.48 *Das* LAGRANGE-*Interpolationspolynom (2.23) gestattet die Darstellung*

$$P_n(x) = \sum_{j=0}^{n} \frac{y_j}{(x-x_j)} \cdot \underbrace{\left\{ \prod_{\substack{k=0 \\ k \neq j}}^{n} \frac{1}{(x_j - x_k)} \right\}}_{=:\lambda_j} \cdot \prod_{i=0}^{n}(x-x_i). \tag{2.27}$$

Im Falle **äquidistanter** *Stützstellen, d.h., wenn $x_j := x_0 + jh$ für festes $h > 0$ und $j = 0, 1, \ldots, n$ gilt, dann liest sich (2.27) wie folgt:*

$$\lambda_j = 1 \Big/ \prod_{\substack{k=0 \\ k \neq j}}^{n}(x_j - x_k) = \frac{(-1)^{n-j}}{h^n n!} \cdot \binom{n}{j}. \tag{2.28}$$

Im Rahmen der numerischen Differentiation (Abschnitt 6.12) werden wir beide Darstellungen verwenden.

Das LAGRANGEsche Interpolationspolynom (2.23) hat den großen Nachteil, dass die Berechnung **aller** $L_j(x)$ vollkommen neu durchgeführt werden muss, wenn Stützstellen hinzugenommen werden. Dieser Nachteil wird beseitigt, wenn das (eindeutig bestimmte) Interpolationspolynom in der NEWTONschen Form wie folgt angesetzt wird:

$$\boxed{P_n(x) = c_0 + \sum_{k=1}^{n} c_k \prod_{i=0}^{k-1}(x-x_i).} \tag{2.29}$$

Ausgeschrieben liest es sich als

$$P_n(x) = c_0 + c_1(x - x_0) + \cdots + c_n(x - x_0)(x - x_1) \cdots (x - x_{n-1}).$$

Die unbekannten Koeffizienten $c_0, c_1, \ldots, c_n \in \mathbb{R}$ lassen sich prinzipiell aus den Interpolationsbedingungen $y_j = P_n(x_j) \ \forall \ j = 0, 1, \ldots, n$ berechnen. Wir setzen in das Polynom (2.29) der Reihe nach die Stützstellen $x_0, x_1, \ldots, x_n$ ein und erhalten damit folgendes System von Gleichungen:

$$P_n(x_0) = c_0 \overset{!}{=} y_0,$$

$$P_n(x_1) = c_0 + c_1(x_1 - x_0) \overset{!}{=} y_1,$$

$$P_n(x_2) = c_0 + c_1(x_2 - x_0) + c_2(x_2 - x_0)(x_2 - x_1) \overset{!}{=} y_2,$$

$$\vdots \quad \vdots \qquad\qquad\qquad\qquad\qquad\qquad\qquad \vdots$$

$$P_n(x_n) = c_0 + c_1(x_n - x_0) + \cdots + c_n(x_n - x_0) \cdots (x_n - x_{n-1}) \overset{!}{=} y_n.$$

Aus der speziellen Gestalt dieses Systems resultieren sofort folgende **Vorteile** der NEWTON-Interpolation:

1. Beginnend mit $c_0 = y_0$ ergeben sich

$$c_1 = \frac{y_1 - y_0}{x_1 - x_0}\,,$$

$$c_2 = \frac{\dfrac{y_2 - y_0}{x_2 - x_0} - \dfrac{y_1 - y_0}{x_1 - x_0}}{x_2 - x_1}\,,$$

$$c_3 = \ldots$$

Auf diese Weise können die c_k, $k = 0, 1, \ldots, n$, sukzessive berechnet werden. Es entstehen weiterhin umfangreiche Brüche mit Differenzen von bereits berechneten Brüchen.

2. Bei **Hinzunahme** einer (oder mehrerer) Stützpunkte (x_{n+1}, y_{n+1}) ist lediglich ein neuer Koeffizient c_{n+1} zu berechnen (bzw. eine entsprechende Anzahl neuer Koeffizienten), während die alten Koeffizienten $c_0, c_1, \ldots, c_n$ **unverändert** bleiben.

Es kommt jetzt also darauf an, ein **einfaches** und **effizientes** Verfahren zur Berechnung der Koeffizienten c_j, $j = 0, 1, \ldots, n$, zu konstruieren. Dieser Aufgabenstellung wenden wir uns jetzt zu mit folgender

Bezeichnung 2.49 *Die eindeutig durch $n + 1$ Stützpunkte (x_k, y_k), $k = 0, 1, \ldots, n$, festgelegten Koeffizienten c_k bezeichnen wir mit*

$$\boxed{[x_k, x_{k-1}, \ldots, x_0] := c_k, \quad k = 0, 1, \ldots, n.}$$ (2.30)

Mit dieser Notation lässt sich die Berechnung dieser Koeffizienten wie folgt formulieren:

Folgerung 2.50 *Die Koeffizienten* $[x_k, x_{k-1}, \ldots, x_0]$, $k = 0, 1, \ldots, n$ *lassen sich mit Hilfe nachstehender* **Rekursionsformeln** (*wie oben bereits angedeutet*) *berechnen:*

$$[x_k] := y_k,$$
$$[x_k, x_{k-1}, \ldots, x_0] := \frac{[x_k, x_{k-2}, \ldots, x_0] - [x_{k-1}, x_{k-2}, \ldots, x_0]}{x_k - x_{k-1}}.$$ (2.31)

Die Summendarstellung von (2.29) liest sich $P_n(x) = \sum\limits_{k=0}^{n} a_k\, x^k$, mit gewissen Koeffizienten $a_k \in \mathbb{R}$. Damit gilt ganz offensichtlich

$$a_n = c_n = [x_n, x_{n-1}, \ldots, x_0].$$ (2.32)

Das bedeutet, dass a_n unabhängig von der Indizierung der Stützstellen x_k, und somit $[x_n, x_{n-1}, \ldots, x_0]$ unabhängig von der Reihenfolge besagter Stützstellen ist. Folglich gilt beispielsweise der Zusammenhang

$$[x_n, x_{n-1}, \ldots, x_0] = [x_n, x_0, x_{n-1}, \ldots, x_1]$$
$$= \frac{[x_n, x_{n-1}, \ldots, x_1] - [x_0, x_{n-1}, \ldots, x_1]}{x_n - x_0}.$$

Dies motiviert zur Modifikation der Rekursionsformeln (2.31) in die günstigere und **endgültige** Form, den sog. dividierten Differenzen gemäß

Definition 2.51 *Die Koeffizienten* $c_k = [x_k, x_{k-1}, \ldots, x_0]$, $k = 0, 1, \ldots, n$, *heißen die den Stützstellen* $x_0, x_1, \ldots, x_k$ *zugeordneten* k-**te dividierten Differenzen**

$$[x_k, x_{k-1}, \ldots, x_0] := \frac{[x_k, x_{k-1}, \ldots, x_1] - [x_{k-1}, x_{k-2}, \ldots, x_0]}{x_k - x_0}.$$ (2.33)

Deren Auswertung erfolgt unter Verwendung der Startwerte

$$[x_k] := y_k, \tag{2.34}$$

$k = 0, 1, \ldots, n$, nach folgendem **Schema** der dividierten Differenzen:

	$k = 0$	$k = 1$	$k = 2$	$k = 3$	$k = 4$ $\cdots$
x_0	$\boxed{y_0 = [x_0]}$				
		$\boxed{[x_1, x_0]}$			
x_1	$y_1 = [x_1]$		$\boxed{[x_2, x_1, x_0]}$		
		$[x_2, x_1]$		$\boxed{[x_3, x_2, x_1, x_0]}$	
x_2	$y_2 = [x_2]$		$[x_3, x_2, x_1]$		$\boxed{[x_4, x_3, x_2, x_1, x_0]}$
		$[x_3, x_2]$		$[x_4, x_3, x_2, x_1]$	
x_3	$y_3 = [x_3]$		$[x_4, x_3, x_2]$		
		$[x_4, x_3]$			
x_4	$y_4 = [x_4]$				
$\vdots$					

Die Bearbeitung des Schemas der dividierten Differenzen erfolgt *spaltenweise von links nach rechts.* Die gesuchten Koeffizienten c_k, $k = 0, 1, \ldots, n$, des NEWTON-Polynoms (2.29) stehen in der obersten Schrägzeile als **eingerahmte Größen**.

Es gelten beispielsweise folgende Formeln:

$$[x_1, x_0] = \frac{[x_1] - [x_0]}{x_1 - x_0} = \frac{y_1 - y_0}{x_1 - x_0},$$

$$[x_2, x_1] = \frac{[x_2] - [x_1]}{x_2 - x_1} = \frac{y_2 - y_1}{x_2 - x_1},$$

$$[x_2, x_1, x_0] = \frac{[x_2, x_1] - [x_1, x_0]}{x_2 - x_0} = \frac{\frac{y_2 - y_1}{x_2 - x_1} - \frac{y_1 - y_0}{x_1 - x_0}}{x_2 - x_0},$$

$$[x_3, x_2, x_1] = \frac{[x_3, x_2] - [x_2, x_1]}{x_3 - x_1} = \frac{\frac{y_3 - y_2}{x_3 - x_2} - \frac{y_2 - y_1}{x_2 - x_1}}{x_3 - x_1},$$

$$[x_3, x_2, x_1, x_0] = \frac{[x_3, x_2, x_1] - [x_2, x_1, x_0]}{x_3 - x_0} = \frac{\frac{\frac{y_3 - y_2}{x_3 - x_2} - \frac{y_2 - y_1}{x_2 - x_1}}{x_3 - x_1} - \frac{\frac{y_2 - y_1}{x_2 - x_1} - \frac{y_1 - y_0}{x_1 - x_0}}{x_2 - x_0}}{x_3 - x_0},$$

$$[x_4, x_3, x_2, x_1, x_0] = \qquad \cdots$$

Bei rechnermäßiger Auswertung dieses Schemas können die sukzessive berechneten Spalten auf $n + 1$ Plätzen gespeichert werden. Da nur die Werte der obersten Schrägzeile von Interesse sind, berechnet man die Spalten von unten nach oben, so dass am Schluss lediglich die Koeffizienten c_k, $k = 0, 1, \ldots, n$, des NEWTON-Polynoms gespeichert vorliegen.

Algorithmus zur Berechnung der c_k:

1:	Einlesen von (x_k, y_k), $k := 0, 1, \ldots, n$;
2:	**für** $k := 0, 1, \ldots, n$:
3:	$c_k := y_k$; (**Ende** k)
4:	**für** $j := 1, 2, \ldots, n$:
5:	**für** $k := n, n - 1, \ldots, j$:
6:	$c_k := (c_k - c_{k-1})/(x_k - x_{k-j})$. (**Ende** k, j)

$$(2.35)$$

Beispiel 2.52 *Wir greifen obiges Beispiel 2.47 nochmals auf. Das* NEWTON-*Interpolationspolynom erhält die Form*

$$P_2(x) = -1 + 2x - \frac{1}{6}\, x(x - 1),$$

welche unmittelbar dem folgenden Schema zu entnehmen ist:

	$k = 0$	$k = 1$	$k = 2$
$x_0 = 0$	$y_0 = \boxed{-1}$		
		$\boxed{2}$	
$x_1 = 1$	$y_1 = 1$		$\boxed{-\dfrac{1}{6}}$
		$\dfrac{3}{2}$	
$x_2 = 3$	$y_2 = 4$		

Die Summendarstellung

$$P_2(x) = -\frac{1}{6}\, x^2 + \frac{13}{6}\, x - 1$$

stimmt wegen der Eindeutigkeit des Interpolationspolynoms natürlich mit obiger LAGRANGE-*Darstellung (2.26) überein!*

Beispiel 2.53 *Wir betrachten die Messwerte*

x_k	1	2	3	4	6
y_k	30	27	25	24	16

Es ergibt sich folgendes Schema:

	$k=0$	$k=1$	$k=2$	$k=3$	$k=4$
$x_0=1$	$y_0 = \boxed{30}$				
		$\boxed{-3}$			
$x_1=2$	$y_1=27$		$\boxed{\frac{1}{2}}$		
		-2		$\boxed{0}$	
$x_2=3$	$y_2=25$		$\frac{1}{2}$		$-\frac{3}{40}$
		-1		$-\frac{3}{8}$	
$x_3=4$	$y_3=24$		-1		
		-4			
$x_4=6$	$y_4=16$				

und damit

$$P_4(x) = 30 - 3(x-1) + \frac{1}{2}(x-1)(x-2) - \frac{3}{40}(x-1)(x-2)(x-3)(x-4).$$

Beispiel 2.54 *Wir nehmen jetzt einen weiteren Stützpunkt*

$$\boxed{(x_5, y_5) = (5, 10)}$$

hinzu und erweitern obiges Schema, indem der neue Stützpunkt einfach in das bereits vorhandene Differenzenschema unten eingefügt wird. Das NEWTON-*Interpolationsverfahren erlaubt diese schnelle Erweiterung um eine oder mehrere Stützstellen, da keine spezielle Anordnung der x_k (z.B. nach numerischem Wert) vorgeschrieben ist. Wir haben also*

	$k=0$	$k=1$	$k=2$	$k=3$	$k=4$	$k=5$
$x_0 = 1$	$y_0 = \boxed{30}$					
		$\boxed{-3}$				
$x_1 = 2$	$y_1 = 27$		$\boxed{\dfrac{1}{2}}$			
		-2		$\boxed{0}$		
$x_2 = 3$	$y_2 = 25$		$\dfrac{1}{2}$		$\boxed{-\dfrac{3}{40}}$	
		-1		$-\dfrac{3}{8}$		$\boxed{-\dfrac{61}{120}}$
$x_3 = 4$	$y_3 = 24$		-1		$\dfrac{47}{24}$	
		-4		$\dfrac{11}{2}$		
$x_4 = 6$	$y_4 = 16$		10			
		6				
$x_5 = 5$	$y_5 = 10$					

Das NEWTON-*Interpolationspolynom erhält jetzt die Form*

$$P_5(x) = 30 - 3(x-1) + \frac{1}{2}(x-1)(x-2) - \frac{3}{40}(x-1)(x-2)(x-3)(x-4)$$
$$\underline{-\frac{61}{120}(x-1)(x-2)(x-3)(x-4)(x-6)}.$$

Es wurde lediglich der unterstrichene Anteil an das bereits vorhandene Polynom angehängt.

Das NEWTON-Interpolationspolynom (2.29) gestattet die Darstellung

$$P_n(x) = [\,\cdots\,[[c_n(x - x_{n-1}) + c_{n-1}](x - x_{n-2}) + c_{n-2}](x - x_{n-3}) + \cdots$$
$$\cdots + c_1](x - x_0) + c_0.$$

Somit kann die Berechnung eines interpolierten Wertes $P_n(x)$ für eine beliebige Stelle $x \in \mathbb{R}$ (Neustelle) nach einem HORNER-artigen Schema erfolgen:

$\boxed{c_n}$	$\boxed{c_{n-1}}$	$\boxed{c_{n-2}}$	$\cdots$	$\boxed{c_1}$	$\boxed{c_0}$
$+$	$+$	$+$	$\cdots$	$+$	$+$
0	$(x-x_{n-1})d_{n-1}$	$(x-x_{n-2})d_{n-2}$	$\cdots$	$(x-x_1)d_1$	$(x-x_0)d_0$

$$x \quad \Big| \quad d_{n-1} \nearrow \quad d_{n-2} \quad \nearrow \quad d_{n-3} \quad \cdots \nearrow \quad d_0 \quad \nearrow \quad \boxed{P_n(x)}$$

Damit haben wir folgenden einfachen Algorithmus zur Auswertung des Polynoms an einer Neustelle x:

$$
\begin{array}{ll}
1: & p := c_n; \\
2: & \text{für } j := n-1, n-2, \ldots, 0: \\
3: & \qquad p := c_j + (x - x_j) * p. \ (\text{Ende } j)
\end{array}
\tag{2.36}
$$

Von Interesse bei der Lösung des Interpolationsproblems ist auch die Beantwortung der Frage nach der Größe des **Interpolationsfehlers**

$$F_n(x) := |f(x) - P_n(x)|\,.$$

Wir können eine leicht nachprüfbare Bedingung für f formulieren, mit deren Hilfe der Fehler $F_n(x)$ bequem abgeschätzt werden kann. Dazu folgende

Definition 2.55 *Eine Funktion f genügt auf dem Intervall $[a, b] \subset \mathbb{R}$ einer* LIPSCHITZ-**Bedingung**, *wenn eine* LIPSCHITZ–**Konstante** $L > 0$ *existiert, derart dass*

$$|f(x) - f(y)| \le L\,|x - y| \ \ \forall\, x, y \in [a, b]. \tag{2.37}$$

Polynome genügen auf einem abgeschlossenen Intervall $[a, b] \subset \mathbb{R}$ stets einer LIPSCHITZ-Bedingung[2]. Hat das NEWTON-Interpolationspolynom P_n auf $[a, b]$ die LIPSCHITZ-Konstante $M > 0$, so gilt für jede Stützstelle $x_k \in [a, b]$ die Abschätzung

---

[2] Benannt nach dem deutschen Mathematiker RUDOLF OTTO SIGISMUND LIPSCHITZ, (1832–1903).

$$F_n(x) \le |f(x) - f(x_k)| + \underbrace{|f(x_k) - P_n(x_k)|}_{=0} + |P_n(x_k) - P_n(x)|$$

$$\le (L + M) |x - x_k| \ \forall \, x \in [a, b].$$

Bei *äquidistanten* Stützstellen x_k mit der Schrittweite $h > 0$ hat man somit die Fehlerabschätzung

$$\boxed{|f(x) - P_n(x)| \le \frac{h}{2} (L + M) \ \forall \, x \in [a, b].}$$

Dazu ein abschließendes

Beispiel 2.56 *Wir interpolieren die Funktion $f(x) = x^2$ in den Stützpunkten*

x_k	0	1	2
y_k	0	1	4

Es ist **keineswegs** *überraschend, dass auch das* NEWTON-*Interpolationspolynom die Form $P_2(x) = x^2$ hat, also für den Fehler $F_2(x) \equiv 0$ gilt.*

Die LIPSCHITZ-*Konstanten sind in diesem speziellen Beispiel auf jedem Intervall $[a, b] \subset \mathbb{R}$ für f und P_2 identisch. So ergibt sich z.B. auf $[a, b] = [0, 2]$ der Wert $L = M = 4$, da*

$$|x^2 - y^2| = |(x + y)(x - y)| \le (2 + 2)|x - y|.$$

Mit $h = 1$ resultiert daraus die äußerst „grobe" Fehlerabschätzung $F_n(x) \le 2$.

Deutlich bessere Fehlerschätzer können mit Hilfsmitteln der *Differenzialrechnung* formuliert werden. An entsprechender Stelle kommen wir darauf zurück.

Aufgaben

Aufgabe 2.26. Bestimmen Sie für $k = 0, \dots, 4$ das LAGRANGE-Interpolationspolynom $P_5 \in \mathbb{R}(x)$ unter Vorgabe der Stützpunkte

x_k	-2	-1	0	1	2
y_k	-31	0	1	2	33

Aufgabe 2.27. Berechnen Sie das NEWTON-Interpolationspolynom mit den Stützwerten aus der vorherigen Aufgabe. Nehmen Sie den zusätzlichen Stützwert $(x_5, y_5) = (1/2, 33/32)$ hinzu und berechnen Sie erneut das Interpolationspolynom.

Aufgabe 2.28. Bestimmen Sie nach LAGRANGE und nach NEWTON die Interpolationspolynome an den Stützstellen $x_0 = -1$, $x_1 = 0$ $x_2 = 1$ und bei Hinzunahme der Stützstelle $x_3 = 1/2$ für die Funktionen $f(x) = \dfrac{2}{1 + x^2}$ und $f(x) = \cos(\pi x)$.

Aufgabe 2.29. Gegeben sei die Funktion $f(x) = \dfrac{1}{1 + x^2}$.

a) Bestimmen Sie das NEWTON-Interpolationspolynom P_3 mit Hilfe des Schemas für dividierte Differenzen, das in den Punkten $x_0 = -5$, $x_1 = -1$, $x_2 = 1$ und $x_3 = 5$ mit f übereinstimmt.

b) Berechnen Sie den Interpolationsfehler im Punkt $x = 0$.

c) Erweitern Sie das Schema um die Punkte $x_4 = -3$ und $x_5 = 3$ und bestimmen Sie das entsprechende Interpolationspolynom.

Aufgabe 2.30. Bestimmen Sie für das reelle Polynom $P(x) = x^4 + x^2$ auf dem Intervall $[a, b] \subset \mathbb{R}$ eine passende LIPSCHITZ-Konstante $L > 0$.

Kapitel 3

Zahlenfolgen und -reihen

Wohl einer der wichtigsten Begriffe aus der Analysis ist der des **Grenzwertes** bzw. **Grenzübergangs**. Zahlreiche Begriffe, wie Stetigkeit, Differenzierbarkeit, Integrierbarkeit u.v.m. werden auf der Basis eines Grenzübergangs definiert. Auch iterative Algorithmen aus der Numerik basieren auf diesen Begriffen. Der nachfolgende Abschnitt soll uns den Grenzwert im Zusammenhang mit Zahlenfolgen näher bringen.

3.1 Grenzwerte von Zahlenfolgen

Definition 3.1 *Eine Abbildung* $a : \mathbb{N} \to \mathbb{R}$; $n \mapsto a(n) =: a_n$ *heißt* **reelle Zahlenfolge**. *Dabei bezeichne* a_n *das* **n-te Folgenglied** *und* $\{a_n\}_{n \in \mathbb{N}} \subset \mathbb{R}$ *die Folge selbst, d.h. die Menge aller Folgenglieder.*

Entsprechend heißt eine Abbildung $a : \mathbb{N} \to \mathbb{C}$; $n \mapsto a_n$ *eine* **komplexe Zahlenfolge**.

Häufig wird als Definitionsbereich nicht nur $\mathbb{N}$ verwendet, sondern auch $\mathbb{N}_0$ oder noch allgemeiner sogar $\mathbb{Z}$.

Beispiel 3.2

a) *Die konstante Folge lautet*

$$a_n = c \ \forall n \in \mathbb{N}, \ c \in \mathbb{R} \implies a_1 = c, \ a_2 = c, \ a_3 = c, \cdots.$$

b) *Die identische Folge lautet*

$$a_n = n \ \forall n \in \mathbb{N} \implies a_1 = 1, \ a_2 = 2, \ a_3 = 3, \cdots.$$

W. Merz, P. Knabner,
Mathematik für Ingenieure und Naturwissenschaftler, Springer-Lehrbuch,
DOI 10.1007/978-3-642-29980-3_3, © Springer-Verlag Berlin Heidelberg 2013

c) *Die reziproke Folge lautet*

$$a_n = \frac{1}{n} \ \forall n \in \mathbb{N} \implies a_1 = 1, \ a_2 = \frac{1}{2}, \ a_3 = \frac{1}{3}, \cdots.$$

d) *Eine weitere Folge ist*

$$a_n = \frac{n+1}{n} \ \forall n \in \mathbb{N} \implies a_1 = \frac{2}{1}, \ a_2 = \frac{3}{2}, \ a_3 = \frac{4}{3}, \cdots.$$

e) *Eine wichtige Folge ist*

$$a_n = \sqrt[n]{n} \ \forall n \geq 2 \implies a_2 = \sqrt{2} \approx 1.4142 \cdots, \ a_3 = \sqrt[3]{3} \approx$$
$1.4422 \cdots, \cdots.$

f) *Eine komplexe Folge ist*

$$a_n = e^{i\alpha n} = \cos \alpha n + i \sin \alpha n \ \forall n \in \mathbb{N}, \ \alpha \in \mathbb{R}.$$

g) *Nachstehend* **rekursive** *Folge liefert die berühmten* FIBONACCI–*Zahlen gemäß der Vorschrift*

$$a_{n+1} = a_n + a_{n-1} \ \forall n \in \mathbb{N} \ mit \ a_0 := 0 \ und \ a_1 := 1.$$

Die Tabelle zeigt, wie schnell die Folgenglieder anwachsen:

FIBONACCI–*Zahlen*							
n	a_n	n	a_n	n	a_n	n	a_n
0	0	10	55	20	6765	30	832040
1	1	11	89	21	10946	31	1346269
2	1	12	144	22	17711	32	2178309
3	2	13	233	23	28657	33	3524578
4	3	14	377	24	46368	34	5702887
5	5	15	610	25	75025	35	9227465
6	8	16	987	26	121393	36	14930352
7	13	17	1597	27	196418	37	24157817
8	21	18	2584	28	317811	38	39088169
9	34	19	4181	29	514229	39	63245986

LEONARDO FIBONACCI (ca. 1180 – ca. 1241) war Rechenmeister in Pisa und gilt heute als der bedeutendste Mathematiker des Mittelalters. Der Name

Fibonacci ist eine Abkürzung für seinen „richtigen" Namen FILIUS BONACCI, also kein Geringerer als der „Sohn des Bonacci".

Bemerkung. Die n–te FIBONACCI-Zahl lässt sich auch direkt mit der Formel von BINET berechnen. Es gilt

$$a_n = \frac{\left(\frac{1+\sqrt{5}}{2}\right)^n - \left(\frac{1-\sqrt{5}}{2}\right)^n}{\sqrt{5}}, \quad n \in \mathbb{N}_0.$$

Der französische Mathematiker JACQUES PHILIPPE MARIE BINET (1786-1856) veröffentlichte diese Formel 1843. Allerdings war diese Formel anderen Mathematikern schon bekannt. Bemerkenswert ist jedoch die Tatsache, dass diese Formel ein ganzzahliges Ergebnis liefert.

Was ist nun der Grenzwert einer Folge?

Definition 3.3

1. *Sei $\{a_n\}_{n\in\mathbb{N}}$ eine reelle (komplexe) Zahlenfolge. Dann heißt $a \in \mathbb{R}$ ($a \in \mathbb{C}$) **Grenzwert** von $\{a_n\}_{n\in\mathbb{N}}$, falls es zu jedem $\varepsilon > 0$ ein $N(\varepsilon) \in \mathbb{N}$ gibt mit der Eigenschaft*

$$\forall n \geq N(\varepsilon) \ und \ n \in \mathbb{N} \implies |a_n - a| < \varepsilon.$$

2. *Falls $\{a_n\}_{n\in\mathbb{N}}$ einen Grenzwert a besitzt, dann sagt man, dass $\{a_n\}_{n\in\mathbb{N}}$ **gegen** a **konvergiert** und die Folge somit **konvergent** ist. Anderenfalls ist die Folge **divergent**.*

Erklärung.

a) Bei der Zahl $N(\varepsilon) \in \mathbb{N}$ handelt es sich um eine natürliche Zahl, welche von $\varepsilon > 0$ abhängt. Dabei wird $N(\varepsilon)$ umso größer, je kleiner $\varepsilon > 0$ gewählt wird.

b) Zu $a \in \mathbb{R}$ und $\varepsilon > 0$ ist die Menge $U_\varepsilon(a) = \{a_n \in \mathbb{R} : |a_n - a| < \varepsilon\}$ gerade die in Beispiel 1.40, b) erwähnte ε-Umgebung von a und bedeutet, dass a genau dann Grenzwert der Folge $\{a_n\}_{n\in\mathbb{N}}$ ist, falls für **jedes** $\varepsilon > 0$ **alle bis auf endlich viele** Folgenglieder in $U_\varepsilon(a)$ liegen, also **alle** diejenigen, die den Index $n \geq N(\varepsilon)$ tragen. Man sagt auch, dass sich **fast alle** Folgenglieder in $U_\varepsilon(a)$ befinden.

Bezeichnung 3.4 *Ist* a *der Grenzwert von* $\{a_n\}_{n\in\mathbb{N}}$, *dann schreiben wir*

$$\lim_{n\to\infty} a_n = a \quad oder \quad a_n \to a \;\; für \;\; n \to \infty.$$

Gilt $a = \pm\infty$, *dann nennen wir diesen „Grenzwert"* **uneigentlich**.

Beispiel 3.5

a) $\lim\limits_{n\to\infty} \frac{1}{n} = 0$, *denn für alle* $\varepsilon > 0$ *existiert ein* $N(\varepsilon) \in \mathbb{N}$ *mit* $N(\varepsilon) > \frac{1}{\varepsilon}$, *da die natürlichen Zahlen unbeschränkt sind. Also gilt für alle* $n \geq N(\varepsilon)$, *dass*

$$\left|\frac{1}{n} - 0\right| = \frac{1}{n} \leq \frac{1}{N(\varepsilon)} < \varepsilon.$$

b) $\lim\limits_{n\to\infty} \frac{n+1}{n} = 1$, *denn es gilt auch hier, dass*

$$\left|\frac{n+1}{n} - 1\right| = \frac{1}{n} \leq \frac{1}{N(\varepsilon)} < \varepsilon.$$

c) $\lim\limits_{n\to\infty} \sqrt[n]{n} = 1$, *denn für alle* $\varepsilon > 0$ *existiert ein* $N(\varepsilon) \in \mathbb{N}$ *mit* $N(\varepsilon) > \frac{2}{\varepsilon^2}$. *Dieser Zusammenhang berechnet sich wie folgt:*

Wir setzen $b_n := \sqrt[n]{n} - 1 \geq 0$. *Dies ergibt mit der Binomialentwicklung aus Satz 1.64*

$$n = (1 + b_n)^n = 1 + \binom{n}{1} b_n + \binom{n}{2} b_n^2 + \cdots + \binom{n}{n-1} b_n^{n-1} + b_n^n.$$

Die rechte Seite kann beispielsweise abgeschätzt werden durch

$$1 + \binom{n}{1} b_n + \binom{n}{2} b_n^2 + \cdots + \binom{n}{n-1} b_n^{n-1} + b_n^n \geq 1 + \binom{n}{2} b_n^2,$$

also gilt

$$n \geq 1 + \binom{n}{2} b_n^2 \quad\Longrightarrow\quad n - 1 \geq \frac{n(n-1)}{2} b_n^2.$$

Damit ergibt sich schließlich das gewünschte Resultat

$$b_n = |\sqrt[n]{n} - 1| \leq \sqrt{\frac{2}{n}} \overset{!}{<} \varepsilon \quad\Longleftrightarrow\quad n > \frac{2}{\varepsilon^2}.$$

d) $\lim\limits_{n\to\infty} n = \infty$, *da die natürlichen Zahlen unbeschränkt anwachsen, d.h. die identische Folge* $a_n = n$ *ist divergent, hat also den uneigentlichen Grenzwert* $a = \infty$.

e) Auch die FIBONACCI-Zahlen wachsen unbeschränkt an, d.h., die entsprechend rekursiv definierte Folge ist divergent.

Nachfolgender Satz beantwortet die Frage, wie viele Grenzwerte eine konvergente Folge hat.

Satz 3.6 *Eine reelle Zahlenfolge* $\{a_n\}_{n \in \mathbb{N}}$ *hat* **höchstens einen** *Grenzwert.*

Beweis. Seien a und b Grenzwerte der Folge $\{a_n\}_{n \in \mathbb{N}}$ mit der Eigenschaft
$a \neq b$. Weiter setzen wir $\varepsilon := \dfrac{|b - a|}{2} > 0$. Dann gibt es gemäß Definition 3.3
natürliche Zahlen
$$N_1(\varepsilon) \in \mathbb{N} \quad \text{und} \quad N_2(\varepsilon) \in \mathbb{N}$$
mit
$$n \geq N_1(\varepsilon) \Longrightarrow |a_n - a| < \varepsilon,$$
$$n \geq N_2(\varepsilon) \Longrightarrow |a_n - b| < \varepsilon.$$
Für $n \geq \max\{N_1(\varepsilon), N_2(\varepsilon)\}$ ergibt sich dann der Widerspruch
$$|a - b| \leq |a - a_n| + |a_n - b| < \varepsilon + \varepsilon = |b - a|.$$

qed

Definition 3.7 *Eine* **reelle oder komplexe** *Folge* $\{a_n\}_{n \in \mathbb{N}}$ *heißt* **be-
schränkt**, *falls* $|a_n| \leq S \ \forall n \in \mathbb{N}$ *mit einem* $S \in \mathbb{R}$ *gilt.*

Eine **reelle** *Folge* $\{a_n\}_{n \in \mathbb{N}}$ *heißt nach* **oben** *beschränkt, falls* $a_n \leq$
$U \ \forall n \in \mathbb{N}$ *mit einem* $U \in \mathbb{R}$ *gilt.*

Das **Supremum** *(in Zeichen* $\sup_{n \in \mathbb{N}} a_n$*) der reellen Zahlenfolge ist gemäß Definition 1.66 auch hier die kleinste obere Schranke.*

*(Entsprechendes gilt für die untere Schranke und dem damit verbundenen
Infimum.)*

Folgerung 3.8 *Die Folge* $\{a_n\}_{n \in \mathbb{N}} \subset \mathbb{R}$ *ist beschränkt* $\Longleftrightarrow$ *eine obere
und untere Schranke existiert.*

Bemerkung. Komplexe Folgen können nicht nach oben und unten abgeschätzt werden, da auf $\mathbb{C}$ keine Ordnungsrelationen gegeben sind!

Beispiel 3.9

a) $a_n = e^{i\alpha n} \implies |a_n| \leq 1 \ \forall n \in \mathbb{N}, \ \alpha \in \mathbb{R}$.

b) $a_n = \frac{n+1}{n} \implies 0 \leq a_n \leq 10 \ \forall n \in \mathbb{N}$. *Genauer sind jedoch die Beschränkungen* $1 \leq a_n \leq 2 \ \forall n \in \mathbb{N}$. *Besser geht es jedoch nicht mehr, d.h.* $\inf_{n \in \mathbb{N}} a_n = 1$ *und* $\sup_{n \in \mathbb{N}} a_n = 2$. *Es gilt sogar, dass* $\sup_{n \in \mathbb{N}} a_n = \max_{n \in \mathbb{N}} a_n$, *da das Supremum bei* $n = 1$ *tatsächlich angenommen wird.*

Es läßt sich nun folgendes Resultat formulieren:

Satz 3.10 *Jede konvergente Folge ist beschränkt.*

Beweis. Da die Folge $\{a_n\}_{n \in \mathbb{N}}$ konvergent ist, gibt es z.B. für $\varepsilon = 1$ ein $N(1) \in \mathbb{N}$, so dass für alle $n \geq N(1)$ die Abschätzung $|a_n - a| < 1$ gilt. Daraus folgt nun mit der Dreiecksungleichung, dass

$$|a_n| = |a_n - a + a| \leq |a_n - a| + |a| < 1 + |a|.$$

Mit $S := \max\{|a_1|, |a_2|, \cdots, |a_{N(1)-1}|, 1 + |a|\}$ ergibt sich die Behauptung

$$|a_n| \leq S \text{ für alle } n \in \mathbb{N}.$$

qed

Bemerkung. Die Umkehrung des Satzes gilt i. Allg. nicht! Das nachfolgende Beispiel zweier beschränkter, aber divergenter Folgen bestätigt dies.

Beispiel 3.11 *Wir betrachten nun zwei beschränkte Folgen, deren gerade bzw. ungerade Folgenglieder jeweils ein „anderes" Konvergenzverhalten aufweisen:*

a) $a_n = (-1)^n \implies \begin{cases} a_{2n} = 1 \to 1, \\ a_{2n+1} = -1 \to -1. \end{cases}$

Aber $|(-1)^n| = 1 \ \forall n \in \mathbb{N}$.

b) $a_n = (-1)^n \dfrac{n+1}{n} \implies \begin{cases} a_{2n} = \dfrac{2n+1}{2n} \to 1, \\[3mm] a_{2n+1} = -\dfrac{2n+2}{2n+1} \to -1. \end{cases}$

Aber $\left| (-1)^n \dfrac{n+1}{n} \right| \le 2 \ \forall n \in \mathbb{N}$.

In beiden Fällen ist die in Satz 3.6 genannte Eindeutigkeit des Grenzwertes verletzt, damit sind o.g. Folgen divergent.

Definition 3.12 *Wir nennen eine reelle Folge* $\{a_n\}_{n \in \mathbb{N}}$ **(streng) monoton wachsend** $:\iff a_n \le a_{n+1}$ $(a_n < a_{n+1})$ $\forall n \in \mathbb{N}$.

Entsprechend ist eine reelle Zahlenfolge $\{a_n\}_{n \in \mathbb{N}}$ **(streng) monoton fallend** $:\iff a_n \ge a_{n+1}$ $(a_n > a_{n+1})$ $\forall n \in \mathbb{N}$.

Satz 3.13 *Eine monoton wachsende (fallende) und beschränkte Folge konvergiert gegen ihr Supremum (Infimum).*

Beweis. Wir betrachten nur den Fall einer monoton wachsenden Folge. Sei dazu $a := \sup a_n$ und $\varepsilon > 0$ beliebig. Dann existiert wegen der Monotonie ein Index $N(\varepsilon) \in \mathbb{N}$ mit $a - \varepsilon < a_{N(\varepsilon)}$. Das bedeutet für alle $n \ge N(\varepsilon)$, dass

$$a - \varepsilon < a_{N(\varepsilon)} \le a_n \implies |a_n - a| < \varepsilon.$$

Das heißt $a = \lim\limits_{n \to \infty} a_n$. \hfill qed

Das nachfolgende Beispiel beschreibt das **Babylonische Wurzelziehen**. Es stammt von dem griechischen Mathematiker HERON aus Alexandria, der ca. 75 n.Chr. lebte.

Beispiel 3.14 *Sei $\beta \in \mathbb{R}_+$, dann wird durch folgende Vorschrift eine* **rekursive Folge** *definiert:*

$$a_{n+1} = \frac{1}{2}\left(a_n + \frac{\beta}{a_n}\right) \ \forall n \in \mathbb{N}_0. \tag{3.1}$$

Dabei legen wir das erste Folgenglied $a_0 > 0$ z.B. mit $a_0 := \beta$ fest.

Konkrete Zahlenbeispiele liefert die nachstehende Tabelle:

$\beta_1 := 36$				$\beta_2 := 99$			
n	a_n	n	a_n	n	a_n	n	a_n
0	$3.600\,000\,000\mathrm{E}^{+01}$	14	$6.000\,000\,000\mathrm{E}^{+00}$	0	$9.900\,000\,000\mathrm{E}^{+01}$	14	$9.949\,874\,371\mathrm{E}^{+00}$
1	$1.850\,000\,000\mathrm{E}^{+01}$	15	$6.000\,000\,000\mathrm{E}^{+00}$	1	$5.000\,000\,000\mathrm{E}^{+01}$	15	$9.949\,874\,371\mathrm{E}^{+00}$
2	$1.022\,297\,297\mathrm{E}^{+01}$	16	$6.000\,000\,000\mathrm{E}^{+00}$	2	$2.599\,000\,000\mathrm{E}^{+01}$	16	$9.949\,874\,371\mathrm{E}^{+00}$
3	$6.872\,226\,737\mathrm{E}^{+00}$	17	$6.000\,000\,000\mathrm{E}^{+00}$	3	$1.489\,957\,868\mathrm{E}^{+01}$	17	$9.949\,874\,371\mathrm{E}^{+00}$
4	$6.055\,351\,744\mathrm{E}^{+00}$	18	$6.000\,000\,000\mathrm{E}^{+00}$	4	$1.077\,203\,093\mathrm{E}^{+01}$	18	$9.949\,874\,371\mathrm{E}^{+00}$
5	$6.000\,252\,984\mathrm{E}^{+00}$	19	$6.000\,000\,000\mathrm{E}^{+00}$	5	$9.981\,249\,207\mathrm{E}^{+00}$	19	$9.949\,874\,371\mathrm{E}^{+00}$
6	$6.000\,000\,005\mathrm{E}^{+00}$	20	$6.000\,000\,000\mathrm{E}^{+00}$	6	$9.949\,923\,682\mathrm{E}^{+00}$	20	$9.949\,874\,371\mathrm{E}^{+00}$
7	$6.000\,000\,000\mathrm{E}^{+00}$	21	$6.000\,000\,000\mathrm{E}^{+00}$	7	$9.949\,874\,371\mathrm{E}^{+00}$	21	$9.949\,874\,371\mathrm{E}^{+00}$
8	$6.000\,000\,000\mathrm{E}^{+00}$	22	$6.000\,000\,000\mathrm{E}^{+00}$	8	$9.949\,874\,371\mathrm{E}^{+00}$	22	$9.949\,874\,371\mathrm{E}^{+00}$
9	$6.000\,000\,000\mathrm{E}^{+00}$	23	$6.000\,000\,000\mathrm{E}^{+00}$	9	$9.949\,874\,371\mathrm{E}^{+00}$	23	$9.949\,874\,371\mathrm{E}^{+00}$
10	$6.000\,000\,000\mathrm{E}^{+00}$	24	$6.000\,000\,000\mathrm{E}^{+00}$	10	$9.949\,874\,371\mathrm{E}^{+00}$	24	$9.949\,874\,371\mathrm{E}^{+00}$
11	$6.000\,000\,000\mathrm{E}^{+00}$	25	$6.000\,000\,000\mathrm{E}^{+00}$	11	$9.949\,874\,371\mathrm{E}^{+00}$	25	$9.949\,874\,371\mathrm{E}^{+00}$
12	$6.000\,000\,000\mathrm{E}^{+00}$			12	$9.949\,874\,371\mathrm{E}^{+00}$		
13	$6.000\,000\,000\mathrm{E}^{+00}$			13	$9.949\,874\,371\mathrm{E}^{+00}$		

Gemäß obiger Tabelle liegt die Vermutung nahe, dass die Folge monoton fällt und $\lim\limits_{n\to\infty} a_n = \sqrt{\beta}$ gilt. Mit Satz 3.13 sind wir in der Lage, dies in den nachfolgenden Ausführungen auch zu bestätigen.

Satz 3.15 *Für das* HERON-*Verfahren (3.1) gilt* $\lim\limits_{n\to\infty} a_n = \sqrt{\beta}$.

Beweis. Durch Quadrieren der Iterationsvorschrift (3.1) und anschließende Subtraktion von β erhält man

$$a_{n+1}^2 - \beta = \frac{1}{4}\left(a_n - \beta/a_n\right)^2 \geq 0.$$

Damit ergibt sich die Beschränktheit der Folge

(i) $\boxed{a_n \geq \sqrt{\beta} > 0 \ \forall n \in \mathbb{N}_0.}$

Hieraus resultiert $\beta/a_n \leq \beta/\sqrt{\beta} = \sqrt{\beta}$, was auf die Monotonie der Folge führt

(ii)
$$a_{n+1} \leq \frac{1}{2}\left(a_n + \sqrt{\beta}\right) \leq a_n \quad \text{bzw.} \quad a_n \geq a_{n+1} \geq \sqrt{\beta} > 0 \ \forall\, n \in \mathbb{N}_0.$$

Nach Satz 3.13 konvergiert die Folge gegen ihr Infimum. Wir zeigen nachfolgend, dass tatsächlich $\inf a_n = \sqrt{\beta}$ gilt. Aus (ii) folgt die Ungleichung

$$0 \leq a_{n+1} - \sqrt{\beta} \leq \frac{1}{2}\left(a_n - \sqrt{\beta}\right),$$

und durch wiederholtes Anwenden ergibt sich

$$0 \leq a_{n+1} - \sqrt{\beta} \leq \frac{1}{2}\left(a_n - \sqrt{\beta}\right) \leq \left(\frac{1}{2}\right)^2 \left(a_{n-1} - \sqrt{\beta}\right) \leq \cdots \leq \left(\frac{1}{2}\right)^n \left(a_1 - \sqrt{\beta}\right).$$

Wird im letzten Term noch $\sqrt{\beta}$ gestrichen (das ändert nichts an der letzten Ungleichung), so haben wir schließlich gezeigt, dass

$$0 \leq a_{n+1} - \sqrt{\beta} \leq \left(\frac{1}{2}\right)^{n+1} \underbrace{\left(a_0 + \frac{\beta}{a_0}\right)}_{=a_1} \ \forall\, n \in \mathbb{N}_0. \tag{3.2}$$

Da $\lim\limits_{n \to \infty} \left(\frac{1}{2}\right)^{n+1} = 0$ ergibt sich die gewünschte Aussage. \hfill qed

Bekannt ist auch der **Satz des Heron**, mit dessen Hilfe man den Flächeninhalt A eines Dreiecks alleine aus dessen Seitenlängen a, b, c berechnen kann. Wir wollen die entsprechende Formel nicht vorenthalten, sie lautet

$$A = \frac{1}{4}\sqrt{(a+b+c)(-a+b+c)(a-b+c)(a+b-c)}. \tag{3.3}$$

Heron hat sich nicht nur mit mathematischen Fragestellungen beschäftigt, er war auch ein äußerst erfinderischer Geist. So zählte zu seinen Kreationen ein **Weihwasserautomat**, der nach Einwurf einer Münze, bedingt durch deren Gewicht, dem Gläubigen durch ein nach oben verlaufendes Rohr das besagte Wasser spendete. Des Weiteren erfand er zahlreiche Geräte, welche Wasser, Luft und Hitze als Antriebskräfte nutzten, um damit verschiedene Effekte (in Theatern z.B.) zu erzielen.

Allgemein gilt für **rekursive definierte** Folgen die Aussage:

Bemerkung 3.16 *Falls für eine rekursiv definierte Folge*

$$a_{n+1} = f(a_n, a_{n-1}, \cdots, a_{n-k}), \ n \geq k,$$

ein Grenzwert $a \in \mathbb{C}$ existiert, dann muss **notwendigerweise**

$$a = f(a, a, \cdots, a) \qquad (3.4)$$

gelten.

Beispiel 3.17 *Wir greifen auf bekannte Folgen zurück.*

a) *Im letzten Beispiel 3.14 bedeutet die Konvergenz der Folge, dass*

$$a = \frac{1}{2}\left(a + \frac{\beta}{a}\right) \quad bzw. \quad a^2 = \beta$$

gilt.

b) *Dagegen ergäbe sich für die* FIBONACCI-*Folge* $a_{n+1} = a_n + a_{n-1} \ \forall n \in \mathbb{N}$, $a_0 := 0$ *und* $a_1 := 1$, *dass*

$$a = a + a = 2a \implies a = 0.$$

Das ist falsch, denn für die besagte Folge existiert eben kein Grenzwert.

c) *Betrachten wir aber die Quotienten zweier aufeinanderfolgender* FIBONACCI-*Zahlen, d.h.*

$$\frac{a_{n+1}}{a_n} = 1 + \frac{1}{\dfrac{a_n}{a_{n-1}}} \quad \Longleftrightarrow: \ G_{n+1} = 1 + \frac{1}{G_n},$$

dann existiert der Grenzwert $G \in \mathbb{R}$, *und es gilt*

$$G = 1 + \frac{1}{G}.$$

Man erkennt sofort mit (1.23), dass es sich hier um den **Goldenen Schnitt** $G = (1 + \sqrt{5})/2$ *handelt.*

Beachten Sie also:

Aus der Bedingung 3.4 folgt keineswegs, dass ein Grenzwert a existiert!

Aufgaben

Aufgabe 3.1. Finden Sie

a) eine Folge $\{a_n\}_{n\in\mathbb{N}}$, die beschränkt und nicht konvergent ist,

b) zwei Folgen $\{a_n\}_{n\in\mathbb{N}}$ und $\{b_n\}_{n\in\mathbb{N}}$, die beide divergieren, deren Summe $\{a_n + b_n\}_{n\in\mathbb{N}}$ konvergiert,

c) eine Folge $\{a_n\}_{n\in\mathbb{N}}$, die beschränkt ist, weder monoton steigend oder fallend ist, jedoch konvergiert.

Aufgabe 3.2. Sei $k \in \mathbb{N}$. Zeigen Sie die Konvergenz der Folge $\{a_n\}_{n\in\mathbb{N}}$ mit
$$a_n = \frac{n^k}{2^n}.$$

Hinweis: Zeigen Sie, dass die Folge ab einem Index $n_0 \in \mathbb{N}$ streng monoton fallend ist.

Aufgabe 3.3. Sei $a_{n,m} := \left(1 - \frac{1}{m+1}\right)^{n+1}$, $n, m \in \mathbb{N}$. Bestimmen Sie

$$a_1 = \lim_{n\to\infty} \left(\lim_{m\to\infty} a_{n,m}\right) \quad \text{und} \quad a_2 = \lim_{m\to\infty} \left(\lim_{n\to\infty} a_{n,m}\right).$$

Hinweis: Um z.B. a_1 zu berechnen, bestimmen Sie zunächst $a_n := \lim_{m\to\infty} a_{n,m}$ und anschließend den Grenzwert $a_1 = \lim_{n\to\infty} a_n$.

Aufgabe 3.4. Die Größe einer Population zum Zeitpunkt n werde mit x_n bezeichnet. Die Population unterliegt dem folgenden, rekursiv definierten Entwicklungsgesetz:
$$x_{n+1} = 0.8\,x_n + 4, \quad n \geq 0.$$

a) Bestimmen Sie für $x_0 = 120$ die Folgenglieder x_1, x_2, x_3 und x_4.

b) Zeigen Sie mit vollständiger Induktion, dass die explizite Darstellung von x_n für einen beliebigen Anfangswert x_0 gegeben ist durch

$$x_n = (x_0 - 20) \cdot 0.8^n + 20, \quad n \geq 0.$$

c) Bestimmen Sie mit Hilfe von b) den Grenzwert $\lim_{n\to\infty} x_n$ für einen beliebigen Anfangswert x_0.

Aufgabe 3.5. Die Folge $\{x_n\}$ ist gegeben durch $x_{n+1} = x_n(2 - x_n)$ mit $x_0 = \frac{1}{2}$.

a) Zeigen Sie, dass für alle $n \in \mathbb{N}$ die Ungleichungen $0 < x_n < 1$ und $x_{n+1} > x_n$ gelten.

b) Begründen Sie die Konvergenz der Folge $\{x_n\}$ und geben Sie den Grenzwert a an.

Aufgabe 3.6. Die Folge $\{a_n\}_{n\in\mathbb{N}}$ sei wie folgt rekursiv definiert:

$$a_1 := 1, \quad a_{n+1} = \frac{a_n}{1 + \sqrt{1 + a_n^2}} \quad \forall n \in \mathbb{N}.$$

a) Zeigen Sie die Konvergenz dieser Folge,

b) Berechnen Sie den Grenzwert dieser Folge.

Zusätzliche Information. Zu Aufgabe 3.6 ist bei der Online-Version dieses Kapitels (doi:10.1007/978-3-642-29980-3_3) ein Video enthalten.

Aufgabe 3.7. Geben Sie für die nachstehenden Folgen einen Grenzwert an (falls er existiert) und bestimmen Sie ein $N(\varepsilon) \in \mathbb{N}$ derart, dass $|a - a_n| < \varepsilon$ für $n > N(\varepsilon)$.

a) $a_n = \sqrt{1 - 1/n^2}$.

b) $a_n = \sqrt{n^2 + n} - n$.

3.2 Grenzwertsätze und Teilfolgen

Wir möchten jetzt natürlich Grenzwerte von komplizierteren Folgen berechnen und bewerkstelligen dies durch Zurückführung auf einfache, bekannte Grenzwerte. Dazu sind gewisse Rechenregeln für Grenzwerte notwendig, welche im Folgenden zusammengestellt und erklärt werden.

Satz 3.18 *Seien* $\{a_n\}_{n\in\mathbb{N}}$ *und* $\{b_n\}_{n\in\mathbb{N}}$ *Folgen mit* $a_n \to a$ *und* $b_n \to b$. *Dann gilt für die Summenfolge*

$$(a_n + b_n) \to (a + b) \text{ für } n \to \infty$$

oder gleichbedeutend

$$\lim_{n\to\infty} (a_n + b_n) = \lim_{n\to\infty} a_n + \lim_{n\to\infty} b_n.$$

Beweis. Sei $\varepsilon > 0$ vorgegeben. Wegen der Konvergenz beider Folgen existieren natürliche Zahlen $N_1(\frac{\varepsilon}{2})$ und $N_2(\frac{\varepsilon}{2})$ derart, dass jeweils

$$n \geq N_1(\tfrac{\varepsilon}{2}) \implies |a_n - a| < \tfrac{\varepsilon}{2},$$
$$n \geq N_2(\tfrac{\varepsilon}{2}) \implies |b_n - b| < \tfrac{\varepsilon}{2}$$

gilt. Wir setzen $N(\varepsilon) := \max(N_1(\frac{\varepsilon}{2}), N_2(\frac{\varepsilon}{2}))$ und erhalten nun für $n \geq N(\varepsilon)$ mit Hilfe der Dreiecksungleichung

$$|(a_n - a) - (b_n - b)| \leq |a_n - a| + |b_n - b| \leq \frac{\varepsilon}{2} + \frac{\varepsilon}{2} = \varepsilon.$$

qed

Summation und Grenzwertbildung dürfen demnach vertauscht werden. Entsprechendes gilt für Produktfolgen.

Satz 3.19 *Seien $\{a_n\}_{n \in \mathbb{N}}$ und $\{b_n\}_{n \in \mathbb{N}}$ Folgen mit $a_n \to a$ und $b_n \to b$. Dann gilt für die Produktfolge*

$$(a_n \cdot b_n) \to (a \cdot b) \text{ für } n \to \infty$$

oder gleichbedeutend

$$\lim_{n \to \infty} (a_n \cdot b_n) = \lim_{n \to \infty} a_n \cdot \lim_{n \to \infty} b_n.$$

Beweis. Sei $\varepsilon > 0$ wieder vorgegeben. Für alle $n \in \mathbb{N}$ gilt

$$|a_n b_n - ab| = |a_n(b_n - b) + b(a_n - a)| \leq |a_n| \, |b_n - b| + |b| \, |a_n - a|. \quad (3.5)$$

Jetzt wissen wir aber, dass gemäß Satz 3.10 ein $S \in \mathbb{R}$ existiert mit $|a_n| \leq S$, welches so gewählt werden kann, dass auch gleichzeitig $|b| \leq S$ gilt.

Es existieren wiederum natürliche Zahlen $N_1(\frac{\varepsilon}{2S})$ und $N_2(\frac{\varepsilon}{2S})$ derart, dass jeweils

$$n \geq N_1(\tfrac{\varepsilon}{2S}) \implies |a_n - a| < \tfrac{\varepsilon}{2S},$$
$$n \geq N_2(\tfrac{\varepsilon}{2S}) \implies |b_n - b| < \tfrac{\varepsilon}{2S}$$

gilt. Wir setzen $N(\varepsilon) := \max(N_1(\frac{\varepsilon}{2S}), N_2(\frac{\varepsilon}{2S}))$ und erhalten nun für $n \geq N(\varepsilon)$ mit Hilfe der Dreiecksungleichung

$$|a_n b_n - ab| \leq S \left(|a_n - a| + |b_n - b| \right) \leq S \frac{\varepsilon}{2S} + S \frac{\varepsilon}{2S} = \varepsilon.$$

qed

Schließlich wenden wir uns den Quotientenfolgen zu. Es gilt zunächst

Satz 3.20 *Sei $\{a_n\}_{n\in\mathbb{N}}$ eine Folge mit $a_n \to a$, $a \neq 0$. Dann existiert ein $N(\varepsilon) \in \mathbb{N}$ mit*

$$a_n \neq 0 \ \forall n \geq N(\varepsilon) \ \text{und} \ \frac{1}{a_n} \to \frac{1}{a} \ \text{für } n \to \infty.$$

Beweis. Sei $\varepsilon := \frac{|a|}{2} > 0$. Dann existiert ein $N(\frac{|a|}{2}) \in \mathbb{N}$ mit

$$n \geq N\left(\frac{|a|}{2}\right) \implies |a - a_n| < \frac{|a|}{2},$$

oder mit der umgekehrten Dreiecksungleichung

$$|a_n| \geq |a| - |a - a_n| > |a| - \frac{|a|}{2} = \frac{|a|}{2} > 0,$$

woraus schon mal der erste Teil der Behauptung folgt.

Sei nun weiter $\varepsilon > 0$ beliebig. Dann existiert zu $\frac{\varepsilon|a|^2}{2} > 0$ wieder ein $N\left(\frac{\varepsilon|a|^2}{2}\right) \in \mathbb{N}$ mit

$$n \geq N\left(\frac{\varepsilon|a|^2}{2}\right) \implies |a - a_n| < \frac{\varepsilon|a|^2}{2}.$$

Für $n \geq N(\varepsilon) := \max(N(\frac{|a|}{2}), N(\frac{\varepsilon|a|^2}{2}))$ ergibt sich

$$\left|\frac{1}{a_n} - \frac{1}{a}\right| = \left|\frac{a - a_n}{a_n a}\right| \leq \frac{2}{|a|^2} |a - a_n| < \frac{2}{|a|^2} \frac{\varepsilon|a|^2}{2} = \varepsilon.$$

$$\text{qed}$$

Folgerung. Seien $\{a_n\}_{n\in\mathbb{N}}$ und $\{b_n\}_{n\in\mathbb{N}}$ Folgen mit $a_n \to a$ und $b_n \to b$. Dann gilt für die Quotientenfolge

$$\left(\frac{a_n}{b_n}\right) \to \left(\frac{a}{b}\right) \ \text{für } n \to \infty$$

oder gleichbedeutend

$$\lim_{n\to\infty}\left(\frac{a_n}{b_n}\right) = \frac{\lim\limits_{n\to\infty} a_n}{\lim\limits_{n\to\infty} b_n},$$

sofern $b \neq 0$.

Beispiel 3.21 *Wir wenden die Grenzwertsätze an.*

a) Es gelte $a_n \to a$ und $\lambda \in \mathbb{R}$. Dann gilt für die konstante Folge $b_n \equiv \lambda \to \lambda$ und $\lambda a_n \to \lambda a$. Speziell ergibt sich

$$a_n \to a \quad \Longrightarrow \quad -a_n \to -a.$$

b) Für alle $k \in \mathbb{N}$ gilt

$$\frac{1}{n^k} = \underbrace{\frac{1}{n} \cdots \frac{1}{n}}_{k\text{-mal}} \to 0 \cdots 0 = 0.$$

c) Folgen der nachstehenden Art kommen oft vor:

$$\frac{28n^4 - 20n^3 + 10n}{14n^4 + 200} = \frac{28 - \frac{20}{n} + \frac{10}{n^3}}{14 + \frac{200}{n^4}} \to 2.$$

d) Seien $p, q \in \mathbb{N}$, dann gilt

$$\frac{n^p}{n^q} \to \begin{cases} \infty, & \text{falls } p > q, \\ 1, & \text{falls } p = q, \\ 0, & \text{falls } p < q. \end{cases}$$

e) Sei $a > 1$ und $p \in \mathbb{N}$, dann erhält man

$$\frac{a^n}{n^p} \to \infty.$$

f) Dagegen ist für $a \in \mathbb{R}$ beliebig

$$\frac{a^n}{n!} \to 0.$$

g) Schließlich gilt

$$\frac{n^n}{n!} \to \infty.$$

Obige Beispiele reflektieren gewissermaßen das unterschiedliche Wachstum von Potenzen und Fakultäten, etwa nach dem Motto: „Wer ist schneller". Wir fassen dies in der folgenden „**Stärketabelle**" zusammen:

$$n^p \overset{p<q}{\prec} n^q \overset{a>1}{\prec} a^n \overset{a\in\mathbb{K}}{\prec} n! \prec n^n. \tag{3.6}$$

Die komplexen Zahlen sind nicht geordnet, wohl aber die reellen Zahlen. Es stellt sich also die Frage, wie sich die *Ordnungsstruktur* bei *reellen Zahlenfolgen* auf deren Grenzwerte überträgt. Dazu gilt

---

Satz 3.22 *Seien* $\{a_n\}_{n\in\mathbb{N}}$ *und* $\{b_n\}_{n\in\mathbb{N}}$ **reelle Folgen** *mit den Eigenschaften*

$$a_n \to a, \quad b_n \to b \quad und \quad a_n \le b_n \ \forall n \in \mathbb{N}.$$

Dann ergibt sich für die Grenzwerte die Beziehung $a \le b$.

Beweis. Wir nehmen das Gegenteil an, d.h. es gelte $\lim_{n\to\infty} b_n = b < a = \lim_{n\to\infty} a_n$. Somit ist $\varepsilon := \dfrac{a-b}{2} > 0$, und es existieren natürliche Zahlen $N_1(\varepsilon)$ und $N_2(\varepsilon)$ derart, dass jeweils

$$n \ge N_1(\varepsilon) \implies |a_n - a| < \varepsilon,$$
$$n \ge N_2(\varepsilon) \implies |b_n - b| < \varepsilon$$

gilt. Wir nehmen $n \ge \max\big(N_1(\varepsilon), N_1(\varepsilon)\big)$, dann

$$a_n > a - \varepsilon \quad und \quad b_n < b + \varepsilon.$$

Es ergibt sich nun folgender Widerspruch zur Annahme $a_n \le b_n \quad \forall n \in \mathbb{N}$:

$$\varepsilon = \frac{a-b}{2} \implies a - \varepsilon = b + \varepsilon \implies b_n < a_n .$$

$$\text{qed}$$

Bemerkung. Aus $a_n < b_n$ folgt **nicht** $a < b$, lediglich die Beziehung $a \le b$. Die beiden Nullfolgen $a_n \equiv 0$ und $b_n = \dfrac{1}{n}$ belegen dies!

Aus Satz 3.22 ergibt sich das folgende „**Entführungsprinzip**":

$$a_n \to A, \quad b_n \to A, \quad a_n \le c_n \le b_n \implies c_n \to A. \tag{3.7}$$

In zahlreichen Anwendungung ist es nicht erforderlich, die „ganze Folge" zu betrachten, sondern es genügt schon, sich mit Teilfolgen zu beschäftigen.

Definition 3.23 *Sei* $\{a_n\}_{n\in\mathbb{N}}$ *eine Folge und* $\{n_k\}_{k\in\mathbb{N}}$ *eine* **streng monoton wachsende** *Folge natürlicher Zahlen. Dann ist* $\{a_{n_k}\}_{k\in\mathbb{N}}$ *eine* **Teilfolge** *von* $\{a_n\}_{n\in\mathbb{N}}$.

Beispiel 3.24

a) *Wir verwenden* $n_k = 2k$, *dann lautet von* $a_n = (-1)^n$ *die zugehörige Teilfolge*

$$a_{n_k} = (-1)^{2k} \to 1 \text{ für } k \to \infty.$$

Für $n_k = 2k+1$ *erhält man entsprechend*

$$a_{n_k} = (-1)^{2k+1} \to -1 \text{ für } k \to \infty.$$

b) *Wir verwenden* $n_k = 2k$, *dann lautet von* $a_n = (-1)^n \dfrac{n+1}{n}$ *die zugehörige Teilfolge*

$$a_{n_k} = \frac{2k+1}{2k} \to 1 \text{ für } k \to \infty.$$

Für $n_k = 2k+1$ *erhält man entsprechend*

$$a_{n_k} = -1 \cdot \frac{2k+2}{2k+1} \to -1 \text{ für } k \to \infty.$$

Dies veranlasst eine weitere Definition.

Definition 3.25 *Eine Zahl* $a \in \mathbb{C}$ *heißt* **Häufungspunkt** *einer Folge* $\{a_n\}_{n\in\mathbb{N}}$ $:\Longleftrightarrow$ *eine Teilfolge* $\{a_{n_k}\}_{k\in\mathbb{N}}$ *von* $\{a_n\}_{n\in\mathbb{N}}$ *existiert mit* $a_{n_k} \to a$ *für* $k \to \infty$.

Häufungspunkte **reeller** Zahlenfolgen lassen sich klassifizieren. Wir unterscheiden dabei zwischen dem **größten** und dem **kleinsten** Häufungspunkt einer Folge und bezeichnen diesen sinngemäß als **limes superior** bzw. **limes inferior**. Folgende, etwas technisch wirkende Definition trifft diese Unterscheidung:

Definition 3.26 *Sei* $\{a_n\}_{n\in\mathbb{N}} \subset \mathbb{R}$ *eine reelle Zahlenfolge. Dann definieren wir*

1. $\displaystyle\limsup_{n\to\infty} a_n := \lim_{n\to\infty}\left(\sup\{a_k \,:\, k \geq n\}\right)$ (**limes superior**),

2. $\displaystyle\liminf_{n\to\infty} a_n := \lim_{n\to\infty}\left(\inf\{a_k \,:\, k \geq n\}\right)$ (**limes inferior**).

Entsprechende Schreibweisen sind $\overline{\lim}$ *und* $\underline{\lim}$.

Bemerkung. Uneigentliche Häufungspunkte sind ebenfalls zugelassen, d.h., auch $\displaystyle\limsup_{n\to\infty} = \pm\infty$ bzw. $\displaystyle\liminf_{n\to\infty} = \pm\infty$ sind möglich.

Beispiel 3.27

a) *Die Folge* $a_n = (-1)^n \dfrac{n+1}{n}$ *hat nach dem obigen Beispiel die Häufungspunkte* ± 1, *d.h.*

$$\limsup_{n\to\infty} = 1 \quad bzw. \quad \liminf_{n\to\infty} = -1\,.$$

Etwas formaler errechnen sich diese gemäß ihrer Definition:

$$\sup\{a_k \,:\, k \geq n\} = \left\{\begin{array}{ll} \frac{n+1}{n} & : \ n\ \text{gerade} \\[2mm] \frac{n+2}{n+1} & : \ n\ \text{ungerade} \end{array}\right\} \Longrightarrow \limsup_{n\to\infty} = 1.$$

$$\inf\{a_k \,:\, k \geq n\} = \left\{\begin{array}{ll} -\frac{n+1}{n} & : \ n\ \text{gerade} \\[2mm] -\frac{n+2}{n+1} & : \ n\ \text{ungerade} \end{array}\right\} \Longrightarrow \liminf_{n\to\infty} = -1.$$

b) *Für die uneigentliche Folge* $a_n = n$ *gilt*

$$\sup\{a_k \,:\, k \geq n\} = \infty \Longrightarrow \limsup_{n\to\infty} = \infty.$$

$$\inf\{a_k \,:\, k \geq n\} = n \Longrightarrow \liminf_{n\to\infty} = \infty.$$

c) *Für die konvergente Folge* $a_n = \dfrac{1}{n}$ *gilt entsprechend*

$$\sup\{a_k \,:\, k \geq n\} = \tfrac{1}{n} \Longrightarrow \limsup_{n\to\infty} = 0.$$

$$\inf\{a_k \,:\, k \geq n\} = 0 \Longrightarrow \liminf_{n\to\infty} = 0.$$

Das letzte Beispiel gibt Anlass für die

Folgerung 3.28 *Die Folge* $\{a_n\}_{n \in \mathbb{N}} \subset \mathbb{R}$ *ist konvergent* $\Longleftrightarrow$ $\limsup\limits_{n \to \infty} a_n = \liminf\limits_{n \to \infty} a_n$.

Mit Hilfe von Häufungspunkten lässt sich nun der wichtige **Satz von BOLZANO-WEIERSTRASS** formulieren:

Satz 3.29 *Eine beschränkte Folge* $\{a_n\}_{n \in \mathbb{N}} \subset \mathbb{C}$ *hat mindestens einen Häufungspunkt. Anders formuliert bedeutet dies, dass eine beschränkte Folge komplexer Zahlen eine* **konvergente Teilfolge** *beinhaltet.*

Wegen der Ordnungsstruktur in $\mathbb{R}$ liest sich für reellwertige Folgen der Satz in der nachstehenden Form:

Satz 3.30 *Eine beschränkte Folge* $\{a_n\}_{n \in \mathbb{N}} \subset \mathbb{R}$ *hat einen* **größten und kleinsten** *Häufungspunkt.*

Beweis.

i) Wir zeigen zunächst, dass jede reelle Zahlenfolge eine monotone Teilfolge enthält: Dazu nennen wir die Zahl a_k eine **Spitze** der Folge $\{a_n\}_{n \in \mathbb{N}} \subset \mathbb{R}$, falls

$$a_k \geq a_n \quad \forall n \geq k \, .$$

Wir unterscheiden zwei Fälle:

1. Die Folge $\{a_n\}_{n \in \mathbb{N}}$ enthält **unendlich** viele Spitzen a_{n_k} mit $n_1 < n_2 < n_3 < \cdots$ (z.B. $a_n = \dfrac{1}{n}$). Das bedeutet aber, dass

$$a_{n_k} \geq a_{n_{k+1}} \quad \forall k \in \mathbb{N} \, ,$$

also **fällt** die Teilfolge $\{a_{n_k}\}_{k \in \mathbb{N}}$.

2. Die Folge $\{a_n\}_{n \in \mathbb{N}}$ enthält **endlich** viele Spitzen (z.B. $a_n = n$). Wir bezeichnen mit a_m die Spitze mit höchstem Index und konstruieren induktiv eine monoton wachsende Folge: Da also a_m die Spitze mit höchstem Index ist, kann a_{m+1} natürlich keine Spitze sein.

Wir setzen $n_1 := m + 1$, dann gibt es ein $n_2 > n_1$ mit

$$a_{n_2} > a_{n_1}.$$

Man verfährt weiter nach diesem Schema und erhält für $k \geq 2$ Elemente a_{n_k}, welche stets keine Spitzen sind. Also gibt es schließlich ein $n_{k+1} > n_k$ mit

$$a_{n_{k+1}} > a_{n_k},$$

also **wächst** die Teilfolge $\{a_{n_k}\}_{k \in \mathbb{N}}$.

ii) Sei jetzt $\{a_n\}_{n \in \mathbb{N}} \subset \mathbb{R}$ eine **beschränkte** Folge. Diese enthält eine monotone Teilfolge und ist natürlich auch beschränkt. Mit diesen beiden Eigenschaften liefert Satz 3.13 die Konvergenz der Teilfolge.

qed

BERNARD PLACIDUS JOHANN NEPOMUK BOLZANO (1781-1848) war Philosoph, Theologe und Mathematiker. Als Philosoph war er ein Gegner von IMMANUEL KANT (1724-1804). Zudem war er geweihter Priester und wurde 1806 in Prag zum Professor für Religionslehre ernannt. Als Mathematiker beschäftigte er sich mit grundlegenden Problemen aus der Analysis.

KARL THEODOR WILHELM WEIERSTRASS (1815-1897) war ein deutscher Mathematiker. Sein Hauptaugenmerk richtete er auf die logisch korrekte Fundierung der Analysis, und veröffentlichte auch in vielen anderen mathematischen Bereichen bedeutende Beiträge.

Im Rahmen der Konvergenzbetrachtungen bei Folgen fehlt noch ein wesentlicher Begriff. Es geht um sog. **Cauchy-Folgen**, die für sich gesehen interessant sind, und auch mit dem Vollständigkeitsaxiom für reelle (bzw. komplexe) Zahlen gemäß Definition 1.71 in innigster Verbindung stehen.

Definition 3.31 *Eine reelle (komplexe) Zahlenfolge* $\{a_n\}_{n \in \mathbb{N}}$ *heißt* **Cauchy-Folge**, *falls es zu jedem* $\varepsilon > 0$ *ein* $N(\varepsilon) \in \mathbb{N}$ *gibt mit der Eigenschaft*

$$\forall m, n \geq N(\varepsilon) \ und \ m, n \in \mathbb{N} \implies |a_m - a_n| < \varepsilon.$$

Es fällt auf, dass hier von keinem Grenzwert die Rede ist. Vielmehr geht es um die Folgenglieder selbst, welche bei Cauchy-Folgen ab einem bestimmten Index beliebig nahe zusammenliegen. Dass dies bei konvergenten Folgen immer der Fall ist, bekräftigt der nachstehende Satz:

Satz 3.32 *Sei* $\{a_n\}_{n \in \mathbb{N}}$ *eine konvergente Folge reeller oder komplexer Zahlen* $\implies$ $\{a_n\}_{n \in \mathbb{N}}$ *ist eine* CAUCHY-*Folge.*

Beweis. Sei $\{a_n\}_{n \in \mathbb{N}}$ eine konvergente Folge mit Grenzwert $a \in \mathbb{C}$. Dann existiert zu jedem $\varepsilon > 0$ eine Zahl $N\left(\frac{\varepsilon}{2}\right) \in \mathbb{N}$ derart, dass

$$\forall n \geq N\left(\frac{\varepsilon}{2}\right) \implies |a_n - a| < \frac{\varepsilon}{2}.$$

Damit gilt für alle $m, n \geq N(\varepsilon)$ mit Hilfe der Dreiecksungleichung, dass

$$|a_m - a_n| = |a_m - a + a - a_n| \leq |a_m - a| + |a - a_n| = |a_m - a| + |a_n - a| \leq \frac{\varepsilon}{2} + \frac{\varepsilon}{2} = \varepsilon.$$

qed

Die **Umkehrung** des letzten Satzes gilt **beispielsweise** für reelle und komplexe Zahlenfolgen, für „Folgen im Allgemeinen" gilt dies jedoch **nicht** mehr. Dazu betrachten wir folgendes, zugegebenermaßen akademisches Beispiel:

Beispiel 3.33 *Sei* $a_n = \dfrac{1}{n} \subset \tilde{\mathbb{R}}$, *wobei* $\tilde{\mathbb{R}} := \mathbb{R} \setminus \{0\}$. *Diese Folge ist zweifellos eine Cauchy-Folge, hat aber* **in** $\tilde{\mathbb{R}}$ **keinen Grenzwert,** *denn die Null wurde hier ja gerade ausgeschlossen.*

Wir formulieren jetzt die Umkehrung von Satz 3.32 für reelle (und komplexe) Folgen als **Axiom.**

Vollständigkeitsaxiom V′. In $\mathbb{R}$ (und auch in $\mathbb{C}$) konvergiert jede Cauchy-Folge.

Dieses Axiom ist identisch mit dem auf Seite 57 formulierten Vollständigkeitsaxiom V für reelle Zahlen und bedeutet nach wie vor, dass die reelle Achse (bzw. komplexe Ebene) keine Löcher hat, ansonsten könnte **darin** nicht **jede** Cauchy-Folge konvergent sein.

Aufgaben

Aufgabe 3.8. Bestimmen Sie, welche der nachfolgenden Aussagen wahr oder falsch sind und begründen Sie die Aussagen:

a) Summe, Differenz, Produkt und Quotient zweier divergenter Folgen sind wieder divergent.

b) Die Folgen $\{a_n\}_{n\in\mathbb{N}}$ und $\{b_n\}_{n\in\mathbb{N}}$ konvergieren genau dann, wenn $\{a_n + b_n\}_{n\in\mathbb{N}}$ und $\{a_n - b_n\}_{n\in\mathbb{N}}$ konvergieren.

Aufgabe 3.9. Untersuchen Sie nachstehende Folgen auf Konvergenz und bestimmen Sie gegebenenfalls die Grenzwerte:

a) $a_n := \dfrac{n^3 + n + 2}{6n^7 + 5n^4 + n^2 + 1} \quad \forall n \in \mathbb{N}$,

b) $a_n := \dfrac{n^3 + n + 2}{n^2 + 1} \quad \forall n \in \mathbb{N}$,

c) $a_n := \frac{1}{n^2}\left(1 + 2 + \ldots + n\right) \quad \forall n \in \mathbb{N}$,

d) $a_n := \dfrac{n - 1}{\sqrt{n^2 + 1}} \quad \forall n \in \mathbb{N}$.

Aufgabe 3.10. Berechnen Sie für nachstehende Folgen im Falle der Existenz die Grenzwerte:

a) $a_n := \sqrt{n + 1} - \sqrt{n} \quad \forall n \in \mathbb{N}$.

b) $a_n := \dfrac{(n + 2)! + (n + 1)!}{(n + 3)!} \quad \forall n \in \mathbb{N}$.

c) $a_n := \dfrac{(2n + 1)^4 - (n - 1)^4}{(2n + 1)^4 + (n - 1)^4} \quad \forall n \in \mathbb{N}$.

Aufgabe 3.11. Wir betrachten die Folge

$$a_n := \sin\left(n\,\frac{\pi}{2}\right)\frac{n + 1}{n} \quad \forall n \in \mathbb{N}.$$

a) Wie lauten die Häufungspunkte von $\{a_n\}_{n\in\mathbb{N}}$.

b) Finden Sie Teilfolgen, die jeweils gegen diese Häufungspunkte konvergieren.

Aufgabe 3.12. Bestimmen Sie $\liminf$ und $\limsup$ nachstehender Folgen $\{a_n\}_{n\in\mathbb{N}}$:

a) $a_n := \begin{cases} \dfrac{2n}{n + 1} & : \quad n \text{ gerade,} \\[2mm] \dfrac{n}{2n + 1} & : \quad n \text{ ungerade,} \end{cases}$

b) $a_n := \dfrac{(-1)^n\, n}{n+1}$,

c) $a_n = n^{(-1)^n}$.

Aufgabe 3.13. Prüfen Sie mit Hilfe des CAUCHY-Kriteriums, ob die Folge $\{a_n\}_{n\in\mathbb{N}}$ gegeben durch

$$a_n := \frac{(-1)^n}{\sqrt{n}}$$

konvergiert.

3.3 Konvergenzkriterien für Zahlenreihen

Mit endlichen Summen bzw. Reihen waren wir bereits konfrontiert. Man denke nur an die geometrische Reihe und deren Summenwert in (1.13). Grenzwertbetrachtungen und –kriterien bei Reihen sind naturgemäß schwieriger als bei Folgen und sind Inhalt des vorliegenden Abschnittes. Was sind also Reihen und deren Grenzwerte?

Wir erinnern uns an die **geometrische Summenformel** aus Beispiel 1.29. Sie lieferte für festes $q \in \mathbb{K}$ eine Zahlenfolge $(s_n)_{n\in\mathbb{N}} \subset \mathbb{K}$ mit

$$s_n := \sum_{k=0}^{n} q^k = \begin{cases} \dfrac{1 - q^{n+1}}{1 - q} & : \quad q \neq 1, \\[2mm] (n+1) & : \quad q = 1. \end{cases} \tag{3.8}$$

Während $\lim\limits_{n\to\infty} q^{n+1} = 0$ für alle $|q| < 1$ gilt, divergiert dagegen die Folge $(q^{n+1})_{n\in\mathbb{N}}$ für alle $|q| \geq 1$, $q \neq 1$. Das heißt, die Folge $(s_n)_{n\in\mathbb{N}} \subset \mathbb{K}$ konvergiert nur für $|q| < 1$. Wir schreiben:

$$\lim_{n\to\infty} s_n = \lim_{n\to\infty} \sum_{k=0}^{n} q^k =: \sum_{k=0}^{\infty} q^k = \frac{1}{1-q} \ \ \forall\, q \in \mathbb{K} : |q| < 1. \tag{3.9}$$

Ebenso hatten wir in Beispiel 1.30 die **Teleskopsumme**. Auch diese lieferte eine Zahlenfolge $(s_n)_{n\in\mathbb{N}} \subset \mathbb{K}$ mit

$$s_n := \sum_{k=1}^{n} \frac{1}{k(k+1)} = \sum_{k=1}^{n} \left(\frac{1}{k} - \frac{1}{k+1} \right) = 1 - \frac{1}{n+1}. \tag{3.10}$$

Wir sehen, dass diese Folge konvergiert. Wir fassen zusammen:

$$\lim_{n\to\infty} s_n = \lim_{n\to\infty} \sum_{k=1}^{n} \frac{1}{k(k+1)} =: \sum_{k=1}^{\infty} \frac{1}{k(k+1)} = 1. \qquad (3.11)$$

Allgemein heißt die Reihe $s_n := \sum_{k=0}^{n} (b_k - b_{k+1})$ **Teleskopreihe**. Es gilt

$$s_n = \sum_{k=0}^{n} (b_k - b_{k+1}) = b_0 - b_{n+1} \; \forall\, n \in \mathbb{N}.$$

Das bedeutet, die Teleskopreihe konvergiert genau dann, wenn die Folge $(b_k)_{k\in\mathbb{N}_0}$ der Reihenglieder $b_k \in \mathbb{K}$ einen Grenzwert $b \in \mathbb{K}$ hat, also

$$\lim_{n\to\infty} b_n = b \quad \Longleftrightarrow \quad \sum_{k=0}^{\infty} (b_k - b_{k+1}) = b_0 - b.$$

Wir hatten oben die spezielle Wahl $b_k = \dfrac{1}{k}$ und $b_{k+1} = \dfrac{1}{k+1}$.

Wir verallgemeinern:

Definition 3.34 *Gegeben sei eine $\mathbb{K}$-Folge $(a_k)_{k\in\mathbb{N}_0}$. Dann heißt die Folge $(s_n)_{n\in\mathbb{N}}$ mit*

$$s_n := \sum_{k=0}^{n} a_k = a_0 + a_1 + \cdots + a_n$$

unendliche Reihe *mit den Reihengliedern a_k und den n-ten Partialsummen s_n. Für die unendliche Reihe schreiben wir den* **formalen Ausdruck** $\sum_{k=0}^{\infty} a_k$.

Eine Reihe $\sum_{k=0}^{\infty} a_k$ *heißt* **konvergent** *gegen die Summe* $s \in \mathbb{K}$ *(geschrieben* $s = \sum_{k=0}^{\infty} a_k$*), wenn* $\lim_{n\to\infty} s_n = s$ *gilt. Eine nicht konvergente Reihe heißt* **divergent**.

Bemerkung 3.35 *Obige Beispiele geben Anlass für folgende Ausführungen:*

a) Analoge Definitionen gelten auch für Reihen $\sum_{k=n_0}^{\infty} a_k$ *mit festem* $n_0 \in \mathbb{Z}$.

b) *In den seltensten Fällen ist es möglich (und auch nicht erforderlich),* **analytische** *Ausdrücke für die n–ten Partialsummen s_n anzugeben. Zu diesen seltenen Ausnahmen zählen die geometrische Reihe und die Teleskopreihe.*

c) *Reihen, betrachtet als Folge ihrer Partialsummen, sind demnach* **spezielle Folgen.** *Umgekehrt sind Folgen in der Darstellung als Teleskopsumme*

$$a_n = a_0 - \sum_{k=1}^{n} (a_{k-1} - a_k)$$

spezielle Reihen. *Somit sind zahlreiche Eigenschaften der Folgen direkt auf Reihen übertragbar, wie wir in den nachstehenden Aussagen sehen werden.*

Satz 3.36 (CAUCHY-Kriterium für Reihen) *Eine Reihe $\sum_{j=0}^{\infty} a_j$ konvergiert genau dann, falls zu jedem $\varepsilon > 0$ ein $N(\varepsilon) \in \mathbb{N}$ existiert mit der Eigenschaft*

$$\text{für alle } n \geq N(\varepsilon), \ p \in \mathbb{N} \implies \left| \sum_{j=n+1}^{n+p} a_j \right| < \varepsilon.$$

Beweis. Sei $m > n$, $p := m - n > 0$. Dann gilt

$$s_m - s_n = \sum_{j=n+1}^{n+p} a_j.$$

Wir haben also mit dem Vollständigkeitsaxiom V' in Abschnitt 3.2:

$(s_n)_{n \in \mathbb{N}}$ ist konvergent

$\Leftrightarrow$ für alle $\varepsilon > 0$ $\exists N(\varepsilon) \in \mathbb{N}$: $n \geq N(\varepsilon) \ \wedge \ p \in \mathbb{N} \implies |s_{n+p} - s_n| < \varepsilon$

$\Leftrightarrow$ für alle $\varepsilon > 0$ $\exists N(\varepsilon) \in \mathbb{N}$: $n \geq N(\varepsilon) \ \wedge \ p \in \mathbb{N} \implies \left| \sum_{j=n+1}^{n+p} a_j \right| < \varepsilon$.

qed

Folgerung 3.37 *Ist* $\sum\limits_{j=0}^{\infty} a_j$ *konvergent, so folgt aus dem vorherigen Satz mit* $p = 1$*, dass* $|a_{n+1}| < \varepsilon$ *für alle* $n \geq N(\varepsilon)$*, d.h.*

$$\lim_{n\to\infty} a_n = 0.$$

Daraus erschließen wir eine **notwendige Konvergenzbedingung**, welche häufig als das folgende **Divergenzkriterium** formuliert wird:

Satz 3.38 (Divergenzkriterium) *Konvergiert die Reihe* $\sum\limits_{j=0}^{\infty} a_j$*, so folgt* **notwendig** $\qquad \lim\limits_{j\to\infty} a_j = \lim\limits_{j\to\infty} |a_j| = 0.$

Die Umkehrung ist i. Allg. falsch.

Beispiel 3.39 *Die* **harmonische Reihe** $\sum\limits_{k=1}^{\infty} \frac{1}{k}$ *ist* **divergent***, obwohl* $a_k = \frac{1}{k}$ *eine Nullfolge ist.*

Wäre die Reihe konvergent, so gäbe es nach dem CAUCHY*-Kriterium für Reihen zu* $\varepsilon = \frac{1}{2}$ *ein* $N(\frac{1}{2}) \in \mathbb{N}$ *mit der Eigenschaft:*

$$n \geq N\left(\frac{1}{2}\right), \ p \in \mathbb{N} \implies \sum_{k=n+1}^{n+p} \frac{1}{k} < \frac{1}{2}.$$

Nun gilt für jedes $N \in \mathbb{N}$*:*

$$\sum_{k=N+1}^{N+N} \frac{1}{k} = \frac{1}{N+1} + \ldots + \frac{1}{N+N} \geq \frac{N}{N+N} = \frac{1}{2},$$

im Widerspruch zur Annahme.

Satz 3.40 *Es gelten*

1. Sind $\sum\limits_{k=0}^{\infty} a_k = a$ *und* $\sum\limits_{k=0}^{\infty} b_k = b$ **konvergente Reihen***, so gilt*

$$\sum_{k=0}^{\infty}(\lambda a_k \pm \mu b_k) = \lambda a \pm \mu b \ \forall \lambda, \mu \in \mathbb{K}. \qquad (3.12)$$

2. *Es gelte $a_n \geq 0 \; \forall \, n \in \mathbb{N}_0$. Die Reihe $\sum\limits_{j=0}^{\infty} a_j$ konvergiert genau dann wenn gilt*

$$\exists \, K > 0 : s_n := \sum_{j=0}^{n} a_j \leq K \; \forall \, n \in \mathbb{N}. \qquad (3.13)$$

3. *Für jedes feste $n_0 \in \mathbb{N}$ haben $\sum\limits_{j=0}^{\infty} a_j$ und $\sum\limits_{j=n_0}^{\infty} a_j$ dasselbe Konvergenzverhalten. Der Summenwert ist natürlich unterschiedlich. Das heißt, durch Weglassen **endlich** vieler Reihenglieder wird das Konvergenzverhalten einer Reihe **nicht** verändert.*

Beweis. Die 1. Aussage ist unmittelbar klar, wenn wir die den Reihen zugeordneten Folgen von Partialsummen $(s_n)_{n \in \mathbb{N}}$ betrachten und auf Satz 3.18 zurückgreifen.

Wir kommen zur 2. Aussage. Wegen $a_n \geq 0$ ist die Folge $(s_n)_{n \in \mathbb{N}}$ der Partialsummen monoton steigend. Ist diese Folge konvergent, so ist sie bekanntlich auch beschränkt. Also gilt (3.13). Gilt umgekehrt (3.13), so ist die Folge $(s_n)_{n \in \mathbb{N}}$ nach oben beschränkt und nach Satz 3.13 auch konvergent.   qed

Beispiel 3.41 *Zu den oben aufgeführten Resultaten formulieren wir jetzt einige Beispiele und Gegenbeispiele.*

*a) Die Reihe $\sum\limits_{k=1}^{\infty} (1 - \frac{1}{k})^k$ ist **divergent**, denn*

$$\lim_{k \to \infty} a_k = \lim_{k \to \infty} \left(1 - \frac{1}{k} \right)^k = \frac{1}{e} \neq 0.$$

*b) Es gilt $\lim\limits_{k \to \infty} q^k = 0$ genau für $|q| < 1$. Dies belegt wiederum die **Divergenz** der geometrischen Reihe für alle $q \in \mathbb{K}$ mit $|q| \geq 1$.*

*c) Die Aussage (3.12) wird i. Allg. **falsch**, wenn die Reihen $\sum\limits_{k=0}^{\infty} a_k$ und $\sum\limits_{k=0}^{\infty} b_k$ **nicht** konvergieren. Für*

$$a_k := \frac{1}{k}, \quad b_k := \frac{1}{k+p}, \quad k \in \mathbb{N}, \; p \in \mathbb{N} \; fest$$

ist jede der Reihen für sich divergent, da es ja harmonische Reihen sind. Dagegen ergibt Subtraktion die modifizierte Teleskopreihe

$$\sum_{k=1}^{\infty}(a_k - b_k) = p\sum_{k=1}^{\infty}\frac{1}{k(k+p)} = 1 + \frac{1}{2} + \cdots + \frac{1}{p}.$$

d) Die Reihe $\displaystyle\sum_{k=0}^{\infty}\frac{1}{k^2}$ ist **konvergent**. Um dies zu sehen, verwenden wir das

Monotoniekriterium (3.13) für $a_k := \dfrac{1}{k^2}$.

Ist $k \geq 2$, so gilt $\dfrac{1}{k^2} \leq \dfrac{1}{k(k-1)} = \dfrac{1}{k-1} - \dfrac{1}{k}$, und somit

$$s_n = \sum_{k=1}^{n} a_k \leq 1 + \sum_{k=2}^{n}\left(\frac{1}{k-1} - \frac{1}{k}\right) = 1 + 1 - \frac{1}{n} < 2 =: K \ \forall\, n \geq 2.$$

Ohne weitere Begründung verraten wir:

$$\sum_{k=1}^{\infty}\frac{1}{k^2} = \frac{\pi^2}{6}.$$

Beispiel 3.42 Umwandlung der rationalen Zahl $x = 0.03\overline{547}$ in Bruchdarstellung (siehe auch Abschnitt 1.4).

$$x = \frac{35}{1000} + \sum_{k=0}^{\infty}\frac{47}{10^{5+2k}} = \frac{35}{1000} + \frac{47}{10^5}\cdot\sum_{k=0}^{\infty}\left(\frac{1}{10^2}\right)^k$$

$$= \frac{35}{1000} + \frac{47}{10^5}\cdot\frac{1}{1-10^{-2}} = \frac{439}{12375}.$$

Beispiel 3.43 Durch Weglassen **unendlich** vieler Reihenglieder wird das Konvergenzverhalten einer Reihe sehr wohl verändert. Dazu streichen wir in der harmonischen Reihe alle Summanden, deren Nenner die Zahl 0 enthält. Die sog. gestrichene harmonische Reihe s' hat dann die Form:

$$s' = \left(\frac{1}{1} + \cdots + \frac{1}{9}\right) + \left(\frac{1}{11} + \cdots + \frac{1}{19} + \frac{1}{21} + \cdots + \frac{1}{99}\right)$$

$$+ \left(\frac{1}{111} + \cdots + \frac{1}{999}\right) + \cdots$$

$$\leq 9\cdot 1 + 9^2\cdot\frac{1}{10} + 9^3\cdot\frac{1}{100} + \cdots = 9\cdot\sum_{k=0}^{\infty}\left(\frac{9}{10}\right)^k$$

$$= 90.$$

Aus der Nichtnegativität und der Beschränktheit ergibt sich gemäß (3.13) die
Konvergenz.

Den allgemeineren Fall $\sum_{k=1}^{\infty} \frac{1}{k^\alpha}$, $\alpha \in \mathbb{R}$, diskutieren wir unter Verwendung
von **Reihenvergleichskriterien**. Dazu definieren wir:

Definition 3.44 (absolute und bedingte Konvergenz) *Eine Reihe*
$\sum_{k=0}^{\infty} a_k$ *heißt* **absolut konvergent**, *wenn auch die Reihe* $\sum_{k=0}^{\infty} |a_k|$ *konver-*
giert. Konvergente Reihen $\sum_{k=0}^{\infty} a_k$, *für die* $\sum_{k=0}^{\infty} |a_k|$ *divergent ist, heißen*
bedingt konvergent.

Satz 3.45 (Majoranten und Minorantenkriterium für Reihen)

1. **Majorantenkriterium.** *Für gegebene* $b_k \geq 0$ *sei die Reihe* $\sum_{k=0}^{\infty} b_k$
   konvergent. Gilt
   $$|a_k| \leq b_k \ \forall \, k \geq N \geq 0, \qquad (3.14)$$
   so sind beide Reihen $\sum_{k=0}^{\infty} a_k$ *und* $\sum_{k=0}^{\infty} |a_k|$ *konvergent.*

2. **Minorantenkriterium.** *Ist die Reihe* $\sum_{k=0}^{\infty} b_k$ *divergent und gilt*
   $|a_k| \geq b_k \geq 0 \ \forall \, k \geq N \geq 0$, *so ist auch die Reihe* $\sum_{k=0}^{\infty} |a_k|$ *diver-*
   gent.

3. *Absolut konvergente Reihen sind stets auch konvergent.*

Beweis.

1. Wegen $\sum_{k=N}^{n} |a_k| \leq \sum_{k=N}^{n} b_k \leq \sum_{k=N}^{\infty} b_k$ ist die Folge der Partialsummen
   $s_n := \sum_{k=N}^{n} |a_k|$ nach oben beschränkt und darüber hinaus monoton ↑,
   also konvergent. Somit konvergiert auch die Reihe $\sum_{k=0}^{\infty} |a_k|$, da die ersten

N Summanden keinen Einfluss nehmen auf das Konvergenzverhalten. Die Konvergenz der Reihe $\sum\limits_{k=0}^{\infty} a_k$ folgt nach der 3. Aussage des letzten Satzes.

2. Wäre $\sum\limits_{k=0}^{\infty} |a_k|$ konvergent, so wäre nach der 1. Aussage auch $\sum\limits_{k=0}^{\infty} b_k$ konvergent, im Widerspruch zur Voraussetzung.

3. Die Behauptung folgt direkt mit Hilfe der Dreiecksungleichung $\left| \sum\limits_{k=m}^{n} a_k \right| \leq$ $\sum\limits_{k=m}^{n} |a_k|$ aus dem Konvergenzkriterium von CAUCHY.

$$\text{qed}$$

Beispiel 3.46

a) Für die Konvergenzuntersuchung der Reihe $\sum\limits_{k=1}^{\infty} \dfrac{1}{k^\alpha}$, $\alpha \in \mathbb{R}$, treffen wir Fallunterscheidungen:

(a) *$\alpha \leq 1$: Hier gilt $k^\alpha \leq k^1 \; \forall \; k \in \mathbb{N}$, und somit $\sum\limits_{k=1}^{\infty} \frac{1}{k^\alpha} \geq \sum\limits_{k=1}^{\infty} \frac{1}{k}$. Die letzte Reihe ist die divergente harmonische Reihe, so dass nach dem Minorantenkriterium* **Divergenz** *vorliegt.*

(b) *$\alpha > 1$: Wegen $a_k := \dfrac{1}{k^\alpha} > 0$, $k \in \mathbb{N}$, ist die Folge der Partialsummen $s_n := \sum\limits_{k=1}^{n} \dfrac{1}{k^\alpha}$ monoton $\uparrow$. Wir zeigen ihre Beschränktheit nach oben. Dazu wählen wir für jedes $n \in \mathbb{N}$ die Zahl N jeweils so, dass $2^{N+1} > n$ gilt. Mit dieser Wahl erhält man*

$$0 \leq s_n \leq \sum_{k=1}^{2^{N+1}-1} \frac{1}{k^\alpha} = 1 + \left[\frac{1}{2^\alpha} + \frac{1}{3^\alpha} \right] + \left[\frac{1}{4^\alpha} + \cdots + \frac{1}{7^\alpha} \right]$$

$$+ \cdots + \left[\left(\frac{1}{2^N} \right)^\alpha + \cdots + \left(\frac{1}{2^{N+1}-1} \right)^\alpha \right]$$

$$\leq 1 + \frac{2}{2^\alpha} + \frac{4}{4^\alpha} + \cdots + \frac{2^N}{(2^N)^\alpha} \leq \sum_{k=0}^{\infty} \left(\frac{1}{2^{\alpha-1}} \right)^k$$

$$= \frac{2^{\alpha-1}}{2^{\alpha-1}-1} =: K < +\infty.$$

Daraus folgern wir mit (3.13) die **Konvergenz** *der Reihe.*

Zusammenfassend haben wir gezeigt:

$$Die\ Reihe\ \sum_{k=1}^{\infty} \frac{1}{k^{\alpha}} \begin{cases} \textbf{divergiert } \textit{für}\ \ \alpha \leq 1, \\[2mm] \textbf{konvergiert } \textit{für}\ \alpha > 1. \end{cases}$$

b) Die beiden Reihen

$$\sum_{k=1}^{\infty} \frac{\sin kx}{k^{\alpha}}, \qquad \sum_{k=1}^{\infty} \frac{\cos kx}{k^{\alpha}}, \quad \alpha > 1,\ x \in \mathbb{R},$$

sind **absolut konvergent**. *Sie besitzen die konvergente Majorante* $\displaystyle\sum_{k=1}^{\infty} \frac{1}{k^{\alpha}}$.

Wir stellen nachfolgend drei Konvergenzkriterien vor, die ohne den Umweg über die Folge der Partialsummen direkt aus den Koeffizienten a_k eine Konvergenzaussage ermöglichen. Das erste Kriterium verwendet die geometrische Reihe als Vergleichsreihe. Es trägt den Namen der beiden französischen Mathematiker A. CAUCHY und JACQUES HADAMARD (1865–1963).

Satz 3.47 (Wurzelkriterium von CAUCHY–HADAMARD)

1. *Die Reihe* $\displaystyle\sum_{k=0}^{\infty} a_k$ *ist* **absolut konvergent**, *falls eine Zahl* $q \in (0,1)$ *existiert und ein* $N \geq 0$ *mit*

$$\sqrt[n]{|a_n|} \leq q < 1\ \forall n \geq N. \tag{3.15}$$

Äquivalent mit Bedingung (3.15) sind

$$|a_n| \leq q^n < 1\ \forall n \geq N \quad \textit{bzw.} \quad \limsup_{n \to \infty} \sqrt[n]{|a_n|} < 1.$$

2. *Die Reihe* $\displaystyle\sum_{k=0}^{\infty} a_k$ *ist* **divergent**, *falls eine Zahl* $q \in (0,1]$ *existiert und ein* $N \geq 0$ *mit*

$$\sqrt[n]{|a_n|} \geq \frac{1}{q} \geq 1\ \forall n \geq N. \tag{3.16}$$

Die Bedingung (3.16) ist sicher erfüllt, wenn

$$\liminf_{n \to \infty} \sqrt[n]{|a_n|} > 1.$$

3. *Existiert der Grenzwert* $\lim\limits_{n\to\infty} \sqrt[n]{|a_n|} =: Q$, *so gilt:*

$$\lim_{n\to\infty} \sqrt[n]{|a_n|} =: Q \begin{cases} < 1 & \Rightarrow \text{(absolute) } \mathbf{Konvergenz}, \\[2mm] > 1 & \Rightarrow \mathbf{Divergenz}, \\[2mm] = 1 & \Rightarrow \mathbf{unentscheidbarer} \text{ } Fall. \end{cases}$$

Beweis.

1. Wegen (3.15) haben wir $|a_n| \leq q^n < 1 \ \forall n \geq N$. Die Konvergenz folgt aus dem Majorantenkriterium und der Konvergenz der geometrischen Reihe.

2. Wegen (3.16) haben wir $|a_n| \geq \frac{1}{q^n} \geq 1 \ \forall n \geq N$. Die Divergenz folgt aus dem Divergenzkriterium, da $\lim\limits_{n\to\infty} a_n = 0$ nicht gelten kann.

3. Gilt $Q < 1$, so liegt der Fall (3.15) vor. Gilt $Q > 1$, so liegt (3.16) vor.

$$\text{qed}$$

Für die Anwendungen des Wurzelkriteriums ist folgendes Resultat sehr nützlich, dessen Beweis den fleißigen Leserinnen und Lesern als Übungsaufgabe überlassen wird.

Satz 3.48 *Es liegen folgende Grenzwerte vor:*

1. $\lim\limits_{n\to\infty} a^{1/n} = 1 \ \forall a > 0,$

2. $\lim\limits_{n\to\infty} n^{k/n} = 1 \ \forall k \in \mathbb{N}.$

Beispiel 3.49

a) *Die Reihe* $\sum\limits_{n=1}^{\infty} \left(\frac{n}{n+1}\right)^{n^2}$ *ist* **konvergent**, *denn es folgt aus dem Wurzelkriterium:*

$$a_n = \left(\frac{n}{n+1}\right)^{n^2} = \left(\frac{1}{(1+\frac{1}{n})^n}\right)^n$$

$$\implies \quad \limsup_{n\to\infty} \sqrt[n]{a_n} = \limsup_{n\to\infty} \frac{1}{(1+\frac{1}{n})^n} = \frac{1}{\lim\limits_{n\to\infty}(1+\frac{1}{n})^n} = \frac{1}{e} < 1.$$

b) Wir untersuchen die Reihe $\sum\limits_{n=0}^{\infty} n^k x^n$ mit $x \in \mathbb{K}$ und $k \in \mathbb{N}$ fest. Es gilt hier

$$\sqrt[n]{|a_n|} = |x| n^{k/n}.$$

Wir verwenden Satz 3.48 2., d.h.

$$\lim_{n \to \infty} \sqrt[n]{|a_n|} = |x|.$$

Die Reihe ist somit absolut konvergent für $|x| < 1$.

Sie divergiert für $|x| > 1$. Für $|x| = 1$ folgt wegen

$$\lim_{n \to \infty} |a_n| = \lim_{n \to \infty} n^k = +\infty$$

ebenfalls Divergenz aus dem Divergenzkriterium.

Zusammenfassend haben wir:

$$\sum_{n=0}^{\infty} n^k x^n \text{ ist } \begin{cases} \textbf{absolut konvergent} \textit{ für alle } |x| < 1, \\ \textbf{divergent} \qquad\qquad \textit{für alle } |x| \geq 1. \end{cases}$$

c) Wir untersuchen die Reihe $\sum\limits_{n=1}^{\infty} \left(1 + \frac{1}{n}\right)^n \frac{x^n}{n}$ mit $x \in \mathbb{K}$. Es gilt

$$\sqrt[n]{|a_n|} = |x| \frac{\left(1 + \frac{1}{n}\right)}{n^{1/n}}.$$

Wir verwenden Satz 3.48 2., und bekommen

$$\lim_{n \to \infty} \sqrt[n]{|a_n|} = |x|,$$

d.h., die Reihe ist absolut konvergent für $|x| < 1$ und divergiert für $|x| > 1$.

Der Fall $|x| = 1$ ist mit unseren bisherigen Hilfsmitteln unentscheidbar.

d) In den Fällen $\sum\limits_{n=1}^{\infty} \frac{1}{n^2}$ und $\sum\limits_{n=1}^{\infty} \frac{1}{n}$ erhalten wir aus dem Wurzelkriterium jeweils

$$\lim_{n \to \infty} \sqrt[n]{a_n} := \lim_{n \to \infty} \frac{1}{n^{2/n}} = 1 = \lim_{n \to \infty} \frac{1}{n^{1/n}} =: \lim_{n \to \infty} \sqrt[n]{b_n},$$

also den unentscheidbaren Fall $Q = 1$ (Satz 3.47, 3.). Natürlich wussten wir schon, dass die Reihe $\sum\limits_{n=1}^{\infty} a_n$ konvergiert, während $\sum\limits_{n=1}^{\infty} b_n$ divergiert.

Auch im nächsten Kriterium verwendet man die geometrische Reihe als Vergleichsreihe. Es stammt von dem französischen Mathematiker JEAN BAPTISTE LE ROND D'ALEMBERT (1717–1783), der 1746 versuchte, den Fundamentalsatz der Algebra zu beweisen – leider erfolglos.

Satz 3.50 (Quotientenkriterium von D'ALEMBERT) *Sei* $a_k \neq 0$ *für alle* $k \in \mathbb{N}_0$.

1. *Die Reihe* $\sum\limits_{k=0}^{\infty} a_k$ *ist* **absolut konvergent**, *falls eine Zahl* $q \in (0,1)$ *existiert und ein* $N \geq 0$ *mit*

$$\left| \frac{a_{n+1}}{a_n} \right| \leq q < 1 \text{ für alle } n \geq N. \tag{3.17}$$

Äquivalent mit Bedingung (3.17) ist

$$\limsup_{n \to \infty} \left| \frac{a_{n+1}}{a_n} \right| < 1.$$

2. *Die Reihe* $\sum\limits_{k=0}^{\infty} a_k$ *ist* **divergent**, *falls eine Zahl* $q \in (0,1]$ *existiert und ein* $N \geq 0$ *mit*

$$\left| \frac{a_{n+1}}{a_n} \right| \geq \frac{1}{q} \geq 1 \text{ für alle } n \geq N. \tag{3.18}$$

Die letzte Bedingung ist sicher erfüllt, wenn

$$\liminf_{n \to \infty} \left| \frac{a_{n+1}}{a_n} \right| > 1.$$

3. *Existiert der Grenzwert* $\lim\limits_{n \to \infty} \left| \frac{a_{n+1}}{a_n} \right| =: Q$, *so gilt*

$$\lim_{n \to \infty} \left| \frac{a_{n+1}}{a_n} \right| =: Q \quad \begin{cases} < 1 & \Rightarrow (absolute) \textbf{ Konvergenz}, \\[2mm] > 1 & \Rightarrow \textbf{Divergenz}, \\[2mm] = 1 & \Rightarrow \textbf{unentscheidbarer } \textit{Fall}. \end{cases}$$

Beweis.

1. Unter Verwendung der Bedingung (3.17) gilt für alle $n > N$:

$$\left| \frac{a_n}{a_N} \right| = \left| \frac{a_n}{a_{n-1}} \cdot \frac{a_{n-1}}{a_{n-2}} \cdots \frac{a_{N+1}}{a_N} \right| \leq q^{n-N}.$$

Es folgt $|a_n| \leq \frac{|a_N|}{q^N} \cdot q^n =: K \cdot q^n$ für alle $n \geq N$, also Konvergenz nach dem Majorantenkriterium.

2. Wegen (3.18) gilt $|a_{n+1}| \geq |a_n| > 0 \ \forall \ n \geq N$, so dass $\lim\limits_{n \to \infty} a_n = 0$ unmöglich ist. Also divergiert die Reihe nach dem Divergenzkriterium.

3. Gilt $Q < 1$, so liegt der Fall (3.17)) vor. Gilt $Q > 1$, so sind wir bei bei (3.18).

qed

Bemerkung 3.51 *Beim Wurzelkriterium darf die Bedingung (3.16) durch*

$$\limsup_{n \to \infty} \sqrt[n]{|a_n|} > 1 \tag{3.19}$$

ersetzt werden.

Beim Quotientenkriterium dagegen darf die Bedingung (3.18) **nicht** *durch die schwächere Bedingung*

$$\limsup_{n \to \infty} \left| \frac{a_{n+1}}{a_n} \right| > 1 \tag{3.20}$$

ersetzt werden.

Beispiel 3.52 *Wir betrachten*

$$a_n := \begin{cases} \dfrac{1}{n^2} & : n = 2m, \\[2mm] \dfrac{1}{n^3} & : n = 2m+1. \end{cases}$$

Dann konvergiert die Reihe $\sum\limits_{n=1}^{\infty} a_n$, *da sie die konvergente Majorante* $\sum\limits_{n=1}^{\infty} \frac{1}{n^2}$ *hat, und es gilt*

$$\frac{a_{n+1}}{a_n} = \begin{cases} \dfrac{(2m)^2}{(2m+1)^3} & : n = 2m, \\[3mm] \dfrac{(2m+1)^3}{(2m+2)^2} & : n = 2m+1. \end{cases}$$

Hier haben wir $\limsup\limits_{n \to \infty} \left| \frac{a_{n+1}}{a_n} \right| = +\infty$ *und* $\liminf\limits_{n \to \infty} \left| \frac{a_{n+1}}{a_n} \right| = 0$, *obwohl Konvergenz vorliegt.*

Beispiel 3.53 *Wir betrachten die Reihe $\sum\limits_{n=0}^{\infty} \frac{x^n}{n!}$ für festes $x \in \mathbb{R}$. Zur Konvergenzuntersuchung verwenden wir das Quotientenkriterium. Für $x = 0$ ist nichts zu zeigen. Für $x \neq 0$ sind auch die Reihenglieder $a_n := \dfrac{x^n}{n!} \neq 0$. Wir erhalten deshalb*

$$\lim_{n \to \infty} \left| \frac{a_{n+1}}{a_n} \right| = |x| \lim_{n \to \infty} \frac{n!}{(n+1)!} = |x| \lim_{n \to \infty} \frac{1}{n+1} = 0,$$

also absolute Konvergenz für alle $x \in \mathbb{R}$.

Dieses Beispiel gibt Anlass für das folgende Resultat:

Satz 3.54 *Für $x \in \mathbb{R}$ gilt die Darstellung*

$$\sum_{n=0}^{\infty} \frac{x^n}{n!} = e^x, \qquad (3.21)$$

*wobei die Reihe für alle $x \in \mathbb{R}$ **absolut** konvergiert.*

Beweis. Wir gehen in mehreren Schritten vor:

1. Schritt: Für $\boxed{x \in \mathbb{Q}}$ folgt *formal* aus den Rechenregeln mit Grenzwerten:

$$\lim_{m \to \infty} \left(1 + \frac{x}{m}\right)^m \overset{jx := m}{=} \lim_{j \to \infty} \left(1 + \frac{1}{j}\right)^{jx} = \left[\lim_{j \to \infty} \left(1 + \frac{1}{j}\right)^j\right]^x = e^x$$

für $x > 0$, und eine analoge Rechnung gilt auch für $x < 0$.

2. Schritt: Aus dem binomischen Lehrsatz erhalten wir:

$$\left(1 + \frac{x}{m}\right)^m = \sum_{n=0}^{m} \binom{m}{n} \frac{x^n}{m^n}, \qquad \binom{m}{n} \frac{1}{m^n} = \frac{1(1 - \frac{1}{m})(1 - \frac{2}{m}) \cdots (1 - \frac{n-1}{m})}{n!}.$$

Hieraus resultiert für festes $n \in \mathbb{N}$:

$$\lim_{m \to \infty} \binom{m}{n} \frac{1}{m^n} = \frac{1}{n!}. \qquad (3.22)$$

3. Schritt: Für festes $0 \neq x \in \mathbb{R}$ gilt wegen der absoluten Konvergenz der Reihe $\sum\limits_{n=0}^{\infty} \frac{x^n}{n!}$:

$$\forall k \in \mathbb{N} \ \exists N \in \mathbb{N} : \quad \sum_{n=N+1}^{N+p} \frac{|x|^n}{n!} < 0.5 \cdot 10^{-k} \ \forall p > 1.$$

Wir verwenden die Ungleichung $\binom{m}{n}\frac{1}{m^n} \leq \frac{1}{n!}$ und erhalten damit für $m > N$:

$$\left| \sum_{n=0}^{m} \binom{m}{n}\frac{x^n}{m^n} - \sum_{n=0}^{\infty} \frac{x^n}{n!} \right| \leq \left| \sum_{n=0}^{N} \binom{m}{n}\frac{x^n}{m^n} - \sum_{n=0}^{N} \frac{x^n}{n!} \right| + 2 \sum_{n=N+1}^{\infty} \frac{|x|^n}{n!}$$

$$< \sum_{n=0}^{N} \left| \binom{m}{n}\frac{1}{m^n} - \frac{1}{n!} \right| |x|^n + 10^{-k}.$$

Aus der Limes–Relation (3.22) ergibt sich

$$\lim_{m\to\infty} \sum_{n=0}^{m} \binom{m}{n}\frac{x^n}{m^n} = \sum_{n=0}^{\infty} \frac{x^n}{n!} = e^x \ \forall\, x \in \mathbb{Q}.$$

Da $\mathbb{Q}$ in $\mathbb{R}$ dicht liegt, kann diese Gleichung mit einem Standardverfahren der Analysis auch für beliebige Zahlen $x \in \mathbb{R}$ erklärt werden. qed

Wir kommen nun zu alternierenden Reihen.

Definition 3.55 *Eine* **reelle** *Reihe der Form* $\sum_{n=0}^{\infty} (-1)^n a_n$ *mit Koeffizienten* $a_n \geq 0$ *heißt* **alternierende Reihe.**

Nach GOTTFRIED WILHELM LEIBNIZ (1646–1716) gilt:

Satz 3.56 (LEIBNIZ-Kriterium) *Die alternierende Reihe* $\sum_{n=0}^{\infty} (-1)^n a_n$ *mit Koeffizienten* $a_n \geq 0$ **konvergiert,** *wenn*

$$\lim_{n\to\infty} a_n = 0 \quad und \quad \exists\, N_0 \geq 0 : a_n \geq a_{n+1} \ \forall\, n \geq N_0. \qquad (3.23)$$

Im Konvergenzfall approximiert die N*–te Partialsumme*

$$s_N := \sum_{n=0}^{N} (-1)^n a_n$$

den Summenwert $s := \sum_{n=0}^{\infty} (-1)^n a_n$ *mit dem Fehler* a_{N+1}*, d.h.*

$$0 \leq (-1)^N (s_N - s) \leq a_{N+1} \ \forall\, N > N_0. \qquad (3.24)$$

Beweis. Es gilt für $N > N_0$ und jedes $p \in \mathbb{N}$ gilt

$$(-1)^N (s_N - s_{N+p}) = \left\{ \underbrace{(a_{N+1} - a_{N+2})}_{\geq 0} + \cdots + \underbrace{(a_{N+p-1} - a_{N+p})}_{\geq 0} \right\}$$

$$= \left\{ a_{N+1} - \underbrace{(a_{N+2} - a_{N+3})}_{\geq 0} - \cdots - \underbrace{a_{N+p}}_{\geq 0} \right\} \leq a_{N+1}.$$

Wir schließen hieraus

$$0 \leq (-1)^N (s_N - s_{N+p}) \leq a_{N+1} \overset{(3.23)}{\to} 0 \text{ für } (N \to +\infty.$$

Das heißt, die Folge der Partialsummen ist nach dem Cauchy–Kriterium konvergent zum Grenzwert s, und es gilt

$$0 \leq (-1)^N (s_N - \lim_{p \to \infty} s_{N+p}) = (-1)^N (s_N - s) \leq a_{N+1}.$$

qed

Merkregel: Der *Fehler* $R_N := \sum\limits_{n=N+1}^{\infty} (-1)^n a_n = s - s_N$ ist betragsmäßig höchstens gleich dem **ersten bei** s_N **weggelassenen Reihenglied**, nämlich a_{N+1}. Durch (3.24) wird sogar das **Vorzeichen** von R_N wie folgt mitbestimmt:

$$0 \leq s_{2m} - s = -R_{2m} \leq a_{2m+1} \quad \text{bzw.} \quad 0 \leq s - s_{2m-1} = R_{2m-1} \leq a_{2m}.$$

Es gilt also stets $s_{2m-1} \leq s \leq s_{2m} \ \forall \, m \in \mathbb{N} : 2m > N_0$.

Beispiel 3.57 *Typische Vertreter dazu sind:*

a) Die **alternierende** *harmonische Reihe*

$$\sum_{n=1}^{\infty} (-1)^{n+1} \frac{1}{n} = - \sum_{n=1}^{\infty} (-1)^n \frac{1}{n} = 1 - \frac{1}{2} + \frac{1}{3} - \frac{1}{4} + \frac{1}{5} - \cdots$$

ist **bedingt** *konvergent. In der Tat, es gilt* $a_n := \frac{1}{n} > \frac{1}{n+1} =: a_{n+1} \ \forall \, n \in \mathbb{N}$ *sowie* $\lim\limits_{n \to \infty} a_n = 0$. *Somit ist das* Leibniz–*Kriterium anwendbar.*

Mit Methoden der Differential– und Integralrechnung kann gezeigt werden, dass

$$\sum_{n=1}^{\infty} (-1)^{n+1} \frac{1}{n} = \ln 2.$$

Natürlich ist die Reihe nicht absolut konvergent, denn mit $\sum_{n=1}^{\infty} |a_n|$ liegt hier die divergente harmonische Reihe vor.

b) Die LEIBNIZ*–Reihe*

$$\sum_{n=0}^{\infty} (-1)^n \frac{1}{2n+1} = 1 - \frac{1}{3} + \frac{1}{5} - \frac{1}{7} + \cdots$$

erfüllt wegen $a_n := \frac{1}{2n+1} > \frac{1}{2n+3} =: a_{n+1} \; \forall \; n \in \mathbb{N}_0$ sowie wegen $\lim_{n \to \infty} a_n = 0$ auch die Voraussetzungen zum LEIBNIZ*–Kriterium.*

Für diese konvergente Reihe kann ebenfalls gezeigen werden, dass

$$\sum_{n=0}^{\infty} (-1)^n \frac{1}{2n+1} = \frac{\pi}{4}.$$

Wir wollen hier die Frage beantworten, wie groß der Index N gewählt werden muss, damit die Zahl $\frac{\pi}{4}$ durch die Partialsumme s_N mit einem Fehler von höchstens 10^{-5} approximiert wird. Dazu verwenden wir (3.24). Es muss

$$0 \leq (-1)^N \left(s_N - \frac{\pi}{4} \right) \leq a_{N+1} \stackrel{!}{\leq} 10^{-5}$$

gelten, also $\frac{1}{2N+3} \leq 10^{-5}$ bzw. $N \geq 0.5 \cdot (10^5 - 3)$, was für $N = 49\,999$ richtig ist.

Bemerkung 3.58 *Einige zusammenfassende Anmerkungen:*

1. *Im Falle $\limsup_{n \to \infty} \sqrt[n]{|a_n|} = 1 = \limsup_{n \to \infty} \frac{|a_{n+1}|}{|a_n|}$ versagen sowohl Wurzel– als auch Quotientenkriterium. Es lässt sich jedoch zeigen: Versagt das Quotientenkriterium nicht, so versagt auch nicht das Wurzelkriterium. Die Umkehrung ist i. Allg. falsch, denn das Wurzelkriterium ist stärker.*

2. *Für Reihen der Form $\sum_{n=1}^{\infty} \frac{K}{n^\alpha}$ versagen sowohl Wurzel– als auch Quotientenkriterium. Daher ist stets zu versuchen, diese Reihe als Vergleichsreihe heranzuziehen, wenn beide Kriterien bei einer Reihe $\sum_{n=0}^{\infty} a_n$ auf den unentscheidbaren Fall führen.*

3. *Der Abbruchfehler* $|s - s_N| = \left| \sum\limits_{n=N+1}^{\infty} a_n \right|$ *kann bei alternierenden Reihen*
   mit Hilfe der Schranke (3.24) abgeschätzt werden. Falls für eine vorge-
   legte Reihe $\sum\limits_{n=0}^{\infty} a_n$ *eine konvergente Majorante* $\sum\limits_{n=0}^{\infty} b_n$ *existiert, so kann*
   mit deren Hilfe eine Fehlerabschätzung für den Abbruchfehler angegeben
   werden:

$$|s - s_N| \leq \sum\limits_{n=N+1}^{\infty} b_n.$$

Die folgenden Fälle sind vor allem von praktischer Bedeutung:

(i) Falls $0 \leq |a_n| \leq q^n \ \forall \ n > N$ mit einer Zahl $0 \leq q < 1$ gilt, so
resultiert:

$$\left| \sum\limits_{n=N+1}^{\infty} a_n \right| \leq \frac{q^{N+1}}{1-q}.$$

(ii) Falls $0 \leq |a_n| \leq \frac{K}{n^\alpha} \ \forall \ n > N$ mit festen Zahlen $\alpha > 1$ und $K > 0$
gilt, so resultiert:

$$\left| \sum\limits_{n=N+1}^{\infty} a_n \right| \leq K \frac{N + \alpha}{(\alpha - 1)(N+1)^\alpha}.$$

Beispiel 3.59 *Aus der 1. Feststellung in der obigen Bemerkung 3.58, lässt*
sich eine Aussage über den Grenzwert der Folge $(\sqrt[n]{n!})_{n \in \mathbb{N}}$ treffen.

Wir hatten in Beispiel 3.53 die Konvergenz der Reihe $\sum\limits_{n=0}^{\infty} \frac{x^n}{n!}$ mit Hilfe des
Quotientenkriteriums untersucht und gezeigt, dass wegen

$$\lim\limits_{n \to \infty} \left| \frac{a_{n+1}}{a_n} \right| = |x| \lim\limits_{n \to \infty} \frac{1}{n+1} = 0$$

absolute Konvergenz für alle $x \in \mathbb{R}$ vorliegt.

Damit das Wurzelkriterium (welches nach obiger Bemerkung 3.58 gilt) auf
dasselbe Ergebnis führt, muss Folgendes gelten:

$$\lim\limits_{n \to \infty} \sqrt[n]{|a_n|} = |x| \lim\limits_{n \to \infty} \frac{1}{\sqrt[n]{n!}} = 0.$$

Hieraus erschließen wir

$$\boxed{\lim\limits_{n \to \infty} \sqrt[n]{n!} = +\infty.}$$

Aufgaben

Aufgabe 3.14. Jetzt dürfen Sie Satz 3.48 beweisen.

Aufgabe 3.15. Wir betrachten Reihen der Form $\sum_{k=m}^{\infty} a_k$ mit

$$a)\ a_k := \frac{1}{k(k+1)}, \quad b)\ a_k := e^k, \quad c)\ a_k := \frac{k}{e^k}, \quad d)\ a_k := \sqrt{k} - \sqrt{k-1}.$$

Ist für diese Reihen das notwendige Konvergenzkriterium erfüllt?

Aufgabe 3.16. Untersuchen Sie nachstehende Reihen auf Konvergenz oder Divergenz:

$$a)\ \sum_{k=1}^{\infty} \frac{k!}{k^k}, \quad b)\ \sum_{k=0}^{\infty} \frac{k^4}{3^k}, \quad c)\ \sum_{k=0}^{\infty} \frac{k+4}{k^2-3k+1}, \quad d)\ \sum_{k=1}^{\infty} \frac{(k+1)^{k-1}}{(-k)^k}.$$

Aufgabe 3.17. Untersuchen Sie folgende alternierende Reihen auf Konvergenz:

$$a)\ \sum_{k=0}^{\infty} \frac{(-1)^k}{\sqrt{4k+1}}, \quad c)\ \sum_{k=1}^{\infty} (-1)^k \frac{k}{k+1},$$

$$b)\ \sum_{k=1}^{\infty} \frac{(-1)^k k}{(k+2)^2}, \quad d)\ \sum_{k=1}^{\infty} \frac{(-1)^k}{k+(-1)^k \sqrt{k}}.$$

Aufgabe 3.18. Wir betrachten die alternierende Reihe $\sum_{n=1}^{\infty} \left(\frac{1}{n} + \frac{(-1)^n}{\sqrt{n}} \right)$. Zeigen Sie:

a) $\lim_{n \to \infty} \left(\frac{1}{n} + \frac{(-1)^n}{\sqrt{n}} \right) = 0,$

b) die Reihe divergiert.

Warum gilt das LEIBNIZ-Kriterium hier nicht?

Aufgabe 3.19. Zeigen Sie, dass die Reihe

$$S = \sum_{k=1}^{\infty} \frac{\sin(k^4)+4}{k^3+2k+1}$$

absolut konvergiert.

Aufgabe 3.20. Bestimmen Sie alle x-Werte, für die die folgenden Reihen konvergieren:

$$a) \sum_{k=1}^{\infty} \frac{(2x - \pi)^k}{k(k+1)}, \quad b) \sum_{k=1}^{\infty} \frac{1}{4k^5 e^{kx}}, \quad c) \sum_{k=0}^{\infty} \frac{\cos(k^2 x)}{\sqrt{k^3}}.$$

Aufgabe 3.21. Benutzen Sie die Eigenschaften der geometrischen Reihe, um zu bestimmen, für welche $x \in \mathbb{R}$ nachfolgende Gleichungen gelten:

$$a) \sum_{k=0}^{\infty} x^k = \sum_{k=0}^{\infty} \frac{1}{2^{k+1}}(x+1)^k, \quad b) \sum_{k=1}^{\infty} \frac{1}{x^k} = \sum_{k=0}^{\infty} \frac{1}{2^{k+1}}(x+1)^k.$$

Aufgabe 3.22. Sei $a_n := (-1)^n \frac{1}{2n+1}$. Wie groß muss bei der Reihe $s = \sum_{n=0}^{\infty} a_n$ der Index $N \in \mathbb{N}$ gewählt werden, damit die Zahl $\ln 2$ durch die Partialsumme $s_N = \sum_{n=0}^{N} a_n$ mit einem Fehler von höchstens 10^{-4} approximiert wird.

3.4 Produktreihen

Definition 3.60 *Ist $j : \mathbb{N}_0 \to \mathbb{N}_0$ eine Permutation der nichtnegativen ganzen Zahlen, so heißt die Reihe $\sum_{n=0}^{\infty} a_{j(n)}$ eine* **Umordnung** *der gegebenen Reihe $\sum_{n=0}^{\infty} a_n$.*

Eine konvergente Reihe $\sum_{n=0}^{\infty} a_n$ mit der Summe s heißt **unbedingt konvergent**, *wenn jede ihrer Umordnungen wieder gegen s konvergiert.*

Beispiel 3.61 *Die alternierende harmonische Reihe $\sum_{n=1}^{\infty} (-1)^{n+1} \frac{1}{n}$ ist konvergent zum Summenwert $s = \ln 2$. Wir konstruieren die folgende Umordnung:*

$$1 - \tfrac{1}{2} + \tfrac{1}{3} - \tfrac{1}{4} + \tfrac{1}{5} - \tfrac{1}{6} + \tfrac{1}{7} - \tfrac{1}{8} + \tfrac{1}{9} - \tfrac{1}{10} + \tfrac{1}{11} - \tfrac{1}{12} + \cdots = s,$$

$$: 2 | \quad \tfrac{1}{2} \quad - \tfrac{1}{4} \quad + \tfrac{1}{6} \quad - \tfrac{1}{8} \quad + \tfrac{1}{10} \quad - \tfrac{1}{12} + \cdots = \tfrac{s}{2},$$

$$(+) \, 1 \quad + \tfrac{1}{3} - \tfrac{1}{2} + \tfrac{1}{5} \quad + \tfrac{1}{7} - \tfrac{1}{4} + \tfrac{1}{9} \quad + \tfrac{1}{11} - \tfrac{1}{6} + \cdots = \tfrac{3s}{2}.$$

Unten steht eine Umordnung der alternierenden harmonischen Reihe, die nun den Summenwert $s = \tfrac{3}{2} \ln 2$ hat.

*Fasst man dagegen in der alternierenden harmonischen Reihe **zuerst** alle negativen Summanden und **danach** alle positiven Summanden zusammen, so ergibt sich sogar eine **divergente** Umordnung.*

Das hier festgestellte Phänomen tritt bei allen **bedingt konvergenten** Reihen auf.

Merkregel: Bedingt konvergente Reihen können stets so umgeordnet werden, dass sich ihr Grenzwert ändert oder sogar so, dass sie divergieren!

Dagegen gilt der

Satz 3.62 *Eine konvergente Reihe ist genau dann* **unbedingt konvergent**, *wenn sie* **absolut konvergiert**.

Beweis. Wir beschränken uns hier lediglich auf den Nachweis der praktisch wichtigen Implikation

---

absolute Konvergenz $\Rightarrow$ unbedingte Konvergenz.

Es genügt, Reihen $\sum\limits_{n=0}^{\infty} a_n$ mit *reellen* Reihengliedern a_n zu betrachten, da wir anderenfalls $a_n = \alpha_n + i\beta_n$ in Real– und Imaginärteil zerlegen.

1. Schritt: Es gelte zunächst $a_n \geq 0 \; \forall \, n \in \mathbb{N}_0$. Es sei $\sum\limits_{n=0}^{\infty} a_{j(n)}$ eine Umordnung. Dann gilt offenbar:

$$\sum_{n=0}^{N} a_{j(n)} \leq \sum_{n=0}^{\infty} a_n \; \forall \, N \in \mathbb{N}.$$

Aus dem Monotoniekriterium erhält man die Konvergenz der Umordnung. Ferner ist

$$\sum_{n=0}^{\infty} a_{j(n)} \le \sum_{n=0}^{\infty} a_n.$$

Vertauschen wir jetzt die Rollen beider Reihen, so erhalten wir mit denselben Argumenten

$$\sum_{n=0}^{\infty} a_n \le \sum_{n=0}^{\infty} a_{j(n)}$$

und die behauptete Implikation ist in diesem Fall bewiesen.

2. Schritt: Es seien nun $a_n \in \mathbb{R}$ beliebige Koeffizienten. Aus der absoluten Konvergenz folgt, dass auch die beiden Reihen

$$\sum_{n=0}^{\infty} \frac{1}{2} \left(|a_n| + a_n \right) \text{ und } \sum_{n=0}^{\infty} \frac{1}{2} \left(|a_n| - a_n \right)$$

konvergieren. Da beide Reihen nichtnegative Reihenglieder haben, sind sie gemäß dem 1. Schritt unbedingt konvergent. Dies trifft auch auf ihre Differenz $\sum_{n=0}^{\infty} a_n$ zu.   qed

Mit Hilfe des Satzes 3.62 wollen wir das Produkt

$$P := \left(\sum_{n=0}^{\infty} a_n \right) \left(\sum_{n=0}^{\infty} b_n \right) \tag{3.25}$$

zweier **absolut konvergenter** Reihen $\sum_{n=0}^{\infty} a_n$, $\sum_{n=0}^{\infty} b_n$ berechnen.

Die Koeffizienten dürfen nun gemäß des nachfolgenden Produktschemas in einer geeigneten Reihenfolge zu einer Folge neuer Koeffizienten $c_0, c_1, c_2, \ldots$ angeordnet werden:

$$
\begin{array}{lllll}
 & a_0 \cdot b_0 & a_0 \cdot b_1 & a_0 \cdot b_2 & a_0 \cdot b_3 \cdots \\
c_0 & a_1 \cdot b_0 & a_1 \cdot b_1 & a_1 \cdot b_2 & a_1 \cdot b_3 \cdots \\
c_1 & a_2 \cdot b_0 & a_2 \cdot b_1 & a_2 \cdot b_2 & a_2 \cdot b_3 \cdots \\
c_2 & a_3 \cdot b_0 & a_3 \cdot b_1 & a_3 \cdot b_2 & a_3 \cdot b_3 \cdots \\
c_3
\end{array}
$$

Durch Summation längs der Diagonalpfeile erhalten wir folgende Darstellung:

$$
c_n = \sum_{k=0}^{n} a_k b_{n-k} \ \ \forall \, n \in \mathbb{N}_0. \tag{3.26}
$$

Es ist auch folgende Zählweise längs der angegebenen Pfeile möglich:

$$
\begin{array}{llll}
a_0 \cdot b_0 & a_0 \cdot b_1 & a_0 \cdot b_2 & a_0 \cdot b_3 \cdots \\
 & \uparrow & \uparrow & \uparrow \\
a_1 \cdot b_0 \to a_1 \cdot b_1 & a_1 \cdot b_2 & a_1 \cdot b_3 \cdots \\
 & & \uparrow & \uparrow \\
a_2 \cdot b_0 \to a_2 \cdot b_1 \to a_2 \cdot b_2 & a_2 \cdot b_3 \cdots \\
 & & & \uparrow \\
a_3 \cdot b_0 \to a_3 \cdot b_1 \to a_3 \cdot b_2 \to a_3 \cdot b_3 \cdots
\end{array}
$$

Daraus resultiert:

$$
c_0 := a_0 b_0, \quad c_1 := a_1 b_0, \quad c_2 := a_1 b_1, \quad c_3 := a_0 b_1, \quad \ldots \tag{3.27}
$$

Definition 3.63 *Die aus den beiden Reihen $\sum_{n=0}^{\infty} a_n$ und $\sum_{n=0}^{\infty} b_n$ gemäß der Vorschrift (3.26) gebildete Reihe*

$$\sum_{n=0}^{\infty} c_n := \sum_{n=0}^{\infty} \left(\sum_{k=0}^{n} a_k b_{n-k} \right)$$

heißt das CAUCHY–**Produkt** *beider Reihen.*

Für das CAUCHY–**Produkt** zweier Reihen gilt folgende Konvergenzaussage:

Satz 3.64 *Sind die beiden Reihen $\sum_{n=0}^{\infty} a_n$ und $\sum_{n=0}^{\infty} b_n$ **absolut konvergent**, so konvergiert auch ihr* CAUCHY*–Produkt* **absolut**. *Es gilt*

$$\left(\sum_{n=0}^{\infty} a_n \right) \left(\sum_{n=0}^{\infty} b_n \right) = \sum_{n=0}^{\infty} \left(\sum_{k=0}^{n} a_k b_{n-k} \right). \qquad (3.28)$$

Beweis. Es seien $\sum_{n=0}^{\infty} a_n =: a$ und $\sum_{n=0}^{\infty} b_n =: b$ absolut konvergent, und es sei $(c_n)_{n \in \mathbb{N}_0}$ eine beliebige Anordnung der Produkte $a_j \cdot b_k$ zu einer Folge. Bezeichne p_N den höchsten Index von a_j bzw. b_k, welcher in der Summe $\sum_{n=0}^{N} c_n$ auftritt. Dann gilt

$$\sum_{n=0}^{N} |c_n| \leq \left(\sum_{j=0}^{p_N} |a_j| \right) \left(\sum_{k=0}^{p_N} |b_k| \right) \leq \left(\sum_{j=0}^{\infty} |a_j| \right) \left(\sum_{k=0}^{\infty} |b_k| \right) \ \forall \, N \in \mathbb{N},$$

d.h., die Folge $\left(\sum_{n=0}^{N} |c_n| \right)_{N \in \mathbb{N}}$ ist nach oben beschränkt. Da sie außerdem monoton steigt, konvergiert sie. Nun ist die Reihe $\sum_{n=0}^{\infty} c_n$ gemäß Satz 3.62 unbedingt konvergent. Wählen wir c_n nach der Vorschrift (3.26), so ist die rechte Seite der Gleichung (3.28) konvergent zum Summenwert s. Wählen wir hingegen die spezielle Umordnung (3.27), so sehen wir

$$s = \lim_{n \to \infty} \sum_{n=0}^{N^2-1} c_n' = \lim_{N \to \infty} \left(\sum_{j=0}^{N-1} a_j \right) \left(\sum_{k=0}^{N-1} b_k \right) = a \cdot b.$$

qed

Merkregel: Für **absolut konvergente** Reihen $\sum\limits_{n=0}^{\infty} a_n =: a$ und $\sum\limits_{n=0}^{\infty} b_n =: b$ gilt die Produktformel

$$ab = \sum_{n=0}^{\infty}\left(\sum_{k=0}^{\infty} a_n b_k\right) = \sum_{k=0}^{\infty}\left(\sum_{n=0}^{\infty} a_n b_k\right) = \sum_{n=0}^{\infty}\left(\sum_{k=0}^{n} a_k b_{n-k}\right)$$

$$=: \sum_{n,k=0}^{\infty} a_n b_k.$$

Setzen wir $a_{nk} := a_n b_k$, so gilt für absolut konvergente **Doppelreihen** $\sum\limits_{n,k=0}^{\infty} a_{nk}$, dass jede Summationsreihenfolge denselben Summenwert liefert:

$$\sum_{n,k=0}^{\infty} a_{nk} = \sum_{n=0}^{\infty}\left(\sum_{k=0}^{\infty} a_{nk}\right) = \sum_{k=0}^{\infty}\left(\sum_{n=0}^{\infty} a_{nk}\right) = \sum_{n=0}^{\infty}\sum_{k=0}^{n} a_{k(n-k)}.$$

Beispiel 3.65 *Wir greifen die Exponentialreihe auf.*

a) Wir wissen bereits, dass die beiden Reihen $\sum\limits_{n=0}^{\infty} \frac{x^n}{n!}$ und $\sum\limits_{n=0}^{\infty} \frac{y^n}{n!}$ für jeden Wert von $x, y \in \mathbb{R}$ absolut konvergent zum Summenwert e^x bzw. e^y sind. Aus Satz 3.64 erhalten wir:

$$e^x \cdot e^y = \left(\sum_{n=0}^{\infty} \frac{x^n}{n!}\right)\left(\sum_{n=0}^{\infty} \frac{y^n}{n!}\right) \overset{(3.28)}{=} \sum_{n=0}^{\infty}\left(\sum_{k=0}^{n} \frac{x^k}{k!} \cdot \frac{y^{n-k}}{(n-k)!}\right)$$

$$= \sum_{n=0}^{\infty} \frac{1}{n!}\left(\sum_{k=0}^{n} \frac{n!}{k!(n-k)!} x^k y^{n-k}\right) = \sum_{n=0}^{\infty} \frac{(x+y)^n}{n!} = e^{x+y}.$$

Insbesondere resultiert für $y := -x$:

$$e^x \cdot e^{-x} = e^{x-x} = e^0 = 1 \quad mit \quad e^{-x} = \sum_{n=0}^{\infty} \frac{(-1)^n x^n}{n!}.$$

Die **Funktionalgleichung** *der Exponentialfunktion* $e^x = \sum\limits_{n=0}^{\infty} \frac{x^n}{n!}$ *hat also zusammengefasst folgende Eigenschaften:*

$$e^x \cdot e^y = e^{x+y}, \quad e^x \cdot e^{-x} = e^0 = 1, \quad e^{-x} = \sum_{n=0}^{\infty} \frac{(-1)^n x^n}{n!}.$$

b) Da die Reihe $\sum\limits_{n=0}^{\infty} \frac{z^n}{n!}$ auch für alle $z \in \mathbb{C}$ absolut konvergent ist, setzen wir

$$\exp(z) := \sum_{n=0}^{\infty} \frac{z^n}{n!} \; \forall \, z \in \mathbb{C}. \tag{3.29}$$

Wie in a) erhalten wir die Funktionalgleichung

$$\exp(z_1)\exp(z_2) = \exp(z_1 + z_2) \; \forall \, z_1, z_2 \in \mathbb{C}, \quad \exp(0) = 1. \tag{3.30}$$

Ferner gilt $\exp(x) = e^x \; \forall \, x \in \mathbb{R}$. Durch diese Eigenschaften hatten wir im Rahmen der komplexen Zahlen die komplexe Exponentialfunktion charakterisiert. Wir erhalten also die Darstellung der **komplexen Exponentialfunktion:**

$$e^z := \exp(z) = \sum_{n=0}^{\infty} \frac{z^n}{n!} \; \forall \, z \in \mathbb{C},$$

und die **EULERsche Formel:**

$$e^{iy} = \exp(iy) = \cos y + i \sin y = \sum_{n=0}^{\infty} \frac{(iy)^n}{n!} \; \forall \, y \in \mathbb{R}.$$

c) Zerlegen wir die komplexe Reihe in der EULERschen Formel in Real- und Imaginärteil (wegen der absoluten Konvergenz sind Umordnungen erlaubt!), so resultiert aus der Rechenregel 2.11:

$$\cos y + i \sin y = \sum_{\substack{k=0 \\ (n=2k)}}^{\infty} \frac{(-1)^k y^{2k}}{(2k)!} + i \sum_{\substack{k=0 \\ (n=2k+1)}}^{\infty} \frac{(-1)^k y^{2k+1}}{(2k+1)!} \; \forall \, y \in \mathbb{R}.$$

Werden auf beiden Gleichungsseiten Real– und Imaginärteil miteinander verglichen, so ergibt sich die folgende Reihendarstellung der trigonome-

trischen Funktionen:

$$\cos y = \sum_{k=0}^{\infty} \frac{(-1)^k y^{2k}}{(2k)!}, \quad \sin y = \sum_{k=0}^{\infty} \frac{(-1)^k y^{2k+1}}{(2k+1)!} \quad \forall\, y \in \mathbb{R}.$$

Aufgaben

Aufgabe 3.23. Zeigen Sie mit Hilfe der Exponentialreihe, dass $e^x > 0 \ \forall\, x \in \mathbb{R}$.

Aufgabe 3.24. Seien $a_n := b_n := \dfrac{(-1)^n}{\sqrt{n+1}}$ und $c_n := \sum_{k=0}^{n} a_{n-k} b_k$.

a) Zeigen Sie, dass $\sum_{n=0}^{\infty} a_n$ und $\sum_{n=0}^{\infty} b_n$ konvergieren.

b) Zeigen Sie, dass das CAUCHY-Produkt $\sum_{n=0}^{\infty} c_n$ divergiert.

Aufgabe 3.25. Finden Sie zwei divergente Reihen, deren CAUCHY-Produkt konvergiert.

Aufgabe 3.26. Sei $a \in \mathbb{R}$ fest gewählt. Berechnen Sie das CAUCHY-Produkt der binomischen Reihen

$$\sum_{k=0}^{\infty} \binom{a}{k} x^k \quad \text{und} \quad \sum_{k=0}^{\infty} \binom{-1}{k} x^k.$$

Aufgabe 3.27. Es gelte $\sum_{n=0}^{\infty} a_n = a$, $\sum_{n=0}^{\infty} b_n = b$, und eine der beiden Reihen konvergiert absolut. Zeigen Sie, dass das CAUCHY-Produkt gegen $a \cdot b$ konvergiert.

Kapitel 4

Lineare Algebra – Vektoren und Matrizen

4.1 Lineare Gleichungssysteme

Lineare Gleichungssysteme sind die einzige Art von Gleichungen in der Mathematik, welche wirklich exakt lösbar sind. Wir beginnen mit einem aus der Antike überlieferten Beispiel und fahren mit einem deutlich moderneren fort.

Beispiel 4.1

a) *In einem Käfig seien Hasen und Hühner. Die Anzahl der Köpfe sei insgesamt 4, die Anzahl der Beine sei insgesamt 10. Wie viele Hasen und wie viele Hühner sind es?*

Es sei x die Anzahl der Hasen und y die Anzahl der Hühner. Dann gilt

$$\boxed{\begin{aligned} x + \ y &= \ 4 \\ 4x + 2y &= 10 \end{aligned}}.$$

Dies ist ein System aus zwei linearen *Gleichungen in zwei Unbekannten x und y. Wir können aus der ersten Gleichung $x = 4 - y$ eliminieren und in die zweite einsetzen. Wir erhalten*

$$4(4 - y) + 2y = 10 \iff y = 3 \implies x = 1.$$

Es sind also drei Hühner und ein Hase.

b) *Gegeben sei ein elektrisches Netzwerk der Form*

W. Merz, P. Knabner,
Mathematik für Ingenieure und Naturwissenschaftler, Springer-Lehrbuch,
DOI 10.1007/978-3-642-29980-3_4, © Springer-Verlag Berlin Heidelberg 2013

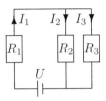

Dabei seien die angelegte Spannung U und die Widerstände R_1, R_2, R_3 gegeben, die Stromstärken I_1, I_2 und I_3 sind gesucht.

Nach den Kirchhoffschen Gesetzen aus der Physik hat man die Gleichungen $I_1 = I_2 + I_3$, sowie $R_2 I_2 = R_3 I_3$ und $R_1 I_1 + R_2 I_2 = U$. Wir erhalten folgendes System bestehend aus drei linearen Gleichungen mit den Unbekannten I_1, I_2 und I_3:

$$
\begin{aligned}
I_1 - \quad I_2 - \quad I_3 &= 0 \\
R_2 I_2 - R_3 I_3 &= 0 \\
R_1 I_1 + R_2 I_2 \qquad &= U
\end{aligned}
$$

Wir können hier etwa $I_1 = I_2 + I_3$ eliminieren, um folgendes System aus zwei linearen Gleichungen in den Unbekannten I_2 und I_3 zu erhalten:

$$
\begin{aligned}
R_2 I_2 - R_3 I_3 &= 0 \\
(R_1 + R_2) I_2 + R_1 I_3 &= U
\end{aligned}
$$

Hier eliminieren wir $I_2 = I_3 R_3 / R_2$ (da gemäß ihrer Bedeutung im Modell $R_2 \neq 0$!) und erhalten schließlich die Gleichung

$$
(R_1 + R_2)\frac{R_3}{R_2} I_3 + R_1 I_3 = U \implies I_3 = \frac{R_2 U}{R_1 R_2 + R_1 R_3 + R_2 R_3}.
$$

Aus den Eliminationsgleichungen für I_2 und I_1 erhalten wir

$$
I_2 = \frac{R_3 U}{R_1 R_2 + R_1 R_3 + R_2 R_3}, \qquad I_1 = \frac{(R_2 + R_3) U}{R_1 R_2 + R_1 R_3 + R_2 R_3}.
$$

Das letzte Beispiel gibt einen ersten Eindruck, wie wir mit linearen Gleichungssystemen Fragen aus Naturwissenschaft und Technik modellieren. Schon deswegen ist es wichtig, sie mathematisch zu untersuchen.

Dabei entstehen folgende **mathematische Fragen:**

A) Existenz einer Lösung.

Es gibt *mindestens* eine Lösung. Der Nachweis dazu erfolgt durch

a) „Konkrete" Angabe einer Lösung.

b) „Abstrakte" Argumentation in Form eines Beweises.

c) Angabe/Herleitung eines *Algorithmus* zur Bestimmung einer Lösung.

B) Eindeutigkeit einer Lösung.

Es gibt *höchstens* eine Lösung. Der Nachweis erfolgt nur durch eine „abstrakte" Argumentation.

Die Fragen A) und B) sind i. Allg. unabhängig voneinander. Gelten A) **und** B) gleichzeitig, dann existiert *genau* eine Lösung.

Da lineare Gleichungssysteme (kurz LGS) zur Beschreibung konkreter Anwendungen i.Allg. sehr groß sind (10^3 bis 10^8 Unbekannte bzw. Gleichungen) ist ein Handrechnen wie oben vorgeführt nicht mehr möglich. Deswegen ist die Frage nach effizienten Algorithmen von besonderem Interesse.

Das erste Ziel ist es also, einen Zugang zur *Gesamtheit aller Lösungen* eines *allgemeinen LGS* zu finden. Die gegebenen Zahlen *(die Koeffizienten)* und die Unbekannten sollen dabei **reelle oder komplexe Zahlen** sein. Dafür verwenden wir ab jetzt wieder abkürzend den Buchstaben $\mathbb{K}$ und meinen dafür

$$\boxed{\mathbb{K} := \mathbb{R} \text{ oder } \mathbb{K} := \mathbb{C}} \tag{4.1}$$

Ein *lineares Gleichungssystem* ist ein System

$$\boxed{\begin{aligned}
a_{1,1}x_1 + a_{1,2}x_2 + \ldots + a_{1,n}x_n &= b_1 \\
a_{2,1}x_1 + a_{2,2}x_2 + \ldots + a_{2,n}x_n &= b_2 \\
\vdots \qquad \vdots \qquad\qquad \vdots \qquad \vdots \\
a_{m,1}x_1 + a_{m,2}x_2 + \ldots + a_{m,n}x_n &= b_m
\end{aligned}}$$

aus mehreren linearen Gleichungen.

Hierbei sind die *Koeffizienten* $a_{i,j} \in \mathbb{K}$, $i = 1\ldots, m$, $j = 1,\ldots,n$ gegeben und die Unbekannten $x_j \in \mathbb{K}$, $j = 1,\ldots,n$ gesucht.

Oft genügt es nur die μ–te **Zeile** des Gleichungssystems zu betrachten, d.h.

$$a_{\mu,1}x_1 + a_{\mu,2}x_2 + \ldots + a_{\mu,n}x_n = b_\mu, \quad \mu = 1,\ldots,m\,.$$

Die Kurzform hierfür lautet

$$\sum_{\nu=1}^{n} a_{\mu,\nu} \cdot x_\nu = b_\mu, \quad \mu = 1, 2, \ldots, m.$$ (4.2)

Wir fassen zusammen:

> **Definition 4.2** *Das System (4.2) heißt ein* **lineares Gleichungssystem** *(kurz: LGS) mit n Unbekannten* $x_k \in \mathbb{K}$ *und m Gleichungen. Die Elemente* $a_{j,k} \in \mathbb{K}$ *heißen die* **Koeffizienten** *und die Elemente* $b_j \in \mathbb{K}$ **rechten Seiten.**
>
> *Das System heißt* **homogen,** *wenn* $b_j = 0 \; \forall \, j = 1, 2, \ldots, m$ *gilt; ansonsten nennen wir es* **inhomogen.**
>
> *Die stets existierende Lösung* $x_1 = x_2 = \cdots = x_n = 0$ *des homogenen Systems heißt* **triviale Lösung.**

Die Zahlen $x_1, \ldots, x_n$ mit $x_i \in \mathbb{K}$, $i = 1, \ldots, n$ schreiben wir als

$$\mathbf{x} := \begin{pmatrix} x_1 \\ \vdots \\ x_n \end{pmatrix} = (x_\nu)_{\nu=1,\ldots,n} = (x_\nu)_\nu$$ (4.3)

und nennen $\mathbf{x}$ ein **n-Tupel** über $\mathbb{K}$, wobei $x_\nu \in \mathbb{K}$ die ν**-te Komponente** von $\mathbf{x}$ ist. Dabei bilden alle n-Tupel zusammen die Menge

$$\mathbb{K}^n := \underbrace{\mathbb{K} \times \ldots \times \mathbb{K}}_{n-\mathrm{mal}},$$

das sog. **Cartesische Produkt.**

Wir suchen jetzt alle $\mathbf{x} = (x_\nu)_\nu \in \mathbb{K}^n$, die die Gleichung (4.2) erfüllen. Dazu führen wir folgende formale Schreibweise ein:

> **Definition 4.3** *Die Koeffizientenmatrix des Gleichungssystems ist das rechteckige Zahlenschema*

$$A := \begin{pmatrix} a_{1,1} & a_{1,2} & \ldots & a_{1,n} \\ a_{2,1} & a_{2,2} & \ldots & a_{2,n} \\ \vdots & \vdots & & \vdots \\ a_{m,1} & a_{m,2} & \ldots & a_{m,n} \end{pmatrix}.$$

Wenn wir die rechten Seiten der Gleichungen anfügen

$$(A,b) := \begin{pmatrix} a_{1,1} & a_{1,2} & \ldots & a_{1,n} & b_1 \\ a_{2,1} & a_{2,2} & \ldots & a_{2,n} & b_2 \\ \vdots & \vdots & & \vdots & \vdots \\ a_{m,1} & a_{m,2} & \ldots & a_{m,n} & b_m \end{pmatrix},$$

nennen wir dieses Konstrukt die **erweiterte Koeffizientenmatrix.**

Dabei bilden die $a_{\mu,1}, \ldots, a_{\mu,n}$ die μ-te **Zeile** *von A, $\mu = 1, \ldots, m$, und wird als n-Tupel mit $a_{(\mu)}$ abgekürzt.*

Ferner bilden die $a_{1,\nu}, \ldots, a_{m,\nu}$ die ν-te **Spalte** *von A, $\nu = 1, \ldots, n$, und wird als m-Tupel mit $a^{(\nu)}$ abgekürzt.*

Die μ-te Zeile von A gibt also die Koeffizienten der μ-ten Gleichung an. Die ν-te Spalte gibt über alle Gleichungen die Koeffizienten der Unbekannten x_ν an. Analog kann man auch von den Zeilen und Spalten von (A,b) sprechen. Bei den Spalten kommt also noch als $(n+1)$-te Spalte

$$\mathbf{b} := \begin{pmatrix} b_1 \\ \vdots \\ b_m \end{pmatrix} = (b_\mu)_\mu \tag{4.4}$$

die *rechte Seite* des Gleichungssystems hinzu.

Der Fall $m = 1$ und $n \in \mathbb{N}$ ergibt den Spezialfall einer Gleichung. Für beliebige $m \geq 1$ gibt es einen weiteren Spezialfall, in dem auch kein Gleichungssystem im eigentlichen Sinne auftritt.

Der Spezialfall eines **Diagonalsystems:**

$$A = \begin{pmatrix} a_{1,1} & 0 & \dots & \dots\dots & 0 \\ 0 & \ddots & & & \vdots \\ \vdots & & a_{r,r} & & \vdots \\ \vdots & & & 0 & \vdots \\ \vdots & & & & \ddots \\ \vdots & & & & \\ 0 & \dots\dots & & & 0 \end{pmatrix}. \tag{4.5}$$

Also existiert ein $r \in \{1, \dots, \min(m,n)\}$, so dass $a_{\mu,\mu} \neq 0$ für $\mu = 1, \dots, r$. Die restlichen Koeffizienten verschwinden, d.h. $a_{\mu,\nu} = 0$ für

$$\mu = 1, \dots, m, \ \nu = 1 \dots, n, \ \mu \neq \nu \ \text{oder} \ \mu = \nu > \min(m,n).$$

Eine Koeffizientenmatrix (4.5), bei der lediglich $a_{\mu\nu} \neq 0$ für $\mu = \nu$ gilt, heißt *Diagonalmatrix.*

Im Falle $r < m$, also immer bei $n < m$, treten Nullzeilen in der Koeffizieten-matrix A auf. Das zugrundeliegende System ist unlösbar, falls $b_\mu \neq 0$ für die μ-te Nullzeile gilt. Anderenfalls beinhalten derartige Nullzeilen keine Aussage.

Die Zeilen $\mu = 1, \dots, r$ legen $x_\mu \in \mathbb{K}$ eindeutig durch

$$x_\mu = b_\mu / a_{\mu,\mu}, \ \mu = 1, \dots, r, \tag{4.6}$$

fest, die weiteren $x_{r+1}, \dots, x_n$ sind (außer im unlösbaren Fall) frei wählbar. Es gibt demnach $n - r$ Freiheitsgrade in der Lösungsmenge.

Ähnlich verhält sich folgender Spezialfall eines **Staffelsystems:**

$$A = \begin{pmatrix} a_{1,1} & \dots & \dots & \dots & a_{1,n} \\ 0 & \ddots & & & \vdots \\ \vdots & & a_{r,r} & \dots & a_{r,n} \\ 0 & \dots & 0 & \dots & 0 \\ \vdots & & & & \vdots \\ 0 & \dots & \dots & \dots & 0 \end{pmatrix}. \tag{4.7}$$

Es existiere ein $r \in \{1, \dots \min(m,n)\}$, so dass

i) $a_{\mu,\mu} \neq 0$ für $\mu = 1, \dots r.$

ii) Das *untere Dreieck* der Matrix verschwindet, d.h. $a_{\mu,\nu} = 0$ für $\mu > \nu$, $\mu = 1, \ldots, m$, $\nu = 1, \ldots, n$.

iii) Ab der $(r+1)$-ten Zeile (falls es sie gibt) verschwinden alle Zahlen, d.h. $a_{\mu,\nu} = 0$ für $\mu = r+1, \ldots, m$, $\nu = 1, \ldots, n$.

Eine Koeffizientenmatrix gemäß (4.7) ist eine spezielle *obere Dreiecksmatrix*. Wieder entscheiden die rechten Seiten b_μ für $\mu = r+1, \ldots, m$ über die Lösbarkeit des Gleichungssystems. Im lösbaren Fall sind die letzten $m - r$ Zeilen aussagelos mit frei wählbaren Lösungskomponenten $x_{r+1}, \ldots, x_n$. Damit ist die r-te Zeile nach x_r auflösbar ($a_{r,r} \neq 0$!). Mit berechnetem x_r kann nun x_{r-1} aus der $(r-1)$-ten Zeile bestimmt werden, bis schließlich x_1 erreicht wird. Diesen Prozess nennt man **Rückwärtssubstitution** und kann wie folgt zusammengefasst werden:

$$x_\nu = \frac{1}{a_{\nu,\nu}} \left(b_\nu - \sum_{\mu=\nu+1}^{n} a_{\nu,\mu} \cdot x_\mu \right), \quad \nu = r, r-1, \ldots, 1. \qquad (4.8)$$

Bemerkung 4.4

1. $m \geq n$, $r = n$, $b_\mu = 0$ *für* $\mu = n+1, \ldots, m$. *Hier gibt es keine frei wählbaren Komponenten, die Lösung ist somit eindeutig.*

2. $m > n$ *und* $b_\mu \neq 0$ *für ein* $\mu \in \{n+1, \ldots, m\}$. *Das LGS ist nicht lösbar.*

Wie bringen uns nun die besprochenen Sonderfälle weiter? Solange dabei die Lösungsmenge nicht verändert wird, kann der Versuch gestartet werden, allgemeine LGS auf obige Formen zu bringen. Eine zulässige Umformung dabei ist die Vertauschung zweier Zeilen im Gleichungssystem. Dies entspricht der

Vertauschung zweier Zeilen in der erweiterten Koeffizientenmatrix $(A, \mathbf{b})$.

Diese und weitere zulässige elementaren Umformungen fassen wir nun zusammen:

Definition 4.5 *Unter* *einer* **elementaren** **Umformung** (GAUSS-**Schritt**) *eines linearen Gleichungssystems* $Ax = \mathbf{b}$ *mit erweiterter Koeffizientenmatrix* $(A, \mathbf{b})$ *versteht man eine der folgenden Operationen:*

Die Zeilenumformungen:

(I) *Zwei Zeilen von* $(A, \mathbf{b})$ *werden vertauscht:* $\boxed{Z_j \leftrightarrow Z_k}$.

(II) *Multiplikation einer Zeile von (A, b) mit einer Zahl $c \neq 0$:*

$$\boxed{c\,Z_j \rightarrow Z_j}\,.$$

(III) *Zu einer Zeile von $(A, \mathbf{b})$ wird das Vielfache einer anderen Zeile addiert:* $\boxed{Z_j + c\,Z_k \rightarrow Z_j \text{ für } j \neq k}$.

Zusätzlich eine Spaltenumformung:

(IV) *Zwei Spalten von A werden vertauscht. Dadurch ändert sich die Nummerierung der Unbekannten. Darüber muss Buch geführt werden!*

Die Lösungsmenge verändert sich durch die eben genannten Operationen nicht. Es gilt der

Satz 4.6 *Die Lösungsmenge eines linearen Gleichungssystems wird durch elementare Umformungen $(I) - (III)$ **nicht** verändert, bei (IV) werden die Lösungskomponenten umnummeriert.*

Beweis. Wir zeigen die Aussage für den GAUSS-Schritt vom Typ (III). Es gelte für $i, l \in \{1, \ldots, m\}$ $\boxed{Z_l + c\,Z_i \rightarrow Z_l}$. Ist nun $(p_1, p_2, \ldots, p_n)$ eine Lösung von (4.2) **vor** der Umformung, so gilt insbesondere für die i-te und l-te Zeile, dass

$$\sum_{k=1}^{n} a_{i,k} \cdot p_k = b_i, \qquad \sum_{k=1}^{n} a_{l,k} \cdot p_k = b_l\,. \tag{4.9}$$

Daraus folgt mit den Rechenregeln in $\mathbb{K}$ (Distributivgesetze)

$$\sum_{k=1}^{n} (a_{l,k} + c\,a_{i,k}) \cdot p_k = b_l + c\,b_i\,. \tag{4.10}$$

Das heißt $(p_1, p_2, \ldots, p_n)$ ist auch eine Lösung des transformierten Systems.

Sei nun umgekehrt $(p_1, p_2, \ldots, p_n)$ eine Lösung des transformierten Systems, so gelangt man durch den Schritt $\boxed{Z_l - cZ_i \rightarrow Z_l}$ wieder von (4.10) zurück zum Ausgangssystem (4.9). Man erkennt, dass $(p_1, p_2, \ldots, p_n)$ auch eine Lösung des Ausgangssystems ist.   qed

Wie wenden wir nun diese Umformungen auf das LGS an?

Sei der Koeffizient $a_{1,1} \neq 0$ (anderenfalls führen wir eine Zeilenvertauschung (I) mit einem $a_{p,1} \neq 0$, $p \in \{2, \ldots, m\}$, durch). Wir subtrahieren jetzt von den restlichen Zeilen $2, \ldots, m$ das $\frac{a_{k,1}}{a_{1,1}}$-fache der ersten Zeile (Umformungen (II) und (III)) für $k = 2, \ldots, m$. Dadurch ändern sich die Lösungen unseres Gleichungssystems nicht, es nimmt jedoch die freundlichere Form

$$
\begin{aligned}
a_{1,1}x_1 + a_{1,2}x_2 + \ldots + a_{1,n}x_n &= b_1 \\
a'_{2,2}x_2 + \ldots + a'_{2,n}x_n &= b'_2 \\
\vdots \qquad\qquad \vdots \qquad\quad \vdots \\
a'_{m,2}x_2 + \ldots + a'_{m,n}x_n &= b'_m
\end{aligned}
$$

an, mit den neuen Koeffizienten

$$
a'_{k,j} = a_{k,j} - \frac{a_{1,j} \cdot a_{k,1}}{a_{1,1}}
$$

und rechten Seiten

$$
b'_k = b_k - \frac{b_1 \cdot a_{k,1}}{a_{1,1}}
$$

für $k = 2, \ldots, m$ und $j = 2, \ldots, n$.

Fahren wir entsprechend mit der zweiten Spalte fort, erhalten wir

$$
\begin{aligned}
a_{1,1}x_1 + a_{1,2}x_2 + a_{1,3}x_3 + \ldots + a_{1,n}x_n &= b_1 \\
a'_{2,2}x_2 + a'_{2,3}x_3 + \ldots + a'_{2,n}x_n &= b'_2 \\
a''_{3,3}x_3 + \ldots + a''_{3,n}x_n &= b''_3 \\
\vdots \qquad\qquad \vdots \qquad\quad \vdots \\
a''_{m,3}x_3 + \ldots + a''_{m,n}x_n &= b''_m
\end{aligned}
$$

mit den neuen Koeffizienten

$$
a''_{k,j} = a'_{k,j} - \frac{a'_{2,j} \cdot a'_{k,2}}{a'_{2,2}}
$$

und rechten Seiten

$$
b''_k = b'_k - \frac{b'_2 \cdot a'_{k,2}}{a'_{2,2}}
$$

für $k = 3, \ldots, m$ und $j = 3, \ldots, n$.

Dieses Verfahren wenden wir sukzessive auf die anderen Spalten an, und eliminieren so von links beginnend eine Spalte nach der anderen ab dem

Diagonalkoeffizienten. Mit etwas Glück erhalten wir ein Staffelsystem der Form (4.7).

Bemerkung 4.7

1. *Bevor wir mit der Eliminierung einer Spalte beginnen, ist es aus numerischer Sicht sinnvoll, den **betragsgrößten** Koeffizienten aus der entsprechenden Spalte durch Zeilentausch an den Anfang zu setzen. Dieser Vorgang heißt **Pivotisierung** und bezeichnet diesen Koeffizienten als **Pivot-Element**.*

2. *Bevor mir mit der Elimination einer Spalte beginnen, kann die zu subtrahierende Zeile mit dem **Kehrwert** des ersten Koeffizienten multipliziert werden. Dadurch erreichen wir stets eine 1 vor den Unbekannten.*

Beispiel 4.8 *a) Wir betrachten das lineare Gleichungssystem*

$$0\,x_1 + x_2 - 3\,x_3 + 2\,x_4 = 4$$

$$2\,x_1 + 4\,x_2 + 6\,x_3 - 2\,x_4 = 10$$

$$3\,x_1 + 9\,x_2 - 3\,x_3 + 0\,x_4 = 12$$

Wir führen die Umformungen an der erweiterten Koeffizientenmatrix $(A, \mathbf{b})$ wie folgt durch:

$$
\boxed{\tfrac{1}{2}\,Z_2 \to Z_2,\; Z_1 \leftrightarrow Z_2}
\quad
\begin{array}{cccc|c}
0 & 1 & -3 & 2 & 4 \\
2 & 4 & 6 & -2 & 10 \\
3 & 9 & -3 & 0 & 12
\end{array}
$$

$$
\boxed{Z_3 - 3Z_1 \to Z_3}
\quad
\begin{array}{cccc|c}
1 & 2 & 3 & -1 & 5 \\
0 & 1 & -3 & 2 & 4 \\
3 & 9 & -3 & 0 & 12
\end{array}
$$

$$
\boxed{Z_3 - 3Z_2 \to Z_3}
\quad
\begin{array}{cccc|c}
1 & 2 & 3 & -1 & 5 \\
0 & 1 & -3 & 2 & 4 \\
0 & 3 & -12 & 3 & -3
\end{array}
$$

$$
\begin{array}{cccc|c}
1 & 2 & 3 & -1 & 5 \\
0 & 1 & -3 & 2 & 4 \\
0 & 0 & -3 & -3 & -15
\end{array}
$$

Durch den Prozess des **Spaltenausräumens** *mittels elementarer Umformungen haben wir ein Staffelsystem (4.7) erzeugt. Die Lösung kann nun direkt bestimmt werden. Der Wert der Variablen $x_4 = C$ ist beliebig wählbar. Wir erhalten in dieser Reihenfolge $x_3 = 5 - C$, $x_2 = 19 - 5C$, $x_1 = -48 + 14C$. Das Lösungstupel lautet somit*

$$
\boxed{(x_1, x_2, x_3, x_4) = (-48 + 14C, 19 - 5C, 5 - C, C).}
$$

Durch Einsetzen in das Ausgangssystem überprüft man sofort, dass dieses Tupel nicht nur das Staffelsystem löst, sondern auch das Ausgangssystem.

b) *Wir betrachten das lineare Gleichungssystem*

$$
\begin{aligned}
2\,x_1 + 2\,x_2 - 3\,x_3 + 4\,x_4 &= 1 \\
x_1 - 2\,x_2 + x_3 - x_4 &= 2 \\
4\,x_1 - 2\,x_2 - x_3 + 2\,x_4 &= -1
\end{aligned}
$$

Wir führen bereits beim Aufschreiben des zugeordneten Zahlenschemas eine elementare Umformung $\boxed{Z_1 \leftrightarrow Z_2}$ *durch, so dass in Zeile 1 an erster Stelle die Zahl 1 erscheint.*

$$
\boxed{\begin{array}{l} Z_2 - 2Z_1 \to Z_2 \\ Z_3 - 4Z_1 \to Z_3 \end{array}} \qquad \left.\begin{array}{rrrr} 1 & -2 & 1 & -1 \\ 2 & 2 & -3 & 4 \\ 4 & -2 & -1 & 2 \end{array}\right| \begin{array}{r} 2 \\ 1 \\ -1 \end{array}
$$

$$
\boxed{\begin{array}{l} Z_3 - Z_2 \to Z_3 \\ \tfrac{1}{6} Z_2 \to Z_2 \end{array}} \qquad \left.\begin{array}{rrrr} 1 & -2 & 1 & -1 \\ 0 & 6 & -5 & 6 \\ 0 & 6 & -5 & 6 \end{array}\right| \begin{array}{r} 2 \\ -3 \\ -9 \end{array}
$$

$$
\boxed{Z_1 + 2Z_2 \to Z_1} \qquad \left.\begin{array}{rrrr} 1 & -2 & 1 & -1 \\ 0 & 1 & -\tfrac{5}{6} & 1 \\ 0 & 0 & 0 & 0 \end{array}\right| \begin{array}{r} 2 \\ -\tfrac{1}{2} \\ -6 \end{array}
$$

Das System ist **unlösbar***, da die dritte Zeile der nicht erfüllbaren Gleichung* $0 \cdot x_1 + 0 \cdot x_2 + 0 \cdot x_3 + 0 \cdot x_4 = -6$ *entspricht.*

Betrachten wir jedoch das **homogene** *System mit lauter Nullen auf der rechten Seite, so entnehmen wir dem entkoppelten System, dass* $x_3 = C_1$ *und* $x_4 = C_2$ *beliebig wählbare Zahlen sind. Wir erhalten die folgende Lösung des homogenen Systems:*

$$
\boxed{\begin{aligned} (h_1, h_2, h_3, h_4) &= (\tfrac{2}{3} C_1 - C_2, \tfrac{5}{6} C_1 - C_2, C_1, C_2) \\ &= C_1 \left(\tfrac{2}{3}, \tfrac{5}{6}, 1, 0\right) + C_2 \left(-1, -1, 0, 1\right). \end{aligned}}
$$

Das vorgeführte Verfahren heißt **Gausssches Eliminationsverfahren** oder kurz das **Gauss-Verfahren**.

Zusammenfassend gilt

Satz 4.9 *Jede Matrix lässt sich durch das* **Gausssche Eliminationsverfahren** *auf eine* **Zeilenstufenform** *(4.7) bringen (Spaltenvertauschungen sind evtl. auch nötig). Bei Anwendung auf eine erweiterte Koeffizientenmatrix* $(A, \mathbf{b})$ *liefert dies ein LGS in Zeilenstufenform mit gleicher Lösungsmenge. Es können durch* r *weitere Umformungen vom Typ (II) erreicht werden, dass alle Pivot-Elemente den Wert* $a_{k,k} = 1$, $k = 1, \ldots, r$, *annehmen.*
Die Stufenanzahl r *heißt auch* **Rang** *der Koeffizientenmatrix.*

Manche Mathematiker sind mit einer Zeilenstufenform noch nicht zufrieden. Wenn die Koeffizientenmatrix z.B. quadratisch ist $(m = n)$, dann läßt sich folgende Zeilenstufenform herleiten:

$$(A, \mathbf{b}) = \begin{pmatrix} 1 & a_{1,2} & \dots & a_{1,n} & b_1 \\ 0 & 1 & \ddots & \vdots & \vdots \\ \vdots & & \ddots & a_{n-1,n} & b_{n-1} \\ 0 & & 0 & 1 & b_n \end{pmatrix}.$$

Es liegt hier eindeutige Lösbarkeit vor und die Umformungen können von unten her wie folgt weiter betrieben werden:

$$k\text{-te Zeile} - a_{k,n} \cdot (k+1)\text{-te Zeile}$$

für $k = n - 1, \dots, 1$.

Damit bekommen wir die äußerst übersichtliche Form

$$\begin{pmatrix} 1 & 0 & \dots & 0 & b_1' \\ 0 & 1 & & \vdots & b_2' \\ \vdots & \ddots & \ddots & \vdots & \vdots \\ 0 & \dots & 0 & 1 & b_n' \end{pmatrix}.$$

Dies ist der Spezialfall eines Diagonalsystems mit der direkt gegebenen Lösung

$$\boxed{(x_1, \dots, x_n) = (b_1', \dots, b_n').}$$

Satz 4.10 (mehr Unbekannte als Gleichungen) *Das homogene lineare Gleichungssystem*

$$\sum_{\nu=1}^{n} a_{\mu,\nu} x_\nu = 0, \quad \mu = 1, \dots, m,$$

habe n Unbekannte und m < n Zeilen. Dann können in den Lösungen $(x_1, \dots, x_n)$ mindestens $n - m$ Parameter frei gewählt werden.

Beweis. Die Anzahl der Stufen in einer Matrix mit n Spalten und m Zeilen ist höchstens m. Somit gibt es mindestens $n - m$ Spalten, in denen keine Stufe steht und in denen die Unbekannte beliebig gewählt werden kann.   qed

---

Satz 4.11 (Struktursatz) *Ist eine* **spezielle Lösung** $(y_1, \dots, y_n)$ *des inhomogenen Systems*

$$\sum_{\nu=1}^{n} a_{\mu,\nu} x_\nu = b_\mu, \quad \mu = 1, \dots, m$$

bekannt, so erhalten wir daraus **alle** *Lösungen des inhomogenen Systems durch Addition aller Lösungen jeweils komponentenweise des zugehörigen homogenen Systems.*

Beweis. Nach Annahme ist für $\mu = 1, \dots, m$

$$\sum_{\nu=1}^{n} a_{\mu,\nu} y_\nu = b_\mu.$$

Dann folgt für eine beliebige Lösung $\mathbf{x} \in \mathbb{K}^n$, dass

$$\sum_{\nu=1}^{n} a_{\mu,\nu} x_\nu = b_\mu$$

und deshalb

$$\sum_{\nu=1}^{n} a_{\mu,\nu}(x_\nu - y_\nu) = 0,$$

d.h., dass $(h_1, \dots, h_n) := (x_1 - y_1, \dots, x_n - y_n)$ eine Lösung des homogenen Systems ist.

Bei beliebig, fest gewählter Lösung $\mathbf{y} \in \mathbb{K}^n$ des inhomogenen Systems (sofern eine existiert!) kann also jede Lösung $\mathbf{x} \in \mathbb{K}^n$ geschrieben werden als

$$\mathbf{x} = \mathbf{y} + \mathbf{h} \quad \text{mit} \quad \mathbf{h} := \mathbf{x} - \mathbf{y}, \tag{4.11}$$

und $\mathbf{h} \in \mathbb{K}^n$ ist eine Lösung des homogenen Systems (bei komponentenweiser Addition).

Hat andererseits $\mathbf{x} \in \mathbb{K}^n$ die Form (4.11), dann ist wegen

$$\sum_{\nu=1}^{n} a_{\mu,\nu} y_\nu = b_\mu, \ \sum_{\mu=1}^{n} a_{\mu,\nu} h_\nu = 0 \implies \sum_{\nu=1}^{n} a_{\mu,\nu}(y_\nu + h_\nu) = b_\mu, \ \mu = 1, \dots, m$$

auch $\mathbf{x} \in \mathbb{K}^n$ Lösung des inhomogenen Systems.   qed

Einige hilfreiche Hinweise zu homogenen Systemen runden die Betrachtungen zu linearen Gleichungssystemen ab.

Bemerkung 4.12

1. Homogene Systeme werden durch elementare Umformungen wieder in homogene Systeme überführt. Ein homogenes System ist immer lösbar, denn es gibt immer die triviale Lösung $\mathbf{x} = \mathbf{0}$.

2. Bei Systemen vom eindeutig lösbaren Typ hat das homogene System nur die **triviale** Lösung.

3. Ist $(h_1, h_2, \ldots, h_n)$ eine Lösung des **homogenen** Systems (4.2), dann ist auch $C \cdot (h_1, h_2, \ldots, h_n) = (C \cdot h_1, C \cdot h_2, \ldots, C \cdot h_n)$ mit jeder Zahl $C \in \mathbb{K}$ eine Lösung. Das heißt, hat das homogene System (4.2) eine **nichttriviale** Lösung, so hat es auch unendlich viele Lösungen. Ist darüber hinaus das **inhomogene** System lösbar, so hat auch dieses unendlich viele Lösungen.

Zahlreiche Problemstellungen der linearen Algebra beinhalten das Lösen eines linearen Gleichungssystems. Das ist Grund genug, dem Leser dazu eine umfangreiche Aufgabensammlung anzubieten.

Aufgaben

Aufgabe 4.1. Wenn fünf Ochsen und zwei Schafe acht Taels Gold kosten, sowie zwei Ochsen und acht Schafe auch acht Taels, was ist dann der Preis eines Tieres? (Chiu-chang Suan-chu, ca. 300 n.Chr.)

Aufgabe 4.2. Auf einem Markt gibt es Hühner zu kaufen. Ein Hahn kostet drei Geldstücke, eine Henne zwei, und man kann drei Küken für ein Geldstück haben. Wie muss man es einrichten, um für 100 Geldstücke 100 Hühner zu bekommen?

Hinweise: Es gibt mehrere Lösungen, alle sind zu bestimmen. Als Anzahl von Hühnern sind dabei nur natürliche Zahlen zugelassen.

Aufgabe 4.3. Bestimmen Sie alle Lösungen des folgenden Gleichungssystems

$$2x_1 - x_2 - x_3 + 3x_4 + 2x_5 = 6,$$

$$-4x_1 + 2x_2 + 3x_3 - 3x_4 - 2x_5 = -5,$$

$$6x_1 - 2x_2 + 3x_3 \qquad - x_5 = -3,$$

$$2x_1 \qquad + 4x_3 - 7x_4 - 3x_5 = -8,$$

$$x_2 + 8x_3 - 5x_4 - x_5 = -3.$$

Aufgabe 4.4. Lösen Sie das lineare Gleichungssystem

$$x_1 + 2x_2 + 3x_3 + x_4 = 0,$$

$$x_1 + 3x_2 + 2x_3 + x_4 = 1,$$

$$2x_1 + x_2 - x_3 + 4x_4 = 1,$$

$$6x_2 + 4x_3 + 2x_2 = 0.$$

Aufgabe 4.5. Sie entscheiden, welches der folgenden beiden Gleichungssysteme lösbar ist, und lösen dieses:

$$x_1 + 2x_2 \qquad + x_4 = 0,$$

$$2x_1 + 3x_2 - 2x_3 + 3x_4 = 0,$$

$$x_1 + x_2 - 2x_3 + 2x_4 = 1,$$

und

$$x_1 + 2x_2 + x_3 + x_4 = 0,$$

$$2x_1 + 3x_2 - 2x_3 + 3x_4 = 0,$$

$$x_1 + x_2 - 2x_3 + 2x_4 = 1.$$

Aufgabe 4.6. Es seien $r, s, t \in \mathbb{R}$ drei verschiedene Zahlen. Zeigen Sie, dass für alle $a, b, c \in \mathbb{R}$ das Gleichungssystem

$$x_1 + rx_2 + r^2x_3 = a,$$

$$x_1 + sx_2 + s^2x_3 = b,$$

$$x_1 + tx_2 + t^2x_3 = c$$

genau eine reelle Lösung hat und bestimmen Sie diese.

Aufgabe 4.7. Es sei $n \in \mathbb{N}$. Lösen Sie das Gleichungssystem

$$x_1 + x_2 = 0,$$
$$x_2 + x_3 = 0,$$
$$\vdots \qquad \vdots$$
$$x_{n-2} + x_{n-1} = 0,$$
$$x_{n-1} + x_n = 0,$$
$$x_n + x_0 = 0.$$

Aufgabe 4.8. Ein 9-Tupel $(x_1, \ldots, x_9) \in \mathbb{R}^9$ heißt magisches Quadrat, wenn

$$x_1 + x_2 + x_3 = x_4 + x_5 + x_6 = x_7 + x_8 + x_9 = x_1 + x_4 + x_7 =$$
$$= x_2 + x_5 + x_8 = x_3 + x_6 + x_9 = x_1 + x_5 + x_9 = x_3 + x_5 + x_7$$

gilt. Stellen Sie ein lineares Gleichungssystem auf, das diesen acht Bedingungen äquivalent ist, und lösen Sie dieses.

Aufgabe 4.9. Bestimmen Sie $t \in \mathbb{R}$ so, dass das folgende System

$$2x_1 + 3x_2 + tx_3 = 3,$$
$$x_1 + x_2 - x_3 = 1,$$
$$x_1 + tx_2 + 3x_3 = 2$$

keine Lösung, mehr als eine Lösung sowie genau eine Lösung hat.

Aufgabe 4.10. Untersuchen Sie, ob die beiden folgenden Gleichungssysteme eine von Null verschiedene Lösung haben:

$$a) \quad x_1 + x_2 - x_3 = 0, \qquad b) \quad x_1 + x_2 - x_3 = 0,$$
$$2x_1 - 3x_2 + x_3 = 0, \qquad 2x_1 + 4x_2 - x_3 = 0,$$
$$x_1 - 4x_2 + 2x_3 = 0, \qquad 3x_1 + 2x_2 + 2x_3 = 0.$$

Aufgabe 4.11. Bringen Sie die nachfolgenden Matrizen durch elementare Zeilenumformungen auf Zeilenstufenform:

$$\begin{pmatrix} 1 & 2 & 2 & 3 \\ 1 & 0 & -2 & 0 \\ 3 & -1 & 1 & -2 \\ 4 & -3 & 0 & 2 \end{pmatrix} \quad \text{und} \quad \begin{pmatrix} 2 & 1 & 3 & 2 \\ 3 & 0 & 1 & -2 \\ 1 & -1 & 4 & 3 \\ 2 & 2 & -1 & 1 \end{pmatrix}.$$

Aufgabe 4.12.

a) Geben Sie alle möglichen Zeilenstufenformen einer Matrix mit zwei Zeilen und drei Spalten an.

b) Geben Sie hinreichende und notwendige Bedingungen dafür an, dass die Matrix
$$\begin{pmatrix} a & b & r \\ c & d & s \end{pmatrix}$$
auf die Zeilenstufenform
$$\begin{pmatrix} 1 & * & * \\ 0 & 1 & * \end{pmatrix} \quad \text{bzw.} \quad \begin{pmatrix} 0 & 1 & * \\ 0 & 0 & 0 \end{pmatrix} \quad \text{bzw.} \quad \begin{pmatrix} 0 & 0 & 1 \\ 0 & 0 & 0 \end{pmatrix}$$
gebracht werden kann.

Aufgabe 4.13. Geben Sie für jede natürliche Zahl $n \geq 1$ ein unlösbares lineares Gleichungssystem mit n Unbekannten an, so dass je n dieser Gleichungen lösbar sind.

Aufgabe 4.14. Seien $m > n \geq 1$ und ein unlösbares lineares Gleichungssystem von m Gleichungen in n Unbekannten gegeben. Begründen Sie, dass es $n + 1$ dieser Gleichungen gibt, die bereits keine Lösung haben.

Aufgabe 4.15. Bestimmen Sie alle $\lambda \in \mathbb{R}$, für die das lineare Gleichungssystem

$$
\begin{aligned}
2x_1 + x_2 \phantom{{}+ 6x_3} &= 1, \\
3x_1 - x_2 + 6x_3 &= 5, \\
4x_1 + 3x_2 - x_3 &= 2, \\
5x_2 + 2x_3 &= \lambda
\end{aligned}
$$

lösbar ist.

Aufgabe 4.16. Gegeben sei das lineare Gleichungssystem

$$
\begin{aligned}
2x_1 + x_2 + ax_3 + x_4 \phantom{{}- ax_5} &= 0, \\
x_1 \phantom{{}+ 2x_2 + ax_3} + ax_4 - ax_5 &= 1, \\
2x_2 + x_3 \phantom{{}+ ax_4} + 2x_5 &= 2.
\end{aligned}
$$

a) Bestimmen Sie die Lösungsmenge des Gleichungssystems für $a = 1$.

b) Gibt es ein $a \in \mathbb{R}$, für welches das Gleichungssystem keine Lösung hat?

c) Gibt es ein $a \in \mathbb{R}$, für welches das Gleichungssytem genau eine Lösung hat?

Aufgabe 4.17. Für welche Werte des Parameters $s \in \mathbb{R}$ besitzt das lineare Gleichungssystem mit Koeffizientenmatrix A und rechter Seite $\mathbf{b}$, wobei

$$
A = \begin{pmatrix} s-1 & -1 & 0 & -1 \\ 0 & s-2 & 1 & -1 \\ 1 & 0 & s & 0 \\ s & 1-s & 1 & 0 \end{pmatrix}, \quad \mathbf{b} = \begin{pmatrix} -1 \\ s \\ 1 \\ 1 \end{pmatrix},
$$

genau eine Lösung, keine Lösung bzw. unendlich viele Lösungen?

Aufgabe 4.18. Für welche Paare $(a,b) \in \mathbb{R}^2$ hat das Gleichungssystem

$$
\begin{aligned}
2x_1 + 2x_2 + (a+1)x_3 &= 2, \\
x_1 + 2x_2 + \quad x_3 &= 0, \\
ax_1 + \quad\quad\quad bx_3 &= -2
\end{aligned}
$$

keine Lösung $(x_1, x_2, x_3) \in \mathbb{R}^3$? Bestimmen Sie für $b = 1$ alle Lösungen in Abhängigkeit von a.

Aufgabe 4.19. Für welche $b \in \mathbb{R}$ hat das Gleichungssystem

$$
\begin{aligned}
x_1 + \quad x_2 + \quad x_3 &= 0, \\
x_1 + bx_2 + \quad x_3 &= 4, \\
bx_1 + 3x_2 + bx_3 &= -2
\end{aligned}
$$

keine, genau eine bzw. unendlich viele Lösungen? Geben Sie im letzten Fall die Lösungsmenge an.

Aufgabe 4.20. Bestimmen Sie die Lösungsgesamtheit des Gleichungssystems

$$
\begin{aligned}
x_1 - x_2 + \quad x_3 - x_4 + x_5 &= 2, \\
x_1 + x_2 + \quad x_3 + x_4 + x_5 &= 1 + \lambda, \\
x_1 \quad\quad + \lambda x_3 \quad\quad + x_5 &= 2
\end{aligned}
$$

in Abhängigkeit von $\lambda \in \mathbb{R}$.

Aufgabe 4.21. Betrachten Sie das lineare Gleichungssystem

$$\lambda x + y \qquad = \mu,$$

$$x + \lambda y + z = \mu,$$

$$y + \lambda z = \mu.$$

Für welche $\lambda, \mu \in \mathbb{R}$ ist dieses Gleichungssystem lösbar?

4.2 Vektorrechnung und der Begriff des Vektorraums

Es ist üblich, die Elemente von $\mathbb{K}$ als **Skalare** zu bezeichnen. In diesem Sinne definieren wir:

Definition 4.13 *Das geordnete n–Tupel*

$$\mathbf{x} = \begin{pmatrix} x_1 \\ x_2 \\ \vdots \\ x_n \end{pmatrix} \in \mathbb{K}^n$$

heißt **Skalarenvektor** (*auch* **Spaltenvektor**) *oder kurz* **Vektor**. *Die Elemente* $x_k \in \mathbb{K}$ *heißen* **Komponenten** *von* $\mathbf{x}$. *Das geordnete n–Tupel*

$$\mathbf{x}^T := (x_1, x_2, \dots, x_n)$$

heißt der zu $\mathbf{x}$ **transponierte** *Vektor* (*oder* **Zeilenvektor**). *Es gelte*

$$(\mathbf{x}^T)^T = (x_1, x_2, \dots, x_n)^T = \mathbf{x} = \begin{pmatrix} x_1 \\ x_2 \\ \vdots \\ x_n \end{pmatrix} \quad \forall\, \mathbf{x} \in \mathbb{K}^n,$$

womit eine platzsparende Schreibweise von Spaltenvektoren ermöglicht wird.

Beispiel 4.14

a) $\quad \mathbf{x} = \begin{pmatrix} 2 \\ -1 \\ 0 \end{pmatrix} \quad \Longrightarrow \quad \mathbf{x}^T = (2,\, -1,\, 0) \in \mathbb{R}^3.$

b) $\quad \mathbf{z} = \begin{pmatrix} 5+2i \\ 5-2i \\ i \end{pmatrix} \quad \Longrightarrow \quad \mathbf{z}^T = (5+2i,\, 5-2i,\, i) \in \mathbb{C}^3.$

Auf der Menge $\mathbb{K}^n$ führen wir jetzt zwei algebraische Operationen $+$ (**Addition**) und λ–mal (**Multiplikation mit Skalaren**) ein.

Definition 4.15 *Die* **Addition** $+ : \mathbb{K}^n \times \mathbb{K}^n \to \mathbb{K}^n$ *ist erklärt durch die Vorschrift*

$$\mathbf{x} + \mathbf{y} = \begin{pmatrix} x_1 \\ x_2 \\ \vdots \\ x_n \end{pmatrix} + \begin{pmatrix} y_1 \\ y_2 \\ \vdots \\ y_n \end{pmatrix} := \begin{pmatrix} x_1 + y_1 \\ x_2 + y_2 \\ \vdots \\ x_n + y_n \end{pmatrix} \quad \forall\, \mathbf{x}, \mathbf{y} \in \mathbb{K}^n.$$

Der Vektor $\mathbf{x} + \mathbf{y}$ *heißt die* **Summe** *von* $\mathbf{x}$ *und* $\mathbf{y}$.

Die **Multiplikation mit Skalaren** λ–*mal*: $\mathbb{K} \times \mathbb{K}^n \to \mathbb{K}^n$ *ist erklärt gemäß*

$$\lambda \mathbf{x} = \lambda \begin{pmatrix} x_1 \\ x_2 \\ \vdots \\ x_n \end{pmatrix} := \begin{pmatrix} \lambda x_1 \\ \lambda x_2 \\ \vdots \\ \lambda x_n \end{pmatrix} \quad \forall\, \lambda \in \mathbb{K} \ und \ \mathbf{x} \in \mathbb{K}^n.$$

Der Vektor $\lambda \mathbf{x}$ *heißt* **skalares Vielfaches** *von* $\mathbf{x}$.

Beispiel 4.16 *Addition und* λ*–Multiplikation wirken* **komponentenweise**:

$$2 \begin{pmatrix} 2+5i \\ 2-5i \\ 3i \end{pmatrix} - \begin{pmatrix} 5+2i \\ 5-2i \\ 0 \end{pmatrix} = \begin{pmatrix} -1+8i \\ -1-8i \\ 6i \end{pmatrix}.$$

Da die obigen Operationen **Addition** und λ–**Multiplikation** in $\mathbb{K}^n$ vollständig zurückgeführt sind auf die Addition und die Multiplikation in $\mathbb{K}$, übertragen sich auch einige Rechengesetze von $\mathbb{K}$ auf $\mathbb{K}^n$ wie folgt:

Definition 4.17 *Wir setzen abkürzend* $V := \mathbb{K}^n$. *Dann gelten in* $(V, +, \lambda\text{-mal})$ *die folgenden Rechengesetze:*

1. Für die **Addition***:*

(A.V1) $\mathbf{x} + \mathbf{y} = \mathbf{y} + \mathbf{x}$,   (**Kommutativgesetz**)

(A.V2) $\mathbf{x} + (\mathbf{y} + \mathbf{z}) = (\mathbf{x} + \mathbf{y}) + \mathbf{z}$,   (**Assoziativgesetz**)

(A.V3) $\mathbf{a} + \mathbf{x} = \mathbf{b}$ *besitzt für jede Vorgabe* $\mathbf{a}, \mathbf{b} \in V$ *genau eine Lösung* $\mathbf{x}$, *nämlich die* **Differenz** *von* $\mathbf{b}$ *und* $\mathbf{a}$, *d.h.* $\mathbf{x} = -\mathbf{a} + \mathbf{b}$, *wobei hier* $-\mathbf{a} := (-a_1, \ldots, -a_n)^T$ *für* $\mathbf{a} = (a_1, \ldots, a_n)^T$ *gilt.*

2. Für die **Multiplikation mit Skalaren** *(λ–Multiplikation):*

(M.V1) $(\lambda + \mu)\mathbf{x} = \lambda\,\mathbf{x} + \mu\,\mathbf{x}$,   (**1. Distributivgesetz**)

(M.V2) $\lambda(\mathbf{x} + \mathbf{y}) = \lambda\,\mathbf{x} + \lambda\,\mathbf{y}$,   (**2. Distributivgesetz**)

(M.V3) $(\lambda\,\mu)\mathbf{x} = \lambda(\mu\,\mathbf{x})$,   (**Assoziativgesetz**)

(M.V4) $1 \cdot \mathbf{x} = \mathbf{x}$.   (**neutrales Element**)

Bemerkung 4.18 *Aus Eigenschaft (A.V3) folgt, dass bezüglich der Addition der Vektor* $\mathbf{0} \in V$ *das* **neutrale Element** *ist (da* $\mathbf{x} + \mathbf{0} = \mathbf{x}$*) und das* **inverse Element** *von* $\mathbf{x} \in V$ *der Vektor* $-\mathbf{x}$ *(da* $\mathbf{x} + (-\mathbf{x}) = \mathbf{0}$*).*

Folgerung 4.19 *Aus den o.g. Gesetzen ergiben sich*

1. $-\mathbf{x} = (-1)\mathbf{x}$,

2. $\lambda\mathbf{x} = 0 \iff \lambda = 0$ *oder* $\mathbf{x} = \mathbf{0}$.

Wir benutzen im Folgenden **Kurzschreibweise: a − b := a + (−b)**.

Definition 4.20 *Mit den obigen Verknüpfungen + und λ−mal versehen,
heißt* $\mathbb{K}^n$ **n-dimensionaler Skalarenvektorraum** *über* $\mathbb{K}$.

Allgemein gilt nun die

Definition 4.21 *Gegeben sei eine Menge* $V \neq \emptyset$. *Auf* V *seien eine Addition + und eine* λ*-Multiplikation* λ*-mal mit Skalaren* $\lambda \in \mathbb{K}$ *so erklärt, dass die Rechengesetze* (A.V1)–(A.V3) *und* (M.V1)–(M.V4) *gelten. Dann heißt* $(V, +, \lambda$*-mal)* **Vektorraum** *(VR) über* $\mathbb{K}$ *(manchmal auch* **linearer Raum***). Ist speziell* $\mathbb{K} = \mathbb{R}$, *so heißt* V *ein* **reeller** *VR, ist* $\mathbb{K} = \mathbb{C}$ *sprechen wir von einem* **komplexen** *VR.*

Beispiel 4.22 *Es gilt*

a) *Der Raum* $\mathbb{R}^n$ *ist ein VR über* $\mathbb{R}$.

b) **Ortsvektoren** *sind* **Pfeile** *im (1-, 2- oder 3-dimensionalen)* **Anschauungsraum**, *die* **angebunden sind an den Ursprung** *und mit der Pfeilspitze zu einem beliebigen Punkt des Anschauungsraumes führen. Wir setzen*

$$A_2 := \{\, Ortsvektoren\ im\ 2D\text{--}Anschauungsraum\}.$$

Dann ist A_2 *ein VR über* $\mathbb{R}$. *Die Rechengesetze erhalten wir elementargeometrisch aus der Anschauung.*

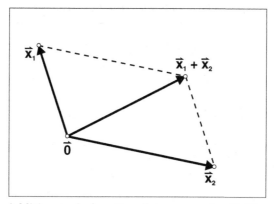

Addition nach dem Parallelogramm der Kräfte

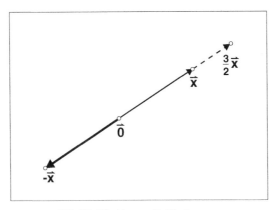

Multiplikation mit Skalaren

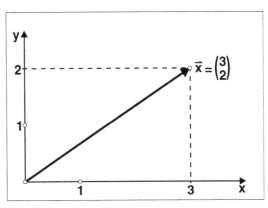

Veranschaulichung von $\mathbb{R}^2$

In derselben Weise erklärt sich auch der VR

$$A_3 := \{\,Ortsvektoren\ im\ 3D\text{--}Anschauungsraum\,\}.$$

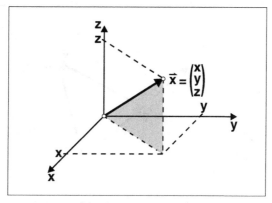

Veranschaulichung von $\mathbb{R}^3$

Häufig werden A_2 und A_3 zur Veranschaulichung der Vektorräume $\mathbb{R}^2$ bzw. $\mathbb{R}^3$ herangezogen, indem im Ursprung 0 aufeinander senkrechte Koordinatenachsen einführt werden und dem Punkt P des Anschauungsraumes denjenigen Zahlenvektor $\mathbf{x} = (x,y)^T$ in $\mathbb{R}^2$ bzw. $\mathbf{x} = (x,y,z)^T$ in $\mathbb{R}^3$ zuordnet wird, dessen senkrechte Projektion auf die Koordinatenachsen die Zahlen x, y bzw. z liefert.

c) **Freie Vektoren.** *Im Gegensatz zu Ortsvektoren nennen wir Pfeile im n-dimensionalen Anschauungsraum ($n = 1, 2, 3$), die in einem* **beliebigen** *Punkt angeknüpft sind,* **freie Vektoren v.** *Genauer gesagt:*

$[\mathbf{v}]$ bezeichne die Äquivalenzklasse aller mit $\mathbf{v}$ gleichgerichteten, gleichlangen Strecken.

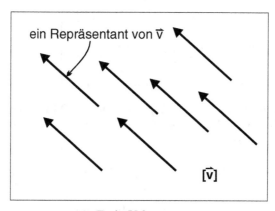

Freie Vektoren

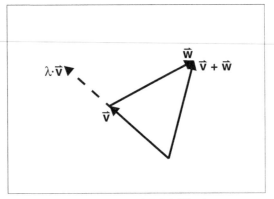

**Addition und λ–Multiplikation
freier Vektoren**

Die Menge $V_2 := \{[\mathbf{v}] \; : \; \mathbf{v} \; freier \; Vektor \; im \; 2D–Anschauungsraum\}$ bildet einen VR über $\mathbb{R}$. Dabei werden $+$ und λ–mal erklärt durch Addition zweier **Repräsentanten** *bzw. durch Multiplikation des entsprechenden Skalars λ mit einem Repräsentanten. Natürlich* **darf dabei** *immer derjenige Repräsentant gewählt werden, dessen Pfeil im Ursprung beginnt. Auf diese Weise sind V_2 und $\mathbb{R}^2$ praktisch gleichwertig. Analoge Betrachtungen gelten für V_3 und $\mathbb{R}^3$.*

Definition 4.23 *Es seien $m, n \geq 1$ natürliche Zahlen. Ein rechteckiges Skalarenschema*

$$A := \begin{pmatrix} a_{11} & a_{12} & \cdots & a_{1n} \\ a_{21} & a_{22} & \cdots & a_{2n} \\ \vdots & \vdots & \ddots & \vdots \\ a_{m1} & a_{m2} & \cdots & a_{mn} \end{pmatrix}$$

mit **Koeffizienten** *$a_{jk} \in \mathbb{K}$ heißt eine $m \times n$–***Matrix über** *$\mathbb{K}$. Dabei ist m die* **Zeilenzahl** *und n die* **Spaltenzahl.** *Matrizen A, B, C schreibt man häufig in Kurzform*

$$A = \Big(a_{jk} \Big)_{\substack{j=1,\dots,m \\ k=1,\dots,n}} = (a_{jk}), \quad B = (b_{jk}), \quad C = (c_{jk}).$$

Dabei heißt $j \in \{1, \dots, m\}$ der **Zeilenindex** *und $k \in \{1, \dots, n\}$ der* **Spaltenindex.** *Mit $\mathbb{K}^{(m,n)}$ wird die Menge aller $m \times n$–Matrizen über $\mathbb{K}$ bezeichnet.*

Beispiel 4.24 *Auch* **Matrizen** *bilden einen VR.*

$$So\ ist\ A := \begin{pmatrix} 2+5i & 5+2i & 0 \\ 2-5i & 5-2i & -3i \end{pmatrix} \in \mathbb{C}^{(2,3)}\ eine\ 2 \times 3\text{-}Matrix\ über\ \mathbb{C}.$$

Um auf der Menge $\mathbb{K}^{(m,n)}$ eine **Vektorraumstruktur** *zu erklären, definieren wir die beiden folgenden algebraischen Operationen $+$ und λ–mal*

$$+ \quad : \quad A + B = (a_{jk}) + (b_{jk}) := (a_{jk} + b_{jk}) \ \forall\, A, B \in \mathbb{K}^{(m,n)},$$

$$\lambda\text{–}mal : \quad \lambda A = \lambda\,(a_{jk}) \qquad := (\lambda\,a_{jk}) \ \forall\, A \in \mathbb{K}^{(m,n)} \ und\ \lambda \in \mathbb{K}.$$

Wie bei den Vektoren werden hier Addition und λ–Multiplikation **elementweise** *durchgeführt. Diese Operationen haben wieder die Eigenschaften (A.V1)–(A.V3) und (M.V1)–(M.V4) und das heißt*

$$(\mathbb{R}^{(m,n)}, +, \lambda\text{–}mal)\ ist\ ein\ \textbf{Vektorraum}\ über\ \mathbb{K}.$$

$$Sei\ A := \begin{pmatrix} 2+5i & 5+2i & 0 \\ 2-5i & 5-2i & -3i \end{pmatrix} \in \mathbb{C}^{(2,3)}\ und\ B := \begin{pmatrix} 0 & 1 & -4i \\ 1 & 3 & 2-i \end{pmatrix} \in \mathbb{C}^{(2,3)}$$

$$\implies A + B = \begin{pmatrix} 2+5i & 6+2i & -4i \\ 3-5i & 8-2i & 2-4i \end{pmatrix} \in \mathbb{C}^{(2,3)}$$

$$\implies iA\ = \begin{pmatrix} -5+2i & -2+5i & 0 \\ 5+2i & 2+5i & 3 \end{pmatrix} \in \mathbb{C}^{(2,3)}.$$

Beispiel 4.25 *Sogar gewisse* **Teilmengen** *des $\mathbb{K}^n$ besitzen VR-Struktur. So betrachten wir z.B. in $\mathbb{K}^3$ die Teilmenge*

$$U := \{(x_1, x_2, x_3)^T \in \mathbb{K}^3 : x_1 + x_2 = 0\} \subset \mathbb{K}^3.$$

Auf der Menge U sind die algebraischen Operationen $+$ und λ–mal wie auf $\mathbb{K}^3$ erklärt. Es gilt offensichtlich $\mathbf{x} \in U$ genau dann, wenn der Vektor $\mathbf{x} \in \mathbb{R}^3$ die Form

$$\mathbf{x} = (x_1, -x_1, x_3)^T$$

hat. Wir zeigen nun, dass Addition und λ–Multiplikation nicht aus der Menge U hinausführen. Für $\mathbf{x}, \mathbf{y} \in U$ und $\lambda \in \mathbb{R}$ gilt nämlich, dass

$$\mathbf{x} + \mathbf{y} = \begin{pmatrix} x_1 \\ -x_1 \\ x_3 \end{pmatrix} + \begin{pmatrix} y_1 \\ -y_1 \\ y_3 \end{pmatrix} = \begin{pmatrix} x_1 + y_1 \\ -x_1 - y_1 \\ x_3 + y_3 \end{pmatrix} \in U, \quad \lambda\mathbf{x} = \begin{pmatrix} \lambda x_1 \\ -\lambda x_1 \\ \lambda x_3 \end{pmatrix} \in U.$$

In U gelten wiederum die Vektorraumeigenschaften (A.V1)–(A.V3) und (M.V1)–(M.V4), so dass U selbst ein VR über $\mathbb{K}$ ist.

Aufgaben

Aufgabe 4.22. Bestätigen Sie, dass Polynome über $\mathbb{K}$ vom Grade höchstens $n \in \mathbb{N}$ Vektorraumstruktur besitzen.

Aufgabe 4.23. Sei V der Vektorraum aller (3×3)-Matrizen über $\mathbb{R}$. Prüfen Sie, ob die Mengen

a) $V_1 := \{A \in V \mid A \text{ ist symmetrisch, i.e. } a_{ij} = a_{ji} \; \forall i \neq j\}$,

b) $V_2 := \{A \in V \mid a_{33} \neq 0\}$,

c) $V_3 := \{A \in V \mid a_{ij} \in \mathbb{Q} \; \forall i, j = 1, 2, 3\}$

Vektorraumstruktur haben.

Aufgabe 4.24. Sei $U \subset \mathbb{R}^3$ gegeben durch

$$U := \{(x_1, x_2, x_3)^T \in \mathbb{R}^3 \mid 2x_1 + 4x_2 = 1\}.$$

Hat diese Menge Vektorraumstruktur?

4.3 Untervektorräume

Das letzte Beispiel 4.25 motiviert zu folgender

Definition 4.26 *Sei V ein Vektorraum über $\mathbb{K}$. Eine Teilmenge $\emptyset \neq U \subseteq V$ heißt* **Unter(vektor)raum** *von V (kurz: UR), wenn gilt*

$$(U1) \qquad \mathbf{u} + \mathbf{v} \in U \quad \forall\, \mathbf{u}, \mathbf{v} \in U,$$

$$(U2) \qquad \lambda\, \mathbf{u} \in U \quad \forall\, \lambda \in \mathbb{K} \ und \ \mathbf{u} \in U.$$

$$\Longleftrightarrow$$

$$\lambda \mathbf{u} + \mu \mathbf{v} \in U \quad \forall\, \mathbf{u}, \mathbf{v} \in U \ und \ \lambda, \mu \in \mathbb{K}.$$

Bemerkung 4.27

1. *Der Unterraum U trägt stets die in V erklärten algebraischen Operationen $+$ und λ-mal. Aus (U2) folgt $\mathbf{0} \in U$ wegen $\mathbf{0} = 0\mathbf{x}$ für jedes $\mathbf{x} \in U$, und $-\mathbf{x} \in U$ wegen $-\mathbf{x} = (-1)\mathbf{x}$. Aus (U1) und (U2) ergibt sich, dass U **abgeschlossen** ist gegenüber $+$ und λ-mal, d.h., die Anwendung dieser Operationen liefert Elemente, die wieder in U enthalten sind.*

2. *In jedem Vektorraum V sind stets die **trivialen** Unterräume $U = \{\mathbf{0}\}$ (kleinster UR) und $U = V$ (größter UR) enthalten.*

Nachfolgende Beispiele werden den in der Mathematik so wichtigen Begriff des Unterraums weiter verdeutlichen.

Beispiel 4.28

a) *Es seien $V := \mathbb{R}^n$ und $U_k := \{(x_1, x_2, \ldots, x_k, 0, \ldots, 0)^T : x_j \in \mathbb{R}\} \subset \mathbb{R}^n$ mit $1 \leq k \leq n$ gegeben. Dann ist U_k ein UR. Die Zuordnungvorschrift*

$$\boxed{\mathbb{R}^k \ni (x_1, x_2, \ldots, x_k)^T \mapsto (x_1, x_2, \ldots, x_k, 0, \ldots, 0)^T \in U_k}$$

identifiziert U_k mit $\mathbb{R}^k$. In dieser Weise ist jeder Vektorraum $\mathbb{R}^k$ mit $k \leq n$ ein UR des Vektorraums $\mathbb{R}^n$.

b) *Wir betrachten die Teilmenge von $\mathbb{R}^{(3,3)}$*

$$U := \left\{ A \in \mathbb{R}^{(3,3)} \; : \; A = \begin{pmatrix} a_{11} & a_{12} & a_{13} \\ 0 & a_{22} & a_{23} \\ 0 & 0 & a_{33} \end{pmatrix} , \; a_{jk} \in \mathbb{R} \right\}.$$

Dann ist U ein UR von $\mathbb{R}^{(3,3)}$, denn unsere beiden Operationen liefern stets eine Matrix desselben Typs.

c) *Es sei V ein VR über $\mathbb{R}$, und $\mathbf{v} \in V$ sei fest gewählt. Die Menge*

$$\boxed{U := span\{\mathbf{v}\} := \{\lambda \mathbf{v} \; : \; \lambda \in \mathbb{R}\}}$$

*ist ein UR von V, und dieser heißt **der von v aufgespannte Unterraum** oder der **Spann** von **v**.*

d) *Es sei V ein VR über $\mathbb{K}$, und U_1, U_2 seien zwei UR von V. Dann gilt*

$$\boxed{U_1 \cap U_2 \text{ ist stets ein Unterraum von } V.}$$

Es ist klar, wegen $\mathbf{0} \in U_1 \cap U_2$ gilt $U_1 \cap U_2 \neq \emptyset$. Wir zeigen die Eigenschaften (U1) und (U2). Dazu wählen wir $\mathbf{u}, \mathbf{v} \in U_1 \cap U_2$ sowie $\lambda, \mu \in \mathbb{K}$. Dann gilt $\lambda \mathbf{u} + \mu \mathbf{v} \in U_j$, $j = 1, 2$, also auch $\lambda \mathbf{u} + \mu \mathbf{v} \in U_1 \cap U_2$.

Lehrreich sind immer wieder **Gegenbeispiele**.

a) Sind U_1 und U_2 Unterräume von V, so ist $U_1 \cup U_2$ i. Allg. **kein** UR, wie folgendes konkretes Zahlenbeispiel belegt: Seien $V := \mathbb{R}^2$, $U_1 := \{\binom{x}{0} : x \in \mathbb{R}\}$ und $U_2 := \{\binom{0}{y} : y \in \mathbb{R}\}$ gesetzt. Wir haben $\binom{1}{0}, \binom{0}{1} \in U_1 \cup U_2$, aber $\binom{1}{0} + \binom{0}{1} = \binom{1}{1} \notin U_1 \cup U_2$.

b) Es sei $U := \{(x, y)^T \in \mathbb{R}^2 \; : \; x \geq 0\}$ Teilmenge des Vektorraumes $\mathbb{R}^2$. Dann ist U **kein** UR. Denn wegen $(-1)\binom{x}{y} = \binom{-x}{-y} \notin U \; \forall \; \binom{0 \neq x}{y} \in U$ ist (U2) verletzt.

c) Wie vorher sei $V := \mathbb{R}^2$. Dann ist $U := \{\binom{x}{y} \in \mathbb{R}^2 \; : \; x^2 + y^2 = r^2 > 0\}$ die Kreislinie mit Radius r um den Mittelpunkt $\mathbf{0}$. Wegen $\mathbf{0} \notin U$ ist auch U **kein** UR von $\mathbb{R}^2$.

Definition 4.29 *Gegeben sei ein Vektorraum V über $\mathbb{K}$. Für nichtleere Teilmengen $U_1, U_2 \subseteq V$ heißt*

$$U_1 + U_2 := \{\mathbf{u} \in V \; : \; \mathbf{u} = \mathbf{u}_1 + \mathbf{u}_2 \; mit \; \mathbf{u}_1 \in U_1, \mathbf{u}_2 \in U_2\}$$

die **Summe** *von U_1 und U_2.*

Satz 4.30 *Sind U_1, U_2 zwei Unterräume des Vektorraums V, so ist auch die Summe $U_1 + U_2$ ein UR von V.*

Beweis. Wegen $\mathbf{0} \in U_1 + U_2$ gilt $U_1 + U_2 \neq \emptyset$. Wir zeigen (U1) und (U2) und wählen dazu $\mathbf{u}, \mathbf{v} \in U_1 + U_2$ sowie $\lambda, \mu \in \mathbb{R}$. Dann gilt $\mathbf{u} = \mathbf{u}_1 + \mathbf{u}_2$ und $\mathbf{v} = \mathbf{v}_1 + \mathbf{v}_2$. Hieraus folgt

$$\lambda \mathbf{u} + \mu \mathbf{v} = \underbrace{(\lambda \mathbf{u}_1 + \mu \mathbf{v}_1)}_{\in U_1} + \underbrace{(\lambda \mathbf{u}_2 + \mu \mathbf{v}_2)}_{\in U_2} \in U_1 + U_2.$$

Für $\lambda = \mu = 1$ erhalten wir (U1), und für $\mu = 0$ resultiert (U2).   qed

---

Bemerkung 4.31 Sind U_1, U_2 Unterräume des Vektorraums V mit $U_1 \cap U_2 = \{\mathbf{0}\}$, so ist die **Zerlegung**

$$\mathbf{u} = \mathbf{u}_1 + \mathbf{u}_2 \in U_1 + U_2$$

eindeutig.

In der Tat, wäre $\mathbf{u} = \mathbf{v}_1 + \mathbf{v}_2 \in U_1 + U_2$ eine weitere Zerlegung, so wäre nämlich $\mathbf{0} = \mathbf{u} - \mathbf{u} = (\mathbf{u}_1 - \mathbf{v}_1) + (\mathbf{u}_2 - \mathbf{v}_2)$, also

$$\underbrace{(\mathbf{u}_1 - \mathbf{v}_1)}_{\in U_1} = \underbrace{(\mathbf{v}_2 - \mathbf{u}_2)}_{\in U_2} \in U_1 \cap U_2 = \{\mathbf{0}\}.$$

Das heißt, $\mathbf{u}_1 = \mathbf{v}_1$ und $\mathbf{u}_2 = \mathbf{v}_2$.

Beinhaltet der Schnitt zweier UR nur das Nullelement, dann gilt die

---

Definition 4.32 *Sind U_1, U_2 zwei Unterräume des Vektorraums V, so heißt die Summe $U_1 + U_2$ **direkt**, falls gilt: $U_1 \cap U_2 = \{\mathbf{0}\}$. Wir schreiben dafür*

$$U_1 \oplus U_2 := U_1 + U_2 \ \ mit \ U_1 \cap U_2 = \{\mathbf{0}\}.$$

*Ist speziell $V = U_1 \oplus U_2$, so heiße $U_1 \oplus U_2$ die **direkte Zerlegung** von V in die **Komponenten** U_1 und U_2.*

Beispiel 4.33

a) *Es gelte* $V := \mathbb{R}^2$, *und es sei* $\mathbf{u}_1 := \binom{1}{0}$, $\mathbf{u}_2 := \binom{0}{1}$ *sowie* $\mathbf{u}_3 := \binom{1}{1}$ *gesetzt. Dann gilt für* $U_j := span\{\mathbf{u}_j\}$, $j = 1, 2, 3$:

$$\mathbb{R}^2 = U_1 \oplus U_2, \qquad \mathbb{R}^2 = U_1 \oplus U_3, \qquad \mathbb{R}^2 = U_2 \oplus U_3.$$

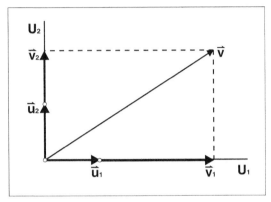

Direkte Zerlegung $\mathbb{R}^2 = \mathbf{U_1} \oplus \mathbf{U_2}$

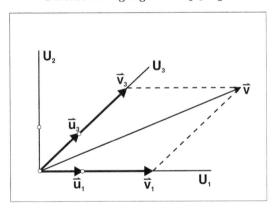

Direkte Zerlegung $\mathbb{R}^2 = \mathbf{U_1} \oplus \mathbf{U_3}$

b) *Eine analoge Konstruktion gilt auch für den Vektorraum* $V := \mathbb{R}^n$: *Setzt man*

$$\mathbf{u}_j := (0, \ldots, 0, \underbrace{1}_{j\text{-te Stelle}}, 0, \ldots, 0)^T, \quad U_j := span\{\mathbf{u}_j\}, \ j = 1, 2, \ldots, n,$$

so gilt

$$\mathbb{R}^n = U_1 \oplus U_2 \oplus \cdots \oplus U_n.$$

Aufgaben

Aufgabe 4.25. Es sei $U := \{\mathbf{x} = (x_1, x_2, x_3, x_4)^T \,|\, x_2 = x_1 - 2x_3 + x_4\}$. Zeigen Sie, dass U ein Unterraum des $\mathbb{R}^4$ ist, der von den Vektoren

$$\mathbf{u}_1 = \begin{pmatrix} 0 \\ -1 \\ 1 \\ 1 \end{pmatrix}, \quad \mathbf{u}_2 = \begin{pmatrix} 1 \\ 2 \\ 0 \\ 1 \end{pmatrix}, \quad \mathbf{u}_3 = \begin{pmatrix} 1 \\ -1 \\ 1 \\ 0 \end{pmatrix}$$

aufgespannt wird.

Aufgabe 4.26. Sei $n > 1$. Welche der folgenden Teilmengen des Zeilenraumes $V = \mathbb{R}^{1,n}$ sind lineare Teilräume?

a) $W_1 = \{(x_1, \ldots, x_n) \in V \,|\, \sum_{i=1}^{n} i^2 x_i = 0\}$,

b) $W_2 = \{(x_1, \ldots, x_n) \in V \,|\, \sum_{i=1}^{n} i x_i^2 = 0\}$,

c) $W_3 = \{(x_1, \ldots, x_n) \in V \,|\, \sum_{i=1}^{n} x_i \geq 0\}$,

d) $W_4 = \{(x_1, \ldots, x_n) \in V \,|\, \sum_{i=1}^{n} x_i^2 \geq 0\}$.

Aufgabe 4.27. Betrachten Sie folgende Vektoren $\mathbf{x} = (x_1, x_2)^T \in \mathbb{R}^2$ definiert durch:

a) $x_1 + x_2 = 0$,

b) $x_1^2 + x_2^2 = 0$,

c) $x_1^2 - 2^2 = 0$,

d) $x_1 - x_2 = 1$,

e) $x_1^2 + x_2^2 = 1$,

f) Es gibt ein $s \in \mathbb{R}$ mit $x_1 = s$ und $x_2 = s^2$,

g) Es gibt ein $s \in \mathbb{R}$ mit $x_1 = s^3$ und $x_2 = s^3$,

h) $x_1 \in \mathbb{Z}$.

Welche dieser Mengen sind lineare Unterräume?

Aufgabe 4.28. Liegt der Vektor $\mathbf{x} = (3, -1, 0, -1)^T$ im Unterraum von $\mathbb{R}^4$, der von den Vektoren $v_1 = (2, -1, 3, 2)^T$, $v_2 = (-1, 1, 1, -3)^T$ und $v_3 = (1, 1, 9, -5)^T$ aufgespannt wird?

Aufgabe 4.29. Es seien $U_1, U_2 \subset V$ lineare Unterräume eines Vektorraums V über $\mathbb{R}$. Zeigen Sie, dass $U_1 \cup U_2$ genau dann ein linearer Unterraum von V ist, wenn $U_1 \subset U_2$ oder $U_2 \subset U_1$ gilt.

Aufgabe 4.30. Sei $V := \mathbb{R}^3$. Der Unterraum $U \subset V$ wird von den Vektoren $\mathbf{u}_1 = (-1, 3, 0)^T$ und $\mathbf{u}_2 = (-1, 0, 3)^T$ aufgespannt. Finden Sie einen weiteren Unterraum W derart, dass $V = U \oplus W$ gilt.

4.4 Linearkombination

In diesem Abschnitt ist V wieder ein Vektorraum über $\mathbb{K}$. Es seien $\mathbf{v}_1, \mathbf{v}_2, \ldots, \mathbf{v}_m \in V$ feste Vektoren. Aus den Rechenregeln der Addition und der λ–Multiplikation in V folgt, dass auch stets

$$\mathbf{v} := \lambda_1 \mathbf{v}_1 + \lambda_2 \mathbf{v}_2 + \cdots + \lambda_m \mathbf{v}_m = \sum_{k=1}^{m} \lambda_k \mathbf{v}_k \quad \forall \, \lambda_i \in \mathbb{K}, \; i = 1, \ldots, m,$$

ein Element von V ist. Diese Summe hat einen Namen:

Definition 4.34 *Ein Vektor* $\mathbf{v} \in V$, *der sich als Summe anderer Vektoren*

$$\mathbf{v} = \sum_{k=1}^{m} \lambda_k \mathbf{v}_k \;\; mit \;\; \lambda_i \in \mathbb{K} \;\; und \;\; \mathbf{v}_i \in V, \quad i = 1, \ldots, m,$$

schreiben lässt, heißt **Linearkombination** *(LK) der Vektoren* $\mathbf{v}_1, \mathbf{v}_2, \ldots, \mathbf{v}_m$. *Die Skalare* $\lambda_1, \ldots, \lambda_m$ *heißen* **Koeffizienten** *der LK. Im Falle* $m = 1$ *heißt* $\mathbf{v}$ **skalares Vielfaches** *von* $\mathbf{v}_1$.

Beispiel 4.35

a) Es sei $V := \mathbb{R}^4$. Aus

$$\mathbf{v} := \begin{pmatrix} 2 \\ 1 \\ 3 \\ -6 \end{pmatrix} = 5 \begin{pmatrix} 1 \\ 1 \\ 0 \\ -1 \end{pmatrix} - 2 \begin{pmatrix} 1 \\ 0 \\ 0 \\ 1 \end{pmatrix} + 3 \begin{pmatrix} 0 \\ -1 \\ 1 \\ 0 \end{pmatrix} - \begin{pmatrix} 1 \\ 1 \\ 0 \\ -1 \end{pmatrix}$$

$$=: 5\mathbf{v}_1 - 2\mathbf{v}_2 + 3\mathbf{v}_3 - \mathbf{v}_4$$

folgt, dass $\mathbf{v}$ *eine LK der Vektoren* $\mathbf{v}_1, \ldots, \mathbf{v}_4$ *ist mit Koeffizienten*

$$\lambda_1 = 5,\ \lambda_2 = -2,\ \lambda_3 = 3,\ \lambda_4 = -1.$$

b) Es sei $V := \mathbb{R}^n$. *Wir setzen*

$$\mathbf{e}_j := (0, \ldots, 0, \underbrace{1}_{j-te\ Stelle}, 0, \ldots, 0)^T \in \mathbb{R}^n, \quad j = 1, 2, \ldots, n.$$

Dann folgt

$$\mathbf{v} = \sum_{j=1}^{n} \lambda_j\, \mathbf{e}_j = \begin{pmatrix} \lambda_1 \\ \lambda_2 \\ \vdots \\ \lambda_n \end{pmatrix} \in \mathbb{R}^n \ \forall\, \lambda_1, \ldots, \lambda_n \in \mathbb{R}.$$

Das heißt, jeder Skalarenvektor $\mathbf{v} \in \mathbb{R}^n$ *kann als LK der* **Einheitsvektoren** $\mathbf{e}_1, \ldots, \mathbf{e}_n$ *dargestellt werden.*

c) $V := \mathbb{R}_n(x) = \{P(x) : P(x)$ *ist Polynom über* $\mathbb{R}$ *vom Grade höchstens* $n\}$ *bildet einen VR. Polynome vom Grade* $k \leq n$ *sind ein UR davon.*

Die übliche Darstellung $P_n(x) := \sum\limits_{k=0}^{n} a_k x^k$ *bedeutet, dass Polynome eine LK der sog.* **Monome** $1, x, x^2, \ldots, x^n \in \mathbb{R}^n$ *sind.*

Werden mit einem fixierten Vektorsystem $\mathbf{v}_1, \ldots, \mathbf{v}_m \in V$ alle möglichen Linearkombinationen konstruiert, so ergibt sich ein Unterraum U von V. Denn mit

$$\mathbf{v} := \sum_{k=1}^{m} \alpha_k \mathbf{v}_k, \quad \mathbf{w} := \sum_{k=1}^{m} \beta_k \mathbf{v}_k, \quad \alpha_j,\, \beta_j \in \mathbb{K},$$

sind auch

$$\mathbf{v} + \mathbf{w} = \sum_{k=1}^{m} (\alpha_k + \beta_k) \mathbf{v}_k, \quad \lambda\, \mathbf{v} = \sum_{k=1}^{m} (\lambda\, \alpha_k) \mathbf{v}_k$$

weitere LK des Systems $\mathbf{v}_1, \mathbf{v}_2, \ldots, \mathbf{v}_m \in V$. Es gelten also in U die Unterraumaxiome (U1) und (U2).

Satz 4.36 *Gegeben sei ein Vektorraum V über $\mathbb{K}$ und darin ein Vektor-system $\mathbf{v}_1, \ldots, \mathbf{v}_m \in V$. Dann bildet die Menge aller LK der Vektoren $\mathbf{v}_1, \ldots, \mathbf{v}_m$ einen Unterraum $U \subseteq V$. Dieser heißt die* **lineare Hülle** *der Vektoren $\mathbf{v}_1, \ldots, \mathbf{v}_m$ oder der von $\mathbf{v}_1, \ldots, \mathbf{v}_m$* **aufgespannte Unterraum** *oder kurz der* **Spann** *der Vektoren $\mathbf{v}_1, \ldots, \mathbf{v}_m$. Die Schreibweise dafür*

$$U = span\{\mathbf{v}_1, \ldots, \mathbf{v}_m\} := \left\{ \mathbf{v} \in V \ : \ \mathbf{v} = \sum_{k=1}^{m} \lambda_k \, \mathbf{v}_k, \ \lambda_j \in \mathbb{K} \right\}.$$

Manchmal wird auch $U = \langle \mathbf{v}_1, \ldots, \mathbf{v}_m \rangle$ geschrieben.

Beispiel 4.37

a) *In $V := \mathbb{R}^n$ seien die* **Einheitsvektoren** $\mathbf{e}_j \in \mathbb{R}^n$, $j = 1, 2, \ldots, n$, *wie im vorangegangenen Beispiel erklärt. Dann gilt ganz offensichtlich*

$$\boxed{\mathbb{R}^n = span\{\mathbf{e}_1, \mathbf{e}_2, \ldots, \mathbf{e}_n\}.}$$ **(Merken!)**

b) *In $V := \mathbb{R}^3$ definieren wir*

$$U := span\left\{ \begin{pmatrix} 1 \\ 0 \\ 1 \end{pmatrix}, \begin{pmatrix} 0 \\ 1 \\ 0 \end{pmatrix} \right\} = span\left\{ \begin{pmatrix} 1 \\ 1 \\ 1 \end{pmatrix}, \begin{pmatrix} 1 \\ -1 \\ 1 \end{pmatrix}, \begin{pmatrix} 1 \\ 0 \\ 1 \end{pmatrix} \right\} \subsetneq \mathbb{R}^3.$$

Die Vektoren $(1, 1, 1)^T$ und $(1, -1, 1)^T$ sind LK der Vektoren $(1, 0, 1)^T$ und $(0, 1, 0)^T$. Der Vektor $(0, 0, 1)^T \in \mathbb{R}^3$ gehört nicht zu U. Die LK

$$\lambda \begin{pmatrix} 1 \\ 0 \\ 1 \end{pmatrix} + \mu \begin{pmatrix} 0 \\ 1 \\ 0 \end{pmatrix} = \begin{pmatrix} \lambda \\ \mu \\ \lambda \end{pmatrix} \overset{!}{=} \begin{pmatrix} 0 \\ 0 \\ 1 \end{pmatrix}$$

führt auf die widersprüchliche Bedingung $0 = \lambda = 1$.

c) *Es sei $V := \mathbb{R}^n$. Ferner seien Vektoren $\mathbf{0} \neq \mathbf{v} \in \mathbb{R}^n$ und $\mathbf{w} \in \mathbb{R}^n$ mit $\mathbf{w} \notin span\{\mathbf{v}\}$ fixiert. Dann gilt*

$$U := span\{\mathbf{v}\} \quad \textit{ist eine } \textbf{Gerade } \textit{in } \mathbb{R}^n \textit{ durch } \mathbf{0},$$

$$U := span\{\mathbf{v}, \mathbf{w}\} \quad \textit{ist eine } \textbf{Ebene } \textit{in } \mathbb{R}^n \textit{ durch } \mathbf{0}.$$

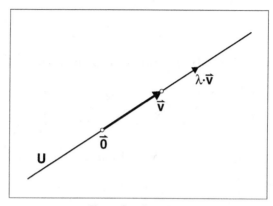

Gerade durch 0

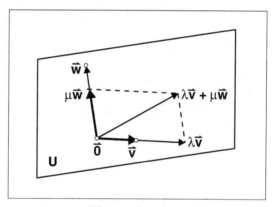

Ebene durch 0

Im **Sonderfall** $\mathbf{v} := \mathbf{0} \in \mathbb{R}^n$ *erhalten wir den* **Nullvektorraum** $U = span\{\mathbf{0}\} = \mathbf{0}$.

d) $\Pi_n(z) := \{P(z) : P(z) \textit{ ist Polynom über } \mathbb{K} \textit{ vom Grade höchstens } n\} = span\{1, z, z^2, \ldots, z^n\}$.

Hinsichtlich Linearkombinationen stellen sich folgende

Fragen: Es seien ein Vektorraum V über $\mathbb{K}$ und ein Vektorsystem $\mathbf{v}_1, \mathbf{v}_2, \ldots, \mathbf{v}_m \in V$ gegeben.

A) Wann gilt für ein $\mathbf{v} \in V$ auch $\mathbf{v} \in \text{span}\{\mathbf{v}_1, \mathbf{v}_2, \ldots, \mathbf{v}_m\}$?

B) Falls $\mathbf{v} \in \text{span}\{\mathbf{v}_1, \mathbf{v}_2, \ldots, \mathbf{v}_m\}$ gilt, gibt es eine oder mehrere LK für $\mathbf{v}$?

Wir behandeln die Frage B) zur **Eindeutigkeit**. Dazu sei angenommen, es wären

$$\mathbf{v} = \sum_{k=1}^{m} \lambda_k \mathbf{v}_k, \quad \mathbf{v} = \sum_{k=1}^{m} \mu_k \mathbf{v}_k, \quad \lambda_j \neq \mu_j \quad \text{für ein } j \in \{1, \ldots, m\}$$

zwei LK für $\mathbf{v} \in \text{span}\{\mathbf{v}_1, \mathbf{v}_2, \ldots, \mathbf{v}_m\}$. Dann folgt

$$\mathbf{0} = \mathbf{v} - \mathbf{v} = \sum_{k=1}^{m} (\lambda_k - \mu_k) \mathbf{v}_k,$$

und dies ergäbe eine **nichttriviale Darstellung** des Nullvektors.

Dies veranlasst folgende

Definition 4.38 *Ein Vektorsystem* $\mathbf{v}_1, \mathbf{v}_2, \ldots, \mathbf{v}_m \in V$ *heißt* **linear unabhängig** *(LU) genau dann, wenn jeder Vektor* $\mathbf{v} \in \text{span}\{\mathbf{v}_1, \mathbf{v}_2, \ldots, \mathbf{v}_m\}$ *genau eine LK aus den Vektoren* $\mathbf{v}_1, \mathbf{v}_2, \ldots, \mathbf{v}_m$ *besitzt. Andernfalls heißt das System* $\mathbf{v}_1, \mathbf{v}_2, \ldots, \mathbf{v}_m$ **linear abhängig** *(LA).*

Satz 4.39 *Gegeben seien ein Vektorraum V über $\mathbb{K}$ und ein Vektorsystem* $\mathbf{v}_1, \mathbf{v}_2, \ldots, \mathbf{v}_m \in V$. *Dann gilt:*

1. $\mathbf{v}_1, \mathbf{v}_2, \ldots, \mathbf{v}_m$ *sind LU* $\Longleftrightarrow$ *Aus* $\mathbf{0} = \sum_{k=1}^{m} \lambda_k \mathbf{v}_k$ *folgt stets* $\lambda_1 = \lambda_2 = \cdots = \lambda_m = 0$. *Das heißt, es existiert nur die* **triviale Darstellung** *des Nullvektors.*

2. $\mathbf{v}_1, \mathbf{v}_2, \ldots, \mathbf{v}_m$ *sind LA* $\Longleftrightarrow$ *In der Darstellung* $\mathbf{0} = \sum_{k=1}^{m} \lambda_k \mathbf{v}_k$ *sind nicht sämtliche* $\lambda_j \in \mathbb{K}$ *gleich Null. Das heißt, es existiert eine* **nichttriviale Darstellung** *des Nullvektors.*

Nachfolgende Beispiele werden uns diesen Sachverhalt näherbringen.

Beispiel 4.40

a) *In $V := \mathbb{R}^2$ sind die drei Vektoren $\mathbf{v}_1 := \binom{1}{1}$, $\mathbf{v}_2 := \binom{2}{5}$, $\mathbf{v}_3 := \binom{0}{1}$ linear abhängig, denn es gilt $\mathbf{0} = -2\mathbf{v}_1 + \mathbf{v}_2 - 3\mathbf{v}_3$.*

Das bedeutet etwas anders formuliert, dass sich jeder dieser Vektoren durch die beiden anderen darstellen lässt.

b) *In $V := \mathbb{R}^n$ seien die Einheitsvektoren $\mathbf{e}_j := (0,\ldots,0,\underbrace{1}_{j\text{-te Stelle}},0,\ldots,0)^T \in \mathbb{R}^n$, $j = 1,2,\ldots,n$, wie vorher eingeführt. Offenbar gilt*

$$\mathbf{0} = \sum_{k=1}^{n} \lambda_k \, \mathbf{e}_k = (\lambda_1, \lambda_2, \ldots, \lambda_n)^T$$

genau für $\lambda_1 = \lambda_2 = \cdots = \lambda_n = 0$. Das heißt, die Vektoren $\mathbf{e}_1, \mathbf{e}_2, \ldots, \mathbf{e}_n$ sind LU. Wir hatten ja bereits gezeigt, dass $\mathbb{R}^n = \operatorname{span}\{\mathbf{e}_1, \mathbf{e}_2, \ldots, \mathbf{e}_n\}$.

c) *In $\Pi_n(z) := \{P(z) : P(z)$ ist Polynom über $\mathbb{K}$ vom Grade höchstens $n\}$ setzen wir $p_j(z) := z^j \in \Pi_n(z)$, $j = 1,2,\ldots,n$. Wäre*

$$P_n(z) := \sum_{k=0}^{n} \lambda_k \, p_k(z) = 0 \ \forall \, z \in \mathbb{K}$$

und wären nicht alle $\lambda_j = 0$, so wäre $P_n(z) \neq 0$ ein Polynom vom Grade höchstens n mit mehr als n Nullstellen. Dies widerspricht der Aussage von Satz 2.36 b). Also ist $P_n(z)$ das Nullpolynom, und das System $1, z, z^2, \ldots, z^n$ ist LU für jede Wahl von $n \in \mathbb{N}$.

d) *Im $\mathbb{R}^n$ reduziert sich das Nachprüfen der linearen Unabhängigkeit eines Vektorsystems $\mathbf{v}_1, \mathbf{v}_2, \ldots, \mathbf{v}_m \in \mathbb{R}^n$ auf das Lösen eines **homogenen linearen Gleichungssystems** mit n Zeilen und m Spalten.*

Wir prüfen in $V := \mathbb{R}^3$ die lineare Unabhängigkeit des Systems

$$\mathbf{v}_1 := (1,1,1)^T, \ \mathbf{v}_2 := (1,1,2)^T, \ \mathbf{v}_3 := (2,1,1)^T.$$

wobei v_j, $j = 1,2,3$, die j-te Spalte des folgenden linearen Gleichungssystems ist:

$$\mathbf{0} = \sum_{k=1}^{3} \lambda_k \, \mathbf{v}_k \iff \begin{cases} \lambda_1 + \lambda_2 + 2\lambda_3 = 0 \\ \lambda_1 + \lambda_2 + \lambda_3 = 0 \\ \lambda_1 + 2\lambda_2 + \lambda_3 = 0 \end{cases} \quad (LG)$$

oder als erweiterte Koeffizientenmatrix geschrieben

$$(\mathbf{v}_1, \mathbf{v}_2, \mathbf{v}_3, \mathbf{0}) = \begin{pmatrix} 1 & 1 & 2 & \big| & 0 \\ 1 & 1 & 1 & \big| & 0 \\ 1 & 2 & 1 & \big| & 0 \end{pmatrix}.$$

Wir führen beim Aufschreiben des zugeordneten Zahlenschemas die elementaren Umformungen

$$\boxed{Z_2 - Z_1 \to Z_2} \;\; und \;\; \boxed{Z_3 - Z_1 \to Z_3}$$

durch. Wir erhalten

$$
\begin{array}{ccc|c}
 & 1 & 1 & 2 & 0 \\
\boxed{Z_2 \leftrightarrow Z_3} & 0 & 0 & -1 & 0 \\
 & 0 & 1 & -1 & 0 \\
\hline
 & 1 & 1 & 2 & 0 \\
 & 0 & 1 & -1 & 0 \\
 & 0 & 0 & -1 & 0
\end{array}
\Bigg\} \implies \boxed{\lambda_1 = \lambda_2 = \lambda_3 = 0.}
$$

Also ist das System $\mathbf{v}_1, \mathbf{v}_2, \mathbf{v}_3$ *LU.*

Bei obiger Rechnung ist es unerheblich, ob die Nullen auf der rechten Seite mitgeführt werden oder nicht. Wir sehen ferner, dass in (LG) die Komponenten des Vektors $\mathbf{v}_j$ *die Koeffizienten der* j*-ten Spalte bilden. Mit dieser Erkenntnis ergibt sich in* $\mathbb{R}^n$ *anhand von Staffelformen das folgende* **Prüfverfahren auf lineare Unabhängigkeit***:*

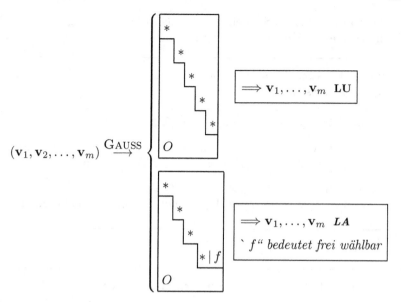

$\mathbf{e)}$ *Es seien in* $V := \mathbb{R}^4$ *die Vektoren*

$$\mathbf{v}_1 := (1, 0, -2, 1)^T, \ \mathbf{v}_2 := (-1, 1, 0, 1)^T, \ \mathbf{v}_3 := (0, a, 4, -4)^T$$

mit $a \in \mathbb{R}$ *gegeben. Wir führen im zugeordneten Zahlenschema die elementaren Umformungen*

$$\boxed{Z_3 + 2Z_1 \to Z_3} \ \textit{und} \ \boxed{Z_4 - Z_1 \to Z_4}$$

durch und erhalten

$(\mathbf{v}_1, \mathbf{v}_2, \mathbf{v}_3) \Rightarrow$

$$\begin{array}{ccc}
1 & -1 & 0 \\
0 & 1 & a \\
0 & -2 & 4 \\
0 & 2 & -4
\end{array}$$

$$\boxed{\begin{array}{l} Z_4 + Z_3 \to Z_4 \\ Z_3 + 2Z_2 \to Z_3 \end{array}}
\quad
\begin{array}{ccc}
1 & -1 & 0 \\
0 & 1 & a \\
0 & 0 & 4+2a \\
0 & 0 & 0
\end{array}
\Bigg\} \Rightarrow \mathbf{v}_1, \mathbf{v}_2, \mathbf{v}_3
\boxed{\begin{cases} LU \ \textit{für } a \neq -2, \\ LA \ \textit{für } a = -2. \end{cases}}$$

Wir fassen im folgenden Satz einige offensichtliche Folgerungen aus der Definition der linearen Unabhängigkeit zusammen:

Satz 4.41 *Es sei V ein Vektorraum über $\mathbb{K}$, und es sei $\mathbf{v}_1, \mathbf{v}_2, \ldots, \mathbf{v}_m \in V$ ein Vektorsystem.*

1. *Das Vektorsystem $\{\mathbf{0}, \mathbf{v}_1, \mathbf{v}_2, \ldots, \mathbf{v}_m\}$ ist stets LA.*

2. *Sind $\mathbf{v}_1, \mathbf{v}_2, \ldots, \mathbf{v}_m$ LU, so gilt dies auch für das System $\{\mathbf{v}_1, \mathbf{v}_2, \ldots, \mathbf{v}_{m-1}\}$. (Erhalt der LU bei **Verkürzung**).*

3. *Sind $\mathbf{v}_1, \mathbf{v}_2, \ldots, \mathbf{v}_m$ LA, so gilt dies auch für das System $\{\mathbf{v}_1, \mathbf{v}_2, \ldots, \mathbf{v}_m, \mathbf{w}\} \ \forall \, \mathbf{w} \in V$. (Erhalt der LA bei **Verlängerung**.)*

Folgerung 4.42 *Betrachten wir den Vektorraum $V := \mathbb{K}^n$. Darin sind $n + k$ Vektoren $\mathbf{v}_1, \ldots, \mathbf{v}_n, \mathbf{v}_{n+1}, \ldots, \mathbf{v}_{n+k}$, $k \geq 1$, immer LA. Denn im zugehörigen homogenen linearen Gleichungssystem $(\mathbf{v}_1, \ldots, \mathbf{v}_n, \mathbf{v}_{n+1}, \ldots, \mathbf{v}_{n+k}, \mathbf{0})$ ist die Anzahl $n + k$ der Spalten natürlich größer als die Anzahl n der Zeilen. Somit kann nie ein Staffelsystem vom Typ „eindeutig lösbar" entstehen!*

Weitere Aussagen runden diesen Abschnitt nun ab.

Satz 4.43 *Es sei V ein Vektorraum über $\mathbb{K}$. Ein Vektorsystem $\mathbf{v}_1, \mathbf{v}_2, \ldots, \mathbf{v}_m \in V$ mit $m \geq 2$ ist genau dann LA, wenn ein Index $j \in \{1, 2, \ldots, m\}$ existiert mit*

$$\mathbf{v}_j \in span\{\mathbf{v}_1, \ldots, \mathbf{v}_{j-1}, \mathbf{v}_{j+1}, \ldots, \mathbf{v}_m\}.$$

(Einer der Vektoren ist also mit Hilfe der anderen darstellbar.)

Beweis. Liegen in V je zwei LU Vektorsysteme

$$\{\mathbf{v}_1, \mathbf{v}_2, \ldots, \mathbf{v}_m\} \ \text{und} \ \{\mathbf{w}_1, \mathbf{w}_2, \ldots, \mathbf{w}_{m+1}\}$$

vor. Dann gibt es einen Index $j \in \{1, 2, \ldots, m+1\}$ derart, dass auch das Vektorsystem $\mathbf{v}_1, \mathbf{v}_2, \ldots, \mathbf{v}_m, \mathbf{w}_j$ LU ist.

Andernfalls hätten wir $\mathbf{w}_j \in span\{\mathbf{v}_1, \mathbf{v}_2, \ldots, \mathbf{v}_m\} \ \forall \, j = 1, 2, \ldots, m+1$. Das heißt, es wäre

$$\mathbf{w}_j = \sum_{k=1}^{m} \lambda_{k_j} \mathbf{v}_k \ \forall \, j = 1, 2, \ldots, m+1, \ \text{und nicht alle } \lambda_{k_j} = 0.$$

Es folgte beim Test auf LU wegen der linearen Unabhängigkeit des Systems $\mathbf{v}_1, \mathbf{v}_2, \ldots, \mathbf{v}_m$:

$$\mathbf{0} = \sum_{j=1}^{m+1} x_j \mathbf{w}_j = \sum_{k=1}^{m} \left(\sum_{j=1}^{m+1} \lambda_{k_j} x_j \right) \mathbf{v}_k \iff \sum_{j=1}^{m+1} \lambda_{k_j} x_j = 0 \qquad (4.12)$$

für alle $k = 1, \ldots, m$. Setzen wir $\boldsymbol{\lambda}_j := (\lambda_{1_j}, \lambda_{2_j}, \ldots, \lambda_{m_j})^T \in \mathbb{R}^m$, so resultiert äquivalent das homogene lineare Gleichungssystem $(\boldsymbol{\lambda}_1, \boldsymbol{\lambda}_2, \ldots, \boldsymbol{\lambda}_{m+1} \mid \mathbf{0})$, dessen Spaltenanzahl $m+1$ größer ist als die Anzahl m der Zeilen. Daher ist das Vektorsystem $\boldsymbol{\lambda}_1, \boldsymbol{\lambda}_2, \ldots, \boldsymbol{\lambda}_{m+1} \in \mathbb{R}^m$ **linear abhängig**, und die Skalare x_j in Gleichung (4.12) sind so wählbar, dass nicht alle 0 sind. Dies bedeutet aber die lineare Abhängigkeit des Vektorsystems $\{\mathbf{w}_1, \mathbf{w}_2, \ldots, \mathbf{w}_{m+1}\}$, was im Widerspruch zur Voraussetzung steht. \hfill qed

Als Folgerung formulieren wir den

Satz 4.44 (Austauschsatz) *Es sei V ein Vektorraum über $\mathbb{K}$, und es seien $\mathbf{v}_1, \mathbf{v}_2, \ldots, \mathbf{v}_m \in V$ sowie $\mathbf{w}_1, \mathbf{w}_2, \ldots, \mathbf{w}_{m+l} \in V$, $l \geq 1$, zwei linear unabhängige Vektorsysteme. Dann gibt es paarweise verschiedene Indizes $j_1, j_2, \ldots, j_l \in \{1, 2, \ldots, m+l\}$ derart, dass das Vektorsystem*

$$\{\mathbf{v}_1, \mathbf{v}_2, \ldots, \mathbf{v}_m, \mathbf{w}_{j_1}, \ldots, \mathbf{w}_{j_l}\}$$

linear unabhängig ist.

Beispiel 4.45 *In $V := \mathbb{R}^4$ seien die Vektorsysteme*

$$\mathbf{v}_1 := (1, 1, 1, 0)^T, \ \mathbf{v}_2 := (0, 1, 1, 0)^T$$

und

$$\mathbf{w}_1 := (1, 0, 0, 0)^T, \ \mathbf{w}_2 := (0, 1, 0, 0)^T,$$

$$\mathbf{w}_3 := (0, 0, 1, 0)^T, \ \mathbf{w}_4 := (0, 0, 0, 1)^T$$

gegeben. Dann sind die beiden Systeme $\{\mathbf{v}_1, \mathbf{v}_2\}$ und $\{\mathbf{w}_1, \mathbf{w}_2, \mathbf{w}_3, \mathbf{w}_4\}$ jedes für sich gesehen linear unabhängig. Man überzeugt sich durch einfache Rechnung, dass z.B. die Vektorsysteme

$$\mathbf{v}_1, \mathbf{v}_2, \mathbf{w}_2, \mathbf{w}_4 \quad \textit{sowie} \quad \mathbf{v}_1, \mathbf{v}_2, \mathbf{w}_3, \mathbf{w}_4$$

jedes für sich LU sind. Hingegen sind die Vektorsysteme

$$\mathbf{v}_1, \mathbf{v}_2, \mathbf{w}_1 \quad und \quad \mathbf{v}_1, \mathbf{v}_2, \mathbf{w}_2, \mathbf{w}_3$$

jedes für sich LA.

Die **Ergänzungsvektoren** $\mathbf{w}_{j_1}, \ldots, \mathbf{w}_{j_l}$ *im Austauschsatz sind i .Allg.* **nicht eindeutig** *festgelegt!*

Aufgaben

Aufgabe 4.31. Für welche $a, b \in \mathbb{R}$ sind nachfolgende Vektoren in $\mathbb{R}^3$ LU?

a) $\mathbf{v}_1 = (a^2, 1, b)^T$, $\mathbf{v}_2 = (b, -1, 1)^T$,

b) $\mathbf{w}_1 = (a, 0, 1)^T$, $\mathbf{w}_2 = (0, a, 2)^T$, $\mathbf{w}_3 = (3, 2, b)^T$.

Aufgabe 4.32. Überprüfen Sie die Vektoren $\mathbf{v}_1 = (1, -2, 5, -3)^T$, $\mathbf{v}_2 = (3, 2, 1, -4)^T$ und $\mathbf{v}_3 = (3, 8, -3, -5)^T$ auf LU. Ergänzen Sie diese Vektoren derart, dass jeder Vektor $\mathbf{w} \in \mathbb{R}^4$ damit linear kombiniert werden kann.

Aufgabe 4.33. Ergänzen Sie den Vektor $\mathbf{v} = (100, 100, 100)^T$ mit zwei weiteren LU Vektoren des $\mathbb{R}^3$.

Aufgabe 4.34. Gegeben seien die Monome $f_i(x) = x^i$, $i = 0, 1, 2$ und $g(x) = (1 - x)(1 + x)$. Gilt $f_1 \in \text{span}\{f_0, f_2, g\}$?

Aufgabe 4.35. Gegeben seien $\mathbf{u}_1^T = (1, 1, 1)$, $\mathbf{u}_2^T = (1, 1, 0)$, $\mathbf{u}_3^T = (0, 0, 1)$ und $\mathbf{u}_4^T = (0, 1, 0)$. Zeigen Sie

$$\text{span}\{\mathbf{u}_1, \mathbf{u}_2\} + \text{span}\{\mathbf{u}_3, \mathbf{u}_4\} = \text{span}\{\mathbf{u}_1, \mathbf{u}_2\} \oplus \text{span}\{\mathbf{u}_4\}.$$

Aufgabe 4.36. Gegeben sei der Vektorraum $\mathbb{C}^3$ über $\mathbb{C}$. Ferner seien

$$\mathbf{v}_1 := (3, 1, i)^T, \quad \mathbf{v}_2 := (-2, -i, 1)^T \quad und \quad \mathbf{v}_3 := (1 - i, 0, -2 + 2i)^T.$$

a) Liegt der Vektor $\mathbf{w} := (3i, 0, -4)^T$ im $\text{span}\{\mathbf{v}_1, \mathbf{v}_2, \mathbf{v}_3\}$?

b) Lässt sich jedes Element aus $\mathbb{C}^3$ als Linearkombination der Vektoren $\mathbf{v}_1, \mathbf{v}_2, \mathbf{v}_3$ darstellen?

Aufgabe 4.37. Zeigen Sie, dass die Vektoren $\mathbf{v}_1, \ldots, \mathbf{v}_n \in V$ genau dann LA sind, wenn einer von diesen als Linearkombination der anderen darstellbar ist.

4.5 Dimension und Basis

Wir kommen gleich zur Sache. Es gilt

Definition 4.46

1. *Es sei V ein Vektorraum über $\mathbb{K}$. Ein Vektorsystem $v_1, v_2, \ldots, v_n \in V$ heißt* **Basis von** V **der Länge** n, *wenn gilt*

   (B1) $\{v_1, v_2, \ldots, v_n\}$ *ist* **LU,**

   (B2) $V = span\{v_1, v_2, \ldots, v_n\}$.

   Die zu jedem $v \in V$ eindeutig bestimmten Skalare $\lambda_j \in \mathbb{K}$ mit $v = \sum_{k=1}^{n} \lambda_k v_k$ heißen die **Komponenten von** v **in der Basis** $v_1, v_2, \ldots, v_n$.

2. *Ein Vektorraum V über $\mathbb{K}$ hat die* **(endliche) Dimension n,** *wenn in V eine Basis der Länge n existiert. In diesem Fall schreiben wir*

   $$n = \dim V < \infty.$$

   Insbesondere ordnet man dem Nullvektorraum die Dimension 0 zu.

Dass die Dimension eindeutig bestimmt ist, belegt der

Satz 4.47 *Es sei V ein Vektorraum über $\mathbb{K}$. Ferner seien $v_1, v_2, \ldots, v_n$ und $w_1, w_2, \ldots, w_m$ zwei Basen von V. Dann gilt stets $m = n$.*

Beweis. Sei ohne Beschränkung der Allgemeinheit $m = n + l$, $l \geq 0$, $n > 0$. Wegen $V = span\{v_1, v_2, \ldots, v_n\}$ gilt $w_j \in span\{v_1, v_2, \ldots, v_n\} \; \forall j = 1, 2, \ldots, n + l$.

Wäre $l > 0$, so wäre das Vektorsystem $v_1, v_2, \ldots, v_n, w_{j_1}, \ldots, w_{j_l}$ wegen Satz 4.44 linear unabhängig, im Widerspruch zu $w_{j_k} \in span\{v_1, v_2, \ldots, v_n\}$.

$\qquad\qquad\qquad\qquad\qquad\qquad\qquad\qquad\qquad\qquad\qquad\qquad$ qed

Beispiel 4.48 *"Standardbasis bzw. die Cartesische Basis".*

Die Einheitsvektoren $e_j \in \mathbb{R}^n$, $j = 1, \ldots, n$, bilden eine Basis des $\mathbb{R}^n$:

$$\mathbf{e}_j := (0, \ldots, 0, \underbrace{1}_{j\text{-te Stelle}}, 0, \ldots, 0)^T \in \mathbb{R}^n, \; j = 1, 2, \ldots, n.$$

Jeder Vektor $\mathbf{x} = (x_1, x_2, \ldots, x_n)^T \in \mathbb{R}^n$ *hat in der Standardbasis die Darstellung*

$$\mathbf{x} = \begin{pmatrix} x_1 \\ x_2 \\ \vdots \\ x_n \end{pmatrix} = \sum_{k=1}^{n} x_k \, \mathbf{e}_k.$$

Das heißt, die Komponenten von $\mathbf{x} \in \mathbb{R}^n$ *in der Standardbasis sind gerade die Skalare* $x_k \in \mathbb{R}$, *und es gilt natürlich*

$$\dim \mathbb{R}^n = n.$$

Speziell betrachten wir nun die **Cartesische Basis** *im* $\mathbb{R}^2$ *und* $\mathbb{R}^3$. *Für diese Standardbasen werden wie folgt häufig* **neue Notationen** *eingeführt:*

$$\mathbf{e}_x = \begin{pmatrix} 1 \\ 0 \end{pmatrix}, \mathbf{e}_y = \begin{pmatrix} 0 \\ 1 \end{pmatrix} \; in \; \mathbb{R}^2; \; \mathbf{e}_x = \begin{pmatrix} 1 \\ 0 \\ 0 \end{pmatrix}, \mathbf{e}_y = \begin{pmatrix} 0 \\ 1 \\ 0 \end{pmatrix}, \mathbf{e}_z = \begin{pmatrix} 0 \\ 0 \\ 1 \end{pmatrix} \; in \; \mathbb{R}^3.$$

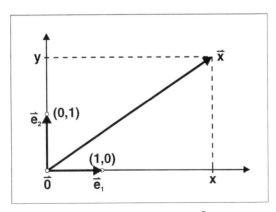

Cartesische Basis des $\mathbb{R}^2$

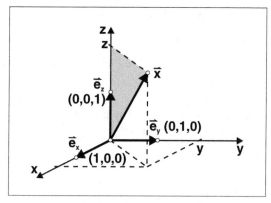

Cartesische Basis des $\mathbb{R}^3$

Dabei schließen die **Basisvektoren** e_x *und* e_y *einen rechten Winkel ein. Die Vektoren* e_x, e_y, e_z *stehen* **paarweise senkrecht** *aufeinander und bilden ein* **Rechtssystem**: *Die positiven x-, y- und z-Richtungen können durch Daumen, Zeigefinger und Mittelfinger der* **rechten** *Hand wiedergegeben werden (und zwar in dieser Reihenfolge). Andere übliche Bezeichnungen sind*

$$i := e_x = e_1, \quad j := e_y = e_2, \quad k := e_z = e_3.$$

Die Vektoren der Cartesischen Basis haben die (EUKLIDische) Länge 1.

Es gilt die Darstellung

$$\mathbf{x} = \begin{pmatrix} x \\ y \\ z \end{pmatrix} = x\,e_x + y\,e_y + z\,e_z \;\; \forall\, \mathbf{x} \in \mathbb{R}^3.$$

Der griechische Mathematiker EUKLID (ca. 365-300 v.Chr.) wirkte überwiegend in Alexandria, Ägypten. In seinem berühmtesten Werk „Die Elemente" fasste er das mathematische Wissen der Griechen seiner Zeit zusammen. Darin sind auch *seine* zahlreichen Errungenschaften zu finden. So wurde seine *axiomatische* Methode zum Vorbild für die gesamte spätere Mathematik. Passend zu diesem Abschnitt sei sein *Parallelenaxiom* erwähnt, welches besagt: „In einer Ebene gibt es zu jeder Geraden G und jedem Punkt $P \notin G$ genau eine Gerade durch P, welche zu G parallel ist". Dabei sind Parallelen gerade Linien, welche sich nie schneiden, wenn sie auch bis ins Unendliche verlängert werden.

Selbstverständlich hat es EUKLID nicht versäumt, eine präzise Definition für eine Gerade zu formulieren. Dazu gelangte er mit Hilfe folgender Definitionen:

1. Ein **Punkt** ist, was keine Teile hat.

2. Eine **Linie** ist eine breitenlose Länge.

3. Eine **Gerade** ist eine Linie, die bezüglich der Punkte auf ihr stets gleich liegt.

Interessant ist auch die Tatsache, dass „Die Elemente" bis Mitte des 19. Jahrhunderts nach der Bibel das meistverbreiteste Werk in der Weltliteratur war.

Beispiel 4.49

a) *Im Vektorraum $\Pi_n(z) := \{P(z) : P(z)$ ist Polynom über $\mathbb{K}$ vom Grade höchstens n } bilden die* **Monome** $1, z, z^2, \ldots, z^n$ *eine Basis. Also folgt*

$$\boxed{\dim \Pi_n(z) = n + 1.}$$

b) *Im Vektorraum $\Pi(z) := \{$**alle** Polynome über $\mathbb{K}$ } existieren linear unabhängige Vektorsysteme $1, z, z^2, \ldots$ beliebiger Länge. Eine* **endliche** *Basis gibt es nicht. Wir setzen*

$$\boxed{\dim \Pi(z) = \infty.}$$

(Mit unendlich dimensionalen Räumen beschäftigt sich die Funktionalanalysis. Sie sind nicht Inhalt der Linearen Algebra!)

Bemerkung 4.50

1. *Jeder Vektorraum V über $\mathbb{K}$ mit $\dim V = n < \infty$ hat eine Basis.*

2. *Eine Basis in V ist* **nicht eindeutig** *bestimmt. Zum Beispiel ist mit $\mathbf{v}_1, \mathbf{v}_2, \ldots, \mathbf{v}_n$ auch $\lambda_1 \mathbf{v}_1, \lambda_2 \mathbf{v}_2, \ldots, \lambda_n \mathbf{v}_n$ eine Basis von V, solange $\lambda_j \neq 0$ gilt. Ist $\dim V = n < \infty$, so haben jedoch alle Basen von V* **genau** n **linear unabhängige Vektoren** *(Satz 4.47). Jedes Vektorsystem in V mit mehr als n Vektoren ist LA.*

Satz 4.51 (Basisergänzungssatz) *Sei V ein Vektorraum über $\mathbb{K}$ mit $\dim V = n < \infty$.*

1. *Ist das Vektorsystem $\mathbf{v}_1, \mathbf{v}_2, \ldots, \mathbf{v}_m \in V$ mit $m < n$ LU, so existieren Vektoren $\mathbf{v}_{m+1}, \mathbf{v}_{m+2}, \ldots, \mathbf{v}_n \in V$ derart, dass das System $\mathbf{v}_1, \mathbf{v}_2, \ldots, \mathbf{v}_n$ eine Basis von V ist.*

2. *Ist $U_1 \subset V$ ein UR mit $\dim U_1 = m < n$, so existiert ein weiterer UR $U_2 \subset V$ mit $\dim U_2 = n - m$ derart, dass*

$$V = U_1 \oplus U_2$$

gilt.

Beweis. Im 1. Falle ist nichts zu beweisen. Im 2. Falle sei $\mathbf{v}_1, \mathbf{v}_2, \ldots, \mathbf{v}_m \in U_1 \subset V$ eine Basis von U_1. Dann wählen wir wie in 1. eine *Basisergänzung* $\mathbf{v}_{m+1}, \mathbf{v}_{m+2}, \ldots, \mathbf{v}_n \in V$. Der UR $U_2 := \mathrm{span}\{\mathbf{v}_{m+1}, \mathbf{v}_{m+2}, \ldots, \mathbf{v}_n\}$ leistet nun das Verlangte.   qed

---

Satz 4.52 (Dimensionssatz für Unterräume) *Sei V ein Vektorraum über $\mathbb{K}$. Es seien $U, U_1, U_2 \subseteq V$ **endlichdimensionale** Unterräume. Dann gilt:*

1. $\dim U \leq n = \dim V$.

2. $\dim(U_1 + U_2) = \dim U_1 + \dim U_2 - \dim(U_1 \cap U_2)$.

3. $\dim(U_1 \oplus U_2) = \dim U_1 + \dim U_2$.

Wir befassen uns nun mit der **Bestimmung** einer Basis **speziell** für den Unterraum $U := \mathrm{span}\{\mathbf{v}_1, \mathbf{v}_2, \ldots, \mathbf{v}_m\} \subset \mathbb{K}^n$. Als Lösung resultiert natürlich das Vektorsystem $\mathbf{v}_1, \mathbf{v}_2, \ldots, \mathbf{v}_m$, falls dieses $\mathbf{v}_1, \mathbf{v}_2, \ldots, \mathbf{v}_m$ LU ist. Im Falle der **linearen Abhängigkeit** ist es weder offensichtlich, welche Vektoren eine Basis bilden, noch ist es klar, wie groß $\dim U$ ist. Dies wird wie folgt bewerkstelligt:

Vorgehensweise:

1. Speziell im Vektorraum $V := \mathbb{K}^n$ können die **transponierten** Vektoren $\mathbf{v}_1^T, \mathbf{v}_2^T, \ldots, \mathbf{v}_m^T \in \mathbb{K}^n$ als **Zeilen** einer Matrix

$$A^T := \begin{pmatrix} \mathbf{v}_1^T \\ \mathbf{v}_2^T \\ \vdots \\ \mathbf{v}_m^T \end{pmatrix} \in \mathbb{K}^{(m,n)}$$

interpretiert werden.

Die elementare Umformungen des Vektorsystems $\mathbf{v}_1, \mathbf{v}_2, \ldots, \mathbf{v}_m$ entsprechen nun den elementaren Zeilenumformungen der Matrix A^T.

2. Wir bringen die Matrix A^T durch GAUSS-Schritte in eine Staffelform:

Die nichtverschwindenden Zeilenvektoren $\mathbf{u}_1^T, \mathbf{u}_2^T, \ldots, \mathbf{u}_k^T \in \mathbb{K}^n$ bilden ein linear unabhängiges Vektorsystem $\mathbf{u}_1, \mathbf{u}_2, \ldots, \mathbf{u}_k$, und es gilt

$$\boxed{U = \mathrm{span}\{\mathbf{u}_1, \mathbf{u}_2, \ldots, \mathbf{u}_k\}.}$$

Das heißt, das System $\mathbf{u}_1, \mathbf{u}_2, \ldots, \mathbf{u}_k$ ist die gesuchte **Basis** des Unterraumes $U = \mathrm{span}\{\mathbf{v}_1, \mathbf{v}_2, \ldots, \mathbf{v}_m\}$, und es gilt $\dim U = k$.

Einige Beispiele sollen diese Vorgehensweise nun verdeutlichen.

Beispiel 4.53 *Im $\mathbb{R}^4$ sei das Vektorsystem*

$$\mathbf{v}_1 := (2, 5, 4, 2)^T,$$
$$\mathbf{v}_2 := (1, 4, 2, 1)^T,$$
$$\mathbf{v}_3 := (-1, -1, -2, -1)^T,$$
$$\mathbf{v}_4 := (1, 3, 2, 0)^T$$

gegeben. Es soll eine Basis für $U := span\{\mathbf{v}_1, \mathbf{v}_2, \mathbf{v}_3, \mathbf{v}_4\}$ bestimmt werden. Diese ergibt sich folgendermaßen:

$$A^T := \begin{pmatrix} \mathbf{v}_1^T \\ \mathbf{v}_2^T \\ \mathbf{v}_3^T \\ \mathbf{v}_4^T \end{pmatrix} \rightarrow$$

2	5	4	2
1	4	2	1
−1	−1	−2	−1
1	3	2	0

$Z_1 \leftrightarrow Z_2$	1	4	2	1
$Z_2 - 2Z_1 \to Z_2$	0	−3	0	0
$Z_3 + Z_1 \to Z_3$	0	3	0	0
$Z_4 - Z_1 \to Z_4$	0	−1	0	−1

$Z_3 \leftrightarrow Z_4$ $Z_4 + Z_2 \to Z_4$	1	4	2	1	$= \mathbf{u}_1^T$
$-\frac{1}{3}Z_2 \to Z_2$	0	1	0	0	$= \mathbf{u}_2^T$
$Z_3 + Z_2 \to Z_3$	0	0	0	1	$= \mathbf{u}_3^T$
$-Z_3 \to Z_3$	0	0	0	0	

$\Longrightarrow$

$$U = span\{\mathbf{u}_1, \mathbf{u}_2, \mathbf{u}_3\} = span\left\{ \underbrace{\begin{pmatrix} 1 \\ 4 \\ 2 \\ 1 \end{pmatrix}, \begin{pmatrix} 0 \\ 1 \\ 0 \\ 0 \end{pmatrix}, \begin{pmatrix} 0 \\ 0 \\ 0 \\ 1 \end{pmatrix}}_{\text{Basis}} \right\}.$$

Des Weiteren ist

$$E := span\left\{ \begin{pmatrix} 0 \\ 0 \\ 1 \\ 0 \end{pmatrix} \right\} = span\{\mathbf{e}_3\},$$

$\mathbf{e}_3 \in \mathbb{R}^4$, *ein Ergänzungsraum zu U, und es gilt $\mathbb{R}^4 = U \oplus E$.*

Beispiel 4.54 *Im $V := \mathbb{R}^5$ sei das Vektorsystem*

$$\mathbf{v}_1 := (1, 1, 0, 4, 5)^T,$$
$$\mathbf{v}_2 := (-1, 0, 3, -4, -4)^T,$$
$$\mathbf{v}_3 := (-1, -1, 0, -4, -4)^T,$$
$$\mathbf{v}_4 := (1, 1, 0, 4, 6)^T$$

gegeben. *Wir bestimmen Basis, Dimension und Ergänzungsraum für den Unterraum* $U := span\{\mathbf{v}_1, \mathbf{v}_2, \mathbf{v}_3, \mathbf{v}_4\}$.

$$
A^T := \begin{bmatrix} \mathbf{v}_1^T \\ \mathbf{v}_2^T \\ \mathbf{v}_3^T \\ \mathbf{v}_4^T \end{bmatrix} \rightarrow
\begin{array}{ccccc}
1 & 1 & 0 & 4 & 5 \\
-1 & 0 & 3 & -4 & -4 \\
-1 & -1 & 0 & -4 & -4 \\
1 & 1 & 0 & 4 & 6
\end{array}
$$

$$
\boxed{\begin{array}{l} Z_2 + Z_1 \rightarrow Z_2 \\ Z_3 + Z_1 \rightarrow Z_3 \\ Z_4 - Z_1 \rightarrow Z_4 \end{array}}
\quad
\begin{array}{ccccc}
1 & 1 & 0 & 4 & 5 \\
0 & 1 & 3 & 0 & 1 \\
0 & 0 & 0 & 0 & 1 \\
0 & 0 & 0 & 0 & 1
\end{array}
$$

$$
\boxed{\begin{array}{l} Z_1 - 5Z_3 \rightarrow Z_1 \\ Z_2 - Z_3 \rightarrow Z_2 \\ Z_4 - Z_3 \rightarrow Z_4 \end{array}}
\quad
\begin{array}{ccccc}
1 & 1 & 0 & 4 & 0 \\
0 & 1 & 3 & 0 & 0 \\
0 & 0 & 0 & 0 & 1 \\
0 & 0 & 0 & 0 & 0
\end{array}
\begin{array}{l} = \mathbf{u}_1^T \\ = \mathbf{u}_2^T \\ = \mathbf{u}_3^T \end{array} \Bigg\} \implies
$$

Wir lesen hier Dimension, Basis und Ergänzungsraum direkt ab:

$$\boxed{\dim U = 3.}$$

$$
\boxed{U = span\{\mathbf{u}_1, \mathbf{u}_2, \mathbf{u}_3\} = span\left\{ \underbrace{\begin{pmatrix} 1 \\ 1 \\ 0 \\ 4 \\ 0 \end{pmatrix}, \begin{pmatrix} 0 \\ 1 \\ 3 \\ 0 \\ 0 \end{pmatrix}, \begin{pmatrix} 0 \\ 0 \\ 0 \\ 0 \\ 1 \end{pmatrix}}_{\text{Basis}} \right\}.}
$$

Auch hier ist

$$E := span\left\{ \begin{pmatrix} 0 \\ 0 \\ 1 \\ 0 \\ 0 \end{pmatrix}, \begin{pmatrix} 0 \\ 0 \\ 0 \\ 1 \\ 0 \end{pmatrix} \right\} = span\{\mathbf{e}_4\,\mathbf{e}_5\},$$

$\mathbf{e}_4, \mathbf{e}_5 \in \mathbb{R}^5$, *ein Ergänzungsraum zu* U, *und es gilt* $\mathbb{R}^5 = U \oplus E$.

Aufgaben

Aufgabe 4.38. Nennen Sie einen Vektorraum V mit $\dim V = \infty$.

Aufgabe 4.39. Gegeben seien die folgenden Vektoren im $\mathbb{R}^4$:

$$\mathbf{b}_1 = \begin{pmatrix} 1 \\ 1 \\ 1 \\ -3 \end{pmatrix}, \quad \mathbf{b}_2 = \begin{pmatrix} 3 \\ 3 \\ -4 \\ -2 \end{pmatrix}, \quad \mathbf{b}_3 = \begin{pmatrix} 2 \\ 2 \\ -2 \\ -2 \end{pmatrix}, \quad \mathbf{b}_4 = \begin{pmatrix} 2 \\ -2 \\ 1 \\ -1 \end{pmatrix}.$$

Weiter sei $U = <\mathbf{b}_1, \mathbf{b}_2, \mathbf{b}_3, \mathbf{b}_4>$.

a) Bestimmen Sie eine Teilmenge aus den obigen Vektoren, welche eine Basis in U bilden. Wählen Sie die Teilmenge so aus, dass die Summe der Indizes der Vektoren minimal wird.

b) Für welche $\alpha \in \mathbb{R}$ ist $\mathbf{w} = (3, -2, 4, \alpha)^T \in U$? Bestimmen Sie die Komponenten von $\mathbf{w}$ bezüglich der oben gefundenen Basis.

c) Bestimmen Sie ausgehend von $\mathbf{b}_1, \mathbf{b}_2, \mathbf{b}_3, \mathbf{b}_4$ eine neue Basis des nachstehenden Typs:

$$\mathbf{d}_1 = \begin{pmatrix} 1 \\ 0 \\ 0 \\ \beta_1 \end{pmatrix}, \quad \mathbf{d}_2 = \begin{pmatrix} 0 \\ 1 \\ 0 \\ \beta_2 \end{pmatrix}, \quad \mathbf{d}_3 = \begin{pmatrix} 0 \\ 0 \\ 1 \\ \beta_3 \end{pmatrix}.$$

Bestimmen Sie die Komponenten von $\mathbf{w}$ bezüglich dieser Basis.

Aufgabe 4.40. Gegeben seien die Vektoren

$$\mathbf{u}_1 = \begin{pmatrix} 1 \\ 2 \\ -1 \\ -1 \\ 1 \end{pmatrix}, \ \mathbf{u}_2 = \begin{pmatrix} 2 \\ 1 \\ 0 \\ -1 \\ 2 \end{pmatrix}, \ \mathbf{u}_3 = \begin{pmatrix} 3 \\ 1 \\ 1 \\ -2 \\ 3 \end{pmatrix}, \ \mathbf{u}_4 = \begin{pmatrix} 0 \\ 1 \\ -2 \\ 1 \\ 0 \end{pmatrix}.$$

a) Sind $\mathbf{u}_1 \cdots \mathbf{u}_4$ linear unabhängig?

b) Bestimmen Sie eine Basis für die lineare Hülle $< \mathbf{u}_1, \mathbf{u}_2, \mathbf{u}_3, \mathbf{u}_4 >$.

Aufgabe 4.41. Gegeben seien die Vektoren

$$\mathbf{v}_1 = \begin{pmatrix} 1 \\ -1 \\ 2 \\ 0 \end{pmatrix}, \ \mathbf{v}_2 = \begin{pmatrix} 0 \\ -1 \\ 1 \\ 2 \end{pmatrix}, \ \mathbf{v}_3 = \begin{pmatrix} 3 \\ -5 \\ 8 \\ 4 \end{pmatrix}, \ \mathbf{w} = \begin{pmatrix} 5 \\ \alpha \\ \beta \\ 8 \end{pmatrix}.$$

a) Für welche α, β ist $\mathbf{w}$ eine Linearkombination der v_i, $i = 1, 2, 3$? Bestimmen Sie die Koeffizienten der Linearkombination.

b) Sind die $\mathbf{v}_1, \mathbf{v}_2, \mathbf{v}_3$ linear unabhängig? Begründen Sie Ihre Antwort.

c) Bestimmen Sie eine Basis für die lineare Hülle $< \mathbf{v}_1, \mathbf{v}_2, \mathbf{v}_3 >$.

Aufgabe 4.42. Bestimmen Sie im $\mathbb{R}^4$, falls das möglich ist, eine Basis, welche die Vektoren $\mathbf{v}_1 = (3, -2, 0, 0)^T$ und $\mathbf{v}_2 = (0, 1, 0, 1)^T$ enthält.

Aufgabe 4.43. Sei V ein $\mathbb{K}$-Vektorraum mit Basis $(\mathbf{v}_1, \cdots, \mathbf{v}_r)$, $\mathbf{w} = \lambda_1 \mathbf{v}_1 + \cdots \lambda_r \mathbf{v}_r$ und $k \in \{1, \cdots, r\}$ mit $\lambda_k \neq 0$. Zeigen Sie, dass dann auch

$$(\mathbf{v}_1, \cdots, \mathbf{v}_{k-1}, w, \mathbf{v}_{k+1}, \cdots, , \mathbf{v}_r)$$

eine Basis des Vektorraums ist (Austauschlemma).

Aufgabe 4.44. Zeigen Sie, dass für den Vektorraum $\mathbb{C}$ über $\mathbb{R}$ gilt:

a) $\{1, i\}$ ist eine Basis,

b) $\{a + ib, c + id\}$ ist genau dann eine Basis, wenn $ad - bd \neq 0$.

4.6 Affine Unterräume (Untermannigfaltigkeiten)

Es sei V ein Vektorraum über dem Körper $\mathbb{K}$. Dann enthält bekanntlich jeder Unterraum $\emptyset \neq U \subseteq V$ den Vektor $\mathbf{0} \in U$. Durch **Parallelverschiebung** von U um einen festen Vektor $\mathbf{p} \in V$ wird die lineare Struktur **affin** auf ein Gebilde $M := \mathbf{p} + U$ übertragen:

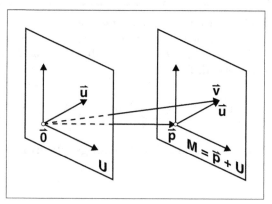

Durch Parallelverschiebung des UR U um einen festen Vektor p entsteht die UM
$$M = \mathbf{p} + U$$

Definition 4.55 *Es sei V ein Vektorraum über $\mathbb{K}$. Eine Teilmenge $\emptyset \neq M \subseteq V$ heiße* **affiner Unterraum** *(oder* **lineare Untermannigfaltigkeit**) *(UM) von V genau dann, wenn ein Unterraum $\emptyset \neq U \subseteq V$ und ein fester Vektor $\mathbf{p} \in V$ existieren mit*

$$M = \mathbf{p} + U = \{\mathbf{v} \in V : \mathbf{v} = \mathbf{p} + \mathbf{u}, \; \mathbf{u} \in U\}.$$

Manchmal wird der Unterraum U auch die **Richtung** *der UM genannt.*

Einige Spezialfälle sind nachstehend zusammengefasst:

Folgerung 4.56

1. *Ist $\dim U = 0$, so ist $M = \mathbf{p}$, und M ist ein* **Punkt** *in V.*

2. *Ist $\dim U = 1$, so ist M eine* **Gerade** *in V.*

3. *Ist $\dim U = 2$, so ist M eine* **Ebene** *in V.*

4. *Ist $\dim U = n-1$ und $\dim V = n$, so heißt M* **Hyperebene** *in V.*

Im Sonderfall $\dim V = 3$ sind also die Hyperebenen in V genau die Ebenen in V. Der Unterraum U ist durch die Vorgabe der Untermannigfaltigkeit M **eindeutig** festgelegt, denn es gilt

(i) $\mathbf{v}_1 - \mathbf{v}_2 \in U \; \forall \, \mathbf{v}_1, \mathbf{v}_2 \in M,$ (ii) $\mathbf{p} \in U \implies U = M.$

Definition 4.57 *Ist* $\mathbf{u}_1, \mathbf{u}_2, \ldots, \mathbf{u}_m$ *eine Basis von* U, *d.h.* $U = span\{\mathbf{u}_1, \mathbf{u}_2, \ldots, \mathbf{u}_m\}$ *und* $\dim U = m < \infty$, *so heißt* M **endlichdimensional**, *und man schreibt* $\dim M := \dim U = m$. *In diesem Falle hat* M *die* **Parameterdarstellung**

$$M = \left\{ \mathbf{v} \in V : \mathbf{v} = \mathbf{p} + \sum_{k=1}^{m} \lambda_k \, \mathbf{u}_k, \quad \lambda_1, \lambda_2, \ldots, \lambda_m \in \mathbb{K} \right\}$$

mit dem **Aufhängepunkt** $\mathbf{p}$, *den* **Richtungsvektoren** $\mathbf{u}_1, \mathbf{u}_2, \ldots, \mathbf{u}_m$ *und den* **Parametern** $\lambda_1, \lambda_2, \ldots, \lambda_m$.

Bemerkung 4.58 *Seien* $\mathbf{p}_1, \mathbf{p}_2 \in V$ *zwei verschiedene Elemente, und* U *ein UR in* V, *dann sind die beiden UM*

$$M_1 = \mathbf{p}_1 + U \quad und \quad M_2 = \mathbf{p}_2 + U$$

parallel zueinander. Wir schreiben dafür $M_1 \| M_2$.

Beispiel 4.59 *„Parameterdarstellung einer Geraden in* $V := \mathbb{R}^3$*".*

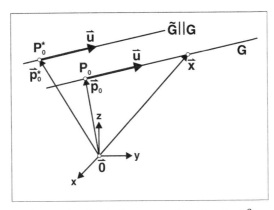

Parameterdarstellung von Geraden in $\mathbb{R}^3$

Gegeben sei ein Ortsvektor $\mathbf{p}_0 \in \mathbb{R}^3$ *mit Spitze im Punkt* P_0, *ferner sei* $\mathbf{u} \in \mathbb{R}^3$, $\mathbf{u} \neq \mathbf{0}$. *Dann ist*

$$G := \{\mathbf{x} \in \mathbb{R}^3 : \mathbf{x} = \mathbf{p}_0 + \lambda\, \mathbf{u},\ \lambda \in \mathbb{R}\}$$

eine **Gerade** *in* $\mathbb{R}^3$, *und die Gleichung*

$$\mathbf{x} = \mathbf{p}_0 + \lambda\, \mathbf{u},\ \lambda \in \mathbb{R}$$

ist ihre **Parameterdarstellung.**

Seien von G lediglich die zwei Punkte P_0, P_1 *mit Ortsvektoren* $\mathbf{p}_0$ *und* $\mathbf{p}_1$ *bekannt, so ergibt sich gemäß*

$$\mathbf{x} = \mathbf{p}_0 + \lambda\, (\mathbf{p}_1 - \mathbf{p}_0),\ \lambda \in \mathbb{R}$$

die Parameterdarstellung der Geraden G.

Wir berechnen die Parameterdarstellung einer Geraden durch die zwei Punkte $P_0 = (1, -4, 3)$ *und* $P_1 = (2, 3, -4)$. *Es gilt* $\mathbf{p}_0 = (1, -4, 3)^T$, $\mathbf{p}_1 = (2, 3, -4)^T$, $\mathbf{u} := \mathbf{p}_1 - \mathbf{p}_0 = (1, 7, -7)^T$, *und somit*

$$G:\ \mathbf{x} = \begin{pmatrix} 1 \\ -4 \\ 3 \end{pmatrix} + \lambda \begin{pmatrix} 1 \\ 7 \\ -7 \end{pmatrix},\ \lambda \in \mathbb{R}.$$

Beispiel 4.60 *„Parameterdarstellung einer Ebene in* $\mathbf{V} := \mathbb{R}^3$*".*

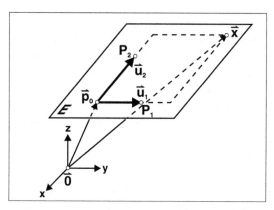

Parameterdarstellung einer Ebene in $\mathbb{R}^3$

Gegeben seien ein Punkt P_0 *mit Ortsvektor* $\mathbf{p}_0 \in \mathbb{R}^3$, *ferner zwei* **linear unabhängige** *Vektoren* $\mathbf{u}_1 \neq \mathbf{0} \neq \mathbf{u}_2$, $\mathbf{u}_j \in \mathbb{R}^3$, *die* $U = span\{\mathbf{u}_1, \mathbf{u}_2\}$

definieren. Dann ist

$$E := \{ \mathbf{x} \in \mathbb{R}^3 \ : \ \mathbf{x} = \mathbf{p}_0 + \lambda_1 \, \mathbf{u}_1 + \lambda_2 \, \mathbf{u}_2, \quad \lambda_1, \lambda_2 \in \mathbb{R} \}$$

eine **Ebene** *in* $\mathbb{R}^3$, *und die Gleichung*

$$\mathbf{x} = \mathbf{p}_0 + \lambda_1 \, \mathbf{u}_1 + \lambda_2 \, \mathbf{u}_2, \quad \lambda_1, \lambda_2 \in \mathbb{R}$$

ist ihre **Parameterdarstellung**.

Seien von E *lediglich drei* **nicht auf einer Geraden** *liegende Punkte* P_0, P_1, P_2 *mit Ortsvektoren* $\mathbf{p}_0, \mathbf{p}_1$ *bzw.* $\mathbf{p}_2$ *bekannt, so erhalten wir gemäß*

$$\mathbf{x} = \mathbf{p}_0 + \lambda_1 \, (\mathbf{p}_1 - \mathbf{p}_0) + \lambda_2 \, (\mathbf{p}_2 - \mathbf{p}_0), \ \lambda_1, \lambda_2 \in \mathbb{R}$$

die Parameterdarstellung der Ebene E.

Für die Parameterdarstellung einer Ebene durch die drei Punkte $P_0 = (1, -4, 3)$, $P_1 = (2, 3, -4)$ *und* $P_2 = (-1, -2, 3)$ *gilt* $\mathbf{p}_0 = (1, -4, 3)^T$, $\mathbf{p}_1 = (2, 3, -4)^T$, $\mathbf{p}_2 = (-1, -2, 3)^T$ *sowie* $\mathbf{u}_1 := \mathbf{p}_1 - \mathbf{p}_0 = (1, 7, -7)^T$, $\mathbf{u}_2 := \mathbf{p}_2 - \mathbf{p}_0 = (-2, 2, 0)^T$, *und somit*

$$E: \quad \mathbf{x} = \begin{pmatrix} 1 \\ -4 \\ 3 \end{pmatrix} + \lambda_1 \begin{pmatrix} 1 \\ 7 \\ -7 \end{pmatrix} + \lambda_2 \begin{pmatrix} -2 \\ 2 \\ 0 \end{pmatrix}, \ \lambda_1, \lambda_2 \in \mathbb{R}.$$

Häufig ist man daran interessiert, von zwei Untermannigfaltigkeiten M_1, M_2 die **Schnittmenge** $M_1 \cap M_2$ zu bestimmen; so z.B. die Schnittmenge von zwei Ebenen, zwei Geraden oder einer Geraden und einer Ebene. Zur Vorbereitung formulieren wir ein allgemeines Resultat und gehen dann über zum Vektorraum $V := \mathbb{R}^n$. Zunächst gilt

Satz 4.61 *Es sei* V *ein Vektorraum über* $\mathbb{K}$, *und es seien* M, M_1, M_2 *Untermannigfaltigkeiten von* V.

1. *Gilt* $M = \mathbf{p} + U$, *so gilt auch* $M = \mathbf{v} + U \ \forall \, \mathbf{v} \in M$.

2. *Entweder es gilt* $M_1 \cap M_2 = \emptyset$ *oder* $M_1 \cap M_2$ *ist wiederum UM von* V.

Beweis.

1. Es sei $\mathbf{v} \in M$. Dann folgt $\mathbf{v} + U = \mathbf{p} + \underbrace{(\mathbf{v} - \mathbf{p})}_{\in U} + U = \mathbf{p} + U$.

2. Es sei $M_1 \cap M_2 \neq \emptyset$. Dann existiert ein $\mathbf{p} \in M_1 \cap M_2$, und es folgen aus (a) die Darstellungen $M_1 = \mathbf{p} + U_1, M_2 = \mathbf{p} + U_2$. Wir erschließen $M_1 \cap M_2 = \mathbf{p} + (U_1 \cap U_2)$, und dies ist eine Untermannigfaltigkeit, da $U_1 \cap U_2$ ja ein UR ist.

qed

Bemerkung 4.62 Haben die Untermannigfaltigkeiten $M_1, M_2 \subseteq V$ die Parameterdarstellungen

$$M_1 \ : \ \mathbf{x} = \mathbf{p} + \lambda_1 \mathbf{a}_1 + \cdots + \lambda_m \mathbf{a}_m,$$

$$M_2 \ : \ \mathbf{x} = \mathbf{q} + \mu_1 \mathbf{b}_1 + \cdots + \mu_l \mathbf{b}_l,$$

so führt das Schnittproblem $M_1 \cap M_2$ auf die zu lösende Gleichung

$$\boxed{\lambda_1^* \mathbf{a}_1 + \lambda_2^* \mathbf{a}_2 + \cdots + \lambda_m^* \mathbf{a}_m - \mu_1^* \mathbf{b}_1 - \mu_2^* \mathbf{b}_2 - \cdots - \mu_l^* \mathbf{b}_l = \mathbf{q} - \mathbf{p}.}$$

Im **speziellen Fall** $V := \mathbb{K}^n$ ist somit ein **inhomogenes lineares Gleichungssystem**

$$(\mathbf{a}_1, \mathbf{a}_2, \ldots, \mathbf{a}_m, -\mathbf{b}_1, -\mathbf{b}_2, \ldots, -\mathbf{b}_l \mid \mathbf{q} - \mathbf{p})$$

zu lösen. Das Lösungstupel $(\lambda_1^*, \lambda_2^*, \ldots, \lambda_m^*, \mu_1^*, \mu_2^*, \ldots, \mu_l^*)$ definiert zwei Parametersätze $\lambda_1^*, \lambda_2^*, \ldots, \lambda_m^*$ und $\mu_1^*, \mu_2^*, \ldots, \mu_l^*$, von denen nur einer benötigt wird, also auch nur berechnet zu werden braucht. In der Regel wird man den kleineren Parametersatz bestimmen. Man erhält so je nach Wahl des berechneten Parametersatzes die zwei äquivalenten Parameterdarstellungen der Schnittmannigfaltigkeit

$$\boxed{\begin{aligned} M_1 \cap M_2 \ : \ & \mathbf{x} = \mathbf{p} + \lambda_1^* \mathbf{a}_1 + \cdots + \lambda_m^* \mathbf{a}_m, \\ M_1 \cap M_2 \ : \ & \mathbf{x} = \mathbf{q} + \mu_1^* \mathbf{b}_1 + \cdots + \mu_l^* \mathbf{b}_l. \end{aligned}}$$

Beispiel 4.63 *Es seien die Punkte* $P_0 = (1, 1, 2)$, $P_1 = (0, 1, 1)$, $P_2 = (2, -1, 1)$ *und* $Q_0 = (1, 1, 1)$, $Q_1 = (2, 0, -1)$, $Q_2 = (0, 3, 5)$ *gegeben. Wir bestimmen in* $\mathbb{R}^3$ *die Ebenen* E_1 *und* E_2 *mit* $P_j \in E_1$ *und* $Q_j \in E_2$, $j = 0, 1, 2$.

Ferner berechnen wir die **Schnittgerade** $G = E_1 \cap E_2$. *Mit den Ortsvektoren* $\mathbf{p}_j$ *und* $\mathbf{q}_j$ *der Punkte* P_j *bzw.* Q_j *ergeben sich für* $\lambda_1, \lambda_2, \mu_1, \mu_2 \in \mathbb{R}$ *folgende Parameterdarstellungen:*

$$E_1 : \mathbf{x} = \mathbf{p}_0 + \lambda_1 \underbrace{(\mathbf{p}_1 - \mathbf{p}_0)}_{=:\mathbf{a}_1} + \lambda_2 \underbrace{(\mathbf{p}_2 - \mathbf{p}_0)}_{=:\mathbf{a}_2}$$

$$= \begin{pmatrix} 1 \\ 1 \\ 2 \end{pmatrix} + \lambda_1 \begin{pmatrix} -1 \\ 0 \\ -1 \end{pmatrix} + \lambda_2 \begin{pmatrix} 1 \\ -2 \\ -1 \end{pmatrix},$$

$$E_2 : \mathbf{x} = \mathbf{q}_0 + \mu_1 \underbrace{(\mathbf{q}_1 - \mathbf{q}_0)}_{=:\mathbf{b}_1} + \mu_2 \underbrace{(\mathbf{q}_2 - \mathbf{q}_0)}_{=:\mathbf{b}_2}$$

$$= \begin{pmatrix} 1 \\ 1 \\ 1 \end{pmatrix} + \mu_1 \begin{pmatrix} 1 \\ -1 \\ -2 \end{pmatrix} + \mu_2 \begin{pmatrix} -1 \\ 2 \\ 4 \end{pmatrix}.$$

Zur Bestimmung der Schnittmannigfaltigkeit $E_1 \cap E_2$ *müssen wir jetzt das lineare Gleichungssystem* $(\mathbf{a}_1, \mathbf{a}_2, -\mathbf{b}_1, -\mathbf{b}_2 \mid \mathbf{q}_0 - \mathbf{p}_0)$ *lösen. Dazu verwenden wir den* GAUSS-*Algorithmus:*

$$
\boxed{\begin{array}{c} -Z_1 \to Z_1 \\[4pt] Z_3 + Z_1 \to Z_3 \end{array}}
\quad
\begin{array}{rrrr|r}
-1 & 1 & -1 & 1 & 0 \\
0 & -2 & 1 & -2 & 0 \\
-1 & -1 & 2 & -4 & -1
\end{array}
$$

$$
\boxed{Z_3 - Z_2 \to Z_3}
\quad
\begin{array}{rrrr|r}
1 & -1 & 1 & -1 & 0 \\
0 & -2 & 1 & -2 & 0 \\
0 & -2 & 3 & -5 & -1
\end{array}
$$

$$
\begin{array}{rrrr|r}
1 & -1 & 1 & -1 & 0 \\
0 & -2 & 1 & -2 & 0 \\
0 & 0 & 2 & -3 & -1
\end{array}
\qquad
\begin{array}{l}
\lambda_1^* = -\frac{3}{4}\mu_2^* + \frac{1}{4}, \\[4pt]
\lambda_2^* = -\frac{1}{4}\mu_2^* - \frac{1}{4}, \\[4pt]
\mu_1^* = \frac{3}{2}\mu_2^* - \frac{1}{2}, \quad \mu_2^* \text{ frei.}
\end{array}
$$

Mit dem frei wählbaren Parameter $\mu := \frac{1}{2}\mu_2^*$ *erhalten wir bei Wahl des Parametersatzes* λ_1^*, λ_2^* *die Parameterdarstellung:*

$$G \ : \ \mathbf{x} = \frac{1}{2} \begin{pmatrix} 1 \\ 3 \\ 4 \end{pmatrix} + \frac{\mu_2^*}{2} \begin{pmatrix} 1 \\ 1 \\ 2 \end{pmatrix} = \frac{1}{2} \begin{pmatrix} 1 \\ 3 \\ 4 \end{pmatrix} + \mu \begin{pmatrix} 1 \\ 1 \\ 2 \end{pmatrix} , \ \mu \in \mathbb{R}.$$

Wird hingegen der Parametersatz μ_1^*, μ_2^* gewählt, so resultiert dieselbe Parameterdarstellung

$$G \ : \ \mathbf{x} = \frac{1}{4} \begin{pmatrix} 2 \\ 6 \\ 8 \end{pmatrix} + \frac{\mu_2^*}{4} \begin{pmatrix} 3-1 \\ 0+2 \\ 3+1 \end{pmatrix} = \frac{1}{2} \begin{pmatrix} 1 \\ 3 \\ 4 \end{pmatrix} + \mu \begin{pmatrix} 1 \\ 1 \\ 2 \end{pmatrix} , \ \mu \in \mathbb{R}.$$

Aufgaben

Aufgabe 4.45. Die Punkte $P_1 = (3, 4, 2)^T$, $P_2 = (1, 2, 3)^T$, $P_3 = (-7, -6, 11)^T$ spannen eine Ebene auf. Formulieren Sie diese in der Parameterdarstellung.

Aufgabe 4.46. Bestätigen oder widerlegen Sie:

a) Die drei Geraden im $\mathbb{R}^2$

$$L_1 = \begin{pmatrix} -7 \\ 0 \end{pmatrix} + \lambda \begin{pmatrix} 2 \\ 1 \end{pmatrix} , \ L_2 = \begin{pmatrix} 5 \\ 0 \end{pmatrix} + \mu \begin{pmatrix} -1 \\ 1 \end{pmatrix} , \ L_3 = \begin{pmatrix} 0 \\ 8 \end{pmatrix} + \nu \begin{pmatrix} -1 \\ 4 \end{pmatrix} ,$$

$\lambda, \mu, \nu \in \mathbb{R}$, schneiden sich in einem Punkt.

b) Die drei Punkte $P_1 = (10, -4)^T$, $P_2 = (4, 0)^T$ und $P_3 = (-5, 6)^T$ liegen auf einer Geraden.

Aufgabe 4.47. U wird durch die Vektoren $\mathbf{u}_1 = (1, 2, -1)^T$ und $\mathbf{u}_2 = (2, -3, 2)^T$ aufgespannt, W durch die Vektoren $\mathbf{w}_1 = (4, 1, 3)^T$ und $\mathbf{w}_2 = (-3, 1, 2)^T$. Sind U und W identische Unterräume im $\mathbb{R}^3$?

Aufgabe 4.48. Die beiden Punkte $P_0 = (2, -4, 3)$ und $P_1 = (2, 3, -4)$ legen eine Gerade im $\mathbb{R}^3$ fest, die drei Punkte $Q_0 = (2, -4, 3)$, $Q_1 = (2, 3, -4)$ und $Q_2 = (-2, -4, 6)$ eine Ebene. Formulieren Sie die Parameterdarstellung von Gerade und Ebene und berechnen Sie (im Falle der Existenz) den Schnittpunkt.

4.7 Skalarprodukte in $\mathbb{R}^n$: Winkel und Längen

In der CARTESIschen Basis des Vektorraumes $\mathbb{R}^2$ hat ein Ortsvektor $\mathbf{x} = (x_1, x_2)^T \in \mathbb{R}^2$ die **Länge**

$$\|\mathbf{x}\| := \sqrt{x_1^2 + x_2^2}\,.$$

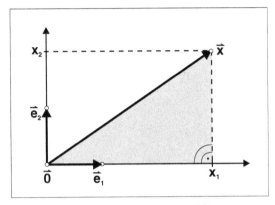

Länge des Vektors $\mathbf{x} \in \mathbb{R}^2$

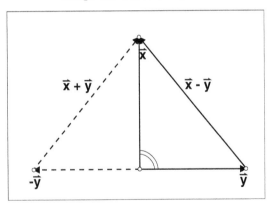

Im gleichschenkligen Dreieck gilt $\mathbf{x} \perp \mathbf{y}$

Dies folgt unmittelbar aus dem **PYTHAGORÄIschen Lehrsatz**. Analog gilt in der Cartesischen Basis des $\mathbb{R}^3$ für jeden Ortsvektor $\mathbf{x} = (x_1, x_2, x_3)^T \in \mathbb{R}^3$:

$$\|\mathbf{x}\| := \sqrt{x_1^2 + x_2^2 + x_3^2}\,.$$

Allgemein wird man die Standardbasis des $\mathbb{R}^n$ zu folgender Definition heranziehen:

Definition 4.64 *In der Standardbasis des $\mathbb{R}^n$ ist die* EUKLIDISche **Länge** *eines Ortsvektors* $\mathbf{x} = (x_1, x_2, \ldots, x_n)^T \in \mathbb{R}^n$ *erklärt durch die Zahl*

$$\|\mathbf{x}\| := \sqrt{\sum_{k=1}^{n} x_k^2} \,.$$

Statt **Länge** *sagt man auch* **Betrag** *oder* **Norm**.

Beispiel 4.65

a) *In $\mathbb{R}^1 = \mathbb{R}$ ist $\|x\|$ einfach der Betrag der Zahl $x \in \mathbb{R}$.*

b) *Der Vektor $\mathbf{x} := (-7, 1, 2, -1)^T \in \mathbb{R}^4$ hat die Norm $\|\mathbf{x}\| = \sqrt{55}$.*

c) *Für Einheitsvektoren $\mathbf{e}_j \in \mathbb{R}^n$, $j = 1, 2, \ldots, n$, der Standardbasis gilt $\|\mathbf{e}_j\| = 1$.*

d) *Für $\mathbf{x} := (x_1, x_2, \ldots, x_n)^T \in \mathbb{R}^n$ und $\mathbf{y} := (y_1, y_2, \ldots, y_n)^T \in \mathbb{R}^n$ gilt*

$$\|\mathbf{x} \pm \mathbf{y}\| = \sqrt{\sum_{k=1}^{n} (x_k \pm y_k)^2} \,.$$

e) *Ist $\mathbf{x} \neq 0$ ein beliebiger Vektor, so hat $\mathbf{x}/\|\mathbf{x}\|$ die Länge 1.*

Definition 4.66

1. *Für je zwei Vektoren $\mathbf{x} := (x_1, x_2, \ldots, x_n)^T \in \mathbb{R}^n$ und $\mathbf{y} := (y_1, y_2, \ldots, y_n)^T \in \mathbb{R}^n$ heißt die Zahl*

$$\langle \mathbf{x}, \mathbf{y} \rangle := \sum_{k=1}^{n} x_k y_k$$

   Standardskalarprodukt *von $\mathbf{x}, \mathbf{y} \in \mathbb{R}^n$ (auch* **inneres Produkt** *oder kurz* **Skalarprodukt***).*

2. *Zwei Vektoren $\mathbf{x}, \mathbf{y} \in \mathbb{R}^n$ heißen zueinander* **orthogonal** *(oder stehen senkrecht aufeinander), in Zeichen $\mathbf{x} \perp \mathbf{y}$, wenn gilt*

$$\mathbf{x} \perp \mathbf{y} :\Longleftrightarrow \langle \mathbf{x}, \mathbf{y} \rangle = 0.$$

Beispiel 4.67

a) In $\mathbb{R}^4$ gilt für $\mathbf{x} := (-7, 1, 2, -1)^T$, $\mathbf{y} := (3, 0, -1, 5)^T$, $\mathbf{z} := (1, 0, 0, -7)^T$:

$$\langle \mathbf{x}, \mathbf{y} \rangle = -28, \quad \langle \mathbf{y}, \mathbf{z} \rangle = -32, \quad \langle \mathbf{x}, \mathbf{z} \rangle = 0 \implies \mathbf{x} \perp \mathbf{z}.$$

b) Stets gilt $\langle \mathbf{0}, \mathbf{x} \rangle = 0$, also $\mathbf{0} \perp \mathbf{x} \ \forall \mathbf{x} \in \mathbb{R}^n$.

c) In $\mathbb{R}^n$ gilt stets, dass $\langle \mathbf{e}_i, \mathbf{e}_j \rangle = 0$ für alle $i \neq j$ und $i, j = 1, \ldots, n$.

Wir fassen Eigenschaften von Norm und Skalarprodukt im $\mathbb{R}^n$ zusammen:

Satz 4.68 *Es gelten folgende Eigenschaften:*

1. *Das* **Skalarprodukt** *ist eine Abbildung* $\langle \cdot, \cdot \rangle : \mathbb{R}^n \times \mathbb{R}^n \to \mathbb{R}$. *Für alle* $\mathbf{x}, \mathbf{y}, \mathbf{z} \in \mathbb{R}^n$ *und* $\lambda, \mu \in \mathbb{R}$ *gelten:*

   (SP1) $\langle \mathbf{x}, \mathbf{x} \rangle > 0 \Longleftrightarrow \mathbf{0} \neq \mathbf{x} \in \mathbb{R}^n$,   (**positive Definitheit**)

   (SP2) $\langle \lambda \mathbf{x} + \mu \mathbf{y}, \mathbf{z} \rangle = \lambda \langle \mathbf{x}, \mathbf{z} \rangle + \mu \langle \mathbf{y}, \mathbf{z} \rangle$,   (**Bilinearität**)

   (SP3) $\langle \mathbf{x}, \mathbf{y} \rangle = \langle \mathbf{y}, \mathbf{x} \rangle$.   (**Symmetrie**)

2. *Die* **Norm** *ist eine Abbildung* $\| \cdot \| : \mathbb{R}^n \to \mathbb{R}$. *Für alle* $\mathbf{x}, \mathbf{y} \in \mathbb{R}^n$ *und* $\lambda \in \mathbb{R}$ *gelten:*

   (N1) $\|\mathbf{x}\| > 0 \Longleftrightarrow \mathbf{0} \neq \mathbf{x} \in \mathbb{R}$,   (**Definitheit**)

   (N2) $\|\lambda \mathbf{x}\| = |\lambda| \cdot \|\mathbf{x}\| \ \forall \lambda \in \mathbb{R} \ \forall \mathbf{x} \in \mathbb{R}^n$,   (**Homogenität**)

   (N3) $\|\mathbf{x} + \mathbf{y}\| \leq \|\mathbf{x}\| + \|\mathbf{y}\| \ \forall \mathbf{x}, \mathbf{y} \in \mathbb{R}^n$,   (**Dreiecksungleichung**)

3. *Norm und Skalarprodukt sind verknüpft gemäß*

$$\|\mathbf{x}\| = \sqrt{\langle \mathbf{x}, \mathbf{x} \rangle} \ \ \forall \mathbf{x} \in \mathbb{R}^n. \tag{4.13}$$

Bemerkung. Die **verallgemeinerte Dreiecksungleichung** lautet

$$\left\| \sum_{k=1}^{n} \mathbf{v}_k \right\| \leq \sum_{k=1}^{n} \|\mathbf{v}_k\| \quad \forall \mathbf{v}_1, \mathbf{v}_2, \ldots, \mathbf{v}_n \in \mathbb{R}^n. \tag{4.14}$$

Beweis. Alle o.g. Eigenschaften lassen sich elementar nachrechnen.   qed

Speziell in $\mathbb{R}^2$ gilt der

Satz 4.69 *Es gilt für alle* $\mathbf{x}, \mathbf{y} \in \mathbb{R}^2$:

$$\|\mathbf{x} - \mathbf{y}\|^2 = \|\mathbf{x}\|^2 + \|\mathbf{y}\|^2$$
$$-2 \|\mathbf{x}\| \|\mathbf{y}\| \cos \sphericalangle (\mathbf{x}, \mathbf{y}), \qquad \textbf{(Cosinussatz)} \ (4.15)$$

$$\langle \mathbf{x}, \mathbf{y} \rangle = \|\mathbf{x}\| \|\mathbf{y}\| \cos \sphericalangle (\mathbf{x}, \mathbf{y}) \quad \textit{für} \quad x \neq 0 \ \textit{und} \ y \neq 0 \qquad (4.16)$$

$$|\langle \mathbf{x}, \mathbf{y} \rangle| \leq \|\mathbf{x}\| \|\mathbf{y}\|. \ (\textsc{Cauchy–Schwarz–}\textbf{Ungleichung}) \ (4.17)$$

Beweis. Wir zeigen (4.16). Es sei nun speziell $\|\mathbf{x}\| = \|\mathbf{y}\| = 1$ angenommen. Wir setzen $\alpha := \sphericalangle (\mathbf{x}, \mathbf{y})$ und erhalten aus der folgenden Skizze $\sin \frac{\alpha}{2} = \frac{1}{2} \|\mathbf{x} - \mathbf{y}\|$, und damit

$$\cos \alpha = 1 - 2 \sin^2(\tfrac{\alpha}{2}) = 1 - \tfrac{1}{2} \|\mathbf{x} - \mathbf{y}\|^2 = 1 - \tfrac{1}{2} \langle \mathbf{x} - \mathbf{y}, \mathbf{x} - \mathbf{y} \rangle$$
$$= 1 - \tfrac{1}{2} \|\mathbf{x}\|^2 - \tfrac{1}{2} \|\mathbf{y}\|^2 + \langle \mathbf{x}, \mathbf{y} \rangle = \langle \mathbf{x}, \mathbf{y} \rangle.$$

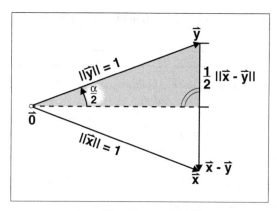

Zum Beweis von (4.16)

Also gilt $\langle \mathbf{x}, \mathbf{y} \rangle = \cos \alpha$ für Vektoren der Länge 1. Für beliebige Vektoren $\mathbf{x} \neq \mathbf{0} \neq \mathbf{y}$ sind $\mathbf{x}/\|\mathbf{x}\|$ und $\mathbf{y}/\|\mathbf{y}\|$ solche Vektoren der Länge 1. Für diese gilt somit

$$\cos \alpha = \cos \sphericalangle (\mathbf{x}, \mathbf{y}) = \langle \frac{\mathbf{x}}{\|\mathbf{x}\|}, \frac{\mathbf{y}}{\|\mathbf{y}\|} \rangle = \frac{\langle \mathbf{x}, \mathbf{y} \rangle}{\|\mathbf{x}\| \|\mathbf{y}\|},$$

und daraus folgt (4.16). Mit $\|\mathbf{x}-\mathbf{y}\|^2 = \|\mathbf{x}\|^2 + \|\mathbf{y}\|^2 - 2\langle\mathbf{x},\mathbf{y}\rangle$ ist die Gleichung (4.15) jetzt eine unmittelbare Folgerung aus Gleichung (4.16), und wegen $|\cos\alpha| \leq 1$ resultiert sogleich auch Ungleichung (4.17).   qed

Bemerkung 4.70

1. *Für* $\alpha = \sphericalangle\,(\mathbf{x},\mathbf{y}) = \pi/2$ *folgt aus (4.16) wieder* $\langle\mathbf{x},\mathbf{y}\rangle = 0$, *also* $\mathbf{x} \perp \mathbf{y}$. *In diesem Falle ist (4.15) nichts anderes als der* PYTHAGORÄIsche **Lehrsatz**.

2. *Ein Vektor* $\mathbf{x} \in \mathbb{R}^n$ *mit der Norm* $\|\mathbf{x}\| = 1$ *heißt* **Einheitsvektor**. *Jeder Vektor* $\mathbf{0} \neq \mathbf{x} \in \mathbb{R}^n$ *wird durch die* **Normierung** $\mathbf{x}/\|\mathbf{x}\|$ *zum Einheitsvektor.*

Definition 4.71 *Für je zwei Vektoren* $\mathbf{x} := (x_1, x_2, \ldots, x_n)^T \in \mathbb{R}^n$ *und* $\mathbf{y} := (y_1, y_2, \ldots, y_n)^T \in \mathbb{R}^n$ *heißt die Zahl*

$$d(\mathbf{x},\mathbf{y}) := \|\mathbf{x} - \mathbf{y}\| = \left(\sum_{k=1}^{n}(x_k - y_k)^2\right)^{1/2}$$

eine **Metrik** *auf* $\mathbb{R}^n$ *(auch* EUKLIDische Metrik, Distanz *oder* **Entfernung** *genannt).*

Satz 4.72 *Die Metrik ist eine Abbildung* $d(\cdot,\cdot) : \mathbb{R}^n \times \mathbb{R}^n \to \mathbb{R}$. *Für alle* $\mathbf{x},\mathbf{y},\mathbf{z} \in \mathbb{R}^n$ *gelten die Eigenschaften*

(M1) $d(\mathbf{x},\mathbf{y}) > 0 \Longleftrightarrow \mathbf{x} \neq \mathbf{y}$,   **(Definitheit)**

(M2) $d(\mathbf{x},\mathbf{y}) = d(\mathbf{y},\mathbf{x})$,   **(Symmetrie)**

(M3) $d(\mathbf{x},\mathbf{y}) \leq d(\mathbf{x},\mathbf{z}) + d(\mathbf{z},\mathbf{y})$.   **(Dreiecksungleichung)**

Einheitsvektoren veranlassen uns nun zur folgenden

Definition 4.73 *Eine Basis* $\mathbf{v}_1, \mathbf{v}_2, \ldots, \mathbf{v}_n \in \mathbb{R}^n$ *heißt* **Orthogonalbasis** *genau dann, wenn gilt*

$$\langle\mathbf{v}_j, \mathbf{v}_k\rangle = 0 \;\; \forall\, j \neq k.$$

Eine Basis $\mathbf{v}_1, \mathbf{v}_2, \ldots, \mathbf{v}_n$ *von* $\mathbb{R}^n$ *heißt* **Orthonormalbasis** *(ON–Basis) genau dann, wenn gilt*

$$\langle \mathbf{v}_j, \mathbf{v}_k \rangle = \delta_{jk} \ \forall\, j, k = 1, 2, \ldots, n.$$

Dabei heißt

$$\delta_{jk} := \begin{cases} 1 & : \ j = k, \\ 0 & : \ j \neq k \end{cases}$$

das **KRONECKER-Symbol.** *Eine Orthonormalbasis besteht mit anderen Worten aus Einheitsvektoren, die paarweise zueinander senkrecht sind.*

Beispiel 4.74

a) *Die Standardbasis* $\mathbf{e}_1, \mathbf{e}_2, \ldots, \mathbf{e}_n$ *in* $\mathbb{R}^n$ *ist natürlich eine ON–Basis! Die Darstellung* $\mathbf{e}_j = (0, \ldots, 0, \underbrace{1}_{j\text{-te Stelle}}, 0, \ldots, 0)^T$, $j = 1, 2, \ldots, n$, *liefert sofort*

$$\|\mathbf{e}_j\|^2 = \langle \mathbf{e}_j, \mathbf{e}_j \rangle = 1, \quad \langle \mathbf{e}_j, \mathbf{e}_k \rangle = 0 \ \forall\, j \neq k, \ j, k = 1, 2, \ldots, n,$$

bzw. mit unserer neuen Schreibweise

$$\langle \mathbf{e}_j, \mathbf{e}_k \rangle = \delta_{jk} \ \forall\, j, k = 1, 2, \ldots, n.$$

b) *Es lässt sich leicht nachprüfen, dass auch das folgende Vektorsystem eine ON–Basis von* $\mathbb{R}^3$ *ist:*

$$\mathbf{v}_1 := \frac{1}{3}\,(2, 2, 1)^T, \quad \mathbf{v}_2 := \frac{1}{\sqrt{2}}\,(1, -1, 0)^T, \quad \mathbf{v}_3 := \frac{1}{\sqrt{18}}\,(-1, -1, 4)^T,$$

dass also

$$\langle \mathbf{v}_j, \mathbf{v}_k \rangle = \delta_{jk} \ \forall\, j, k = 1, 2, 3$$

gilt.

Allgemein kann **jede** Basis des $\mathbb{R}^n$ in eine ON–Basis umgewandelt werden. Ein **konstruktives Umwandlungsverfahren** dazu wurde von ERHARD SCHMIDT (1876–1959, Professor für Mathematik in Berlin) gefunden.

Satz 4.75 (SCHMIDTsches Orthonormalisierungsverfahren)
Sei das System $\mathbf{u}_1, \mathbf{u}_2, \ldots, \mathbf{u}_n \in \mathbb{R}^n$ **linear unabhängiger** *Vektoren gegeben. Dann existiert ein* **Orthonormalsystem** $\mathbf{v}_1, \mathbf{v}_2, \ldots, \mathbf{v}_n \in \mathbb{R}^n$ *mit der Eigenschaft*

$$span\{\mathbf{v}_1, \mathbf{v}_2, \ldots, \mathbf{v}_n\} = span\{\mathbf{u}_1, \mathbf{u}_2, \ldots, \mathbf{u}_n\}.$$

Man erhält das ON–System **konstruktiv** *durch folgende Rekursion:*

$$\left.\begin{aligned}
\mathbf{w}_1 &:= \mathbf{u}_1, \\
\mathbf{w}_k &:= \mathbf{u}_k - \sum_{j=1}^{k-1} \langle \mathbf{u}_k, \mathbf{v}_j \rangle \, \mathbf{v}_j, \quad k = 2, 3, \ldots, n, \\
\mathbf{v}_j &:= \frac{\mathbf{w}_j}{\|\mathbf{w}_j\|}, \quad j = 1, 2, \ldots, n.
\end{aligned}\right\} \qquad \text{(ONS)}$$

Beweis. Nach Konstruktion gilt ja bereits $\|\mathbf{v}_j\| = 1$. Nun zeigen wir mit vollständiger Induktion nach k die Orthogonalität $\langle \mathbf{v}_{l+1}, \mathbf{v}_j \rangle = 0$, $\forall\, l = 1, \ldots, k$, $\forall\, j = 1, 2, \ldots, l \leq n - 1$. Für $k = 1$ haben wir per Konstruktion, dass

$$\begin{aligned}
\langle \mathbf{v}_2, \mathbf{v}_1 \rangle &= \frac{1}{\|\mathbf{w}_2\|} \langle \mathbf{u}_2 - \langle \mathbf{u}_2, \mathbf{v}_1 \rangle \mathbf{v}_1, \mathbf{v}_1 \rangle \\
&= \frac{1}{\|\mathbf{w}_2\|} \langle \mathbf{u}_2, \mathbf{v}_1 \rangle - \frac{1}{\|\mathbf{w}_2\|} \langle \mathbf{u}_2, \mathbf{v}_1 \rangle \|\mathbf{v}_1\|^2 = 0.
\end{aligned}$$

Also gilt die Induktionsverankerung. Wir zeigen jetzt den Schluss von k auf $k + 1$. Gelte nun bereits $\langle \mathbf{v}_{l+1}, \mathbf{v}_j \rangle = 0$ für ein $k \leq n - 2$, und für $l = 1, \ldots, k$, $j = 1, 2, \ldots, l$ bzw. $\langle \mathbf{v}_i, \mathbf{v}_j \rangle = \delta_{ij}$ für $i, j = 1, \ldots, k + 1$. Dann folgt für $j = 1, \ldots, k + 1$:

$$\begin{aligned}
\langle \mathbf{v}_{k+2}, \mathbf{v}_j \rangle &= \frac{1}{\|\mathbf{w}_{k+2}\|} \langle \mathbf{u}_{k+2} - \sum_{l=1}^{k+1} \langle \mathbf{u}_{k+2}, \mathbf{v}_l \rangle \mathbf{v}_l, \mathbf{v}_j \rangle \\
&= \frac{1}{\|\mathbf{w}_{k+2}\|} \left\{ \langle \mathbf{u}_{k+2}, \mathbf{v}_j \rangle - \sum_{l=1}^{k+1} \langle \mathbf{u}_{k+2}, \mathbf{v}_l \rangle \underbrace{\langle \mathbf{v}_l, \mathbf{v}_j \rangle}_{=\delta_{lj}} \right\} = 0.
\end{aligned}$$

qed

Beispiel 4.76 *Um in dem Unterraum*

$$U := \{(x_1, x_2, x_3, x_4)^T \in \mathbb{R}^4 : x_3 = x_1 - 2x_2 + x_4\}$$

eine Basis zu bestimmen, setzen wir in die Gleichung $x_3 = x_1 - 2x_2 + x_4$ nacheinander die Tripel $(x_1, x_2, x_4) = (1, 0, 0), (0, 1, 0), (0, 0, 1)$ ein. Wir erhalten die Basisvektoren

$$\mathbf{u}_1 := (1,0,1,0)^T, \ \mathbf{u}_2 := (0,1,-2,0)^T, \ \mathbf{u}_3 := (0,0,1,1)^T.$$

Mit dem SCHMIDT*schen Orthonormalisierungsverfahren konstruieren wir nun eine ON–Basis von U gemäß obiger Rekursion:*

$$\mathbf{w}_1 := \begin{pmatrix} 1 \\ 0 \\ 1 \\ 0 \end{pmatrix} = \mathbf{u}_1 \qquad \Longrightarrow \mathbf{v}_1 = \frac{1}{\sqrt{2}} \begin{pmatrix} 1 \\ 0 \\ 1 \\ 0 \end{pmatrix},$$

$$\mathbf{w}_2 := \begin{pmatrix} 0 \\ 1 \\ -2 \\ 0 \end{pmatrix} - \frac{1}{2}(0-2) \begin{pmatrix} 1 \\ 0 \\ 1 \\ 0 \end{pmatrix} = \begin{pmatrix} 1 \\ 1 \\ -1 \\ 0 \end{pmatrix} \qquad \Longrightarrow \mathbf{v}_2 = \frac{1}{\sqrt{3}} \begin{pmatrix} 1 \\ 1 \\ -1 \\ 0 \end{pmatrix},$$

$$\mathbf{w}_3 := \begin{pmatrix} 0 \\ 0 \\ 1 \\ 1 \end{pmatrix} - \frac{1}{2}(1+0) \begin{pmatrix} 1 \\ 0 \\ 1 \\ 0 \end{pmatrix} - \frac{1}{3}(0-1) \begin{pmatrix} 1 \\ 1 \\ -1 \\ 0 \end{pmatrix} = \frac{1}{6} \begin{pmatrix} -1 \\ 2 \\ 1 \\ 6 \end{pmatrix} \Longrightarrow \mathbf{v}_3 = \frac{1}{\sqrt{42}} \begin{pmatrix} -1 \\ 2 \\ 1 \\ 6 \end{pmatrix}.$$

Bemerkung 4.77 *Es sei* $\mathbf{v}_1, \mathbf{v}_2, \ldots, \mathbf{v}_n$ *eine ON–Basis in* $\mathbb{R}^n$. *Dann ist jeder Vektor* $\mathbf{u} \in \mathbb{R}^n$ *eine LK der Basisvektoren, d.h.* $\mathbf{u} = \sum_{k=1}^{n} \lambda_k \mathbf{v}_k$ *mit den Komponenten*

$$\langle \mathbf{u}, \mathbf{v}_j \rangle = \sum_{k=1}^{n} \lambda_k \underbrace{\langle \mathbf{v}_k, \mathbf{v}_j \rangle}_{=\delta_{kj}} = \lambda_j, \ j = 1, 2, \ldots, n.$$

Das heißt, in einer **ON–Basis** *des Vektorraumes* $\mathbb{R}^n$ *gestattet jeder Vektor die Darstellung*

$$\mathbf{u} = \sum_{k=1}^{n} \underbrace{\langle \mathbf{u}, \mathbf{v}_k \rangle}_{=\lambda_k} \mathbf{v}_k, \ \forall \, \mathbf{u} \in \mathbb{R}^n.$$

Für jeden weiteren Vektor $\mathbf{v} \in \mathbb{R}^n$ *mit den Koeffizienten* $\mu_j := \langle \mathbf{v}, \mathbf{v}_j \rangle$ *gilt nun*

$$\langle \mathbf{u}, \mathbf{v} \rangle = \Big\langle \sum_{k=1}^{n} \lambda_k \, \mathbf{v}_k, \sum_{j=1}^{n} \mu_j \, \mathbf{v}_j \Big\rangle = \sum_{k=1}^{n} \sum_{j=1}^{n} \lambda_k \mu_j \underbrace{\langle \mathbf{v}_k, \mathbf{v}_j \rangle}_{=\delta_{kj}},$$

und somit

$$\boxed{\langle \mathbf{u}, \mathbf{v} \rangle = \sum_{k=1}^{n} \lambda_k \mu_k \quad \overset{\mathbf{v}=\mathbf{u}}{\Longrightarrow} \quad \|\mathbf{u}\|^2 = \sum_{k=1}^{n} |\langle \mathbf{u}, \mathbf{v}_k \rangle|^2.}$$

Definition 4.78 *Die Zahlen* $\lambda_k := \langle \mathbf{u}, \mathbf{v}_k \rangle$ *in der obigen Darstellung heißen die* **FOURIER-Koeffizienten** *des Vektors* $\mathbf{u}$ *in der ON–Basis* $\mathbf{v}_1, \mathbf{v}_2, \ldots, \mathbf{v}_n$.

Beispiel 4.79 *Es sei* U *der Unterraum aus Beispiel 4.76 mit der dort konstruierten ON–Basis* $\mathbf{v}_1, \mathbf{v}_2, \mathbf{v}_3$. *Wir geben die Vektoren* $\mathbf{u} := (2, -2, 1, -5)^T \in U$ *und* $\mathbf{v} := (1, 1, 0, 1)^T \in U$ *vor. Dann errechnen sich sofort die* FOURIER–*Koeffizienten*

$$\langle \mathbf{u}, \mathbf{v}_1 \rangle = \tfrac{3}{\sqrt{2}}, \quad \langle \mathbf{u}, \mathbf{v}_2 \rangle = -\tfrac{1}{\sqrt{3}}, \quad \langle \mathbf{u}, \mathbf{v}_3 \rangle = -\tfrac{35}{\sqrt{42}},$$

$$\langle \mathbf{v}, \mathbf{v}_1 \rangle = \tfrac{1}{\sqrt{2}}, \quad \langle \mathbf{v}, \mathbf{v}_2 \rangle = \tfrac{2}{\sqrt{3}}, \quad \langle \mathbf{v}, \mathbf{v}_3 \rangle = \tfrac{7}{\sqrt{42}}.$$

Offenbar gilt

$$\langle \mathbf{u}, \mathbf{v} \rangle = \frac{3}{\sqrt{2}\sqrt{2}} - \frac{2}{\sqrt{3}\sqrt{3}} - \frac{35 \cdot 7}{\sqrt{42}\sqrt{42}} = -5$$

in Übereinstimmung mit dem Wert des Skalarproduktes.

Anmerkung. Natürlich lässt sich auch in $\mathbb{C}^n$ ein Skalarprodukt formulieren und die Abhandlungen dieses Abschnittes lassen sich (mit geringfügigen Veränderungen) darauf anwenden. Dies wollen wir nicht im Detail behandeln, sondern diesen Abschnitt mit der Definition des Skalarproduktes im Komplexen abschließen. Es gilt die

---

Definition 4.80

1. *Für je zwei Vektoren* $\mathbf{x} := (x_1, x_2, \ldots, x_n)^T \in \mathbb{C}^n$ *und* $\mathbf{y} := (y_1, y_2, \ldots, y_n)^T \in \mathbb{C}^n$ *heißt die Zahl*

$$\langle \mathbf{x}, \mathbf{y} \rangle := \sum_{k=1}^{n} x_k \bar{y}_k$$

   Skalarprodukt *von* $\mathbf{x}, \mathbf{y} \in \mathbb{C}^n$. *Dabei bezeichne* $\bar{y}_k$ *die konjugierte komplexe Zahl zu* y_k *für* $k = 1, \ldots, n$.

2. *Zwei Vektoren* $\mathbf{x}, \mathbf{y} \in \mathbb{C}^n$ *heißen zueinander* **orthogonal**, *wenn gilt*

$$\mathbf{x} \perp \mathbf{y} :\Longleftrightarrow \langle \mathbf{x}, \mathbf{y} \rangle = 0.$$

Aufgaben

Aufgabe 4.49. Seien $\mathbf{x}, \mathbf{y} \in \mathbb{R}^n$. Zeigen Sie

a) $|\|\mathbf{x}\| - \|\mathbf{y}\|| \leq \|\mathbf{x} + \mathbf{y}\|$ (umgekehrte Dreiecksungleichung).

b) $\|\mathbf{x}\| = \|\mathbf{y}\| \iff (\mathbf{x} - \mathbf{y}) \perp (\mathbf{x} + \mathbf{y})$.

c) Welche der Aussagen a) und/oder b) gelten nicht in $\mathbb{C}^2$? Belegen Sie dies durch Gegenbeispiele.

Aufgabe 4.50. Seien $\mathbf{x}, \mathbf{y} \in \mathbb{R}^n$. Zeigen Sie

$$\|\mathbf{x} + \mathbf{y}\|^2 = \|\mathbf{x}\|^2 + \|\mathbf{y}\|^2 \iff \mathbf{x} \perp \mathbf{y}).$$

Zeigen Sie mit Hilfe eines Gegenbeispiels, dass diese Aussage in $\mathbb{C}^2$ nicht gilt.

Aufgabe 4.51. Ein Massepunkt m bewege sich reibungsfrei im dreidimensionalen Raum. Die drei Kräfte

$$\mathbf{F}_1 = (2, -3, -1)^T, \quad \mathbf{F}_2(6, 6, 0)^T, \quad \mathbf{F}_3(-4, 1, 3)^T$$

(Einheit Newton)wirken auf ihn ein.

a) Welche Kraft $\mathbf{F}_4$ muss auf ihn wirken, damit m im Zustand der Ruhe oder der gleichförmigen Bewegung verharrt?

b) Wie groß ist $\|\mathbf{F}_4\|$?

c) Wie groß ist der Winkel φ zwischen $\mathbf{F}_4$ und der positiven z-Achse?

Aufgabe 4.52. Gegeben seien die Vektoren

$$\mathbf{v}_1 = (0,1,1,1)^T, \ \mathbf{v}_2 = (1,0,1,1)^T, \ \mathbf{v}_3 = (1,1,0,1)^T,$$
$$\mathbf{v} = (1,1,1,1)^T, \ \mathbf{w} = (3,4,5,6)^T.$$

a) Bestimmen Sie den Winkel zwischen $\mathbf{v}$ und $\mathbf{w}$.

b) Ist $\mathbf{w}$ eine Linearkombination aus $\mathbf{v}_1, \mathbf{v}_2, \mathbf{v}_3$? Berechnen Sie die Koeffizienten.

c) Bestimmen Sie eine ON-Basis $\{\mathbf{e}_1, \mathbf{e}_2, \mathbf{e}_3\}$ in $U = <\mathbf{v}_1, \mathbf{v}_2, \mathbf{v}_3> \subset \mathbb{R}^4$ mit dem Schmidt-Verfahren.

d) Bestimmen Sie die Komponenten von $\mathbf{w}$ bezüglich $\{\mathbf{e}_1, \mathbf{e}_2, \mathbf{e}_3\}$.

Aufgabe 4.53. Gegeben seien die Vektoren

$$\mathbf{v}_1 = (1,1,-1,2)^T, \ \mathbf{v}_2 = (1,-1,1,2)^T,$$
$$\mathbf{v}_3 = (2,1,1,4)^T, \ \mathbf{w} = (1,2,1,1)^T.$$

Bestimmen Sie eine ON-Basis in $U = <\mathbf{v}_1, \mathbf{v}_2, \mathbf{v}_3>$ mit dem Schmidt-Verfahren.

Aufgabe 4.54. Seien $\mathbf{v}_1 = (1,1,1,1)^T$ und $\mathbf{v}_2 = (1,2,-3,0)^T$ Vektoren aus $\mathbb{R}^4$.

a) Zeigen Sie, dass diese orthogonal sind.

b) Finden Sie zwei linear unabhängige Vektoren $\mathbf{v}_3$ und $\mathbf{v}_4$, die zu $\mathbf{v}_1$ und $\mathbf{v}_2$ jeweils orthogonal sind.

c) Bestimmen Sie einen Vektor $\mathbf{w} \neq \mathbf{0}$, der zu jedem der Vektoren $\mathbf{v}_1, \mathbf{v}_2, \mathbf{v}_3$ orthogonal ist, und zeigen Sie zudem, dass dieser als Linearkombination von $\mathbf{v}_3$ und $\mathbf{v}_4$ darstellbar ist.

Aufgabe 4.55. Finden Sie zwei Vektoren $\mathbf{v}, \mathbf{w} \neq \mathbf{0}$ aus $\mathbb{C}^4$, deren Skalarprodukt den Wert 0 ergibt.

Aufgabe 4.56. Seien $\mathbf{x}, \mathbf{y} \in \mathbb{R}^n$, $n \in \mathbb{N}$. Zeigen Sie:

$$\mathbf{x} = \mathbf{y} \iff \langle \mathbf{x}, \mathbf{v} \rangle = \langle \mathbf{y}, \mathbf{v} \rangle, \ \mathbf{v} \in \mathbb{R}^n \text{ beliebig.}$$

4.8 Orthogonalkomplemente und geometrische Anwendungen

In diesem Abschnitt sei V wieder ein VR über $\mathbb{K}$ mit $\dim V < \infty$.

Definition 4.81 *Das* **Orthogonalkomplement** $U^\perp$ *eines Unterraumes* $U \subseteq V$ *ist die Menge*

$$U^\perp := \{\mathbf{v} \in V : \langle \mathbf{u}, \mathbf{v} \rangle = 0 \ \forall \, \mathbf{u} \in U\}.$$

Beispiel 4.82 *Es sei* $V := \mathbb{R}^4$, *versehen mit dem Standardskalarprodukt. Wir erkennen sehr schnell, dass die beiden Vektoren* $\mathbf{a} := (1, 0, 1, 0)^T$ *und* $\mathbf{b} := (0, 1, 0, 1)^T$ *den Unterraum* $U := \{(x_1, x_2, x_3, x_4)^T \in V : x_1 = x_3 \text{ und } x_2 = x_4\}$ *aufspannen.*

Wir setzen jetzt $\mathbf{c} := (1, 0, -1, 0)^T$ *und* $\mathbf{d} := (0, 1, 0, -1)^T$ *und behaupten einfach, dass*

$$U^\perp = \operatorname{span}\{\mathbf{c}, \mathbf{d}\}, \quad \dim U^\perp = 2$$

gilt. Tatsächlich, es gilt für jeden Vektor $\mathbf{u} := \lambda_1 \mathbf{a} + \lambda_2 \mathbf{b} \in U$ *und jeden Vektor* $\mathbf{v} := \mu_1 \mathbf{c} + \mu_2 \mathbf{d}$, *dass*

$$\langle \mathbf{u}, \mathbf{v} \rangle = \lambda_1 \mu_1 \underbrace{\langle \mathbf{a}, \mathbf{c} \rangle}_{=0} + \lambda_2 \mu_1 \underbrace{\langle \mathbf{b}, \mathbf{c} \rangle}_{=0} + \lambda_1 \mu_2 \underbrace{\langle \mathbf{a}, \mathbf{d} \rangle}_{=0} + \lambda_2 \mu_2 \underbrace{\langle \mathbf{b}, \mathbf{d} \rangle}_{=0} = 0.$$

Also haben wir $\mathbf{v} \in U^\perp$. *Wir sehen auch, dass*

$$4 = \dim V = \dim U + \dim U^\perp = 2 + 2.$$

Wir fassen die Erkenntnis dieses Beispiels wie folgt zusammen:

Satz 4.83 *Es sei* $U \subseteq V$ *ein Unterraum von* V *mit* $\dim V < \infty$. *Dann gilt*

1. *Stets ist auch* $U^\perp$ *ein* **Unterraum** *von* V.

2. *Ist* $\mathbf{u}_1, \mathbf{u}_2, \ldots, \mathbf{u}_m$ *eine* **Basis** *von* U, *so gilt*

$$\mathbf{v} \in U^\perp \iff \langle \mathbf{u}_k, \mathbf{v} \rangle = 0 \ \forall \, k = 1, 2, \ldots, m.$$

---

3. *Stets gilt $U = U^{\perp\perp} := (U^\perp)^\perp$.*

4. *Es sei $\dim V < \infty$. Dann gilt: $U \cap U^\perp = \{\mathbf{0}\}$ und $U + U^\perp = V$, also*

$$V = U \oplus U^\perp, \quad \dim V = \dim U + \dim U^\perp.$$

Das heißt, zu jedem Vektor $\mathbf{v} \in V$ gibt es eindeutig bestimmte Vektoren $\mathbf{u}, \mathbf{u}^\perp$ mit

$$\mathbf{v} = \mathbf{u} + \mathbf{u}^\perp, \quad \mathbf{u} \in U, \ \mathbf{u}^\perp \in U^\perp.$$

*Wir sprechen hier von der **orthogonalen Zerlegung** von V.*

Beweis.

1. Wegen $\langle \mathbf{u}, \mathbf{0} \rangle = 0 \ \forall \ \mathbf{u} \in U$ haben wir $\mathbf{0} \in U^\perp \neq \emptyset$. Seien nun $\mathbf{v}, \mathbf{w} \in U^\perp$ und $\lambda, \mu \in \mathbb{K}$ vorgegeben. Dann folgt

$$\langle \mathbf{u}, \lambda\,\mathbf{v} + \mu\,\mathbf{w} \rangle = \overline{\lambda} \underbrace{\langle \mathbf{u}, \mathbf{v} \rangle}_{=0} + \overline{\mu} \underbrace{\langle \mathbf{u}, \mathbf{w} \rangle}_{=0} = 0 \ \forall \ \mathbf{u} \in U,$$

also $\lambda\,\mathbf{v} + \mu\,\mathbf{w} \in U^\perp$. Somit sind die Unterraumaxiome (U1) und (U2) in $U^\perp$ erfüllt.

2. $\mathbf{v} \in V$ und $\langle \mathbf{u}_k, \mathbf{v} \rangle = 0 \ \forall \ k = 1, 2, \ldots, m$ implizieren klar $\langle \mathbf{u}, \mathbf{v} \rangle = 0 \ \forall \ \mathbf{u} \in U$. Also haben wir $\mathbf{v} \in U^\perp$. Sei nun umgekehrt $\mathbf{v} \in U^\perp$ gegeben. Dann haben wir $\langle \mathbf{u}, \mathbf{v} \rangle = 0 \ \forall \ \mathbf{u} \in U$. Mit der speziellen Wahl $\mathbf{u} := \mathbf{u}_k \in U$ resultiert $\langle \mathbf{u}_k, \mathbf{v} \rangle = 0 \ \forall \ k = 1, 2, \ldots, m$.

3. Jedes $\mathbf{u} \in U$ erfüllt $\langle \mathbf{u}, \mathbf{v} \rangle = 0 \ \forall \ \mathbf{v} \in U^\perp$. Also folgt $\mathbf{u} \in U^{\perp\perp}$.

4. Sei $\mathbf{v}_1, \ldots, \mathbf{v}_n$ eine ONB von U, die nach Satz 4.51 zu einer Basis

$$\mathbf{v}_1, \ldots, \mathbf{v}_n, \tilde{\mathbf{v}}_{n+1}, \ldots, \tilde{\mathbf{v}}_{n+m}$$

von V ergänzt werden kann. Anwendung des Orthonormalisierungsverfahrens belässt $\mathbf{v}_1, \ldots, \mathbf{v}_n$, so dass insgesamt eine ONB bestehend aus allen Vektoren

$$\mathbf{v}_1, \ldots, \mathbf{v}_n, \mathbf{v}_{n+1}, \ldots, \mathbf{v}_{n+m}$$

von V entsteht. Die ergänzenden Vektoren spannen somit $U^\perp$ auf, und $U \oplus U^\perp = V$.

qed

Bemerkung 4.84 *Durch die* **orthogonale Zerlegung** $\mathbf{v} = \mathbf{u} + \mathbf{u}^\perp$ *mit* $\mathbf{u} \in U$ *und* $\mathbf{u}^\perp \in U^\perp$ *wird jeder Vektor* $\mathbf{v} \in V$ *in eindeutiger Weise auf einen Vektor* $P_U(\mathbf{v}) := \mathbf{u} \in U$ *und* $P_{U^\perp}(\mathbf{v}) := \mathbf{u}^\perp \in U^\perp$ *abgebildet. Insgesamt gilt also die eindeutige Darstellung*

$$\mathbf{v} = P_U(\mathbf{v}) + P_{U^\perp}(\mathbf{v}). \tag{4.18}$$

$P_U(\mathbf{v})$ *bzw.* $P_{U^\perp}(\mathbf{v})$ *heißen* **orthogonale Projektionen** *des Vektors* $\mathbf{v}$ *auf* $U \subseteq V$ *bzw.* $U^\perp \subseteq V$.

Ist $\mathbf{u}_1, \mathbf{u}_2, \dots, \mathbf{u}_m$ *eine ON–Basis von* U, *so gestattet* $P_U(\mathbf{v})$ *folgende Darstellung:*

$$P_U(\mathbf{v}) = \sum_{k=1}^{m} \langle \mathbf{v}, \mathbf{u}_k \rangle \, \mathbf{u}_k. \tag{4.19}$$

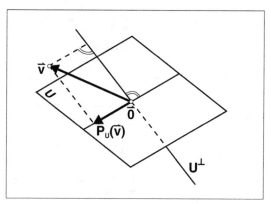

**Orthogonale Projektion auf den
Unterraum U**

Beispiel 4.85 *In* $V := \mathbb{R}^4$ *betrachten wir den Unterraum*

$$U := \{(x_1, x_2, x_3, x_4)^T \in V : x_3 = x_1 - 2x_2 + x_4\}$$

(vgl. Beispiel 4.76). Der Unterraum $U \subset V$ *wird von folgender ON–Basis aufgespannt:*

$$\mathbf{u}_1 := \frac{1}{\sqrt{2}} (1, 0, 1, 0)^T, \ \mathbf{u}_2 := \frac{1}{\sqrt{3}} (1, 1, -1, 0)^T, \ \mathbf{u}_3 := \frac{1}{\sqrt{42}} (-1, 2, 1, 6)^T.$$

Die orthogonale Projektion der beiden Vektoren $\mathbf{v}_1 := (1, 2, 3, 4)^T$ *und* $\mathbf{v}_2 := (2, 2, 1, 3)^T$ *auf* U *ist zu berechnen. Wir haben*

$$P_U(\mathbf{v}_1) = \sum_{k=1}^{3} \langle \mathbf{v}_1, \mathbf{u}_k \rangle \mathbf{u}_k = \frac{4}{\sqrt{2}}\, \mathbf{u}_1 + 0 \cdot \mathbf{u}_2 + \frac{30}{\sqrt{42}}\, \mathbf{u}_3 = \frac{1}{7}\, (9, 10, 19, 30)^T,$$

$$\boxed{P_U(\mathbf{v}_2)} = \sum_{k=1}^{3} \langle \mathbf{v}_2, \mathbf{u}_k \rangle \mathbf{u}_k = \frac{3}{\sqrt{2}}\, \mathbf{u}_1 + \frac{3}{\sqrt{3}}\, \mathbf{u}_2 + \frac{21}{\sqrt{42}}\, \mathbf{u}_3 = (2, 2, 1, 3)^T \boxed{= \mathbf{v}_2}.$$

Das zweite Ergebnis überrascht nicht, denn der Vektor $\mathbf{v}_2$ liegt bereits in U.

Die orthogonale Projektion hat eine sehr wichtige **Extremaleigenschaft**, in dem Sinne, dass die orthogonale Projektion als Element des Unterraums den kürzesten Abstand zu $\mathbf{v} \in V$ hat und alle anderen Vektoren des Unterraums weiter weg von $\mathbf{v} \in V$ sind. Es gilt der

---

Satz 4.86 *Es seien $U \subseteq V$ ein Unterraum und $\mathbf{v} \in V$ ein fester Vektor. Dann gilt*

$$\|\mathbf{v} - P_U(\mathbf{v})\| = \min_{\mathbf{u} \in U} \|\mathbf{v} - \mathbf{u}\|. \tag{4.20}$$

Für die übrigen Vektoren aus U gilt, dass

$$\|\mathbf{v} - P_U(\mathbf{v})\| < \|\mathbf{v} - \mathbf{w}\| \ \ \forall\, \mathbf{w} \in U \ mit \ \mathbf{w} \neq P_U(\mathbf{v}).$$

Beweis. Für jeden Vektor $\mathbf{w} \in U$ haben wir

$$\mathbf{v} - \mathbf{w} = \underbrace{\mathbf{v} - P_U(\mathbf{v})}_{=\mathbf{u}^\perp \in U^\perp} + \underbrace{P_U(\mathbf{v}) - \mathbf{w}}_{\in U} =: \mathbf{u}^\perp + \mathbf{x}.$$

Hieraus folgt

$$\|\mathbf{v}-\mathbf{w}\|^2 = \|\mathbf{u}^\perp+\mathbf{x}\|^2 = \|\mathbf{u}^\perp\|^2+\|\mathbf{x}\|^2+2\underbrace{\langle \mathbf{u}^\perp, \mathbf{x} \rangle}_{=0} = \|\mathbf{v}-P_U(\mathbf{v})\|^2+\|P_U(\mathbf{v})-\mathbf{w}\|^2.$$

Für $\mathbf{w} \neq P_U(\mathbf{v})$ folgt, dass $\|P_U(\mathbf{v}) - \mathbf{w}\| > 0$, und daraus $\|\mathbf{v} - P_U(\mathbf{v})\| < \|\mathbf{v} - \mathbf{w}\|$.   qed

Ist die Untermannigfaltigkeit M eine **Hyperebene** in V, gilt also $H := M = \mathbf{p} + U$ mit $\dim U = \dim V - 1$, so gilt $\dim U^\perp = 1$. (Wir sagen auch: Die *Kodimension* ist 1.) Folglich ist $U^\perp = \operatorname{span}\{\mathbf{n}\}$ mit einem Vektor $\mathbf{0} \neq \mathbf{n} \in V$.

> **Definition 4.87** *Sei $U \subset V$ ein Unterraum mit $\dim U = \dim V - 1$ und $\mathbf{p} \in V$ ein fester Vektor. Dann heißt jeder Vektor $\mathbf{0} \neq \mathbf{n} \in U^{\perp}$ eine* **Normale an die Hyperebene** $H = \mathbf{p} + U$.

Satz 4.88

1. *Ist $\mathbf{n} \in V$ eine Normale an die Hyperebene $H = \mathbf{p} + U$, so gilt die Darstellung*

$$H = \{\mathbf{x} \in V \;:\; \langle \mathbf{x} - \mathbf{p}, \mathbf{n} \rangle = 0\} = \{\mathbf{x} \in V \;:\; \langle \mathbf{x}, \mathbf{n} \rangle = \langle \mathbf{p}, \mathbf{n} \rangle = \text{const}\}.$$

2. *Sind $\mathbf{0} \neq \mathbf{n} \in V$ und $\alpha \in \mathbb{R}$ vorgegeben, so ist durch*

$$H := \{\mathbf{x} \in V \;:\; \langle \mathbf{x}, \mathbf{n} \rangle - \alpha = 0\} \qquad (4.21)$$

genau eine Hyperebene in dem endlichdimensionalen Vektorraum V bestimmt.

Die Aussagen bleiben bestehen, wenn der Normalenvektor $\mathbf{n}$ durch den **Einheitsnormalenvektor**

$$\mathbf{n}_0 := \pm \frac{\mathbf{n}}{\|\mathbf{n}\|} \qquad (4.22)$$

ersetzt wird.

Die Darstellung (4.21) heißt **Hessesche Normalform**[1] einer Hyperebene im Vektorraum V.

Beweis.

1. Wegen $U^{\perp} = \operatorname{span}\{\mathbf{n}\}$ und wegen $\mathbf{x} - \mathbf{p} \in U \ \forall \, \mathbf{x} \in H$ gilt immer $\mathbf{x} - \mathbf{p} \perp \mathbf{n}$, oder äquivalent $\langle \mathbf{x} - \mathbf{p}, \mathbf{n} \rangle = 0$ und auch umgekehrt, da $U^{\perp\perp} = U$.

2. Offensichtlich ist

$$\tilde{H} := \alpha \frac{\mathbf{n}}{\|\mathbf{n}\|^2} + (\operatorname{span}\{\mathbf{n}\})^{\perp}$$

eine Hyperebene in V, und diese erfüllt die Darstellung (4.21), d.h. $\tilde{H} \subset H$. Ist andererseits $\mathbf{x} \in H$, setze

---

[1] Ludwig Otto Hesse (1811-1874) war deutscher Mathematiker.

$$\mathbf{w} := \mathbf{x} - \alpha \frac{\mathbf{n}}{||\mathbf{n}||^2},$$

dann ist

$$\langle \mathbf{w}, \mathbf{n} \rangle = \langle \mathbf{x}, \mathbf{n} \rangle - \alpha = 0,$$

d.h. $\mathbf{w} \in \text{span}\{\mathbf{n}\}^\perp$ und so $\mathbf{x} \in \tilde{H}$.

qed

Beispiel 4.89 *Ebenen in $\mathbb{R}^3$ sind Hyperebenen. In $V := \mathbb{R}^3$ sei die Untermannigfaltigkeit E durch die Gleichung*

$$E := \{\mathbf{x} = (x, y, z)^T \in \mathbb{R}^3 : ax + by + cz = \alpha\}, \quad a, b, c, \alpha \in \mathbb{R} \ fest,$$

gegeben. Mit Hilfe des Vektors $\mathbf{n} := (a, b, c)^T \neq \mathbf{0}$ erhält man unter Verwendung des Standardskalarproduktes die folgende Darstellung:

$$E = \{\mathbf{x} \in \mathbb{R}^3 : \langle \mathbf{x}, \mathbf{n} \rangle = \alpha\}.$$

Dies ist gemäß Satz 4.88 die **HESSEsche Normalform** *einer Hyperebene in $\mathbb{R}^3$. Mit einem festen Vektor $\mathbf{p} \in E$ folgt wegen $\langle \mathbf{p}, \mathbf{n} \rangle = d$ nun auch*

$$\langle \mathbf{x} - \mathbf{p}, \mathbf{n} \rangle = 0 \Longleftrightarrow \langle \mathbf{x}, \mathbf{n} \rangle = \langle \mathbf{p}, \mathbf{n} \rangle = \ const \ \forall \ \mathbf{x} \in E.$$

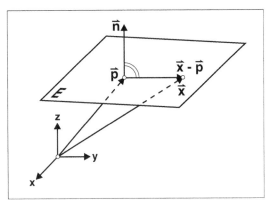

Geometrische Interpretation der HESSE-
schen Normalform einer Ebene E in $\mathbb{R}^3$

Die obige Gleichung kann **geometrisch** *in der folgenden Weise interpretiert werden: Die Vektoren $\mathbf{x} - \mathbf{p} \ \forall \ \mathbf{x} \in E$ stehen senkrecht auf dem Vektor $\mathbf{n}$. Die Untermannigfaltigkeit $E \subset \mathbb{R}^3$ ist eine* **Ebene**. *Wegen $\mathbf{n} \perp E$ fällt das* **Lot** *von* $\mathbf{0}$ *auf* E *in die Richtung* $\mathbf{n}$. *Das heißt, die* **orthogonale Projektion** *von* $\mathbf{p}$ *auf den Unterraum* span$\{\mathbf{n}\}$ *ist das* **Lot** *von* $\mathbf{0}$ *auf* E.

In (4.22) kann das Vorzeichen stets so gewählt werden, dass $\langle \mathbf{p}, \mathbf{n}_0 \rangle \geq 0$ gilt. In diesem Fall gibt

$$d(\mathbf{0}, H) = \|\langle \mathbf{p}, \mathbf{n}_0 \rangle \mathbf{n}_0\| = \langle \mathbf{p}, \mathbf{n}_0 \rangle = \pm \langle \mathbf{p}, \mathbf{n} \rangle \frac{1}{\|\mathbf{n}\|} = \pm \frac{\alpha}{\|\mathbf{n}\|} \geq 0 \qquad (4.23)$$

den **Abstand der Hyperebene** H **vom Ursprung** $\mathbf{0}$ an. Wir erkennen daraus, dass

$$\alpha = d(\mathbf{0}, H) = \langle \mathbf{p}, \mathbf{n}_0 \rangle.$$

Sei nun $\mathbf{w} \in V$, dann heißt konsequenterweise

$$d(\mathbf{w}, H) = \langle \mathbf{w} - \mathbf{p}, \mathbf{n}_0 \rangle \qquad (4.24)$$

der **orientierte Abstand** des Punktes $\mathbf{w} \in V$ von H, d.h., es gilt

$$d(\mathbf{w}, H) \begin{cases} < 0, \text{ falls } \mathbf{0} \text{ und } \mathbf{w} \text{ auf einer Seite von } H \text{ liegen,} \\ > 0, \text{ falls } \mathbf{0} \text{ und } \mathbf{w} \text{ auf verschiedenen Seiten von } H \text{ liegen.} \end{cases}$$

Beispiel 4.90 *Es laute die allgemeine Ebenengleichung einer Ebene* $E \subset \mathbb{R}^3$:

$$x - 2y + 3z + 5 = 0 \quad \Longleftrightarrow \quad -x + 2y - 3z = 5.$$

Damit ist die Vorzeichenwahl mit $\alpha = 5 > 0$ *getroffen!*

- *Normalenvektor:* $\mathbf{n} = (-1, 2, -3)^T$;

- *Einheitsnormale:* $\mathbf{n}_0 = \dfrac{1}{\sqrt{14}} (-1, 2, -3)^T$;

- *Abstand der Ebene* E *vom Ursprung* $\mathbf{0}$: $d(\mathbf{0}, E) = \dfrac{5}{\sqrt{14}} > 0$;

- HESSE*sche Normalform:* $\dfrac{5}{\sqrt{14}} = \langle \mathbf{x}, \mathbf{n}_0 \rangle = \dfrac{1}{\sqrt{14}} (-x + 2y - 3z)$.

Um das nächste Beispiel zu meistern, führen wir das Vektorprodukt zweier Vektoren in $\mathbb{R}^3$ ein, welches auch nur dort erklärt ist.

Definition 4.91 *In der Standardbasis des* $\mathbb{R}^3$ *seien zwei Vektoren* $\mathbf{x} :=$ $(x_1, x_2, x_3)^T \in \mathbb{R}^3$ *und* $\mathbf{y} := (y_1, y_2, y_3)^T \in \mathbb{R}^3$ *gegeben. Dann heißt der durch die Vorschrift*

$$\mathbf{z} := \mathbf{x} \times \mathbf{y} := \begin{pmatrix} x_2 y_3 - x_3 y_2 \\ x_3 y_1 - x_1 y_3 \\ x_1 y_2 - x_2 y_1 \end{pmatrix} \tag{4.25}$$

definierte Vektor $\mathbf{z} \in \mathbb{R}^3$ *das* **Vektorprodukt (Kreuzprodukt)** *der beiden Vektoren* $\mathbf{x}$ *und* $\mathbf{y}$.

Satz 4.92 *Bezüglich des Standardskalarproduktes steht der Vektor* $\mathbf{x} \times \mathbf{y} \in \mathbb{R}^3$ **senkrecht** *auf beiden Vektoren* $\mathbf{x} \in \mathbb{R}^3$ *und* $\mathbf{y} \in \mathbb{R}^3$, *d.h.*

$$\mathbf{x} \perp \mathbf{x} \times \mathbf{y} \quad bzw. \quad \mathbf{y} \perp \mathbf{x} \times \mathbf{y}.$$

Beweis. Offenbar gilt nach Definition

$$\langle \mathbf{x}, \mathbf{x} \times \mathbf{y} \rangle = x_1 x_2 y_3 - x_1 x_3 y_2 + x_2 x_3 y_1 - x_2 x_1 y_3 + x_3 x_1 y_2 - x_3 x_2 y_1 = 0,$$

und entsprechend ergibt sich $\langle \mathbf{y}, \mathbf{x} \times \mathbf{y} \rangle = 0$.   qed

Nun gehen wir das versprochene Beispiel an.

Beispiel 4.93 *„Paramaterdarstellung von* E *$\Longleftrightarrow$* HESSE*sche Normalform von* E*".*

Es ist klar, da beide Formen dieselbe Ebene darstellen, lassen sich beide Darstellungen auch ineinander überführen.

i) Es sei die HESSE*sche Normalform (HNF) der Ebene* E *gegeben, d.h.*

$$E := \{ \mathbf{x} \in \mathbb{R}^3 \; : \; \langle \mathbf{x}, \mathbf{n}_0 \rangle = d(\mathbf{0}, E) \}.$$

Wir wählen in dieser Menge drei Vektoren $\mathbf{p}, \mathbf{x}_1, \mathbf{x}_2$ *so, dass die beiden Vektoren* $\mathbf{u}_1 := \mathbf{x}_1 - \mathbf{p}$ *und* $\mathbf{u}_2 := \mathbf{x}_2 - \mathbf{p}$ **LU** *sind. In diesem Falle resultiert bereits die Parameterdarstellung*

$$E = \{ \mathbf{x} \in \mathbb{R}^3 \; : \; \mathbf{x} = \mathbf{p} + \lambda_1 \mathbf{u}_1 + \lambda_2 \mathbf{u}_2, \; \lambda_1, \lambda_2 \in \mathbb{R} \}. \tag{4.26}$$

Man verschafft sich die drei gesuchten Vektoren $\mathbf{p}, \mathbf{x}_1, \mathbf{x}_2$ durch Einsetzen von Zahlen x, y, z in die HNF. Bei einer Ebene E in „allgemeiner" Lage (d.h., E liegt nicht parallel zu einer der drei Koordinatenebenen), können in der Regel durch Einsetzen der drei Zahlentupel $(x = 0, y = 1)$, $(y = 0, z = 1)$, $(z = 0, x = 1)$ in die HNF die drei gesuchten Vektoren bestimmt werden. Wir betrachten als Beispiel die Ebene E aus Beispiel 4.89 mit der HNF

$$\langle \mathbf{x}, \mathbf{n}_0 \rangle = \frac{5}{\sqrt{14}} = \frac{1}{\sqrt{14}} (-x + 2y - 3z) \Longleftrightarrow -x + 2y - 3z = 5.$$

Wir verwenden die letzte Gleichung und erhalten

$$
\left.
\begin{array}{l}
(x = 0, y = 1) \implies \mathbf{p} = (0, 1, -1)^T, \\[2mm]
(y = 0, z = 1) \implies \mathbf{x}_1 = (-8, 0, 1)^T, \\[2mm]
(z = 0, x = 1) \implies \mathbf{x}_2 = (1, 3, 0)^T,
\end{array}
\right\}
\Rightarrow
\left.
\begin{array}{l}
\mathbf{u}_1 = (-8, -1, 2)^T, \\[2mm]
\mathbf{u}_2 = (1, 2, 1)^T,
\end{array}
\right\}
\text{LU.}
$$

Die gesuchte Parameterdarstellung lautet nun

$$E = \{ \mathbf{x} \in \mathbb{R}^3 : \mathbf{x} = (0, 1, -1)^T + \lambda_1 (-8, -1, 2)^T + \lambda_2 (1, 2, 1)^T,$$
$$\lambda_1, \lambda_2 \in \mathbb{R} \}.$$

ii) Gegeben sei nun eine Parameterdarstellung (4.26) der Ebene E. Für die Darstellung von E in der HESSEschen Normalform $\langle \mathbf{x} - \mathbf{p}, \mathbf{n}_0 \rangle = 0$ verfügen wir bereits über den Aufhängepunkt $\mathbf{p}$, den wir (4.26) entnehmen. Die Einheitsnormale $\mathbf{n}_0$ muss nun so bestimmt werden, dass die Orthogonalitätsrelationen $\mathbf{u}_1 \perp \mathbf{n}_0 \perp \mathbf{u}_2$ gelten.

Wir folgern aus dem letzten Satz, dass der Vektor $\mathbf{n} := \mathbf{u}_1 \times \mathbf{u}_2 = (-5, 10, -15)^T$ die geforderten Orthogonalitätsrelationen $\mathbf{u}_1 \perp \mathbf{n} \perp \mathbf{u}_2$ erfüllt.

Durch Normierung erhalten wir die Normale $\mathbf{n}_0 = \frac{1}{\sqrt{14}} (-1, 2, -3)^T$ und daraus schließlich mit $\mathbf{p} = (0, 1, -1)^T$ die gesuchte HESSEsche Normalform

$$E = \{ \mathbf{x} \in \mathbb{R}^3 : \langle \mathbf{x}, \mathbf{n}_0 \rangle = \langle \mathbf{p}, \mathbf{n}_0 \rangle = \frac{5}{\sqrt{14}} \}.$$

Beispiel 4.94 „*Projektion eines Vektors* $\mathbf{w} \in V$ *auf eine Hyperebene* $\mathbf{H} \subset V$ *in vorgegebener Projektionsrichtung* $\mathbf{u} \in V$ ".

Es sei V ein **endlichdimensionaler** Vektorraum, in welchem eine Hyperebene H in der HESSEschen Normalform $H = \{ \mathbf{v} \in V : \langle \mathbf{v}, \mathbf{n} \rangle - \alpha = 0 \}$

vorliegt. Wir geben Vektoren $\mathbf{u}, \mathbf{w} \in V$ *vor und wollen die Projektion* $P_\mathbf{u}(\mathbf{w})$
von $\mathbf{w}$ *in Richtung* $\mathbf{u}$ *auf die Hyperebene* H *bestimmen.*

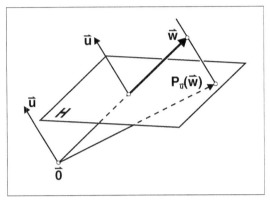

Projektion des Punktes w in Richtung
u auf eine Hyperebene H

Die Projektion $P_\mathbf{u}(\mathbf{w})$ *muss folgende zwei Bedingungen erfüllen:*

(i) $P_\mathbf{u}(\mathbf{w}) = \mathbf{w} + \lambda\,\mathbf{u}$,

(ii) $P_\mathbf{u}(\mathbf{w}) \in H$.

Wird also (i) in die HNF der Hyperebene H *eingesetzt, so resultiert daraus*
$\langle \mathbf{w}, \mathbf{n}\rangle + \lambda \langle \mathbf{u}, \mathbf{n}\rangle = \alpha$. *Falls* $\mathbf{u} \not\parallel H$ *ist, dann gilt* $\langle \mathbf{u}, \mathbf{n}\rangle \neq 0$, *und wir erhalten:*

$$P_\mathbf{u}(\mathbf{w}) = \mathbf{w} - \frac{\langle \mathbf{w}, \mathbf{n}\rangle - \alpha}{\langle \mathbf{u}, \mathbf{n}\rangle}\,\mathbf{u}.$$

Im **Sonderfall einer orthogonalen Projektion** *von* $\mathbf{w}$ *auf* H *haben wir*
$\mathbf{u} = \mathbf{n}$ *zu setzen. Wir erhalten*

$$P_H(\mathbf{w}) = \mathbf{w} - \frac{\langle \mathbf{w}, \mathbf{n}\rangle - \alpha}{\|\mathbf{n}\|^2}\,\mathbf{n} = \mathbf{w} - \left[\,\langle \mathbf{w}, \mathbf{n}_0\rangle - d(\mathbf{0}, H)\,\right]\mathbf{n}_0,$$

und dies ist wiederum der **Lotfußpunkt** *des Lotes von* $\mathbf{w}$ *auf* H. *Die* **Länge**
des Lotes beträgt

$$d(\mathbf{w}, H) = \|\mathbf{w} - P_H(\mathbf{w})\| = \frac{1}{\|\mathbf{n}\|}\,|\langle \mathbf{w}, \mathbf{n}\rangle - \alpha|.$$

Beispiel 4.95 *„Schnittgerade zweier Ebenen* $\mathbf{E}_1$ *und* $\mathbf{E}_2$*“.*

Die Bestimmung der Schnittmannigfaltigkeit $E_1 \cap E_2$ *für zwei Ebenen* E_1, E_2
in $\mathbb{R}^3$ *wird sehr einfach, wenn für* E_1, E_2 *die* HESSE*sche Normalformen*

$$E_j := \{\mathbf{x} \in \mathbb{R}^3 \ : \ a_j x + b_j y + c_j z = d_j\}, \ j = 1, 2.$$

vorliegen.

Voraussetzung für $E_1 \cap E_2 \neq \emptyset$ ist die Bedingung $E_1 \nparallel E_2$. Das heißt, die beiden **Normalenvektoren** $\mathbf{n}_1 = (a_1, b_1, c_1)^T$ *und* $\mathbf{n}_2 = (a_2, b_2, c_2)^T$ *müssen* **linear unabhängig** *sein. In diesem Falle gilt für die Schnittgerade $E_1 \cap E_2 = G := \{\mathbf{x} \in \mathbb{R}^3 \ : \ \mathbf{x} = \mathbf{p} + \lambda\, \mathbf{u}, \ \lambda \in \mathbb{R}\}$ die Bedingung $\mathbf{n}_1 \perp G - p \perp \mathbf{n}_2$. Die* **Richtung** $\mathbf{u}$ *von G erhält man somit gemäß*

$$\boxed{\mathbf{u} = \mathbf{n}_1 \times \mathbf{n}_2.}$$

Den **Aufhängepunkt** $\mathbf{p} = (x, y, z)^T$ *von G erhält man durch Bestimmen* **einer speziellen Lösung** *des linearen Gleichungssystems*

$$\boxed{\begin{aligned} a_1 x + b_1 y + c_1 z &= d_1, \\ a_2 x + b_2 y + c_2 z &= d_2, \end{aligned}}$$

z.B. durch Wahl von $x = 0$ oder $y = 0$ oder $z = 0$.

Als Zahlenbeispiel *seien die Ebenen $E_1 := \{\mathbf{x} \in \mathbb{R}^3 \ : \ x + y - z = 0\}$ und $E_2 := \{\mathbf{x} \in \mathbb{R}^3 \ : \ 2y - z = 1\}$ vorgelegt. Mit $\mathbf{n}_1 = (1, 1, -1)^T$ und $\mathbf{n}_2 = (0, 2, -1)^T$ resultiert die Richtung*

$$\mathbf{u} = \mathbf{n}_1 \times \mathbf{n}_2 = (1, 1, 2)^T,$$

während aus dem linearen Gleichungssystem

$$\begin{aligned} x + \ y - z &= 0, \\ 2y - z &= 1 \end{aligned}$$

durch Wahl von $x = 0$ die spezielle Lösung $\mathbf{p} = (0, 1, 1)^T$ ermittelt werden kann. Also folgt

$$\boxed{E_1 \cap E_2 = \{\mathbf{x} \in \mathbb{R}^3 \ : \ \mathbf{x} = (0, 1, 1)^T + \lambda\, (1, 1, 2)^T, \ \lambda \in \mathbb{R}\}.}$$

Aufgaben

Aufgabe 4.57. Sei W ein Unterraum des $\mathbb{R}^5$, welcher von den Vektoren $\mathbf{w}_1 = (1, 2, 0, 2, 1)^T$ und $\mathbf{w}_2 = (1, 1, 1, 1, 1)^T$ aufgespannt wird. Bestimmen Sie eine Orthonormalbasis von W und $W^\perp$.

Aufgabe 4.58. Sei $U \subset \mathbb{C}^3$ der von den beiden Vektoren

$$\mathbf{u}_1 = (1, i, 0)^T, \quad \mathbf{u}_2 = (1, 2, 1 - i)^T$$

aufgespannte Unterraum.

a) Bestimmen Sie eine Orthonormalbasis von U und den Ergänzungsraum $U^\perp$ mit $\mathbb{C}^3 = U + U^\perp$ so, dass $\mathbf{u} \perp U$ für $\mathbf{u} \in U^\perp$ gilt.

b) Für den Vektor $\mathbf{v} = (1, 0, 0)^T$ ist die Zerlegung $\mathbf{v} = \mathbf{v}_1 + \mathbf{v}_2$ mit $\mathbf{v}_1 \in U$ und $\mathbf{v}_2 \in U^\perp$ zu bestimmen.

Aufgabe 4.59. Gegeben seien drei Kugeln mit den Mittelpunkten

$$\mathbf{M}_1 = (0, 0, 0)^T, \quad \mathbf{M}_2 = (2, 2, 1)^T, \quad \mathbf{M}_3 = (3, 2, 2)^T,$$

und den Radien $r_1 = 2$, $r_2 = 3$, und $r_3 = 4$. Finden Sie zwei Ebenen, die alle drei Kugeln berühren.

Aufgabe 4.60. Gegeben seien die Vektoren

$$\mathbf{v}_1 = (0, 1, 1, 1)^T, \quad \mathbf{v}_2 = (1, 0, 1, 1)^T, \quad \mathbf{v}_3 = (1, 1, 0, 1)^T, \mathbf{v} = (1, 1, 1, 1)^T.$$

a) Bestimmen Sie die senkrechte Projektion von $\mathbf{v}$ auf $U = \mathrm{span}\{\mathbf{v}_1, \mathbf{v}_2, \mathbf{v}_3\}$.

b) Bestimmen Sie $U^\perp := \{\mathbf{x} \mid \mathbf{x} \perp U\}$.

c) Berechnen Sie die HESSE-Normalform von $H := 2\mathbf{v} + U$.

d) Ermitteln Sie den Lotfußpunkt von $\mathbf{v}$ auf H und den Abstand des Vektors $\mathbf{v}$ zu H.

Aufgabe 4.61. Berechnen Sie die Projektion $\mathbf{b}_a$ des Vektors $\mathbf{b} = (4, -1, 7)^T$ auf den Vektor $\mathbf{a} = (3, 0, 4)^T$.

Aufgabe 4.62. Gegeben seien die Vektoren

$$\mathbf{v}_1 = (1, 1, -1, 2)^T, \quad \mathbf{v}_2 = (1, -1, 1, 2)^T, \mathbf{v}_3 = (2, 1, 1, 4)^T, \quad \mathbf{w} = (1, 2, 1, 1)^T.$$

Berechnen Sie die senkrechte Projektion von $\mathbf{w}$ auf $U = \mathrm{span}\{\mathbf{v}_1, \mathbf{v}_2, \mathbf{v}_3\}$.

Aufgabe 4.63. Eine Ladung q bewegt sich mit der Geschwindigkeit $\mathbf{v}$ durch ein elektromagnetisches Feld mit der elektrischen Feldstärke $\mathbf{E}$ und der magnetischen Flussdichte $\mathbf{B}$ und erfährt dort die Kraft $\mathbf{F} = q\mathbf{E} + q(\mathbf{v} \times \mathbf{B})$. Bestimmen Sie für

$$\mathbf{E} = \begin{pmatrix} 0 \\ -300 \\ -300 \end{pmatrix}, \quad \mathbf{B} = \begin{pmatrix} 2 \\ 1 \\ -1 \end{pmatrix} \quad \text{und} \quad \mathbf{v} = \begin{pmatrix} 100 \\ v_2 \\ v_3 \end{pmatrix}$$

die Geschwindigkeitskomponenten v_2, v_3 derart, dass die Bewegung kräftefrei ist. (Wie lauten die physikalischen Einheiten der beteiligten Größen?)

Aufgabe 4.64. Im $\mathbb{R}^3$ seien die rechteckigen Spiegel E und $\tilde{E}$ gegeben durch

$$E : \mathbf{x} = (1, 1, 1)^T + \lambda\,(2, -1, -1)^T + \mu\,(1, 2, 0)^T,$$

$$\tilde{E} : \mathbf{x} = (-1, 2, 1)^T + \lambda\,(-1, 1, 2)^T + \mu\,(-2, 0, -1)^T,$$

$$0 \le \lambda \le 2, \ 0 \le \mu \le 2.$$

Vom Punkt P mit Ortsvektor $\mathbf{p} = (110, -6, -65)^T$ wird ein Lichtstrahl auf den Mittelpunkt des Spiegels E gesendet. Trifft der reflektierte Lichtstrahl den Spiegel $\tilde{E}$?

Zusätzliche Information. Zu Aufgabe 4.64 ist bei der Online-Version dieses Kapitels (doi:10.1007/978-3-642-29980-3_4) ein Video enthalten.

Aufgabe 4.65. Gegeben seien die Punkte P, Q, A, B, C durch ihre Ortsvektoren

$$\mathbf{p} = (1, 1, 3)^T, \ \mathbf{q} = (2, 3, 0)^T, \ \mathbf{a} = (-1, 0, 1)^T, \ \mathbf{b} = (1, 2, 4)^T, \ \mathbf{c} = (3, 2, 1)^T.$$

a) Bestimmen Sie die Ebene E durch die Punkte A, B, C.

b) Ermitteln Sie die HESSE-Normalform von E und den Abstand von P zu E.

c) Wo trifft die Verbindungsgerade durch P und Q die Ebene E?

d) Ein Lichtstrahl, der von P nach Q gesendet wird, trifft auf E und wird von dort reflektiert. Bestimmen Sie die Gleichung der reflektierten Halbgeraden.

e) Welcher Winkel liegt zwischen dem Lichtstrahl und dem reflektierten Lichtstrahl?

4.9 Lineare Abbildungen, Kern und Bild

Eine Sonderstellung unter den Abbildungen $f : X \to Y$ nehmen in vielerlei Hinsicht die **linearen Abbildungen** über **Vektorräumen** ein.

Definition 4.96 *Gegeben seien Vektorräume V und W über dem* **selben** *Körper $\mathbb{K}$. Eine Abbildung $f : V \to W$ mit Definitionsbereich V heißt* **linear** *genau dann, wenn gilt*

$$f(\lambda\, \mathbf{u} + \mu\, \mathbf{v}) = \lambda\, f(\mathbf{u}) + \mu\, f(\mathbf{v}) \ \ \forall\, \lambda, \mu \in \mathbb{K} \ \forall\, \mathbf{u}, \mathbf{v} \in V. \qquad \text{(L)}$$

Setzt man in (L) *$\lambda = \mu = 0$, so resultiert die für lineare Abbildungen stets gültige Beziehung*

$$f(\mathbf{0}) = \mathbf{0}.$$

Beispiel 4.97 *Es sei V ein VR über $\mathbb{K}$, und es sei $r \in \mathbb{K}$ ein festes Element. Dann ist*

$$f : V \to V \ \text{mit} \ f(\mathbf{v}) := r\, \mathbf{v} \quad \forall\, \mathbf{v} \in V$$

eine lineare Abbildung. Folgende Spezialfälle sind enthalten:

a) für $r = 0$ die **triviale Abbildung** $f(\mathbf{v}) = \mathbf{0} \ \forall\, \mathbf{v} \in V$,

b) für $r = 1$ die **identische Abbildung** *oder $f(\mathbf{v}) = \mathbf{v} \ \forall\, \mathbf{v} \in V$, also $f = Id_V$.*

Es sei nun $V := \mathbb{K}^{(m,n)}$ der Vektorraum aller $m \times n$–**Matrizen** über $\mathbb{K}$, d.h.

$$A \in \mathbb{K}^{(m,n)} \iff A = \begin{pmatrix} a_{11} & a_{12} & \cdots & a_{1n} \\ a_{21} & a_{22} & \cdots & a_{2n} \\ \vdots & \vdots & \ddots & \vdots \\ a_{m1} & a_{m2} & \cdots & a_{mn} \end{pmatrix} = (a_{jk}) \ \text{mit} \ a_{jk} \in \mathbb{K}.$$

Es wird nun im Folgenden ein **Produkt** der Matrix $A \in \mathbb{K}^{(m,n)}$ mit einem Vektor $\mathbf{x} \in \mathbb{K}^n$ derart erklärt, dass ein Vektor $\mathbf{y} \in \mathbb{K}^m$ entsteht. Es gilt die

---

Definition 4.98 *Das* **Produkt** *der Matrix $A = (a_{jk}) \in \mathbb{K}^{(m,n)}$ mit dem Vektor $\mathbf{x} = (x_1, x_2, \ldots, x_n)^T \in \mathbb{K}^n$ ist derjenige Vektor $\mathbf{y} = (y_1, y_2, \ldots, y_m)^T \in \mathbb{K}^m$, dessen Komponenten gemäß*

$$y_j = \sum_{k=1}^{n} a_{jk} x_k, \quad j = 1, 2, \ldots, m,$$

$$(MP)$$

definiert sind. Explizit gilt also für $A\mathbf{x} = \mathbf{y}$:

$$\begin{pmatrix} a_{11} & a_{12} & \cdots & a_{1n} \\ a_{21} & a_{22} & \cdots & a_{2n} \\ \vdots & \vdots & \ddots & \vdots \\ a_{m1} & a_{m2} & \cdots & a_{mn} \end{pmatrix} \begin{pmatrix} x_1 \\ x_2 \\ \vdots \\ x_n \end{pmatrix} = \begin{pmatrix} a_{11}\,x_1 + a_{12}\,x_2 + \cdots + a_{1n}\,x_n \\ a_{21}\,x_1 + a_{22}\,x_2 + \cdots + a_{2n}\,x_n \\ \vdots \\ a_{m1}\,x_1 + a_{m2}\,x_2 + \cdots + a_{mn}\,x_n \end{pmatrix}.$$

Das heißt, das Produkt (MP) *wird nach dem Schema „**Zeile mal Spalte**"
gebildet.*
(MP) *kann auch so interpretiert werden, dass* $A\mathbf{x}$ *die Linearkombination
der Spalten* $\mathbf{a}_1, \cdots, \mathbf{a}_n$ *mit den Koeffizienten* $x_1, \cdots, x_n$ *darstellt.*

Beispiel 4.99

$$\underbrace{\begin{pmatrix} 2+5i & 5+2i & 0 \\ 2-5i & 5-2i & 3i \end{pmatrix}}_{\in \mathbb{C}^{(2,3)}} \underbrace{\begin{pmatrix} 1 \\ 1-i \\ 2 \end{pmatrix}}_{\in \mathbb{C}^3} = \begin{pmatrix} 2+5i+5+2i-5i+2 \\ 2-5i+5-2i-5i-2+6i \end{pmatrix}$$

$$= \underbrace{\begin{pmatrix} 9+2i \\ 5-6i \end{pmatrix}}_{\in \mathbb{C}^2}.$$

Speziell ist

$$\underbrace{\begin{pmatrix} 0 & 0 & 1 \\ 1 & 0 & 0 \\ 0 & 1 & 0 \end{pmatrix}}_{\in \mathbb{R}^{(3,3)}} \underbrace{\begin{pmatrix} x \\ y \\ z \end{pmatrix}}_{\in \mathbb{R}^3} = \underbrace{\begin{pmatrix} z \\ x \\ y \end{pmatrix}}_{\in \mathbb{R}^3}.$$

Die einfache *algorithmische Struktur* des Produktes (MP) erlaubt es, die Berechnung von $A\mathbf{x} = \mathbf{y}$ sehr effizient mit dem Computer vorzunehmen.

Dazu folgender **Algorithmus zur Berechnung des Produktes** $\mathbf{y} := A\mathbf{x}$:

1:	Einlesen von a_{jk}, x_k;
2:	für $j := 1, 2, \ldots, m$:
3:	$\quad y_j := 0$;
4:	$\quad$ für $k := 1, 2, \ldots, n$:
5:	$\quad\quad y_j := y_j + a_{jk} * x_k$. (Ende j, k)

Wichtig ist nun der

Satz 4.100 *Durch das Produkt* (MP) *wird jeder Matrix* $A \in \mathbb{K}^{(m,n)}$ *eine lineare Abbildung*

$$f_A : \mathbb{K}^n \to \mathbb{K}^m \ mit \ f_A(\mathbf{x}) := A\mathbf{x}$$

zugeordnet. Es ist üblich, die Abbildung f_A mit der Matrix A zu identifizieren.

Beweis. Zu gegebenen Elementen $\mathbf{x}, \mathbf{u} \in \mathbb{K}^n$ und $\lambda, \mu \in \mathbb{K}$ setzen wir $\mathbf{y} := A\mathbf{x}$, $\mathbf{v} := A\mathbf{u}$ und $\mathbf{w} := A(\lambda\,\mathbf{x} + \mu\,\mathbf{u})$. Dann folgt aus (MP):

$$w_j = \sum_{k=1}^{n} a_{jk}(\lambda\,x_k + \mu\,u_k) = \lambda \sum_{k=1}^{n} a_{jk}x_k + \mu \sum_{k=1}^{n} a_{jk}u_k = \lambda\,y_j + \mu\,v_j$$

für alle $j = 1, 2, \ldots, m$. Also gilt $\mathbf{w} = A(\lambda\,\mathbf{x} + \mu\,\mathbf{u}) = \lambda\,A\mathbf{x} + \mu\,A\mathbf{u}$. \qquad qed

Bemerkung 4.101 *Wir hatten* **lineare Gleichungssysteme** *der Form*

$$\sum_{k=1}^{n} a_{jk}x_k = b_j, \quad j = 1, 2, \ldots, m, \qquad (LG)$$

bereits betrachtet. Mit Hilfe der **Koeffizientenmatrix** $A := (a_{jk})$ *können wir jetzt (LG) in der neuen Form*

$$A\mathbf{x} = \mathbf{b}$$

schreiben. Hier ist die rechte Seite $\mathbf{b} = (b_1, b_2, \ldots, b_m)^T \in \mathbb{K}^m$ *vorgegeben, und der Lösungsvektor* $\mathbf{x} = (x_1, x_2, \ldots, x_n)^T \in \mathbb{K}^n$ *ist gesucht.*

Definition 4.102 *Es seien V, W Vektorräume über dem selben Körper $\mathbb{K}$. Dann setzen wir*

$$L(V, W) := \{f : V \to W \; : \; f \text{ ist lineare Abbildung}\}.$$

Die Menge aller linearen Abbildungen $L(V, W)$ ist selbst wieder ein Vektorraum über $\mathbb{K}$:

Satz 4.103 *Gegeben seien Vektorräume V, W über demselben Körper $\mathbb{K}$. Versieht man die Menge der linearen Abbildungen $L(V, W)$ mit den folgenden algebraischen Operationen $+$ und λ–mal, so ist $L(V, W)$ selbst ein **Vektorraum über** $\mathbb{K}$, denn*

$$+ \quad : \quad (f + g)(\mathbf{v}) := f(\mathbf{v}) + g(\mathbf{v}) \; \forall \, f, g \in L(V, W) \; \forall \, \mathbf{v} \in V,$$

$$\lambda\text{–mal}: \quad (\lambda f)(\mathbf{v}) \quad := \lambda f(\mathbf{v}) \; \forall \, \lambda \in \mathbb{K} \; \forall \, f \in L(V, W) \; \forall \, \mathbf{v} \in V.$$

Beweis. Dieser folgt durch einfaches Nachrechnen der Vektorraumaxiome, was hier nicht vorgeführt werden soll. qed

Bemerkung 4.104 *Wir haben oben schon gesehen, dass eine Matrix eine lineare Abbildung darstellt, also die Inklusion*

$$\mathbb{K}^{(m,n)} \subset L(\mathbb{K}^n, \mathbb{K}^m)$$

gilt.

*Wir werden im nachfolgenden Satz zeigen, dass **jede** lineare Abbildung in endlichdimensionalen Vektorräumen durch eine Matrix repräsentiert werden kann. Damit gilt dann sogar die Gleichheit*

$$\mathbb{K}^{(m,n)} = L(\mathbb{K}^n, \mathbb{K}^m).$$

Satz 4.105 *Es gelte $\dim V = n < \infty$, und es sei $\mathbf{v}_1, \mathbf{v}_2, \ldots, \mathbf{v}_n \in V$ eine Basis von V. Dann gilt*

1. *Jedes $f \in L(V, W)$ ist allein durch die Vorgabe der Bilder $\mathbf{w}_j := f(\mathbf{v}_j) \in W \; \forall \, j = 1, 2, \ldots, n$, eindeutig bestimmt.*

2. Weiter gilt
$$\mathbb{K}^{(m,n)} = L(\mathbb{K}^n, \mathbb{K}^m).$$

Ist nämlich $\mathbf{e}_1, \mathbf{e}_2, \ldots, \mathbf{e}_n$ die **Standardbasis** des $\mathbb{K}^n$ und ist eine beliebige lineare Abbildung $f \in L(\mathbb{K}^n, \mathbb{K}^m)$ gegeben, so bilden die Vektoren

$$\mathbf{a}_j := f(\mathbf{e}_j) \in \mathbb{K}^m \ \forall\, j = 1, 2, \ldots, n,$$

die Spalten einer Matrix $A := (\mathbf{a}_1, \mathbf{a}_2, \ldots, \mathbf{a}_n) \in \mathbb{K}^{(m,n)}$ mit der Eigenschaft $A\mathbf{x} = f(\mathbf{x}) \ \forall\, \mathbf{x} \in \mathbb{K}^n$, das heißt demnach, dass $f = A$.

Beweis.

1. Da jeder Vektor $\mathbf{u} \in V$ in der angegebenen Basis die Darstellung $\mathbf{u} = \sum\limits_{k=1}^{n} \mu_k \mathbf{v}_k$ zulässt, erhalten wir

$$f(\mathbf{u}) = f\left(\sum_{k=1}^{n} \mu_k \mathbf{v}_k \right) = \sum_{k=1}^{n} \mu_k f(\mathbf{v}_k) = \sum_{k=1}^{n} \mu_k \mathbf{w}_k,$$

und zu dieser Darstellung werden ausschließlich die Bilder $\mathbf{w}_j$ benötigt.

2. Gemäß 1. ist jede lineare Abbildung $f \in L(\mathbb{K}^n, \mathbb{K}^m)$ durch die Vorgabe der Bilder $\mathbf{a}_j := f(\mathbf{e}_j) \ \forall\, j = 1, 2, \ldots, n$ eindeutig festgelegt. Wir bilden die Matrix $A := (\mathbf{a}_1, \mathbf{a}_2, \ldots, \mathbf{a}_n) \in \mathbb{K}^{(m,n)}$. Dann ergibt sich ganz offensichtlich folgende Relation:

$$\boxed{A\mathbf{e}_j = \mathbf{a}_j \ \forall\, j = 1, 2, \ldots, n.}$$

Hieraus resultiert für jeden Vektor $\mathbf{x} = \sum\limits_{k=1}^{n} x_k \mathbf{e}_k \in \mathbb{K}^n$:

$$A\mathbf{x} = \sum_{k=1}^{n} x_k\, A\mathbf{e}_k = \sum_{k=1}^{n} x_k\, f(\mathbf{e}_k) \overset{(L)}{=} f(\mathbf{x}).$$

qed

Beispiel 4.106 Es ist $A \in L(\mathbb{R}^5, \mathbb{R}^3)$ so zu bestimmen, dass die lineare Abbildung

$$f : \mathbb{R}^5 \mapsto \mathbb{R}^3,$$

gegeben durch

$$f(\mathbf{x}) = \begin{pmatrix} x_1 - 2x_5 + x_3 \\ x_2 + 4x_4 - x_3 \\ x_4 - x_1 \end{pmatrix} \quad \forall\, \mathbf{x} = (x_1, x_2, x_3, x_4, x_5)^T \in \mathbb{R}^5,$$

als Matrix repräsentiert wird.

Offenbar ist die Abbildungsvorschrift $f : \mathbb{R}^5 \to \mathbb{R}^3$ linear, so dass f als 3×5–Matrix darstellbar ist. Wir setzen $A = (\mathbf{a}_1, \mathbf{a}_2, \ldots, \mathbf{a}_5)$ und berechnen die Spaltenvektoren $\mathbf{a}_j = f(\mathbf{e}_j)$ aus der obigen Vorschrift:

$$f(\mathbf{e}_1) = (1, 0, -1)^T,$$
$$f(\mathbf{e}_2) = (0, 1, 0)^T,$$
$$f(\mathbf{e}_3) = (1, -1, 0)^T,$$
$$f(\mathbf{e}_4) = (0, 4, 1)^T,$$
$$f(\mathbf{e}_5) = (-2, 0, 0)^T.$$

Hieraus ergibt sich die Darstellung

$$A = (\mathbf{a}_1, \mathbf{a}_2, \mathbf{a}_3, \mathbf{a}_4, \mathbf{a}_5) = \begin{pmatrix} 1 & 0 & 1 & 0 & -2 \\ 0 & 1 & -1 & 4 & 0 \\ -1 & 0 & 0 & 1 & 0 \end{pmatrix}.$$

Wir definieren jetzt zwei unverzichtbare Begriffe im Zusammenhang mit linearen Abbildungen.

Definition 4.107 *Es seien V, W Vektorräume über demselben Körper $\mathbb{K}$. Für eine lineare Abbildung $f \in L(V, W)$ heißt die Menge*

$$\operatorname{Kern} f := \{\mathbf{v} \in V : f(\mathbf{v}) = \mathbf{0}\} \subset V$$

*der **Kern** oder **Nullraum** von f.*

Die Menge

$$\operatorname{Bild} f := \{\mathbf{w} \in W : \mathbf{w} = f(\mathbf{v}) \text{ und } \mathbf{v} \in V\} \subset W$$

*heißt **Bild** oder **Bildraum** von f.*

Bemerkung 4.108 *Für $f \in L(V, W)$ ist offenbar $\operatorname{Kern} f \subset V$ ein Unterraum von V und $\operatorname{Bild} f \subset W$ ein Unterraum von W.*

Wie übertragen sich diese Begriffe nun auf Matrizen?

Folgerung 4.109 *Es sei* $A = (a_{jk}) \in \mathbb{K}^{(m,n)}$ *eine* $m \times n$*–Matrix. Dann besteht der Unterraum* Kern $A \subset \mathbb{K}^n$ *genau aus der Lösungsmenge des* **homogenen** *linearen Gleichungssystems*

$$\text{Kern}\, A = \{\mathbf{x} \in \mathbb{K}^n \,:\, A\mathbf{x} = \mathbf{0}\}.$$

Der Unterraum Bild $A \subset \mathbb{K}^m$ *wird von den* **Spaltenvektoren** *der Matrix* A *aufgespannt, d.h.*

$$\text{Bild}\, A = span\{\mathbf{a}_1, \mathbf{a}_2, \ldots, \mathbf{a}_n\}, \quad \mathbf{a}_k = A\mathbf{e}_k \ \forall\, k = 1, 2, \ldots, n.$$

Falls für die Matrix $A \in \mathbb{K}^{(m,n)}$ die Eigenschaft $m < n$ gilt, so können nur **maximal** m der n Spaltenvektoren $\mathbf{a}_1, \mathbf{a}_2, \ldots, \mathbf{a}_n$ der Matrix A **linear unabhängig** sein. Wegen Bild $A \subset \mathbb{K}^m$ muss nämlich dim Bild $A \leq m$ gelten.

Auch eine Matrix hat ihren Stolz, und wir charakterisieren diesen wie folgt:

Definition 4.110 *Es seien* V, W *Vektorräume über demselben Körper* $\mathbb{K}$*. Für* $f \in L(V, W)$ *heißt die Zahl*

$$\text{Rang}\, f := \dim \text{Bild}\, f$$

der **Rang von** f*, sofern der Unterraum* Bild f *endlichdimensional ist. Für eine* **Matrix** $A \in \mathbb{K}^{(m,n)}$ *bedeutet dies entsprechend*

$$\text{Rang}\, A = \dim \text{Bild}\, A,$$

d.h., der Rang einer Matrix ist wie erwartet die maximale Anzahl der **LU Spaltenvektoren.**

Wir verwenden nun das in Abschnitt 4.5 beschriebene Verfahren zur Berechnung einer **Basis** in einem gegebenen Unterraum.

(I) Basis für den Kern **A**: Zu gegebener Matrix $A \in \mathbb{K}^{(m,n)}$ ist das homogene lineare Gleichungssystem $A\mathbf{x} = \mathbf{0}$ zu lösen.

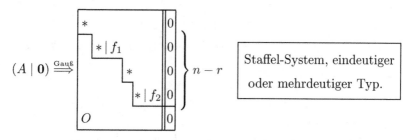

Die Komponenten x_l des Lösungsvektors $\mathbf{x} = (x_1, x_2, \ldots, x_n)^T$ in den Positionen f_l des obigen Schemas sind **frei wählbare Parameter** $C_1, C_2, \ldots, C_r$, $r \le n$.

Setzen wir sukzessive $C_l := \delta_{jl}$ für $j = 1, 2, \ldots, r$ in das obige Schema ein, so erhalten wir durch Lösen des verbleibenden Gleichungssystems nacheinander r **Basisvektoren** von Kern A, die wir mit neuen Bezeichnungen

$$\mathbf{h}_1, \mathbf{h}_2, \ldots, \mathbf{h}_r \in \text{Kern}\, A$$

versehen wollen. Mit diesen Basisvektoren kann die Lösungsmenge des homogenen linearen Gleichungssystems $A\mathbf{x} = \mathbf{0}$ in der folgenden Form geschrieben werden:

$$\mathcal{L}(\text{LG}) = \{\mathbf{x} \in \mathbb{K}^n : \mathbf{x} = C_1\mathbf{h}_1 + C_2\mathbf{h}_2 + \cdots + C_r\mathbf{h}_r, \; C_j \in \mathbb{K}\}.$$

Beispiel 4.111

$$(A \mid \mathbf{0}) \iff$$

	2	4	1	7	0
	-1	-2	1	-2	0
	1	2	1	4	0

$Z_1 \iff Z_3$	1	2	1	4	0
$Z_2 + Z_1 \implies Z_2$	0	0	2	2	0
$Z_3 - 2Z_1 \implies Z_3$	0	0	-1	-1	0

$-Z_3 \iff Z_2$	1	$\boxed{2}$	1	4	0
$Z_3 - 2Z_2 \implies Z_3$	0	0	1	$\boxed{1}$	0
	0	0	0	0	0

Die Komponenten des Lösungsvektors

$$\mathbf{x} = (x_1, \boxed{x_2}, x_3, \boxed{x_4})^T$$

in den gekennzeichneten Positionen sind bekanntlich frei wählbar.

Mit der speziellen Wahl

$$(x_2, x_4) = (1, 0) \quad bzw. \quad (x_2, x_4) = (0, 1)$$

erhalten wir aus dem obigen System die beiden Basisvektoren

$$\mathbf{h}_1 = (-2, 1, 0, 0)^T \quad bzw. \quad \mathbf{h}_2 = (-3, 0, -1, 1)^T,$$

das bedeutet, dass

$$\operatorname{Kern} A = span \left\{ \begin{pmatrix} -2 \\ 1 \\ 0 \\ 0 \end{pmatrix}, \begin{pmatrix} -3 \\ 0 \\ -1 \\ 1 \end{pmatrix} \right\} \implies \dim \operatorname{Kern} A = 2.$$

(II) **Basis für das** Bild **A**: Zu gegebener Matrix $A = (\mathbf{a}_1, \mathbf{a}_2, \ldots, \mathbf{a}_n) \in \mathbb{K}^{(m,n)}$ ist eine Basis des Unterraumes Bild $A = \operatorname{span}\{\mathbf{a}_1, \mathbf{a}_2, \ldots, \mathbf{a}_n\}$ zu bestimmen. Das heißt, es ist die Maximalzahl der linear unabhängigen Spaltenvektoren aufzufinden. Dazu wenden wir das Verfahren aus Abschnitt 4.5 an. Wir schreiben wie gewohnt das **transponierte** Vektorsystem $\mathbf{a}_1^T, \mathbf{a}_2^T, \ldots, \mathbf{a}_n^T \in \mathbb{K}^m$ als **Zeilen** einer Matrix

$$A^T := \begin{pmatrix} \mathbf{a}_1^T \\ \mathbf{a}_2^T \\ \vdots \\ \mathbf{a}_n^T \end{pmatrix} \in \mathbb{K}^{(n,m)}$$

und wenden danach elementare Zeilenumformungen so auf die Matrix A^T an, dass A^T in eine Staffelform übergeht.

$$A^T = \begin{pmatrix} \mathbf{a}_1^T \\ \mathbf{a}_2^T \\ \vdots \\ \mathbf{a}_n^T \end{pmatrix} \quad \overset{\text{Gauß–Schritte}}{\Longrightarrow}$$

$$\begin{matrix} =: \mathbf{b}_1^T \\ =: \mathbf{b}_2^T \\ \vdots \\ =: \mathbf{b}_s^T \end{matrix}$$

Die nichtverschwindenden Zeilenvektoren $\mathbf{b}_1^T, \mathbf{b}_2^T, \ldots, \mathbf{b}_s^T \in \mathbb{K}^m$ bilden eine Basis $\mathbf{b}_1, \mathbf{b}_2, \ldots, \mathbf{b}_s$ von Bild A, und es gilt

$$\boxed{\text{Bild } A = \text{span}\{\mathbf{b}_1, \mathbf{b}_2, \ldots, \mathbf{b}_s\}, \quad \text{Rang } A = s.}$$

Beispiel 4.112 *Für die Matrix A aus Beispiel 4.111 bestimmen wir eine Basis von* Bild A.

$$A^T := \begin{bmatrix} \mathbf{a}_1^T \\ \mathbf{a}_2^T \\ \mathbf{a}_3^T \\ \mathbf{a}_4^T \end{bmatrix} \implies \begin{array}{rrr} 2 & -1 & 1 \\ 4 & -2 & 2 \\ 1 & 1 & 1 \\ 7 & -2 & 4 \end{array}$$

$$\begin{array}{l} Z_1 \Longleftrightarrow Z_3 \\ Z_2 - 4Z_1 \Longrightarrow Z_2 \\ Z_3 - 2Z_1 \Longrightarrow Z_3 \\ Z_4 - 7Z_1 \Longrightarrow Z_4 \end{array} \quad \begin{array}{rrr} 1 & 1 & 1 \\ 0 & -6 & -2 \\ 0 & -3 & -1 \\ 0 & -9 & -3 \end{array}$$

$$\begin{array}{l} -Z_3 \Longleftrightarrow Z_2 \\ Z_3 + 2Z_2 \Longrightarrow Z_3 \\ Z_4 + 3Z_2 \Longrightarrow Z_4 \end{array} \quad \begin{array}{rrr} 1 & 1 & 1 \\ 0 & 3 & \boxed{1} \\ 0 & 0 & 0 \\ 0 & 0 & 0 \end{array} \quad \begin{matrix} = \mathbf{b}_1^T \\ = \mathbf{b}_2^T \end{matrix}$$

Wir lesen hier die Basis von Bild A *sowie die des Ergänzungsraumes E mit der Eigenschaft $E \oplus$ Bild $A = \mathbb{R}^3$ direkt ab:*

$$\text{Bild } A = span\left\{ \begin{pmatrix} 1 \\ 1 \\ 1 \end{pmatrix}, \begin{pmatrix} 0 \\ 3 \\ 1 \end{pmatrix} \right\}, \quad \dim \text{Bild } A = 2, \quad E = span\left\{ \begin{pmatrix} 0 \\ 0 \\ 1 \end{pmatrix} \right\}.$$

Das obige Beispiel ist eine lineare Abbildung $A \in L(\mathbb{R}^4, \mathbb{R}^3) =: L(V, W)$, und wir entnehmen daraus die **Dimensionsformel**

$$\dim \text{Bild } A + \dim \text{Kern } A = \dim V \; (= \dim \mathbb{R}^4 = 4). \qquad (4.27)$$

Wir verallgemeinern die Dimensionsformel (4.27) für beliebige lineare Abbildungen auf einem **endlichdimensionalen** Vektorraum V durch den

---

Satz 4.113 *Es seien V, W Vektorräume über demselben Körper $\mathbb{K}$, und es gelte $\dim V < \infty$. Dann gilt für jedes $f \in L(V, W)$ die Dimensionsformel*

$$\dim \text{Bild } f + \dim \text{Kern } f = \dim V.$$

Beweis. Wir setzen $\dim V =: n$ sowie $\dim \text{Kern } f =: p \leq n$. Für den endlichdimensionalen UR Kern $f \subset V$ gibt es eine Basis $\mathbf{h}_1, \mathbf{h}_2, \ldots, \mathbf{h}_p \in$ Kern f, d.h.

$$\text{Kern } f = span\{\mathbf{h}_1, \mathbf{h}_2, \ldots, \mathbf{h}_p\}, \quad f(\mathbf{h}_j) = \mathbf{0} \; \forall\, j = 1, 2, \ldots, p.$$

Falls $p = n$ gilt, so folgt $V = \text{Kern } f$ und somit Bild $f = f(V) = \{\mathbf{0}\}$. In diesem Fall ist die Behauptung offenkundig wahr.

Es sei nun $p < n$. Wir wählen gemäß Satz 4.51 eine Basisergänzung $\mathbf{h}_{p+1}, \mathbf{h}_{p+2}, \ldots, \mathbf{h}_n$, so dass $V = span\{\mathbf{h}_1, \mathbf{h}_2, \ldots, \mathbf{h}_n\}$ gilt. Jeder Vektor $\mathbf{v} \in V$ gestattet nun eine Zerlegung $\mathbf{v} = \sum_{k=1}^{n} v_k \mathbf{h}_k$, und es folgt

$$f(\mathbf{v}) = f\left(\sum_{k=1}^{n} v_k \mathbf{h}_k \right) \stackrel{(L)}{=} \sum_{k=1}^{p} v_k \underbrace{f(\mathbf{h}_k)}_{=0} + \sum_{k=p+1}^{n} v_k f(\mathbf{h}_k) = \sum_{k=p+1}^{n} v_k f(\mathbf{h}_k).$$

Es resultiert

$$\text{Bild } f = span\{f(\mathbf{h}_{p+1}), f(\mathbf{h}_{p+2}), \ldots, f(\mathbf{h}_n)\}.$$

Wir zeigen, dass die Vektoren $f(\mathbf{h}_{p+1}), f(\mathbf{h}_{p+2}), \ldots, f(\mathbf{h}_n) \in W$ LU sind. In diesem Falle folgt dann schon die behauptete Dimensionsformel $\dim \operatorname{Bild} f = n - p = \dim V - \dim \operatorname{Kern} f$.

Hinsichtlich der linearen Unabhängigkeit gilt nun

$$0 = \sum_{k=p+1}^{n} \lambda_k f(\mathbf{h}_k) = f\left(\sum_{k=p+1}^{n} \lambda_k \mathbf{h}_k \right) \implies \sum_{k=p+1}^{n} \lambda_k \mathbf{h}_k \in \operatorname{Kern} f$$

$$\implies \sum_{k=p+1}^{n} \lambda_k \mathbf{h}_k = \sum_{k=1}^{p} -\lambda_k \mathbf{h}_k.$$

für gewisse $\lambda_k \in \mathbb{K}, k = 1, \cdots, p$ und somit

$$0 = \sum_{k=1}^{n} \lambda_k \mathbf{h}_k,$$

also wegen der LU der $\mathbf{h}_k$ erhalten wir schließlich

$$\lambda_{p+1} = \lambda_{p+2} = \cdots = \lambda_n = 0 \ \text{(und auch } \lambda_1 = \cdots = \lambda_p = 0\text{)}.$$

qed

Als direkte Folgerung daraus erhalten wir

Satz 4.114 *Es seien V, W endlichdimensionale Vektorräume, beide über dem Körper $\mathbb{K}$. Dann gilt*

$$f \text{ injektiv} \iff \dim V = \dim \operatorname{Bild} f,$$
$$f \text{ surjektiv} \iff \dim W = \dim \operatorname{Bild} f.$$

Im Falle $\dim V = \dim W$ folgt seltsamerweise

$$f \text{ injektiv} \iff f \text{ surjektiv} \iff f \text{ bijektiv}.$$

Auf Matrizen, d.h. auf lineare Abbildungen $A \in \mathbb{K}^{(m,n)} = L(\mathbb{K}^n, \mathbb{K}^m)$ bezogen, bedeutet dies

$$A \in \mathbb{K}^{(m,n)} \text{ ist } \begin{Bmatrix} \textbf{injektiv} \\ \textbf{surjektiv} \\ \textbf{bijektiv} \end{Bmatrix} \iff \begin{Bmatrix} \text{Rang } A = n, \\ \text{Rang } A = m, \\ \text{Rang } A = m = n. \end{Bmatrix}$$

Bijektive Matrizen sind demnach notwendigerweise „quadratisch".

Wir setzen nun die oben gewonnenen Erkenntnisse um in **Lösbarkeitsaussagen** für lineare Gleichungssysteme der üblichen Form

$$A\mathbf{x} = \mathbf{b}, \quad A \in \mathbb{K}^{(m,n)}, \quad \mathbf{b} \in \mathbb{K}^m. \tag{LG}$$

Satz 4.115 *Wir betrachten lineare Gleichungssysteme der Form* (LG). *Dann gilt:*

1. **Existenz einer Lösung:** (LG) *besitzt eine Lösung*

$$\iff \mathbf{b} \in \text{Bild } A \iff \text{Rang } A = \text{Rang} (A \mid \mathbf{b}),$$

   wobei $(A \mid \mathbf{b}) \in \mathbb{K}^{(m,n+1)}$.

2. **Eindeutigkeit von Lösungen:** (LG) *besitzt höchstens eine Lösung*

$$\iff \text{Kern } A = \{\mathbf{0}\} \iff \text{Rang } A = n.$$

3. **Beständige Lösbarkeit:** (LG) *hat für jede Vorgabe* $\mathbf{b} \in \mathbb{K}^m$ *eine Lösung*

$$\iff \text{Rang } A = m.$$

4. **Struktur der Lösungsmenge:** *Ist* $\mathbf{x}_p \in \mathbb{K}^n$ *eine spezielle Lösung des linearen Gleichungssystems* (LG), *so bildet der* **affine Unterraum**

$$\mathcal{L}(\text{LG}) := \mathbf{x}_p + \text{Kern } A := \{\mathbf{x} \in \mathbb{K}^n : \mathbf{x} = \mathbf{x}_p + \mathbf{h} \text{ mit } \mathbf{h} \in \text{Kern } A\}$$

   die Lösungsgesamtheit. Wegen $r := \dim \text{Kern } A = n - \text{Rang } A$ *bedarf es also* r *Parameter zur Beschreibung der Lösungsgesamtheit.*

Beweis.

1. (LG) ist genau dann lösbar, wenn $\mathbf{b} \in \text{Bild}\,A$, oder äquivalent, wenn $\mathbf{b} \in \text{span}\{\mathbf{a}_1, \mathbf{a}_2, \ldots, \mathbf{a}_n\}$ gilt. Dann folgt $\text{span}\{\mathbf{a}_1, \mathbf{a}_2, \ldots, \mathbf{a}_n\} = \text{span}\{\mathbf{a}_1, \mathbf{a}_2, \ldots, \mathbf{a}_n, \mathbf{b}\} = \text{Bild}\,(A \,|\, \mathbf{b})$, und wir erhalten $\text{Rang}\,A = \text{Rang}\,(A \,|\, \mathbf{b})$. Diese Aussage ist auch umkehrbar. Gilt nämlich $\text{Rang}\,A = \text{Rang}\,(A \,|\, \mathbf{b})$, so ist $\text{span}\{\mathbf{a}_1, \mathbf{a}_2, \ldots, \mathbf{a}_n\} = \text{span}\{\mathbf{a}_1, \mathbf{a}_2, \ldots, \mathbf{a}_n, \mathbf{b}\}$, und wir folgern $\mathbf{b} \in \text{span}\{\mathbf{a}_1, \mathbf{a}_2, \ldots, \mathbf{a}_n\} = \text{Bild}\,A$.

2. Wir haben $\text{Kern}\,A = \{\mathbf{0}\} \iff \dim \text{Kern}\,A = 0 \iff n - \text{Rang}\,A = 0$.

3. Diese Aussage folgt aus den obigen Kriterien für Surjektivität und der Dimensionsformel (4.27).

4. Für jedes $\mathbf{h} \in \text{Kern}\,A$ gilt $A(\mathbf{x}_p + \mathbf{h}) = A\mathbf{x}_p + A\mathbf{h} = \mathbf{b} + \mathbf{0} = \mathbf{b}$. Also muss $\mathbf{x}_p + \text{Kern}\,A \subset \mathcal{L}(\text{LG})$ gelten. Ist andererseits $\mathbf{x} \in \mathcal{L}(\text{LG})$ gegeben, so folgt $A\mathbf{x} = \mathbf{b}$, und somit $A(\mathbf{x} - \mathbf{x}_p) = A\mathbf{x} - A\mathbf{x}_p = \mathbf{b} - \mathbf{b} = \mathbf{0}$. Also gilt $\mathbf{x} \in \mathbf{x}_p + \text{Kern}\,A$, und wir haben $\mathcal{L}(\text{LG}) \subset \mathbf{x}_p + \text{Kern}\,A$.

qed

Aus der Dimensionsformel (4.27) folgt speziell im Falle **quadratischer** Matrizen:

Satz 4.116 *Es sei $A \in \mathbb{K}^{(n,n)}$ eine quadratische $n \times n$–Matrix. Dann sind die folgenden drei Aussagen äquivalent:*

1. *$\text{Kern}\,A = \{\mathbf{0}\}$, d.h., das homogene System $A\mathbf{x} = \mathbf{0}$ hat nur die **triviale** Lösung $\mathbf{x} = \mathbf{0}$.*

2. *$\text{Rang}\,A = n$, d.h., das inhomogene System $A\mathbf{x} = \mathbf{b}$ ist für **jede** Vorgabe $\mathbf{b} \in \mathbb{K}^n$ (eindeutig) lösbar.*

3. *Das inhomogene System $A\mathbf{x} = \mathbf{b}$ hat für jede rechte Seite $\mathbf{b} \in \mathbb{K}^n$ genau eine Lösung.*

Beispiel 4.117 *a) Es seien $A \in \mathbb{R}^{(3,4)}$ und $\mathbf{b} \in \mathbb{R}^3$ wie folgt vorgelegt:*

$$
A = \begin{pmatrix} 2 & 4 & 1 & 7 \\ -1 & -2 & 1 & -2 \\ 1 & 2 & 1 & 4 \end{pmatrix}, \quad \mathbf{b} = \begin{pmatrix} 1 \\ -2 \\ 0 \end{pmatrix}.
$$

Wir haben oben in den Beispielen 4.111 und 4.112 bereits gezeigt, dass Rang $A = 2 = \dim \text{Kern}\,A$ *gilt. Das heißt, das inhomogene System* $A\mathbf{x} = \mathbf{b}$ *ist* nicht *für jede Vorgabe* $\mathbf{b} \in \mathbb{R}^3$ *lösbar.*

Um zu prüfen, ob die Lösbarkeitsbedingung $\mathbf{b} \in \text{Bild}\,A$ *gilt, zeigen wir* $\text{Rang}\,(A \mid \mathbf{b}) = 2 = \text{Rang}\,A$:

$$
(A \mid \mathbf{b}) \iff
\begin{array}{rrrr|r}
2 & 4 & 1 & 7 & 1 \\
-1 & -2 & 1 & -2 & -2 \\
1 & 2 & 1 & 4 & 0
\end{array}
$$

$$
\begin{array}{l}
Z_1 \leftrightarrow Z_3 \\
Z_2 + Z_1 \to Z_2 \\
Z_3 - 2Z_1 \to Z_3
\end{array}
\qquad
\begin{array}{rrrr|r}
1 & 2 & 1 & 4 & 0 \\
0 & 0 & 2 & 2 & -2 \\
0 & 0 & -1 & -1 & 1
\end{array}
$$

$$
\begin{array}{l}
-Z_3 \leftrightarrow Z_2 \\
Z_3 - 2Z_2 \to Z_3
\end{array}
\qquad
\left.
\begin{array}{rrrr|r}
1 & \boxed{2} & 1 & 4 & 0 \\
0 & 0 & 1 & \boxed{1} & -1 \\
0 & 0 & 0 & 0 & 0
\end{array}
\right\}
\quad (\mathbf{LU}).
$$

Wir erhalten in der Tat $\text{Rang}\,(A \mid \mathbf{b}) = 2$.

Wir berechnen jetzt eine spezielle Lösung $\mathbf{x}_p = (x_1, x_2, x_3, x_4)^T$ *des inhomogenen Systems, indem wir die Komponenten* x_j *in den oben gekennzeichneten Positionen 0 setzen:* $x_2 = x_4 = 0$.

Es folgt mit einfacher Rechnung $x_1 = -x_3 = 1$. *Da wir* $\text{Kern}\,A$ *bereits in Beispiel 4.111 berechnet haben, erhalten wir die Lösungsmenge*

$$
\mathbf{x}_p + \text{Kern}\,A = \left\{ \mathbf{x} \in \mathbb{R}^3 \;:\; \mathbf{x} = \begin{pmatrix} 1 \\ 0 \\ -1 \\ 0 \end{pmatrix} + C_1 \begin{pmatrix} -2 \\ 1 \\ 0 \\ 0 \end{pmatrix} + C_2 \begin{pmatrix} -3 \\ 0 \\ -1 \\ 1 \end{pmatrix} \right\}.
$$

b) Es seien jetzt $A \in \mathbb{R}^{(3,3)}$ *und* $\mathbf{b} \in \mathbb{R}^3$ *wie folgt vorgegeben:*

$$
A = \begin{pmatrix} 0 & 1 & 1 \\ 1 & 0 & 1 \\ 1 & 1 & 0 \end{pmatrix}, \quad \mathbf{b} = \begin{pmatrix} 8 \\ 7 \\ -7 \end{pmatrix}.
$$

1. Schritt: *Wir berechnen* $\text{Rang}\,(A \mid \mathbf{b})$ *und eine Basis für* $\text{Kern}\,A$:

$$(A \mid \mathbf{b}) \iff \begin{array}{ccc|c} 0 & 1 & 1 & 8 \\ 1 & 0 & 1 & 7 \\ 1 & 1 & 0 & -7 \end{array}$$

$$\boxed{\begin{array}{l} Z_1 \leftrightarrow Z_2 \\ Z_3 - Z_1 \to Z_3 \end{array}} \quad \begin{array}{ccc|c} 1 & 0 & 1 & 7 \\ 0 & 1 & 1 & 8 \\ 0 & 1 & -1 & -14 \end{array}$$

$$\boxed{Z_3 - Z_2 \to Z_3} \quad \left.\begin{array}{ccc|c} 1 & 0 & 1 & 7 \\ 0 & 1 & 1 & 8 \\ 0 & 0 & -2 & -22 \end{array}\right\} \implies \textit{eindeutig lösbar.}$$

Wir erhalten hier $\text{Rang}\,(A \mid \mathbf{b}) = 3$ *sowie* $\text{Kern}\,A = \{\mathbf{0}\}$, *so dass auch* $\text{Rang}\,A = 3$ *folgt. Die eindeutig bestimmte Lösung* $\mathbf{x} = (x_1, x_2, x_3,)^T = (-4, -3, 11)^T$ *des inhomogenen Systems ergibt sich mit leichter Rechnung aus obigem Schema.*

2. Schritt: *Wir bestimmen eine Basis für* Bild A. *Hierzu ist keine Rechnung mehr erforderlich. Wegen* $\text{Rang}\,A = 3$ *hat die Matrix* **Vollrang**, *d.h., ihre drei Spaltenvektoren sind bereits LU, also*

$$\text{Bild}\,A = span\left\{ \begin{pmatrix} 0 \\ 1 \\ 1 \end{pmatrix}, \begin{pmatrix} 1 \\ 0 \\ 1 \end{pmatrix}, \begin{pmatrix} 1 \\ 1 \\ 0 \end{pmatrix} \right\}.$$

Aufgaben

Aufgabe 4.66. Untersuchen Sie, ob die nachfolgenden Abbildungen A : $\mathbb{R}^n \to \mathbb{R}^n$ linear sind, und geben Sie ggf. eine Matrix mit $\mathbf{y} = A\mathbf{x}$ an:

a) $y_k = \sum_{i=1}^{k} x_i$, $k = 1, \ldots, n$,

b) $y_1 = \lambda$, $y_{k+1} = x_k + y_k$, $k = 1, \ldots, n-1$ und $\lambda \in \mathbb{R}$.

Aufgabe 4.67. Überprüfen Sie, ob die folgenden Abbildungen $A : \mathbb{R}^n \to \mathbb{R}^m$ linear sind, und geben Sie in diesem Fall die entsprechende Matrix A an. Dabei ist $\mathbf{y} = A(\mathbf{x})$ definiert durch

a) $y_k = x_{n-k+1} \ (m = n)$,

b) $y_k = x_{n-k+1} + 1 \ (m = n)$,

c) $y_k = \frac{1}{n} \sum_{i=1}^{n} x_i \ (m = n)$,

d) $y_1 = y = \frac{1}{n} \sum_{i=1}^{n} x_i \ (m = 1)$.

Aufgabe 4.68. Die lineare Abbildung $A : \mathbb{R}^3 \to \mathbb{R}^3$ sei eine Drehung um die z-Achse mit Drehwinkel $\varphi = \frac{\pi}{4}$ und anschließender Spiegelung an der x-y-Ebene. Geben Sie die Abbildungsmatrix an.

Aufgabe 4.69. Gegeben sei die Matrix

$$A_\lambda = \begin{pmatrix} 2 & -1 & 1 & -1 & 1 \\ 2 & -1 & -1 & -2 & 1 \\ 4 & -2 & 1 & -1 & -1 \\ -2 & 1 & -2 & -1 & \lambda \end{pmatrix} \in \mathbb{R}^{4\times 5}$$

mit $\lambda \in \mathbb{R}$.

a) Bestimmen Sie Kern A_λ^T (Fallunterscheidung!).

b) Bestimmen Sie die Dimensionen von Kern A_λ und Bild A_λ .

Hinweis: Es gilt
$$\mathrm{Bild}\, A_\lambda = (\mathrm{Kern}\, A_\lambda^T)^\perp.$$

c) Sei $\mathbf{y} = (y_1, y_2, y_3, y_4)^T \in \mathbb{R}^4$ ein beliebiger Vektor. Wann gehört $\mathbf{y}$ zu Bild A_λ?

Aufgabe 4.70. Gegeben seien

$$A = \begin{pmatrix} -1 & -1 & 0 & -3 & -3 \\ 2 & 0 & -2 & -1 & 1 \\ 1 & 2 & 1 & 3 & 2 \\ -1 & 2 & 3 & 2 & -1 \\ 0 & 1 & 1 & 3 & 2 \end{pmatrix} \quad \text{und} \quad \mathbf{b} = \begin{pmatrix} -1 \\ 0 \\ 2 \\ 2 \\ 1 \end{pmatrix}.$$

a) Bestimmen Sie eine Basis von Kern und Bild sowie den Rang von A.

b) Bestimmen Sie alle Lösungen von $A\mathbf{x} = \mathbf{b}$.

Aufgabe 4.71. Gegeben seien

$$A = \begin{pmatrix} 1 & 0 & 0 \\ 1 & 1 & 1 \\ 1 & 2 & 4 \\ 1 & -1 & 1 \end{pmatrix} \quad \text{und} \quad \mathbf{b} = 10 \begin{pmatrix} 1 \\ 0 \\ -1 \\ 0 \end{pmatrix}.$$

Bestimmen Sie eine Orthonormalbasis für Bild A.

Aufgabe 4.72. Gegeben seien $A \in \mathbb{R}^{(6,5)}$ und $B \in \mathbb{R}^{(5,3)}$. Es gelten folgende Eigenschaften: Rang $(A) = 2$, B ist injektiv und $AB = O$. Bestimmen Sie die Dimension von Null– und Bildraum der Matrizen A, A^T und B.

4.10 Das Matrizenprodukt

Es seien U, V, W Vektorräume über demselben Körper $\mathbb{K}$. Es seien ferner f, g **lineare Abbildungen** mit

$$U \xrightarrow{f} V \xrightarrow{g} W.$$

Dann ist die **Hintereinanderausführung** $g \circ f : U \to W$ wohldefiniert, und wegen

$$g[f(\lambda \mathbf{u} + \mu \mathbf{v})] = g[\lambda f(\mathbf{u}) + \mu f(\mathbf{v})] = \lambda g[f(\mathbf{u})] + \mu g[f(\mathbf{v})]$$

für alle $\mathbf{u}, \mathbf{v} \in U$ und $\lambda, \mu \in \mathbb{K}$ ist $g \circ f$ wieder eine **lineare Abbildung**. Wird diese Erkenntnis auf Matrizen A, B übertragen, so resultiert daraus der

---

Satz 4.118 *Gegeben seien Matrizen $A \in \mathbb{K}^{(m,n)}$ und $B \in \mathbb{K}^{(n,l)}$, so dass gilt*

$$\mathbb{K}^l \xrightarrow{B} \mathbb{K}^n \xrightarrow{A} \mathbb{K}^m.$$

Dann ist $A \circ B : \mathbb{K}^l \to \mathbb{K}^m$ notwendigerweise wieder eine lineare Abbildung. Wegen

$$A \circ B \in L(\mathbb{K}^l, \mathbb{K}^m) = \mathbb{K}^{(m,l)}$$

*ist dies eine $m \times l$–**Matrix**.*

Wir wollen bei gegebenen Matrizen $A = (a_{ij})$, $B = (b_{jk})$ und $C = (c_{ik}) := A \circ B$ den Zusammenhang zwischen den Koeffizienten a_{ij}, b_{jk} und c_{ik} studieren. Dazu schreiben wir die Vektorgleichung $\mathbf{y} = C\mathbf{x} := A[B\mathbf{x}]$ unter Verwendung der Multiplikationsregel (MP) aus Abschnitt 4.9 **komponentenweise** auf und vergleichen danach die einzelnen Faktoren in den Produkten:

$$y_i = \sum_{k=1}^{l} c_{ik} x_k = \sum_{j=1}^{n} a_{ij} \left(\sum_{k=1}^{l} b_{jk} x_k \right) = \sum_{k=1}^{l} \left(\sum_{j=1}^{n} a_{ij} b_{jk} \right) x_k$$

für alle $i = 1, 2, \ldots, m$. Da diese Gleichung für alle Vektoren $\mathbf{x} \in \mathbb{K}^l$ gilt, erhalten wir

---

Definition 4.119 *Für eine $m \times n$–Matrix $A = (a_{ij}) \in \mathbb{K}^{(m,n)}$ und eine $n \times l$–Matrix $B = (b_{jk}) \in \mathbb{K}^{(n,l)}$ ist das* **Matrizenprodukt**

$$C = A \circ B =: AB \in \mathbb{K}^{(m,l)}$$

stets definiert, wobei die Koeffizienten c_{ik} der Produktmatrix C nach folgender Vorschrift zu bilden sind:

$$c_{ik} = \sum_{j=1}^{n} a_{ij} b_{jk}, \quad i = 1, 2, \ldots, m, \ k = 1, 2, \ldots, l. \qquad (4.28)$$

Das heißt, der Koeffizient c_{ik} entsteht gemäß der **Multiplikationsregel**

---
i–te Zeile mal k–te Spalte.

Beispiel 4.120

$$\underbrace{\begin{pmatrix} 2i & 5+i & i \\ 5 & 0 & 2-i \end{pmatrix}}_{2\times 3} \underbrace{\begin{pmatrix} 0 & 1 & i & 2 \\ 3 & i & 1 & 4 \\ -i & 0 & 0 & 1 \end{pmatrix}}_{3\times 4} = \underbrace{\begin{pmatrix} 16+3i & 7i-1 & 3+i & 20+9i \\ -1-2i & 5 & 5i & 12-i \end{pmatrix}}_{2\times 4}.$$

Merkregel: Das Matrizenprodukt AB ist nur definiert, wenn Spaltenzahl von A = Zeilenzahl von B.

Hat die Matrix B die Spaltenvektoren $\mathbf{b}_1, \mathbf{b}_2, \ldots, \mathbf{b}_l \in \mathbb{R}^n$, so gilt gemäß nachstehender Skizze:

$$AB = A\,(\mathbf{b}_1, \mathbf{b}_2, \ldots, \mathbf{b}_l) = (A\mathbf{b}_1, A\mathbf{b}_2, \ldots, A\mathbf{b}_l).$$

Das heißt, die Spaltenvektoren der Produktmatrix AB sind gerade die Bilder $A\mathbf{b}_j$ der Spaltenvektoren $\mathbf{b}_j$, $j = 1, 2, \ldots, l$.

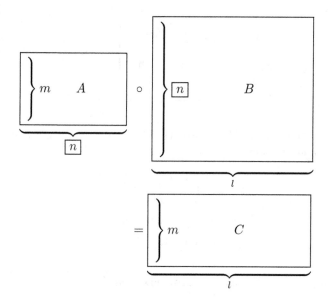

Die einfache algorithmische Struktur des Produktes (4.28) ermöglicht es wiederum, die Berechnung von AB sehr effizient mit dem Computer vorzunehmen.

Algorithmus zur Berechnung des Produktes $C := AB$:

1:	Einlesen von a_{ij}, b_{jk};
2:	für $i := 1, 2, \ldots, m$:
3:	für $k := 1, 2, \ldots, l$:
4:	$s := 0$;
5:	für $j := 1, 2, \ldots, n$:
6:	$s := s + a_{ij} * b_{jk}$; (Ende j)
7:	$c_{ik} := s$. (Ende i, k)

Aus der Definition des Matrizenproduktes können die folgenden Rechenregeln sofort abgeleitet werden:

Rechenregeln 4.121 *Seien* $A \in \mathbb{K}^{(m,n)}$, $B \in \mathbb{K}^{(n,l)}$ *und* $C \in \mathbb{K}^{(l,r)}$. *Dann gelten*

1. $A(BC) = (AB)C =: ABC \quad \forall\, C \in \mathbb{K}^{(l,r)}$,   (**Assoziativgesetz**)

2. $\left.\begin{array}{l} (A+C)B = AB + CB \quad \forall\, C \in \mathbb{K}^{(m,n)}, \\[2mm] A(B+C) = AB + AC \quad \forall\, C \in \mathbb{K}^{(n,l)}. \end{array}\right\}$ (**Distributivgesetze**)

Bemerkung 4.122 *Das* **Kommutativgesetz** $AB = BA$ *gilt i. Allg.* **nicht**, *wie das folgende Gegenbeispiel zeigt:*

$$\begin{pmatrix} 1 & 1 \\ 0 & 0 \end{pmatrix}\begin{pmatrix} 0 & 0 \\ 1 & 1 \end{pmatrix} = \begin{pmatrix} 1 & 1 \\ 0 & 0 \end{pmatrix},$$

$$\begin{pmatrix} 0 & 0 \\ 1 & 1 \end{pmatrix}\begin{pmatrix} 1 & 1 \\ 0 & 0 \end{pmatrix} = \begin{pmatrix} 0 & 0 \\ 1 & 1 \end{pmatrix}.$$

Bemerkung 4.123 *Die* **Einheitsmatrix** *genießt folgende Bezeichnungen:*

$$E = E_n = Id_n = \mathbf{1}_n = \begin{pmatrix} 1 & 0 & \cdots & 0 \\ 0 & 1 & \cdots & 0 \\ \vdots & \vdots & \ddots & \vdots \\ 0 & 0 & \cdots & 1 \end{pmatrix} \in \mathbb{K}^{(n,n)}.$$

Bemerkung 4.124 *Für* **quadratische** *Matrizen* $A, B \in \mathbb{K}^{n,n}$ *sind* **Potenzen** *erklärt. Es gilt*

$$A^0 := E,$$

$$A^k := \underbrace{AA \cdots A}_{k-mal} \quad \forall\, k \in \mathbb{N},$$

$$(A+B)^2 = A^2 + AB + BA + B^2.$$

Die allgemeine binomische Formel

$$(A + B)^n = \sum_{k=0}^{n} \binom{n}{k} A^k B^{n-k}$$

gilt in dieser Form nur, falls $AB = BA$!

Beispiel 4.125 *Jede Matrix $A \in \mathbb{K}^{(m,1)}$ ist ein* **Spaltenvektor***: $A = (a_1, a_2, \ldots, a_m)^T =: \mathbf{a} \in \mathbb{K}^m$. Deshalb können wir $\mathbb{K}^{(m,1)} = \mathbb{K}^m$ setzen. Jede Matrix $B \in \mathbb{K}^{(1,n)}$ ist ein* **Zeilenvektor***: $B = (b_1, b_2, \ldots, b_n) =: \mathbf{b}^T$ mit $\mathbf{b} \in \mathbb{K}^n$. Es kann deshalb $\mathbb{K}^{(1,n)}$ vermöge der Transposition „T" mit $\mathbb{K}^n$* **identifiziert** *werden. Gilt speziell $n = m$, so folgt aus diesen Überlegungen*

$$BA = \mathbf{b}^T \mathbf{a} = (b_1, b_2, \ldots, b_n) \begin{pmatrix} a_1 \\ a_2 \\ \vdots \\ a_n \end{pmatrix} = \sum_{k=1}^{n} b_k a_k \ \forall \, A \in \mathbb{K}^{(1,n)} \ \forall \, B \in \mathbb{K}^{(n,1)}.$$

Im speziellen Fall $\mathbb{K} = \mathbb{R}$ lässt sich damit das **Skalarprodukt** *in der folgenden Form schreiben:*

$$\boxed{\mathbf{b}^T \mathbf{a} = \langle \mathbf{a}, \mathbf{b} \rangle \ \forall \mathbf{a}, \mathbf{b} \in \mathbb{R}^n.}$$

Aufgaben

Aufgabe 4.73. Berechnen Sie für

$$A = \begin{pmatrix} 4 & -1 \\ -2 & 1 \end{pmatrix}, \ B = \begin{pmatrix} 2 & 1 & -1 \end{pmatrix} \text{ und } C = \begin{pmatrix} -1 & 2 \\ 3 & 0 \\ 0 & 1 \end{pmatrix}$$

die Produkte AB, AC, BC, BA und CA, falls diese definiert sind. Welche der Summen $A + B$, $A + C$ und $B + C$ können Sie bilden?

Aufgabe 4.74.

a) Seien A und B die 1×3 Matrizen

$$A = \begin{pmatrix} a & b & c \end{pmatrix} \quad \text{und} \quad B = \begin{pmatrix} \alpha & \beta & \gamma \end{pmatrix}.$$

Berechnen Sie die Matrixprodukte AB^T und A^TB.

b) Berechnen Sie die Matrixprodukte CD und DC für

$$C = \begin{pmatrix} 2 & 3 \\ -1 & 1 \end{pmatrix} \quad \text{und} \quad D = \begin{pmatrix} -2 & 4 \\ 2 & 3 \end{pmatrix}.$$

Aufgabe 4.75. Wir betrachten

$$A = \begin{pmatrix} 4 & -1 \\ -2 & 1 \end{pmatrix}, \quad B = \begin{pmatrix} 2 & 1 & -1 \end{pmatrix}, \quad C = \begin{pmatrix} -1 & 2 \\ 3 & 0 \\ 0 & 1 \end{pmatrix} \quad \text{und} \quad D = \begin{pmatrix} 7 \\ 4 \end{pmatrix}.$$

Berechnen Sie $(BC) \cdot (-AD + 3D)$.

Aufgabe 4.76. Bestimmen Sie im $\mathbb{R}^{(3,3)}$ für $A = \begin{pmatrix} 1 & 2 & 3 \\ 1 & 2 & 3 \\ 3 & 1 & 0 \end{pmatrix}$

a) alle $B \neq 0$ mit $AB = 0$,

b) alle $C \neq 0$ mit $CA = 0$,

c) alle $D \neq 0$ mit $AD = DA$.

Aufgabe 4.77. Zwischen den Flughäfen Stuttgart(S), Helsinki(H), Las Vegas(L) und Vancouver(V) gibt es täglich die folgende Anzahl von Verbindungen:

von/nach	S	H	L	V
S	0	2	0	1
H	1	0	1	1
L	0	1	0	1
V	1	0	0	0

Betrachten Sie nun die Matrix

$$F = \begin{pmatrix} 0\,2\,0\,1 \\ 1\,0\,1\,1 \\ 0\,1\,0\,1 \\ 1\,0\,0\,0 \end{pmatrix}.$$

a) Berechnen Sie F^2.

b) Stellen Sie die Matrix Z aller Zweitages-Verbindungen zwischen den vier Städten auf, wenn man an beiden Tagen jeweils eine der obigen Verbindungen nimmt.

c) Vergleichen Sie F^2 und Z und geben Sie in Worten eine plausible Erklärung für Ihre Beobachtung an.

d) Wie viele verschiedene Routen für eine 12-Tages-Reise von Stuttgart nach Vancouver gibt es, wenn man pro Tag genau eine der obigen Verbindungen nimmt. (Für genau drei Matrix-Multiplikationen dürfen Sie auch einen Computer bemühen.)

4.11 Das Tensorprodukt und Anwendungen

Wir beschränken uns in den folgenden Ausführungen auf den Körper der **reellen** Zahlen $\mathbb{K} = \mathbb{R}$. Im Gegensatz zum Skalarprodukt $\mathbf{b}^T \mathbf{a} = \langle \mathbf{a}, \mathbf{b} \rangle$, welches nur für Vektoren $\mathbf{a}, \mathbf{b} \in \mathbb{R}^n$ **gleicher Dimension** erklärt ist, kann das Produkt $\mathbf{a}\,\mathbf{b}^T$ auch für Vektoren $\mathbf{a} \in \mathbb{R}^m, \mathbf{b} \in \mathbb{R}^n$ mit $n \neq m$ sinnvoll definiert werden. Das Ergebnis ist eine $m \times n$-**Matrix**.

Es gilt $\forall\, \mathbf{a} \in \mathbb{R}^m$ und $\forall\, \mathbf{b} \in \mathbb{R}^n$, dass

$$\mathbf{a}\,\mathbf{b}^T = \begin{pmatrix} a_1 \\ a_2 \\ \vdots \\ a_m \end{pmatrix} (b_1, b_2, \ldots, b_n) = \begin{pmatrix} a_1 b_1 & a_1 b_2 & \cdots & a_1 b_n \\ a_2 b_1 & a_2 b_2 & \cdots & a_2 b_n \\ \vdots & \vdots & \ddots & \vdots \\ a_m b_1 & a_m b_2 & \cdots & a_m b_n \end{pmatrix} \in \mathbb{R}^{(m,n)}.$$

Definition 4.126 *Für jedes Paar von Vektoren* $\mathbf{a} \in \mathbb{R}^m$ *und* $\mathbf{b} \in \mathbb{R}^n$ *heißt die Matrix*

$$\mathbf{a} \otimes \mathbf{b} := \mathbf{a}\,\mathbf{b}^T = (a_i b_j)_{ij} \in \mathbb{R}^{(m,n)}, \quad \mathbf{a} = (a_1, \cdots, a_m)^T,\ \mathbf{b} = (b_1, \cdots, b_n)^T$$

das **dyadische Produkt** *oder* **Tensorprodukt** *von* $\mathbf{a}$ *und* $\mathbf{b}$.

Bemerkung 4.127 *Damit haben wir eine lineare Abbildung* $\mathbf{a} \otimes \mathbf{b} \in L(\mathbb{R}^n, \mathbb{R}^m)$ *und für jeden Vektor* $\mathbf{x} \in \mathbb{R}^n$ *die Darstellung*

$$\boxed{(\mathbf{a} \otimes \mathbf{b})\mathbf{x} := \mathbf{a}\,\langle \mathbf{b}, \mathbf{x}\rangle \quad \forall\, \mathbf{x} \in \mathbb{R}^n} \tag{4.29}$$

Beispiel 4.128 *Das Tensorprodukt der Vektoren* $\mathbf{a} := (-1, 1)^T \in \mathbb{R}^2$ *und* $\mathbf{b} := (3, 3, 1)^T \in \mathbb{R}^3$ *ist gegeben durch die Matrix*

$$\mathbf{a} \otimes \mathbf{b} = \mathbf{a}\,\mathbf{b}^T = \begin{pmatrix} -1 \\ 1 \end{pmatrix}(3,3,1) = \begin{pmatrix} -3 & -3 & -1 \\ 3 & 3 & 1 \end{pmatrix} \neq \begin{pmatrix} -3 & 3 \\ -3 & 3 \\ -1 & 1 \end{pmatrix} = \mathbf{b} \otimes \mathbf{a}.$$

Bemerkung 4.129 *Das Tensorprodukt ist demnach* **nicht kommutativ**; *es gilt jedoch*

$$\boxed{(\mathbf{a} \otimes \mathbf{b})^T = (\mathbf{a}\,\mathbf{b}^T)^T = \mathbf{b}\,\mathbf{a}^T = \mathbf{b} \otimes \mathbf{a} \quad \forall\, \mathbf{a} \in \mathbb{R}^m \;\forall\, \mathbf{b} \in \mathbb{R}^n.}$$

Rechenregeln 4.130 *Seien* $\mathbf{a}, \mathbf{a}_j \in \mathbb{R}^m$ *und* $\mathbf{b}, \mathbf{b}_j \in \mathbb{R}^n$, $j = 1, 2$, *vorausgesetzt. Dann gelten*

1. $\mathbf{a} \otimes (\lambda\,\mathbf{b}) = \lambda\,(\mathbf{a} \otimes \mathbf{b}) = (\lambda\,\mathbf{a}) \otimes \mathbf{b} \quad \forall\, \lambda \in \mathbb{R}$,

2. $\mathbf{a} \otimes (\mathbf{b}_1 + \mathbf{b}_2) = \mathbf{a} \otimes \mathbf{b}_1 + \mathbf{a} \otimes \mathbf{b}_2$,

3. $(\mathbf{a}_1 + \mathbf{a}_2) \otimes \mathbf{b} = \mathbf{a}_1 \otimes \mathbf{b} + \mathbf{a}_2 \otimes \mathbf{b}$.

Beispiel 4.131 *„Orthogonalprojektion* $(\perp$*–Projektion) eines Vektors* $\mathbf{x} \in \mathbb{R}^n$ *auf eine Richtung* $\mathbf{a} \in \mathbb{R}^n$, $\|\mathbf{a}\| = 1$*".*

Diese wird gemäß nachstehender Skizze geleistet durch die Abbildungsvorschrift $P : \mathbb{R}^n \to \mathbb{R}^n$ *mit*

$$P\mathbf{x} := \mathbf{a}\,\|\mathbf{x}\|\cos\alpha = \mathbf{a}\,\langle \mathbf{a}, \mathbf{x}\rangle = (\mathbf{a} \otimes \mathbf{a})\mathbf{x}, \quad \mathbf{x} \in \mathbb{R}^n.$$

Man erkennt sofort, dass eine **lineare Abbildung** $P \in L(\mathbb{R}^n, \mathbb{R}^n)$ *vorliegt.*

Es sei $\mathbf{a} \in \mathbb{R}^n$ mit $\|\mathbf{a}\| = 1$ gegeben. Die **Matrix** P der $\perp$–**Projektion auf die Richtung** $\mathbf{a}$ – d.h. auf die Gerade span$\{\mathbf{a}\}$ – ist das Tensorprodukt

$$P = \mathbf{a} \otimes \mathbf{a} \in \mathbb{R}^{(n,n)}.$$

Somit ist $P\mathbf{x} = (\mathbf{a} \otimes \mathbf{a})\mathbf{x} = \mathbf{a}\langle \mathbf{a}, \mathbf{x}\rangle$ die $\perp$–Projektion des Vektors $\mathbf{x} \in \mathbb{R}^n$ auf die Richtung $\mathbf{a}$.

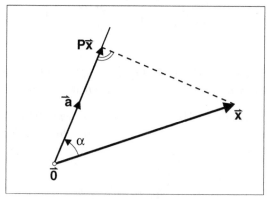

$\perp$–Projektion auf eine Richtung
$\mathbf{a} \in \mathbb{R}^n$, $\|\mathbf{a}\| = 1$

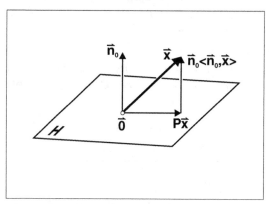

$\perp$–Projektion auf eine Hyperebene
$H \subset \mathbb{R}^n$ durch 0

Anschaulich ist es klar, dass

$$\boxed{P^2 = P} \tag{4.30}$$

gilt. Dies wird auch durch die Rechnung bestätigt. In der Tat, für jedes $\mathbf{x} \in \mathbb{R}^n$ gilt

$$P^2\mathbf{x} = P(P\mathbf{x}) = \mathbf{a}\,\langle \mathbf{a}, P\mathbf{x}\rangle = \mathbf{a}\,\underbrace{\langle \mathbf{a}, \mathbf{a}\rangle}_{=1}\langle \mathbf{a}, \mathbf{x}\rangle = P\mathbf{x}.$$

So wird z.B. in $\mathbb{R}^4$ die $\perp$-Projektion auf die Richtung $\mathbf{a} := \frac{\sqrt{2}}{6}\,(1, 2, 3, -2)^T$ durch die folgende 4×4-Matrix beschrieben:

$$P = \mathbf{a} \otimes \mathbf{a} = \frac{1}{18}\begin{pmatrix} 1 & 2 & 3 & -2 \\ 2 & 4 & 6 & -4 \\ 3 & 6 & 9 & -6 \\ -2 & -4 & -6 & 4 \end{pmatrix}.$$

Beispiel 4.132 „*Orthogonalprojektion ($\perp$-Projektion) eines Vektors* $\mathbf{x} \in \mathbb{R}^n$ *auf eine Hyperebene* $\mathbf{H} \subset \mathbb{R}^n$ *durch* $\mathbf{0}$".

Die Hyperebene H sei in der HESSE*schen Normalform (HNF) $H = \{\mathbf{v} \in \mathbb{R}^n : \langle \mathbf{v}, \mathbf{n}_0\rangle = 0\}$ mit $\|\mathbf{n}_0\| = 1$ vorgelegt. Dann wird die gesuchte $\perp$-Projektion gemäß obiger Skizze durch die folgende Abbildungsvorschrift $P : \mathbb{R}^n \to \mathbb{R}^n$ geleistet:*

$$P\mathbf{x} = \mathbf{x} - \tilde{P}\mathbf{x} := \mathbf{x} - \mathbf{n}_0\,\langle \mathbf{n}_0, \mathbf{x}\rangle = (\,Id_n - \mathbf{n}_0 \otimes \mathbf{n}_0)\mathbf{x}.$$

Dabei ist $\tilde{P}$ die oben angegebene Projektion auf die Richtung $\mathbf{n}_0$.
Man erkennt auch hier sofort wieder, dass eine **lineare Abbildung** $P \in L(\mathbb{R}^n, \mathbb{R}^n)$ *vorliegt.*

Es sei $H \subset \mathbb{R}^n$ eine Hyperebene durch $\mathbf{0}$ der Form $H = \{\mathbf{v} \in \mathbb{R}^n : \langle \mathbf{v}, \mathbf{n}_0\rangle = 0\}$ mit $\|\mathbf{n}_0\| = 1$. Die **Matrix P der $\perp$-Projektion auf die Hyperebene H** *ist gegeben durch*

$$P = Id_n - \mathbf{n}_0 \otimes \mathbf{n}_0 \in \mathbb{R}^{(n,n)}.$$

Da $\tilde{P}$ die Bedingung (4.30) erfüllt, tut dies auch P. So wird z.B. in $\mathbb{R}^3$ die $\perp$-Projektion auf die Ebene $E := \{\mathbf{v} \in \mathbb{R}^3 : \langle \mathbf{v}, \mathbf{n}_0\rangle = 0\}$ mit $\mathbf{n}_0 := \frac{1}{\sqrt{6}}\,(1, 2, -1)^T$ durch die folgende 3×3-Matrix beschrieben:

$$P = Id_3 - \mathbf{n}_0 \otimes \mathbf{n}_0 = \begin{pmatrix} 1 & 0 & 0 \\ 0 & 1 & 0 \\ 0 & 0 & 1 \end{pmatrix} - \frac{1}{6}\begin{pmatrix} 1 & 2 & -1 \\ 2 & 4 & -2 \\ -1 & -2 & 1 \end{pmatrix} = \frac{1}{6}\begin{pmatrix} 5 & -2 & 1 \\ -2 & 2 & 2 \\ 1 & 2 & 5 \end{pmatrix}.$$

Wir nehmen die Gültigkeit der Gleichung (4.30) für die beiden ⊥–Projektionen in den Beispielen (4.131) und (4.132) zum Anlass für folgende

---

Definition 4.133 *Es sei V ein Vektorraum. Eine lineare Abbildung $P \in L(V, V)$ heißt eine* **Projektion,** *wenn gilt*

$$P^2 = P.$$

Eine Projektion P **projiziert** *auf den Unterraum* Bild $P = P(V) \subset V$.

Zusammenfassung. In Beispiel (4.131) projiziert P **orthogonal** auf den UR span$\{a\} \subset \mathbb{R}^n$. In Beispiel (4.132) projiziert P **orthogonal** auf den UR $(\text{span}\{n_0\})^\perp \subset \mathbb{R}^n$.

Beispiel 4.134 „*Projektion eines Vektors* $x \in \mathbb{R}^n$ *auf eine Hyperebene* $H \subset \mathbb{R}^n$ *in Richtung* a".

Die Hyperebene H sei in der HESSE*schen Normalform $H = \{v \in \mathbb{R}^n : \langle v, n_0 \rangle = \alpha\}$ mit $\|n_0\| = 1$ vorgelegt, und es sei $a \in \mathbb{R}^n$ mit $\|a\| = 1$ eine feste Richtung. Dann ist die gesuchte Projektion $P_a x$ eines Vektors $x \in \mathbb{R}^n$ durch die folgende Vorschrift festgelegt (vgl. untenstehende Skizze):*

$$\text{(i)} \quad P_a x - x = \lambda a, \qquad \text{(ii)} \quad P_a x \in H, \quad \text{also} \quad \langle n_0, P_a x \rangle = \alpha.$$

Diese Gleichungen sind genau dann eindeutig nach P_a auflösbar, wenn $\langle n_0, a \rangle \neq 0$ gilt, wenn also a und n_0 **nicht** *senkrecht zueinander sind.*

Setzen wir (i) in (ii) ein, so resultiert die Gleichung $\langle n_0, x \rangle + \lambda \langle n_0, a \rangle = \alpha$, aus der der Parameter λ eindeutig berechnet werden kann. Wird dieses λ in (i) eingesetzt, so resultiert die gesuchte Lösung

$$P_a x = \frac{\alpha}{\langle n_0, a \rangle} a + \left(Id_n - \frac{1}{\langle n_0, a \rangle} a \otimes n_0 \right) x.$$

Bemerkung 4.135

1. *Genau dann ist $P_a : \mathbb{R}^n \to \mathbb{R}^n$ eine* **lineare Abbildung,** *wenn $\alpha = 0$ gilt, d.h., wenn die Hyperebene H durch den Ursprung 0 verläuft. Das heißt*

$$P_a = Id_n - \frac{1}{\langle n_0, a \rangle} a \otimes n_0.$$

Es gilt die bekannte Beziehung

$$P_{\mathbf{a}}^2\mathbf{x} = P_{\mathbf{a}}(P_{\mathbf{a}}\mathbf{x}) = P_{\mathbf{a}}\mathbf{x} - \frac{1}{\langle \mathbf{n}_0, \mathbf{a}\rangle}\,\mathbf{a}\,\underbrace{\langle \mathbf{n}_0, P_{\mathbf{a}}\mathbf{x}\rangle}_{=0,\ weil\ \mathbf{n}_0 \perp P_{\mathbf{a}}\mathbf{x}} = P_{\mathbf{a}}\mathbf{x}.$$

2. *Im Falle* $\mathbf{a} = \mathbf{n}_0$ *erhalten wir aus a) wiederum die* $\perp$–*Projektion auf die Hyperebene* H *durch* $\mathbf{0}$, *die wir bereits in Beispiel (4.3.3) studiert haben, nämlich* $P := P_{\mathbf{n}_0} = Id_n - \mathbf{n}_0 \otimes \mathbf{n}_0$.

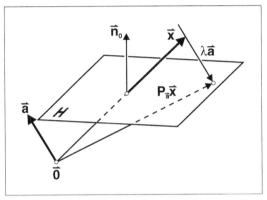

**Projektion in vorgegebener Richtung a
auf eine Hyperebene H**

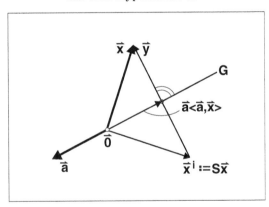

Spiegelung an einer Geraden G

Als *Zahlenbeispiel* wollen wir die Projektion $P_{\mathbf{a}}\mathbf{x}$ eines beliebigen Vektors $\mathbf{x} \in \mathbb{R}^4$ in Richtung $\mathbf{a} := \frac{1}{\sqrt{6}}(1, 2, -1, 0)^T$ auf die Hyperebene $H := \{\mathbf{v} \in \mathbb{R}^4 : v_1 + 2v_2 + 3v_3 - 2v_4 = \sqrt{2}\}$ bestimmen. Wir haben hier offenbar $\mathbf{n}_0 = \frac{\sqrt{2}}{6}(1, 2, 3, -2)^T$ sowie $\alpha = \sqrt{2}/\sqrt{18} = \frac{1}{3}$. Hieraus resultieren $\langle \mathbf{n}_0, \mathbf{a}\rangle = \frac{1}{9}\sqrt{3}$ und

$$P_{\mathbf{a}}\mathbf{x} = \frac{\sqrt{2}}{2}\begin{pmatrix} 1 \\ 2 \\ -1 \\ 0 \end{pmatrix} + \left\{ \begin{pmatrix} 1&0&0&0 \\ 0&1&0&0 \\ 0&0&1&0 \\ 0&0&0&1 \end{pmatrix} - \frac{1}{2}\begin{pmatrix} 1&2&3&-2 \\ 2&4&6&-4 \\ -1&-2&-3&4 \\ 0&0&0&0 \end{pmatrix} \right\} \begin{pmatrix} x_1 \\ x_2 \\ x_3 \\ x_4 \end{pmatrix}$$

$$= \frac{\sqrt{2}}{2}\begin{pmatrix} 1 \\ 2 \\ -1 \\ 0 \end{pmatrix} + \frac{1}{2}\begin{pmatrix} 1&-2&-3&2 \\ -2&-2&-6&4 \\ 1&2&5&-4 \\ 0&0&0&2 \end{pmatrix}\begin{pmatrix} x_1 \\ x_2 \\ x_3 \\ x_4 \end{pmatrix}.$$

Beispiel 4.136 *„Spiegelung von* $\mathbf{x} \in \mathbb{R}^n$ *an einer Geraden* $G = span\{\mathbf{a}\}$, $\mathbf{a} \in \mathbb{R}^n$, $\|\mathbf{a}\| = 1$".

Diese wird gemäß der obigen Skizze geleistet durch die Abbildungsvorschrift $S : \mathbb{R}^n \to \mathbb{R}^n$ *mit*

$$S\mathbf{x} := \mathbf{a}\langle \mathbf{a}, \mathbf{x}\rangle - \mathbf{y},$$

wobei $\mathbf{y} = \mathbf{x} - \mathbf{a}\langle \mathbf{a}, \mathbf{x}\rangle$ *gilt. Man erhält wiederum eine* **lineare Abbildung** *der Form* $S = 2\,\mathbf{a} \otimes \mathbf{a} - Id_n \in L(\mathbb{R}^n, \mathbb{R}^n)$.

Es sei $\mathbf{a} \in \mathbb{R}^n$ *mit* $\|\mathbf{a}\| = 1$ *gegeben. Die* **Matrix** S **der Spiegelung an der Geraden** $G := span\{\mathbf{a}\}$ *ist gegeben durch*

$$S = 2\,\mathbf{a} \otimes \mathbf{a} - Id_n \in \mathbb{R}^{(n,n)}.$$

Somit ist $S\mathbf{x} = (2\,\mathbf{a}\otimes\mathbf{a} - Id_n)\mathbf{x} = 2\,\mathbf{a}\langle \mathbf{a}, \mathbf{x}\rangle - \mathbf{x}$ *die Spiegelung des Vektors* $\mathbf{x} \in \mathbb{R}^n$ *an der Geraden* $G = span\{\mathbf{a}\}$.

Von der Anschauung her ist es auch hier klar, dass

$$\boxed{S^2 = Id_n} \tag{4.31}$$

gelten muss. Dies wird durch die folgende Rechnung bestätigt. Für jedes $\mathbf{x} \in \mathbb{R}^n$ *gilt:*

$$S^2\mathbf{x} = S(S\mathbf{x}) = 2\,\mathbf{a}\langle \mathbf{a}, S\mathbf{x}\rangle - S\mathbf{x} = 4\,\mathbf{a}\underbrace{\langle \mathbf{a}, \mathbf{a}\rangle}_{=1}\langle \mathbf{a}, \mathbf{x}\rangle - 2\,\mathbf{a}\langle \mathbf{a}, \mathbf{x}\rangle - S\mathbf{x} = \mathbf{x}.$$

Zum Beispiel *wird in $\mathbb{R}^3$ die Spiegelung an der Geraden $G = span\{\mathbf{a}\}$ mit* $\mathbf{a} := \frac{1}{\sqrt{6}}(1, 2, -1)^T$ *durch die folgende 3×3–Matrix beschrieben:*

$$S = 2\,\mathbf{a} \otimes \mathbf{a} - Id_3 = \frac{1}{3}\begin{pmatrix} 1 & 2 & -1 \\ 2 & 4 & -2 \\ -1 & -2 & 1 \end{pmatrix} - \begin{pmatrix} 1 & 0 & 0 \\ 0 & 1 & 0 \\ 0 & 0 & 1 \end{pmatrix} = \frac{1}{3}\begin{pmatrix} -2 & 2 & -1 \\ 2 & 1 & -2 \\ -1 & -2 & -2 \end{pmatrix}.$$

Wir nehmen dieses Beispiel zum Anlass für folgende

Definition 4.137 *Es sei V ein Vektorraum. Eine lineare Abbildung $S \in L(V, V)$ heißt eine* **Spiegelung** *oder* **Involution***, wenn gilt $S^2 = Id$. Dabei ist der* **Spiegelraum**

$$A_S := \{\mathbf{v} \in V : S\mathbf{v} = \mathbf{v}\} = \text{Kern}\,(S - Id)$$

die Menge derjenigen Punkte, die in sich selbst abgebildet werden. Das heißt, eine Spiegelung S **spiegelt** *an dem Unterraum $\text{Kern}\,(S - Id)$.*

In dem obigen Beispiel haben wir $\mathbf{x} \in \text{Kern}\,(S - Id)$ genau dann, wenn $\mathbf{a}\,\langle\mathbf{a}, \mathbf{x}\rangle = \mathbf{x}$ oder äquivalent $\mathbf{x} = \lambda\,\mathbf{a}$, $\lambda \in \mathbb{R}$ gilt. Wir erkennen hier, dass die Gerade $\text{Kern}\,(S - Id) = span\{\mathbf{a}\}$ tatsächlich Spiegelraum ist.

Beispiel 4.138 *„Spiegelung von $\mathbf{x} \in \mathbb{R}^n$ an einer Hyperebene $H \subset \mathbb{R}^n$ durch $\mathbf{0}$".*

Die Hyperebene H sei in der HESSE*schen Normalform $H = \{\mathbf{v} \in \mathbb{R}^n : \langle\mathbf{v}, \mathbf{n}_0\rangle = 0\}$ mit $\|\mathbf{n}_0\| = 1$ gegeben. Dann wird die gesuchte Spiegelung durch die folgende Abbildungsvorschrift $S : \mathbb{R}^n \to \mathbb{R}^n$ geleistet:*

$$S\mathbf{x} := (Id_n - 2\,\mathbf{n}_0 \otimes \mathbf{n}_0)\mathbf{x}.$$

Wir erkennen auch hier, dass eine **lineare Abbildung** *$S \in L(\mathbb{R}^n, \mathbb{R}^n)$ vorliegt. Es gilt in der Tat, dass*

$$S^2\mathbf{x} = S\mathbf{x} - 2\,\mathbf{n}_0\,\langle\mathbf{n}_0, S\mathbf{x}\rangle = S\mathbf{x} - 2\,\mathbf{n}_0\,\langle\mathbf{n}_0, \mathbf{x}\rangle + 4\,\mathbf{n}_0\,\underbrace{\langle\mathbf{n}_0, \mathbf{n}_0\rangle}_{=1}\langle\mathbf{n}_0, \mathbf{x}\rangle = \mathbf{x}.$$

Also ist S eine Spiegelung.

Um den Spiegelraum zu ermitteln, berechnen wir $\text{Kern}\,(S - Id_n) = \text{Kern}\,(\mathbf{n}_0 \otimes \mathbf{n}_0)$. Es gilt offenbar $(\mathbf{n}_0 \otimes \mathbf{n}_0)\mathbf{x} = \mathbf{n}_0\,\langle\mathbf{n}_0, \mathbf{x}\rangle = \mathbf{0}$ genau für $\mathbf{x} \perp \mathbf{n}_0$. Der Spiegelraum ist also der Unterraum $\text{Kern}\,(S - Id_n) = (span\{\mathbf{n}_0\})^\perp = H$.

Es sei $H \subset \mathbb{R}^n$ *eine Hyperebene durch* $\mathbf{0}$ *in der HNF* $H = \{\mathbf{v} \in \mathbb{R}^n :$ $\langle \mathbf{v}, \mathbf{n}_0 \rangle = 0\}$ *mit* $\|\mathbf{n}_0\| = 1$. *Die* **Matrix** S **der Spiegelung an der Hyperebene** H *ist gegeben durch*

$$S = Id_n - 2\,\mathbf{n}_0 \otimes \mathbf{n}_0 \in \mathbb{R}^{(n,n)}.$$

Somit ist $S\mathbf{x} = \mathbf{x} - 2\,(\mathbf{n}_0 \otimes \mathbf{n}_0)\mathbf{x} = \mathbf{x} - 2\,\mathbf{n}_0\,\langle \mathbf{n}_0, \mathbf{x} \rangle$ *die Spiegelung des Vektors* $\mathbf{x} \in \mathbb{R}^n$ *an der Hyperebene* H.

Zum Beispiel *wird in* $\mathbb{R}^3$ *die Spiegelung an der Ebene* $E := \{\mathbf{v} \in \mathbb{R}^3 :$ $\langle \mathbf{v}, \mathbf{n}_0 \rangle = 0\}$ *mit* $\mathbf{n}_0 := \frac{1}{\sqrt{6}}\,(1, 2, -1)^T$ *durch die folgende* 3×3-*Matrix beschrieben:*

$$P = Id_3 - 2\,\mathbf{n}_0 \otimes \mathbf{n}_0 = \begin{pmatrix} 1\,0\,0 \\ 0\,1\,0 \\ 0\,0\,1 \end{pmatrix} - \frac{1}{3} \begin{pmatrix} 1 & 2 & -1 \\ 2 & 4 & -2 \\ -1 & -2 & 1 \end{pmatrix} = \frac{1}{3} \begin{pmatrix} 2 & -2 & 1 \\ -2 & -1 & 2 \\ 1 & 2 & 2 \end{pmatrix}.$$

Wir notieren schließlich noch folgende **Regel für die Hintereinanderausführung** zweier Tensorprodukte:

$$(\mathbf{a} \otimes \mathbf{b})(\mathbf{c} \otimes \mathbf{d}) = \mathbf{a}\,(\mathbf{b}^T\mathbf{c})\mathbf{d}^T = \langle \mathbf{b}, \mathbf{c} \rangle\,(\mathbf{a} \otimes \mathbf{d}) \in \mathbb{R}^{(m,n)}$$

für alle $\mathbf{a} \in \mathbb{R}^m$ $\mathbf{b}, \mathbf{c} \in \mathbb{R}^l$, $\mathbf{d} \in \mathbb{R}^n$.

Mit dieser Regel kann in einfacher Weise bestätigt werden, dass $P := \mathbf{a} \otimes \mathbf{a}$ für $\mathbf{a} \in \mathbb{R}^n$, $\|\mathbf{a}\| = 1$ stets eine **Projektion** ist. Denn

$$P^2 = (\mathbf{a} \otimes \mathbf{a})(\mathbf{a} \otimes \mathbf{a}) = \langle \mathbf{a}, \mathbf{a} \rangle\,(\mathbf{a} \otimes \mathbf{a}) = \mathbf{a} \otimes \mathbf{a} = P.$$

Aufgaben

Aufgabe 4.78. Beweisen Sie die Rechenregeln 4.130.

Aufgabe 4.79. Gegeben sei ein Unterraum U eines endlichdimensionalen Vektorraums. Bestimmen Sie die Matrizen der orthogonalen Projektionen auf U und $U^\perp$. Bestimmen Sie diese Matrizen auch zahlenmäßig für den Fall

$$U = \mathrm{Span}\,\{(1, 1, 1, 0)^T, (0, 1, 1, 1)^T, (1, 0, 1, 1)^T\}.$$

Aufgabe 4.80. Gegeben sei im $\mathbb{R}^3$ die Ebene E durch die Hesse-Normalform $E : \mathbf{x} \cdot \mathbf{n} = 0$ und die Projektionsrichtung $\mathbf{a}$.

a) Bestimmen Sie allgemein die Projektion $P\mathbf{x}$ von $\mathbf{x}$ auf E in Richtung $\mathbf{a}$, d.h., $P\mathbf{x} - \mathbf{x} = \lambda\mathbf{a}$.

b) Zeigen Sie, dass die Abbildung P linear ist und bestimmen Sie die Matrix P.

c) Bestimmen Sie nun die Matrix auch zahlenmäßig für den Fall $\mathbf{n}^T = (1,2,3)$ und $\mathbf{a}^T = (-1,2,-3)$.

d) Warum wäre die Vorgabe $\mathbf{n}^T = (1,2,3)$ und $\mathbf{a}^T = (2,2,-2)$ ungeeignet?

Aufgabe 4.81. Im R^3 ist die Ebene $E = \{\mathbf{x} \mid \langle \mathbf{x}, \mathbf{n} \rangle = \mathbf{0}\}$ gegeben sowie ein Vektor $\mathbf{p}$ mit $\langle \mathbf{p}, \mathbf{n} \rangle \neq 0$.

a) Bestimmen Sie zu $\mathbf{x} \in \mathbb{R}^3$ die Projektion $\mathbf{x}^*$ auf E in Richtung $\mathbf{p}$ und damit die Projektionsmatrix $P : \mathbb{R}^3 \to \mathbb{R}^3$, welche $P\mathbf{x} = \mathbf{x}^*$ liefert.

b) Berechnen Sie P^2 und S^2, wobei $S = \mathrm{Id}_3 - 2P$.

c) Bestimmen Sie die Matrizen P und S für $\mathbf{n} = (1,2,-1)^T$, $\mathbf{p} = (2,0,1)^T$ auch zahlenmäßig.

Aufgabe 4.82. Gegeben seien $\mathbf{n} \in \mathbb{R}^3$, $\mathbf{n} \neq \mathbf{0}$. U sei der Unterraum senkrecht zu $\mathbf{n}$.

a) Bestimmen Sie komponentenfrei folgende Matrizen als Funktion von $\mathbf{n}$:

$$S = \text{Matrix der orthogonalen Spiegelung an } U,$$

$$P = \text{Matrix der orthogonalen Projektion an } U,$$

$$A_m = S^m, \quad B_m = (S + E)^m, \quad m \in \mathbb{N}.$$

b) Berechnen Sie die Komponenten der Matrizen S und P für den Fall $\mathbf{n}^T = (1,-2,3)^T$.

4.12 Die inverse Matrix

Sei $\mathbb{K}$ ein beliebiger Körper. Für eine gegebene Matrix $A \in \mathbb{K}^{(m,n)}$ stellt sich die Frage nach der Existenz der **inversen Abbildung** A^{-1}. Um eine Antwort zu geben, zeigen wir zunächst ganz allgemein

> **Satz 4.139** *Es seien V, W Vektorräume über demselben Körper $\mathbb{K}$. Ist die lineare Abbildung $f \in L(V, W)$ **bijektiv**, so existiert die inverse Abbildung $f^{-1} \in L(W, V)$; das heißt, f^{-1} ist wiederum **linear**.*

Beweis. Da die Abbildung $f : V \to W$ bijektiv ist, existiert die Umkehrabbildung $f^{-1} : W \to V$. Wir zeigen ihre Linearität. Dazu seien $\mathbf{u}, \mathbf{v} \in V$ gegeben. Wir setzen $\mathbf{w} := f(\mathbf{u})$ und $\mathbf{z} := f(\mathbf{v})$. Für $\lambda, \mu \in \mathbb{K}$ folgt nun aus der Linearitätsbeziehung (L): $f(\lambda \mathbf{u} + \mu \mathbf{v}) = \lambda f(\mathbf{u}) + \mu f(\mathbf{v}) = \lambda \mathbf{w} + \mu \mathbf{z}$. Wenden wir auf diese Gleichung rechts und links die Umkehrabbildung f^{-1} an, so resultiert schon die behauptete Linearität

$$f^{-1}(\lambda \mathbf{w} + \mu \mathbf{z}) = \lambda \mathbf{u} + \mu \mathbf{v} = \lambda f^{-1}(\mathbf{w}) + \mu f^{-1}(\mathbf{z}).$$

qed

Bemerkung 4.140 *Es gelten folgende Eigenschaften:*

1. *Wir wissen bereits, dass die Matrix $A \in \mathbb{K}^{(m,n)}$ genau dann bijektiv und somit **invertierbar** ist, wenn gilt*

$$Rang\, A = m = n.$$

Das heißt:

> **Invertierbare Matrizen sind notwendigerweise quadratisch.**

2. *Für die Inversen $A^{-1} \in \mathbb{K}^{(n,n)}$ muss*

$$AA^{-1} = E_n = A^{-1}A \tag{4.32}$$

gelten.

Wir kreieren nun mit Hilfe von (4.32) einen **Algorithmus zur Berechnung von A^{-1}**.

Die Matrix $A \in \mathbb{K}^{(n,n)}$ erfülle dabei Rang $A = n$. Später werden wir ein einfaches **Determinantenkriterium** für die Rangbedingung angeben. Im Moment müssen wir noch die Rangbedingung mit dem GAUSS-Algorithmus nachprüfen: Genau dann gilt Rang $A = n$, wenn A in ein Staffelsystem vom eindeutig lösbaren Typ gebracht werden kann.

Wir verwenden nun die Vektoren $\mathbf{e}_j$ der Standardbasis des $\mathbb{K}^n$ zur Darstellung der Einheitsmatrix in der Form $E_n = (\mathbf{e}_1, \mathbf{e}_2, \ldots, \mathbf{e}_n)$. Man erkennt an dieser Darstellung, dass gilt

$$E_n A = A E_n = A \implies E_n = A^{-1} A = A A^{-1}.$$

Das heißt, der **Ansatz** $A^{-1} := (\mathbf{b}_1, \mathbf{b}_2, \ldots, \mathbf{b}_n)$ führt über

$$A A^{-1} = (A \mathbf{b}_1, A \mathbf{b}_2, \ldots, A \mathbf{b}_n) \overset{!}{=} (\mathbf{e}_1, \mathbf{e}_2, \ldots, \mathbf{e}_n) = E_n$$

auf die n linearen Gleichungssysteme

$$A \mathbf{b}_j = \mathbf{e}_j \quad \forall\, j = 1, 2, \ldots, n.$$

Diese wird **simultan** mit Hilfe des GAUSS-Algorithmus gelöst, und zwar muss das System $(A \mid E_n)$ wegen $\mathbf{b}_j = A^{-1} \mathbf{e}_j$ mittels **elementarer Zeilenumformungen** genau auf die Form $(E_n \mid \mathbf{b}_1, \mathbf{b}_2, \ldots, \mathbf{b}_n) = (E_n \mid A^{-1})$ gebracht werden:

$$(A \mid E_n) \overset{\text{Gauss–Schritte}}{\longrightarrow} (E_n \mid A^{-1}).$$

Beispiel 4.141

$$(A \mid E_3) \Longleftrightarrow \quad \begin{array}{ccc|ccc} 0 & 1 & 1 & 1 & 0 & 0 \\ 1 & 0 & 1 & 0 & 1 & 0 \\ 1 & 1 & 0 & 0 & 0 & 1 \end{array}$$

$$\boxed{\begin{array}{l} Z_1 \Longleftrightarrow Z_2 \\ Z_3 - Z_1 \Longrightarrow Z_3 \end{array}} \quad \begin{array}{ccc|ccc} 1 & 0 & 1 & 0 & 1 & 0 \\ 0 & 1 & 1 & 1 & 0 & 0 \\ 0 & 1 & -1 & 0 & -1 & 1 \end{array}$$

$$\boxed{\begin{array}{l} Z_3 - Z_2 \Longrightarrow Z_3 \\ -\frac{1}{2} Z_3 \Longrightarrow Z_3 \\ Z_2 - Z_3 \Longrightarrow Z_2 \\ Z_1 - Z_3 \Longrightarrow Z_1 \end{array}} \quad E_3 \left\{ \begin{array}{ccc|ccc} 1 & 0 & 0 & -\frac{1}{2} & \frac{1}{2} & \frac{1}{2} \\ 0 & 1 & 0 & \frac{1}{2} & -\frac{1}{2} & \frac{1}{2} \\ 0 & 0 & 1 & \frac{1}{2} & \frac{1}{2} & -\frac{1}{2} \end{array} \right\} A^{-1}$$

Wir haben also

$$A = \begin{pmatrix} 0 & 1 & 1 \\ 1 & 0 & 1 \\ 1 & 1 & 0 \end{pmatrix}, \quad A^{-1} = \frac{1}{2} \begin{pmatrix} -1 & 1 & 1 \\ 1 & -1 & 1 \\ 1 & 1 & -1 \end{pmatrix},$$

und die **Probe** $AA^{-1} = E_3$ *bestätigt die Richtigkeit des Ergebnisses.*

Wir **bezeichnen** mit $\boxed{\text{Inv}(\mathbb{K}^n) \subset \mathbb{K}^{(n,n)}}$ die Menge der **invertierbaren** $n \times n$–Matrizen.

Satz 4.142 *Für jede Matrix* $A \in \text{Inv}(\mathbb{K}^n)$ *hat das lineare Gleichungssystem* $A\mathbf{x} = \mathbf{b}$ *die eindeutig bestimmte Lösung*

$$\mathbf{x} = A^{-1}\mathbf{b}.$$

Dieses Ergebnis ist wegen des Aufwands zur Berechnung von A^{-1} (es ist derselbe Aufwand wie die Durchführung des GAUSS–Algorithmus) nur dann von praktischer Bedeutung, wenn das lineare Gleichungssystem $A\mathbf{x} = \mathbf{b}$ für **mehrere** rechte Seiten $\mathbf{b} = \mathbf{b}_j, j = 1, 2, \ldots, N$, gelöst werden soll.

Beispiel 4.143 *Wir lösen* $A\mathbf{x} = \mathbf{b}_j$ *für* $\mathbf{b}_1 := (8, 7, -7)^T$, $\mathbf{b}_2 := (-1, 3, 2)^T$
und für die Matrix $A \in \mathbb{R}^{(3,3)}$ *aus Beispiel (4.141). Die Lösungen lauten dann*
mit Hilfe der Inversen A^{-1}:

$$
\mathbf{x}_1 = \tfrac{1}{2}
\begin{pmatrix}
-1 & 1 & 1 \\
1 & -1 & 1 \\
1 & 1 & -1
\end{pmatrix}
\begin{pmatrix}
8 \\ 7 \\ -7
\end{pmatrix}
=
\begin{pmatrix}
-4 \\ -3 \\ 11
\end{pmatrix},
$$

$$
\mathbf{x}_2 = \tfrac{1}{2}
\begin{pmatrix}
-1 & 1 & 1 \\
1 & -1 & 1 \\
1 & 1 & -1
\end{pmatrix}
\begin{pmatrix}
-1 \\ 3 \\ 2
\end{pmatrix}
=
\begin{pmatrix}
3 \\ -1 \\ 0
\end{pmatrix}.
$$

Abschließend stellen wir noch einige **Rechenregeln** für die Elemente aus
$\mathrm{Inv}\,(\mathbb{K}^n)$ zusammen.

Rechenregeln 4.144 *Für invertierbare Matrizen* $A, B \in \mathrm{Inv}\,(\mathbb{K}^n)$ *gilt*

1. $(A^{-1})^{-1} = A$,

2. $(AB)^{-1} = B^{-1}A^{-1}$,

3. $(\lambda A)^{-1} = \frac{1}{\lambda} A^{-1} \ \forall\, \lambda \neq 0$.

Beweis. Die Relationen 1. und 3. ergeben sich unmittelbar aus der Definition
der Umkehrabbildung. Wir zeigen 2.:

$$
\mathbf{y} := AB\mathbf{x} \iff A^{-1}\mathbf{y} = B\mathbf{x} \iff B^{-1}A^{-1}\mathbf{y} = \mathbf{x} = (AB)^{-1}\mathbf{y}
$$
$$
\iff B^{-1}A^{-1} = (AB)^{-1}.
$$

qed

Bei Matizen aus $\mathbb{R}^{(2,2)}$ lässt sich die inverse Matrix auch ohne die GAUSS-
Elimination berechnen. Es gilt die folgende Vorschrift:

$$
A = \begin{pmatrix} a & b \\ c & d \end{pmatrix} \implies A^{-1} = \frac{1}{ad - bc} \begin{pmatrix} d & -b \\ -c & a \end{pmatrix}.
$$

Aufgaben

Aufgabe 4.83. Finden Sie die inverse Matrix zu $A = \begin{pmatrix} 1\,2\,3 \\ 2\,5\,3 \\ 1\,0\,8 \end{pmatrix}$.

Finden Sie zu $B = \begin{pmatrix} 1\,0\,2\,1 \\ 0\,0\,1\,0 \\ 1\,2\,0\,0 \end{pmatrix}$ eine Matrix $X \in \mathbb{R}^{(3,4)}$ mit $AX = B$. Ist die Lösung eindeutig?

Aufgabe 4.84. Gegeben sei

$$A = \begin{pmatrix} 1 & 3 & 4 \\ 3 & -1 & 6 \\ -1 & 5 & 1 \end{pmatrix}.$$

a) Bestimmen Sie A^{-1}.

b) Bestimmen Sie zu $C = A \begin{pmatrix} 1\,0\,0 \\ 0\,2\,0 \\ 0\,0\,1 \end{pmatrix} A^{-1}$ die Matrizen C^5 und C^{-1}.

Aufgabe 4.85. Invertieren Sie folgende Matrizen:

$$A = \begin{pmatrix} -11 & 3 & 2 \\ 5 & -1 & -1 \\ 7 & -2 & -1 \end{pmatrix} \quad \text{und} \quad B = \begin{pmatrix} 17 & -2 & 3 & 7 \\ -10 & 0 & -1 & -3 \\ 3 & -1 & 1 & 2 \\ 10 & 2 & 0 & 1 \end{pmatrix}.$$

Aufgabe 4.86. Unter welchen Voraussetzungen ist die Matrizengleichung $XA + 2X = A$ eindeutig lösbar, wenn alle darin auftretenden Matrizen aus $\mathbb{K}^{(n,n)}$ sind? Wie lautet die Lösungsmatrix X?

Aufgabe 4.87. Zeigen Sie, dass die Matrix

$$A = \begin{pmatrix} 1 & 0 & -2 \\ 2 & 2 & 4 \\ 0 & 0 & 2 \end{pmatrix}$$

die Matrixgleichung $A^2 - 3A + 2E = O$ erfüllt. Berechnen Sie damit die inverse Matrix A^{-1}.

Aufgabe 4.88. Sei $A \in \mathrm{Inv}\,(\mathbb{K}^n)$. Zeigen Sie:

$$A \text{ ist invertierbar} \iff A^T \text{ ist invertierbar.}$$

4.13 Spezielle Matrizen

In diesem Abschnitt betrachten wir wieder Matizen aus $\mathbb{K}^{(m,n)}$ und stellen im Folgenden Matrizen mit speziellen Eigenschaften zusammen. Teilweise wurden solche Matrizen in vorangegangenen Abschnitten bereits erwähnt.

Definition 4.145 *Für eine gegebene Matrix $A = (a_{jk}) \in \mathbb{K}^{(m,n)}$ heißt*

1. $\bar{A} := (\bar{a}_{jk}) \in \mathbb{K}^{(m,n)}$ *die zu A* **konjugierte Matrix**,

2. $A^T := (a_{kj}) \in \mathbb{K}^{(n,m)}$ *die zu A* **transponierte Matrix** *(beachte die vertauschten Zeilen- und Spaltendimensionen n bzw. m),*

3. $A^* := (\bar{A})^T = \overline{(A^T)} \in \mathbb{K}^{(n,m)}$ *die zu A* **adjungierte Matrix**.

Beispiel 4.146 *Für $A = \begin{pmatrix} 5 + 2i & 3 - 2i & 0 \\ 2 + 5i & 4 + i & i \end{pmatrix}$ ergibt sich:*

$$\bar{A} = \begin{pmatrix} 5 - 2i & 3 + 2i & 0 \\ 2 - 5i & 4 - i & -i \end{pmatrix}, \quad A^T = \begin{pmatrix} 5 + 2i & 2 + 5i \\ 3 - 2i & 4 + i \\ 0 & i \end{pmatrix}, \quad A^* = \begin{pmatrix} 5 - 2i & 2 - 5i \\ 3 + 2i & 4 - i \\ 0 & -i \end{pmatrix}.$$

Es gilt der Zusammenhang

Ist $\mathbb{K} := \mathbb{R}$, so gilt stets $A^* = A^T$.

Die Bedeutung der adjungierten Matrix wird u.a. durch das folgende Resultat klar:

Satz 4.147 *Für eine gegebene Matrix* $A \in \mathbb{K}^{(m,n)}$ *ist* $A^* \in \mathbb{K}^{(n,m)}$ *die* **einzige** *Matrix mit*

$$\langle A\mathbf{x}, \mathbf{y} \rangle_m = \langle \mathbf{x}, A^*\mathbf{y} \rangle_n \quad \forall\, \mathbf{x} \in \mathbb{K}^n \ \forall\, \mathbf{y} \in \mathbb{K}^m. \tag{4.33}$$

Beweis. Wir haben für jedes feste $\mathbf{x} \in \mathbb{K}^n$ und $\mathbf{y} \in \mathbb{K}^m$:

$$\langle A\mathbf{x}, \mathbf{y} \rangle_m = \sum_{j=1}^{m} \Big(\sum_{k=1}^{n} a_{jk} x_k \Big) \bar{y}_j = \sum_{k=1}^{n} x_k \overline{\Big(\sum_{j=1}^{m} \bar{a}_{jk} y_j \Big)} = \langle \mathbf{x}, A^*\mathbf{y} \rangle_n.$$

Um die Eindeutigkeit zu zeigen, nehmen wir an, es gebe eine weitere Matrix $B \in \mathbb{K}^{(n,m)}$ mit $\langle A\mathbf{x}, \mathbf{y} \rangle_m = \langle \mathbf{x}, B\mathbf{y} \rangle_n \ \forall\, \mathbf{x} \in \mathbb{K}^n \ \forall\, \mathbf{y} \in \mathbb{K}^m$. Dann folgt

$$0 = \langle A\mathbf{x}, \mathbf{y} \rangle_m - \langle A\mathbf{x}, \mathbf{y} \rangle_m = \langle \mathbf{x}, A^*\mathbf{y} - B\mathbf{y} \rangle_n \overset{\mathbf{x}:=A^*\mathbf{y}-B\mathbf{y}}{=} \|(A^* - B)\mathbf{y}\|^2,$$

also $A^*\mathbf{y} = B\mathbf{y} \ \forall\, \mathbf{y} \in \mathbb{K}^m$. Dies gilt nur für $A^* = B$.   qed

Wir stellen die wichtigsten Rechenregeln für die drei Operationen „Konjugation", „Transposition" und „Adjunktion" zusammen und bezeichnen diese Operationen mit dem gemeinsamen Symbol $\diamond$.

Rechenregeln 4.148

1. Für eine Matrix $A \in \mathbb{K}^{(m,n)}$ *und für jede der drei Operationen* $\diamond$ *gilt:*

$$(A^\diamond)^\diamond = A, \quad (A \pm \lambda B)^\diamond = A^\diamond \pm \lambda^\diamond B^\diamond \ \forall\, B \in \mathbb{K}^{(m,n)} \ \forall\, \lambda \in \mathbb{K}.$$

2. Für je zwei Matrizen $A \in \mathbb{K}^{(m,n)}$ *und* $B \in \mathbb{K}^{(n,l)}$ *gilt:*

$$\overline{(AB)} = \bar{A}\bar{B}, \quad (AB)^T = B^T A^T, \quad (AB)^* = B^* A^*.$$

3. Für eine Matrix $A \in \mathrm{Inv}\,(\mathbb{K}^n)$ *gilt:*

$$(A^{-1})^T = (A^T)^{-1}, \quad (A^{-1})^* = (A^*)^{-1}.$$

4. Für jedes Paar von Vektoren $\mathbf{a} \in \mathbb{R}^m$, $\mathbf{b} \in \mathbb{R}^n$ *und jede Matrix* $A \in \mathbb{R}^{(n,l)}$ *gilt:*

$$(\mathbf{a} \otimes \mathbf{b})^T = \mathbf{b} \otimes \mathbf{a}, \quad (\mathbf{a} \otimes \mathbf{b}) A = \mathbf{a} \otimes (A^T \mathbf{b}).$$

Desweiteren haben wir

Definition 4.149 *Eine Matrix $A = (a_{jk}) \in \mathbb{K}^{(n,n)}$ heiße* **symmetrisch**
($\mathbb{K} := \mathbb{R}$) oder **hermitesch** *($\mathbb{K} := \mathbb{C}$), wenn gilt*

$$A = A^* \quad \text{oder gleichbedeutend} \quad a_{jk} = \bar{a}_{kj} \quad \forall\, j, k = 1, 2, \ldots, n.$$

Insbesondere muss $a_{jj} \in \mathbb{R} \quad \forall\, j = 1, 2, \ldots, n$ gelten. Das heißt, die Hauptdiagonalelemente einer hermiteschen Matrix sind stets **reell**.

Beispiel 4.150 *So gilt für folgende Matrizen:*

a) $A \in \mathbb{R}^{(3,3)}$ *symmetrisch:*

$$A := \begin{pmatrix} 10 & 2 & 5 \\ 2 & 0 & 3 \\ 5 & 3 & -7 \end{pmatrix} = A^T.$$

b) $A \in \mathbb{C}^{(3,3)}$ *hermitesch:*

$$A := \begin{pmatrix} 10 & 2 + 5i & 5 + 2i \\ 2 - 5i & 0 & 3i \\ 5 - 2i & -3i & -7 \end{pmatrix} = A^*.$$

c) Jede reelle Diagonalmatrix ist symmetrisch.

d) Das Tensorprodukt $\mathbf{v} \otimes \mathbf{v}$ ist symmetrisch für jeden Vektor $\mathbf{v} \in \mathbb{R}^n$.

Bemerkung 4.151 *Für* **jede** *Matrix $A \in \mathbb{K}^{(n,n)}$ sind folgende Matrizen* **hermitesch***:*

$$\boxed{A + A^*, \quad AA^*, \quad A^*A.}$$

Es gelten ferner die Beziehungen

$$\text{Kern}\, A^*A = \text{Kern}\, A, \qquad \text{Kern}\, AA^* = \text{Kern}\, A^*,$$

$$\text{Bild}\, A^*A = \text{Bild}\, A^*, \qquad \text{Bild}\, AA^* = \text{Bild}\, A.$$

Für Gourmets formulieren wir nun folgenden Beweis für das zweite Kästchen:

Beweis. Wir zeigen $\text{Kern}\, A^*A \subseteq \text{Kern}\, A$ und wählen dazu $\mathbf{x} \in \text{Kern}\, A^*A$. Aus $A^*A\mathbf{x} = \mathbf{0}$ erschließen wir

$$0 = \langle \mathbf{x}, A^*A\mathbf{x} \rangle_n = \langle A\mathbf{x}, A\mathbf{x} \rangle_n = \|A\mathbf{x}\|^2,$$

und somit $\mathbf{x} \in \text{Kern}\, A$. Dies bedeutet $\text{Kern}\, A^*A \subseteq \text{Kern}\, A$, also auch $\text{Kern}\, A^*A = \text{Kern}\, A$, da stets die triviale Inklusion $\text{Kern}\, A \subseteq \text{Kern}\, A^*A$ gilt. Wir zeigen nun $\text{Bild}\, A^* \subseteq \text{Bild}\, A^*A$. Dazu wählen wir $\mathbf{v} \in (\text{Bild}\, A^*A)^\perp$, so dass folgt:

$$0 = \langle \mathbf{v}, A^*A\mathbf{v} \rangle_n = \langle A\mathbf{v}, A\mathbf{v} \rangle_n = \|A\mathbf{v}\|^2 \Longleftrightarrow \mathbf{v} \in \text{Kern}\, A = (\text{Bild}\, A^*)^\perp.$$

Wir erkennen hieraus $(\text{Bild}\, A^*A)^\perp \subseteq (\text{Bild}\, A^*)^\perp$, und durch Übergang zu den Orthogonalkomplementen bekommen wir die behauptete Inklusion. Da stets $\text{Bild}\, A^*A \subseteq \text{Bild}\, A^*$ gilt, resultiert jetzt die Gleichung $\text{Bild}\, A^*A = \text{Bild}\, A^*$. Ganz analog ist die Vorgehensweise bei der Matrix AA^* (setze A^* statt A).

qed

Definition 4.152 *Eine Matrix* $A = (a_{jk}) \in \mathbb{K}^{(n,n)}$ *heißt* **antisymmetrisch** ($\mathbb{K} := \mathbb{R}$) *oder* **antihermitesch** ($\mathbb{K} := \mathbb{C}$), *wenn gilt:*

$$A = -A^* \quad \text{oder gleichbedeutend} \quad a_{jk} = -\bar{a}_{kj} \ \forall\, j, k = 1, 2, \ldots, n.$$

Insbesondere muss $a_{jj} \in i\mathbb{R} \ \forall\, j = 1, 2, \ldots, n$ *gelten. Das heißt, die Hauptdiagonalelemente einer antihermiteschen Matrix sind stets* **rein imaginär** *oder hat die Einträge 0.*

Beispiel 4.153

a) Die folgende Matrix $A \in \mathbb{R}^{(3,3)}$ *ist antisymmetrisch:*

$$A := \begin{pmatrix} 0 & 2 & 5 \\ -2 & 0 & -3 \\ -5 & 3 & 0 \end{pmatrix} = -A^T.$$

b) Die folgende Matrix $A \in \mathbb{C}^{(3,3)}$ ist antihermitesch:

$$A := \begin{pmatrix} 2i & 2+5i & 5+2i \\ -2+5i & 0 & 3i \\ -5+2i & 3i & i \end{pmatrix} = -A^*.$$

Wir listen nachfolgend Eigenschaften und Beispiele antihermitescher Matrizen auf.

Bemerkung 4.154 *Für jede Matrix $A \in \mathbb{K}^{(n,n)}$ ist die Matrix $A - A^*$ antihermitesch. Hiermit kann jede Matrix $A \in \mathbb{K}^{(n,n)}$ in eindeutiger Weise in einen hermiteschen und einen antihermiteschen Anteil wie folgt zerlegt werden:*

$$\boxed{A = \frac{1}{2}(A + A^*) + \frac{1}{2}(A - A^*).}$$

Weiter gilt für $A \in \mathbb{K}^{(n,n)}$ antihermitesch, dass stets

$$\boxed{\operatorname{Re}\langle A\mathbf{x}, \mathbf{x}\rangle_n = 0 \ \forall \, \mathbf{x} \in \mathbb{K}^n.}$$

Das heißt insbesondere $\mathbf{x} \perp A\mathbf{x}$, wenn A antisymmetrisch und $\mathbf{x}$ reell ist.

Beispiel 4.155 *Wir geben hier ein Beispiel für die Zerlegung einer Matrix in den hermiteschen und den antihermiteschen Anteil. Wir haben*

$$A := \begin{pmatrix} 2+4i & 2-4i & 4+2i \\ 4-2i & 4i & 6 \\ 2 & 4 & 0 \end{pmatrix}$$

$$= \begin{pmatrix} 2 & 3-i & 3+i \\ 3+i & 0 & 5 \\ 3-i & 5 & 0 \end{pmatrix} + \begin{pmatrix} 4i & -1-3i & 1+i \\ 1-3i & 4i & 1 \\ -1+i & -1 & 0 \end{pmatrix}.$$

Wir kommen jetzt zu einer ganz **besonderen** Klasse von Matrizen.

Definition 4.156 *Eine Matrix* $Q = (q_{jk}) \in \mathbb{K}^{(n,n)}$ *heißt* **orthogonal** ($\mathbb{K} := \mathbb{R}$) *oder* **unitär** ($\mathbb{K} := \mathbb{C}$), *wenn gilt*

$$Q^{-1} = Q^*, \quad \text{oder äquivalent} \quad \langle Q\mathbf{x}, Q\mathbf{y}\rangle_n = \langle \mathbf{x}, \mathbf{y}\rangle_n \quad \forall\, \mathbf{x}, \mathbf{y} \in \mathbb{K}^n.$$

Insbesondere erfüllt eine unitäre Matrix die Relationen $Q^*Q = \mathrm{Id}_n = QQ^*$.

Beispiel 4.157 *Die folgende Matrix* $Q \in \mathbb{R}^{(3,3)}$ *ist orthogonal:*

$$Q := \begin{pmatrix} \frac{1}{\sqrt{6}} & \frac{1}{\sqrt{11}} & -\frac{7}{\sqrt{66}} \\ \frac{2}{\sqrt{6}} & \frac{1}{\sqrt{11}} & \frac{4}{\sqrt{66}} \\ \frac{1}{\sqrt{6}} & -\frac{3}{\sqrt{11}} & -\frac{1}{\sqrt{66}} \end{pmatrix}.$$

Eine kurze Rechnung ergibt $Q^T Q = \mathrm{Id}_3$.

Wir geben im folgenden Satz die wichtigsten Eigenschaften unitärer Matrizen an:

Satz 4.158 *Unitäre Matrizen haben folgende Eigenschaften:*

1. *Für jedes Paar unitärer Matrizen* $Q, Q_1 \in \mathbb{K}^{(n,n)}$ *sind* QQ_1 *und* $Q_1 Q$ *unitär. Ferner ist* $Q^* = Q^{-1}$ *unitär, und* λQ *ist unitär genau für* $|\lambda| = 1$.

2. *Ist* $Q \in \mathbb{K}^{(n,n)}$ *unitär, so gilt*

$$\|Q\mathbf{x}\| = \|\mathbf{x}\| \quad \text{und} \quad \frac{\langle \mathbf{x}, \mathbf{y}\rangle_n}{\|\mathbf{x}\|\,\|\mathbf{y}\|} = \frac{\langle Q\mathbf{x}, Q\mathbf{y}\rangle_n}{\|Q\mathbf{x}\|\,\|Q\mathbf{y}\|} \quad \forall\, \mathbf{x}, \mathbf{y} \in \mathbb{K}^n.$$

Das heißt, unter einer unitären Abbildung Q *bleibt die* EUKLID*ische Länge des Vektors* $\mathbf{x}$ *erhalten. Ist* Q *orthogonal, so bleiben sogar die Winkel zwischen zwei Vektoren* $\mathbf{x}$ *und* $\mathbf{y}$ *unter der Abbildung* Q *erhalten.*

3. Ist $\mathbf{a}_1, \mathbf{a}_2, \ldots, \mathbf{a}_n \in \mathbb{K}^n$ eine **ON–Basis**, so wird diese unter der unitären Matrix $Q \in \mathbb{K}^{(n,n)}$ wieder in eine ON–Basis $Q\mathbf{a}_1, Q\mathbf{a}_2, \ldots, Q\mathbf{a}_n \in \mathbb{K}^n$ abgebildet.

4. Das **Hauptkriterium** für unitäre Matrizen lautet:

   Eine Matrix $Q = (\mathbf{q}_1, \mathbf{q}_2, \ldots, \mathbf{q}_n) \in \mathbb{K}^{(n,n)}$ ist genau dann **unitär**, wenn die Spaltenvektoren $\mathbf{q}_1, \mathbf{q}_2, \ldots, \mathbf{q}_n$ eine **ON–Basis** des $\mathbb{K}^n$ bilden.

Beweis.

1. Die Unitarität $(\lambda Q)^* = \overline{\lambda} Q^* \overset{!}{=} (\lambda Q)^{-1} = \frac{1}{\lambda} Q^{-1} = \frac{1}{\lambda} Q^*$ liegt genau dann vor, wenn $|\lambda|^2 = 1$ gilt.

2. Es gilt $\|Q\mathbf{x}\|^2 = \langle Q\mathbf{x}, Q\mathbf{x}\rangle_n = \langle \mathbf{x}, Q^*Q\mathbf{x}\rangle_n = \langle \mathbf{x}, \mathbf{x}\rangle_n = \|\mathbf{x}\|^2 \ \forall \, \mathbf{x} \in \mathbb{K}^n$.

3. Es gilt $\delta_{jk} = \langle \mathbf{a}_j, \mathbf{a}_k\rangle_n = \langle Q\mathbf{a}_j, Q\mathbf{a}_k\rangle_n \ \forall \, j, k = 1, 2, \ldots, n$.

4. Da die Standardbasis $\mathbf{e}_1, \mathbf{e}_2, \ldots, \mathbf{e}_n$ eine ON–Basis des $\mathbb{K}^n$ ist, folgt aus 3., dass die Spaltenvektoren $\mathbf{q}_j = Q\mathbf{e}_j$, $j = 1, 2, \ldots, n$ ebenfalls eine ON–Basis des $\mathbb{K}^n$ bilden. Ist umgekehrt das Vektorsystem $\mathbf{q}_1, \mathbf{q}_2, \ldots, \mathbf{q}_n$ eine ON–Basis des $\mathbb{K}^n$, so hat die Matrix $Q := (\mathbf{q}_1, \mathbf{q}_2, \ldots, \mathbf{q}_n)$ Vollrang, d.h., Rang $Q = n$, weshalb die inverse Matrix Q^{-1} existiert. Wir zeigen $Q^* = Q^{-1}$. In der Tat, mit der Bezeichnung $\mathbf{q}_j^* = \bar{\mathbf{q}}_j^T = \mathbf{q}_j^T$ für $\mathbb{K} = \mathbb{R}$ gilt:

$$
Q^*Q = \begin{pmatrix} \mathbf{q}_1^* \\ \mathbf{q}_2^* \\ \vdots \\ \mathbf{q}_n^* \end{pmatrix} (\mathbf{q}_1, \mathbf{q}_2, \ldots, \mathbf{q}_n) = (\langle \mathbf{q}_j, \mathbf{q}_k\rangle_n) = (\delta_{jk}) = Id_n.
$$

qed

Beispiel 4.159 *Es sei $\phi \in [0, 2\pi)$ ein fester Winkel. Zunächst die*

Definition 4.160 *Eine Matrix $U := U(p, q; \phi) \in \mathbb{R}^{(n,n)}$ in der speziellen Form*

$$U(p, q; \phi) :=$$

$$\begin{array}{cc} \leftarrow & p\text{-te Zeile} \\ \\ \leftarrow & q\text{-te Zeile} \end{array}$$

$$\uparrow \qquad\qquad \uparrow$$
$$p\text{-te Spalte} \qquad q\text{-te Spalte}$$

mit

$$u_{pp} := u_{qq} := \cos\phi, \quad u_{pq} := \sin\phi, \quad u_{qp} := -\sin\phi; \quad \phi \in [0, 2\pi),$$

*heißt eine (p, q)-**Rotationsmatrix** oder kurz eine* JACOBI-**Rotation.**

*Wir erkennen, dass $U^T = U(p, q; -\phi) = U^{-1}$ gilt. Also ist U eine **orthogonale** Matrix. Wegen*

$$\mathrm{Kern}\,(U - Id_n) =$$
$$= \mathrm{Kern}\Big(\mathbf{0}, \ldots, \mathbf{0}, \underbrace{(\cos\phi - 1)\,\mathbf{e}_p - \sin\phi\,\mathbf{e}_q}_{p\text{-te Spalte}}, \mathbf{0}, \ldots$$
$$\ldots, \mathbf{0}, \underbrace{\sin\phi\,\mathbf{e}_p + (\cos\phi - 1)\,\mathbf{e}_q}_{q\text{-teSpalte}}, \mathbf{0}, \ldots, \mathbf{0}\Big)$$

erhalten wir nach einer kurzen Rechnung

$$\text{Kern}\,(U - Id_n) = span\{\mathbf{e}_1, \ldots, \mathbf{e}_{p-1}, \mathbf{e}_{p+1}, \ldots, \mathbf{e}_{q-1}, \mathbf{e}_{q+1}, \ldots, \mathbf{e}_n\},$$

sofern $\phi > 0$ gilt.

*Es ist klar, dass jeder Vektor $\mathbf{x} \in \text{Kern}\,(U - Id_n)$ durch die Matrix U auf sich selbst abgebildet wird, d.h. $U\mathbf{x} = \mathbf{x}$. Hingegen werden Vektoren in der Ebene $span\{\mathbf{e}_p, \mathbf{e}_q\}$ durch die Abbildung U um einen Winkel ϕ **gedreht**. Die orthogonale Matrix $U = U(p, q; \phi)$ bewirkt mit anderen Worten eine **Drehung** der (p, q)–Ebene im $\mathbb{R}^n$ um den Winkel ϕ.*

Über Projektionen haben wir uns schon mehrfach unterhalten; wir gehen nochmals darauf ein und entwickeln Kriterien dazu.

Definition 4.161 *Eine Matrix $P \in \mathbb{K}^{(n,n)}$ heißt eine* **Projektion** *auf den Unterraum* Bild P, *wenn bekanntlich*

$$P^2 = P.$$

Eine Projektion $P \in \mathbb{K}^{(n,n)}$ heißt **orthogonal**, *wenn*

$$\text{Bild}\,P = (\text{Kern}\,P)^{\perp}.$$

In diesem Fall gilt $\mathbb{K}^n = \text{Kern}\,P \oplus \text{Bild}\,P$. Das heißt, wegen $\mathbf{x} = (\mathbf{x} - P\mathbf{x}) + P\mathbf{x}$ mit $P\mathbf{x} \in \text{Bild}\,P \; \forall\,\mathbf{x} \in \mathbb{K}^n$ ist eine Projektion P genau dann orthogonal, wenn

$$\mathbf{x} - P\mathbf{x} \perp \text{Bild}\,P \quad \forall\,\mathbf{x} \in \mathbb{K}^n.$$

Beispiel 4.162 *Die folgende Matrix erfüllt die Gleichung $P^2 = P$, und ist somit eine Projektion:*

$$P := \begin{pmatrix} -2 & -3 & -3 \\ 1 & 2 & 1 \\ 1 & 1 & 2 \end{pmatrix}.$$

Die Matrix P ist jedoch **keine** *orthogonale Projektion. Zum Beispiel wird der Vektor $\mathbf{x} := (1, 0, 0)^T$ abgebildet auf $\mathbf{y} := \mathbf{x} - P\mathbf{x} = (3, -1, -1)^T$, und dieser Vektor ist zu keinem der Spaltenvektoren von P orthogonal. Also kann auch nicht $\mathbf{y} \perp \text{Bild}\,P$ gelten.*

Die Fragen, wie mit **einfachen** Kriterien die Orthogonalität einer Projektion nachgeprüft werden kann und wie bei Vorgabe des Unterraumes Bild P die orthogonale Projektion P einfach zu bestimmen ist, beantwortet folgender Satz:

Satz 4.163 *Kriterien für orthogonale Projektionen:*

1. *Eine Projektion $P \in \mathbb{K}^{(n,n)}$ ist genau dann **orthogonal**, wenn P **hermitesch** ist, das heißt, wenn*

$$P^* = P.$$

2. *Ist $\mathbf{u}_1, \mathbf{u}_2, \ldots, \mathbf{u}_p \in \mathbb{R}^n$ eine **ON–Basis** des Unterraumes $U \subseteq \mathbb{R}^n$, so lässt sich die **orthogonale Projektion** P auf U berechnen durch*

$$P = \sum_{k=1}^{p} \mathbf{u}_k \otimes \mathbf{u}_k.$$

Beweis.

1. Wir haben oben gezeigt, dass eine Projektion $P \in \mathbb{K}^{(n,n)}$ genau dann orthogonal ist, wenn $\mathbf{x} - P\mathbf{x} \perp \text{Bild } P \; \forall \, \mathbf{x} \in \mathbb{K}^n$ gilt. Dies ist genau dann der Fall, wenn gilt:

$$0 = \langle P\mathbf{y}, \mathbf{x} - P\mathbf{x} \rangle_n = \langle \mathbf{y}, P^*\mathbf{x} - P^*P\mathbf{x} \rangle_n \quad \forall \, \mathbf{x}, \mathbf{y} \in \mathbb{K}^n,$$

oder äquivalent $P^* = P^*P$. Da die Matrix P^*P hermitesch ist, muss dies auch für P^* gelten.

2. Der Vektor $P\mathbf{x} \in U$ hat gemäß Bemerkung 4.77 in der ON–Basis $\mathbf{u}_1, \mathbf{u}_2, \ldots, \mathbf{u}_p$ die Darstellung

$$P\mathbf{x} = \sum_{k=1}^{p} \langle P\mathbf{x}, \mathbf{u}_k \rangle_n \, \mathbf{u}_k, \quad \mathbf{x} \in \mathbb{R}^n.$$

Wegen $\langle \mathbf{x}, \mathbf{u}_k \rangle_n = \langle \underbrace{(\mathbf{x} - P\mathbf{x})}_{\perp U} + P\mathbf{x}, \mathbf{u}_k \rangle_n = \langle P\mathbf{x}, \mathbf{u}_k \rangle_n$ folgt daraus schon die behauptete Darstellung:

$$P\mathbf{x} = \sum_{k=1}^{p} \langle \mathbf{x}, \mathbf{u}_k \rangle_n \, \mathbf{u}_k = \left(\sum_{k=1}^{p} \mathbf{u}_k \otimes \mathbf{u}_k \right) \mathbf{x}.$$

qed

Merkregel: Eine **orthogonale** Projektion $P \neq Id$ kann **nie** auch eine **orthogonale** (oder **unitäre**) Matrix sein. Andernfalls hätten wir

$$P = P^2 = P^*P = P^{-1}P = Id,$$

im Widerspruch zur Voraussetzung.

Beispiel 4.164 *Wir berechnen die $\perp$-Projektion auf den Unterraum $U :=$ span$\{\mathbf{a}_1, \mathbf{a}_2, \mathbf{a}_3\} \subset \mathbb{R}^3$ mit $\mathbf{a}_1 := (1,0,1)^T$, $\mathbf{a}_2 := (1,2,1)^T$ und $\mathbf{a}_3 := (2,2,2)^T$.*

*Wir erkennen, dass $\mathbf{a}_1, \mathbf{a}_2$ **LU** sind, während $\mathbf{a}_3 = \mathbf{a}_1 + \mathbf{a}_2$ gilt. Das heißt, wir haben $U = span\{\mathbf{a}_1, \mathbf{a}_2\}$.*

Die Vektoren $\mathbf{a}_1/\|\mathbf{a}_1\| = (1,0,1)^T/\sqrt{2} =: \mathbf{u}_1$ und $(\mathbf{a}_2 - \mathbf{a}_1)/\|\mathbf{a}_2 - \mathbf{a}_1\| = (0,1,0)^T =: \mathbf{u}_2$ bilden eine ON–Basis von U. Also haben wir:

$$P = \mathbf{u}_1 \otimes \mathbf{u}_1 + \mathbf{u}_2 \otimes \mathbf{u}_2 = \frac{1}{2} \begin{pmatrix} 1 & 0 & 1 \\ 0 & 0 & 0 \\ 1 & 0 & 1 \end{pmatrix} + \begin{pmatrix} 0 & 0 & 0 \\ 0 & 1 & 0 \\ 0 & 0 & 0 \end{pmatrix} = \frac{1}{2} \begin{pmatrix} 1 & 0 & 1 \\ 0 & 2 & 0 \\ 1 & 0 & 1 \end{pmatrix}.$$

Abschließend beschäftigen wir uns noch mit einer letzten Klasse spezieller Matrizen, den sog. **positiv definiten Matrizen**.

Definition 4.165 *Eine Matrix $A \in \mathbb{K}^{(n,n)}$ heißt **positiv definit**, wenn A hermitesch ist ($A = A^*$ bzw. $A = A^T$), und wenn*

$$\langle A\mathbf{x}, \mathbf{x} \rangle_n > 0 \quad \forall \, \mathbf{0} \neq \mathbf{x} \in \mathbb{K}^n. \tag{4.34}$$

Bemerkung 4.166 *Entsprechend gilt für hermitesche bzw. symmetrische Matrizen*

negativ definit, *falls* $\langle A\mathbf{x}, \mathbf{x} \rangle_n < 0 \quad \forall \, \mathbf{0} \neq \mathbf{x} \in \mathbb{K}^n$,

positiv semidefinit, *falls* $\langle A\mathbf{x}, \mathbf{x} \rangle_n \geq 0 \quad \forall \, \mathbf{0} \neq \mathbf{x} \in \mathbb{K}^n$,

negativ semidefinit, *falls* $\langle A\mathbf{x}, \mathbf{x} \rangle_n \leq 0 \quad \forall \, \mathbf{0} \neq \mathbf{x} \in \mathbb{K}^n$.

Beispiel 4.167

a) *Für eine invertierbare Matrix $A \in \text{Inv}\,(\mathbb{K}^n)$ ist $A^*A \in \mathbb{K}^{(n,n)}$ stets positiv definit, denn*

$$\langle A^*A\mathbf{x}, \mathbf{x}\rangle_n = \langle A\mathbf{x}, A\mathbf{x}\rangle_n = \|A\mathbf{x}\|^2 > 0 \;\; \forall\, \mathbf{0} \neq \mathbf{x} \in \mathbb{K}^n.$$

b) *Die folgende Matrix $A := \begin{pmatrix} 2 & 1 & 0 \\ 1 & 3 & 0 \\ 0 & 0 & 4 \end{pmatrix}$ ist ebenfalls positiv definit, denn*

$A = A^T$ *und*

$$\langle A\mathbf{x}, \mathbf{x}\rangle_3 = \left\langle \begin{pmatrix} 2x_1 + x_2 \\ x_1 + 3x_2 \\ 4x_3 \end{pmatrix}, \begin{pmatrix} x_1 \\ x_2 \\ x_3 \end{pmatrix} \right\rangle$$

$$= 2x_1^2 + 2x_1x_2 + 3x_2^2 + 4x_3^2 = x_1^2 + (x_1 + x_2)^2 + 2x_2^2 + 4x_3^2 > 0.$$

Satz 4.168 *Gegeben sei die* **positiv definite** *Matrix $A \in \mathbb{K}^{(n,n)}$. Dann gelten*

1. *$A \in \text{Inv}\,(\mathbb{K}^n)$, und A^{-1} ist wieder positiv definit.*
2. *$a_{jj} > 0 \;\; \forall j = 1, 2, \ldots, n.$*

Beweis.

1. Die homogene Gleichung $A\mathbf{x} = \mathbf{0}$ hat nur die triviale Lösung $\mathbf{x} = \mathbf{0}$, so dass $A \in \text{Inv}\,(\mathbb{K}^n)$ folgt. Anderenfalls gäbe es nämlich ein $\mathbf{0} \neq \mathbf{x} \in \mathbb{K}^n$ mit $A\mathbf{x} = \mathbf{0}$ und folglich $\langle A\mathbf{x}, \mathbf{x}\rangle_n = 0$, im Widerspruch zu (4.34). Setzen wir $\mathbf{y} := A\mathbf{x}$, so gilt $\mathbf{y} \neq \mathbf{0} \;\; \forall\, \mathbf{x} \neq \mathbf{0}$, und somit

$$0 < \langle A\mathbf{x}, \mathbf{x}\rangle_n = \langle \mathbf{y}, A^{-1}\mathbf{y}\rangle_n = \overline{\langle \mathbf{y}, A^{-1}\mathbf{y}\rangle_n} = \langle A^{-1}\mathbf{y}, \mathbf{y}\rangle_n.$$

Somit ist A^{-1} nach obiger Charakterisierung positiv definit.

2. Wir setzen $A = (\mathbf{a}_1, \mathbf{a}_2, \ldots, \mathbf{a}_n)$ und haben mit den Einheitsvektoren $\mathbf{e}_j$ der Standardbasis des $\mathbb{K}^n$ wegen (4.34)

$$0 < \langle A\mathbf{e}_j, \mathbf{e}_j\rangle_n = \langle \mathbf{a}_j, \mathbf{e}_j\rangle_n = a_{jj} \;\; \forall\, j = 1, 2, \ldots, n.$$

qed

Definition 4.169 *Eine Matrix* $A = (a_{jk}) \in \mathbb{K}^{(n,n)}$ *heißt* **stark diago-naldominant**, *wenn*

$$|a_{jj}| > \sum_{\substack{k=1 \\ k \neq j}}^{n} |a_{jk}| \quad \forall\, j = 1, 2, \ldots, n. \tag{4.35}$$

Damit gilt der

Satz 4.170 *Eine stark diagonaldominante hermitesche Matrix* $A = A^*$ *mit positiven Diagonalelementen* $a_{jj} > 0 \;\; \forall\, j = 1, 2, \ldots, n$ *ist positiv definit.*

Beweis. Wegen $A^* = A = (a_{jk})$ ist das Skalarprodukt $Q(\mathbf{x}) := \langle A\mathbf{x}, \mathbf{x} \rangle_n$ für alle $\mathbf{x} \in \mathbb{K}^n$ reell, und es gilt $|a_{jk}| = |a_{kj}|$. Sei nun $\mathbf{0} \neq \mathbf{x} \in \mathbb{K}^n$ gegeben. Wir verwenden die Ungleichung $2|x_k \bar{x}_j| \leq |x_k|^2 + |x_j|^2$:

$$Q(\mathbf{x}) = \sum_{j=1}^{n} \sum_{k=1}^{n} a_{jk} x_k \bar{x}_j \geq \sum_{j=1}^{n} a_{jj} |x_j|^2 - \frac{1}{2} \sum_{j=1}^{n} \sum_{\substack{k=1 \\ k \neq j}}^{n} |a_{jk}| (|x_k|^2 + |x_j|^2)$$

$$\geq \frac{1}{2} \sum_{j=1}^{n} \left(a_{jj} - \sum_{\substack{k=1 \\ k \neq j}}^{n} |a_{jk}| \right) |x_j|^2 + \frac{1}{2} \left(\sum_{k=1}^{n} a_{kk} |x_k|^2 - \sum_{j=1}^{n} \sum_{\substack{k=1 \\ k \neq j}}^{n} |a_{kj}| \, |x_k|^2 \right).$$

Wird in der letzten Doppelsumme die Summationsreihenfolge vertauscht, so resultiert schließlich auf Grund der starken Diagonaldominanz, dass

$$Q(\mathbf{x}) \geq \sum_{j=1}^{n} \left(a_{jj} - \sum_{\substack{k=1 \\ k \neq j}}^{n} |a_{jk}| \right) |x_j|^2 > 0 \quad \forall\, \mathbf{0} \neq \mathbf{x} \in \mathbb{K}^n,$$

also die positive Definitheit gilt.   qed

Beispiel 4.171 *Die folgende Matrix*

$$A := \begin{pmatrix} 5 & 1+i & 3i \\ 1-i & 6 & 2-3i \\ -3i & 2+3i & 7 \end{pmatrix} = A^*$$

ist stark diagonaldominant, da

$$5 > |1+i| + |3i| = \sqrt{2} + 3\,,$$
$$6 > |1-i| + |2-3i| = \sqrt{2} + \sqrt{13}\,,$$
$$7 > |-3i| + |2+3i| = 3 + \sqrt{13}\,.$$

Somit ist die Matrix positiv definit, da zudem die Hauptdiagonalelemente positiv sind.

Aufgaben

Aufgabe 4.89. Unter welchen Voraussetzungen ist die Matrizengleichung

$$C^T X (A^T B)^T + (X^T C)^T - E = -\frac{1}{2} B^T A + 3 C^T X$$

eindeutig lösbar, wenn alle darin auftretenden Matrizen aus $\mathbb{K}^{(n,n)}$ sind? Wie lautet die Lösungsmatrix X?

Aufgabe 4.90. Gegeben sei die Matrix

$$Q = \frac{1}{\sqrt{2}} \begin{pmatrix} 1 & b & d \\ 1 & c & e \\ a & 1 & f \end{pmatrix} \in \mathbb{R}^{3,3}\,.$$

a) Bestimmen Sie die Zahlen a bis f so, dass $b > 0$, $f < 0$ und Q orthogonal ist.

b) Q beschreibt eine Drehung des $\mathbb{R}^3$ um eine Achse **a**. Bestimmen Sie **a** aus einer geeigneten Bedingung für $Q\mathbf{a}$.

Aufgabe 4.91. Sei $A = \begin{pmatrix} a & c \\ b & d \end{pmatrix}$ eine orthogonale Matrix. Welche Zusammenhänge bestehen dann zwischen den Koeffizienten der Matrix A?

Aufgabe 4.92. Zeigen Sie mit Hilfe der letzten Aufgabe: Ist $A \in \mathbb{R}^{(2,2)}$ eine orthogonale Matrix, dann gibt es ein $\varphi \in [0, 2\pi)$ und ein $\varepsilon = \pm 1$, dass

$$A = \begin{pmatrix} \cos\varphi & -\varepsilon \sin\varphi \\ \sin\varphi & \varepsilon \cos\varphi \end{pmatrix}.$$

Aufgabe 4.93. Sei $F \in \mathbb{R}^{n,n}$ invertierbar. Dann existiert ein $U \in \mathbb{R}^{n,n}$ invertierbar, symmetrisch und $U^2 = F^T F$. Zeigen Sie, dass

a) $R = FU^{-1}$ orthogonal,

b) $V = FR^T$ symmetrisch,

c) $V^2 = FF^T$ ist.

Damit haben wir die Zerlegung $F = RU = VR$ gewonnen.

Aufgabe 4.94. Lösen Sie im $\mathbb{R}^3$ folgende Aufgaben:

a) Bestimmen Sie die Matrizen $D_\alpha =$ Drehung um x_1-Achse mit Winkel α und $R_\alpha =$ Drehung um x_3-Achse ebenfalls mit Winkel α.

b) Bestimmen Sie mit $D_\alpha D_\beta$ eine Formel für $\sin(\alpha + \beta)$, $\cos(\alpha + \beta)$.

c) Berechnen Sie $D_\alpha R_\beta$ und $R_\beta D_\alpha$. Warum sind diese Matrizen gleich?

Aufgabe 4.95. Die lineare Abbildung $A : \mathbb{R}^3 \to \mathbb{R}^3$ sei eine Drehung um die z-Achse mit Drehwinkel $\varphi = \frac{\pi}{4}$ und anschließender Spiegelung an der x-y-Ebene. Geben Sie die Abbildungsmatrix an.

Aufgabe 4.96. Sei $A = \begin{pmatrix} \cos\varphi & -\sin\varphi \\ \sin\varphi & \cos\varphi \end{pmatrix}$ gegeben.

a) Berechnen Sie A^2, A^{-1} und A^T. Welche Formel vermuten Sie für A^n, $n \in \mathbb{N}$.

b) Bestätigen Sie obige Vermutung durch vollständige Induktion.

Aufgabe 4.97. Sei $A = \begin{pmatrix} \frac{1}{2}(1+i) & \frac{i}{\sqrt{3}} & \frac{3+i}{2\sqrt{15}} \\ -\frac{1}{2} & \frac{1}{\sqrt{3}} & \frac{4+3i}{2\sqrt{15}} \\ \frac{1}{2} & -\frac{i}{\sqrt{3}} & \frac{5i}{2\sqrt{15}} \end{pmatrix}$.

a) Ist A eine unitäre Matrix?

b) Sei A eine unitäre Matrix, P eine reguläre Matrix und $B = AP$. Zeigen Sie, dass auch PB^{-1} eine unitäre Matrix ist.

4.14 Lineare Ausgleichsprobleme

Wir kommen nun zu einer wunderschönen Anwendung transponierter Matrizen. Dabei spielt die in Satz 4.86 angegebene **Extremaleigenschaft** der orthogonalen Projektion eine wichtige Rolle. Wir formulieren die Relation (4.19) hier für eine orthogonale Projektion $P \in \mathbb{K}^{(n,n)}$:

$$\|\mathbf{x} - P\mathbf{x}\| = \min_{\mathbf{v} \in \mathbb{K}^n} \|\mathbf{x} - P\mathbf{v}\| \leq \|\mathbf{x} - P\mathbf{y}\| \quad \forall \, \mathbf{y} \in \mathbb{K}^n. \tag{4.36}$$

Ist z.B. ein **lineares Gleichungssystem** $A\mathbf{x} = \mathbf{b}$ bei gegebener Koeffizientenmatrix $A = (a_{jk}) \in \mathbb{K}^{(m,n)}$ und gegebener rechter Seite $\mathbf{b} = (b_1, b_2, \ldots, b_m)^T \in \mathbb{K}^m$ **unlösbar**, so bestimmt man häufig anstelle der fehlenden **exakten** Lösung eine **beste Lösung** $\mathbf{x}_0 \in \mathbb{K}^n$ **im Sinne der kleinsten Fehlerquadrate**, d.h., der **Fehler**

$$\|F(\mathbf{x})\| := \|A\mathbf{x} - \mathbf{b}\| = \left(\sum_{j=1}^m | \sum_{k=1}^n a_{jk}x_k - b_j|^2 \right)^{1/2}$$

soll für $\mathbf{x} = \mathbf{x}_0$ am kleinsten werden, also

$$\|A\mathbf{x}_0 - \mathbf{b}\| = \min_{\mathbf{x} \in \mathbb{K}^n} \|A\mathbf{x} - \mathbf{b}\|.$$

Die Lösung dieser Aufgabe beschreiben wir im folgenden

> **Satz 4.172** *Gegeben seien eine Matrix $A \in \mathbb{K}^{(m,n)}$ und ein Vektor $\mathbf{b} \in \mathbb{K}^m$. Es sei $P \in \mathbb{K}^{(m,m)}$ die orthogonale Projektion auf den Unterraum* Bild $A \subseteq \mathbb{K}^m$. *Genau dann ist $\mathbf{x}_0 \in \mathbb{K}^n$ eine* **beste Lösung** *(im Sinne kleinster Fehlerquadrate) des linearen Gleichungssystems $A\mathbf{x} = \mathbf{b}$, wenn $A\mathbf{x}_0 = P\mathbf{b}$ gilt, oder äquivalent, wenn die* Gauss*schen* **Normalgleichungen**
> $$A^*A\mathbf{x}_0 = A^*\mathbf{b} \tag{4.37}$$
> *erfüllt sind. Diese sind für jede Vorgabe $\mathbf{b} \in \mathbb{K}^m$ (i. Allg. mehrdeutig) lösbar.*

Beweis. Wir erschließen aus (4.36), dass $\|\mathbf{b} - A\mathbf{x}_0\| = \min_{\mathbf{x} \in \mathbb{K}^n} \|\mathbf{b} - A\mathbf{x}\|$ genau für $A\mathbf{x}_0 = P\mathbf{b}$ gilt. Also ist diese Bedingung genau dann wahr, wenn für alle $\mathbf{y} \in \mathbb{K}^n$ gilt

$$A\mathbf{x}_0 - \mathbf{b} \perp \mathrm{Bild}\, P = \mathrm{Bild}\, A,$$

$$0 = \langle A\mathbf{x}_0 - \mathbf{b}, A\mathbf{y} \rangle_m = \langle A^*A\mathbf{x}_0 - A^*\mathbf{b}, \mathbf{y} \rangle_n,$$

oder äquivalent $A^*A\mathbf{x}_0 = A^*\mathbf{b}$. In Bemerkung 4.151 haben wir die Relation Bild $A^*A = $ Bild A^* gezeigt, so dass stets $A^*\mathbf{b} \in$ Bild A^*A gilt. Also sind die GAUSSschen Normalgleichungen lösbar.   qed

Beispiel 4.173 *Das lineare Gleichungssystem* $A\mathbf{x} = \mathbf{b}$ *mit der Koeffizientenmatrix*

$$A := \begin{pmatrix} -1 & 1 & -1 \\ -2 & 0 & -1 \\ 1 & -1 & 1 \\ -2 & 1 & -1 \end{pmatrix}$$

ist für die rechte Seite $\mathbf{b} := (1, 2, 3, 4)^T$ **unlösbar**, *wie sich schnell nachrechnen lässt.*

Wir bestimmen die **beste** *eindeutige Lösung* $\mathbf{x}_0$ *im Sinne kleinster Fehlerquadrate durch Lösen folgender GAUSSscher Normalgleichungen* $A^*A\mathbf{x}_0 = A^*\mathbf{b}$*:*

$$A^*A = \begin{pmatrix} -1 & -2 & 1 & -2 \\ 1 & 0 & -1 & 1 \\ -1 & -1 & 1 & -1 \end{pmatrix} \begin{pmatrix} -1 & 1 & -1 \\ -2 & 0 & -1 \\ 1 & -1 & 1 \\ -2 & 1 & -1 \end{pmatrix} = \begin{pmatrix} 10 & -4 & 6 \\ -4 & 3 & -3 \\ 6 & -3 & 4 \end{pmatrix},$$

$$A^*\mathbf{b} = \begin{pmatrix} -10 \\ 2 \\ -4 \end{pmatrix} \implies \mathbf{x}_0 = \begin{pmatrix} -5 \\ 2 \\ 8 \end{pmatrix}.$$

Aufgaben

Aufgabe 4.98. Gegeben seien

$$A = \begin{pmatrix} 1 & 0 & 0 \\ 1 & 1 & 1 \\ 1 & 2 & 4 \\ 1 & -1 & 1 \end{pmatrix} \quad \text{und} \quad \mathbf{b} = 10 \begin{pmatrix} 1 \\ 0 \\ -1 \\ 0 \end{pmatrix}.$$

Bestimmen Sie die „günstigste Lösung" der Gleichung $A\mathbf{x} = \mathbf{b}$ derart, dass $\|A\mathbf{x} - \mathbf{b}\| \to$ minimal.

Aufgabe 4.99. Gegeben seien

$$A = \begin{pmatrix} 1 & 0 & 0 \\ 1 & 1 & 1 \\ 1 & -1 & -1 \\ 0 & 1 & -2 \end{pmatrix} \quad \text{und} \quad \mathbf{b} = \begin{pmatrix} 1 \\ 1 \\ -1 \\ 1 \end{pmatrix}.$$

Bestimmen Sie $\mathbf{x} \in \mathbb{R}^3$ auf zwei Arten so, dass $\|A\mathbf{x} - \mathbf{b}\| \to$ minimal.

4.15 Determinanten

Wir definieren eine Abbildung gemäß

Definition 4.174 *Mit* det : $\mathbb{K}^{(n,n)} \to \mathbb{K}$ *sei diejenige Abbildung bezeichnet, welche jeder* **quadratischen Matrix** $A \in \mathbb{K}^{(n,n)}$ *ein Element* det $A \in \mathbb{K}$ *zuordnet, und* det A *heißt die* **Determinante von** A.

Bitte merken: Determinanten für allgemeine **nichtquadratische** Matrizen $A \in \mathbb{K}^{(m,n)}, n \neq m$, sind **nicht** erklärt!

Bei einer gegebenen Matrix $A = (a_{jk}) \in \mathbb{K}^{(n,n)}$ schreibt man auch

$$\det A = \begin{vmatrix} a_{11} & a_{12} & \cdots & a_{1n} \\ a_{21} & a_{22} & \cdots & a_{2n} \\ \vdots & \vdots & \ddots & \vdots \\ a_{n1} & a_{n2} & \cdots & a_{nn} \end{vmatrix}.$$

Wir betrachten zunächst „kleine" Matrizen, bei denen die Determinaten sofort berechnet werden können. Anschließend verallgemeinern wir die Rechenvorschrift.

$$n = 1: \quad \det A = \det(a) := a,$$

$$n = 2: \quad \det A = \det \begin{pmatrix} a & b \\ c & d \end{pmatrix} := ad - bc,$$

$n = 3:$

$$\begin{vmatrix} a_1 & b_1 & c_1 \\ a_2 & b_2 & c_2 \\ a_3 & b_3 & c_3 \end{vmatrix} = a_1 \begin{vmatrix} b_2 & c_2 \\ b_3 & c_3 \end{vmatrix} - a_2 \begin{vmatrix} b_1 & c_1 \\ b_3 & c_3 \end{vmatrix} + a_3 \begin{vmatrix} b_1 & c_1 \\ b_2 & c_2 \end{vmatrix}$$

$$= a_1(b_2 c_3 - b_3 c_2) - a_2(b_1 c_3 - b_3 c_1) + a_3(b_1 c_2 - b_2 c_1).$$

Letztgenannte Rechenvorschrift kann wie folgt beschrieben werden:

Bitte merken: In $\mathbb{K}^{(3,3)}$ gilt die **Regel von SARRUS:**

$$\det \begin{pmatrix} a_1 & b_1 & c_1 \\ a_2 & b_2 & c_2 \\ a_3 & b_3 & c_3 \end{pmatrix} = \begin{vmatrix} a_1 & b_1 & c_1 & | & a_1 & b_1 \\ & & & & & \\ a_2 & b_2 & c_2 & | & a_2 & b_2 \\ & & & & & \\ a_3 & b_3 & c_3 & | & a_3 & b_3 \end{vmatrix} = \sum \searrow - \sum \nearrow .$$

Beispiel 4.175 *Wir wählen* $\mathbb{K} = \mathbb{C}$:

a) $\det(2 - 5i) = 2 - 5i,$

b) $\quad \det \begin{pmatrix} 4i & 5-2i \\ 2+5i & -6 \end{pmatrix} = -24i - (5-2i)(2+5i) = -20 - 45i.$

c)

$$\det A = \begin{vmatrix} 2 & -4 & 3 \\ -2i & 0 & 5 \\ 6 & 14i & -\frac{1}{4} \end{vmatrix} = \begin{array}{ccc|cc} 2 & -4 & 3 & 2 & -4 \\ \searrow & \diagdown\!\!\!\!\diagup & \diagdown\!\!\!\!\diagup & \nearrow & \\ -2i & 0 & 5 & -2i & 0 \\ \nearrow & \diagdown\!\!\!\!\diagup & \diagdown\!\!\!\!\diagup & \searrow & \\ 6 & 14i & -\frac{1}{4} & 6 & 14i \end{array}$$

$$= 0 - 120 + 84 - 0 - 140i + 2i = -(36 + 138i).$$

PIERRE FRÉDÉRIC SARRUS (1798-1861) war französischer Mathematiker. Er verfasste die nach ihm benannte Regel im Jahre 1833 und lieferte auch wichtige Beiträge auf anderen Gebieten der Mathematik.

Für $n > 3$ gibt es keine der Regel von SARRUS entsprechende Berechnungsvorschrift. Eine Möglichkeit zur Bestimmung von $\det A$ liefert der

---

Satz 4.176 (Entwicklungssatz von LAPLACE) *Für die Determinante einer Matrix $A = (a_{jk}) \in \mathbb{K}^{(n,n)}$ gilt die folgende Entwicklung nach der k-ten* **Spalte***:*

$$\det A = \sum_{j=1}^{n} (-1)^{j+k} a_{jk} \det A_{jk} \quad \forall\, k = 1, 2, \ldots, n. \tag{4.38}$$

Dabei ist $A_{jk} \in \mathbb{K}^{(n-1,n-1)}$ die **Streichungsmatrix***, die aus A durch Weglassen der j-ten Zeile und k-ten Spalte hervorgeht.*

PIERRE-SIMON (MARQUIS DE) LAPLACE (1749-1827) war französischer Mathematiker, der 1806 von NAPOLEON zum Grafen geadelt wurde. Zahlreiche Resultate aus verschiedensten Gebieten der Mathematik tragen seinen Namen.

LAPLACE war der Sohn eines reichen Bauern und Cidre-Händlers. Er studierte zunächst im Jesuiten-Kolleg von Caen Theologie und Philosophie mit der Absicht, einen geistlichen Lebensweg einzuschlagen, was durchaus üblich war für „Kinder des Dritten Standes" und auch dem Willen seines Vaters entsprach. Doch bald erkannten einige Professoren seine mathematischen Fähigkeiten und lösten in ihm dafür eine nachhaltige Begeisterung aus.

Mit den besten Empfehlungsschreiben wandte er sich an den bedeutendsten Mathematiker und Physiker seiner Zeit, an JEAN BAPTISTE LE ROND, genannt D'ALAMBERT (1717-1783). LAPLACE fand Gehör, und es gelang ihm schon im zarten Alter von 24 Jahren, in die Académie française aufgenommen zu werden. Er entwickelte sich zu einem der einflussreichsten Wissenschaftler und seine Arbeiten machten auch Errungenschaften von D'ALAMBERT zunichte. Aus verständlichen Gründen schien deren Verhältnis zueinander nicht von herzlicher Natur gewesen zu sein. Im Jahre 1785 wurde LAPLACE ordentliches Mitglied der Académie des Sciences.

Beispiel 4.177 *In der folgenden Determinante wird nach der 3. Spalte entwickelt. Da diese nur ein einziges von 0 verschiedenes Element enthält, besteht die Summe (4.38) aus nur einem Summanden:*

$$
\begin{vmatrix}
1 & 1 & 0 & 4 \\
  &   & \vdots &   \\
2 & 3 & 0 & 3 \\
  &   & \vdots &   \\
3 & 4 & 2 & 2 \\
  &   & \vdots &   \\
4 & 1 & 0 & 1
\end{vmatrix}_{j=3}
= 2\,(-1)^{3+3}
\begin{vmatrix}
1 & 1 & 4 & | & 1 & 1 \\
  & \searrow & \diagdown & \diagdown & \nearrow & \\
2 & 3 & 3 & | & 2 & 3 \\
  & \nearrow & \diagup & \diagup & \searrow & \\
4 & 1 & 1 & | & 4 & 1
\end{vmatrix}
$$

$k = 3$

$$
= 2\,(3 + 12 + 8 - 48 - 3 - 2) = -60.
$$

Der Entwicklungssatz gibt Anlass für folgende

Interpretation von $\det : \mathbb{K}^{(n,n)} \to \mathbb{K}$. Die Determinante $\det$ ist eine Funktion der Spaltenvektoren der Matrix $A = (\mathbf{a}_1, \mathbf{a}_2, \ldots, \mathbf{a}_n)$, also

$$
\det : \underbrace{\mathbb{K}^n \times \mathbb{K}^n \times \cdots \times \mathbb{K}^n}_{n\text{–mal}} \to \mathbb{K} \ \text{ mit } \ \det(\mathbf{a}_1, \mathbf{a}_2, \ldots, \mathbf{a}_n) \in \mathbb{K}, \quad \mathbf{a}_j \in \mathbb{K}^n.
$$

Wir formulieren eine weitere Notiz auf unserem Merkzettel:

Merkregel: Das Vorzeichen $(-1)^{j+k}$ vor dem Element a_{jk} im Entwicklungssatz (4.38) entnehmen wir dem folgenden **Vorzeichenparkett**:

$$\det\left((-1)^{j+k}\right) = \begin{vmatrix} + & - & + & - & + & \cdots \\ - & + & - & + & - & \cdots \\ + & - & + & - & + & \cdots \\ - & + & - & + & - & \cdots \\ + & - & + & - & + & \cdots \\ \vdots & \vdots & \vdots & \vdots & \vdots & \ddots \end{vmatrix}.$$

Mit dem LAPLACE–Entwicklungssatz kann jetzt die Determinante der *adjungierten* bzw. *transponierten* Matrix leicht berechnet werden Es gilt der

Satz 4.178 *Sei $A = (a_{jk}) \in \mathbb{K}^{(n,n)}$.*

1. *Für hermitische bzw. symmetrische Matrizen gilt:*

$$\det A^* = \det \bar{A} = \overline{\det A}, \quad \det A^T = \det A. \tag{4.39}$$

2. *Weiter gilt:*

$$\det A = \sum_{k=1}^{n} (-1)^{j+k} a_{jk} \det A_{jk} \quad \forall\, j = 1, 2, \ldots, n, \tag{4.40}$$

d.h. eine Entwicklung nach der j–ten **Zeile***.*

Beweis. Da die Aussage $\det \bar{A} = \overline{\det A}$ sofort aus den Regeln der Konjugation komplexer Zahlen folgt, brauchen wir wegen $A^* = \bar{A}^T$ nur die Gleichung $\det A^T = \det A$ zu zeigen. Es gilt $A^T = (a_{kj})$, das heißt, das Element a_{jk} in der j–ten Zeile und der k–ten Spalte wandert durch Transposition in die k–te Zeile und die j–te Spalte. Dies hat für die Streichungsmatrizen die Relation $(A^T)_{jk} = (A_{kj})^T$ zur Folge. Zum Beweis von (4.39) führen wir nun **vollständige Induktion** nach der Raumdimension n durch.

i) *Induktionsanfang:* Für $n = 2$ zeigt man $\det A^T = \det A$ direkt durch Ausrechnen. Gelte dies nun bereits für $n - 1 \geq 2$.

ii) *Induktionsschritt:*

$$n \cdot \det A^T \overset{(4.38)}{=} \sum_{k=1}^{n} \left(\sum_{j=1}^{n} (-1)^{j+k} a_{kj} \underbrace{\det(A^T)_{jk}}_{=\det(A_{kj})^T = \det A_{kj}} \right)$$

$$= \sum_{j=1}^{n} \left(\sum_{k=1}^{n} (-1)^{j+k} a_{kj} \det A_{kj} \right) \overset{(4.38)}{=} n \cdot \det A.$$

Nach Division durch n hat man die Behauptung (4.39). Zum Beweis von (4.40) verwenden wir (4.39):

$$\det A = \det A^T = \sum_{j=1}^{n} (-1)^{j+k} a_{kj} \det(A^T)_{jk} = \sum_{j=1}^{n} (-1)^{j+k} a_{kj} \underbrace{\det(A_{jk})^T}_{=\det A_{kj}}.$$

Vertauschen der Indizes j und k liefert (4.40).   qed

Beispiel 4.179 *Wir betrachten die nachstehende Matrix und deuten mit den gestrichelten Linien an, nach welcher Zeile entwickelt wird:*

$$A = \begin{pmatrix} i & 3 & -1 & -i \\ \vdots & & & \\ \cdots 1 \cdots & \cdots 0 \cdots & \cdots 0 \cdots & \cdots 0 \cdots \\ \vdots & & & \\ 1 & 2i & -1 & 1 \\ \vdots & & & \\ 2 & 4 & 0 & 1 \end{pmatrix},$$

Die entsprechenden Determinanten lauten

$$\det A = (-1) \begin{vmatrix} 3 & -1 & -i \\ 2i & -1 & 1 \\ 4 & 0 & 1 \end{vmatrix} = -7 + 2i.$$

Die nachfolgenden Matrizen werden entsprechend nach der 2. Spalte entwickelt:

$$\det A^T = (-1) \begin{vmatrix} 3 & 2i & 4 \\ -1 & -1 & 0 \\ -i & 1 & 1 \end{vmatrix} = -7 + 2i,$$

$$\det A^* = (-1) \begin{vmatrix} 3 & -2i & 4 \\ -1 & -1 & 0 \\ i & 1 & 1 \end{vmatrix} = -7 - 2i.$$

Wir untersuchen jetzt die Wirkung von beliebigen Spalten– und Zeilenvertauschungen in $\det A$.

Rechenregeln 4.180 *Gegeben sei die Matrix* $A = (\mathbf{a}_1, \mathbf{a}_2, \ldots, \mathbf{a}_n) \in \mathbb{K}^{(n,n)}$.

D1) $\det(\ldots, \mathbf{a}_j, \ldots, \mathbf{a}_k, \ldots) = -\det(\ldots, \mathbf{a}_k, \ldots, \mathbf{a}_j, \ldots)$.

Das heißt, jede Spaltenvertauschung verursacht einen **Vorzeichenwechsel**.

D2) $\det(\ldots, \lambda \mathbf{a}_j, \ldots) = \lambda \det(\ldots, \mathbf{a}_j, \ldots) \quad \forall \lambda \in \mathbb{K}$.

D3) $\det(\ldots, \mathbf{a}_j, \ldots, \mathbf{a}_k, \ldots) = \det(\ldots, \mathbf{a}_j, \ldots, \mathbf{a}_k + \lambda \mathbf{a}_j, \ldots) \quad \forall \lambda \in \mathbb{K}, \ k \neq j$.

Das heißt, der Wert der Determinante ändert sich nicht, wenn zu einer Spalte das Vielfache einer anderen (davon verschiedenen) Spalte addiert wird.

Die Aussagen D1), D2), D3) gelten auch für entsprechende **Zeilenoperationen**.

Beweis.

D1) Dazu nehmen wir folgende **benachbarte** Spaltenvertauschungen vor:

$$A = (\mathbf{a}_1, \ldots, \mathbf{a}_j, \ldots, \mathbf{a}_k, \ldots) \rightarrow \underbrace{(\mathbf{a}_k, \mathbf{a}_1, \ldots, \mathbf{a}_j, \ldots, \mathbf{a}_{k-1}, \ldots)}_{k-1 \text{ Vertauschungen}}$$

$$\rightarrow \underbrace{(\mathbf{a}_k, \mathbf{a}_1, \ldots, \mathbf{a}_{j-1}, \ldots, \mathbf{a}_j, \ldots)}_{k-j-1 \text{ Vertauschungen}}$$

$$\rightarrow \underbrace{(\mathbf{a}_1, \ldots, \mathbf{a}_{j-1}, \mathbf{a}_k, \ldots, \mathbf{a}_j, \ldots)}_{j-1 \text{ Vertauschungen}} =: \tilde{A}.$$

Insgesamt haben wir also $(k-1)+(k-j-1)+(j-1) = 2k-3$ benachbarte Spaltenvertauschungen durchgeführt. Daraus resultiert deshalb $\det A = (-1)^{2k-3} \det \tilde{A} = -\det \tilde{A}$.

D2) Die Behauptung folgt aus (4.38).

D3) Dies ist eine Folge von (4.38), denn

$$\det(\ldots, \mathbf{a}_j, \ldots, \mathbf{a}_k + \lambda\,\mathbf{a}_j, \ldots) = \sum_{l=1}^{n} (-1)^{l+k} (a_{lk} + \lambda\,a_{lj}) \det A_{lk}$$

$$= \det A + \lambda \det(\ldots, \mathbf{a}_j, \ldots, \underbrace{\mathbf{a}_j}_{k\text{–te Stelle}}, \ldots) =: \det A + \lambda \det \tilde{A}.$$

Der letzte Summand $\det \tilde{A}$ verschwindet wegen D1). Denn durch Vertauschen der j–ten und der k–ten Spalte hat sich die Matrix $\tilde{A}$ nicht verändert, wohl aber das Vorzeichen ihrer Determinante. Deshalb muss $\det \tilde{A} = 0$ gelten.

Zeilenoperationen vom Typ D1)–D3) in der Matrix A bewirken dasselbe wie **Spaltenoperationen** vom selben Typ D1)–D3) in der transponierten Matrix A^T. Wegen $\det A = \det A^T$ ist somit alles gezeigt.   qed

Bemerkung 4.181 Im Gegensatz zu D3) gilt

$$\boxed{\det(\ldots, \mathbf{a}_j, \ldots, \lambda\,\mathbf{a}_k + \mathbf{a}_j, \ldots) = \lambda \det(\ldots, \mathbf{a}_j, \ldots, \mathbf{a}_k, \ldots) \quad \forall\, \lambda \in \mathbb{K},\ k \neq j.}$$

Wir listen weitere Rechenregeln für Determinanten auf.

Rechenregeln 4.182 *Es sei stets $A = (\mathbf{a}_1, \mathbf{a}_2, \ldots, \mathbf{a}_n) \in \mathbb{K}^{(n,n)}$ vorausgesetzt.*

D4) $\det(\mathbf{a}_1, \ldots, \mathbf{a}_j, \ldots, \mathbf{a}_j, \ldots, \mathbf{a}_n) = 0$.

Das heißt, sind zwei Spalten (oder Zeilen) in A gleich, so gilt stets $\det A = 0$.

D5) $\det(\ldots, \mathbf{0}, \ldots,) = 0$.

D6) $\det(\lambda A) = \lambda^n \det A \quad \forall \lambda \in \mathbb{K}$.

D7) $\det(\mathbf{a}_1, \ldots, \mathbf{a}_j + \mathbf{b}, \ldots, \mathbf{a}_n) = \det A + \det(\mathbf{a}_1, \ldots, \mathbf{b}, \ldots, \mathbf{a}_n) \; \forall \, \mathbf{b} \in \mathbb{K}^n$.

Achtung: $\det(A + B) \neq \det A + \det B$ *für allgemeine Matrizen* $B \in \mathbb{K}^{(n,n)}$.

Die Regeln D4)–D7) lassen sich aus den Rechenregeln 4.180 herleiten.

Weitere Rechenregeln für *speziellere* Matrizen sind

Rechenregeln 4.183

D8) $\det \begin{pmatrix} \lambda_1 & * & * & * \\ & \lambda_2 & * & * \\ & & \ddots & * \\ O & & & \lambda_n \end{pmatrix} = \det \begin{pmatrix} \lambda_1 & & & O \\ * & \lambda_2 & & \\ * & * & \ddots & \\ * & * & * & \lambda_n \end{pmatrix} = \lambda_1 \cdot \lambda_2 \cdots \lambda_n$.

Damit gilt, dass $\det \mathrm{Id}_n = 1$.

D9) $\det \begin{pmatrix} \lambda & * \; * \; * \\ \hline 0 & \\ 0 & B \\ 0 & \end{pmatrix} = \det \begin{pmatrix} \lambda & 0 \; 0 \; 0 \\ \hline * & \\ * & B \\ * & \end{pmatrix} = \lambda \cdot \det B$.

D10) $\det \begin{pmatrix} B & O \\ \hline * \, * & C \\ * \, * & \end{pmatrix} = \det \begin{pmatrix} B & * \, * \\ & * \, * \\ \hline O & C \end{pmatrix} = \det B \cdot \det C$.

Beweis. Wir zeigen D8).

$$
\begin{vmatrix} \lambda_1 & * & * & * \\ 0 & \lambda_2 & * & * \\ \vdots & & \ddots & * \\ 0 & & & \lambda_n \end{vmatrix} \overset{(4.38)}{=} \lambda_1 \begin{vmatrix} \lambda_2 & * & * & * \\ 0 & \lambda_3 & * & * \\ \vdots & & \ddots & * \\ 0 & & & \lambda_n \end{vmatrix} \overset{(4.38)}{=} \lambda_1 \cdot \lambda_2 \begin{vmatrix} \lambda_3 & * & * & * \\ 0 & \lambda_4 & * & * \\ \vdots & & \ddots & * \\ 0 & & & \lambda_n \end{vmatrix}
$$

$$
= \cdots = \lambda_1 \cdot \lambda_2 \cdots \lambda_n.
$$

Verwenden wir den LAPLACE–Entwicklungssatz (4.40) für die 1. **Zeile**, so resultiert ein analoges Ergebnis für Linksdreiecksmatrizen. Schließlich ergeben sich D9) und D10) aus D8) und den Entwicklungssätzen von LAPLACE.   qed

Zusammenfassung: Die oben genannten Spalten– bzw. Zeilenumformungen können nun genutzt werden, um eine beliebige Matrix ggf. auf die Formen D4), D5) oder D8) zu bringen.

Beispiel 4.184

$$
A \longleftrightarrow
\begin{vmatrix}
2 & 3 & 4 & 5 \\
3 & 2 & 5 & 4 \\
5 & 4 & 3 & 2 \\
4 & 5 & 2 & 3
\end{vmatrix}
$$

$$
\boxed{\begin{array}{l} S_4 - S_1 - S_2 \to S_4 \\ S_3 - 2S_1 \to S_3 \end{array}}
\begin{vmatrix}
2 & 3 & 0 & 0 \\
3 & 2 & -1 & -1 \\
5 & 4 & -7 & -7 \\
4 & 5 & -6 & -6
\end{vmatrix}
\overset{D4)}{\Longrightarrow} \det A = 0, \quad da \ S_3 = S_4.
$$

Beispiel 4.185

$$
A \quad \longleftrightarrow \quad
\begin{array}{|ccccc|}
0 & 0 & 2 & 0 & 0 \\
1 & 3 & 7 & 18 & -7 \\
0 & 0 & -5 & 0 & 3 \\
-2 & 2 & 8 & 4 & 2 \\
0 & 0 & 1 & 1 & 8
\end{array}
\quad \longrightarrow
$$

$$
\boxed{Z_1 \leftrightarrow Z_4} \;(-1) \quad
\left(
B := \left\{
\begin{array}{cc|ccc}
-2 & 2 & 8 & 4 & 2 \\
1 & 3 & 7 & 18 & -7 \\
\hline
0 & 0 & -5 & 0 & 3 \\
0 & 0 & 2 & 0 & 0 \\
0 & 0 & 1 & 1 & 8
\end{array}
\right\} =: C
\right).
$$

Damit gilt nach D10), dass

$$
\det B =
\begin{vmatrix}
-2 & 2 \\
1 & 3
\end{vmatrix}
= -8, \quad
\det C =
\begin{vmatrix}
-5 & 0 & 3 \\
2 & 0 & 0 \\
1 & 1 & 8
\end{vmatrix}
= -2
\begin{vmatrix}
0 & 3 \\
1 & 8
\end{vmatrix}
= 6,
$$

und somit $\det A = -\det B \cdot \det C = 48$.

Beispiel 4.186 *In der folgenden Determinanten nehmen wir zuerst die Zeilenumformungen* $\boxed{Z_j - a Z_5 \to Z_j}$, $j = 1, 2, 3, 4$, *vor. Damit ergibt sich*

$$
\det A =
\begin{vmatrix}
a & b & c & d & 1 \\
a & b & c & 1 & d \\
a & b & 1 & c & d \\
a & 1 & b & c & d \\
1 & a & b & c & d
\end{vmatrix}
\longrightarrow
\begin{vmatrix}
0 & b - a^2 & c - ab & d - ac & 1 - ad \\
0 & b - a^2 & c - ab & 1 - ac & d(1-a) \\
0 & b - a^2 & 1 - ab & c(1-a) & d(1-a) \\
0 & 1 - a^2 & b(1-a) & c(1-a) & d(1-a) \\
1 & a & b & c & d
\end{vmatrix}.
$$

Wir entwickeln nach der ersten Spalte und nehmen in der resultierenden Determinanten die Zeilenumformungen $\boxed{Z_j - Z_2 \to Z_j}$, $j = 3, 4$ *vor. Danach wird die Zeilenumformung* $\boxed{Z_2 - Z_1 \to Z_2}$ *wie folgt durchgeführt:*

$$
\begin{vmatrix}
b - a^2 & c - ab & d - ac & 1 - ad \\
b - a^2 & c - ab & 1 - ac & d(1 - a) \\
0 & 1 - c & c - 1 & 0 \\
1 - b & b - c & c - 1 & 0
\end{vmatrix}
\longrightarrow
\begin{vmatrix}
b - a^2 & c - ab & d - ac & 1 - ad \\
0 & 0 & 1 - d & d - 1 \\
0 & 1 - c & c - 1 & 0 \\
1 - b & b - c & c - 1 & 0
\end{vmatrix}.
$$

Wir führen nun die Spaltenumformung $\boxed{S_3 + S_4 + S_2 \to S_3}$ *durch und entwickeln die resultierende Determinante nach der 2. Zeile:*

$$
\begin{vmatrix}
b - a^2 & c - ab & (d + c)(1 - a) + 1 - ab & 1 - ad \\
0 & 0 & 0 & d - 1 \\
0 & 1 - c & 0 & 0 \\
1 - b & b - c & b - 1 & 0
\end{vmatrix}
$$

$$
= (d - 1)
\begin{vmatrix}
b - a^2 & c - ab & (d + c)(1 - a) + 1 - ab \\
0 & 1 - c & 0 \\
1 - b & b - c & b - 1
\end{vmatrix}
$$

$$
= (d - 1)(1 - c)(b - 1)\big[b - a^2 + (d + c)(1 - a) + 1 - ab\big]
$$

$$
= (a - 1)(b - 1)(c - 1)(d - 1)(1 + a + b + c + d).
$$

Aufgaben

Aufgabe 4.100. Berechnen Sie die Determinaten von

$$
A = \begin{pmatrix} -5 & 0 & 2 \\ 6 & 1 & 2 \\ 2 & 3 & 1 \end{pmatrix}, \quad
B = \begin{pmatrix} 2 & 0 & 3 & 0 \\ 2 & 1 & 1 & 2 \\ 3 & -1 & 1 & -2 \\ 2 & 1 & -2 & 1 \end{pmatrix}, \quad
C = \begin{pmatrix} 1 & 0 & 0 & 3 \\ 2 & 7 & 0 & 6 \\ 0 & 6 & 3 & 0 \\ 7 & 3 & 1 & -5 \end{pmatrix}.
$$

Aufgabe 4.101. Berechnen Sie die Determinante der Matrix

$$A = \begin{pmatrix} -1\,2 & 5 & -6 \\ 3\,3 & 3 & 0 \\ 7\,1 & -5 & -3 \\ 4\,6 & 1 & 4 \end{pmatrix}$$

a) durch Entwicklung nach der letzten Spalte,

b) durch elementare Umformungen.

Aufgabe 4.102. Berechnen Sie für jedes $b \in \mathbb{R}$ die Determinante der Matrizen

$$A = \begin{pmatrix} 1 & 2 & 1 \\ 2 & 2 & 3 \\ 1 & 0 & 2 \end{pmatrix} \quad \text{und} \quad B = \begin{pmatrix} b & 0 & 0 & 1 \\ 0 & b & 1 & 0 \\ 0 & 1 & b & 0 \\ 1 & 0 & 0 & b \end{pmatrix}$$

a) durch Spalten- und Zeilenumformungen,

b) durch Entwicklung nach der zweiten Zeile,

c) mit der Regel von Sarrus (falls möglich).

Aufgabe 4.103. Bestimmen Sie die Determinanten der Matrizen

$$A = \begin{pmatrix} 3 & 2 \\ 5 & 7 \end{pmatrix}, \quad B = \begin{pmatrix} 3 & 7 & -4 \\ 2 & 5 & 3 \\ 9 & 2 & 0 \end{pmatrix} \quad \text{und} \quad C = \begin{pmatrix} 3 & 7 & 8 & 9 \\ 4 & 3 & 1 & 4 \\ 6 & 8 & 8 & 9 \end{pmatrix}.$$

Aufgabe 4.104. Die $n \times n$-Matrix $A_n = (a_{ij})_{i,j=1,\dots,n}$, $n \in \mathbb{N}$, ist wie folgt definiert:

$$a_{ij} := \begin{cases} 2 & : \ i = j, \\ -1 & : \ |i - j| = 1, \\ 0 & : \ \text{sonst.} \end{cases}$$

Zeigen Sie mittels vollständiger Induktion, dass $A_n = n + 1$ gilt.

4.16 Determinanten zur Volumenberechnung

Definition 4.187 *Es seien* n **linear unabhängige** *Vektoren* $\mathbf{a}_1, \mathbf{a}_2, \ldots, \mathbf{a}_n \in \mathbb{R}^n$ *gegeben. Dann heißt die Menge*

$$\mathrm{PF}\left(\mathbf{a}_1, \mathbf{a}_2, \ldots, \mathbf{a}_n\right) := \{\mathbf{x} \in \mathbb{R}^n \ : \ \mathbf{x} = \sum_{k=1}^{n} \lambda_k \mathbf{a}_k$$

$$mit \ \boxed{0 \leq \lambda_k \leq 1} \ \forall\, 1 \leq k \leq n\}$$

das von den **Kantenvektoren** $\mathbf{a}_1, \mathbf{a}_2, \ldots, \mathbf{a}_n$ **aufgespannte n-Parallelflach** (*auch* **Spat** *oder* **n-Parallelotop** *genannt*).

Beispiel 4.188 *Ist* $\mathbf{e}_1, \mathbf{e}_2, \ldots, \mathbf{e}_n \in \mathbb{R}^n$ *die Standardbasis des* $\mathbb{R}^n$, *so liegt mit*

$$\boxed{W_n := \mathrm{PF}\left(\mathbf{e}_1, \mathbf{e}_2, \ldots, \mathbf{e}_n\right)}$$

der **n-dimensionale Würfel** *vor.*

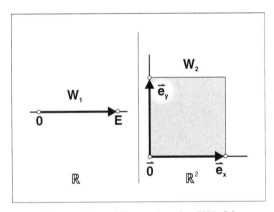

Ein– und zweidimensionaler Würfel

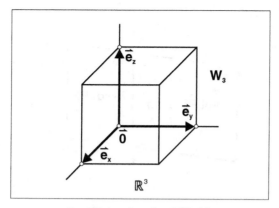

Dreidimensionaler Würfel

Es ist klar, dass $\det(Id_n) = \det(\mathbf{e}_1, \mathbf{e}_2, \ldots, \mathbf{e}_n) = 1$ das **Volumen** des Würfels W_n angibt. Allgemeiner wird man an einen Volumenbegriff für das von den Kantenvektoren $\mathbf{a}_1, \mathbf{a}_2, \ldots, \mathbf{a}_n$ aufgespannte n–Parallelflach folgende **Minimalforderungen** stellen:

V1) **Additivität:**

$$\mathrm{Vol\,PF}\,(\mathbf{a}_1, \ldots, \lambda\,\mathbf{a}_j, \ldots, \mathbf{a}_n) = |\lambda|\,\mathrm{Vol\,PF}\,(\mathbf{a}_1, \ldots, \mathbf{a}_j, \ldots, \mathbf{a}_n),$$

für alle $j = 1, \ldots, n$ und $\lambda \in \mathbb{R}$.

V2) **Invarianz gegenüber Scherung:**

$$\mathrm{Vol\,PF}\,(\mathbf{a}_1, \ldots, \mathbf{a}_k, \ldots, \mathbf{a}_n) = \mathrm{Vol\,PF}\,(\mathbf{a}_1, \ldots, \mathbf{a}_k + \lambda\,\mathbf{a}_j, \ldots, \mathbf{a}_n),$$

für alle $j \neq k$ und $\lambda \in \mathbb{R}$.

V3) **Normierung:**

$$\mathrm{Vol}\,W_n = 1.$$

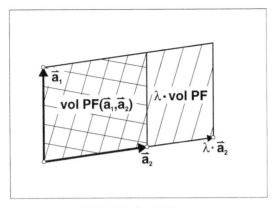

Additivität des Volumens

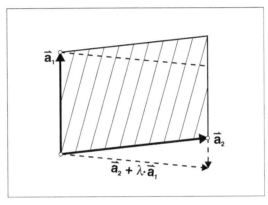

Invarianz gegenüber Scherung

Offensichtlich werden die Eigenschaften V1), V2), V3) wegen D2), D3), D8) von $|\det(\mathbf{a}_1, \mathbf{a}_2, \ldots, \mathbf{a}_n)|$ erfüllt. Dies macht folgende Definition sinnvoll:

Definition 4.189 *Gegeben seien die* n **linear unabhängige** *Vektoren* $\mathbf{a}_1, \mathbf{a}_2, \ldots, \mathbf{a}_n \in \mathbb{R}^n$. *Dann heißt*

$$V_{\mathrm{PF}} := \det(\mathbf{a}_1, \mathbf{a}_2, \ldots, \mathbf{a}_n)$$

orientiertes (*n–dimensionales*) **Volumen** *des von den Kantenvektoren* $\mathbf{a}_1, \mathbf{a}_2, \ldots, \mathbf{a}_n$ *aufgespannten n–Parallelflachs. Hingegen heißt*

$$|V_{\mathrm{PF}}| = |\det(\mathbf{a}_1, \mathbf{a}_2, \ldots, \mathbf{a}_n)|$$

nichtorientiertes Volumen *des n–Parallelflachs.*

Beispiel 4.190 „Flächeninhalt eines Parallelogramms".

Gegeben seien die **linear unabhängigen** *Vektoren* $a_1, a_2 \in \mathbb{R}^2$. *Dann entnimmt man der folgenden Skizze elementargeometrisch den Flächeninhalt* $|F_P| = \|h\| \|a_1\|$ *mit* $h := a_2 - Pa_2$, *wobei die* $\perp$-*Projektion* Pa_2 *von* a_2 *auf die Richtung* a_1 *ja durch* $Pa_2 = a_1 \langle a_1, a_2 \rangle / \|a_1\|^2$ *bestimmt ist. Folglich gilt*

$$|F_P| = \left\| a_2 \|a_1\| - \frac{a_1 \langle a_1, a_2 \rangle}{\|a_1\|} \right\| =: \|p\|.$$

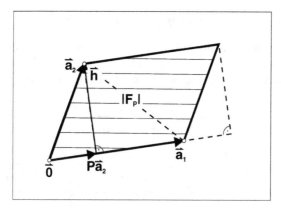

Flächeninhalt eines Parallelogramms

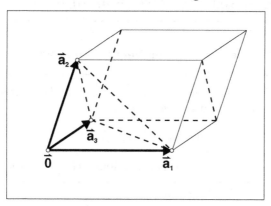

3–Parallelotop, Prisma und Tetraeder

Wir zeigen jetzt, dass der oben bestimmte Flächeninhalt $|F_P|$ *auch durch die Determinante* $|\det(a_1, a_2)|$ *ausgedrückt werden kann. Dazu rechnen wir in Komponenten* $a_1 := (a, b)^T$, $a_2 := (c, d)^T$:

$$F_P^2 = \langle p, p \rangle = \|a_1\|^2 \|a_2\|^2 - \langle a_1, a_2 \rangle^2$$
$$= (a^2 + b^2)(c^2 + d^2) - (ac + bd)^2 = (ad - bc)^2 = [\det(a_1, a_2)]^2.$$

Flächeninhalt des von $\mathbf{a}_1, \mathbf{a}_2 \in \mathbb{R}^2$ aufgespannten	
Parallelogramms	Dreiecks
$|F_P| = |\det(\mathbf{a}_1, \mathbf{a}_2)|$	$|F_D| = \frac{1}{2}|\det(\mathbf{a}_1, \mathbf{a}_2)|$

Beispiel 4.191 „3-Parallelotop, Prisma, Tetraeder".

Es seien drei **linear unabhängige** *Vektoren* $\mathbf{a}_1, \mathbf{a}_2, \mathbf{a}_3 \in \mathbb{R}^3$ *gegeben. Gemäß obiger Skizze spannen diese Vektoren in* $\mathbb{R}^3$ *ein* 3–**Parallelotop**, *ein* **Prisma** *und einen* **Tetraeder** *auf. Die zugeordneten Volumina sind in der folgenden Tabelle angegeben:*

Volumina des von $\mathbf{a}_1, \mathbf{a}_2, \mathbf{a}_3 \in \mathbb{R}^3$ aufgespannten		
3–Parallelotops	Prismas	Tetraeders
$|V_{\mathrm{PF}}| = |\det(\mathbf{a}_1, \mathbf{a}_2, \mathbf{a}_3)|$	$|V_{Pr}| = \frac{1}{2}|\det(\mathbf{a}_1, \mathbf{a}_2, \mathbf{a}_3)|$	$|V_T| = \frac{1}{6}|\det(\mathbf{a}_1, \mathbf{a}_2, \mathbf{a}_3)|$

Beispiel 4.192 Orientierung der Vektorräume $\mathbb{R}^n$.

Definition 4.193 *Eine Basis* $\mathbf{a}_1, \mathbf{a}_2, \ldots, \mathbf{a}_n \in \mathbb{R}^n$ *heißt* **positiv orientiert** *oder* **Rechtssystem**, *wenn gilt*

$$\det(\mathbf{a}_1, \mathbf{a}_2, \ldots, \mathbf{a}_n) > 0.$$

Andernfalls heißt die Basis **negativ orientiert** *oder* **Linkssystem**.

So ist z.B. die Standardbasis $\mathbf{e}_1, \mathbf{e}_2, \ldots, \mathbf{e}_n$ *des* $\mathbb{R}^n$ *ein* **Rechtssystem**, *denn es gilt ja*

$$\det(\mathbf{e}_1, \mathbf{e}_2, \ldots, \mathbf{e}_n) = \det(Id_n) = 1 > 0.$$

Wir nennen die Orientierung der Standardbasis auch die **Standardorientierung** *des* $\mathbb{R}^n$. *In* $\mathbb{R}^3$ *prüft man mit Hilfe der* **Rechte–Hand–Regel** *in einfacher Weise nach, ob ein Rechtssystem vorliegt.*

Aufgaben

Aufgabe 4.105. Bestimmen Sie alle Vektoren in Richtung $\mathbf{v} = (0, 2, 1)^T$, die zusammen mit den Vektoren $\mathbf{v}_1 = (1, 2, 0)^T$ und $\mathbf{v}_2 = (-2, -1, 1)^T$ einen Spat mit Volumen 3 aufspannen.

Aufgabe 4.106. Gegeben seien folgende Eckpunkte einer Pyramide P:

$$P_0 = (2, 4, 6), \ P_1 = (1, 3, 2), \ P_2 = (1, 5, 0), \ P_3 = (-1, 0, 2).$$

a) Berechnen Sie das Volumen von P.

b) Berechnen Sie den Inhalt der Pyramidenseitenflächen. Dabei sei S_i die Seite, die P_i nicht enthält.

c) Sei $\begin{pmatrix} 2 & 5 & 2 \\ 1 & 1 & 4 \\ 3 & 0 & 2 \end{pmatrix}$ gegeben. P werde mittels A in eine Pyramide P' abgebildet. Wie lautet das Volumen der neuen Pyramide?

Aufgabe 4.107. Bestätigen Sie, dass für die HERON-Formel (3.3) zur Berechnung einer Dreiecksfläche folgende Darstellung gilt:

$$F^2 = -\frac{1}{16} \det \begin{pmatrix} 0 & a^2 & b^2 & 1 \\ a^2 & 0 & c^2 & 1 \\ b^2 & c^2 & 0 & 1 \\ 1 & 1 & 1 & 0 \end{pmatrix}.$$

4.17 Determinanten und die CRAMERsche Regel

GABRIEL CRAMER (1704-1752) war ein Schweizer Mathematiker. Er wurde 1724 als Professor an die Universität Genf berufen. Sein Vorschlag war es, Vorlesungen auch in französischer Sprache zu halten und nicht nur auf Lateinisch, wie es damals allgemein üblich war.

Wir starten mit einem Satz, der eine Brücke zwischen linearen Gleichungen und Determinanten herstellt:

Satz 4.194 *Für eine Matrix* $A = (\mathbf{a}_1, \mathbf{a}_2, \ldots, \mathbf{a}_n) \in \mathbb{K}^{(n,n)}$ *gelten folgende Aussagen:*

1. *Das Vektorsystem* $\mathbf{a}_1, \mathbf{a}_2, \ldots, \mathbf{a}_n$ *ist* **LA** $\Longleftrightarrow \det(\mathbf{a}_1, \mathbf{a}_2, \ldots, \mathbf{a}_n) = 0$.

2. *Das Vektorsystem* $\mathbf{a}_1, \mathbf{a}_2, \ldots, \mathbf{a}_n$ *ist* **LU** $\Longleftrightarrow \det(\mathbf{a}_1, \mathbf{a}_2, \ldots, \mathbf{a}_n) \neq 0$.

3. $\det A \neq 0 \quad \Longleftrightarrow \quad \operatorname{Rang} A = n \quad \Longleftrightarrow \quad A \in \operatorname{Inv}(\mathbb{K}^n)$.

Beweis.

1. Das Vektorsystem $\mathbf{a}_1, \mathbf{a}_2, \ldots, \mathbf{a}_n$ sei LA. Dann gibt es einen Index $j \in \{1, \ldots, n\}$ mit $\mathbf{a}_j = \sum\limits_{\substack{k=1 \\ k \neq j}}^{n} \lambda_k \, \mathbf{a}_k$. Aus D7) folgern wir deshalb, dass

$$\det(\mathbf{a}_1, \mathbf{a}_2, \ldots, \mathbf{a}_n) = \sum_{\substack{k=1 \\ k \neq j}}^{n} \lambda_k \, \det(\mathbf{a}_1, \ldots, \underbrace{\mathbf{a}_k}_{j\text{-te Stelle}}, \ldots, \mathbf{a}_n) \overset{D4)}{=} 0,$$

da der Vektor $\mathbf{a}_k$ zweimal als Spaltenvektor auftritt. Also haben wir die Implikation "$\Longrightarrow$" gezeigt.

Zum Beweis der Implikation "$\Longleftarrow$" sei nun $\det(\mathbf{a}_1, \mathbf{a}_2, \ldots, \mathbf{a}_n) = 0$ angenommen. Wir können durch die Zeilenumformungen D1)$_Z$ und D3)$_Z$ die Matrix $A^T := (\mathbf{a}_1, \mathbf{a}_2, \ldots, \mathbf{a}_n)^T$ auf obere Dreiecksform transformieren

$$A^T = \begin{pmatrix} \mathbf{a}_1^T \\ \mathbf{a}_2^T \\ \vdots \\ \mathbf{a}_n^T \end{pmatrix} \overset{\text{D1)}_Z, \text{ D3)}_Z}{\longrightarrow} \begin{pmatrix} \lambda_1 & * & * & * \\ & \lambda_2 & * & * \\ & & \ddots & * \\ O & & & \lambda_n \end{pmatrix} =: R.$$

Es folgt $\det A = 0 = \det A^T = \pm \det R = \pm \lambda_1 \cdot \lambda_2 \cdots \lambda_n$. Das heißt, mindestens eine der Zahlen $\lambda_1, \lambda_2, \ldots, \lambda_n$ muss verschwinden. Die Matrix R liegt in der Staffelform vom eindeutig lösbaren Typ vor, und somit ist das Vektorsystem $\mathbf{a}_1, \mathbf{a}_2, \ldots, \mathbf{a}_n$ LA.

2. Diese Aussage folgt direkt aus der 1. Aussage.

3. Dies folgt aus 2., da die Spaltenvektoren $\mathbf{a}_1, \mathbf{a}_2, \ldots, \mathbf{a}_n$ der Matrix A genau dann LU sind, wenn $\operatorname{Rang} A = n$ gilt.

qed

Für eine Koeffizientenmatrix $A = (\mathbf{a}_1, \mathbf{a}_2, \ldots, \mathbf{a}_n) \in \mathbb{K}^{(n,n)}$ ist das lineare Gleichungssystem $A\mathbf{x} = \mathbf{b}$ genau dann für jede rechte Seite $\mathbf{b} \in \mathbb{K}^n$ eindeutig lösbar, wenn Rang $A = n$ gilt, und dies ist nach der soeben bewiesenen Aussage genau dann der Fall, wenn $\det A \neq 0$ gilt. Die Lösung ist dann in der Form $\mathbf{x} = A^{-1}\mathbf{b}$ darstellbar.

Setzt man für einen festen Vektor $\mathbf{b} \in \mathbb{K}^n$

$$A_j(\mathbf{b}) := (\mathbf{a}_1, \ldots, \mathbf{a}_{j-1}, \mathbf{b}, \mathbf{a}_{j+1}, \ldots, \mathbf{a}_n) \in \mathbb{K}^{(n,n)} \quad \forall\, j = 1, 2, \ldots, n, \quad (4.41)$$

und verwendet man die Darstellung des linearen Gleichungssystems in der Form

$$\sum_{k=1}^{n} a_{jk} x_k = b_j \;\; \forall\, j = 1, 2, \ldots, n \quad \text{bzw.} \quad \mathbf{b} = \sum_{k=1}^{n} x_k \mathbf{a}_k,$$

so folgt jetzt aus (4.41) die Beziehung

$$\det A_j(\mathbf{b}) = \det\Big(\mathbf{a}_1, \ldots, \mathbf{a}_{j-1}, \sum_{k=1}^{n} x_k \mathbf{a}_k, \mathbf{a}_{j+1}, \ldots, \mathbf{a}_n\Big)$$

$$\stackrel{D7)}{=} \sum_{k=1}^{n} x_k \det(\mathbf{a}_1, \ldots, \mathbf{a}_{j-1}, \mathbf{a}_k, \mathbf{a}_{j+1}, \ldots, \mathbf{a}_n)$$

$$\stackrel{D4)}{=} x_j \cdot \det A \quad \forall\, j = 1, 2, \ldots, n.$$

Hieraus läßt sich der Lösungsvektor $\mathbf{x} = (x_1, x_2, \ldots, x_n)^T$ direkt berechnen. Dieses Resultat wurde 1750 von CRAMER gefunden.

Satz 4.195 (CRAMERsche Regel) *Gegeben sei die Koeffizientenmatrix* $A \in \mathbb{K}^{(n,n)}$. *Genau dann ist das lineare Gleichungssystem* $A\mathbf{x} = \mathbf{b}$ *für* **jede rechte Seite** $\mathbf{b} \in \mathbb{K}^n$ **eindeutig lösbar,** *wenn*

$$\det A \neq 0.$$

Werden zu festem $\mathbf{b} \in \mathbb{K}^n$ *die Matrizen* $A_j(\mathbf{b})$, $j = 1, 2, \ldots, n$ *gemäß der Vorschrift (4.41) erklärt, so ist der Lösungsvektor* $\mathbf{x} = (x_1, x_2, \ldots, x_n)^T \in \mathbb{K}^n$ *in der folgenden Form darstellbar:*

$$x_j = \big(\det A\big)^{-1} \cdot \det A_j(\mathbf{b}), \; j = 1, 2, \ldots, n.$$

Bemerkung 4.196 *Die CRAMERsche Regel gilt ausschließlich für* **quadratische** *Matrizen* $A \in \mathbb{K}^{(n,n)}$ *mit* $\det A \neq 0$. *Für lineare Gleichungssysteme mit* $n \geq 3$ *Unbekannten ist sie praktisch nutzlos, da der Rechenaufwand un-*

verhältnismäßig hoch ist. Die CRAMER*sche Regel ist mehr oder weniger von theoretischem Interesse.*

Beispiel 4.197 *Es seien* $A := \begin{pmatrix} 2 & -3 \\ -1 & 2 \end{pmatrix} \in \mathbb{R}^{(2,2)}$ *und* $\mathbf{b} := \begin{pmatrix} 4 \\ 5 \end{pmatrix} \in \mathbb{R}^2$

gegeben. Zu berechnen ist mit Hilfe der CRAMER*schen Regel die Lösung* $\mathbf{x} \in \mathbb{R}^2$ *des linearen Gleichungssystems* $A\mathbf{x} = \mathbf{b}$. *Es gilt*

$$\Delta := \det A = \begin{vmatrix} 2 & -3 \\ -1 & 2 \end{vmatrix} = 4 - 3 = 1 \neq 0.$$

Es existiert also eine eindeutig bestimmte Lösung $\mathbf{x} \in \mathbb{R}^2$. *Wir berechnen ferner:*

$$\Delta_1 := \det A_1(\mathbf{b}) = \begin{vmatrix} 4 & -3 \\ 5 & 2 \end{vmatrix} = 23, \quad \Delta_2 := \det A_2(\mathbf{b}) = \begin{vmatrix} 2 & 4 \\ -1 & 5 \end{vmatrix} = 14.$$

Wir haben also $x_1 = \dfrac{\Delta_1}{\Delta} = 23$, $x_2 = \dfrac{\Delta_2}{\Delta} = 14$, *und somit* $\mathbf{x} = (23, 14)^T$.

Abschließend fassen wir noch einige wichtige und hilfreiche Resultate zusammen.

Rechenregeln 4.198 *Seien* $A, B \in \mathbb{K}^{(n,n)}$. *Dann gilt Folgendes:*

1. *Die Determinantenmultiplikation*

$$\det AB = \det A \cdot \det B.$$

Daraus ergibt sich, dass

$$\det AB = \det BA \quad \text{und} \quad \det A^k = (\det A)^k,$$

für $k \in \mathbb{N}$.

2. *Wir haben* $A \in \mathrm{Inv}(\mathbb{K}^n)$ *genau dann, wenn* $\det A \neq 0$ *gilt. Wegen*

$$1 = \det(Id_n) = \det(AA^{-1}) = \det A \cdot \det A^{-1}$$

folgt deshalb

$$\det A^{-1} = (\det A)^{-1}.$$

3. *Ist $A \in \text{Inv}(\mathbb{K}^n)$ gegeben, so folgern wir sofort aus 2., dass*

$$\det(ABA^{-1}) = \det B.$$

4. *Eine unitäre bzw. orthogonale Matrix $Q \in \mathbb{K}^{(n,n)}$ erfüllt ja $Q^* = Q^{-1}$ bzw. $Q^T = Q^{-1}$. Deshalb folgern wir (entsprechend für Q^T) aus der Identität*

$$1 = \det(\mathit{Id}_n) = \det(Q^*Q) = \det Q^* \cdot \det Q = \overline{\det Q} \cdot \det Q = |\det Q|^2$$

die Resultate

$$\det Q = \begin{cases} \pm 1 & : \ Q \ \textit{orthogonal}, \\ e^{i\varphi}, \varphi \in \mathbb{R} & : \ Q \ \textit{unitär}. \end{cases}$$

Eine letzte Anwendung der Determinaten ist die (aufwändige, aber interessante) Berechnung einer inversen Matrix mit Hilfe von sog. **Kofaktoren**. Dazu die

Definition 4.199 *Gegeben sei eine Matrix $A = (a_{jk}) \in \mathbb{K}^{(n,n)}$. Die jeder Streichungsmatrix A_{jk} von A zugeordnete Zahl*

$$K_{jk} := (-1)^{j+k} \det A_{jk}, \quad j,k = 1,2,\ldots,n$$

heißt **Kofaktor** *zum Element a_{jk}.*

Satz 4.200 *Für jede Matrix $A = (a_{jk}) = \in \text{Inv}(\mathbb{K}^n)$ gilt*

$$A^{-1} = (\det A)^{-1} \begin{pmatrix} K_{11} & K_{21} & \cdots & K_{n1} \\ K_{12} & K_{22} & \cdots & K_{n2} \\ \vdots & \vdots & \ddots & \vdots \\ K_{1n} & K_{2n} & \cdots & K_{nn} \end{pmatrix}$$

oder – um die Reihenfolge der Indizes hervorzuheben – sie ist gleichbedeutend mit

$$(a_{jk})^{-1} = (\det A)^{-1}(K_{kj}).$$

Beweis. Wir bezeichnen die Inverse von $A \in \mathrm{Inv}\,(\mathbb{K}^n)$ mit $A^{-1} = (\alpha_{jk}) =: (\alpha_1, \alpha_1, \ldots, \alpha_n) \in \mathbb{K}^{(n,n)}$. Zur Berechnung der Spaltenvektoren α_j lösen wir die n linearen Gleichungssyteme

$$AA^{-1} = (A\alpha_1, A\alpha_2, \ldots, A\alpha_n) \stackrel{!}{=} (\mathbf{e}_1, \mathbf{e}_2, \ldots, \mathbf{e}_n) = Id_n,$$

und zwar mit der CRAMERschen Regel. Diese liefert die Lösung

$$\alpha_{jk} = (\det A)^{-1} \cdot K_{kj} \quad \forall\, j, k = 1, 2, \ldots, n.$$

qed

Beispiel 4.201 *Wir berechnen die Inverse der Matrix* $A := \begin{pmatrix} 4 & 8 & -9 \\ -2 & 2 & -3 \\ 5 & -1 & 6 \end{pmatrix}$

mit Hilfe der Kofaktoren. Wir erhalten $\det A = 84$ *und damit*

$$A^{-1} = \frac{1}{84} \begin{pmatrix} \det \begin{pmatrix} 2 & -3 \\ -1 & 6 \end{pmatrix} & -\det \begin{pmatrix} 8 & -9 \\ -1 & 6 \end{pmatrix} & \det \begin{pmatrix} 8 & -9 \\ 2 & -3 \end{pmatrix} \\[2mm] -\det \begin{pmatrix} -2 & -3 \\ 5 & 6 \end{pmatrix} & \det \begin{pmatrix} 4 & -9 \\ 5 & 6 \end{pmatrix} & -\det \begin{pmatrix} 4 & -9 \\ -2 & -3 \end{pmatrix} \\[2mm] \det \begin{pmatrix} -2 & 2 \\ 5 & -1 \end{pmatrix} & -\det \begin{pmatrix} 4 & 8 \\ 5 & -1 \end{pmatrix} & \det \begin{pmatrix} 4 & 8 \\ -2 & 2 \end{pmatrix} \end{pmatrix}$$

$$= \frac{1}{84} \begin{pmatrix} 9 & -39 & -6 \\ -3 & 69 & 30 \\ -8 & 44 & 24 \end{pmatrix}.$$

Aufgaben

Aufgabe 4.108.

a) Berechnen Sie für $A = \begin{pmatrix} 1 & 0 & -1 \\ 0 & 2 & 2 \\ 1 & 1 & -1 \end{pmatrix}$ die Inverse A^{-1} mit Hilfe der Kofaktoren.

b) Lösen Sie das lineare Gleichungssystem $A\mathbf{x} = \mathbf{b}$ mit der CRAMERschen Regel, wobei

$$A = \begin{pmatrix} -2 & 3 & -1 \\ 1 & 2 & -1 \\ -2 & -1 & 1 \end{pmatrix} \quad \text{und} \quad \mathbf{b} = \begin{pmatrix} 1 \\ 4 \\ -3 \end{pmatrix}.$$

Aufgabe 4.109. Es seien $A = \begin{pmatrix} 1 & 2 & 0 \\ 2 & -2 & 1 \\ 0 & 2 & 1 \end{pmatrix}$ und $B = \begin{pmatrix} 1 & 0 & -2 \\ 2 & 2 & 4 \\ 0 & 0 & 2 \end{pmatrix}.$

a) Verifizieren Sie, dass $\det(AB) = \det(A) \cdot \det(B) = \det(BA)$.

b) Bestätigen Sie für dieses Beispiel, dass $\det(A + B) \neq \det(A) + \det(B)$.

Aufgabe 4.110. Seien $\mathbf{v}, \mathbf{w} \in \mathbb{R}^n$, $n \in \mathbb{N}$. Zeigen Sie die Identität

$$\det(E + \mathbf{v}\mathbf{w}^T) = 1 + \mathbf{v}^T\mathbf{w}.$$

Aufgabe 4.111. Bestätigen oder widerlegen Sie folgende Aussagen für reelle quadratische Matrizen:

a) Es existieren Matrizen $A, B, C \neq E$ mit der Eigenschaft $\det(A+B+C) = \det(A) + \det(B) + \det(C)$.

b) Es gilt $\det(A(B + C)) = \det(A)\det(B) + \det(A)\det(C)$.

c) Es gilt $\det(A^T) = \det(A) \iff A$ ist symmetrisch.

d) Es gilt $\det(A^T B A) = \det(B) \iff A$ ist orthogonal.

4.18 Das Vektorprodukt

Dieses Produkt wurde in Definition 4.91 im Rahmen einer konkreten Anwendung bereits vorgestellt, und gewisse orthogonale Eigenschaften wurden besprochen.

Wir formulieren nun eine alternative Darstellung bzw. Berechnungsvorschrift und untersuchen aus geometrisch–physikalischen Gründen weitere Eigenschaften.

Definition 4.202 *Das* **Vektorprodukt** *„ $\times$ “* $: \mathbb{R}^3 \times \mathbb{R}^3 \to \mathbb{R}^3$ *sei diejenige Verknüpfung, die jedem Paar von Vektoren* $\mathbf{a}, \mathbf{b} \in \mathbb{R}^3$ *einen Vektor* $\mathbf{a} \times \mathbf{b} \in \mathbb{R}^3$ *gemäß folgender Vorschrift zuordnet:*

$$\langle \mathbf{a} \times \mathbf{b}, \mathbf{x} \rangle = \det(\mathbf{a}, \mathbf{b}, \mathbf{x}) \quad \forall \mathbf{x} \in \mathbb{R}^3. \tag{4.42}$$

(Wir sprechen auch vom **äußeren Produkt** *oder* **Kreuzprodukt**.*)*

Satz 4.203 *Es gelten nachfolgende Aussagen:*

1. *Das Vektorprodukt* $\mathbf{a} \times \mathbf{b} \in \mathbb{R}^3$ *ist für jedes Vektorpaar* $\mathbf{a}, \mathbf{b} \in \mathbb{R}^3$ *durch die Definitionsvorschrift (4.42) eindeutig festgelegt.*

2. *In den Komponenten der Standardbasis* $\mathbf{a} = (a_1, a_2, a_3)^T$ *und* $\mathbf{b} = (b_1, b_2, b_3)^T$ *hat das Vektorprodukt (4.42) natürlich auch die Komponentendarstellung*

$$\mathbf{a} \times \mathbf{b} = \begin{pmatrix} a_2 b_3 - a_3 b_2 \\ a_3 b_1 - a_1 b_3 \\ a_1 b_2 - a_2 b_1 \end{pmatrix} \quad \forall \mathbf{a}, \mathbf{b} \in \mathbb{R}^3.$$

Beweis.

1. Es sei $\mathbf{c} \in \mathbb{R}^3$ so gegeben, dass $\langle \mathbf{c}, \mathbf{x} \rangle = \det(\mathbf{a}, \mathbf{b}, \mathbf{x}) \ \forall \mathbf{x} \in \mathbb{R}^3$ gilt. Wir erschließen hieraus, dass

$$\langle \mathbf{a} \times \mathbf{b} - \mathbf{c}, \mathbf{x} \rangle = 0 \ \forall \mathbf{x} \in \mathbb{R}^3 \implies \mathbf{a} \times \mathbf{b} - \mathbf{c} \in (\mathbb{R}^3)^\perp = \mathbf{0} \implies \mathbf{a} \times \mathbf{b} = \mathbf{c}.$$

2. Wir berechnen $\det(\mathbf{a}, \mathbf{b}, \mathbf{x})$ unter Verwendung der Regel von SARRUS:

$$\det(\mathbf{a}, \mathbf{b}, \mathbf{x}) = \begin{vmatrix} a_1 & b_1 & x_1 & | & a_1 & b_1 \\ a_2 & b_2 & x_2 & | & a_2 & b_2 \\ a_3 & b_3 & x_3 & | & a_3 & b_3 \end{vmatrix} = \left\{ \begin{array}{l} (a_2b_3 - a_3b_2)\,x_1 \\ + (a_3b_1 - a_1b_3)\,x_2 \\ + (a_1b_2 - a_2b_1)\,x_3 \end{array} \right.$$

$$= \left\langle \begin{pmatrix} a_2b_3 - a_3b_2 \\ a_3b_1 - a_1b_3 \\ a_1b_2 - a_2b_1 \end{pmatrix}, \begin{pmatrix} x_1 \\ x_2 \\ x_3 \end{pmatrix} \right\rangle = \langle \mathbf{a} \times \mathbf{b}, \mathbf{x} \rangle \quad \forall\, \mathbf{x} \in \mathbb{R}^3.$$

qed

Daraus folgern wir die nachstehende **Merkregel:**

Ist $\mathbf{e}_1, \mathbf{e}_2, \mathbf{e}_3$ die Standardbasis des $\mathbb{R}^3$, so lässt sich das Vektorprodukt $\mathbf{a} \times \mathbf{b}$ leicht durch folgende **formale Determinante** merken:

$$\mathbf{a} \times \mathbf{b} = \begin{vmatrix} \mathbf{e}_1 & a_1 & b_1 \\ \mathbf{e}_2 & a_2 & b_2 \\ \mathbf{e}_3 & a_3 & b_3 \end{vmatrix} = \left\{ \begin{array}{l} \mathbf{e}_1(a_2b_3 - a_3b_2) \\ + \mathbf{e}_2(a_3b_1 - a_1b_3) \\ + \mathbf{e}_3(a_1b_2 - a_2b_1) \end{array} \right. = \begin{pmatrix} a_2b_3 - a_3b_2 \\ a_3b_1 - a_1b_3 \\ a_1b_2 - a_2b_1 \end{pmatrix}.$$

Beachten Sie die **zyklische Indexvertauschung!**

Beispiel 4.204

$$\begin{pmatrix} 1 \\ 2 \\ 3 \end{pmatrix} \times \begin{pmatrix} 3 \\ 2 \\ 1 \end{pmatrix} = \begin{vmatrix} \mathbf{e}_1 & 1 & 3 \\ \mathbf{e}_2 & 2 & 2 \\ \mathbf{e}_3 & 3 & 1 \end{vmatrix} = \mathbf{e}_1(2 - 6) + \mathbf{e}_2(9 - 1) + \mathbf{e}_3(2 - 6) = \begin{pmatrix} -4 \\ 8 \\ -4 \end{pmatrix},$$

$$\begin{pmatrix} 1 \\ -2 \\ 3 \end{pmatrix} \times \begin{pmatrix} -2 \\ 4 \\ -6 \end{pmatrix} = \begin{vmatrix} \mathbf{e}_1 & 1 & -2 \\ \mathbf{e}_2 & -2 & 4 \\ \mathbf{e}_3 & 3 & -6 \end{vmatrix} = \mathbf{e}_1(12 - 12) + \mathbf{e}_2(-6 + 6) + \mathbf{e}_3(4 - 4) = \mathbf{0}.$$

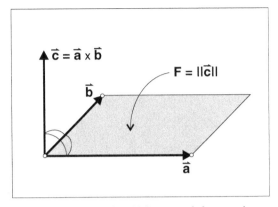

Eigenschaften des Vektorprodukts a × b

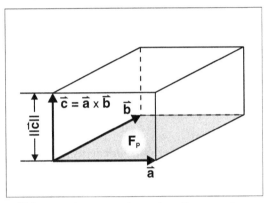

Volumen des von $a, b, a \times b$ aufgespannten
Parallelflachs

Wir diskutieren nun eine Reihe von Eigenschaften und Rechenregeln für das Vektorprodukt. Zunächst

---

Definition 4.205 *Das Produkt*

$$[a, b, c] := \langle a \times b, c \rangle = \det(a, b, c)$$

heißt **Spatprodukt** *der Vektoren* $a, b, c \in \mathbb{R}^3$.

Satz 4.206 *Die bekanntesten Eigenschaften des Vektorproduktes sind:*

V1) $a \perp a \times b$ *und* $a \times b \perp b$.

V2) $\mathbf{a}, \mathbf{b}, \mathbf{a} \times \mathbf{b}$ *bilden* $\forall \, \mathbf{a}, \mathbf{b} \in \mathbb{R}^3$ *ein* **Rechtssystem**, *d.h. insbesondere*

$$|\det(\mathbf{a}, \mathbf{b}, \mathbf{a} \times \mathbf{b})| = \det(\mathbf{a}, \mathbf{b}, \mathbf{a} \times \mathbf{b}) = V_{\mathrm{PF}}.$$

Dabei bezeichnet V_{PF} *den Volumeninhalt des von den Kantenvektoren* $\mathbf{a}, \mathbf{b}, \mathbf{a} \times \mathbf{b}$ *aufgespannten Spats.*

V3) $\|\mathbf{a} \times \mathbf{b}\| = F_P$.

Hierin bezeichnet F_P *den Flächeninhalt des von den Kantenvektoren* $\mathbf{a}, \mathbf{b}$ *aufgespannten Parallelogramms.*

Beweis. Wir weisen alle Eigenschaften nach.

V1) Es gilt wegen (4.42)

$$\langle \mathbf{a} \times \mathbf{b}, \mathbf{a} \rangle = \det(\mathbf{a}, \mathbf{b}, \mathbf{a}) = 0 = \det(\mathbf{a}, \mathbf{b}, \mathbf{b}) = \langle \mathbf{a} \times \mathbf{b}, \mathbf{b} \rangle.$$

V2) Denn es gilt mit $\mathbf{c} := \mathbf{a} \times \mathbf{b}$ wieder mit (4.42), dass

$$0 \leq \|\mathbf{a} \times \mathbf{b}\|^2 = \langle \mathbf{a} \times \mathbf{b}, \underbrace{\mathbf{a} \times \mathbf{b}}_{=: \mathbf{c}} \rangle = \langle \mathbf{a} \times \mathbf{b}, \mathbf{c} \rangle = \det(\mathbf{a}, \mathbf{b}, \mathbf{c}).$$

V3) In der Tat, mit $\mathbf{c} := \mathbf{a} \times \mathbf{b}$ entnehmen wir der obigen Skizze:

$$\|\mathbf{a} \times \mathbf{b}\|^2 = \|\mathbf{c}\|^2 = \langle \mathbf{a} \times \mathbf{b}, \mathbf{c} \rangle = \det(\mathbf{a}, \mathbf{b}, \mathbf{c}) = V_{\mathrm{PF}} = F_P \cdot \|\mathbf{c}\|.$$

Nach Division durch $\|\mathbf{c}\|$ ergibt sich das behauptete Resultat

$$F_P = \|\mathbf{a} \times \mathbf{b}\|.$$

qed

Rechenregeln 4.207 *Es gelten folgende Regeln:*

V4) $\mathbf{a} \times \mathbf{b} = -(\mathbf{b} \times \mathbf{a}) \ \forall \, \mathbf{a}, \mathbf{b} \in \mathbb{R}^3$ *und* $\mathbf{a} \times \mathbf{a} = \mathbf{0} \ \forall \, \mathbf{a} \in \mathbb{R}^3$.

Das Vektorprodukt ist also **nicht** *kommutativ.*

V5) $(\lambda \, \mathbf{a} + \mu \, \mathbf{b}) \times \mathbf{c} = \lambda \, (\mathbf{a} \times \mathbf{c}) + \mu \, (\mathbf{b} \times \mathbf{c}) \ \forall \, \mathbf{a}, \mathbf{b}, \mathbf{c} \in \mathbb{R}^3, \ \forall \, \lambda, \mu \in \mathbb{R}$.

Das Vektorprodukt ist **linear** *im ersten Argument, und zusammen mit V4) erhält man auch die Linearität im zweiten Argument.*

V6) $\lambda\,(\mathbf{a}\times\mathbf{b})=(\lambda\,\mathbf{a})\times\mathbf{b}=\mathbf{a}\times(\lambda\,\mathbf{b})\ \forall\,\mathbf{a},\mathbf{b}\in\mathbb{R}^3,\ \forall\,\lambda\in\mathbb{R}.$

V7) $\mathbf{a}\times\mathbf{b}=\mathbf{0}\Longleftrightarrow\mathbf{a}$ *und* $\mathbf{b}$ *sind* **LA**.

V8) $\langle\mathbf{a}\times\mathbf{b},\mathbf{c}\rangle=\langle\mathbf{b}\times\mathbf{c},\mathbf{a}\rangle=\langle\mathbf{c}\times\mathbf{a},\mathbf{b}\rangle\quad\forall\,\mathbf{a},\mathbf{b},\mathbf{c}\in\mathbb{R}^3.$

Durch **zyklische Vertauschung** *ändert sich das Spatprodukt nicht.*

Beweis. Alle Regeln basieren auf Rechenregeln für Determinanten. Im Einzelnen gilt

V4) $\langle\mathbf{a}\times\mathbf{b},\mathbf{x}\rangle=\det(\mathbf{a},\mathbf{b},\mathbf{x})=-\det(\mathbf{b},\mathbf{a},\mathbf{x})=-\langle\mathbf{b}\times\mathbf{a},\mathbf{x}\rangle\ \forall\,\mathbf{x}\in\mathbb{R}^3.$

V5) $\langle(\lambda\,\mathbf{a}+\mu\,\mathbf{b})\times\mathbf{c},\mathbf{x}\rangle=\det(\lambda\,\mathbf{a}+\mu\,\mathbf{b},\mathbf{c},\mathbf{x})=\lambda\,\det(\mathbf{a},\mathbf{c},\mathbf{x})+\mu\,\det(\mathbf{b},\mathbf{c},\mathbf{x})$

$$=\lambda\,\langle\mathbf{a}\times\mathbf{c},\mathbf{x}\rangle+\mu\,\langle\mathbf{b}\times\mathbf{c},\mathbf{x}\rangle\ \forall\,\mathbf{x}\in\mathbb{R}^3.$$

V6) $\langle\lambda\,(\mathbf{a}\times\mathbf{b}),\mathbf{x}\rangle=\lambda\,\det(\mathbf{a},\mathbf{b},\mathbf{x})=\det(\lambda\,\mathbf{a},\mathbf{b},\mathbf{x})=\det(\mathbf{a},\lambda\,\mathbf{b},\mathbf{x})\ \forall\,\mathbf{x}\in\mathbb{R}^3.$

V7) $0=\langle\mathbf{a}\times\mathbf{b},\mathbf{x}\rangle=\det(\mathbf{a},\mathbf{b},\mathbf{x})\ \forall\,\mathbf{x}\in\mathbb{R}^3\Longleftrightarrow\mathbf{a},\mathbf{b}$ LA.

V8) $\det(\mathbf{a},\mathbf{b},\mathbf{c})=\det(\mathbf{b},\mathbf{c},\mathbf{a})=\det(\mathbf{c},\mathbf{a},\mathbf{b}).$

qed

Für die **Mehrfachausführung** des Vektorproduktes gibt es spezielle Formeln:

Satz 4.208 (GRASSMANNscher Entwicklungssatz.) *Es gilt*

V9) $\mathbf{a}\times(\mathbf{b}\times\mathbf{c})=\mathbf{b}\,\langle\mathbf{a},\mathbf{c}\rangle-\mathbf{c}\,\langle\mathbf{a},\mathbf{b}\rangle\ \forall\,\mathbf{a},\mathbf{b},\mathbf{c}\in\mathbb{R}^3.$

So **merken** *wir uns das:* **bac** *minus* **cab***, Klammern hinten!*

Beweis. Durch explizites Ausrechnen unter Definitionsverwendung zeigt man die Identität

$$\mathbf{a}\times(\mathbf{a}\times\mathbf{b})=\mathbf{a}\,\langle\mathbf{a},\mathbf{b}\rangle-\mathbf{b}\,\langle\mathbf{a},\mathbf{a}\rangle.\tag{4.43}$$

i) Gilt $\mathbf{b}\times\mathbf{c}=\mathbf{0}$, so sind die Vektoren $\mathbf{b},\mathbf{c}$ LA, und es verschwinden beide Seiten in V9).

ii) Gilt $\mathbf{b}\times\mathbf{c}\neq\mathbf{0}$, so sind die Vektoren $\mathbf{b},\mathbf{c}$ LU, und die Vektoren $\mathbf{b},\mathbf{c},\mathbf{b}\times\mathbf{c}$ bilden eine Basis des $\mathbb{R}^3$. Es gilt $\mathbf{a}=\lambda_1\mathbf{b}+\lambda_2\mathbf{c}+\lambda_3(\mathbf{b}\times\mathbf{c})$, und hiermit resultiert:

$$\mathbf{a} \times (\mathbf{b} \times \mathbf{c}) = \lambda_1 \mathbf{b} \times (\mathbf{b} \times \mathbf{c}) + \lambda_2 \mathbf{c} \times (\mathbf{b} \times \mathbf{c})$$

$$\stackrel{(4.43)}{=} \lambda_1 \left[\mathbf{b} \langle \mathbf{b}, \mathbf{c} \rangle - \mathbf{c} \langle \mathbf{b}, \mathbf{b} \rangle \right] - \lambda_2 \left[\mathbf{c} \langle \mathbf{c}, \mathbf{b} \rangle - \mathbf{b} \langle \mathbf{c}, \mathbf{c} \rangle \right]$$

$$= \mathbf{b} \langle \lambda_1 \mathbf{b} + \lambda_2 \mathbf{c} + \lambda_3 \underbrace{(\mathbf{b} \times \mathbf{c})}_{\perp \mathbf{c}}, \mathbf{c} \rangle - \mathbf{c} \langle \lambda_1 \mathbf{b} + \lambda_2 \mathbf{c}$$

$$+ \lambda_3 \underbrace{(\mathbf{b} \times \mathbf{c})}_{\perp \mathbf{b}}, \mathbf{b} \rangle$$

$$= \mathbf{b} \langle \mathbf{a}, \mathbf{c} \rangle - \mathbf{c} \langle \mathbf{a}, \mathbf{b} \rangle.$$

qed

HERMANN GÜNTHER GRASSMANN (1809-1877) war deutscher Mathematiker und gilt als der Begründer der Vektor- und Tensorrechnung.

Bemerkung 4.209 Das Vektorprodukt ist **nicht assoziativ**. In der Tat erhalten wir aus dem GRASSMANNschen Entwicklungssatz und der Beziehung V4)

$$(\mathbf{a} \times \mathbf{b}) \times \mathbf{c} = -\mathbf{c} \times (\mathbf{a} \times \mathbf{b}) = \mathbf{b} \langle \mathbf{a}, \mathbf{c} \rangle - \mathbf{a} \langle \mathbf{b}, \mathbf{c} \rangle \neq \mathbf{a} \times (\mathbf{b} \times \mathbf{c}).$$

Satz 4.210 (LAGRANGE Identität) *Es gelten*

V10) $\langle \mathbf{a} \times \mathbf{b}, \mathbf{c} \times \mathbf{d} \rangle = \langle \mathbf{a}, \mathbf{c} \rangle \langle \mathbf{b}, \mathbf{d} \rangle - \langle \mathbf{a}, \mathbf{d} \rangle \langle \mathbf{b}, \mathbf{c} \rangle \quad \forall \, \mathbf{a}, \mathbf{b}, \mathbf{c}, \mathbf{d} \in \mathbb{R}^3.$

V11) $\|\mathbf{a} \times \mathbf{b}\| = \|\mathbf{a}\| \|\mathbf{b}\| \cdot |\sin \sphericalangle (\mathbf{a}, \mathbf{b})| = 2 F_D \quad \forall \, \mathbf{a}, \mathbf{b} \in \mathbb{R}^3,$

worin F_D der Flächeninhalt des von den Kantenvektoren $\mathbf{a}, \mathbf{b}$ aufgespannten Dreiecks ist.

Beweis.

V10) Wir setzen $\mathbf{y} := \mathbf{c} \times \mathbf{d}$ und verwenden den GRASSMANNschen Entwicklungssatz:

$$\langle \mathbf{a} \times \mathbf{b}, \mathbf{y} \rangle = \det(\mathbf{a}, \mathbf{b}, \mathbf{y}) = \det(\mathbf{b}, \mathbf{y}, \mathbf{a}) = \langle \mathbf{b} \times \mathbf{y}, \mathbf{a} \rangle = \langle \mathbf{b} \times (\mathbf{c} \times \mathbf{d}), \mathbf{a} \rangle$$

$$\stackrel{V9)}{=} \langle \mathbf{c} \langle \mathbf{b}, \mathbf{d} \rangle - \mathbf{d} \langle \mathbf{b}, \mathbf{c} \rangle, \mathbf{a} \rangle = \langle \mathbf{a}, \mathbf{c} \rangle \langle \mathbf{b}, \mathbf{d} \rangle - \langle \mathbf{a}, \mathbf{d} \rangle \langle \mathbf{b}, \mathbf{c} \rangle.$$

V11) Wir setzen in V10) $\mathbf{a} = \mathbf{c}$ und $\mathbf{d} = \mathbf{b}$. Dann folgt unter Beachtung von $\langle \mathbf{a}, \mathbf{b} \rangle = \|\mathbf{a}\| \|\mathbf{b}\| \cos \sphericalangle (\mathbf{a}, \mathbf{b})$:

$$\|\mathbf{a} \times \mathbf{b}\| = \sqrt{\|\mathbf{a}\|^2 \|\mathbf{b}\|^2 - \langle \mathbf{a}, \mathbf{b}\rangle^2} = \|\mathbf{a}\|\|\mathbf{b}\| \cdot |\sin \sphericalangle (\mathbf{a}, \mathbf{b})|.$$

Folgende Skizze zeigt, dass dieser Ausdruck den zweifachen Flächeninhalt des von den Kantenvektoren $\mathbf{a}, \mathbf{b}$ aufgespannten Dreiecks angibt:

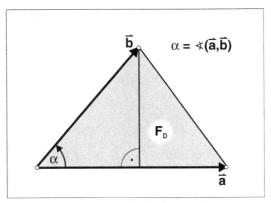

Die Höhe des Dreiecks beträgt
$$\|\mathbf{b}\| \cdot |\sin \sphericalangle (\mathbf{a}, \mathbf{b})|$$

qed

Die „Standardanwendung" des Vektorproduktes aus dem Bereich der geometrischen Problemstellungen im $\mathbb{R}^3$ soll diesen Abschnitt abschließen.

Beispiel 4.211 *Die Standardaufgabe, zu zwei gegebenen Richtungen $\mathbf{a}, \mathbf{b} \in \mathbb{R}^3$ eine* **orthogonale Richtung** $\mathbf{c}$ *zu bestimmen, wird bekanntlich gemäß V1) durch $\mathbf{c} := \mathbf{a} \times \mathbf{b}$ gelöst.*

Sind $\mathbf{a} \perp \mathbf{b}$ **Einheitsvektoren,** *so folgt aus V11), dass auch $\|\mathbf{c}\| = 1$ gilt. So stehen die Einheitsvektoren $\mathbf{e}_j \in \mathbb{R}^3$ der Standardbasis in folgender Relation:*

$$\mathbf{e}_1 \times \mathbf{e}_2 = \begin{vmatrix} \mathbf{e}_1 & 1 & 0 \\ \mathbf{e}_2 & 0 & 1 \\ \mathbf{e}_3 & 0 & 0 \end{vmatrix} = \mathbf{e}_3, \ \mathbf{e}_2 \times \mathbf{e}_3 = \begin{vmatrix} \mathbf{e}_1 & 0 & 0 \\ \mathbf{e}_2 & 1 & 0 \\ \mathbf{e}_3 & 0 & 1 \end{vmatrix} = \mathbf{e}_1, \ \mathbf{e}_3 \times \mathbf{e}_1 = \begin{vmatrix} \mathbf{e}_1 & 0 & 1 \\ \mathbf{e}_2 & 0 & 0 \\ \mathbf{e}_3 & 1 & 0 \end{vmatrix} = \mathbf{e}_2.$$

Spannen nun $\mathbf{a}, \mathbf{b} \in \mathbb{R}^3$ die Richtung (Unterraum) $U := span\{\mathbf{a}, \mathbf{b}\}$ einer Ebene

$$E := \mathbf{p} + U = \{\mathbf{x} \in \mathbb{R}^3 : \mathbf{x} = \mathbf{p} + \lambda \mathbf{a} + \mu \mathbf{b}, \ \lambda, \mu \in \mathbb{R}\}$$

auf, so wird das Orthogonalkomplement $U^\perp$ von der **Einheitsnormalen** $\mathbf{n}_0$ *aufgespannt, mit deren Hilfe man die* HESSE*–Normalform (HNF) der Ebene E bestimmt:*

$$n_0 = \frac{a \times b}{\|a \times b\|} \implies E = \{x \in \mathbb{R}^3 : \langle n_0, x \rangle = \langle n_0, p \rangle\}.$$

Das Gegenstück zur HESSE–Normalform der **Ebenengleichung** bildet in $\mathbb{R}^3$ die PLÜCKER–Normalform der **Geradengleichung** (PNF):

Satz 4.212 *Gegeben seien ein Aufhängepunkt* $p \in \mathbb{R}^3$ *und eine Richtung* $0 \neq u \in \mathbb{R}^3$, *die eine* **Gerade** $G \subset \mathbb{R}^3$ *bestimmen:*

$$G = \{x \in \mathbb{R}^3 : x = p + \lambda u, \quad \lambda \in \mathbb{R}\}.$$

Dann gestattet G *die folgende Darstellung in der* PLÜCKER*schen **Normalform***

$$G = \{x \in \mathbb{R}^3 : (x-p) \times u = 0\} = \{x \in \mathbb{R}^3 : x \times u = p \times u =: d = const\}. \tag{4.44}$$

Beweis. Es ist klar, dass wegen V7)

$$(x - p) \times u = 0 \iff (x - p), u \text{ sind LA} \iff x - p = \lambda u$$

gilt. Also beschreibt (4.44) genau die Menge aller Punkte auf der Geraden $G : x = p + \lambda u$. qed

Bemerkung 4.213 Die Darstellung $G : x \times u = p \times u =: d = const$ heißt auch **Momentengleichung** einer Geraden G. Dieser Begriff ist der Physik entlehnt. Bezeichnet v ein *ortsabhängiges Vektorfeld*, welches im Punkte $x \in \mathbb{R}^3$ angreift, so nennt man $m := x \times v$ das v–**Moment im Punkte** x. Spezielle Momente sind das **Drehmoment** $m = x \times v$, welches ein *Kraftfeld* v im Punkte x ausübt. Ferner der **Drehimpuls (Drall)** $m(x \times v)$ einer Masse m in einem *Geschwindigkeitsfeld* v.

Aufgaben

Aufgabe 4.112. Schaffen Sie es, eine Formulierung des Vektorprodukts für Vektoren des $\mathbb{R}^2$ zu finden und diese Darstellung geometrisch zu deuten?

Aufgabe 4.113. Zeigen Sie für Vektoren $a, b, c \in \mathbb{R}^3$:

a) $\langle \mathbf{a}, \mathbf{b} + \mathbf{c} \rangle = \langle \mathbf{a}, \mathbf{b} \rangle + \langle \mathbf{a}, \mathbf{c} \rangle$,

b) $\mathbf{a} \times \langle \mathbf{b} + \mathbf{c} \rangle = \mathbf{a} \times \mathbf{b} + \mathbf{a} \times \mathbf{c}$.

Aufgabe 4.114. Im $\mathbb{R}^3$ seien zwei linear unabhängige Vektoren $\mathbf{a}$ und $\mathbf{b}$ gegeben. Weiter sei $k \in \mathbb{R}$, $k \neq 0$. Bestimmen Sie den Vektor $\mathbf{x} \in \mathbb{R}^3$ so, dass

$$k\mathbf{x} + \mathbf{x} \times \mathbf{a} = \mathbf{b}$$

gilt.

Aufgabe 4.115.

a) Gegeben sei $\mathbf{a} = (a_1, a_2, a_3)^T \in \mathbb{R}^3$. Bestimmen Sie eine Matrix A mit $A\mathbf{x} = \mathbf{a} \times \mathbf{x}$.

b) Gegeben sei eine schiefsymmetrische Matrix durch

$$\begin{pmatrix} 0 & a & b \\ -a & 0 & c \\ -b & -c & 0 \end{pmatrix}.$$

Bestimmen Sie einen Vektor $\mathbf{a}$ so, dass $A\mathbf{x} = \mathbf{a} \times \mathbf{x}$ (polarer Vektor).

c) Zeigen Sie, dass für alle schiefsymmetrischen Matrizen $A \in \mathbb{R}^{n,n}$ die Eigenschaft $A\mathbf{x} \perp \mathbf{x}$ gilt.

Aufgabe 4.116. Gegeben seien $\mathbf{a}, \mathbf{b} \in \mathbb{R}^3$.

a) Mit Hilfe des Entwicklungssatzes für Vektorprodukte bestimmen Sie komponentenfrei die Matrizen A und B, für die gilt

$$A\mathbf{x} = \mathbf{a} \times (\mathbf{b} \times \mathbf{x}) \quad \text{und} \quad B\mathbf{x} = \mathbf{x} \times (\mathbf{a} \times \mathbf{b}).$$

b) Überprüfen Sie das Ergebnis mit

$$\mathbf{a} = (1, 2, 3)^T, \quad \mathbf{b} = (3, 2, 1)^T, \quad \mathbf{x} = (1, -1, 2)^T.$$

4.19 Das Eigenwertproblem

Von außerordentlicher Bedeutung in vielen Bereichen der Mathematik und Physik ist die Theorie und praktische Bestimmung von **Eigenwerten** und

Eigenvektoren einer quadratischen Matrix. Die Berechnung der genannten Größen ist eng verbunden mit der Nullstellenbestimmung bei Polynomen. Deshalb führen wir für eine Matrix $A \in \mathbb{K}^{(n,n)}$ die Betrachtungen o.g. Größen stets in $\mathbb{C}$ durch, womit natürlich der Körper $\mathbb{R}$ ebenfalls miteingeschlossen ist.

Die Problemstellung lässt sich im Grunde ganz einfach formulieren:

> Finden Sie $\lambda \in \mathbb{C}$ und $\mathbf{0} \neq \mathbf{v} \in \mathbb{C}^n$ so, dass $A\mathbf{v} = \lambda\mathbf{v}$.

Wir präzisieren nun diesen Sachverhalt.

> **Definition 4.214** *Zu gegebener quadratischer Matrix $A \in \mathbb{K}^{(n,n)}$ heißt eine Zahl $\lambda \in \mathbb{C}$ **Eigenwert** von A, wenn es einen Vektor $\mathbf{v} \in \mathbb{C}^n$, $\mathbf{v} \neq \mathbf{0}$ gibt, dass*
>
> $$A\mathbf{v} = \lambda\mathbf{v} \tag{4.45}$$
>
> *gilt. Der so definierte Vektor $\mathbf{v}$ heißt **Eigenvektor** zum **Eigenwert** λ.*

Beispiel 4.215 *Nachfolgende Matrizen besitzen derartige Größen:*

*a) Die **Diagonalmatrix** $\Lambda := \mathrm{diag}\,(\lambda_1, \lambda_2, \ldots, \lambda_n) \in \mathbb{C}^n$ erfüllt offenbar*

$$\Lambda\mathbf{e}_j = \lambda_j\,\mathbf{e}_j \ \ \forall\, j = 1, \ldots, n,$$

*worin $\mathbf{e}_j$ den j-ten **Standardbasisvektor** des $\mathbb{R}^n$ bezeichnet. Das heißt, $\mathbf{e}_j$ ist Eigenvektor zum Eigenwert λ_j. Ist $\lambda_j \equiv \lambda \ \forall\, j = 1, \ldots, n$, so zeigt dieses Beispiel insbesondere, dass möglicherweise nur ein einziger Eigenwert λ existiert und dazu mehrere, hier n verschiedene Eigenvektoren.*

b) Wir betrachten die Vektoren $\mathbf{a}$, $\mathbf{b}$, $\mathbf{c} \in \mathbb{R}^3$ mit der Eigenschaft $\mathbf{a} \perp \mathbf{b} \perp \mathbf{c}$. Die Matrix $A \in \mathbb{R}^{(3,3)}$ sei definiert durch

$$A := \mathbf{a} \otimes \mathbf{a} + \mathbf{b} \otimes \mathbf{b} + \mathbf{c} \otimes \mathbf{c}.$$

Es gilt wegen der Orthogonalität der drei Vektoren (z.B. $(\mathbf{b} \otimes \mathbf{b})\,\mathbf{a} = \langle \mathbf{a}, \mathbf{b} \rangle\,\mathbf{b} = 0$) der Zusammenhang

$$A\,\mathbf{a} = \langle \mathbf{a}, \mathbf{a} \rangle\,\mathbf{a} =: \lambda_1\,\mathbf{a},$$

$$A\,\mathbf{b} = \langle \mathbf{b}, \mathbf{b} \rangle\,\mathbf{b} =: \lambda_2\,\mathbf{b},$$

$$A\,\mathbf{c} = \langle \mathbf{c}, \mathbf{c} \rangle\,\mathbf{c} =: \lambda_3\,\mathbf{c}.$$

Damit können hier die Eigenwerte und Eigenvektoren direkt abgelesen werden.

c) *Die Matrix* $A := \begin{pmatrix} 2 & 1 & 1 \\ 2 & 3 & 4 \\ -1 & -1 & -2 \end{pmatrix}$ *hat die drei verschiedenen Eigenwerte*

$$\lambda_1 = 3, \ \lambda_2 = 1, \ \lambda_3 = -1$$

mit den entsprechend zugeordneten Eigenvektoren

$$\mathbf{v}_1 = \begin{pmatrix} 2 \\ 3 \\ -1 \end{pmatrix}, \ \mathbf{v}_2 = \begin{pmatrix} 1 \\ -1 \\ 0 \end{pmatrix}, \ \mathbf{v}_3 = \begin{pmatrix} 0 \\ 1 \\ -1 \end{pmatrix}.$$

Die Zusammengehörigkeit jedes dieser drei Pärchen $(\lambda_j, \mathbf{v}_j)$ *lässt sich problemlos durch* $A\mathbf{v}_j = \lambda_j \mathbf{v}_j$, $j = 1, 2, 3$, *verifizieren.*

Bemerkung 4.216 *Es sei bereits an dieser Stelle bemerkt, dass alle o.g. Vektoren LU sind, kein Zufall übrigens!*

Nun stellt sich die berechtigte Frage wie diese Werte und Vektoren **berechnet** werden. Dazu zunächst

---

Folgerung 4.217 *Äquivalent mit (4.45) ist die Lösung des linearen homogenen Gleichungssystems*

$$(A - \lambda\,Id)\mathbf{v} = \mathbf{0}. \tag{4.46}$$

Nach den aus der linearen Algebra bekannten Lösbarkeitskriterien (vgl. Satz 4.194) ist das homogene Gleichungssystem (4.46) genau dann **nichttrivial** *lösbar, wenn*

$$\det(A - \lambda\,Id) = 0.$$

(Es wurde ja $\mathbf{v} \neq \mathbf{0}$ *gefordert!)*

Aus diesem Sachverhalt resultiert ein Kriterium zur Bestimmung der Eigenwerte.

Satz 4.218 *Gegeben sei die Matrix $A \in \mathbb{K}^{(n,n)}$.*

1. Genau dann ist $\lambda \in \mathbb{C}$ ein Eigenwert von A, wenn gilt

$$P_n(\lambda) := \det(A - \lambda \, Id) = 0. \tag{4.47}$$

2. Wir haben

$$P_n(\lambda) = \det(A - \lambda \, Id) = (-1)^n \lambda^n + p_{n-1}\lambda^{n-1} + \cdots + p_1\lambda + \det A, \tag{4.48}$$

d.h. $\det(A - \lambda \, Id)$ ist ein Polynom in λ vom Grade n.

Beweis. Für die Spaltenvektoren $\mathbf{a}_1, \mathbf{a}_2, \ldots, \mathbf{a}_n$ der Matrix A gilt ja $\mathbf{a}_j = A\mathbf{e}_j \; \forall \; j = 1, 2, \ldots, n$, so dass aus den Rechenregeln über Determinanten Folgendes resultiert:

$$\det(A - \lambda \, Id) = \det\left[(A - \lambda \, Id)\mathbf{e}_1, \ldots, (A - \lambda \, Id)\mathbf{e}_n\right]$$

$$= \det(\mathbf{a}_1 - \lambda\mathbf{e}_1, \mathbf{a}_2 - \lambda\mathbf{e}_2, \ldots, \mathbf{a}_n - \lambda\mathbf{e}_n)$$

$$= \det(\mathbf{a}_1, \mathbf{a}_2, \ldots, \mathbf{a}_n)$$

$$+ \lambda \sum_{j=1}^{n} \det(\mathbf{a}_1, \ldots, \mathbf{a}_{j-1}, -\mathbf{e}_j, \mathbf{a}_{j+1}, \ldots, \mathbf{a}_n) + \cdots \tag{4.49}$$

$$+ (-1)^{n-1}\lambda^{n-1} \sum_{j=1}^{n} \underbrace{\det(\mathbf{e}_1, \ldots, \mathbf{e}_{j-1}, \mathbf{a}_j, \mathbf{e}_{j+1}, \ldots, \mathbf{e}_n)}_{=a_{jj}}$$

$$+ (-1)^n \lambda^n \underbrace{\det Id}_{=1}.$$

Dies liefert eine **explizite Darstellung** der Koeffizienten p_k des Polynoms $P_n(\lambda)$. Es gilt

$$p_0 = \det A, \quad p_1 = -\sum_{j=1}^{n} \det(\mathbf{a}_1, \ldots, \mathbf{a}_{j-1}, \mathbf{e}_j, \mathbf{a}_{j+1}, \ldots, \mathbf{a}_n),$$

$$p_{n-1} = (-1)^{n-1} \sum_{j=1}^{n} a_{jj}. \tag{4.50}$$

Hieraus folgen schon beide behaupteten Relationen. \hfill qed

Bemerkung 4.219 *Der früher schon erwähnte* **Fundamentalsatz der Algebra** *weist dem Polynom $P_n(\cdot)$ in $\mathbb{C}$ genau n nicht notwendigerweise verschiedene Nullstellen zu, und diese sind die Eigenwerte der Matrix A.*

Wir klären an dieser Stelle einige Begriffe.

Definition 4.220 *Gegeben sei die Matrix $A \in \mathbb{K}^{(n,n)}$.*

1. *Das Polynom*
$$P_n(\lambda) := \det(A - \lambda\,Id)$$

   heißt **charakteristisches Polynom** *der Matrix A.*

2. *Die Zahl*
$$\mathrm{Sp}A := \sum_{j=1}^{n} a_{jj}$$

   heißt **Spur** *von A (manchmal auch „tr(A)" von* **trace***).*

3. *Ist λ_j eine k_j-fache Nullstelle des charakteristischen Polynoms P_n, so heißt die Zahl*
$$k_j \in \mathbb{N}$$

   die **algebraische Dimension** *oder* **Vielfachheit** *des Eigenwertes λ_j.*

   Seien insbesondere $\lambda_1, \lambda_2, \ldots, \lambda_r$, $r \leq n$, paarweise verschiedene *Nullstellen des charakteristischen Polynoms $P_n(\cdot)$ mit ihren Vielfachheiten $k_1, \ldots, k_r$. Dann gilt offenbar die Linearfaktorzerlegung*

$$P_n(\lambda) = (-1)^n(\lambda-\lambda_1)^{k_1}(\lambda-\lambda_2)^{k_2}\cdots(\lambda-\lambda_r)^{k_r} = (-1)^n\prod_{j=1}^{r}(\lambda-\lambda_j)^{k_j},$$

   wobei natürlich $\sum\limits_{j=1}^{r} k_j = n$.

Eine Hilfe bei der Berechnung von Eigenwerten liefern ggf. nachfolgende Aussagen:

Satz 4.221 *Gegeben sei die Matrix $A \in \mathbb{K}^{(n,n)}$ mit r verschiedenen Eigenwerten λ_j der algebraischen Vielfachheiten k_j. Es gelten die Beziehungen*

$$\det A = \prod_{j=1}^{r} \lambda_j^{k_j} \quad und \quad \mathrm{Sp}(A) = \sum_{j=1}^{r} k_j \cdot \lambda_j.$$

Beispiel 4.222 *Die Matrix* $A := \begin{pmatrix} 1 & 3 \\ 0 & 1 \end{pmatrix}$ *hat das charakteristische Polynom*

$$P_2(\lambda) = \det(A - \lambda \, Id) = \begin{vmatrix} 1 - \lambda & 3 \\ 0 & 1 - \lambda \end{vmatrix} = (1 - \lambda)^2$$

und demzufolge einen doppelten Eigenwert $\lambda_1 = 1$.

Wir bestätigen auch $\det A = 1 = \lambda_1^2$ *sowie* $\mathrm{Sp}(A) = 2 = 2 \cdot \lambda_1$.

Sind die Eigenwerte berechnet, dann kann zu jedem λ_j von A mit Hilfe des homogenen Gleichungssystems (4.46) der (die) zugehörige(n) Eigenwert(e) berechnet werden.

Eleganter formuliert: Aus (4.46) folgt, dass die jedem λ_j zugeordneten Eigenvektoren $v_1, \dots, v_r$, $r \leq n$, den **Kern** der Abbildung $A - \lambda_j \, Id : \mathbb{C}^n \to \mathbb{C}^n$ aufspannen. Wegen der Unterraumeigenschaft Kern $(A - \lambda_j \, Id) \subseteq \mathbb{C}^n$ gilt natürlich

$$1 \leq \rho(\lambda_j) := \dim \mathrm{Kern}\,(A - \lambda_j \, Id) \leq n.$$

Definition 4.223 *Gegeben sei die Matrix* $A \in \mathbb{K}^{(n,n)}$ *mit Eigenwert* $\lambda_j \in \mathbb{C}$. *Dann heißt der von den zu* λ_j *gehörigen Eigenvektoren* $v_1, \dots, v_s \in \mathbb{C}^n$, $s \leq n$, *aufgespannte Unterraum*

$$\mathrm{Kern}\,(A - \lambda_j \, Id) \subseteq \mathbb{C}^n$$

der **Eigenraum** *von* λ_j.

Seine Dimension $\rho(\lambda_j) := \dim \mathrm{Kern}\,(A - \lambda_j \, Id) = s$ *heißt die* **geometrische Dimension** *oder* **Vielfachheit** *des Eigenwertes* λ_j.

Beispiel 4.224 *Die folgenden Beispiele zeigen, dass algebraische und geometrische Dimensionen eines Eigenwertes i. Allg. verschieden sind:*

a) *Gegeben sei die Matrix* $A := \begin{pmatrix} 2 & 1 & 1 \\ 2 & 3 & 4 \\ -1 & -1 & -2 \end{pmatrix}$ *mit dem charakteristischen*

Polynom

$$P_3(\lambda) = \det(A - \lambda\,Id) = \begin{vmatrix} 2 - \lambda & 1 & 1 \\ 2 & 3 - \lambda & 4 \\ -1 & -1 & -2 - \lambda \end{vmatrix} = -(\lambda - 3)(\lambda - 1)(\lambda + 1).$$

Es ergeben sich drei verschiedene Eigenwerte

$$\lambda_1 = 3, \quad \lambda_2 = 1, \quad \lambda_3 = -1,$$

jeweils mit algebraischer $\dim \lambda_j = 1$. *Die zugeordneten Eigenvektoren* $\mathbf{v}_j$
sind die Lösungen der homogenen Gleichungssysteme $(A - \lambda_j\,Id)\mathbf{v}_j = \mathbf{0}$,
$j = 1, 2, 3$. *Wir berechnen ohne Schwierigkeiten*

$$\mathrm{Kern}\,(A - \lambda_1\,Id) = \mathrm{span}\left\{(2, 3, -1)^T\right\},$$

$$\mathrm{Kern}\,(A - \lambda_2\,Id) = \mathrm{span}\left\{(1, -1, 0)^T\right\},$$

$$\mathrm{Kern}\,(A - \lambda_3\,Id) = \mathrm{span}\left\{(0, 1, -1)^T\right\}.$$

Demzufolge gilt hier

$$\rho(\lambda_j) = 1 = k_j, \quad j = 1, 2, 3.$$

b) *Wir betrachten* $A := \begin{pmatrix} 1 & 4 & 3 \\ 0 & 1 & 2 \\ 0 & 0 & 1 \end{pmatrix}$ *mit dem charakteristischen Polynom*

$$P_3(\lambda) = \det(A - \lambda\,Id) = \begin{vmatrix} 1 - \lambda & 4 & 3 \\ 0 & 1 - \lambda & 2 \\ 0 & 0 & 1 - \lambda \end{vmatrix} = -(\lambda - 1)^3.$$

Es gibt nur einen einzigen Eigenwert $\lambda_1 = 1$, *das bedeutet für die alge-*
braische Vielfachheit $k_1 = 3$.

Die Bestimmung des Eigenraumes $\mathrm{Kern}\,(A - \lambda_1\,Id)$ *läuft auf die Lösung*
des homogenen Gleichungssystems $(A - Id)\mathbf{v} = \mathbf{0}$ *hinaus, und wir erhalten*

$$\mathrm{Kern}\,(A - \mathit{Id}) = \mathrm{span}\Big\{(1,0,0)^T\Big\}.$$

Die Matrix A hat nur einen einzigen Eigenvektor. Somit gilt

$$\rho(\lambda_1) = 1 < 3 = k_1.$$

Wir fassen einige Resultate der Eigenwerttheorie zusammen.

Satz 4.225 *Seien $\lambda_j \in \mathbb{C}$ für $j = 1, \ldots, r$, $r \leq n$, Eigenwerte der Matrix $A \in \mathbb{K}^{(n,n)}$.*

1. *Es gilt $\lambda_1 \neq \lambda_2$ genau dann, wenn $\mathrm{Kern}\,(A - \lambda_1\,\mathit{Id}) \cap \mathrm{Kern}\,(A - \lambda_2\,\mathit{Id}) = \{\mathbf{0}\}$.*

2. *Eigenvektoren zu **verschiedenen** Eigenwerten sind **LU**.*

3. *$\rho(\lambda_j) \leq k_j$.*

4. *Genau dann gilt $\rho(\lambda_j) = k_j\ \forall\, j = 1, \ldots, r \leq n$, wenn $n = \sum\limits_{j=1}^{r} \rho(\lambda_j)$ ist. Dies ist genau dann richtig, wenn es in $\mathbb{C}^n$ eine Basis aus Eigenvektoren der Matrix A gibt.*

5. *Die Diagonalmatrix $\Lambda := \mathrm{diag}\,(\lambda_1, \lambda_2, \ldots, \lambda_n)$ hat genau die Eigenwerte $\lambda_1, \lambda_2, \ldots, \lambda_n$, und die Vektoren der Standardbasis $\mathbf{e}_1, \mathbf{e}_2, \ldots, \mathbf{e}_n$ sind die zugeordneten Eigenvektoren.*

Beweis.

1. Wäre $\mathbf{0} \neq \mathbf{v} \in \mathrm{Kern}\,(A - \lambda_1\,\mathit{Id}) \cap \mathrm{Kern}\,(A - \lambda_2\,\mathit{Id})$, so wäre $A\mathbf{v} - \lambda_1\mathbf{v} = A\mathbf{v} - \lambda_2\mathbf{v} = \mathbf{0}$, also $(\lambda_2 - \lambda_1)\mathbf{v} = \mathbf{0}$, und somit $\lambda_1 = \lambda_2$.

2. Diese Aussage ist lediglich eine Interpretation der 1. Aussage.

3. Wir fixieren einen Eigenwert λ von A mit geometrischer und algebraischer Vielfachheit. Es gelte

$$\mathrm{Kern}\,(A - \lambda\,\mathit{Id}) = \mathrm{span}\{\mathbf{v}_1, \mathbf{v}_2, \ldots, \mathbf{v}_r\}.$$

Nach dem Basisergänzungssatz 4.51 gibt es $n - r$ weitere LU Vektoren $\mathbf{v}_j \in \mathbb{C}^n$, $j = r + 1, \ldots, n$, so dass $\mathbb{C}^n = \mathrm{span}\{\mathbf{v}_1, \mathbf{v}_2, \ldots, \mathbf{v}_n\}$ gilt.

Für die Matrix

$$T := (\mathbf{v}_1, \mathbf{v}_2, \ldots, \mathbf{v}_n) \in \mathbb{C}^{(n,n)} \tag{4.51}$$

gilt $\operatorname{Rang} T = n$, und somit $T \in \operatorname{Inv}(\mathbb{C}^n)$ sowie $T e_j = \mathbf{v}_j$ bzw. $\mathbf{e}_j = T^{-1}\mathbf{v}_j \ \forall j = 1, 2, \ldots, n$. Wir folgern daraus

$$T^{-1}AT e_j = T^{-1}A\mathbf{v}_j = \lambda T^{-1}\mathbf{v}_j = \lambda \mathbf{e}_j \ \forall j = 1, 2, \ldots, r.$$

Also muss $T^{-1}AT$ die Gestalt

$$T^{-1}AT = \left(\begin{array}{c|c} \lambda \, Id_r & B \\ \hline 0 & C \end{array}\right) \quad \text{mit} \quad Id_r := \operatorname{diag}(1, 1, \ldots, 1) \in \mathbb{K}^{(r,r)}$$

haben. Wir erschließen

$$
\left.
\begin{aligned}
P_n(\mu) &:= \det(T^{-1}AT - \mu \, Id) = \det[T^{-1}(A - \mu \, Id)T] \\
&= (\det T^{-1})\,[\det(A - \mu \, Id)]\,(\det T) = \det(A - \mu \, Id) \\
&= (\lambda - \mu)^r \cdot \det(C - \mu \, Id).
\end{aligned}
\right\} \quad (4.52)
$$

Das heißt, λ ist mindestens eine r–fache Nullstelle von $\det(A - \mu \, Id)$. Also gilt $k \geq r$.

4. Wegen $\rho(\lambda_j) \leq k_j$ und $n = \sum_{j=1}^{r} k_j$ kann $n = \sum_{j} \rho(\lambda_j)$ nur dann gelten, wenn $\rho(\lambda_j) = k_j \ \forall j = 1, \ldots, r \leq n$ erfüllt ist. Das heißt, die Eigenräume $\operatorname{Kern}(A - \lambda_j \, Id)$ von A spannen den Vektorraum $\mathbb{C}^n$ auf.

5. Da $\operatorname{span}\{\mathbf{e}_1, \mathbf{e}_2, \ldots, \mathbf{e}_n\} = \mathbb{K}^n$ gilt, liegen alle Eigenvektoren vor.

$$\text{qed}$$

Beispiel 4.226 *Die Matrix* $A := \begin{pmatrix} 3 & 0 & -1 \\ 0 & 3 & 4 \\ 0 & 0 & 2 \end{pmatrix}$ *hat das charakteristische Polynom*

$$P_3(\lambda) = \det(A - \lambda \, Id) = \begin{vmatrix} 3 - \lambda & 0 & -1 \\ 0 & 3 - \lambda & 4 \\ 0 & 0 & 2 - \lambda \end{vmatrix} = (3 - \lambda)^2 (2 - \lambda).$$

Es liegen die Eigenwerte $\lambda_1 = 2$ *(einfach) und* $\lambda_2 = 3$ *(doppelt) vor. Wir erhalten*

$$\operatorname{Kern}(A - \lambda_1 Id) = \operatorname{span}\left\{(1, -4, 1)^T\right\}.$$

Zur Bestimmung des Eigenraumes Kern $(A - \lambda_2 \, Id)$ *lösen wir das homogene Gleichungssystem*

$$(A - \lambda_2 \, Id)\mathbf{v} = \begin{pmatrix} 0 & 0 & -1 \\ 0 & 0 & 4 \\ 0 & 0 & -1 \end{pmatrix} \begin{pmatrix} v_1 \\ v_2 \\ v_3 \end{pmatrix} = \mathbf{0} \iff v_3 = 0, \; v_1, v_2 \in \mathbb{R}.$$

Es existieren also zwei linear unabhängige Eigenvektoren der Form

$$\text{Kern}\,(A - 3\,Id) = \text{span}\left\{ \begin{pmatrix} 1 \\ 0 \\ 0 \end{pmatrix}, \begin{pmatrix} 0 \\ 1 \\ 0 \end{pmatrix} \right\},$$

d.h. $\rho(\lambda_2) = k_2$. *Es trifft Satz 4.225, 1. zu, womit die Eigenvektoren*

$$\mathbf{v}_1 := (1, -4, 1)^T, \;\; \mathbf{v}_2 := (1, 0, 0)^T, \;\; \mathbf{v}_3 := (0, 1, 0)^T$$

eine Basis des Vektorraumes $\mathbb{C}^3$ *bilden. Die Matrix (4.51), die sog.* **Modalmatrix** *von* A *lautet*

$$T = \begin{pmatrix} 1 & 1 & 0 \\ -4 & 0 & 1 \\ 1 & 0 & 0 \end{pmatrix}, \;\; T^{-1} = \begin{pmatrix} 0 & 0 & 1 \\ 1 & 0 & -1 \\ 0 & 1 & 4 \end{pmatrix}.$$

Bei Diagonalmatrizen $\Lambda = \text{diag}\,(\lambda_1, \lambda_2, \ldots, \lambda_n)$ lassen sich die Eigenwerte und Eigenvektoren direkt ablesen. Wir untersuchen deshalb die Aufgabe, eine Matrix $A \in \mathbb{K}^{(n,n)}$ mit Hilfe geeigneter Transformationen auf Diagonalgestalt zu bringen, und zwar unter Beibehaltung der Eigenwerte. Anlass dazu bietet die Modularmatrix (4.51). Es gilt zunächst ganz allgemein

---

Definition 4.227 *Zwei Matrizen* $A, B \in \mathbb{K}^{(n,n)}$ *heißen* **ähnlich**, *wenn es eine Transformationsmatrix* $S \in \text{Inv}\,(\mathbb{C}^n)$ *gibt mit*

$$B = S^{-1}AS. \tag{4.53}$$

Diese Beziehung heißt **Ähnlichkeitstransformation**. *Eine Matrix* $A \in \mathbb{K}^{(n,n)}$ *heißt* **diagonalisierbar**, *falls* A *ähnlich mit einer Diagonalmatrix* Λ *ist.*

Bemerkung 4.228 Die Matrix S ist nicht eindeutig bestimmt. Gibt es ein solches S, so leistet auch $\tilde{S} := c \cdot S$ für jedes $c \neq 0$ das in (4.53) Verlangte.

Der folgende Satz gibt ein Kriterium für die Diagonalisierbarkeit einer Matrix an.

Satz 4.229 *Es gelten einige Zusammenhänge.*

1. *Sind $A, B \in \mathbb{K}^{(n,n)}$ ähnlich, so gilt*

$$\det(A - \lambda\,Id) = \det(B - \lambda\,Id) \ \forall \ \lambda \in \mathbb{C},$$

   d.h. die Matrizen A und B haben dieselbe Determinante und dasselbe charakteristische Polynom, also auch dieselben Eigenwerte.

2. *Ist $B = S^{-1}AS$, und ist $\mathbf{v}$ ein Eigenvektor von B zum Eigenwert λ, so ist $S\mathbf{v}$ ein Eigenvektor von A zum selben Eigenwert λ.*

3. *Genau dann ist A diagonalisierbar, wenn die Eigenvektoren von A eine Basis des $\mathbb{C}^n$ bilden. Bezeichnet $\mathbf{v}_1, \mathbf{v}_2, \ldots, \mathbf{v}_n$ diese Basis, so gilt mit der **Modalmatrix** $T = (\mathbf{v}_1, \mathbf{v}_2, \ldots, \mathbf{v}_n)$ die Ähnlichkeitsbeziehung*

$$T^{-1}AT = \Lambda = \text{diag}\,(\lambda_1, \lambda_2, \ldots, \lambda_n), \qquad (4.54)$$

   *sofern die Zuordnung $A\mathbf{v}_j = \lambda_j\mathbf{v}_j \ \ \forall \ j = 1, \ldots, n$, angenommen wird. Die Matrix Λ heißt die **Spektralmatrix** von A.*

Beweis.

1. Dies ergibt sich aus der Rechnung (4.52).

2. Aus $\mathbf{0} \neq \mathbf{v}$ und $B\mathbf{v} = \lambda\mathbf{v}$ resultiert $AS\mathbf{v} = SB\mathbf{v} = S\lambda\mathbf{v} = \lambda S\mathbf{v}$.

3. Ist A diagonalisierbar, so existieren

$$T := (\mathbf{t}_1, \mathbf{t}_2, \ldots, \mathbf{t}_n) \in \mathbb{C}^{(n,n)}$$

und $\Lambda := \text{diag}\,(\lambda_1, \lambda_2, \ldots, \lambda_n) \in \mathbb{C}^{(n,n)}$ mit der Beziehung (4.54). Gemäß 1. hat A die Eigenwerte $\lambda_1, \lambda_2, \ldots, \lambda_n$, und gemäß 2. sind $T\mathbf{e}_1 = \mathbf{t}_1, \ldots, T\mathbf{e}_n = \mathbf{t}_n$ die zugeordneten Eigenvektoren. Wegen Rang $T = n$ spannen diese den $\mathbb{C}^n$ auf.

Es seien umgekehrt $\mathbf{v}_1, \mathbf{v}_2, \ldots, \mathbf{v}_n$ Eigenvektoren von A, die den $\mathbb{C}^n$ aufspannen. Ist dann $T := (\mathbf{v}_1, \mathbf{v}_2, \ldots, \mathbf{v}_n)$ die Modalmatrix und Λ die Spektralmatrix von A, so gilt $T^{-1}AT = \Lambda$.   qed

Bemerkung 4.230 Sind alle n Eigenwerte der Matrix $A \in \mathbb{K}^{(n,n)}$ *voneinander verschieden*, dann bilden die Eigenvektoren eine Basis des $\mathbb{C}^n$. Also ist A *diagonalisierbar.*

Beispiel 4.231 *Zur Matrix* $A := \begin{pmatrix} 3 & 0 & -1 \\ 0 & 3 & 4 \\ 0 & 0 & 2 \end{pmatrix}$ *hatten wir bereits in Beispiel 4.226 die Modalmatrix T und ihre Inverse berechnet. Es folgt nun*

$$T^{-1}AT = \begin{pmatrix} 0 & 0 & 1 \\ 1 & 0 & -1 \\ 0 & 1 & 4 \end{pmatrix} \begin{pmatrix} 3 & 0 & -1 \\ 0 & 3 & 4 \\ 0 & 0 & 2 \end{pmatrix} \begin{pmatrix} 1 & 1 & 0 \\ -4 & 0 & 1 \\ 1 & 0 & 0 \end{pmatrix} = \begin{pmatrix} 2 & 0 & 0 \\ 0 & 3 & 0 \\ 0 & 0 & 3 \end{pmatrix} = \Lambda,$$

und wir erkennen die Eigenwerte in der Diagonalmatrix wieder.

Wir machen eine kleine **Zwischenbilanz**:

1. Zu verschiedenen Eigenwerten der Matrix A gehörende Eigenvektoren sind linear unabhängig, und nicht notwendigerweise orthogonal.

2. Es existieren nicht notwendig n linear unabhängige Eigenvektoren der Matrix A.

3. Im Allgemeinen hat man für die Eigenwerte λ der Matrix A Ungleichheit von algebraischer und geometrischer Dimension.

4. Die Matrix A braucht nicht diagonalisierbar zu sein.

Wir betrachten im Folgenden Matrizen, deren Eigenwerte auf den „ersten Blick" zu sehen sind.

Bemerkung 4.232 *Die Eigenwerte einer Dreiecksmatrix*

$$A = \begin{pmatrix} \lambda_1 & * & * & \cdots & * \\ & \lambda_2 & * & \cdots & * \\ & & \lambda_3 & \cdots & * \\ & & & \ddots & \vdots \\ O & & & & \lambda_n \end{pmatrix} \in \mathbb{K}^{(n,n)}$$

sind die nicht notwendigerweise verschiedenen Diagonalelemente λ_j, $j = 1, \ldots, n$. Ensprechendes gilt natürlich für eine untere Dreiecksmatrix.

Bemerkung 4.233 *Sei $A \in \mathbb{K}^{(n,n)}$ mit nicht notwendigerweise verschiedenen Eigenwerten λ_j, $j = 1, \ldots, n$ gegeben. Dann gelten die Aussagen:*

1. *Sei $k \in \mathbb{N}_0$, dann sind die Eigenwerte von $A^k \in \mathbb{K}^{(n,n)}$ die Zahlen λ_j^k, $j = 1, \ldots, n$. Die Eigenvektoren sind identisch mit denen von A.*

2. *Eine Matrix $A \in \mathbb{K}^{(n,n)}$ ist genau dann invertierbar, wenn alle Eigenwerte ungleich Null sind. Die Eigenwerte von $A^{-k} := (A^{-1})^k$ sind λ_j^{-k}, $j = 1, \ldots, n$.*

Reelle Matrizen können selbstverständlich auch komplexe Eigenwerte haben. Dazu gilt

---

Bemerkung 4.234 *Sei $A \in \mathbb{R}^{(n,n)}$, dann ist mit jedem komplexen Eigenwert $\lambda \in \mathbb{C}$ auch die dazu konjugiert komplexe Zahl $\bar{\lambda} \in \mathbb{C}$ ein Eigenwert von A.*

Für komplexe Matrizen gilt dies i. Allg. nicht.

Beispiel 4.235 *Wir betrachten*

$$A := \begin{pmatrix} 2i & 0 & i \\ 0 & 1 & 0 \\ i & 0 & 2i \end{pmatrix} \in \mathbb{C}^{(3,3)}.$$

Die Eigenwerte lauten

$$\lambda_1 = 1, \ \ \lambda_2 = i, \ \ \lambda_3 = 3i.$$

Abschließend bringen wir noch unitäre (orthogonale) und hermitesche (symmetrische) Matrizen mit ins Spiel. Dazu zunächst die

Definition 4.236 *Die Matrix* $A \in \mathbb{K}^{(n,n)}$ *heiß* **unitär (othogonal) diagonalisierbar** *oder* **normal**, *wenn eine Diagonalmatrix Λ und eine unitäre (orthogonale) Matrix Q existieren mit*

$$\Lambda = Q^* A Q. \tag{4.55}$$

Satz 4.237 *Sei $A \in \mathbb{K}^{(n,n)}$. Dann gelten folgende Aussagen:*

1. *Genau dann ist $A \in \mathbb{K}^{(n,n)}$ normal, wenn die Eigenvektoren $\mathbf{v}_1, \ldots, \mathbf{v}_n$ von A eine ON–Basis des $\mathbb{C}^n$ bilden.*

2. *Ist $A \in \mathbb{K}^{(n,n)}$ normal, so gestattet die Matrix A die sog.* **Spektralzerlegung**

$$A = \sum_{k=0}^{n} \lambda_j \left(\mathbf{v}_j \otimes \mathbf{v}_j \right).$$

Hierin bezeichnet $\lambda_1, \ldots, \lambda_n$ die Eigenwerte der Matrix A und $\mathbf{v}_1, \ldots, \mathbf{v}_n$ das zugeordnete ON–System der Eigenvektoren.

Beweis.

1. Eine Matrix $Q = (\mathbf{q}_1, \ldots, \mathbf{q}_n) \in \mathbb{C}^{(n,n)}$ ist genau dann unitär, wenn die Spaltenvektoren $\mathbf{q}_1, \ldots, \mathbf{q}_n$ eine ON–Basis des $\mathbb{C}^n$ bilden, d.h., wenn $\langle \mathbf{q}_j, \mathbf{q}_k \rangle = \delta_{jk} \ \forall \, j, k = 1, \ldots, n$ gilt.

   Ist also A normal, so sind gemäß Satz 4.229 die Vektoren $\mathbf{q}_j = Q\mathbf{e}_j \ \forall \, j = 1, \ldots, n$, die Eigenvektoren von A.

   Bilden umgekehrt die Eigenvektoren $\mathbf{v}_1, \ldots \mathbf{v}_n$ von A eine ON–Basis des $\mathbb{C}^n$, so ist die Modalmatrix $Q := (\mathbf{v}_1, \ldots, \mathbf{v}_n)$ unitär.

2. Da jeder Vektor $\mathbf{x} \in \mathbb{C}^n$ in der ON–Basis die eindeutige Zerlegung $\mathbf{x} = c_1\mathbf{v}_1 + \cdots + c_n\mathbf{v}_n, \ c_1, \ldots, c_n \in \mathbb{C}$, hat, gilt einerseits

$$A\mathbf{x} = c_1\lambda_1\mathbf{v}_1 + \cdots + c_n\lambda_n\mathbf{v}_n.$$

Andererseits gilt auch

$$\sum_{j=1}^{n} \lambda_j \left(\mathbf{v}_j \otimes \mathbf{v}_j \right) \mathbf{v}_k = \sum_{j=1}^{n} \lambda_j \langle \mathbf{v}_k, \mathbf{v}_j \rangle \mathbf{v}_j = \lambda_k \mathbf{v}_k, \quad k = 1, 2, \ldots, n,$$

und somit

$$\sum_{j=1}^{n} \lambda_j \Big(\mathbf{v}_j \otimes \mathbf{v}_j \Big) \mathbf{x} = c_1 \lambda_1 \mathbf{v}_1 + \cdots + c_n \lambda_n \mathbf{v}_n.$$

qed

Beispiel 4.238 *Die Matrix* $A := \begin{pmatrix} 1 & 1 & 0 \\ 1 & 2 & 1 \\ 0 & 1 & 1 \end{pmatrix}$ *hat das charakteristische Poly-nom*

$$P_3(\lambda) := \det(A - \lambda\,Id) = \begin{vmatrix} 1-\lambda & 1 & 0 \\ 1 & 2-\lambda & 1 \\ 0 & 1 & 1-\lambda \end{vmatrix} = (1-\lambda)\lambda(\lambda - 3).$$

Wir haben drei verschiedene Eigenwerte $\lambda_1 = 0$, $\lambda_2 = 1$, $\lambda_3 = 3$, *und dazu gehören drei normierte Eigenvektoren*

$$\mathbf{v}_1 := \frac{1}{\sqrt{3}} \begin{pmatrix} 1 \\ -1 \\ 1 \end{pmatrix}, \quad \mathbf{v}_2 := \frac{1}{\sqrt{2}} \begin{pmatrix} 1 \\ 0 \\ -1 \end{pmatrix}, \quad \mathbf{v}_3 := \frac{1}{\sqrt{6}} \begin{pmatrix} 1 \\ 2 \\ 1 \end{pmatrix},$$

die eine ON–Basis des $\mathbb{R}^3$ *bilden.*

Wir erhalten weiterhin mit $Q := (\mathbf{v}_1, \mathbf{v}_2, \mathbf{v}_3)$ *die behauptete Relation*

$$Q^T A Q = \tfrac{1}{6} \begin{pmatrix} \sqrt{2} & -\sqrt{2} & \sqrt{2} \\ \sqrt{3} & 0 & -\sqrt{3} \\ 1 & 2 & 1 \end{pmatrix} \begin{pmatrix} 1 & 1 & 0 \\ 1 & 2 & 1 \\ 0 & 1 & 1 \end{pmatrix} \begin{pmatrix} \sqrt{2} & \sqrt{3} & 1 \\ -\sqrt{2} & 0 & 2 \\ \sqrt{2} & -\sqrt{3} & 1 \end{pmatrix}$$

$$= \begin{pmatrix} 0 & 0 & 0 \\ 0 & 1 & 0 \\ 0 & 0 & 3 \end{pmatrix} = \Lambda.$$

Wie das Beispiel zeigt, ist es recht mühsam, Normalität einer Matrix A über die Orthonormalität der Eigenvektoren nachzuprüfen. Ein einfaches Kriterium liefert der

> **Satz 4.239** *Genau dann ist $A \in \mathbb{K}^{(n,n)}$ normal, wenn $A^*A = AA^*$ gilt.*

Beweis. Wir zeigen, dass die Bedingung $A^*A = AA^*$ **notwendig** für die Normalität von A ist. Auf den Nachweis der Hinlänglichkeit verzichten wir.

Sei also A normal. Dann gilt

$$Q\Lambda Q^* = A \text{ und auch } Q\Lambda^* Q^* = A^*.$$

Damit folgern wir

$$AA^* = Q\Lambda Q^* Q\Lambda^* Q^* = Q\Lambda\Lambda^* Q^* \text{ bzw. } A^*A = Q\Lambda^*\Lambda Q^*.$$

Wegen $\Lambda\Lambda^* = \Lambda^*\Lambda$ folgt $AA^* = A^*A$.   qed

Beispiel 4.240 *Für die Matrizen*

$$A := \begin{pmatrix} 2i & 0 & i \\ 0 & 1 & 0 \\ i & 0 & 2i \end{pmatrix}, \qquad A^* = \begin{pmatrix} -2i & 0 & -i \\ 0 & 1 & 0 \\ -i & 0 & -2i \end{pmatrix}$$

gilt ganz offensichtlich $AA^* = A^*A$, wie folgende Rechnung zeigt:

$$AA^* = \begin{pmatrix} 2i & 0 & i \\ 0 & 1 & 0 \\ i & 0 & 2i \end{pmatrix} \begin{pmatrix} -2i & 0 & -i \\ 0 & 1 & 0 \\ -i & 0 & -2i \end{pmatrix}$$

$$= \begin{pmatrix} 5 & 0 & 4 \\ 0 & 1 & 0 \\ 4 & 0 & 5 \end{pmatrix}$$

$$= \begin{pmatrix} -2i & 0 & -i \\ 0 & 1 & 0 \\ -i & 0 & -2i \end{pmatrix} \begin{pmatrix} 2i & 0 & i \\ 0 & 1 & 0 \\ i & 0 & 2i \end{pmatrix} = A^*A.$$

Damit ist A nach dem letzten Satz normal. A hat die Eigenwerte $\lambda_1 = 1$, $\lambda_2 = i$ und $\lambda_3 = 3i$. Dazu gehören die drei normierten Eigenvektoren

$$\mathbf{v}_1 := \begin{pmatrix} 0 \\ 1 \\ 0 \end{pmatrix}, \quad \mathbf{v}_2 := \frac{\sqrt{2}}{2} \begin{pmatrix} 1 \\ 0 \\ -1 \end{pmatrix}, \quad \mathbf{v}_3 := \frac{\sqrt{2}}{2} \begin{pmatrix} 1 \\ 0 \\ 1 \end{pmatrix},$$

welche eine ON–Basis des $\mathbb{C}^3$ bilden.

Wir ziehen jetzt hermitesche bzw. symmetrische Matrizen hinzu.

Satz 4.241 *Es sei $A = A^* \in \mathbb{K}^{(n,n)}$. Dann gelten folgende Aussagen:*

1. A ist normal.

2. Es gibt eine ON–Basis des $\mathbb{C}^n$ aus Eigenvektoren von A.

3. Alle Eigenwerte von A sind **reell**.

Beweis.

1. Wegen $A^* = A$ gilt natürlich $AA^* = A^*A$.

2. Dies ist eine Folgerung aus Satz 4.237.

3. Für einen Eigenwert $\lambda = 0$ ist nichts zu zeigen. Sei also $\lambda \neq 0$ Eigenwert von A, und sei $\mathbf{0} \neq \mathbf{v}$ zugeordneter Eigenvektor. Dann folgt

$$\lambda \langle \mathbf{v}, \mathbf{v} \rangle = \langle A\mathbf{v}, \mathbf{v} \rangle = \langle \mathbf{v}, A^*\mathbf{v} \rangle = \langle \mathbf{v}, A\mathbf{v} \rangle = \overline{\lambda} \langle \mathbf{v}, \mathbf{v} \rangle,$$

also gilt $\lambda = \overline{\lambda} \in \mathbb{R}$.

qed

Beispiel 4.242 *Gegeben sei die symmetrische Matrix* $A := \begin{pmatrix} 3 & 0 & -1 \\ 0 & 4 & 0 \\ -1 & 0 & 3 \end{pmatrix} =$
A^*, *deren charakteristisches Polynom wie folgt lautet:*

$$P_3(\lambda) = \det(A - \lambda\, Id) = \begin{vmatrix} 3-\lambda & 0 & -1 \\ 0 & 4-\lambda & 0 \\ -1 & 0 & 3-\lambda \end{vmatrix} = -(\lambda - 4)^2 (\lambda - 2).$$

Es liegen die Eigenwerte $\lambda_1 = 2$ (einfach) und $\lambda_2 = 4$ (doppelt) vor. Man erhält mit einfacher Rechnung

$$\text{Kern}\,(A - \lambda_1\,Id) = \text{span}\left\{\frac{1}{\sqrt{2}}\begin{pmatrix} 1 \\ 0 \\ 1 \end{pmatrix}\right\}.$$

Zur Bestimmung von $\text{Kern}\,(A - \lambda_2\,Id)$ *ist das homogene Gleichungssystem*

$$\mathbf{0} = (A - \lambda_2\,Id)\mathbf{v} = (A - 4\,Id)\mathbf{v} = \begin{pmatrix} -1 & 0 & -1 \\ 0 & 0 & 0 \\ -1 & 0 & -1 \end{pmatrix}\begin{pmatrix} v_1 \\ v_2 \\ v_3 \end{pmatrix} = \mathbf{0}$$

zu lösen. Offensichtlich ist v_2 beliebig wählbar, während $v_1 = -v_3$ gelten muss. Mit $v_2 = 0$ und $v_1 = 1$ erhält man den zu $\mathbf{v}_1$ senkrechten Eigenvektor

$$\frac{1}{\sqrt{2}}\begin{pmatrix} 1 \\ 0 \\ -1 \end{pmatrix} =: \mathbf{v}_2 \perp \mathbf{v}_1 := \frac{1}{\sqrt{2}}\begin{pmatrix} 1 \\ 0 \\ 1 \end{pmatrix}.$$

Da wir aus dem vorangegangenen Satz wissen, dass ein dritter Eigenvektor senkrecht auf $\mathbf{v}_1$ und $\mathbf{v}_2$ stehen muss, setzen wir einfach

$$\mathbf{v}_3 = \mathbf{v}_1 \times \mathbf{v}_2 = \begin{pmatrix} 0 \\ 1 \\ 0 \end{pmatrix} \in \text{Kern}\,(A - \lambda_2\,Id).$$

Die orthogonale Modalmatrix $Q := (\mathbf{v}_1, \mathbf{v}_2, \mathbf{v}_3)$ liefert jetzt die gewünschte Diagonalisierung

$$Q^T A Q = \frac{1}{2}\begin{pmatrix} 1 & 0 & 1 \\ 1 & 0 & -1 \\ 0 & \sqrt{2} & 0 \end{pmatrix}\begin{pmatrix} 3 & 0 & -1 \\ 0 & 4 & 0 \\ -1 & 0 & 3 \end{pmatrix}\begin{pmatrix} 1 & 1 & 0 \\ 0 & 0 & \sqrt{2} \\ 1 & -1 & 0 \end{pmatrix} = \begin{pmatrix} 2 & 0 & 0 \\ 0 & 4 & 0 \\ 0 & 0 & 4 \end{pmatrix} = \Lambda.$$

Des Weiteren gelten einige Äquivalenzaussagen.

Satz 4.243 *Es sei $A = A^* \in \mathbb{K}^{(n,n)}$, dann sind folgende Aussagen äquivalent:*

1. *A ist positiv definit.*

2. *Alle Eigenwerte von A sind positiv.*

3. *Die „aufsteigenden" Unterdeterminanten*

$$U_i := \det \begin{pmatrix} a_{11} & \ldots & a_{1i} \\ \vdots & & \vdots \\ a_{i1} & \ldots & a_{ii} \end{pmatrix}$$

sind alle positiv für $i = 1, \ldots, n$.

Beweis. Wir zeigen zunächst 1. $\iff$ 2.:

Gemäß Satz 4.241 gibt es eine ON–Basis des $\mathbb{C}^n$ aus den Eigenvektoren $\mathbf{v}_1, \mathbf{v}_2, \ldots, \mathbf{v}_n$ von A. Seien $\lambda_1, \lambda_2, \ldots, \lambda_n$ die zugeordneten Eigenwerte. Für jeden Vektor $\mathbf{x} \in \mathbb{C}^n$, $\mathbf{x} \neq \mathbf{0}$, gilt eine Zerlegung $\mathbf{x} = \sum\limits_{j=1}^{n} \alpha_j \mathbf{v}_j$ mit $\sum\limits_{j=1}^{n} |\alpha_j|^2 > 0$. Wir folgern

$$\langle A\mathbf{x}, \mathbf{x} \rangle = \Big\langle \sum_{j=1}^{n} \alpha_j \lambda_j \mathbf{v}_j, \sum_{k=1}^{n} \alpha_k \mathbf{v}_k \Big\rangle = \sum_{j=1}^{n} \lambda_j |\alpha_j|^2.$$

Wir erkennen, dass $\langle A\mathbf{x}, \mathbf{x} \rangle > 0 \ \forall \ \mathbf{0} \neq \mathbf{x} \in \mathbb{C}^n$ gilt genau dann, wenn $\lambda_j > 0 \ \forall \ j = 1, \ldots, n$, erfüllt ist.

Wir zeigen noch 1. $\iff$ 3.:

Wir betrachten die Spezialfälle

1) $n = 2$: Die Matrix $A := \begin{pmatrix} a & b \\ b & d \end{pmatrix}$ mit positiven Diagonalelementen kann durch elementare Zeilen- und Spaltenumformungen auf die Form

$$\tilde{A} = \begin{pmatrix} a & 0 \\ 0 & ad - b^2 \end{pmatrix}$$

gebracht werden. Daran erkennen wir bereits, dass A genau dann positiv definit ist, wenn

$$a > 0 \quad \text{und} \quad \underbrace{ad - b^2}_{=\det A} > 0,$$

wenn also c) erfüllt ist.

2) $n = 3$: Entsprechend kann die Matrix $A := \begin{pmatrix} a_1 \ a_2 \ a_3 \\ a_2 \ a_4 \ a_5 \\ a_3 \ a_5 \ a_6 \end{pmatrix}$ mit positiven

Diagonalelementen auf die Form

$$\tilde{A} := \begin{pmatrix} a_1 \ 0 \ 0 \\ 0 \ a \ b \\ 0 \ b \ d \end{pmatrix}$$

gebracht werden, wobei

$$B := \begin{pmatrix} a \ b \\ b \ d \end{pmatrix} := \begin{pmatrix} a_1 a_4 - a_2^2 & a_1 a_5 - a_2 a_3 \\ a_1 a_5 - a_2 a_3 & a_1 a_6 - a_3^2 \end{pmatrix}.$$

Auch hier erkennen wir, dass A genau dann positiv definit ist, wenn

$$a > 0 \quad \text{und} \quad B \ \text{positiv definit.} \tag{4.56}$$

Aus 1) ergibt sich insbesondere mit $a_1 a_4 - a_2^2 > 0$ die zu (4.56) äquivalente Bedingung

$$a_1 > 0, \quad \det \begin{pmatrix} a_1 \ a_2 \\ a_2 \ a_4 \end{pmatrix} \quad \text{und} \quad \det A > 0.$$

Eine induktive Fortführung dieses Verfahrens liefert die Behauptung.   qed

Der „Positivitätstest" 1. $\iff$ 3. geht zurück auf den deutschen Mathematiker CARL GUSTAV JACOB JACOBI (1804-1851). Er zählt zu den fleißigsten und vielseitigsten Mathematikern der Geschichte. Zahlreiche Resultate gehen auf ihn zurück bzw. wurden nach ihm benannt.

Bemerkung 4.244 *Wenn A positiv definit ist, kann $\lambda = 0$* **kein** *Eigenwert sein. Damit gilt* Kern $A = \{0\}$, *und somit* $A \in$ Inv $(\mathbb{K}^n)$.

Beispiel 4.245 *Die Matrix* $A := \begin{pmatrix} 2\,0\,1 \\ 0\,2\,0 \\ 1\,0\,2 \end{pmatrix}$ *mit dem charakteristischen Po-*

lynom

$$P_3(\lambda) = \det(A - \lambda\,Id) = \begin{vmatrix} 2-\lambda & 0 & 1 \\ 0 & 2-\lambda & 0 \\ 1 & 0 & 2-\lambda \end{vmatrix} = (2-\lambda)(\lambda-1)(\lambda-3)$$

hat die drei **positiven** *Eigenwerte* $\lambda_1 = 1$, $\lambda_2 = 2$, $\lambda_3 = 3$. *Da* A *symmetrisch ist, ist* A *auch positiv definit. Tatsächlich gilt*

$$\langle A\,(x_1, x_2, x_3)^T \;,\; (x_1, x_2, x_3)^T \rangle = \langle (2x_1 + x_3,\, x_2,\, x_1 + 2x_3)^T,\, (x_1, x_2, x_3)^T \rangle$$
$$= |x_1 + x_3|^2 + |x_1|^2 + |x_2|^2 + |x_3|^2 > 0 \;\; \forall\, \mathbf{0} \neq \mathbf{x} \in \mathbb{K}^3.$$

Zuletzt schauen wir noch auf unitäre bzw. orthogonale Matrizen. Es gilt der

---

Satz 4.246 *Gegeben sei die unitäre bzw. orthogonale Matrix* $A \in \mathbb{K}^{(n,n)}$. *Dann liegen alle Eigenwerte* λ *von* A *auf der* **Einheitskreislinie,** *also* $|\lambda| = 1$.

Beweis. Sei λ Eigenwert von A und $\mathbf{0} \neq \mathbf{v}$ zugeordneter Eigenvektor. Dann gilt

$$\|\mathbf{v}\|_2^2 = \langle \mathbf{v}, \mathbf{v} \rangle = \langle A^* A \mathbf{v}, \mathbf{v} \rangle = \langle A\mathbf{v}, A\mathbf{v} \rangle = \langle \lambda\mathbf{v}, \lambda\mathbf{v} \rangle = |\lambda|^2\,\|\mathbf{v}\|_2^2,$$

also muss $|\lambda| = 1$ gelten.   qed

Beispiel 4.247 *Die Matrix* $A \in \mathbb{R}^{(3,3)}$ *mit*

$$A := \begin{pmatrix} \cos\alpha & -\sin\alpha & 0 \\ \sin\alpha & \cos\alpha & 0 \\ 0 & 0 & 1 \end{pmatrix},\; A^T = \begin{pmatrix} \cos\alpha & \sin\alpha & 0 \\ -\sin\alpha & \cos\alpha & 0 \\ 0 & 0 & 1 \end{pmatrix},\; AA^T = Id,$$

ist für alle $\alpha \in \mathbb{R}$ *orthogonal. Wegen*

$$P_3(\lambda) = \det \begin{pmatrix} \cos\alpha - \lambda & -\sin\alpha & 0 \\ \sin\alpha & \cos\alpha - \lambda & 0 \\ 0 & 0 & 1-\lambda \end{pmatrix} = (1-\lambda)(\lambda - e^{i\alpha})(\lambda - e^{-i\alpha})$$

liegen die drei Eigenwerte $\lambda_1 = 1$, $\lambda_2 = e^{i\alpha}$, $\lambda_3 = e^{-i\alpha}$ *vor, und es gilt* $|\lambda_j| = 1$ *(beachte:* $\lambda_3 = \bar{\lambda}_2$*).*

Speziell haben wir für $\alpha = 0$ *die Werte* $\lambda_1 = \lambda_2 = \lambda_3 = 1$, *und für* $\alpha = \pi$ *resultieren die Eigenwerte* $\lambda_1 = 1$, $\lambda_2 = \lambda_3 = -1$.

Der krönende Abschluss dieses Abschnitts ist der berühmte Satz von CAYLEY-HAMILTON. Wir zitieren diesen berühmten Satz ohne Beweis.

Der nachstehende Satz geht zurück auf den Engländer ARTHER CAYLEY (1821-1895). Er verdiente sein Geld hauptberuflich als Anwalt, um seiner Berufung als Mathematiker nachzugehen. Er veröffentlichte in wenigen Jahren 250 Aufsätze zur Mathematik und erhielt schließlich einen Lehrstuhl für Mathematik in Cambridge.

Der zweite im Bunde war der irisch-englische Mathematiker und Physiker WILLIAM ROWAN HAMILTON (1805-1865). Er erwies sich bald als Wunderkind. Im Alter von sieben Jahren hatte er bereits beachtlich Hebräisch gelernt, und vor seinem 13. Geburtstag bereits zwölf Sprachen, darunter außer europäischen Sprachen auch Persisch, Arabisch, Hindi, Sanskrit und Malaiisch. Persische und arabische Texte las er zur Entspannung. HAMILTONs mathematische Entwicklung schien völlig ohne Beteiligung anderer zustande gekommen zu sein, so dass man seine späteren Schriften keiner bestimmten Schule zuordnen kann, allenfalls seiner eigenen „Hamilton-Schule".

Satz 4.248 *(*CAYLEY–HAMILTON*) Gegeben seien* $A \in \mathbb{K}^{(n,n)}$ *und dazu die paarweise verschiedenen Eigenwerte* $\lambda_1, \lambda_2, \ldots, \lambda_r \in \mathbb{C}$, $r \leq n$, *mit den Vielfachheiten* $k_1, k_2, \ldots, k_r$. *Dann gilt*

$$P_n(A) = (-1)^n (A - \lambda_1\, Id)^{k_1} (A - \lambda_2\, Id)^{k_2} \cdots (A - \lambda_m\, Id)^{k_r} = O \in \mathbb{K}^{(n,n)}.$$

Die Matrix A *erfüllt demnach ihre* **eigene** *charakteristische Gleichung.*

Wir belegen diesen Satz durch das folgende Beispiel:

Beispiel 4.249 *Es sei* $A := \begin{pmatrix} 1 & 3 \\ 0 & 1 \end{pmatrix}$. *Diese hat den doppelten Eigenwert* $\lambda_1 = 1$.

Wir berechnen, dass $\text{Kern}\,(A - \lambda_1\,\text{Id}) = \text{span}\left\{(1,0)^T\right\}$ *gilt. Das bedeutet, wir haben* $\rho(\lambda_1) = 1 < 2 = k_1$.

Es ist $P_2(\lambda) = (-1)^2(\lambda - 1)^2 = (\lambda - 1)^2$, *und damit*

$$P_2(A) = (A - 1 \cdot \text{Id})^2 = \begin{pmatrix} 0 & 3 \\ 0 & 0 \end{pmatrix}\begin{pmatrix} 0 & 3 \\ 0 & 0 \end{pmatrix} = \begin{pmatrix} 0 & 0 \\ 0 & 0 \end{pmatrix} = O.$$

Aufgaben

Aufgabe 4.117. Von einer Matrix $A \in \mathbb{R}^{(5,5)}$ ist bekannt, dass $\lambda = 1 + i$ doppelter Eigenwert ist und $\text{Sp}(A) = 5$. Wie lauten die restlichen Eigenwerte?

Aufgabe 4.118. Gegeben seien folgende Aussagen:

a) Die symmetrische Matrix $A = \begin{pmatrix} 1 & i \\ i & -1 \end{pmatrix}$ ist diagonalisierbar.

b) Eine Matrix $A \in \mathbb{R}^{n,n}$ mit der Eigenschaft $A^2 = E$ und $A \neq E$ hat ausschließlich die Eigenwerte ± 1.

c) Sei λ Eigenwert von $A \in \mathbb{C}^{n,n}$. Dann ist λ^2 Eigenwert der quadratischen Matrix $A^T A$.

Entscheiden Sie, welche der Aussagen richtig oder falsch sind und begründen Sie Ihre Entscheidung.

Aufgabe 4.119. Gegeben sei die Matrix

$$A = \begin{pmatrix} -7 & -2 & 4 \\ -2 & -7 & -4 \\ 4 & -4 & -1 \end{pmatrix}.$$

a) Berechnen Sie die Eigenwerte dieser Matrix.

b) Bestimmen Sie die dazugehörigen Eigenvektoren.

c) Berechnen Sie die Determinante von A mit Hilfe der Eigenwerte und mit Hilfe des Entwicklungssatzes.

Aufgabe 4.120. Gegeben seien die Matrizen

$$A_1 = \begin{pmatrix} 1 & 0 & 0 \\ 0 & 1 & 1 \\ 1 & 0 & 2 \end{pmatrix}, \quad A_2 = \begin{pmatrix} 2+i & \sqrt{5}+2i \\ -\sqrt{5}+2i & 2+i \end{pmatrix}.$$

Berechnen Sie von diesen Matrizen alle Eigenwerte und Eigenvektoren.

Aufgabe 4.121. Ermitteln Sie für die Eigenräume der Matrix

$$A = \begin{pmatrix} 1 & -4 & -8 \\ -4 & 7 & -4 \\ -8 & -4 & 1 \end{pmatrix}$$

jeweils eine Orthonormalbasis.

Aufgabe 4.122. Berechnen Sie die inverse Modalmatrix M^{-1} zu

$$A = \begin{pmatrix} 2 & 0 & 0 & 0 \\ 0 & 2 & 0 & 0 \\ 1 & -2 & 0 & -1 \\ 2 & -4 & 1 & 0 \end{pmatrix}$$

und verifizieren Sie damit die Diagonalisierbarkeit von A

Aufgabe 4.123. Sei wieder

$$A = \begin{pmatrix} 2 & 0 & 0 & 0 \\ 0 & 2 & 0 & 0 \\ 1 & -2 & 0 & -1 \\ 2 & -4 & 1 & 0 \end{pmatrix}.$$

a) Bestimmen Sie die Eigenwerte und Eigenvektoren von A^4.

b) Bestimmen Sie die Eigenwerte und Eigenvektoren von $A^3 - E$.

Zusätzliche Information. Zu Aufgabe 4.123 ist bei der Online-Version dieses Kapitels (doi:10.1007/978-3-642-29980-3_4) ein Video enthalten.

Aufgabe 4.124. Wir betrachten die Matrizen

$$A_1 = \begin{pmatrix} 1 & 5 & 7 \\ 0 & 4 & 3 \\ 0 & 0 & 1 \end{pmatrix}, \ A_2 = \begin{pmatrix} 1 & 0 & -1 \\ 1 & 2 & 1 \\ 2 & 2 & 3 \end{pmatrix}, \ A_3 = \begin{pmatrix} 2 & 1 & 1 \\ 1 & 2 & 1 \\ 0 & 0 & 1 \end{pmatrix}.$$

a) Bestimmen Sie die Eigenvektoren und die zugehörigen Eigenräume obiger Matrizen.

b) Welche der Matrizen sind ähnlich zu einer Diagonalmatrix?

Aufgabe 4.125. Gegeben sei die symmetrische Matrix

$$A = \begin{pmatrix} 2 & 0 & 4 \\ 0 & 6 & 0 \\ 4 & 0 & 2 \end{pmatrix}$$

und die Vektoren $\mathbf{a} = (1, a, -1)^T$, $\mathbf{b} = (b, -b, 1)^T$.

a) Bestimmen Sie – wenn möglich – $\mathbf{a}$ und $\mathbf{b}$ so, dass sie Eigenvektoren von A sind.

b) Berechnen Sie einen weiteren linear unabhängigen Eigenvektor und den zugehörigen Eigenwert.

c) Bestimmen Sie eine orthogonale Matrix Q und eine Diagonalmatrix D so, dass

$$D = Q^T B Q$$

für die folgenden Fälle:

$$i) \ B = A, \ \ ii) \ B = A^{-1}, \ \ iii) \ B = A^3.$$

Aufgabe 4.126. Sei $A \in \mathbb{R}^{(n,n)}$. Was lässt sich über die reellen Eigenwerte von A aussagen, falls

a) $A = -A^T$,

b) $A^{-1} = A^T$,

c) $A = B^T B, \ B \in \mathbb{R}^{(m,n)}$.

Bestimmen Sie die Eigenwerte von $A = B^T B$ für den konkreten Fall

$$B^T = \begin{pmatrix} 1\,2\,1 \\ 2\,1\,0 \end{pmatrix}.$$

Aufgabe 4.127. Es sei $P \in \mathbb{R}^{(n,n)}$ eine idempotente Matrix, d.h., $P^2 = P$. Zeigen Sie, dass die Matrix $A = \alpha^2 P + \beta^2 (E-P)$ für beliebige Zahlen $\alpha, \beta \neq 0$ lediglich positive Eigenwerte haben kann.

Hinweis: Schreiben Sie die Eigenwertgleichung hin und wenden Sie P darauf an.

Aufgabe 4.128. Sei $A = \begin{pmatrix} 4\,0\,1 \\ 0\,4\,0 \\ 1\,0\,4 \end{pmatrix}$.

a) Diagonalisieren Sie A.

b) Zeigen Sie ohne explizite Berechnung von A^2 und A^3, dass nachfolgende Gleichung gilt:
$$A^3 - 60E = 12A^2 - 47A.$$

Kapitel 5

Reelle Funktionen einer reellen Veränderlichen

In Abschnitt 1.3 haben wir den Funktionsbegriff als eine mit gewissen Eigenschaften versehene *Korrespondenz* $f : X \to Y$ zweier beliebiger Mengen X, Y eingeführt, gewisse Eigenschaften dazu besprochen und mit

$$\text{Abb}\,(X, Y) := \{f : X \to Y \ : \ f \text{ ist eine Funktion}\}$$

die Menge aller Funktionen bezeichnet. Im Folgenden wollen wir diesen in der Mathematik so zentralen Begriff ausführlich beleuchten.

Der Begriff „Funktion" wurde GOTTFRIED WILHELM LEIBNIZ (1646-1716) eingeführt. Er war nicht nur deutscher Mathematiker, sondern auch Philosoph, Physiker, Historiker und Diplomat. Über sich selbst sagte er: „Beim Erwachen hatte ich schon so viele Einfälle, dass der Tag nicht ausreichte, um sie niederzuschreiben".

Definition 5.1 *Wir betrachten eine Abbildung* $f \in \text{Abb}\,(X, Y)$.

1. *Eine solche Abbildung heißt* **Funktion einer reellen Veränderlichen** $x \mapsto f(x)$, *wenn für den Definitionsbereich* $X \subset \mathbb{R}$ *gilt.*

2. *Wir nennen die Abbildung* $f : X \to Y$ *eine* **reelle** *oder* **reellwertige Funktion** (*einer reellen Veränderlichen*), *falls auch für den Wertebereich* $Y \subset \mathbb{R}$, *insgesamt also* $f \in \text{Abb}\,(\mathbb{R}, \mathbb{R})$ *gilt.*

3. *Fortan bezeichnen wir den Definitionsbereich mit* D *oder* D_f *und schreiben für reellwertige Funktionen* $f : D \to \mathbb{R}$ *oder* $f : D_f \to \mathbb{R}$.

Betrachten wir also $f : D \to \mathbb{R}$, so veranschaulichen wir diese Funktionsbeziehung durch den *Graphen* der Funktion f.

W. Merz, P. Knabner,
Mathematik für Ingenieure und Naturwissenschaftler, Springer-Lehrbuch,
DOI 10.1007/978-3-642-29980-3_5, © Springer-Verlag Berlin Heidelberg 2013

Definition 5.2 *Die von einer Funktion* $f : D \to \mathbb{R}$ *erzeugte Teilmenge*

$$G(f) := \{(x, f(x)) \ : \ x \in D\} \subset \mathbb{R}^2$$

heißt der **Graph** *von* f.

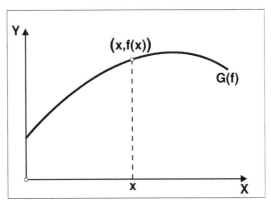

Der Graph einer Funktion der reellen
Variablen x

Neben Abbildungen der Form $f \in \mathrm{Abb}(\mathbb{R}, \mathbb{R})$, spielen in Anwendungen häufig auch komplexwertige Funktionen $f \in \mathrm{Abb}(\mathbb{R}, \mathbb{C})$ eine zentrale Rolle. Sprechen wir beide Möglichkeiten gleichermaßen an, so schreiben wir dafür wie gewohnt

$$\mathrm{Abb}(\mathbb{R}, \mathbb{K}) := \{f : \mathbb{R} \to \mathbb{K} \ : \ \mathbb{K} = \mathbb{R} \ \text{oder} \ \mathbb{K} = \mathbb{C}\}. \tag{5.1}$$

5.1 Elementare Funktionen

Wir geben nun eine Reihe gebräuchlicher Funktionen $f : D \to \mathbb{R}$ an und spezifizieren deren Definitionsbereiche D und Wertebereiche Bild f.

Beispiel 5.3 *Grundlegende Funktionen sind:*

a) **Die lineare Funktion.** *Dies ist die Funktion*

$$f(x) := a\,x \ \forall\, x \in \mathbb{R}, \quad a \in \mathbb{R} \ \textit{fest.}$$

Es gilt hier offensichtlich

$$D = \mathbb{R}, \quad \text{Bild}\, f = \begin{cases} \mathbb{R} & : \ a \neq 0, \\ \{0\} & : \ a = 0. \end{cases}$$

Die lineare Funktion enthält den Spezialfall der trivialen Funktion

$$f(x) := 0 \ \forall\, x \in \mathbb{R}.$$

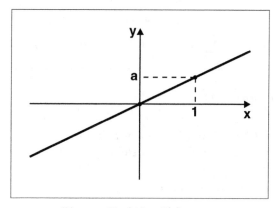

Lineare Funktion f(x) := a x

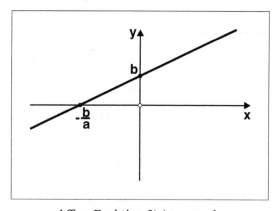

Affine Funktion f(x) := a x + b

b) **Die affine Funktion.** *Das ist die Funktion*

$$f(x) := a\,x + b \ \forall\, x \in \mathbb{R}, \quad a, b \in \mathbb{R} \ \textit{fest}, \ b \neq 0.$$

Es gilt hier offensichtlich

$$D = \mathbb{R}, \quad \text{Bild } f = \begin{cases} \mathbb{R} & : a \neq 0, \\ \{b\} & : a = 0. \end{cases}$$

Die affine Funktion enthält den Spezialfall der konstanten Funktion

$$f(x) := b \,\forall\, x \in \mathbb{R}.$$

c) **Die ganzrationale Funktion.** *Das ist die Funktion*

$$f(x) := \sum_{k=0}^{n} a_k x^k \,\forall\, x \in \mathbb{R}, \quad a_0, a_1, \ldots, a_n \in \mathbb{R} \text{ fest.}$$

Es gilt hier wiederum
$$D = \mathbb{R},$$

während sich Bild f *im allgemeinen Fall nicht einfach spezifizieren lässt. Für* $a_n \neq 0$ *ist* $f(x) = P_n(x)$ *ein* **Polynom** *n-ten Grades.*

d) **Die gebrochen rationale Funktion.** *Das ist die Funktion*

$$f(x) := \frac{P_n(x)}{Q_m(x)} = \frac{a_n x^n + a_{n-1} x^{n-1} + \cdots + a_1 x + a_0}{b_m x^m + b_{m-1} x^{m-1} + \cdots + b_1 x + b_0}.$$

Hierin sind $a_0, a_1, \ldots, a_n \in \mathbb{R}$ *und* $b_0, b_1, \ldots, b_m \in \mathbb{R}$ *fest vorgegeben und es gilt*
$$D := \{x \in \mathbb{R} : Q_m(x) \neq 0\},$$

während sich Bild f *im allgemeinen Fall auch hier nicht festlegen lässt.*

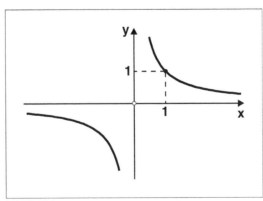

Funktion f(x) := $\frac{1}{x}$
mit D = $\mathbb{R} \setminus \{0\}$ = Bild f

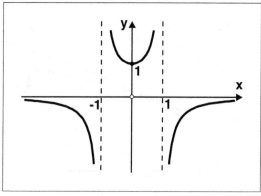

Funktion $f(x) := \frac{1}{1-x^2}$ mit
$D = \mathbb{R} \setminus \{-1, 1\}$, Bild $f = \mathbb{R} \setminus [0, 1)$

e) Die **n–te Wurzelfunktion.** *Das ist die Funktion*

$$f(x) := \sqrt[n]{x} \ \forall \, x \geq 0 \quad n \in \mathbb{N} \ fest,$$

also

$$D = [0, +\infty) = \text{Bild} \, f.$$

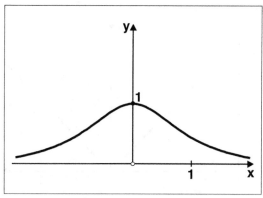

Funktion $f(x) := \frac{1}{1+x^2}$ mit
$D = \mathbb{R}$ und Bild $f = (0, 1]$

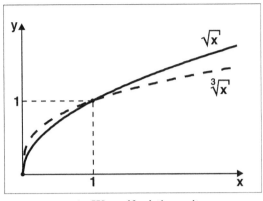

n–te Wurzelfunktion mit
$D = [0, +\infty) = \text{Bild}\, f$

f) **Der Absolutbetrag.** *Das ist die Funktion*

$$f(x) := |x| \quad \forall\, x \in \mathbb{R},$$

mit

$$D = \mathbb{R}, \quad \text{Bild}\, f = [0, +\infty).$$

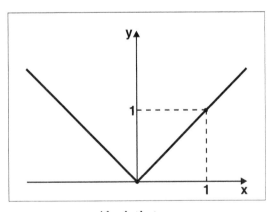

Absolutbetrag

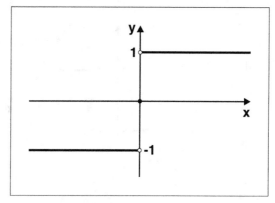

Signumsfunktion

g) **Die Signumsfunktion.** *Das ist die Funktion*

$$f(x) := \operatorname{sign} x = \begin{cases} 1 & : \ x > 0, \\ 0 & : \ x = 0, \\ -1 & : \ x < 0, \end{cases}$$

wobei

$$D = \mathbb{R}, \quad \operatorname{Bild} f = \{-1, 0, 1\}.$$

h) **Die Entire–Funktion.** *Das ist die Funktion*

$$f(x) := [x].$$

Hierbei bezeichnet $[x]$ *die größte ganze Zahl* $p \in \mathbb{Z}$ *mit* $p \le x$. *Weiter ist*

$$D = \mathbb{R}, \quad \operatorname{Bild} f = \mathbb{Z}.$$

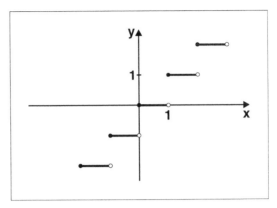

Entire–Funktion

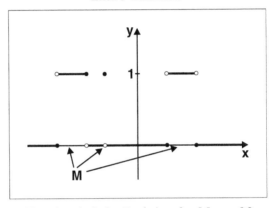

Charakteristische Funktion der Menge M

i) **Die charakteristische Funktion** *einer nichtleeren Teilmenge* $M \subset \mathbb{R}$. *Das ist die Funktion*

$$f(x) := \chi_M(x) = \begin{cases} 1 & : \ x \in M, \\ 0 & : \ x \notin M. \end{cases}$$

Hier gilt

$$D = \mathbb{R}, \quad \text{Bild } f = \{0, 1\}.$$

j) **Die DIRICHLET–Funktion.** *Das ist die charakteristische Funktion der Menge* $\mathbb{Q}$ *der rationalen Zahlen*

$$f(x) := \chi_{\mathbb{Q}}(x) = \begin{cases} 1 & : \ x \ \text{rational}, \\ 0 & : \ x \ \text{irrational}, \end{cases}$$

mit

$$D = \mathbb{R}, \quad \text{Bild} f = \{0, 1\}.$$

k) Die stückweise konstante Funktion (Treppenfunktion).

Definition 5.4 *Es sei* $\emptyset \neq I \subset \mathbb{R}$ *ein endliches Intervall mit Randpunkten* a, b, $a < b$. *Eine Familie* $Z_n := \{I_1, I_2, \ldots, I_n\}$ *von Teilintervallen* $I_j \subset I$ *heißt eine* (**endliche**) **Zerlegung** *von* I, *wenn*

1. $a =: x_0 \leq x_1 \leq x_2 \leq \cdots \leq x_{n-1} \leq x_n := b$,

2. I_j *hat die Randpunkte* x_{j-1} *und* x_j, $\quad I_j \neq \emptyset \ \forall \, j = 1, 2, \ldots, n$,

3. $I_j \cap I_k = \emptyset$, $j \neq k$, $\quad \bigcup\limits_{j=1}^{n} I_j = I$.

Eine Funktion $f : I \to \mathbb{R}$ *heißt* **Treppenfunktion** *bezüglich der Zerlegung* Z_n, *falls*

$$f(x) := \sum_{j=1}^{n} c_j \chi_{I_j}(x) \ \forall \, x \in I, \quad c_1, c_2, \ldots, c_n \in \mathbb{R} \ \text{fest.}$$

Eine Treppenfunktion $f(x)$ *hat mit anderen Worten auf dem Teilintervall* I_j *den konstanten Wert* c_j. *Es gilt*

$$D = I, \quad \text{Bild} f = \{c_1, c_2, \ldots, c_n\}.$$

Als spezielles Zahlenbeispiel betrachten wir auf $I := (-3, 2]$ *die Funktion*

$$f(x) := \begin{cases} 1.5 & : \ x \in (-3, -1), \\ -1 & : \ x \in [-1, \sqrt{2}), \\ \pi & : \ x \in (\sqrt{2}, 2]. \end{cases}$$

l) Die stückweise affine Funktion. *Es seien* I *und* Z_n *wie im vorangegangenen Beispiel erklärt. Wir setzen*

$$f(x) := \sum_{j=1}^{n} (c_j x + d_j) \chi_{I_j}(x) \ \forall \, x \in I, \quad c_j, d_j \in \mathbb{R} \ \text{fest.}$$

Dann ist f auf jedem Teilintervall I_j die affine Funktion $f(x) = c_j x + d_j$. Schließen sich die affinen Teilstücke in den Randpunkten der Intervalle ohne Sprung, so heißt f ein **Polygonzug** *oder ein* **linearer Spline***.*

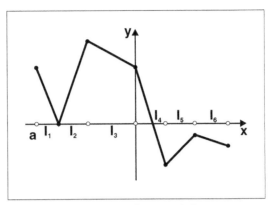

Stückweise affine Funktion
(Polygonzug)

Beispiel 5.5 *Als Vertreter einer* **komplexwertigen Funktion** *betrachten wir einen alten Bekannten, nämlich die* EULER*sche* **Funktion** *(2.5) der Form*

$$f(x) := \mathrm{e}^{ix} = \cos x + i \sin x.$$

Hierbei gilt

$$D = \mathbb{R}, \quad \text{Bild } f = \{x + iy \in \mathbb{C} : |x + iy| = 1\} \ (\textit{Einheitskreis}).$$

Ist D nicht explizit angegeben, so ist stets vom maximalen Definitionsbereich der Funktion $f \in \mathrm{Abb}(\mathbb{R}, \mathbb{R})$ auszugehen. In diesem Sinne folgt

Definition 5.6 *Der* **maximale** *oder* **natürliche Definitionsbereich** $D_{\max} \subset \mathbb{R}$ *einer Funktion f der reellen Veränderlichen x ist diejenige Menge, die zu jedem ihrer Punkte $x \in D_{\max}$ einen formelmäßigen Ausdruck für $f(x)$ zulässt, während $f(x)$ für $x \neq D_{\max}$ nicht definierbar ist.*

Die o.g. Beispiele geben Anlass für weitere Überlegungen.

Definition 5.7 *Seien* $f, g \in \text{Abb}\,(D, \mathbb{R})$, $D \subset \mathbb{R}$.

1. *Eine Zahl* $x_0 \in D$ *heißt* **Nullstelle** *von* $f : D \to \mathbb{R}$, *wenn* $f(x_0) = 0$
   gilt.

2. *Die* **Summe** $f + g$ *und das* **skalare Vielfache** λf, $\lambda \in \mathbb{R}$, *ist* **punkt-**
   weise *erklärt durch*

$$(f + g)(x) := f(x) + g(x) \quad und \quad (\lambda f)(x) := \lambda f(x) \ \forall\, x \in D.$$

Mit dieser Definition ist die Menge $\text{Abb}\,(D, \mathbb{R})$, $D \subset \mathbb{R}$, ein **Vektorraum**
über dem Körper $\mathbb{R}$.

Definition 5.8 *Es seien* $f, g \in \text{Abb}\,(D, \mathbb{R})$, $D \subset \mathbb{R}$, *gegeben.*

1. *Das* **Produkt** fg *ist* **punktweise** *erklärt durch*

$$(fg)(x) := f(x)g(x) \ \forall\, x \in D.$$

2. *Der* **Quotient** f/g *ist* **außerhalb der Nullstellen** *von* g **punkt-**
   weise *erklärt durch*

$$\left(\frac{f}{g}\right)(x) := \frac{f(x)}{g(x)} \ \forall\, x \in D \setminus \{x_0 \,:\, g(x_0) = 0\}.$$

Beispiel 5.9 *Für* $f(x) := \sqrt{x}$ *und* $g(x) := \sin x$ *gilt auf der Menge* $D :=$
$[0, +\infty)$:

$$(fg)(x) = \sqrt{x}\,\sin x \ \forall\, x \in D,$$

$$\left(\frac{f}{g}\right)(x) = \frac{\sqrt{x}}{\sin x} \ \forall\, x \in D \setminus \{n\pi \,:\, n \in \mathbb{N}_0\}.$$

Definition 5.10 *Es seien* $f, g \in \text{Abb}\,(D, \mathbb{R})$, $D \subset \mathbb{R}$, *gegeben.*

1. *Der* **Betrag** $|f|$ *der Funktion* $f : D \to \mathbb{R}$ *ist* **punktweise** *erklärt*
   durch

$$|f|(x) := |f(x)| \ \forall\, x \in D.$$

2. *Der* **positive Teil** f^+ *und der* **negative Teil** f^- *von* f *sind* **punktweise** *erklärt durch*

$$f^+(x) := \begin{cases} f(x) & : f(x) \geq 0, \\ 0 & : f(x) < 0, \end{cases} \qquad f^-(x) := \begin{cases} 0 & : f(x) \geq 0, \\ -f(x) & : f(x) < 0. \end{cases}$$

Die nachstehende Grafiken verdeutlichen diese Sachverhalte:

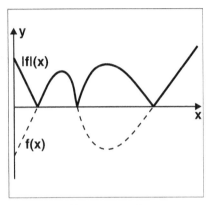

Betrag von f

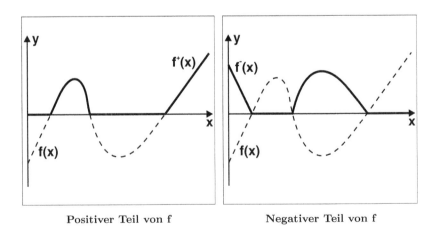

Positiver Teil von f   Negativer Teil von f

Folgende Zusammenhänge sind (auch mit Hilfe der Grafiken) leicht nachvollziehbar:

$$f = f^+ - f^-, \quad |f| = f^+ + f^-, \quad f^+ = \frac{1}{2}(|f| + f), \quad f^- = \frac{1}{2}(|f| - f).$$

Beispiel 5.11 *Für ein festes $x_0 \in \mathbb{R}$ setzen wir $f(x) := x - x_0 \; \forall \, x \in \mathbb{R}$. Es gilt*

$$(x - x_0)^+ = \begin{cases} x - x_0 & : x \geq x_0, \\ 0 & : x < x_0; \end{cases}$$

$$(x - x_0)^- = \begin{cases} 0 & : x \geq x_0, \\ x_0 - x & : x < x_0; \end{cases}$$

sowie der Zusammenhang

$$(x - x_0)^+ + (x - x_0)^- = |x - x_0| = \begin{cases} x - x_0 & : x \geq x_0, \\ x_0 - x & : x < x_0. \end{cases}$$

JOHANN PETER GUSTAV LEJEUNE DIRICHLET (1805–1859) war deutscher Mathematiker. Seine Großeltern stammten aus Belgien, was seinen französischen Namen erklärt. Mit zwölf Jahren besuchte er ein Gymnasium in Bonn und wechselte zwei Jahre später an das Jesuiten-Gymnasium in Köln. Dort war GEORG SIMON OHM (1789–1854) einer seiner Lehrer. Im Jahre 1831 heiratete er Rebecca Henriette Lejeune, eine Schwester des Komponisten FELIX MENDELSSOHN BARTHOLDY (1809–1847). DIRICHLET forschte im Wesentlichen auf den Gebieten der partiellen Differentialgleichungen, der bestimmten Integrale und der Zahlentheorie.

Aufgaben

Aufgabe 5.1. Seien $f_1, f_2 \in \mathrm{Abb}\,(\mathbb{R}, \mathbb{R})$, gegeben durch

$$f_1(x) = \frac{1}{x^2} - \frac{\sqrt{1 - x^2}}{x^2} \quad \text{und} \quad f_2(x) = x - \frac{x}{|x|}.$$

a) Geben Sie die maximalen Definitionsbereiche $D_{\max} \subset \mathbb{R}$ von f_1 und f_2 an.

b) Bestimmen Sie die jeweiligen Wertebereiche Bild f_1 und Bild f_2.

c) Skizzieren Sie die beiden Graphen $G(f_1)$ und $G(f_2)$.

Aufgabe 5.2. Seien $f_1, f_2 \in \mathrm{Abb}\,(\mathbb{R}, \mathbb{R})$, gegeben durch

$$f_1(x) = \sqrt{2x + 5} \quad \text{und} \quad f_2(x) = 4 - x^2.$$

a) Geben Sie die maximalen Definitionsbereiche $D_{\max} \subset \mathbb{R}$ von f_1 und f_2 an.

b) Bestimmen Sie die jeweiligen Wertebereiche Bild f_1 und Bild f_2.

c) Skizzieren Sie die beiden Graphen $G(f_1)$ und $G(f_2)$.

d) Finden Sie alle $x_0 \in \mathbb{R}$ mit $f_1(x_0) = f_2(x_0)$.

Aufgabe 5.3. Sind durch die folgenden Zuordnungen $y = f(x)$ Abbildungen $f \in \mathrm{Abb}\,(\mathbb{R}, \mathbb{R})$ erklärt?

a) $y^2 = x$,

b) $y = \begin{cases} 2 \ : \ x \neq 0, \\ x \ : \ x^2 = x, \end{cases}$

c) $y = \begin{cases} x^2 + 1,04 \ : \ x \leq 1,6, \\ 3x - 1,2 \quad : \ x \geq 1,6. \end{cases}$

Aufgabe 5.4. Skizzieren Sie die Graphen $G(f)$ nachfolgender Funktionen $f \in \mathrm{Abb}\,(\mathbb{R}, \mathbb{R})$:

a) $f(x) = x + |x|$,

b) $f(x) = x|x| + \sqrt{x^2}$,

c) $f(x) = |x - 2| + 4x^2$,

d) $f(x) = \left| \sin\left(2x + \frac{1}{2}\right) \right|$,

e) $f(x) = \left| \dfrac{\sin x}{x} \right|$.

Aufgabe 5.5. Gegeben seien die Funktionen $f(x) = x^3 - x$ und $g(x) = \sin(2x)$, $x \in \mathbb{R}$. Bestimmen Sie folgende Verknüpfungen:

$$a) \ f\left(g\left(\frac{\pi}{2}\right)\right), \ \ b) \ g\left(f(2)\right), \ \ c) \ f\left(g(x)\right), \ \ d) \ f\left(f(x)\right), \ \ e) \ f\left(f(f(1))\right).$$

Aufgabe 5.6. Bestimmen Sie den maximalen Definitionsbereich und skizzieren Sie die Funktionen

$$y = f(x), \ |f(x)|, \ f(|x|), \ f(x^2), \ f^2(x), \ f\left(\frac{1}{x}\right), \ \frac{1}{f(x)},$$

wenn

$$a) \ f(x) = x, \ b) \ f(x) = \frac{1}{x}, \ c) \ f(x) = \sin x, \ d) \ f(x) = \sqrt{x}.$$

Aufgabe 5.7. Sei $f(x) = x^{2012} - x - 1$, $x \in \mathbb{R}$. Wie viele Nullstellen hat f?

5.2 Grenzwerte von Funktionen einer reellen Veränderlichen

Sei $f \in \mathrm{Abb}(D, \mathbb{R})$, $D \subset \mathbb{R}$. Wir beschäftigen uns mit folgender

> **Fragestellung:** Nähert sich die Variable $x \in D \subset \mathbb{R}$ längs einer reellen Folge $(x_n)_{n \in \mathbb{N}} \subset D$ einem Grenzwert x_0, so dass $\lim_{n \to \infty} x_n = x_0$ gilt, konvergiert dann auch die Folge der Bildpunkte $\big(f(x_n)\big)_{n \in \mathbb{N}} \subset \mathbb{R}$ gegen den Bildpunkt $f(x_0)$?

Wir vermitteln anhand einiger Beispiele Vorinformationen über möglich auftretende Fälle.

Beispiel 5.12 *Interessante Grenzwerte liefern nachfolgende Funktionen:*

a) Wir betrachten die HEAVISIDE*sche Sprungfunktion*

$$f(x) := \begin{cases} 1 \ : \ x \geq 0, \\ 0 \ : \ x < 0, \end{cases} \quad x \in D := \mathbb{R}.$$

Im einzig interessanten Punkt $x_0 = 0$ haben wir folgendes Verhalten:

i) $x_n := +\frac{1}{n} \implies \lim_{n \to \infty} x_n = 0 = x_0$ *und* $\lim_{n \to \infty} f(x_n) = \lim_{n \to \infty} 1 = 1 = f(x_0)$.

ii) $x_n := -\frac{1}{n} \implies \lim_{n \to \infty} x_n = 0 = x_0$ *und* $\lim_{n \to \infty} f(x_n) = \lim_{n \to \infty} 0 = 0 \neq f(x_0)$.

Die Annäherung **von rechts** *bzw.* **von links** *an den Punkt* $x_0 = 0$ *führt zu verschiedenen Grenzwerten der Bildfolge.*

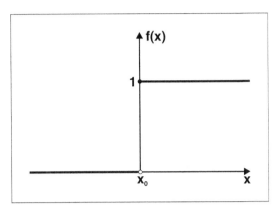

Die HEAVISIDE**sche Sprungfunktion**

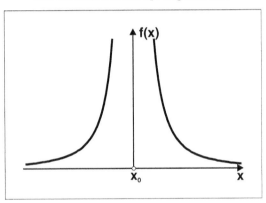

Der Graph der Funktion $f(x) := \frac{1}{x^2}$

b) Es sei

$$f(x) := \frac{1}{x^2},\ x \in D := \mathbb{R} \setminus \{0\}.$$

Der Graph $G(f)$ *zeigt, dass* f *bei Annäherung an den Punkt* $x_0 = 0$ *unbeschränkt wächst. Im Einzelnen gilt*

$$x_n := \pm\frac{1}{n} \implies \lim_{n \to \infty} x_n = 0 = x_0 \ und\ \lim_{n \to \infty} f(x_n) = \lim_{n \to \infty} n^2 = +\infty.$$

Die Folge der Bildpunkte $\big(f(x_n)\big)_{n \in \mathbb{N}} \subset \mathbb{R}$ *konvergiert* **uneigentlich** *gegen* $+\infty$.

$$Beachte:\ x_0 \notin D.$$

c) Es sei

$$f(x) := \frac{1}{1-x}, \ x \in D := \mathbb{R} \setminus \{1\}.$$

Auch hier zeigt der Graph der Funktion f, dass $|f(x)|$ bei Annäherung an den Punkt $x_0 = 1$ unbeschränkt wächst. Anders als im vorherigen Beispiel existiert aber kein (uneigentlicher) Grenzwert, denn es gilt

i) $x_n := 1 - \frac{1}{n} < 1 \implies \lim\limits_{n \to \infty} x_n = 1 = x_0$ und $\lim\limits_{n \to \infty} f(x_n) = \lim\limits_{n \to \infty} n = +\infty$.

ii) $x_n := 1 + \frac{1}{n} > 1 \implies \lim\limits_{n \to \infty} x_n = 1 = x_0$ und $\lim\limits_{n \to \infty} f(x_n) = -\lim\limits_{n \to \infty} n = -\infty$.

Bei Annäherung **von rechts** *bzw.* **von links** *an den Punkt $x_0 = 1$ existieren* **verschiedene** *uneigentliche Grenzwerte der Bildfolge.*

Beachten Sie: $x_0 \notin D$.

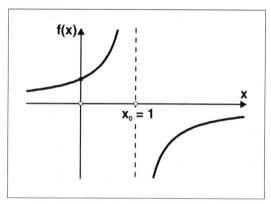

Der Graph der Funktion f(x) := $\frac{1}{1-x}$

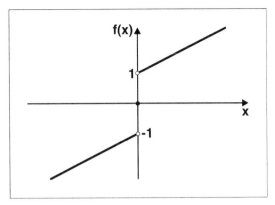

Der Graph der Funktion $f(x) := \frac{x}{2} + \operatorname{sign} x$

d) Es sei

$$f(x) := \frac{x}{2} + \operatorname{sign} x, \; x \in D := \mathbb{R}.$$

Im einzig interessanten Punkt $x_0 := 0$ haben wir $f(x_0) = 0$. Im Gegensatz dazu gilt jedoch

i) $x_n := +\frac{1}{n} \quad \Longrightarrow \quad \lim_{n \to \infty} x_n = 0 = x_0 \quad und \quad \lim_{n \to \infty} f(\frac{1}{n}) = \underline{+1 \neq f(x_0)},$

ii) $x_n := -\frac{1}{n} \quad \Longrightarrow \quad \lim_{n \to \infty} x_n = 0 = x_0 \quad und \quad \lim_{n \to \infty} f(\frac{1}{n}) = \underline{-1 \neq f(x_0)}.$

OLIVER HEAVISIDE (1850–1925) war britischer Mathematiker und Physiker. Als Sechzehnjähriger erlernte er in Dänemark den Beruf des Telegraphen und kam so mit der Elektrizitätslehre in Berührung. Mit seinen Aufsätzen darüber erregte er sogar die Aufmerksamkeit von JAMES CLERK MAXWELL (1831–1879). Als Autodidakt eignete sich HEAVISIDE mathematische Fähigkeiten an, um wiederum die Werke von MAXWELL zu studieren und verstehen zu lernen. Die nach ihm benannte HEAVISIDEsche Sprungfunktion verwendete er zur Untersuchung von Impulsen in elektrischen Leitungen, und auch die für die Ausbreitung von Signalen in Telegraphenleitungen maßgebliche Telegraphengleichung wurde von ihm aufgestellt. 1891 wurde er in die Royal Society gewählt und 1905 verlieh ihm die Universität Göttingen die Ehrendoktorwürde. Er hat nie geheiratet und wurde ein immer skurrilerer Einsiedler. Er litt an Verfolgungswahn, gefördert durch eine zunehmende Taubheit. Seine Unterschrift ergänzte er mit dem Wort „WORM". Äußerlich verwahrloste der kleinwüchsige HEAVISIDE zunehmend, er hatte jedoch stets sorgfältig gepflegte, rosa lackierte Fingernägel. Er liegt in Paignton, England, begraben.

Wir präzisieren jetzt den Begriff des Grenzwertes einer Funktion gemäß

Definition 5.13 *Sei* $f \in \text{Abb}(D, \mathbb{R})$, $D \subset \mathbb{R}$.

1. *Die Funktion* f *hat an der Stelle* $x_0 \in \mathbb{R}$ *den* **Grenzwert** $g \in \mathbb{R}$, *falls*

$$\lim_{n \to \infty} f(x_n) = g \text{ für } \textbf{jede } \textit{Folge } (x_n)_{n \in \mathbb{N}} \subset D \backslash \{x_0\} \text{ mit } \lim_{n \to \infty} x_n = x_0.$$
(5.2)

Schreibweise: $\lim_{x \to x_0} f(x) = g$.

2. *Die Funktion* f *hat an der Stelle* $x_0 \in \mathbb{R}$ *den* **rechtsseitigen Grenzwert** $g^+ \in \mathbb{R}$ (*bzw. den* **linksseitigen Grenzwert** $g^- \in \mathbb{R}$), *falls*

$$\lim_{n \to \infty} f(x_n) = g^+ \text{ (}bzw. \ g^-\text{) } \textit{für } \textbf{jede monoton fallende}$$

$$\textit{(bzw. monoton wachsende) Folge } (x_n)_{n \in \mathbb{N}} \subset D \setminus \{x_0\}$$
(5.3)

$$mit \ \lim_{n \to \infty} x_n = x_0.$$

Schreibweise: $\lim_{x \to x_0+} f(x) = g^+$ (*bzw.* $\lim_{x \to x_0-} f(x) = g^-$).

Bemerkung 5.14 *Zu erwähnen bleibt Folgendes:*

1. *In den getroffenen Definitionen wird der Funktionswert* $f(x_0)$ **nicht** *benötigt. Deshalb kommt es* **nicht** *darauf an, ob* x_0 *zum Definitionsbereich* D *gehört oder nicht.*

2. *In jedem Fall kommt es aber darauf an, dass die Bedingungen (5.2) und (5.3) für* **alle** *Folgen* $(x_n)_{n \in \mathbb{N}}$ *mit den dort spezifizierten Eigenschaften erfüllt sein müssen. Damit sind die (folgenunabhängen) Schreibweisen in der obigen Definition gerechtfertigt.*

Weitere Beispiele sollen die o.g. Definition verdeutlichen.

Beispiel 5.15 *Das nachfolgende Beispiel a) wird uns immer wieder begegnen.*

a) *Es sei*

$$f(x) := \begin{cases} \sin x & : \ x \leq 0, \\ \sin \frac{1}{x} & : \ x > 0, \end{cases} \qquad x \in D := \mathbb{R}.$$

Wir erkennen, dass

$$\lim_{x \to 0-} f(x) = 0 =: g^-, \qquad \lim_{x \to +\infty} f(x) = 0,$$

während die beiden Grenzwerte $\lim\limits_{x \to 0+} f(x)$ *und* $\lim\limits_{x \to -\infty} f(x)$ **nicht** *existieren.*

b) *Die* DIRICHLET*-Funktion*

$$f(x) := \chi_{\mathbb{Q}}(x) = \begin{cases} 1 &:\ x \ \text{rational,} \\ 0 &:\ x \ \text{irrational,} \end{cases} \quad x \in D := \mathbb{R},$$

hat in **keinem** *Punkt* $x_0 \in \mathbb{R}$ *einen Grenzwert, auch rechts– bzw. linksseitige Grenzwerte existieren nicht.*

Denn zu jedem Punkt $x_0 \in \mathbb{R}$ *können Folgen* $(x_n)_{n \in \mathbb{N}} \subset \mathbb{Q}$ *als auch Folgen* $(x_n^*)_{n \in \mathbb{N}} \subset \mathbb{R} \setminus \mathbb{Q}$ *angegeben werden mit* $\lim\limits_{n \to \infty} x_n = x_0 = \lim\limits_{n \to \infty} x_n^*$, *während*

$$\lim_{n \to \infty} \chi_{\mathbb{Q}}(x_n) = 1 \neq 0 = \lim_{n \to \infty} \chi_{\mathbb{Q}}(x_n^*)$$

gilt.

Die Grenzwertbedingungen (5.2) und (5.3) sind verletzt, da nicht für jede Folge $x_n \to x_0$ *derselbe Grenzwert* $\chi_{\mathbb{Q}}(x_n) \to g$ *resultiert.*

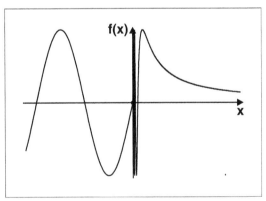

$\mathbf{f(x)} := \sin x$ **für** $\mathbf{x \leq 0}$ **und**
$\mathbf{f(x)} := \sin \frac{1}{x}$ **für** $x > 0$

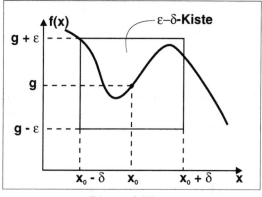

Die $\varepsilon - \delta$-Kiste

Die Existenz eines Grenzwertes kann auch in der nachstehenden, **folgenunabhängigen** Form formuliert werden:

Satz 5.16 (Die $\varepsilon - \delta$–Kiste) *Die Funktion $f \in \mathrm{Abb}\,(D, \mathbb{R})$, $D \subset \mathbb{R}$, hat an der Stelle $x_0 \in \mathbb{R}$ genau dann den Grenzwert $g \in \mathbb{R}$, wenn es zu* **jedem** $\varepsilon > 0$ *ein* $\delta = \delta(\varepsilon) > 0$ *gibt, derart dass*

$$|f(x) - g| < \varepsilon \ \text{für alle} \ x \in D \ \text{mit} \ 0 < |x - x_0| < \delta. \quad (5.4)$$

Beweisidee. Wir geben hier die formale Begründung, die an sich aber auf Grund der Konvergenzdefinition von Zahlenfolgen klar ist.

a) Gelte zunächst die Bedingung (5.4). Wähle dazu $\varepsilon > 0$ fest und dazu eine Zahl $\delta = \delta(\varepsilon) > 0$ gemäß der Vorschrift (5.4). Für jede beliebig gewählte Folge $(x_n)_{n \in \mathbb{N}} \subset D \setminus \{x_0\}$ mit $\lim\limits_{n \to \infty} x_n = x_0$ existiert eine Zahl $N = N(\varepsilon) \in \mathbb{N}$, so dass

$$0 < |x_n - x_0| < \delta \ \forall\, n > N.$$

Aus (5.4) erschließen wir somit $|f(x_n) - g| < \varepsilon \ \forall\, n > N$, oder äquivalent $\lim\limits_{n \to \infty} f(x_n) = g$. Dies ist die behauptete Grenzwertaussage (5.2).

b) Es gelte nun die Grenzwertaussage (5.2). Wäre (5.4) nicht erfüllt, dann existiert ein $\varepsilon_0 > 0$ derart, dass für alle $\delta = \delta(\varepsilon) > 0$ gilt

$$|f(x_k) - g| \geq \varepsilon_0 \ \text{für ein} \ x_k \in D \ \text{mit} \ 0 < |x_k - x_0| < \delta.$$

Es gäbe somit eine konvergente Folge $(x_k)_{k \in \mathbb{N}} \subset D \setminus \{x_0\}$ mit $\lim\limits_{k \to \infty} x_k = x_0$ und

$$|f(x_k) - g| \geq \varepsilon_0 \ \forall \ \delta > 0,$$

was im Widerspruch zu (5.2) steht.

qed

Bemerkung 5.17 *In der Definition (5.4) wird weder verlangt, dass ein Funktionswert $f(x_0)$ existiert, noch muss $f(x_0) = g$ gelten. Als Beispiele dazu dienen die nachstehenden Grafiken.*

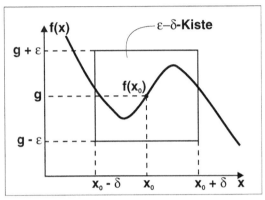

$$\lim_{x \to x_0} f(x) = g, \text{ wobei } f(x_0) \text{ nicht}$$
definiert sein soll

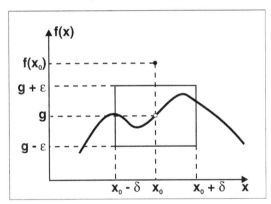

$$\lim_{x \to x_0} f(x) = g, \text{ wobei } f(x_0) \neq g \text{ gilt}$$

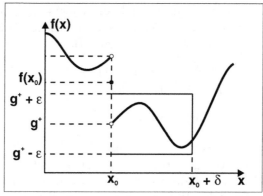

Rechtsseitiger Grenzwert $\lim\limits_{x \to x_0+} f(x) = g^+$

mit $g^+ \neq f(x_0)$

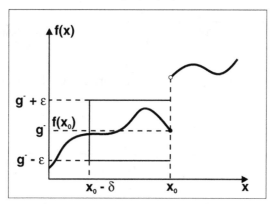

Linksseitiger Grenzwert $\lim\limits_{x \to x_0-} f(x) = g^-$

mit $g^- = f(x_0)$

Im Zusammenhang mit einseitigen Grenzwerten treffen wir folgende

---

Definition 5.18 *Es gelten die Vereinbarungen:*

1. *Existieren in einem Punkt $x_0 \in \mathbb{R}$ voneinander verschiedene rechts- bzw. linksseitige Grenzwerte $\lim\limits_{x \to x_0\pm} f(x) = g^\pm \in \mathbb{R}$, so sagen wir, die Funktion f hat bei x_0 einen* **Sprung der Höhe** $|g^+ - g^-|$.

2. *Ein Punkt $x_0 \in \mathbb{R}$ heißt* **singuläre Stelle** *oder kurz* **Singularität** *von f, wenn wenigstens einer der Grenzwerte g^+ oder g^- in $\mathbb{R}$ nicht existiert.*

Singularitäten treten bei rationalen Funktionen $q(x) = \frac{P(x)}{Q(x)}$ in den Nullstellen des Nennerpolynoms Q auf, sofern diese nicht gleichzeitig Nullstellen von P mindestens derselben Ordnung sind. Dazu z.B.

$$q(x) = \frac{x^2 - 1}{x^2 - 2x + 1} = \frac{(x-1)(x+1)}{(x-1)^2} = \frac{x+1}{x-1}.$$

Hier ist also $x_0 = 1$ eine Singularität.

Beim **Gebrauch** der Grenzwertbedingung (5.4) kommt es meistens auf ein geschicktes Abschätzen des Ausdrucks $|f(x) - g|$ durch einen Term der Form $|x - x_0|$ an. Die folgende Strategie muss sequentiell von links nach rechts verfolgt werden:

$$|f(x) - g| \; \underbrace{\leq \; \cdots \; \leq \; \cdots \; \leq \; \cdots \; \leq \; \cdots \; \leq}_{\substack{\text{Die Ausdrücke } \cdots \text{ müssen für} \\ x \to x_0 \text{ nach } 0 \text{ konvergieren.}}} \; \underbrace{A(|x - x_0|) < \varepsilon}_{\substack{\text{Diese Ungleichung muss nach} \\ |x - x_0| \text{ aufgelöst werden können.}}}$$

Einige Beispiele sollen das obige Abschätzverfahren näherbringen.

Beispiel 5.19

a) Es sei

$$\boxed{f(x) := \sqrt[p]{x}, \, x \in D := [0, +\infty), \, p \in \mathbb{N}.}$$

Wir behaupten

$$\lim_{x \to 0+} f(x) = 0 = f(0).$$

In der Tat, für fest gewähltes $\varepsilon > 0$ gilt die Abschätzung

$$|f(x) - f(0)| = \sqrt[p]{x} = x^{1/p} < \varepsilon \ \text{für } 0 < x < \delta,$$

sofern wir $\delta = \delta(\varepsilon) := \varepsilon^p$ wählen.

(Der Ausdruck $x^{1/p} < \varepsilon$ ist also wie gefordert nach x auflösbar.)

Beachten Sie: *Es macht hier keinen Sinn, den Grenzwert $\lim\limits_{x \to 0-} f(x) = ?$ zu untersuchen, da $f(x)$ für $x < 0$ nicht definiert ist.*

Die Grenzwertbetrachtung an einer anderen Stelle $x_0 > 0$ verläuft völlig analog zu dem Resultat $\lim\limits_{x \to x_0} f(x) = \sqrt[p]{x_0}$.

b) Es sei

$$f(x) := x \sqrt{1 + \tfrac{1}{x^2}} = (\operatorname{sign} x) \sqrt{1 + x^2}, \; x \in D := \mathbb{R} \setminus \{0\}.$$

Wir behaupten

$$\lim_{x \to 0+} f(x) = +1 \neq f(0), \quad \lim_{x \to 0-} f(x) = -1 \neq f(0).$$

Zum Beweis der **ersten** *Behauptung wählen wir wiederum ein beliebiges $\varepsilon > 0$. Damit erhalten wir für $0 < x < \delta$ die Abschätzung*

$$|f(x) - 1| = |+\sqrt{1 + x^2} - 1| = \frac{x^2}{1 + \sqrt{1 + x^2}} \leq \frac{x^2}{2} < \varepsilon,$$

sofern wir $\delta = \delta(\varepsilon) := \sqrt{2\varepsilon}$ wählen.

(Der Ausdruck $\frac{x^2}{2} < \varepsilon$ ist auch hier wie gefordert nach x auflösbar.)

Die zweite Behauptung $\lim_{x \to 0-} f(x) = -1$ wird analog nachgewiesen.

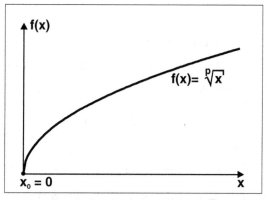

Graph der Funktion f(x) = $\sqrt[p]{x}$

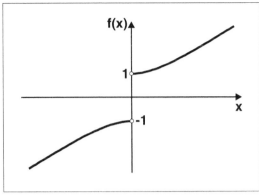

Graph der Funktion
$$f(x) = x \sqrt{1 + 1/x^2}$$

Wie bei Zahlenfolgen in Abschnitt 3.2 gelten auch bei Grenzwerten von Funktionen einige allgemeingültige Grundtatsachen.

Folgerung 5.20

1. *Grenzwerte sind* **eindeutig,** *falls sie existieren.*

2. *Gilt* $\lim\limits_{x \to x_0} f(x) = g \in \mathbb{R}$, *so ist* f *in der* Umgebung *von* x_0 **be-schränkt**. *Das heißt, sind* $\varepsilon, \delta > 0$ *gemäß der Vorschrift (5.4) gewählt, so gilt*
$$|f(x)| < |g| + \varepsilon \ \forall \, x \in D$$
mit $0 < |x - x_0| < \delta$.

Die **Limesbildung** kann mit **algebraischen Operationen** verknüpft werden.

Rechenregeln 5.21 *Es gelte* $F := \lim_{x \to x_0} f(x)$, $G := \lim_{x \to x_0} g(x)$. *Dann gelten*

1. $\lim\limits_{x \to x_0} [\alpha \, f(x) + \beta \, g(x)] = \alpha \, F + \beta \, G \ \ \forall \, \alpha, \beta \in \mathbb{R}.$

2. $\lim\limits_{x \to x_0} [f(x) \, g(x)] = F \cdot G.$

3. $\lim\limits_{x \to x_0} \dfrac{f(x)}{g(x)} = \dfrac{F}{G}, \ \ falls \ G \neq 0.$

Beispiel 5.22 *Es sei*

$$f(x) := \frac{x^3 + |x + 1| + \text{sign}\,(x + 1)}{\text{sign}\,x}, \quad x \in D := \mathbb{R} \setminus \{0\}.$$

Unter Verwendung der Regeln (5.21) erhalten wir folgende Grenzwerte:

$$\lim_{x \to 0+} f(x) = \frac{0 + 1 + 1}{1} = 2, \qquad \lim_{x \to 0-} f(x) = \frac{0 + 1 + 1}{-1} = -2,$$

$$\lim_{x \to (-1)+} f(x) = \frac{-1 + 0 + 1}{-1} = 0, \qquad \lim_{x \to (-1)-} f(x) = \frac{-1 + 0 - 1}{-1} = 2.$$

Bei **reellwertigen** Funktionen kann die **Limesbildung** mit **Ordnungsrelationen** verknüpft werden.

Folgerung 5.23 *Seien* $f, g, h \in \text{Abb}(D, \mathbb{R})$ *mit einem gemeinsamen Definitionsbereich* $D \subset \mathbb{R}$, *dann*

1) $f(x) < M \ \forall\, x \in D \implies \lim\limits_{x \to x_0} f(x) \leq M.$

2) $f(x) \leq g(x) \ \forall\, x \in D \implies \lim\limits_{x \to x_0} f(x) \leq \lim\limits_{x \to x_0} g(x).$

Daraus resultiert insbesondere (vgl. Entführungsprinzip (3.7)) das folgende „**Einschließkriterium**":

$$\lim_{x \to x_0} f(x) = g = \lim_{x \to x_0} h(x), \quad f(x) \leq g(x) \leq h(x) \implies \lim_{x \to x_0} g(x) = g.$$

$$(5.5)$$

Beispiel 5.24 *Es sei* $0 < x < \frac{\pi}{2}$. *Aus dem (als bekannt vorausgesetzten) Strahlensatz resultiert gemäß nachfolgender Skizze* $y = \dfrac{\sin x}{\cos x}$, *woraus sich die Ungleichung*

$$0 < \sin x < x < \frac{\sin x}{\cos x}$$

ergibt. Damit folgt $\dfrac{1}{\sin x} > \dfrac{1}{x} > \dfrac{\cos x}{\sin x}$, *d.h.* $1 > \dfrac{\sin x}{x} > \cos x$.

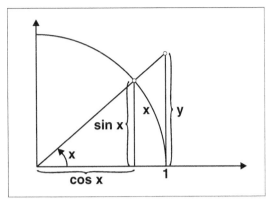

Zur Ungleichung $0 < \sin x < x < \frac{\sin x}{\cos x}$

Aus $\lim\limits_{x \to 0\pm} \cos x = 1$ *folgt mit dem Einschließungskriterium (5.5) der so wichtige und in vielen zukünftigen Abschnitten wiederkehrende Grenzwert*

$$\boxed{\lim_{x \to 0\pm} \frac{\sin x}{x} = 1.}$$ (5.6)

Aufgaben

Aufgabe 5.8. Existieren nachfolgende Grenzwerte?

$$a)\ \lim_{x \to 0} \frac{1}{3 + 2^{\frac{1}{x}}}, \quad b)\ \lim_{x \to 0} \frac{1 + 2^{\frac{1}{x}}}{3 + 2^{\frac{1}{x}}}.$$

Hinweis: Bilden Sie jeweils die links- und rechtsseitigen Grenzwerte.

Aufgabe 5.9. Bestimmen Sie

$$a)\ \lim_{x \to 0} \frac{(\sqrt{x+1}-1)\sin x}{x^2(x-5)^2}, \quad b)\ \lim_{x \to 0} \frac{\cos x - 1}{x}, \quad c)\ \lim_{x \to 1} \frac{x^n - 1}{x - 1}.$$

Aufgabe 5.10. Berechnen Sie die Grenzwerte

$$a)\ \lim_{x \to 0} \frac{a\sin(bx)}{cx},\ a,b,c \neq 0, \quad b)\ \lim_{x \to 0} \frac{x}{\sin x}.$$

Aufgabe 5.11. Berechnen Sie die Grenzwerte

$$a)\ \lim_{x\to 0}\left(\frac{1}{x^2}-\frac{\sqrt{1-x^2}}{x^2}\right), \quad b)\ \lim_{x\to 0\pm}\left(x-\frac{x}{|x|}\right).$$

Aufgabe 5.12. Zeigen Sie per vollständiger Induktion, dass

$$\lim_{x\to a}x^n=a^n\ \forall\, n\in\mathbb{N}.$$

Aufgabe 5.13. Berechnen Sie $\lim\limits_{h\to 0}\dfrac{f(x+h)-f(x)}{h}$ für die Funktionen

$$a)\ f(x)=x, \quad b)\ f(x)=x^2, \quad c)\ f(x)=x^3.$$

Aufgabe 5.14. Sei $f(x)=5x-6$. Bestimmen Sie ein $\delta>0$ derart, dass $|f(x)-14|<\varepsilon$ für $0<|x-4|<\delta$, wenn

$$a)\ \varepsilon=\frac{1}{2}, \quad b)\ \varepsilon=0{,}0001.$$

Aufgabe 5.15. Beweisen Sie die folgende Aussage: Gilt $f(x)\le M$ für alle $x\in D_f$ und $\lim\limits_{x\to x_0}f(x)=A$, dann folgt $A\le M$.

Aufgabe 5.16. Wo ist $f(x)=\dfrac{1-\sqrt{\cos x}}{1-\cos\sqrt{x}}$ nicht definiert? Wie lautet $\lim\limits_{x\to 0}f(x)$?

Aufgabe 5.17. Beim Anlegen einer Messlatte L der Länge l liegt nur ihr Mittelpunkt exakt auf der zu messenden Strecke S, während die Randpunkte von L jeweils den senkrechten Abstand x von S haben. Wenn also für S der Wert l gemessen wird, so ist die wahre Länge von S gleich der Projektion $f=f(x)$ von L auf S.

a) Bestimmen Sie f.

b) Berechnen Sie G aus $\lim\limits_{x\to 0+}f(x)=G$.

c) Bestimmen Sie zu jedem $\varepsilon>0$ ein $\delta=\delta(\varepsilon)$ so, dass $|f(x)-G|<\varepsilon$ für alle x mit $0<x<\delta$ gilt. Verwenden Sie die Zahlenwerte $l=2\,\mathrm{m}$, $\varepsilon=\varepsilon_r l$ mit $\varepsilon_r=0{,}1\%$ (ε_r ist die relative Genauigkeit).

5.3 Uneigentliche Grenzwerte von Funktionen einer reellen Veränderlichen

Ist f auf den unbeschränkten Intervallen $(b, +\infty)$ bzw. $(-\infty, a)$ erklärt, so definieren wir die Grenzwerte $\lim\limits_{x \to \pm\infty} f(x)$ in der folgenden Weise:

Definition 5.25 *Die Funktion f hat in $+\infty$ den* **Grenzwert** *g, wenn für jedes $\varepsilon > 0$ ein $N = N(\varepsilon) \in \mathbb{N}$ existiert, so dass*

$$|f(x) - g| < \varepsilon \ \text{für alle} \ x > N > b. \tag{5.7}$$

Entsprechendes gilt in $-\infty$ für $\forall \, x < -N < a$.

Schreibweise: $\lim\limits_{x \to +\infty} f(x) = g$ *sowie* $\lim\limits_{x \to -\infty} f(x) = g$.

Beispiel 5.26 *Es sei*

$$f(x) := \frac{x}{x - 2} = 1 + \frac{2}{x - 2}, \ x \in D := \mathbb{R} \setminus \{2\}.$$

Wir behaupten

$$\lim\limits_{x \to +\infty} f(x) = 1.$$

In der Tat, für $x > 2$ haben wir

$$|f(x) - 1| = \left|\frac{x}{x - 2} - 1\right| = \frac{2}{x - 2} \leq \frac{2}{N - 2} < \varepsilon \ \forall \, x > N > 2,$$

sofern die Zahl $N \in \mathbb{N}$ so groß gewählt wird, dass $\frac{2}{\varepsilon} + 2 < N$ gilt.

Ganz analog zeigt man $\lim\limits_{x \to -\infty} f(x) = 1$.

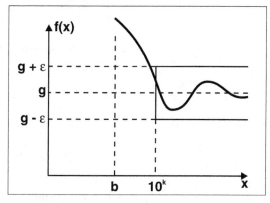

Uneigentlicher Grenzwert $\lim\limits_{x \to +\infty} f(x) = g$

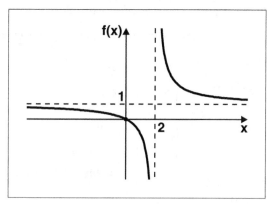

Graph der Funktion $f(x) = \dfrac{x}{x-2}$

Für **reellwertige Funktionen** f können auch die uneigentlichen Grenzwerte der Form $f(x) \to \pm\infty$ erklärt werden.

Definition 5.27 *Die Funktion* $f : D \to \mathbb{R}$ *hat in* $x_0 \in \mathbb{R}$ *den* **uneigentlichen** *Grenzwert* $\lim\limits_{x \to x_0} f(x) = +\infty$, *wenn für jedes* $\varepsilon > 0$ *ein* $\delta = \delta(\varepsilon) > 0$ *existiert, derart dass*

$$f(x) > \frac{1}{\varepsilon} \ \text{für alle } x \in D \ \text{mit } 0 < |x - x_0| < \delta. \qquad (5.8)$$

(Entsprechend: $\lim\limits_{x \to x_0} f(x) = -\infty$, *falls für jedes* $\varepsilon > 0$ *ein* $\delta = \delta(\varepsilon) > 0$ *existiert* $f(x) < -\frac{1}{\varepsilon}$ *für alle* $x \in D$ *mit* $0 < |x - x_0| < \delta$.)

Analog erklärt man die **rechts–** *bzw.* **linksseitigen** *uneigentlichen Grenzwerte* $\lim\limits_{x \to x_0+} f(x) = \pm\infty$ *bzw.* $\lim\limits_{x \to x_0-} f(x) = \pm\infty$.

Beispiel 5.28

a) *Die Funktion* $f(x) := \dfrac{x}{x-2}$ *sei wie im letzten Beispiel vorgelegt. Wir behaupten*

$$\lim_{x \to 2+} f(x) = +\infty \quad und \quad \lim_{x \to 2-} f(x) = -\infty.$$

Sei dazu ein beliebiges $\varepsilon > 0$ *vorgegeben. Es gilt*

$$f(x) = \frac{x}{x-2} \begin{cases} > \dfrac{2}{\delta} > \dfrac{1}{\delta} > \dfrac{1}{\varepsilon} \ \forall\, x \in \mathbb{R} \ \ mit\ 2 < x < 2 + \delta, \\[2mm] = \dfrac{-x}{2-x} < -\dfrac{1}{\delta} < -\dfrac{1}{\varepsilon} \ \forall\, x \in \mathbb{R} \ \ mit\ 1 < 2 - \delta < x < 2, \end{cases}$$

sofern die Zahl $\delta = \delta(\varepsilon) > 0$ *so gewählt wird, dass* $\varepsilon > \delta$ *gilt.*

b) *Auch die folgenden uneigentlichen Grenzwerte lassen sich einfach bestimmen:*

$$\lim_{x \to +\infty} x^n = \begin{cases} 1 & : \ n = 0, \\ +\infty & : \ n \in \mathbb{N}, \end{cases}$$

$$\lim_{x \to -\infty} x^n = \begin{cases} 1 & : \ n = 0, \\ +\infty & : \ n = 2m \ \ gerade, \\ -\infty & : \ n = 2m - 1 \ \ ungerade \end{cases}$$

für alle $m \in \mathbb{N}$*. Weiter gilt*

$$\lim_{x \to \pm\infty} \frac{1}{x^m} = 0, \quad \lim_{x \to 0} \frac{1}{x^{2m}} = +\infty,$$

$$\lim_{x \to 0+} \frac{1}{x^{2m-1}} = +\infty, \quad \lim_{x \to 0-} \frac{1}{x^{2m-1}} = -\infty.$$

c) *Für Polynome* $P_n(x) := \displaystyle\sum_{k=0}^{n} a_k x^k$ *gilt ganz allgemein*

$$\lim_{x \to +\infty} P_n(x) = +\infty \cdot \operatorname{sign} a_n,$$

$$\lim_{x \to -\infty} P_n(x) = \begin{cases} +\infty \cdot \operatorname{sign} a_n & : \ n \ gerade, \\ -\infty \cdot \operatorname{sign} a_n & : \ n \ ungerade. \end{cases}$$

Bemerkung 5.29 *Auch im uneigentlichen Fall gelten eine Reihe von Regeln. Wir unterscheiden:*

1. *Für die uneigentlichen Grenzwerte der Form*

$$\lim_{x \to \pm\infty} f(x) = \gamma \in \mathbb{R}$$

gelten nach wie vor Rechenregeln 5.21.

2. *Für die uneigentlichen Grenzwerte*

$$\lim_{x \to x_0(\pm)} f(x) = \pm\infty \quad oder \quad \lim_{x \to \pm\infty} f(x) = (\pm)\infty$$

treten neue Regeln hinzu, die wir hier tabellarisch zusammenstellen wollen.

Nachfolgend bezeichnen wir summarisch mit $\lim f(x)$ *jeden der möglichen Fälle* $\lim_{x \to x_0\pm} f(x)$ *oder* $\lim_{x \to \pm\infty} f(x)$.

Dazu bezeichnen in der nachstehenden Tabelle f, g, h *reellwertige Funktionen mit den (uneigentlichen) Grenzwerten*

$$\lim f(x) = \lim h(x) = +\infty \quad und \quad \lim g(x) = \gamma \in \mathbb{R}.$$

	Limes–Regel	Formale Rechenregel
(i)	$\lim [f(x) + \alpha\,g(x)] = +\infty \; \forall\, \alpha \in \mathbb{R}$	$\infty + r = \infty \; \forall\, r \in \mathbb{R}$
(ii)	$\lim [f(x)\,g(x)] = +\infty \;$ falls $\gamma > 0$	$\infty \cdot r = \infty \; \forall\, r > 0$
(iii)	$\lim [f(x)\,h(x)] = +\infty = \lim [f(x) + h(x)]$	$\infty + \infty = \infty$
(iv)	$\lim \dfrac{g(x)}{f(x)} = 0$	$\dfrac{r}{\infty} = 0 \; \forall\, r \in \mathbb{R}$
(v)	$\lim \dfrac{f(x)}{g(x)} = +\infty \;$ falls $\gamma > 0$	$\dfrac{\infty}{r} = \infty \; \forall\, r > 0$

$$(5.9)$$

Bemerkung 5.30 *Die Regeln (i) und (iv) bleiben selbst dann noch richtig, wenn* $\lim g(x)$ *nicht existiert, und* $|g(x)|$ *beim Grenzübergang* $x \to x_0$ *bzw.* $x \to \pm\infty$ **beschränkt** *bleibt, wie z.B. bei* $g(x) := \sin x$ *für* $x \to \pm\infty$.

Beispiel 5.31

a) $\displaystyle \lim_{x \to 0+} \frac{\operatorname{sign} x}{\sqrt{1 + \frac{1}{x}}} = \frac{\text{(beschränkt)}}{+\infty} \overset{(iv)}{=} 0$ *und* $\displaystyle \lim_{x \to \pm\infty} \frac{\operatorname{sign} x}{\sqrt{1 + \frac{1}{x}}} = \frac{\pm 1}{1}$

$= \pm 1.$

b) *Die Funktion* $f(x) := e^x$, $x \in D := \mathbb{R}$ *hat die folgenden Grenzwerte:*

$$\lim_{x \to -\infty} e^x = 0, \qquad \lim_{x \to +\infty} e^x = +\infty.$$

Es gelten nämlich die Ungleichungen

$$e^x > 0 \ \forall\, x \in \mathbb{R}, \qquad 1 + x < \sum_{k=0}^{\infty} \frac{x^k}{k!} = e^x \ \forall\, x > 0.$$

Aus diesen Ungleichungen folgern wir

$$0 \le \lim_{x \to -\infty} e^x = \lim_{y \to +\infty} e^{-y} = \lim_{y \to +\infty} \frac{1}{e^y} \le \lim_{y \to +\infty} \frac{1}{1 + y} = 0,$$

und in gleicher Weise $\displaystyle \lim_{x \to +\infty} e^x \ge \lim_{x \to +\infty} (1 + x) = +\infty.$

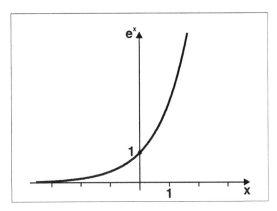

Graph der Exponentialfunktion e^x

Bemerkung 5.32 *Es fehlen noch Rechenregeln für die* **unbestimmten Ausdrücke**

$$\infty - \infty, \quad 0 \cdot \infty, \quad \frac{\infty}{\infty}, \quad \frac{0}{0}.$$

Diese Rechenregeln können i. Allg. nicht durch algebraische Operationen aus den Grenzwerten der einzelnen Funktionen erschlossen werden. Diese Fälle werden jedoch an späterer Stelle ausführlich behandelt.

Zunächst untersuchen wir lediglich den Fall

$$\lim_{x \to \infty} \frac{P_n(x)}{Q_m(x)} = \frac{\infty}{\infty}$$

für Polynome $P_n(x) = \sum_{k=0}^{n} a_k x^k$ und $Q_m(x) = \sum_{k=0}^{m} b_k x^k$, wobei natürlich $a_n \neq 0, b_m \neq 0$ gilt.

Nach Division durch x^m resultiert der Grenzwert

$$\lim_{x \to \infty} \frac{P_n(x)}{Q_m(x)} = \lim_{x \to \pm\infty} \frac{a_n x^{n-m} + a_{n-1} x^{n-m-1} + \cdots + a_1 x^{1-m} + a_0 x^{-m}}{b_m + b_{m-1} x^{-1} + \cdots + b_1 x^{1-m} + b_0 x^{-m}}$$

$$= \begin{cases} 0 & : m > n, \\ \dfrac{a_n}{b_m} & : m = n, \\ +\infty \cdot \operatorname{sign}\left(\dfrac{a_n}{b_m}\right) & : m < n. \end{cases}$$

Beispiel 5.33 *Wir betrachten die o.g. Fälle*

a) $\displaystyle \lim_{x \to \infty} \frac{2x^2 - 15x}{x^3 + 15x} = \lim_{x \to \infty} \frac{\frac{2}{x} - \frac{15}{x^2}}{1 + \frac{15}{x^2}} = \frac{0 - 0}{1 + 0} = 0.$

b) $\displaystyle \lim_{x \to \infty} \frac{2x^3 - 15x}{x^3 + 15x} = \lim_{x \to \infty} \frac{2 - \frac{15}{x^2}}{1 + \frac{15}{x^2}} = \frac{2 - 0}{1 + 0} = 2.$

c) $\displaystyle \lim_{x \to \infty} \frac{2x^4 - 15x}{x^3 + 15x} = \lim_{x \to \infty} \frac{2x - \frac{15}{x^2}}{1 + \frac{15}{x^2}} = \frac{2x - 0}{1 + 0} = +\infty.$

Aufgaben

Aufgabe 5.18. Zeigen Sie mit Hilfe der Grenzwertdefinition

a) $\displaystyle \lim_{x \to \infty} \left(\sqrt{x^2 + 2} - \sqrt{x^2 + 1} \right) = 0,$ b) $\displaystyle \lim_{x \to \infty} x \sin \frac{1}{x} = 1.$

Aufgabe 5.19. Bestimmen Sie

$$a)\ \lim_{x\to+\infty}\frac{3^x - 3^{-x}}{3^x + 3^{-x}},\quad b)\ \lim_{x\to-\infty}\frac{3^x - 3^{-x}}{3^x + 3^{-x}}.$$

Aufgabe 5.20. Sie erkennen die folgenden Grenzwerte sicherlich auf den ersten Blick:

$$a)\ \lim_{x\to+\infty}\frac{2x+3}{4x-5},\quad b)\ \lim_{x\to+\infty}\frac{x}{x^2+5},$$

$$c)\ \lim_{x\to+\infty}\frac{2x^2}{x-3x^2},\quad d)\ \lim_{x\to+\infty}\frac{x^5+55x}{55x}.$$

Aufgabe 5.21. Erkennen Sie auch die nächsten Grenzwerte sofort?

$$a)\ \lim_{x\to\pm\infty}\frac{e^x - e^{-x}}{e^x + e^{-x}},\quad b)\ \lim_{x\to\pm\infty}\frac{e^x + e^{-x}}{e^x - e^{-x}},$$

Aufgabe 5.22. Berechnen Sie die beiden Grenzwerte

$$a)\ \lim_{x\to+\infty}\left(\sqrt[3]{x^3+x^2}-x\right),\quad b)\ \lim_{x\to+\infty}\left(\sqrt{4+x}-\sqrt{x}\right)\sqrt{x}.$$

Aufgabe 5.23. Bestimmen Sie das Verhalten für $x\to\pm\infty$ für die beiden Funktionen

$$a)\ f(x)=\frac{x^4}{(x^2-1)|x|},\quad b)\ f(x)=|x^2-1|+|x|-1.$$

5.4 Stetigkeit von Funktionen einer reellen Veränderlichen

Wir kommen nun zu einem weiteren zentralen Begriff der Mathematik. Unabhängig voneinander befassten sich Anfang des 19. Jahrhunderts BERNARD BOLZANO (1781-1848) und AUGUSTIN LOUIS CAUCHY (1789-1857) mit der Definition der Stetigkeit. Wenn eine geringe Änderung im Argument einer Funktion eine geringe Änderung im Funktionswert bewirkt, führt dies auf folgende

Definition 5.34 *Eine Funktion $f \in \text{Abb}(\mathbb{R}, \mathbb{K})$ heißt* **stetig im Punkte** $x_0 \in D$, *falls*

$$\lim_{x \to x_0} f(x) = f(x_0).$$

Ist f in **jedem Punkte** $x_0 \in D$ *stetig, so heißt f* **stetig auf** D. *Ist die Funktion f in einem Punkte $x_0 \in D$ nicht stetig, so heißt sie* **unstetig** *bei x_0.*

Besitzt f in $x_0 \in D$ lediglich den **rechtsseitigen** *(bzw. den* **links-seitigen***) Grenzwert $\lim\limits_{x \to x_0+} f(x) = f(x_0)$ (bzw. $\lim\limits_{x \to x_0-} f(x) = f(x_0)$), so heißt f in x_0* **rechtsseitig** *(bzw.* **linksseitig***) stetig.*

Bemerkung 5.35 *Einiges ist jedoch zu beachten:*

1. *Anders als bei der Definition von Grenzwerten einer Funktion* **muss** *der Punkt x_0 bei Stetigkeitsbetrachtungen zum Definitionsbereich D gehören. Das heißt, es muss ein Funktionswert $f(x_0)$ existieren.*

2. *Die Stetigkeit* **reellwertiger** *Funktionen kann häufig durch Betrachtung des Graphen $G(f)$ geprüft werden. Kann $G(f)$ in einem Zug ohne Absetzen des Zeichenstiftes gezeichnet werden, so ist die zugeordnete Funktion f stetig. Diese Vorstellung darf aber nicht als Definition der Stetigkeit betrachtet werden. Zum Beispiel ist die Funktion $f(x) := \sin\frac{1}{x}$ auf dem Intervall $(0, +\infty)$ stetig, ihr Graph ist jedoch nicht zeichenbar.*

Natürlich kann die Stetigkeit einer Funktion f wieder durch die $\varepsilon - \delta$-Kiste ausgedrückt werden. Diese Formulierung wird KARL WEIERSTRASS (1815-1897) zugeschrieben und liest sich in gewohnter Manier als

Satz 5.36 *Eine Funktion $f \in \text{Abb}(\mathbb{R}, \mathbb{K})$ ist genau dann im Punkte $x_0 \in D$ stetig, wenn für alle $\varepsilon > 0$ ein $\delta = \delta(\varepsilon) > 0$ existiert, so dass*

$$|f(x) - f(x_0)| < \varepsilon \text{ für alle } x \in D \text{ mit } 0 < |x - x_0| < \delta. \qquad (5.10)$$

Analoge Formulierungen gelten für die rechts- bzw. linksseitige Stetigkeit in x_0.

Beachten Sie: *Die Zahl $\delta > 0$ hängt i. Allg. auch vom Punkt x_0 ab.*

Beispiel 5.37 *Wir greifen auf wohlbekannte Funktionen zurück.*

a) *Wir hatten für die Funktionen $f(x) := x^n$, $\dfrac{1}{x^n}$, e^x bereits gezeigt, dass $\lim\limits_{x \to x_0} f(x) = f(x_0)$ für alle $x_0 \in D$ gilt. Die* konstante Funktion $f(x) =$

$c \in \mathbb{K}$ *erfüllt wegen* $|f(x) - f(x_0)| = |c - c| = 0$ *trivialerweise die Bedingung 5.10. Folgende Funktionen sind demnach stetig:*

$$f(x) := \begin{cases} x^n & \forall\, x \in \mathbb{R},\ n \in \mathbb{N}, \\ x^{-n} & \forall\, x \in \mathbb{R} \setminus \{0\},\ n \in \mathbb{N}, \\ e^x & \forall\, x \in \mathbb{R}, \\ c & \forall\, x \in \mathbb{R},\ c \in \mathbb{K}. \end{cases}$$

b) Die Betragsfunktion

$$f(x) := |x|,\ x \in D := \mathbb{R},$$

ist **stetig** *auf ganz D. Zum Nachweis der Stetigkeit verwenden wir die Dreiecksungleichung*

$$\big| |x| - |x_0| \big| \le |x - x_0|. \tag{5.11}$$

Für jedes $x_0 \in \mathbb{R}$ *und für jede Zahl* $\varepsilon > 0$ *gilt*

$$|f(x) - f(x_0)| \overset{(5.11)}{\le} |x - x_0| < \delta := \varepsilon \ \forall\, x \in \mathbb{R} \ \text{mit}\ 0 < |x - x_0| < \delta.$$

Es ist zu beachten, dass die Zahl $\delta = \delta(\varepsilon) = \varepsilon$ *hier* **gleichmäßig** *bezüglich* $x_0 \in \mathbb{R}$ *wählbar ist, also* **nicht** *von* x_0 *abhängt.*

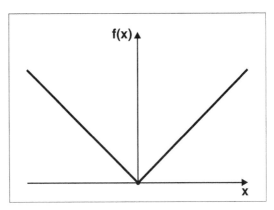

Graph der Funktion f(x) := |x|

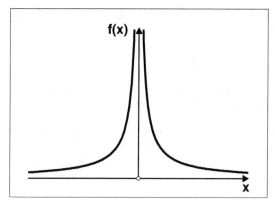

Graph der Funktion f(x) := $\frac{1}{|x|}$

c) *Die Funktion*

$$f(x) := \frac{1}{|x|}, \; x \in D := \mathbb{R} \setminus \{0\}$$

ist **stetig** *auf ganz* D. *Wir wählen* $x_0 \neq 0$ *und* $\varepsilon > 0$ *fest. Danach definieren wir die Zahl*

$$\delta(\varepsilon) := \frac{1}{2} \min\{\varepsilon \, |x_0|^2, |x_0|\}.$$

Wegen $\delta \leq |x_0|/2$ *folgt zunächst*

$$\frac{1}{2} |x_0| < |x| < \frac{3}{2} |x_0|$$

für alle x *mit* $0 < |x - x_0| < \delta$. *Hieraus ergibt sich nun unter der Einschränkung* $0 < |x - x_0| < \delta$, *dass*

$$|f(x) - f(x_0)| = \frac{||x| - |x_0||}{|x||x_0|} \overset{(5.11)}{\leq} \frac{|x - x_0|}{|x||x_0|} < \frac{2|x - x_0|}{|x_0|^2} < \frac{2\varepsilon \, |x_0|^2}{2 \, |x_0|^2} = \varepsilon,$$

was die spezielle Wahl von $\delta = \delta(\varepsilon)$ *erklärt. Wir bemerken, dass die Zahl* $\delta > 0$ *hier sowohl von* $\varepsilon > 0$ *als auch von* $x_0 \in D$ *abhängt.*

d) *Die* DIRICHLET-*Funktion*

$$\chi_{\mathbb{Q}}(x) = \begin{cases} 1 \; : \; x \in \mathbb{Q}, \\ 0 \; : \; x \in \mathbb{R} \setminus \mathbb{Q}, \end{cases}$$

ist in **jedem** *Punkt* $x_0 \in \mathbb{R}$ **unstetig**.

Beispiel 5.38 *Eine Funktion* $f : I \to \mathbb{K}$, *die auf einem Intervall* $I \subset \mathbb{R}$ *der* LIPSCHITZ–**Bedingung**

$$|f(x) - f(x_0)| \leq L \, |x - x_0| \;\; \text{für alle } x, x_0 \in I, \tag{5.12}$$

genügt, ist offenbar **stetig** *auf ganz* I. *Wählen wir* $\delta = \delta(\varepsilon) := \varepsilon/L$, *so folgt die Stetigkeitsbedingung (5.10) direkt aus (5.12).*

Wir betrachten hier speziell die Funktionen $f(x) := \sin x$ *und* $f(x) := \cos x$, $x \in D := \mathbb{R}$. *Aus Beispiel 5.24 erhalten wir* $|\sin x| \leq |x|$ *für alle* $x \in \mathbb{R}$. *Unter Verwendung der Additionstheoreme für trigonometrische Funktionen resultiert*

$$\sin x - \sin x_0 = 2 \, \cos \frac{x + x_0}{2} \, \sin \frac{x - x_0}{2},$$

$$\cos x - \cos x_0 = -2 \, \sin \frac{x + x_0}{2} \, \sin \frac{x - x_0}{2}.$$

Somit folgt für alle $x, x_0 \in \mathbb{R}$

$$|\sin x - \sin x_0| \leq 2 \, \left| \sin \frac{x - x_0}{2} \right| \leq |x - x_0|,$$

$$|\cos x - \cos x_0| \leq 2 \, \left| \sin \frac{x - x_0}{2} \right| \leq |x - x_0|,$$

und dies ist die LIPSCHITZ*-Bedingung (5.12) mit der Konstanten* $L = 1$.

Wir haben zusammenfassend:

> sin *und* cos *sind auf ganz* $\mathbb{R}$ *stetige Funktionen.*

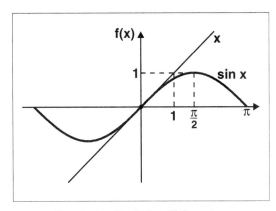

Graph der Funktion $f(x) := \sin x$

Definition 5.39 *Wir fassen zusammen:*

1. *Eine Funktion* $f \in \text{Abb}(\mathbb{R}, \mathbb{K})$ *heißt auf dem Intervall* $I \subseteq D$ LIPSCHITZ–**stetig**, *wenn eine Konstante* $L \geq 0$ *existiert, so dass*

$$|f(x) - f(x_0)| \leq L\,|x - x_0| \quad \text{für alle } x, x_0 \in I. \tag{5.13}$$

2. f *heißt* **gleichmäßig** LIPSCHITZ–**stetig**, *wenn die Bedingung (5.13) auf ganz D gilt. (Das heißt, die LIPSCHITZ–Konstante L hängt nicht von x_0 ab.)*

Wie wir oben gesehen haben, sind sin und cos gleichmäßig LIPSCHITZ–stetig. Dies gilt *nicht* für die Funktion $f(x) := \sqrt{x}$, $x \in D := [0, +\infty)$. Denn für $x, x_0 \geq 0$ haben wir

$$\left|\sqrt{x} - \sqrt{x_0}\right|^2 = x + x_0 - 2\sqrt{x x_0} \leq x + x_0 - 2\sqrt{[\min\{x, x_0\}]^2} = |x - x_0|.$$

Es folgt $\left|\sqrt{x} - \sqrt{x_0}\right| \leq \sqrt{|x - x_0|}$, so dass f zwar stetig auf ganz D ist, nicht aber LIPSCHITZ–stetig.

Merken Sie sich: LIPSCHITZ–Stetigkeit $\Longrightarrow$ Stetigkeit; die umgekehrte Implikation ist i. Allg. falsch.

Beispiel 5.40 *Die Signums–Funktion* $f(x) := \text{sign}\, x$, $x \in D := \mathbb{R}$, *ist* **stetig** $\forall\, x_0 \neq 0$, *denn außerhalb des Punktes $x = 0$ ist f konstant. Dagegen gilt im Punkt $x_0 = 0$ der Zusammenhang*

$$f(x_0 - 0) = -1 \neq f(x_0) = 0 \neq +1 = f(x_0 + 0).$$

Das bedeutet, dass f bei $x_0 = 0$ einen **Sprung** *der Höhe 2 hat.*

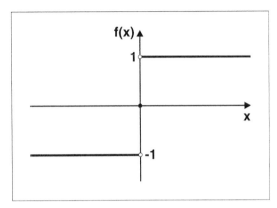

Die Signums–Funktion

Das letzte Beispiel gibt Anlass für folgende Betrachtungen:

Für **Unstetigkeiten** einer Funktion $f \in \text{Abb}\,(\mathbb{R}, \mathbb{K})$ gibt es einige *standardisierte Typenklassen*. Wir setzen nachfolgend wieder $f(x_0 \pm 0) := \lim\limits_{x \to x_0 \pm} f(x)$.

1. Einen **Sprung** hat f bei $x_0 \in \mathbb{R}$, wenn beide Funktionenlimites $f(x_0 \pm 0)$ existieren, wenn jedoch $f(x_0 - 0) \neq f(x_0 + 0)$ gilt, z.B.

$$f(x) := \text{sign}\,x$$

bei $x_0 = 0$.

2. Eine **hebbare Unstetigkeit** hat f bei $x_0 \in \mathbb{R}$, wenn $x_0 \in D$, $\lim\limits_{x \to x_0} f(x) = y_0 \in \mathbb{K}$ und $f(x_0) \neq y_0$ gelten, z.B.

$$f(x) := [\text{sign}\,x]^2$$

bei $x_0 = 0$, denn $\lim\limits_{x \to 0} f(x) = 1$ und $f(0) = 0$.

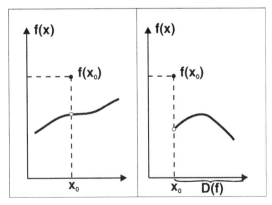

Hebbare Unstetigkeiten einer Funktion

3. Eine **Lücke** hat f bei $x_0 \in \mathbb{R}$, wenn $x_0 \notin D$, $\lim\limits_{x \to x_0} f(x) = y_0 \in \mathbb{K}$ gelten. In diesem Fall kann f durch Hinzunahme des Wertes $f(x_0) := y_0$ zu einer stetigen Funktion ergänzt werden. Die Funktion f heißt dann in x_0 **stetig ergänzbar** oder **stetig fortsetzbar** nach x_0. Zum Beispiel hat die Funktion

$$f(x) := \frac{x^2}{e^x - (1+x)}, \ x \in D := \mathbb{R} \setminus \{0\}$$

in $x_0 = 0$ den Grenzwert

$$\lim_{x \to 0} f(x) = \lim_{x \to 0} x^2 \left(\sum_{k=2}^{\infty} \frac{x^k}{k!} \right)^{-1} = \lim_{x \to 0} \left(\sum_{k=2}^{\infty} \frac{x^{k-2}}{k!} \right)^{-1} = 2! = 2.$$

Das heißt, f ist in $x_0 = 0$ durch $f(0) := 2$ stetig ergänzbar. Dabei haben wir die Darstellung

$$e^x = \sum_{k=0}^{\infty} \frac{x^k}{k!}$$

verwendet.

4. Eine **Polstelle** hat f bei $x_0 \in \mathbb{R}$, wenn $\lim\limits_{x \to x_0+} |f(x)| = +\infty$ und/oder $\lim\limits_{x \to x_0-} |f(x)| = +\infty$ gelten, z.B.

$$f(x) := 1/\sqrt{x}, \ x \in D := (0, +\infty)$$

hat bei $x_0 = 0$ eine Polstelle.

Definition 5.41 *Eine Polstelle x_0 der Funktion f heißt* **Pol der Ordnung** $n \in \mathbb{N}$, *wenn der Limes*

$$\lim_{x \to x_0} [(x - x_0)^n f(x)] = y_0 \in \mathbb{K}$$

existiert, und wenn $y_0 \neq 0$ gilt.

So hat die Funktion $f(x) := \frac{1}{\sin x}$ bei $x_0 = 0$ einen *Pol 1.Ordnung*, denn es gilt ja $\lim\limits_{x \to 0} \frac{x}{\sin x} = 1$. Die Funktion $f(x) := \frac{1}{e^x - (1+x)}$ hat bei $x_0 = 0$ einen *Pol 2.Ordnung*, denn wir hatten eben gesehen, dass $\lim\limits_{x \to 0} \frac{x^2}{e^x - (1+x)} = 2$, was wir auch später noch mit den Regeln von L'HOSPITAL belegen werden.

Beispiel 5.42 *Rationale Funktionen $R(x) := \frac{P_n(x)}{Q_m(x)}$ sind in allen Punkten $x_0 \in \{x \in \mathbb{R} : Q_m(x) \neq 0\}$ stetig. Die Unstetigkeiten sind entweder Lücken oder Pole der Ordnung $k \leq m$.*

$$R(x) := \frac{x(x-2)^2(x-4)^3}{(x-1)(x-3)^2(x-5)^3}, \ x \in D := \mathbb{R} \setminus \{1,3,5\}.$$

R ist stetig auf ganz D, und es gilt $\lim\limits_{x\to\pm\infty} R(x) = 1$. R hat ferner

$$\text{Pole bei } \begin{cases} x_0 = 1 \ : \ 1. \ Ordnung, \\ x_0 = 3 \ : \ 2. \ Ordnung, \\ x_0 = 5 \ : \ 3. \ Ordnung, \end{cases}$$

sowie

$$\text{Nullstellen bei } \begin{cases} x_0 = 0 \ : \ einfach, \\ x_0 = 2 \ : \ zweifach, \\ x_0 = 4 \ : \ dreifach. \end{cases}$$

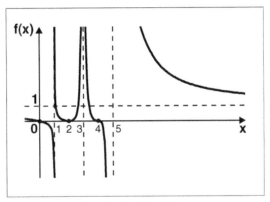

Graph der Funktion
$$\mathbf{R(x)} := \frac{x(x-2)^2(x-4)^3}{(x-1)(x-3)^2(x-5)^3}$$

Unstetigkeitsstellen, die nicht vom o.g. Typ sind, werden i. Allg. nicht klassifiziert. Zu den nicht klassifizierten Beispielen zählt die Funktion $f(x) := \frac{1}{x} \sin \frac{1}{x}$, die bei $x_0 = 0$ eine *oszillierende Polstelle* hat. Hingegen ist die Funktion $f(x) := x \sin \frac{1}{x}$ bei $x_0 = 0$ stetig ergänzbar durch $f(0) = 0$, denn

$$|f(x) - f(x_0)| = |x||\sin \tfrac{1}{x}| \leq |x| = |x - 0| < \varepsilon \ \forall \ 0 < |x - 0| < \delta := \varepsilon.$$

Die Stetigkeit der Funktionen f und g vererbt sich auf deren algebraische Verknüpfungen:

> **Satz 5.43** *Die Funktionen $f, g \in \mathrm{Abb}\,(\mathbb{R}, \mathbb{K})$ seien im Punkt $x_0 \in D_f \cap D_g$ stetig. Dann sind auch die folgenden Funktionen in x_0 stetig:*
>
> *1. $f \pm g, \quad f \cdot g, \quad \lambda f \ \forall \lambda \in \mathbb{K}$,*
>
> *2. $\dfrac{f}{g}$, sofern $g(x_0) \neq 0$ gilt.*

Dieser Satz folgt unmittelbar aus den Rechenregeln über Grenzwerte.

> **Satz 5.44** *Existiert das Kompositum $g \circ f$ in $x_0 \in D_f$, ist ferner die Funktion f stetig im Punkt x_0 und die Funktion g stetig im Punkt $f(x_0) \in D_g$, so ist auch $g \circ f$ stetig in $x_0 \in D_f$.*

Beweis. Aus der Stetigkeit von f folgt $\lim\limits_{x \to x_0} f(x) = f(x_0)$. Da auch g stetig ist, muss gelten

$$\lim_{x \to x_0} g\,[f(x)] = \lim_{f(x) \to f(x_0)} g\,[f(x)] = g\,[f(x_0)]\,.$$

qed

> **Merken Sie sich:** Bei einer stetigen Funktion $g : D_g \to \mathbb{K}$ ist die Grenzwertbildung auf der Menge D_g wie folgt **kommutativ**:
>
> $$\lim_{x \to x_0} g\,[f(x)] = g[\lim_{x \to x_0} f(x)]\,.$$

Beispiel 5.45

a) *Für jede im Punkte $x_0 = 1 \in D_g$ stetige Funktion $g : D_g \to \mathbb{K}$ gilt*

$$\lim_{x \to 0} g\left(\frac{x}{e^x - 1}\right) = g\left(\lim_{x \to 0} \frac{x}{e^x - 1}\right) = g(1)\,.$$

b) *Ist g unstetig, so ist die Grenzwertbildung i. Allg. nicht kommutativ. Sei g die* HEAVISIDE*-Funktion, d.h.*

$$g(x) := \begin{cases} 1 \ : \ x \geq 0, \\ 0 \ : \ x < 0. \end{cases}$$

Dann gilt

$$\lim_{x \to 0-} g(x^3) = \lim_{x \to 0-} 0 = 0, \quad aber \quad g\left(\lim_{x \to 0-} x^3 \right) = g(0) = 1.$$

Wir wenden uns abschließend der **Stetigkeit komplexwertiger Funktionen** zu. Zerlegt man eine *komplexwertige* Funktion $f : D \to \mathbb{C}$ mit $D \subset \mathbb{R}$ in jedem Punkt $x_0 \in D$ in Real– und Imaginärteil, d.h. $f(x_0) = u(x_0) + i\, v(x_0)$ mit $u(x_0), v(x_0) \in \mathbb{R}$, so ergeben sich zwei **reellwertige** Funktionen $u : D \to \mathbb{R}$, $v : D \to \mathbb{R}$. Des Weiteren gilt

$$|f(x)| = \sqrt{|u(x)|^2 + |v(x)|^2} \ \forall\, x \in D.$$

Aus den Ungleichungen

$$\max\{|u|, |v|\} \leq \sqrt{|u|^2 + |v|^2} \leq \sqrt{|u|^2 + 2|u||v| + |v|^2} = |u| + |v| \quad (5.14)$$

erhält man unmittelbar

Satz 5.46 *Eine komplexwertige Funktion $f = u + i\,v : D \to \mathbb{C}$ mit $D \subset \mathbb{R}$ ist genau dann im Punkt $x_0 \in D$ stetig, wenn sowohl Realteil $u : D \to \mathbb{R}$ als auch Imaginärteil $v : D \to \mathbb{R}$ in x_0 stetig sind.*

Beispiel 5.47 *Wir beginnen mit einem bekannten Vertreter.*

a) Die Funktion
$$f(x) := e^{i\,x} = \cos x + i\, \sin x$$

ist stetig auf ganz $\mathbb{R}$, da sowohl Realteil $u(x) := \cos x$ als auch Imaginärteil $v(x) := \sin x$ in jedem Punkt $x_0 \in \mathbb{R}$ stetig sind.

b) Die reellwertigen Funktionen

$$u(x) := \frac{xe^x}{x - 1}, \ \ x \in D_u := \mathbb{R} \setminus \{1\},$$

$$v(x) := \frac{\sin x}{\cos x}, \ \ x \in D_v := \mathbb{R} \setminus \{(2k+1)\frac{\pi}{2} : k \in \mathbb{Z}\}$$

sind jeweils stetig auf ihren Definitionsbereichen D_u bzw. D_v. Wegen des vorangegangenen Satzes ist dann auch die komplexwertige Funktion

$$f(x) := u(x) + i\, v(x)$$

stetig in allen Punkten

$$x_0 \in D_u \cap D_v = \mathbb{R} \setminus \{1, (2k+1)\frac{\pi}{2} \ mit \ k \in \mathbb{Z}\}.$$

Aufgaben

Aufgabe 5.24. Sei $f(x) = \sqrt{x}$ für $x \in [0, \infty)$ gegeben.

a) Zeigen Sie mit Hilfe der Grenzwertdefinition die Stetigkeit von f.

b) Zeigen Sie, dass $\lim\limits_{x \to \infty} f\left(\dfrac{x-1}{x+1}\right) = 1$ gilt.

Aufgabe 5.25. Zeigen Sie mit Hilfe der Grenzwertdefinition

a) $f(x) = \sqrt{x^2 + 2} - \sqrt{x^2 + 1}$ ist stetig.

b) $\lim\limits_{x \to \infty} f(x) = 0$.

c) $\lim\limits_{h \to 0} (\sin(x + h) - \sin x) = 0$.

d) $g(x) = x \sin \frac{1}{x}$, $x \neq 0$, ist in $x = 0$ stetig ergänzbar.

e) Bestimmen Sie $\lim\limits_{x \to \infty} g(x)$.

Aufgabe 5.26. Gegeben sei die Funktion

$$f(x) = \begin{cases} x^4 - 6x^2 + 9 & : \quad x < 1, \\ 4\sqrt{x} & : \quad x \geq 1. \end{cases}$$

Zeigen Sie, dass f auf ganz $\mathbb{R}$ stetig ist und berechnen Sie die Nullstellen von f.

Aufgabe 5.27. Sei $f : D \to \mathbb{R}$, $D = (\frac{1}{2}, \infty)$ gegeben durch

$$f(x) = \begin{cases} 5 + \tan(\pi x) & : \quad x \in (\frac{1}{2}, 1), \\ x^2 + 2x + 2 & : \quad x \in [1, 3), \\ \frac{17}{x} & : \quad x \in [3, \infty). \end{cases}$$

Für welche $x \in D$ ist f stetig?

Aufgabe 5.28. Überprüfen Sie die nachfolgenden Funktionen auf Stetigkeit:

a) $f : (0, \infty) \to \mathbb{R}$, $f(x) = \sqrt{2}\, x^4 - 25 + \dfrac{2 + 3x - x^2}{2x^3} \cdot \sqrt{x}$.

b) $g : (-13, 11) \to \mathbb{R}$, $g(x) = \begin{cases} x - 1 & : \quad x < 1, \\ \frac{3}{2}(x - 1) & : \quad x \in [1, 3], \\ \tan^2\left(\frac{\pi}{3}\right) & : \quad x > 3. \end{cases}$

Aufgabe 5.29. Es sei

$$f(x) = \begin{cases} -2\sin x & : \ x \le -\frac{\pi}{2}, \\ a\sin x + b & : \ |x| < \frac{\pi}{2}, \\ \cos x & : \ x \ge \frac{\pi}{2}. \end{cases}$$

Bestimmen Sie $a, b \in \mathbb{R}$ so, dass f stetig ist. Skizzieren Sie das Bild von f.

Aufgabe 5.30. Wie groß darf $\delta > 0$ gewählt werden, damit aus $|x - x_0| < \delta$ die Beziehung

$$|\sin x - \sin x_0| < \varepsilon$$

folgt? Ist es möglich, $\delta > 0$ unabhängig von x_0 zu wählen?

Aufgabe 5.31. Untersuchen Sie, ob die nachfolgenden Funktionen im Nullpunkt stetig fortsetzbar sind:

$$a) \ f(x) = \frac{x}{|x|}, \quad b) \ f(x) = \frac{x^2}{|x|}.$$

Aufgabe 5.32. Ist die Summe der Funktionen $f(x) + g(x)$ der Funktionen $f, g : \mathbb{R} \to \mathbb{R}$ im Punkt $x_0 \in \mathbb{R}$ notwendigerweise unstetig, falls

a) f stetig und g in x_0 unstetig ist,

b) beide Funktionen in x_0 unstetig sind?

Aufgabe 5.33. Ist $f : [0, \infty) \to \mathbb{R}$, $f(x) = x^{5/2}$ auf dem angegebenen Definitionsbereich Lipschitz-stetig?

5.5 Eigenschaften stetiger Funktionen

In diesem Abschnitt werden Eigenschaften stetiger Funktionen zusammengestellt, die grundlegend für die Analysis sind. Eine erste Eigenschaft stetiger Funktionen ist ihre **Beschränktheit auf abgeschlossenen Intervallen**.

Satz 5.48 *Es sei* $f \in \mathrm{Abb}\,(\mathbb{R}, \mathbb{K})$ *eine auf dem abgeschlossenen Intervall* $[a, b] \subset \mathbb{R}$ *stetige Funktion. Dann ist* f **beschränkt***, d.h.*

$$\exists\, K \in \mathbb{R} \,:\, |f(x)| \le K \;\; \forall\, x \in [a, b]. \tag{5.15}$$

Für **reellwertige** *stetige Funktionen* $f : [a, b] \to \mathbb{R}$ *ist also die Bildmenge* $f([a, b]) \subset \mathbb{R}$ *beschränkt.*

Beweisidee. Wir nehmen das Gegenteil von (5.15) an, dass nämlich für alle $n \in \mathbb{N}$ ein $x_n \in [a, b]$ existiert mit

$$|f(x_n)| > n. \tag{5.16}$$

Die beschränkte Folge $(x_n)_{n \in \mathbb{N}} \subset [a, b]$ hat nach dem Satz von BOLZANO–WEIERSTRASS (Satz 3.29) mindestens einen Häufungspunkt $x_0 \in [a, b]$. Für eine Teilfolge $\mathbb{N}' \subset \mathbb{N}$ gilt $\lim_{j \in \mathbb{N}'} x_j = x_0$, und wegen der Stetigkeit von f auch $\lim_{j \in \mathbb{N}'} f(x_j) = f(x_0)$. Diese Aussage steht im Widerspruch zu (5.16), wonach $\lim_{j \in \mathbb{N}'} |f(x_j)| \ge \lim_{j \in \mathbb{N}'} j = +\infty$ gilt. Also muss (5.16) falsch sein. qed

Beachten Sie: Aussage (5.15) wird i. Allg. **falsch**, wenn f zwar stetig, das Definitionsintervall aber *nicht* abgeschlossen ist. Dies ist z.B. der Fall bei

$$f(x) := \frac{1}{x} \;\; \forall\, x \in (0, 1].$$

Aussage (5.15) gilt auch nicht, wenn die Funktion $f : [a, b] \to \mathbb{K}$ *unstetig* ist, wie z.B. bei

$$f(x) := \begin{cases} \frac{1}{x} & : \; x \in (0, 1], \\ 0 & : \; x = 0. \end{cases}$$

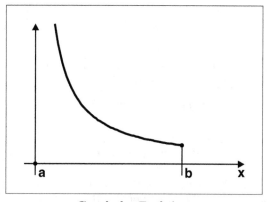

Graph der Funktion
$\mathbf{f(0)} := \mathbf{0}, \mathbf{f(x)} := \frac{1}{\mathbf{x}}, \mathbf{x} > 0$

Das Supremumsprinzip (siehe Folgerung 1.67) führt uns auf den nachfolgenden Extremalsatz:

Satz 5.49 (Extremalsatz) *Gegeben sei eine stetige Funktion* f : $[a,b] \to \mathbb{R}$. *Dann nimmt die Funktion* f *das Maximum und das Minimum ihrer Funktionswerte jeweils in einem Punkt des Intervalls* $[a,b]$ *an, d.h., es existieren* $\underline{x}, \bar{x} \in [a,b]$ *mit*

$$f(\underline{x}) = \min_{x \in [a,b]} f(x), \quad f(\bar{x}) = \max_{x \in [a,b]} f(x). \tag{5.17}$$

Demgemäß gilt $f(\underline{x}) \leq f(x) \leq f(\bar{x})$ *für alle* $x \in [a,b]$.

Beweisidee. Das Supremumsprinzip sichert die Existenz der Zahl $K :=$ $\sup f([a,b])$, d.h., für alle $\varepsilon > 0$ existiert ein $x \in [a,b]$ mit

$$K - f(x) < \varepsilon, \tag{5.18}$$

Wir zeigen hiermit die Existenz eines Punktes $\bar{x} \in [a,b]$ mit $f(\bar{x}) = K$. Wäre nämlich $f(x) < K$ für alle $x \in [a,b]$, so wäre die Funktion $g(x) := [K - f(x)]^{-1}$ auf ganz $[a,b]$ stetig, dort positiv und gemäß (5.15) beschränkt

$$0 < g(x) \leq L \quad \text{für alle } x \in [a,b].$$

Wird jedoch in (5.18) die Zahl $\varepsilon > 0$ gemäß $\varepsilon := 1/2L$ gewählt, so existiert dazu ein $x \in [a,b]$ mit $2L < 1/(K - f(x)) = g(x)$, im Widerspruch zur Beschränktheit von g. Mit ähnlicher Schlussweise kann auch die Existenz einer Zahl $\underline{x} \in [a,b]$ gezeigt werden, so dass $f(\underline{x}) = \inf f([a,b])$ gilt.   qed

Bemerkung 5.50 *Zu beachten sind folgende Aussagen:*

1. *Die Extremalstellen* $\bar{x}, \underline{x} \in [a,b]$ *müssen nicht eindeutig festgelegt sein, obiger Satz 5.49 bekräftigt lediglich die Existenz mindestens eines solchen Punktes.*

2. *Die Aussage des Satzes 5.49 wird i.Allg. falsch, wenn* f *nur im offenen Intervall* (a,b) *stetig oder gar unstetig auf* $[a,b]$ *ist.*

3. *Bei komplexwertigen Funktionen, kann obiger Satz auf deren Betrag angewandt werden.*

Beispiel 5.51 *Nachfolgende Funktionen belegen Bemerkung 5.50:*

a) *Die Funktion* $f(x) := \cos x$ *nimmt im Intervall* $[-n\pi, n\pi]$ *ihr Maximum in den Punkten* $\bar{x}_j := 2\pi j$ *an, und ihr Minimum in den Punkten* $\underline{x}_j := (2j+1)\pi$, $j \in \mathbb{Z}_0$.

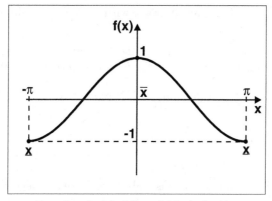

$\bar{x}$ und $\underline{x}$ sind i. Allg. nicht eindeutig

b) Die unstetige Funktion

$$f(x) := \begin{cases} x & : \ x \in (-1, +1), \\ 0 & : \ x = \pm 1. \end{cases}$$

hat weder ein Minimum noch ein Maximum.

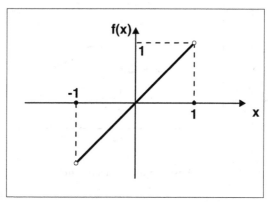

Ist f unstetig, so existieren i. Allg.
max f(x) und min f(x) nicht

c) Der Betrag der komplexwertigen Funktion $f(x) := (x^2 - 1) + 2ix$ ist
gegeben durch

$$|f(x)| = \sqrt{(x^2 - 1)^2 + 4x^2} = x^2 + 1.$$

Auf dem Intervall $[-1, +1]$ gilt deshalb

$$|f(\underline{x})| = |f(0)| = 1, \ \ |f(\bar{x})| = |f(\pm 1)| = 2.$$

Eine anschaulich völlig klare Aussage wird in dem folgenden Satz formuliert:

Satz 5.52 *Es sei $f \in \mathrm{Abb}\,(D, \mathbb{R})$, $D \subset \mathbb{R}$, eine im Punkt $x_0 \in D$ stetige Funktion. Es gelte $f(x_0) > g \in \mathbb{R}$, dann existiert ein $\delta > 0$, so dass*

$$f(x) > g \ \ \text{für alle } x \in D \ \ \text{mit } 0 < |x - x_0| < \delta \qquad (5.19)$$

gilt.

Beweisidee. Angenommen 5.19 ist falsch, so wäre im Gegensatz

$$\forall\, n \in \mathbb{N}\, \exists\, x_n \in D \ : \ f(x_n) \leq g \ \text{ und } \ 0 < |x_n - x_0| < \frac{1}{n}$$

wahr. Wir hätten $\lim\limits_{n \to \infty} x_n = x_0$, und wegen der Stetigkeit von f bei x_0 folgte $g \geq \lim\limits_{n \to \infty} f(x_n) = f(x_0)$, im Widerspruch zur Voraussetzung $f(x_0) > g$. qed

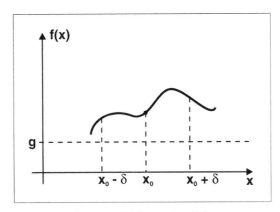

Aussage 5.19 anschaulich

Bemerkung 5.53 *Satz 5.52 gilt auch entsprechend für den Fall $f(x_0) < g$, $x_0 \in D$.*

Diese Formulierung entspricht der Weisheit: „Wer stetig wächst und noch nicht an die Decke stößt, kann ohne anzustoßen noch ein bisschen weiterwachsen".

Eine unmittelbare Folgerung aus Satz 5.52 ist der fundamentale

> **Satz 5.54 (Nullstellensatz von BOLZANO)** *Für eine stetige Funktion $f : [a, b] \to \mathbb{R}$ gelte $f(a)f(b) < 0$ (d.h. entweder gilt $f(a) < 0$, $f(b) > 0$ oder $f(a) > 0$, $f(b) < 0$). Dann besitzt f im offenen Intervall (a, b) mindestens eine Nullstelle $f(x_0) = 0$ für (mindestens) ein $x_0 \in (a, b)$.*

Beweisidee. Wir nehmen ohne Beschränkung der Allgemeinheit $f(a) < 0$, $f(b) > 0$ an und setzen $M := \{x \in [a, b] : f(x) < 0\} \subset [a, b]$. Dann ist die M beschränkt und wegen $a \in M$ nichtleer. Also existiert nach dem Supremumsprinzip (Satz 5.49) die Zahl $x_0 := \sup M \in [a, b]$. Wäre $f(x_0) < 0$, so gäbe es gemäß Satz 5.52 ein Intervall $I := (x_0, x_0 + \delta) \subset [a, b]$ mit $f(x) < 0 \ \forall \ x \in I$. Dies wäre ein Widerspruch zu $x_0 = \sup M$. Also muss $f(x_0) = 0$ gelten und somit auch $a \neq x_0 \neq b$.   qed

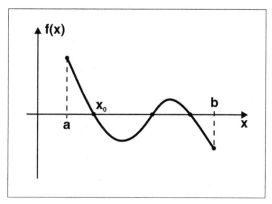

Zum Nullstellensatz von BOLZANO

Bemerkung 5.55 *Wir halten fest:*

1. *Die Nullstelle $x_0 \in (a, b)$ ist i. Allg.* **nicht eindeutig** *definiert.*

2. *Für unstetige Funktionen ist der Nullstellensatz i. Allg. falsch.*

3. *Es ist wichtig, dass die Menge $[a, b]$ ein kontinuierliches Teilintervall von $\mathbb{R}$ ist. Satz 5.54 gilt z.B. nicht auf der Menge $[a, b] \subset \mathbb{Q}$. Der Beweis des Satzes beruht auf dem* **Supremumsprinzip** *und somit auf der* **Vollständigkeit** *von $\mathbb{R}$.*

Beispiel 5.56 *Nachfolgende Funktionen belegen Bemerkung 5.54:*

a) Es sei h die HEAVISIDE–Funktion. Dann erfüllt die Funktion

$$f(x) := h(x) - \frac{1}{2}, \ x \in [-1, +1]$$

zwar die Bedingung $f(-1)f(+1) < 0$, sie hat dennoch im Intervall $(-1, +1)$ keine Nullstellen.

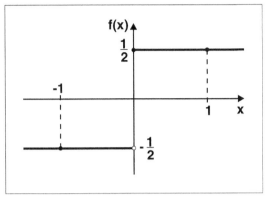

f(a)f(b) < 0, und f(x) ≠ 0 in (a, b)

b) Die Funktion $f(x) := 2(x^2 - 2)$, $x \in [0, 2] \cap \mathbf{Q}$, erfüllt

$$f(0) \cdot f(2) = -16 < 0,$$

während $f(x_0) = 0$ genau für $x_0 = \sqrt{2} \notin \mathbf{Q}$ gilt.

c) Jedes Polynom $P_n(x) = \sum\limits_{k=0}^{n} a_k x^k$, $a_k \in \mathbb{R}, a_n \neq 0$, von **ungeradem** *Grade $n = 2m + 1$, $m \in \mathbb{N}$, besitzt mindestens eine* **reelle** *Nullstelle. Denn es gilt*

$$\lim_{x \to \pm\infty} P_n(x) = \pm\infty \cdot \operatorname{sign} a_n.$$

Eine Verallgemeinerung des Nullstellensatzes ist der folgende

---

Satz 5.57 (Zwischenwertsatz von Bolzano) *Eine stetige Funktion $f : [a, b] \to \mathbb{R}$ nimmt jeden Wert des Intervalls zwischen $f(a)$ und $f(b)$ mindensten einmal an.*

Beweisidee. Für $f(a) = f(b)$ ist nichts zu beweisen. Gelte also $f(a) \neq f(b)$, und sei g ein Punkt aus dem offenen Intervall zwischen $f(a)$ und $f(b)$. Dann folgt $(f(a) - g)(f(b) - g) < 0$. Das heißt, die Funktion $\varphi(x) := f(x) - g$ erfüllt die Voraussetzungen zum Nullstellensatz. Demgemäß existiert ein $x_0 \in (a, b)$ mit $\varphi(x_0) = 0 = f(x_0) - g$.   qed

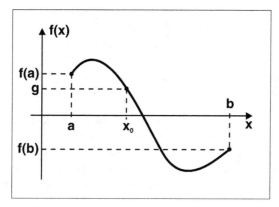

Zum Zwischenwertsatz von BOLZANO

Merken Sie sich: Das Bild eines abgeschlossenen Intervalls $[a, b]$ unter einer **stetigen** reellwertigen Funktion f ist das abgeschlossene Intervall

$$\left[\min_{x \in [a,b]} f(x), \max_{x \in [a,b]} f(x) \right].$$

Beispiel 5.58

a) *Ein Auto fährt eine Strecke von 400 km ohne Stop in genau 5 Stunden (was einer Durchschnittsgeschwindigkeit von v = 80 km/h entspricht). Gibt es einen zusammenhängenden Zeitabschnitt von exakt 1 h, in welchem das Auto eine Strecke von genau 80 km gefahren ist?*

Die Antwort lautet Ja. Wir begründen sie mit dem Zwischenwertsatz von BOLZANO. Dazu bezeichne $x(t)$ (in km) die Strecke, die das Auto in der Zeit $0 \le t \le 5$ (in Stunden) zurückgelegt hat. Die Funktion

$$f(t) := x(t+1) - x(t), \ t \in [0, 4],$$

ist stetig und reellwertig. Wäre nun $f(t) < 80 \ \forall \ t \in [0, 4]$, so hätte das Auto in keinem Zeitabschnitt von 1 h eine Strecke von mindestens 80 km zurückgelegt. Somit kann das Auto auch nicht die Gesamtstrecke in der Zeit von 5 h zurückgelegt haben. Zu einem ähnlichen Widerspruch gelangt man mit der Annahme $f(t) > 80 \ \forall \ t \in [0, 4]$. Also muss es Zeiten $a, b \in [0, 4]$ geben mit $f(a) \ge 80$ und $f(b) \le 80$. Aus dem Zwischenwertsatz folgern wir nun

$$\exists \ t_0 \in [0, 4] \ : \ f(t_0) = 80.$$

b) *Die Stetigkeit ist lediglich eine **hinreichende** Bedingung für die Gültigkeit des Zwischenwertsatzes. Für $x \in [0, 1]$ ist die Funktion*

$$f(x) := \begin{cases} x & : \ x \ rational, \\ 1 - x & : \ x \ irrational \end{cases}$$

nur im Punkte $x_0 := \frac{1}{2}$ stetig. Dennoch nimmt f jeden Wert zwischen dem Minimum $f(0) = 0$ und dem Maximum $f(1) = 1$ an.

In Satz 5.36 haben wir gesehen, dass die Zahl $\delta > 0$ in der $\varepsilon - \delta$-Definition der Stetigkeit i. Allg. nicht nur von der Wahl der Zahl $\varepsilon > 0$ abhängt, sondern auch von der Stelle $x_0 \in D$, in welcher die Stetigkeit einer Funktion f nachzuweisen ist. In einigen Sonderfällen kann die Zahl $\delta > 0$ **unabängig** von der Stelle $x_0 \in D$ gewählt werden. Solche Funktionen heißen *gleichmäßig stetig.*

Definition 5.59 *Eine Funktion $f \in \mathrm{Abb}(\mathbb{R}, \mathbb{K})$ heißt auf $D \subset \mathbb{R}$* **gleichmäßig stetig,** *wenn für alle $\varepsilon > 0$ ein $\delta = \delta(\varepsilon) > 0$, so dass*

$$|f(x) - f(y)| < \varepsilon \ \text{für alle } x, y \in D \ \text{mit } 0 < |x - y| < \delta. \qquad (5.20)$$

Beispiel 5.60

a) Die Funktion

$$f(x) := \frac{1}{1 + |x|}, \ x \in D := \mathbb{R}$$

ist gleichmäßig stetig. Denn für festes $\varepsilon > 0$ können wir $\delta(\varepsilon) := \varepsilon$ unabhängig von $x \in D$ wählen. Es gilt nämlich für alle $x, y \in \mathbb{R}$ mit $0 < |x - y| < \delta$, dass

$$|f(x) - f(y)| = \left| \frac{1 + |y| - 1 - |x|}{(1 + |x|)(1 + |y|)} \right| \leq ||x| - |y|| \leq |x - y| < \delta = \varepsilon.$$

b) Im Gegensatz dazu ist die Funktion

$$f(x) := \frac{1}{x}, \ x \in D := (0, +\infty)$$

zwar stetig, aber nicht *gleichmäßig stetig. Für die spezielle Wahl $\varepsilon := 1$ fixieren wir $\delta = \delta(\varepsilon)$ und dazu*

$$x := \frac{1}{n}, \ y := \frac{1}{n^2}$$

für $1 \ll n \in \mathbb{N}$ so, dass $0 < |x - y| = \frac{1}{n}\left(1 - \frac{1}{n}\right) < \delta$ gilt. Dann folgt

$$|f(x) - f(y)| = n(n - 1) \gg 1 = \varepsilon,$$

im Widerspruch zur Bedingung (5.20) der gleichmäßigen Stetigkeit.

Jede gleichmäßig stetige Funktion ist insbesondere stetig. Die Umkehrung dieser Aussage ist i. Allg. falsch. Umso bemerkenswerter ist das folgende Resultat:

Satz 5.61 *Eine stetige Funktion* $f : [a, b] \to \mathbb{R}$ *ist auf dem* **abgeschlossenen Intervall** $[a, b] \subset \mathbb{R}$ *sogar gleichmäßig stetig.*

Beweis. Wir nehmen das Gegenteil der Bedingung (5.20) an, d.h., es existiere ein $\varepsilon_0 > 0$, so dass für $n \in \mathbb{N}$ Folgen $x_n, y_n \in [a, b]$ existieren mit

$$|f(x_n) - f(y_n)| \geq \varepsilon_0 \text{ und } |x_n - y_n| < \frac{1}{n}.$$

Da die Folge $(x_n)_{n \in \mathbb{N}} \subset [a, b]$ beschränkt ist, besitzt sie nach dem Satz 3.29 von BOLZANO–WEIERSTRASS mindestens einen Häufungspunkt. Zu einer Teilfolge $\mathbb{N}' \subset \mathbb{N}$ existiert ein Grenzwert $x_0 \in [a, b]$ mit $\lim_{j \in \mathbb{N}'} x_j = x_0$. Nun gilt offenbar auch $\lim_{j \in \mathbb{N}'} y_j = x_0$. Aus der Stetigkeit von f folgt im Widerspruch zur obigen Bedingung

$$0 < \varepsilon_0 \leq |\lim_{j \in \mathbb{N}'} [f(x_j) - f(y_j)]| = |f(x_0) - f(x_0)| = 0.$$

qed

Beispiel 5.62 *Gemäß vorangegangenem Beispiel ist die Funktion* $f(x) := \frac{1}{x}$, $x \in D := (0, +\infty)$ *stetig, aber nichtgleichmäßig stetig.*

Fixieren wir jedoch $a, b \in \mathbb{R}$ *mit* $0 < a < b < +\infty$, *so gilt* $[a, b] \subset D$, *und mit* $\delta(\varepsilon) := \varepsilon a^2$ *folgt für jedes Zahlenpaar* $x, y \in [a, b]$, $0 < |x - y| < \delta$, *dass*

$$|f(x) - f(y)| = \frac{|x - y|}{|xy|} \leq \frac{|x - y|}{a^2} < \frac{\delta}{a^2} = \varepsilon,$$

gleichbedeutend mit der gleichmäßigen Stetigkeit auf dem abgeschlossenen Intervall $[a, b]$.

Aufgaben

Aufgabe 5.34. Die Funktion f besitze in einer Umgebung des Punktes $x_0 \in \mathbb{R}$ folgende Eigenschaft:

Für eine beliebige, hinreichend kleine Zahl $\delta > 0$ existiert eine Zahl $\varepsilon = \varepsilon(\delta, x_0) > 0$ derart, dass sich aus $|x - x_0| < \delta$ die Beziehung $|f(x) - f(x_0)| < \varepsilon$ ergibt.

a) Ist f in x_0 stetig?

b) Welche Eigenschaft von f wird beschrieben?

Aufgabe 5.35. Sei $f : \mathbb{R} \to \mathbb{R}$. Darf aus der Existenz des Grenzwertes $\lim\limits_{h \to 0} \frac{f(x_0 + h) - f(x_0)}{h}$ die Stetigkeit in $x_0 \in \mathbb{R}$ gefolgert werden? Was lässt sich über die umgekehrte Implikation aussagen?

Aufgabe 5.36. Sei $f : \mathbb{R} \to \mathbb{R}$. Darf aus $\lim\limits_{h \to 0}[f(x + h) - f(x - h)] = 0$ für alle $x \in \mathbb{R}$ die Stetigkeit auf ganz $\mathbb{R}$ gefolgert werden?

Aufgabe 5.37. Sei $f : [a, b] \to [a, b]$ eine stetige Funktion. Zeigen Sie, dass es dann ein $\xi \in [a, b]$ gibt, mit der Eigenschaft $\xi = f(\xi)$.

Aufgabe 5.38. Die Funktion $f : [0, 1] \to \mathbb{R}$ sei stetig mit der Eigenschaft $f(0) = f(1)$. Zeigen Sie, dass dann ein $\xi \in [0, \frac{1}{2}]$ existiert mit $f(\xi) = f(\xi + \frac{1}{2})$.

Aufgabe 5.39. Gegeben sei das Polynom $P(x) = x^5 + 2x^3 - x^2 - 2$ auf dem abgeschlossenen Intervall $I = [-2, 2]$.

a) a. Ist P auf I stetig?

   b. Ist P auf I beschränkt?

   c. Hat P auf I ein Minimumum bzw. ein Maximum?

b) Berechnen Sie zur Wiederholung $P(-2)$ und $P(2)$ mit dem HORNER-Schema.

c) a. Zeigen Sie, dass P in I mindestens eine Nullstelle hat.

   b. Begründen Sie, dass die Gleichung $P(x) = -1$ mindestens eine Lösung $x_0 \in [0, 2]$ hat.

Aufgabe 5.40. Zeigen Sie, dass $f(x) = \sqrt{x}$ auf dem Intervall $I = [0, \infty)$ gleichmäßig stetig ist.

Aufgabe 5.41. Sei $n \in \mathbb{N}$ mit $n \geq 2$. Zeigen Sie, dass die Funktion $f(x) = \sqrt[n]{x}$ gleichmäßig stetig, jedoch nicht LIPSCHITZ-stetig ist.

Aufgabe 5.42. Eine Schnecke kriecht eine Strecke von $S > 0$ Metern in einer Zeit von $T > 0$ Stunden. Zeigen Sie, dass es für jede natürliche Zahl n einen zusammenhängenden Zeitabschnitt von T/n Stunden gibt, in welchem die Schnecke genau S/n Meter zurücklegt. Zeigen Sie durch ein Gegenbeispiel, dass diese Behauptung für gebrochene Zahlen n i. Allg. falsch ist.

5.6 Monotone Funktionen, Umkehrfunktionen

Da $\mathbb{R}$ ein angeordneter Körper ist, kann für **reellwertige** Funktionen ein Monotonie-Begriff eingeführt werden.

Definition 5.63 *Seien eine* **reellwertige** *Funktion* $f \in \mathrm{Abb}\,(\mathbb{R}, \mathbb{R})$ *mit Definitionsbereich* $D \subset \mathbb{R}$ *und ein Intervall* $I \subseteq D$ *gegeben. Die Funktion* f *heißt auf* I *(streng)* **monoton wachsend (monoton ↑),** *wenn gilt*

$$f(x) - f(y) \geq 0 \ (bzw. > 0) \ \textit{für alle } x, y \in I \ \textit{mit } x > y. \qquad (5.21)$$

Die Funktion f *heißt auf* I *(streng)* **monoton fallend (monoton ↓),** *wenn gilt*

$$f(x) - f(y) \leq 0 \ (bzw. < 0) \ \textit{für alle } x, y \in I \ \textit{mit } x > y. \qquad (5.22)$$

Bemerkung 5.64 *Gleichwertig mit (5.21) und (5.22) sind folgende Bedingungen:*

1. $[f(x) - f(y)](x - y) \geq 0$ *(bzw. > 0) für alle $x, y \in I$ mit $x \neq y$,*

2. $[f(x) - f(y)](x - y) \leq 0$ *(bzw. < 0) für alle $x, y \in I$ mit $x \neq y$.*

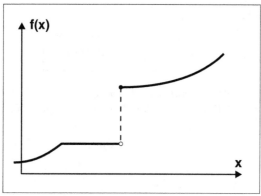

**Graph einer (nicht streng) monoton
wachsenden Funktion**

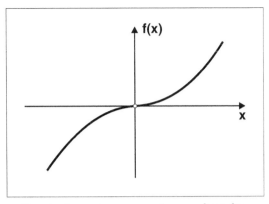

Graph einer streng monoton wachsenden Funktion

Beispiel 5.65 *a) Die Funktion*

$$f(x) := e^x \text{ ist auf } \mathbb{R} \text{ streng monoton } \uparrow.$$

Denn für jedes Zahlenpaar $x, y \in \mathbb{R}$ *mit* $x - y > 0$ *gilt*

$$e^x - e^y = e^y \left(e^{x-y} - 1\right) = e^y \sum_{k=1}^{\infty} \frac{(x-y)^k}{k!} > e^y \cdot (x - y) > 0.$$

Analog zeigt man, dass die Funktion $f(x) := e^{-x}$ *auf* $\mathbb{R}$ **streng monoton** $\downarrow$ *ist.*

b) Ist $f \in \text{Abb}(\mathbb{R}, \mathbb{R})$ *nicht auf dem gesamten Definitionsbereich* D *monoton, so kann* D *häufig in* **Monotonie-Intervalle** *zerlegt werden, auf denen dann* f *monoton ist.*

Dazu betrachten wir die Funktion

$$f(x) := \sin x, \ x \in D := \mathbb{R}.$$

a. Wir zeigen, dass f *auf dem Intervall* $I_0 := [-\frac{\pi}{2}, +\frac{\pi}{2}]$ **streng monoton** $\uparrow$ *ist. Denn für jedes Zahlenpaar* $x, y \in I_0$ *mit* $x - y > 0$ *gilt*

$$-\frac{\pi}{2} < \frac{x+y}{2} < +\frac{\pi}{2} \ \text{sowie} \ 0 < \frac{x-y}{2} \leq \frac{\pi}{2},$$

so dass

$$\sin x - \sin y = 2 \underbrace{\cos\left(\frac{x+y}{2}\right)}_{>0} \underbrace{\sin\left(\frac{x-y}{2}\right)}_{>0} > 0.$$

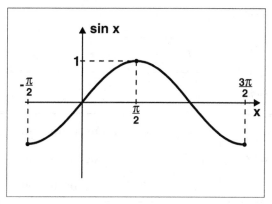

Monotonie-Intervalle der Funktion $\sin x$

b. *Auf dem Intervall* $\tilde{I}_0 := [\frac{\pi}{2}, \frac{3\pi}{2}]$ *ist* $f(x) := \sin x$ **streng monoton** $\downarrow$.
Denn für jedes Zahlenpaar $x, y \in \tilde{I}_0$ *mit* $x - y > 0$ *gilt*

$$\frac{\pi}{2} < \frac{x+y}{2} < \frac{3\pi}{2} \ \text{sowie} \ 0 < \frac{x-y}{2} \le \frac{\pi}{2},$$

so dass

$$\sin x - \sin y = 2 \underbrace{\cos\left(\frac{x+y}{2}\right)}_{<0} \underbrace{\sin\left(\frac{x-y}{2}\right)}_{>0} < 0.$$

Da $\sin$ *periodisch ist mit der Periode* 2π, *wiederholen sich die Monotonie-Intervalle* I_0 *und* $\tilde{I}_0$ *bei Verschiebung um* $2\pi k$, $k \in \mathbb{Z}$, *insgesamt also für alle* $n \in \mathbb{Z}$

$$\sin x \ \textit{ist} \ \begin{cases} \textbf{streng monoton} \uparrow x \in I_n := \left[\dfrac{4n-1}{2}\pi, \dfrac{4n+1}{2}\pi\right], \\[3mm] \textbf{streng monoton} \downarrow x \in \tilde{I}_n := \left[\dfrac{4n+1}{2}\pi, \dfrac{4n+3}{2}\pi\right]. \end{cases}$$

Analog ergibt sich

$$\cos x \ \textit{ist} \ \begin{cases} \textbf{streng monoton} \uparrow x \in I_n := [(2n+1)\pi, (2n+2)\pi], \\[3mm] \textbf{streng monoton} \downarrow x \in \tilde{I}_n := [2n\pi, (2n+1)\pi]. \end{cases}$$

c) Wir betrachten die Funktion

$$f(x) := x^n, \ x \in D := \mathbb{R}, \ n \in \mathbb{N}.$$

Wir zeigen

$$x^n \text{ ist auf } \begin{cases} I_0 := [0, +\infty) & \text{\textbf{streng monoton} } \uparrow \ : \ n \in \mathbb{N}, \\[2mm] \tilde{I}_0 := (-\infty, 0] & \text{\textbf{streng monoton} } \uparrow \ : \ n \ \text{ungerade}, \\[2mm] \tilde{I}_0 := (-\infty, 0] & \text{\textbf{streng monoton} } \downarrow \ : \ n \ \text{gerade}. \end{cases}$$

a. Für jedes Zahlenpaar $x, y \in I_0$ mit $x - y > 0$ gilt

$$x^n - y^n = (x - y + y)^n - y^n = \sum_{k=1}^{n} \binom{n}{k} \underbrace{(x-y)^k}_{>0} \underbrace{y^{n-k}}_{\geq 0} > 0.$$

Die strikte Ungleichung folgt aus $y^{n-k} = 1$ für $k = n$.

b. Für jedes Zahlenpaar $x, y \in \tilde{I}_0$ mit $x - y > 0$ gilt $|y| - |x| > 0$ und folglich

$$(-1)^n [x^n - y^n] = -(|y|^n - |x|^n) = -\sum_{k=1}^{n} \binom{n}{k} \underbrace{(|y| - |x|)^k}_{>0} \underbrace{|x|^{n-k}}_{\geq 0} < 0.$$

Die strikte Ungleichung folgt aus $|x|^{n-k} = 1$ für $k = n$.

Ist eine Funktion f **bijektiv**, so existiert die Umkehrfunktion f^{-1}. Dieser Zusammenhang wurde bereits ausführlich erörtert. Das Nachprüfen der Bijektivität erweist sich in vielen Fällen als äußerst schwierig. Anders bei stetigen Funktionen $f : [a, b] \to \mathbb{R}$, die **streng monoton** sind. Eine solche Funktion nimmt die Extremalwerte

$$\min_{x \in [a,b]} f(x) \quad \text{und} \quad \max_{x \in [a,b]} f(x)$$

jeweils in einem der beiden Endpunkte a, b des Intervalls $[a, b]$ an. Somit wird $[a, b]$ durch die Funktion f **surjektiv** auf das Intervall mit den Endpunkten $f(a), f(b)$ abgebildet. Wir zeigen, dass f sogar **bijektiv** ist.

Satz 5.66 (Umkehrsatz für streng monotone Funktionen) *Die Funktion $f : [a, b] \to \mathbb{R}$ sei stetig und* **streng monoton**. *Dann existiert die Umkehrfunktion f^{-1} auf der Bildmenge $f([a, b])$, und es gilt*

$$f : [a, b] \to \mathbb{R} \text{ streng monoton } \uparrow$$

$$\implies f^{-1} : [f(a), f(b)] \to \mathbb{R} \text{ streng monoton } \uparrow,$$

$$f : [a, b] \to \mathbb{R} \text{ streng monoton } \downarrow$$

$$\implies f^{-1} : [f(b), f(a)] \to \mathbb{R} \text{ streng monoton } \downarrow.$$

Darüber hinaus ist f^{-1} auch stetig.

Beweis.

1. Die Funktion f sei ohne Beschränkung der Allgemeinheit streng monoton wachsend. Dann gilt $x > y \iff f(x) > f(y)$ für jedes Zahlenpaar $x, y \in [a, b]$. Das heißt, f ist *injektiv*, und die Surjektivität hatten wir schon im Vorspann begründet.

2. Um die Stetigkeit von f^{-1} zu zeigen, sei $z_0 \in [f(a), f(b))$ fest gewählt. Wir weisen die *rechtsseitige* Stetigkeit von f^{-1} in z_0 nach. Ganz analog verfährt man mit dem Nachweis der *linksseitigen* Stetigkeit in jedem Punkt $z_0 \in (f(a), f(b)]$. Es gelte nun $f(x_0) = z_0$, und es sei $\varepsilon > 0$ fest. Dann existiert eine Zahl $x_1 \in (a, b)$ mit $a \leq x_0 < x_1 < x_0 + \varepsilon \leq b$. Wegen der Monotonie von f gibt es ein $\delta > 0$ derart, dass $z_1 := f(x_1) = z_0 + \delta$ gilt. Wir folgern

$$\underbrace{x_0 = f^{-1}(z_0) < f^{-1}(z) < f^{-1}(z_0) + \varepsilon}_{\iff \ 0 < f^{-1}(z) - f^{-1}(z_0) < \varepsilon} \ \forall z \text{ mit } z_0 < z < z_0 + \delta.$$

Dies ist die rechtsseitige Stetigkeit im Punkte z_0.

qed

Bemerkung 5.67 *Wir formulieren einige Ergänzungen zum Satz über Umkehrfunktionen:*

1. *Die Existenz der Umkehrabbildung f^{-1} unter der Voraussetzung der strengen Monotonie ist auch dann noch gewährleistet, wenn auf die Stetigkeit von f verzichtet wird. Die Bildmenge $f([a, b])$ wird dann allerdings*

kein Intervall mehr sein, sondern in eine Vereinigung paarweise disjunkter Intervalle zerfallen.

2. *Bei stetigen Funktionen f ist die strenge Monotonie sogar* **notwendig** *für die Injektivität. Anderenfalls gäbe es Punkte $\xi < x < \eta$ mit $f(\xi) < f(x) > f(\eta) > f(\xi)$. Der Zwischenwertsatz 5.57 sichert nun die Existenz eines Punktes $x_0 \in (\xi, x)$ mit $f(x_0) = f(\eta)$, im Widerspruch zur Injektivität, wonach $x_0 = \eta$ gelten müsste.*

Bei unstetigen Funktionen f ist diese Schlussweise i. Allg. falsch.

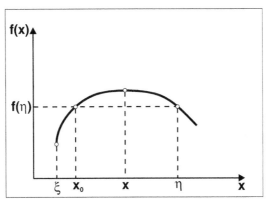

Eine stetige, nicht monotone
Funktion f ist i. Allg. nicht injektiv

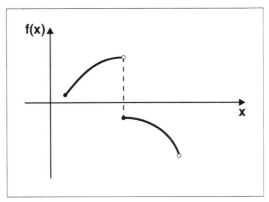

Eine nicht monotone Funktion f kann
injektiv sein, wenn f unstetig ist

Bemerkung 5.68 *Der* **Graph** *der Umkehrfunktion f^{-1}, nämlich*

$$G(f^{-1}) = \{(y, x) \in \mathbb{R}^2 : x = f^{-1}(y), \ y \in f([a, b])\},$$

geht aus dem Graphen $G(f) := \{(x,y) \in \mathbb{R}^2 : y = f(x), x \in [a,b]\}$ der Funktion $f : [a,b] \to \mathbb{R}$ durch **Spiegelung** *an der Geraden $y = x$ hervor. Dieser Sachverhalt resultiert aus der geometrischen Anschauung unter Berücksichtigung der Identität $f^{-1}[f(x)] = x \ \forall \ x \in [a,b]$.*

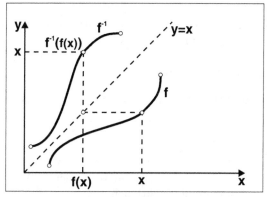

Der Graph der Umkehrabbildung
entsteht durch Spiegelung an der
Winkelhalbierenden

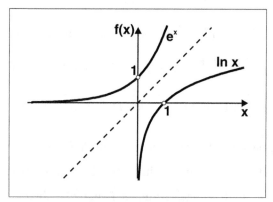

Der Logarithmus als Umkehrfunktion
der Exponentialfunktion

In den nächsten Abschnitten stellen wir die Inversen gewisser Standardfunktionen zusammen und diskutieren deren wichtigste Eigenschaften.

Aufgaben

Aufgabe 5.43. Untersuchen Sie die Funktionen

$$f_1 : \mathbb{R} \to \mathbb{R}, \quad x \mapsto 3x + 29, \quad f_2 : \mathbb{R} \to \mathbb{R}, \quad x \mapsto 3x + 29,$$

$$f_3 : \mathbb{Z} \to \mathbb{Z}, \quad x \mapsto x^2, \qquad f_4 : \mathbb{Z} \to \mathbb{N}_0, \quad x \mapsto x^2.$$

auf Surjektivität, Injektivität und Bijektivität. Formulieren Sie im Falle der Existenz auch die Umkehrfunktionen.

Aufgabe 5.44. Sei $f : A \to B$ gegeben durch $f(x) = \sin x$, $A, B \subseteq \mathbb{R}$. Wählen Sie die Mengen A und B so, dass

a) f injektiv und nicht surjektiv,

b) f surjektiv und nicht injektiv,

c) f bijektiv ist.

Aufgabe 5.45. Seien $f : \mathbb{R} \to \mathbb{R}$ und $g : \mathbb{R} \to \mathbb{R}$ monoton wachsende Abbildungen und $h : \mathbb{R} \to \mathbb{R}$ eine monoton fallende Abbildung. Welches Monotonieverhalten haben die Funktionen

$$f \circ g, \quad g \circ h \quad \text{und} \quad f \circ g \circ h?$$

Aufgabe 5.46. Wir betrachten die sog. *gebrochen lineare* Funktion

$$f(x) = \frac{ax + b}{cx + d}, \quad a, b, c, d \in \mathbb{R} \text{ mit } ad - cd \neq 0.$$

a) Bestimen Sie den Definitionsbereich $D \subset \mathbb{R}$ und den Wertebereich $W \subset \mathbb{R}$.

b) Zeigen Sie, dass f auf D eine Umkehrfunktion f^{-1} besitzt.

c) Zeigen Sie, dass f^{-1} ebenfalls eine gebrochen lineare Funktion ist.

d) Unter welchen Bedingungen stimmen f und f^{-1} überein?

Aufgabe 5.47. Sei $f : (0, \infty) \to \mathbb{R}$ gegeben durch $f(x) = x + \frac{1}{x}$.

a) Bestimmen Sie ein größtmögliches $a > 0$ derart, dass f auf $(0, a]$ invertierbar ist.

b) Geben Sie die Inverse f^{-1} an.

c) Ist f auf $[a, \infty)$ ebenfalls invertierbar? Falls ja, geben Sie auch hierfür die Inverse an.

5.7 Umkehrung der Exponentialfunktion – Logarithmus

Die Exponentialfunktion $f(x) := e^x$, $x \in D := \mathbb{R}$, ist – wie bereits gezeigt wurde – auf ganz $\mathbb{R}$ streng monoton wachsend. Da f außerdem stetig ist, existiert gemäß Satz 5.66 die Umkehrfunktion f^{-1} als stetige Funktion auf der Bildmenge $f(\mathbb{R}) = (0, +\infty)$.

Definition 5.69 *Die Umkehrabbildung der Exponentialfunktion* exp : $\mathbb{R} \to (0, +\infty)$ *heißt der* **natürliche Logarithmus**, *bezeichnet mit* $\ln : (0, +\infty) \to \mathbb{R}$.

Die Basiseigenschaften des Logarithmus können unmittelbar aus bekannten Eigenschaften der Exponentialfunktion abgeleitet werden. Hierzu zählen *Wachstumseigenschaften*, denen die folgende Eigenschaft der Exponentialfunktion zugrunde liegt:

$$\lim_{x \to +\infty} \frac{x^n}{e^x} = 0 \ \forall\, n \in \mathbb{N}. \qquad (5.23)$$

Mit anderen Worten, e^x wächst für $x \to +\infty$ schneller als jede Potenz von x. Denn für $x > 0$ gilt $e^x = \sum_{k=0}^{\infty} \frac{x^k}{k!} > \frac{x^{n+1}}{(n+1)!}$. Hieraus folgt

$$0 < x^n e^{-x} < \frac{(n+1)!}{x} \to 0 \ \text{für} \ x \to +\infty.$$

Satz 5.70 *Der natürliche Logarithmus* $\ln : (0, +\infty) \to \mathbb{R}$ *ist eine stetige, streng monoton wachsende Funktion mit folgenden Eigenschaften:*

1. $\ln(e^x) = x \ \forall\, x \in \mathbb{R}$, $\qquad e^{\ln y} = y \ \forall\, y > 0$.

2. $\ln 1 = 0$, $\qquad \lim_{x \to 0+} \ln x = -\infty$, $\qquad \lim_{x \to +\infty} \ln x = +\infty$.

3. $\ln(xy) = \ln x + \ln y \ \forall\, x, y > 0$ *(Funktionalgleichung).*

4. $\ln(x^\alpha) = \alpha \ln x \ \forall\, x > 0$, $\alpha \in \mathbb{R}$.

5. $\lim_{x \to +\infty} \frac{\ln x}{x^n} = 0$, $\qquad \lim_{x \to 0+} x^n \ln x = 0 \ \forall\, n \in \mathbb{N}$. *Mit anderen Worten,* $\ln x$ *wächst für* $x \to +\infty$ *schwächer als jede Potenz von* x.

Beweis.

1. Dies resultiert aus der Definition der Umkehrabbildung.

2. Aus $e^0 = 1$ folgt sofort $0 = \ln(e^0) = \ln 1$; die restlichen Behauptungen ergeben sich aus $\lim\limits_{x \to +\infty} e^x = +\infty$ und $\lim\limits_{x \to -\infty} e^x = 0+$.

3. Wir setzen $\xi := \ln x$ und $\eta := \ln y$, so gelten $x = e^\xi$, $y = e^\eta$, und es folgt

$$\ln(xy) = \ln(e^\xi \, e^\eta) = \ln(e^{\xi+\eta}) = \xi + \eta = \ln x + \ln y.$$

4. Wir setzen wieder $\xi := \ln x$, d.h. $x = e^\xi$. Daraus ergibt sich

$$\ln(x^\alpha) = \ln\left(e^{\alpha\xi}\right) = \alpha\xi = \alpha \ln x.$$

5. Wir setzen $y := \ln x$. Aus $x \to +\infty$ folgt nun $y \to +\infty$, und aus $x \to 0+$ folgt ebenso $y \to -\infty$. Hiermit resultiert unter Verwendung von (5.23):

$$\frac{\ln x}{x^n} = \frac{y}{e^{ny}} \to 0 \; (y \to +\infty), \quad x^n \ln x = y \, e^{ny} = \frac{y}{e^{-ny}} \to 0 \; (y \to -\infty).$$

qed

Die **allgemeine Exponentialfunktion** und der dazugehörige **allgemeine Logarithmus** lassen sich mit Hilfe der Exponentialfunktion und des natürlichen Logarithmus erklären.

Definition 5.71 *Für eine feste Zahl $a > 0$ sei die* **allgemeine Exponentialfunktion** *$f : \mathbb{R} \to (0, +\infty)$, $x \mapsto f(x) := a^x$ durch die folgende Vorschrift erklärt:*

$$a^x := e^{x \ln a}, \; x \in D := \mathbb{R}.$$

Für $a \neq 1$ existiert ihre Umkehrfunktion $f^{-1} : (0, +\infty) \to \mathbb{R}$ (siehe Satz 5.70), und diese heißt der **Logarithmus zur Basis** *a:*

$$^a\log x : (0, +\infty) \to \mathbb{R}, \; a \neq 1.$$

Eine andere gängige Schreibweise lautet: $\log_a x : (0, +\infty) \to \mathbb{R}$.

Bemerkung 5.72 Häufig wird der BRIGGSsche Logarithmus $\lg x$ verwendet, das ist der Logarithmus zur Basis 10: $\lg x := {}^{10}\log x \; \forall \, x > 0$.

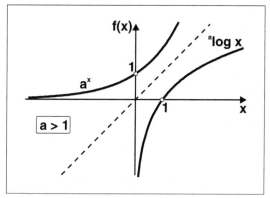

**Allgemeine Exponentialfunktion und
allgemeiner Logarithmus für a > 1**

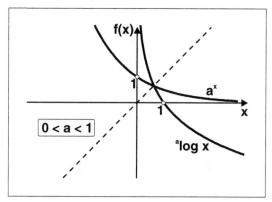

**Allgemeine Exponentialfunktion und
allgemeiner Logarithmus für 0 < a < 1**

Satz 5.73 *Die allgemeine Exponentialfunktion und der Logarithmus zur Basis a haben folgende Eigenschaften:*

1. *Die Funktionen $f(x) := a^x$ und $g(x) := {}^a\log x$ sind für festes $a \in (0,1)$ streng monoton $\downarrow$ und für festes $a > 1$ streng monoton $\uparrow$ sowie stetig in beiden Fällen. Für $a = 1$ gilt $f(x) = a^x = 1 \;\forall\, x \in \mathbb{R}$.*

2. $a^{x+y} = a^x a^y \;\forall\, x, y \in \mathbb{R}, \quad {}^a\log x + {}^a\log y = {}^a\log(xy) \;\forall\, x, y > 0.$

3. $a^0 = 1, \quad {}^a\log 1 = 0, \quad {}^a\log x = \dfrac{\ln x}{\ln a} \;\forall\, x > 0.$

4. $\displaystyle\lim_{x\to+\infty} a^x = \begin{cases} +\infty &: a > 1, \\ 0 &: 0 < a < 1. \end{cases}$

$\displaystyle\lim_{x\to-\infty} a^x = \begin{cases} 0 &: a > 1, \\ +\infty &: 0 < a < 1. \end{cases}$

5. $\displaystyle\lim_{x\to+\infty} {}^a\log x = \begin{cases} +\infty &: a > 1, \\ -\infty &: 0 < a < 1. \end{cases}$

$\displaystyle\lim_{x\to 0+} {}^a\log x = \begin{cases} -\infty &: a > 1, \\ +\infty &: 0 < a < 1. \end{cases}$

6. $(a^x)^y = a^{xy} \ \forall\, x, y \in \mathbb{R}, \quad {}^a\log(x^y) = y \cdot {}^a\log x \ \forall\, x > 0,\, y \in \mathbb{R}.$

Beweis.

1. Wir verwenden $\ln a \begin{cases} < 0 &: 0 < a < 1, \\ = 0 &: a = 1, \\ > 0 &: a > 1, \end{cases}$ und beachten, dass e^x streng monoton $\uparrow$, während e^{-x} streng monoton $\downarrow$, also

$$a^x = e^{x\ln a} = \begin{cases} e^{-x\,|\ln a|} &: 0 < a < 1, \text{ also streng monoton } \downarrow, \\ e^0 = 1 &: a = 1, \quad \text{also konstant}, \\ e^{x\ln a} &: a > 1, \quad \text{also streng monoton } \uparrow. \end{cases}$$

Darüber hinaus sind die Abbildungen

$$y : \begin{cases} \mathbb{R} \to \mathbb{R}, \\ x \mapsto x\ln a, \end{cases} \qquad \exp : \begin{cases} \mathbb{R} \to (0, +\infty), \\ y \mapsto e^y \end{cases}$$

stetig. Dies gilt auch für die Komposition $(\exp \circ\, y)(x) = e^{x\ln a} = a^x$.

2. Es gilt $a^{x+y} = e^{(x+y)\ln a} = e^{x\ln a} \cdot e^{y\ln a} = a^x\, a^y \ \forall\, x, y \in \mathbb{R}$. Setzen wir hier $\xi := a^x$, $\eta := a^y$ oder äquivalent $x = {}^a\log \xi$, $y = {}^a\log \eta$, so folgt

$${}^a\log(\xi\eta) = {}^a\log(a^x\, a^y) = {}^a\log(a^{x+y}) = x + y = {}^a\log\xi + {}^a\log\eta \ \forall\, \xi, \eta > 0.$$

3. Es ist trivialerweise $a^0 = e^{0 \ln a} = 1$. Weiterhin gilt

$$^a\log x = {}^a\log(e^{\ln x}) = {}^a\log\left(e^{\frac{\ln x}{\ln a} \ln a}\right) = {}^a\log\left(a^{\frac{\ln x}{\ln a}}\right) = \frac{\ln x}{\ln a} \quad \forall\, x > 0.$$

Hieraus folgt $^a\log 1 = \frac{\ln 1}{\ln a} = 0$.

4. Diese Aussage erhalten wir aus den Wachstumseigenschaften von $e^{\alpha x}$ für festes $\alpha \in \mathbb{R}$:

$$\lim_{x \to +\infty} a^x = \lim_{x \to +\infty} e^{x \ln a} = \begin{cases} +\infty &:\ a > 1, \\[2mm] 0 &:\ 0 < a < 1, \end{cases}$$

$$\lim_{x \to -\infty} a^x = \lim_{x \to -\infty} e^{x \ln a} = \begin{cases} 0 &:\ a > 1, \\[2mm] +\infty &:\ 0 < a < 1. \end{cases}$$

5. Diese Behauptung folgt unmittelbar aus d) durch Übergang zur Umkehrabbildung.

6. Es gilt $(a^x)^y = [e^{x \ln a}]^y = e^{xy \ln a} = a^{xy} \ \forall\, x, y \in \mathbb{R}$, und schließlich

$$^a\log(x^y) = {}^a\log(e^{y \ln x}) = {}^a\log\left(a^{y \frac{\ln x}{\ln a}}\right) = y\,\frac{\ln x}{\ln a} = y\cdot {}^a\log x \ \ \forall\, x > 0, y \in \mathbb{R}.$$

$$\text{qed}$$

Algebraische Verknüpfungen von allgemeinen Logarithmen zu **verschiedenen Basen** lassen sich mit Hilfe der Identität 3. aus Satz 5.73 behandeln.

Beispiel 5.74

$$^a\log x \cdot {}^x\log y = \frac{\ln x}{\ln a} \cdot \frac{\ln y}{\ln x} = {}^a\log y \ \ \forall\, y > 0, 1 \neq x > 0.$$

Aufgaben

Aufgabe 5.48. Bestimmen Sie $a, b \in \mathbb{R}$ so, dass

$$f(x) = \begin{cases} e^{ax+b} &:\ x \in [-1, 0), \\[2mm] 1 + \ln(1 + bx) &:\ x \in [0, 1), \\[2mm] a + bx &:\ x \in [1, 2] \end{cases}$$

auf $[-1, 2]$ stetig ist.

Aufgabe 5.49. Sei F eine stetige Funktion mit der Eigenschaft

$$F(x + y) = F(x)F(y) \text{ für alle } x, y \in \mathbb{R}.$$

Zeigen Sie: Entweder ist $F(x) \equiv 0$ für alle $x \in \mathbb{R}$ oder $F(1) =: a > 0$ und $F(x) = a^x$ für alle $x \in \mathbb{R}$.

Aufgabe 5.50. Untersuchen Sie, ob die durch

$$f(x) = \begin{cases} \sqrt{3x + 6} & : \quad x \in [-2, 1), \\ 3e^{x^2 - 1} & : \quad x \in [1, 2] \end{cases}$$

definierte Funktion eine Umkehrfunktion besitzt. Bestimmen Sie diese im Falle der Existenz.

Aufgabe 5.51.

a) Zeigen Sie, dass die Gleichung $\sqrt{x + 1} = 8^{-x} + 3$ für $x \geq 3$ mindestens eine Lösung besitzt.

b) Die Folge $(x_n)_{n \in \mathbb{N}_0}$ ist rekursiv definiert durch

$$x_0 := 1, \quad x_n := \left(8^{-x_{n+1}} + 3\right)^2 - 1.$$

Berechnen Sie x_4 und $\left| \sqrt{x_4 + 1} - 8^{-x_4} - 3 \right|$.

Aufgabe 5.52. Berechnen Sie den links- und rechtsseitigen Grenzwert der folgenden Funktionen an der Stelle $x = 0$:

$$a)\ f(x) = \frac{e^{1/x} - 1}{e^{1/x} + 1}, \quad b)\ f(x) = xe^{1/x},$$

$$c)\ f(x) = \frac{x}{1 + e^{1/x}}, \quad d)\ f(x) = \frac{2^{1/x} + 3}{3^{1/x} + 2}.$$

Aufgabe 5.53. Bestimmen Sie alle Funktionen, die die nachfolgenden Eigenschaften erfüllen:

a) $f : \mathbb{R} \to \mathbb{R}, \ f(x + y) = f(x) + f(y)$,

b) $g : (0, \infty) \to \mathbb{R}, \ g(xy) = g(x) + g(y)$,

c) $h : (0, \infty) \to \mathbb{R}, \ g(xy) = g(x)g(y)$.

5.8 Umkehrung der x-Potenzen – n-te Wurzeln

.

Wir betrachten die Funktion $f(x) := x^n$, $x \in D := \mathbb{R}$, $n \in \mathbb{N}$. Wir haben bereits gesehen, dass das Monotonieverhalten von f in den beiden Fällen für n *ungerade* und n *gerade* verschieden ist.

1. Es sei $n = 2m + 1, m \in \mathbb{N}_0$, eine **ungerade** Zahl. Dann ist die Funktion $f(x) = x^n$ auf ganz $\mathbb{R}$ streng monoton $\uparrow$, und somit sichert Satz 5.66 die Existenz ihrer Umkehrfunktion

$$\boxed{f^{-1}(x) = \operatorname{sign} x \sqrt[n]{|x|} \ \forall \, x \in \mathbb{R}.}$$

2. Es sei $n = 2m, m \in \mathbb{N}$, eine **gerade** Zahl. Es gibt zwei Monotonieintervalle

$$I_0 := [0, +\infty) \ \text{ und } \ \tilde{I}_0 := (-\infty, 0].$$

Da $f(x) = x^n$ auf diesen Intervallen jeweils streng monoton ist, existieren die beiden Umkehrfunktionen von

$$\boxed{\begin{aligned} f_+^{-1}(x) &:= \sqrt[n]{x} \ \forall \, x \geq 0 \ \ : f_+(x) = x^n, \ x \in I_0 = [0, +\infty), \\ f_-^{-1}(x) &:= -\sqrt[n]{x} \ \forall \, x \geq 0 \ : f_-(x) = x^n, \ x \in \tilde{I}_0 = (-\infty, 0]. \end{aligned}}$$

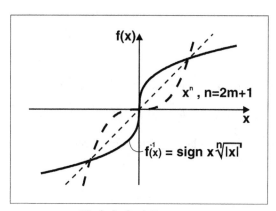

Umkehrfunktion von
$f(x) := x^{2m+1}, m \in \mathbb{N}_0$

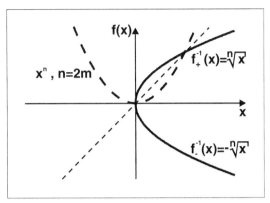

Beide Zweige der Umkehrfunktion
von $f(x) := x^{2m}, m \in \mathbb{N}$

Aufgaben

Aufgabe 5.54. Sei $f : \mathbb{R} \to \mathbb{R}$ gegeben durch $f(x) = x^4 + 2$. Wie lautet die Umkehrfunktion?

Aufgabe 5.55. Sei $f : \mathbb{R} \to \mathbb{R}$ gegeben durch $f(x) = x^7 - 2$. Wie lautet die Umkehrfunktion?

Aufgabe 5.56. Sei $f : \mathbb{R} \to \mathbb{R}$ gegeben durch $f(x) = x^2 - 4x + 4$. Wie lautet die Umkehrfunktion?

Aufgabe 5.57. Bestimmen Sie Definitions- und Wertebereich von $f(x) = \sqrt{1 - \frac{1}{x}}$. Zeigen Sie, dass f streng monoton steigend ist und ermitteln Sie die Umkehrfunktion.

Aufgabe 5.58. Wie lauten die Definitionsbereiche von

$$a) \ f(x) = \sqrt[x]{x}, \quad b) \ g(x) = \sqrt[x^2]{x}, \quad c) \ h(x) = \sqrt[x]{x^2}?$$

Welche Monotonieaussagen lassen sich formulieren?

5.9 Umkehrung der Winkelfunktionen – zyklometrische Funktionen

Wir betrachten zunächst die beiden trigonometrischen Funktionen **Sinus** und **Cosinus**.

Wie wir in Beispiel 5.65 gezeigt haben, ist die Funktion $f(x) := \sin x$ auf jedem der Intervalle $[(n - \frac{1}{2})\pi, (n + \frac{1}{2})\pi]$, $n \in \mathbb{Z}$, streng monoton und stetig. Also sichert Satz 5.66 die Existenz von Umkehrfunktionen, was entsprechend auch für die Funktion $f(x) := \cos x$ gilt.

Definition 5.75 *Im Einzelnen gilt:*

1. *Die Umkehrfunktionen von* $\sin : [(n - \frac{1}{2})\pi, (n + \frac{1}{2})\pi] \to [-1, +1]$, $n \in \mathbb{Z}$, *heißen* **Zweige des Arcus Sinus***:*

$$\arcsin_n : [-1, +1] \to [(n - \frac{1}{2})\pi, (n + \frac{1}{2})\pi].$$

Für $n = 0$ *liegt der* **Hauptwert des Arcus Sinus** *vor, bezeichnet mit*

$$\arcsin_H : [-1, +1] \to [-\frac{\pi}{2}, +\frac{\pi}{2}].$$

2. *Die Umkehrfunktionen von* $\cos : [n\pi, (n + 1)\pi] \to [-1, +1]$, $n \in \mathbb{Z}$, *heißen* **Zweige des Arcus Cosinus***:*

$$\arccos_n : [-1, +1] \to [n\pi, (n + 1)\pi].$$

Für $n = 0$ *liegt der* **Hauptwert des Arcus Cosinus** *vor, bezeichnet mit*

$$\arccos_H : [-1, +1] \to [0, \pi].$$

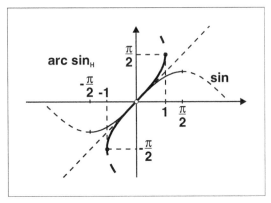

Hauptwert der Funktion arc sin x

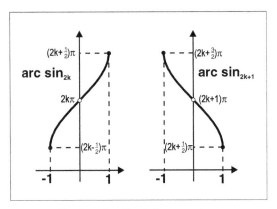

Zweige der Funktion arc sin x

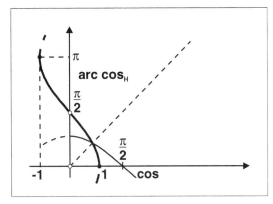

Hauptwert der Funktion arc cos x

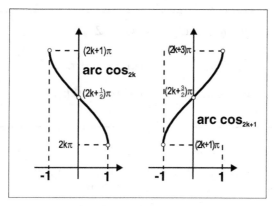

Zweige der Funktion arc cos x

Wir diskutieren nun einige Eigenschaften der zyklometrischen Funktionen.

Satz 5.76 *Es gilt der Zusammenhang*

$$\text{arc } \cos_n y = \text{arc } \sin_{n+1} y - \frac{\pi}{2} \ \forall \, y \in [-1, +1] \ \forall \, n \in \mathbb{Z}. \qquad (5.24)$$

Beweis. Für $x \in [n\pi, (n+1)\pi]$ ergibt sich $x + \frac{\pi}{2} \in [(n + \frac{1}{2})\pi, (n + \frac{3}{2})\pi]$, und somit folgt aus $y := \cos x = \sin(x + \frac{\pi}{2})$ die Relation

$$x = \text{arc } \cos_n y, \quad x + \frac{\pi}{2} = \text{arc } \sin_{n+1} y.$$

Durch Elimination von x erhält man die behauptete Gleichung (5.24) . qed

Wegen der Beziehung (5.24) genügt es, lediglich die Eigenschaften von Arcus Sinus zu diskutierten.

Satz 5.77 *Nachfolgende Funktionen sind stetig, und es gilt:*

$$\text{arc } \sin_{2k} \quad : [-1, +1] \to [(2k - \tfrac{1}{2})\pi, (2k + \tfrac{1}{2})\pi] \ \text{ist streng monoton} \uparrow,$$

$$\text{arc } \sin_{2k+1} : [-1, +1] \to [(2k + \tfrac{1}{2})\pi, (2k + \tfrac{3}{2})\pi] \ \text{ist streng monoton} \downarrow.$$

$$(5.25)$$

Beweis. Dies folgt sofort aus den in Beispiel 5.65 gezeigten Monotonieeigenschaften der Funktion $f(x) := \sin x$ sowie aus Satz 5.66.   qed

Satz 5.78 *Für alle* $y \in [-1, +1]$ *und* $k \in \mathbb{Z}$ *gilt*

$$\text{arc } \sin_{2k} y \quad = \text{arc } \sin_H y + 2k\pi,$$

$$\text{arc } \sin_{2k+1} y = -\text{arc } \sin_H y + (2k + 1)\pi. \tag{5.26}$$

Beweis. Für $x \in [-\frac{\pi}{2}, +\frac{\pi}{2}]$ gilt $x + 2k\pi \in [(2k - \frac{1}{2})\pi, (2k + \frac{1}{2})\pi]$, und somit folgt aus $y := \sin x = \sin(x + 2k\pi)$ die Relation

$$x = \text{arc } \sin_H y, \quad x + 2k\pi = \text{arc } \sin_{2k} y.$$

Durch Elimination von x resultiert die erste der beiden Gleichungen in (5.26). Die zweite Gleichung folgt aus der Identität $\sin(-x) = \sin(x + (2k + 1)\pi)$.
                                                                                                      qed

Wir führen weitere Winkelfunktionen ein, charakterisieren diese und formulieren deren Inverse.

Definition 5.79 *Die Funktion* $\tan : D_{\tan} \to \mathbb{R}$ *mit*

$$\tan x := \frac{\sin x}{\cos x}, \quad x \in D_{\tan} := \mathbb{R} \setminus \{(n + \frac{1}{2})\pi \ : \ n \in \mathbb{Z}\},$$

heißt **Tangens**.

Die Funktion $\cot : D_{\cot} \to \mathbb{R}$ *mit*

$$\cot x := \frac{\cos x}{\sin x}, \quad x \in D_{\cot} := \mathbb{R} \setminus \{n\pi \ : \ n \in \mathbb{Z}\},$$

heißt **Cotangens**.

Es besteht der Zusammenhang

$$\cot x = \frac{1}{\tan x} \ \forall \, x \in D_{\tan} \cap D_{\cot}.$$

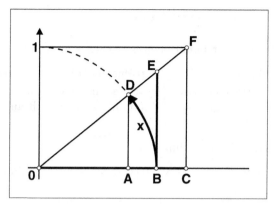

**Zur geometrischen Bedeutung der
Funktionen** tan x **und** cot x

Die **geometrische** Bedeutung von Tangens und Cotangens lässt sich der obigen Skizze entnehmen. Es gilt

$$\tan x = \overline{EB}, \quad \cot x = \overline{OC}. \tag{5.27}$$

Denn nach dem Strahlensatz ergeben sich folgende Zusammenhänge:

$$\tan x = \frac{\sin x}{\cos x} = \frac{\overline{AD}}{\overline{OA}} = \frac{\overline{EB}}{\overline{OB}} = \overline{EB} \ \text{wegen} \ \overline{OB} = 1,$$

$$\cot x = \frac{\cos x}{\sin x} = \frac{\overline{OA}}{\overline{AD}} = \frac{\overline{OC}}{\overline{CF}} = \overline{OC} \ \text{wegen} \ \overline{CF} = 1.$$

Wegen $\tan(x + \pi) = \dfrac{\sin(x + \pi)}{\cos(x + \pi)} = \dfrac{-\sin x}{-\cos x} = \tan x$ gilt:

Satz 5.80 *Die Funktionen* tan *und* cot *sind* π*-periodisch.*

Satz 5.81 *Es gelten folgende Eigenschaften:*

1. tan *und* cot *sind stetig in jedem Punkt ihrer Definitionsbereiche* $D_{\tan}$ *und* $D_{\cot}$.

2. tan *ist in* $\left(-\frac{\pi}{2}, +\frac{\pi}{2}\right)$ *streng monoton* $\uparrow$ *und* cot *ist in* $(0, \pi)$ *streng monoton* $\downarrow$.

3. $\displaystyle\lim_{x \to \frac{\pi}{2}-} \tan x = +\infty, \quad \lim_{x \to -\frac{\pi}{2}+} \tan x = -\infty.$

4. $\displaystyle\lim_{x \to 0+} \cot x = +\infty, \quad \lim_{x \to \pi-} \cot x = -\infty.$

Beweis. Wir zeigen die Aussagen für tan.

1. Der Quotient stetiger Funktionen ist wieder stetig.

2. Auf dem Intervall $[0, \frac{\pi}{2})$ ist cos streng monoton $\downarrow$, während sin streng monoton $\uparrow$. Der Quotient $\frac{\sin x}{\cos x}$ ist somit streng monoton $\uparrow$. Wegen $\tan(-x) = -\tan x$ gilt diese Monotonieaussage auch auf dem Intervall $(-\frac{\pi}{2}, 0)$.

3. Ferner folgern wir aus $\lim\limits_{x \to \frac{\pi}{2}-} \sin x = 1$ und $\lim\limits_{x \to \frac{\pi}{2}-} \cos x = 0+$ den Grenzwert $\lim\limits_{x \to \frac{\pi}{2}-} \tan x = +\infty$. Wegen $\tan(-x) = -\tan x$ folgt hieraus $\lim\limits_{x \to -\frac{\pi}{2}+} \tan x = -\infty$.

4. Mit ähnlichen Argumenten ergeben sich die behaupteten Eigenschaften von cot.

qed

Satz 5.82 *Es gelten folgende Eigenschaften:*

1. $\tan x = 0 \ \forall \, x = n\pi$, $n \in \mathbb{Z}$, $\tan(x + \frac{\pi}{2}) = -\cot x \ \forall \, x \neq n\pi$, $n \in \mathbb{Z}$.

2. $\cot x = 0 \ \forall \, x = (n + \frac{1}{2})\pi$, $n \in \mathbb{Z}$, $\cot(x + \frac{\pi}{2}) = -\tan x \ \forall \, x \neq (n + \frac{1}{2})\pi$, $n \in \mathbb{Z}$.

Beweis.

1. Es gelten die Beziehungen $\sin x = 0$, $\cos x = (-1)^n$ für $x = n\pi$ sowie $\cos x = 0$, $\sin x = (-1)^n$ für $x = (n + \frac{1}{2})\pi$. Wir haben ferner

$$\tan(x + \frac{\pi}{2}) = \frac{\cos x}{-\sin x} = -\cot x, \quad \cot(x + \frac{\pi}{2}) = \frac{1}{-\cot x} = -\tan x.$$

2. Mit ähnlichen Argumenten ergeben sich die behaupteten Eigenschaften von cot.

qed

Satz 5.83 *Für $x, y \in \mathbb{R}$ gelten die Additionstheoreme*

---

1. $\tan(x \pm y) = \dfrac{\tan x \pm \tan y}{1 \mp \tan x \cdot \tan y}$ $\quad$ *mit* $x \pm y \neq (n + \dfrac{1}{2})\pi,\ n \in \mathbb{Z}$.

2. $\cot(x \pm y) = \dfrac{\cot x \cdot \cot y \mp 1}{\cot x \pm \cot y}$ $\quad$ *mit* $x \pm y \neq n\pi,\ n \in \mathbb{Z}$.

Beweis. Die Additionstheoreme von $\sin x$ und $\cos x$ liefern

$$\tan(x + y) = \frac{\sin(x + y)}{\cos(x + y)} = \frac{\sin x \cos y + \cos x \sin y}{\cos x \cos y - \sin x \sin y} = \frac{\tan x + \tan y}{1 - \tan x \cdot \tan y}.$$

Der Rest ergibt sich völlig analog. $\hspace{6cm}$ qed

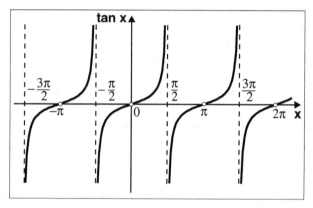

Graph der Funktion tan x

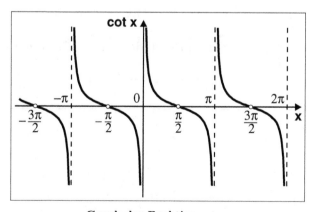

Graph der Funktion cot x

Die folgende Tabelle nützlicher Funktionswerte von tan und cot kann häufig zu Rate gezogen werden:

x	0	$30° \hateq \frac{\pi}{6}$	$45° \hateq \frac{\pi}{4}$	$60° \hateq \frac{\pi}{3}$	$90° \hateq \frac{\pi}{2}$	$120° \hateq \frac{2\pi}{3}$	$135° \hateq \frac{3\pi}{4}$	$150° \hateq \frac{5\pi}{6}$	$180° \hateq \pi$
$\tan x$	0	$\frac{1}{3}\sqrt{3}$	1	$\sqrt{3}$	$-$	$-\sqrt{3}$	-1	$-\frac{1}{3}\sqrt{3}$	0
$\cot x$	$-$	$\sqrt{3}$	1	$\frac{1}{3}\sqrt{3}$	0	$-\frac{1}{3}\sqrt{3}$	-1	$-\sqrt{3}$	$-$

Aus den Monotonie-Eigenschaften des Satzes 5.81 der Funktionen tan und cot erschließen wir wieder die Existenz von Umkehrfunktionen.

Definition 5.84 *Im Einzelnen gilt:*

1. *Die Umkehrfunktionen von* $\tan : \left((n - \frac{1}{2})\pi, (n + \frac{1}{2})\pi\right) \to \mathbb{R}$, $n \in \mathbb{Z}$, *heißen* **Zweige des Arcus Tangens**:

$$\text{arc } \tan_n = \mathbb{R} \to \left((n - \frac{1}{2})\pi, (n + \frac{1}{2})\pi\right).$$

Für $n = 0$ *liegt der* **Hauptwert des Arcus Tangens** *vor, bezeichnet mit*

$$\text{arc } \tan_H : \mathbb{R} \to \left(-\frac{\pi}{2}, +\frac{\pi}{2}\right).$$

2. *Die Umkehrfunktionen von* $\cot : \left(n\pi, (n + 1)\pi\right) \to \mathbb{R}$, $n \in \mathbb{Z}$, *heißen* **Zweige des Arcus Cotangens**:

$$\text{arc } \cot_n : \mathbb{R} \to \left(n\pi, (n + 1)\pi\right).$$

Für $n = 0$ *liegt der* **Hauptwert des Arcus Cotangens** *vor, bezeichnet mit*

$$\text{arc } \cot_H : \mathbb{R} \to \left(0, \pi\right).$$

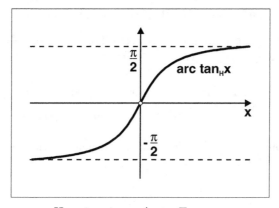

Hauptwert von Arcus Tangens

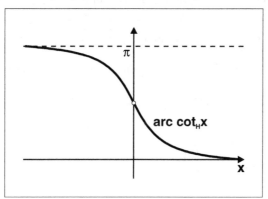

Hauptwert von Arcus Cotangens

Zwischen den Zweigen und dem Hauptwert der obigen Umkehrfunktionen gelten folgende Zusammenhänge:

Satz 5.85 *Für alle $y \in \mathbb{R}$ und $n \in \mathbb{Z}$ gilt*

1. arc $\tan_n y = $ arc $\tan_H y + n\pi$,

2. arc $\cot_n y = $ arc $\cot_H y + n\pi = -$arc $\tan_H y + (n + \frac{1}{2})\pi$.

Beweis.

1. Für $x \in \left(-\frac{\pi}{2}, +\frac{\pi}{2} \right)$ hat man $x + n\pi \in \left((n - \frac{1}{2})\pi, (n + \frac{1}{2})\pi \right)$, und somit folgt aus $y := \tan x = \tan(x + n\pi)$ die Relation

$$x = \text{arc } \tan_H y, \quad x + n\pi = \text{arc } \tan_n y.$$

Durch Elimination von x erhalten wir die behaupteten Gleichungen.

2. Für $x \in (0, \pi)$ hat man $x + n\pi \in (n\pi, (n+1)\pi)$ sowie $-x - \frac{\pi}{2} \in \left(-\frac{3\pi}{2}, -\frac{\pi}{2}\right)$, und somit folgt aus $y := \cot x = \cot(x + n\pi) = \tan(-x - \frac{\pi}{2})$ die Relation

$$x = \text{arc} \cot_H y, \quad x + n\pi = \text{arc} \cot_n y,$$

$$-x - \tfrac{\pi}{2} = \text{arc} \tan_{-1} y = \text{arc} \tan_H y - \pi.$$

Elimination von x ergibt wieder die restlichen Gleichungen.

qed

Schließlich ergibt sich aus Satz 5.81 in Verbindung mit Satz 5.66:

Satz 5.86 *Es gelten folgende Eigenschaften:*

1. $\text{arc} \tan_H : \mathbb{R} \to \left(-\frac{\pi}{2}, +\frac{\pi}{2}\right)$ *ist stetig und streng monoton* $\uparrow$.

2. $\lim\limits_{x \to \pm\infty} \text{arc} \tan_H x = \pm\frac{\pi}{2}.$

3. $\text{arc} \cot_H : \mathbb{R} \to \left(0, \pi\right)$ *ist stetig und streng monoton* $\downarrow$.

4. $\lim\limits_{x \to \pm\infty} \text{arc} \cot_H x = \begin{cases} 0+, \\ \pi -. \end{cases}$

Aufgaben

Aufgabe 5.59. Wo liegen die Unstetigkeitsstellen von

$$f(x) = \tan\left[\pi x (x^2 - 1)^{-1}\right]?$$

Aufgabe 5.60. Bestimmen Sie die Grenzwerte

$$a) \lim_{x \to 0} \frac{\tan(3x)}{\sin(2x)}, \quad b) \lim_{x \to 0\pm} \frac{1}{1 + \exp(\cot(x))}.$$

Aufgabe 5.61. Skizzieren Sie die folgenden Funktionen $f : \mathbb{R} \to \mathbb{R}$ und stellen Sie diese ohne trigonometrische bzw. Arcus-Funktionen dar:

a) $f(x) = x - \arctan(\tan x)$,

b) $f(x) = \arcsin(\sin x)$,

c) $f(x) = x \arcsin(\sin x)$,

d) $f(x) = \arccos(\cos x) - \arcsin(\sin x)$.

Aufgabe 5.62. Stellen Sie die Funktionen

a) $f(x) = \sin(2 \arcsin x)$, *b)* $f(x) = \sin(2 \arctan x)$, *c)* $f(x) = \sin(\arccos x)$.

in Form rein algebraischer Ausdrücke in Abhängigkeit von x dar.

Aufgabe 5.63. Auf welchen Intervallen sind nachfolgende Funktionen f definiert:

a) $f(x) = \arcsin[(x + 1)(x - 1)^{-1}]$,

b) $f(x) = \arctan x + \arctan \frac{1}{x}$?

5.10 Umkehrung der Hyperbelfunktionen – Area–Funktionen

Eine bedeutende Rolle in den technischen und mathematisch–geometrischen Anwendungen spielen die sog. *Hyperbelfunktionen*. Dies sind algebraische Kombinationen der Exponentialfunktion wie folgt:

Definition 5.87 *Die Funktion* sinh : $D_{\text{sinh}} \to \mathbb{R}$ *definiert als*

$$\sinh x := \frac{1}{2}(e^x - e^{-x}), \quad x \in D_{\text{sinh}} = \mathbb{R}$$

heißt **Sinus hyperbolicus.**

Die Funktion cosh : $D_{\text{cosh}} \to \mathbb{R}$ *definiert als*

$$\cosh x := \frac{1}{2}(e^x + e^{-x}), \quad x \in D_{\text{cosh}} = \mathbb{R}$$

heißt **Cosinus hyperbolicus.**

Damit ergeben sich weitere Funktionen.

Definition 5.88 *Die Funktion* tanh : $D_{\tanh} \to \mathbb{R}$ *definiert als*

$$\tanh x := \frac{\sinh x}{\cosh x} \quad x \in D_{\tanh} = \mathbb{R}$$

heißt **Tangens hyperbolicus.**

Die Funktion coth : $D_{\coth} \to \mathbb{R}$ *definiert als*

$$\coth x := \frac{\cosh x}{\sinh x} \quad x \in D_{\tanh} = \mathbb{R} \setminus \{0\}$$

heißt **Cotangens hyperbolicus.**

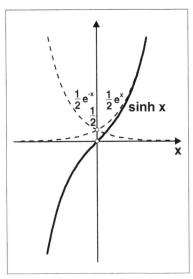

Graph von $\sinh x$

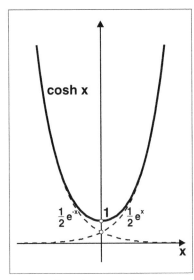

Graph von $\cosh x$

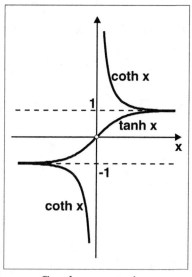

Graphen von tanh x
und coth x

Folgende Symmetrie–Eigenschaften sind leicht einzusehen:

$$
\begin{array}{ll}
\sinh 0 = 0 = \tanh 0, & \cosh 0 = 1, \\[4pt]
\sinh(-x) = -\sinh x, & \cosh(-x) = \cosh x \ \ \forall\, x \in \mathbb{R} \\[4pt]
\tanh(-x) = -\tanh x \ \ \forall\, x \in \mathbb{R}, & \coth(-x) = -\coth x \ \ \forall\, x \neq 0.
\end{array}
\tag{5.28}
$$

Damit ist es ausreichend, die Funktionsdiskussion auf den Bereich $x > 0$ einzuschränken.

> **Satz 5.89** *Es gelten folgende Eigenschaften:*
>
> *1.* $0 < \sinh x < \frac{1}{2}\,e^x \ \ \forall\, x > 0, \ \ \lim\limits_{x \to +\infty} \sinh x = +\infty.$
>
> *2.* $\frac{1}{2}\,e^x < \cosh x \ \ \forall\, x > 0, \ \ \lim\limits_{x \to +\infty} \cosh x = +\infty.$
>
> *3.* $0 < \tanh x < 1 \ \ \forall\, x > 0, \ \ \lim\limits_{x \to +\infty} \tanh = 1.$
>
> *4.* $1 < \coth x \ \ \forall\, x > 0, \ \ \lim\limits_{x \to +\infty} \coth x = 1, \ \ \lim\limits_{x \to 0+} \coth x = +\infty.$

Beweis. In den nachfolgenden Ausführungen sei $x > 0$:

1. Es gilt $e^x > 1$ und $0 < e^{-x} < 1$. Darüber hinaus haben wir $e^x \to$ $+\infty$, $e^{-x} \to 0$ für $x \to +\infty$. Aus diesen Eigenschaften ergibt sich

$$0 < \frac{1}{2}\left(e^x - e^{-x}\right) = \sinh x < \frac{1}{2}\,e^x.$$

2. Entsprechend gilt $\frac{1}{2}\,e^x < \frac{1}{2}\left(e^x + e^{-x}\right) = \cosh x \to +\infty$ für $x \to +\infty$.

3. Weiter ergibt sich

$$0 < \frac{e^x - e^{-x}}{e^x + e^{-x}} = \frac{\sinh x}{\cosh x} = \tanh x = \frac{1 - e^{-2x}}{1 + e^{-2x}} < 1, \quad \lim_{x \to +\infty} \tanh x = 1.$$

4. Schließlich gilt

$$1 < \frac{e^x + e^{-x}}{e^x - e^{-x}} = \frac{\cosh x}{\sinh x} = \coth x = \frac{1 + e^{-2x}}{1 - e^{-2x}} \to \begin{cases} 1 & : \ x \to +\infty, \\ +\infty & : \ x \to 0+ . \end{cases}$$

qed

Die *trigonometrischen* Funktionen konnten geometrisch am *Einheitskreis* gedeutet werden. Analog gibt es eine geometrische Deutung der *Hyperbelfunktionen* an der *Einheitshyperbel* $\xi^2 - \eta^2 = 1$, vgl. nachfolgende Skizze. Bezeichnet x den Inhalt der Fläche OPP' unter der Hyperbel, so gelten die folgenden Relationen:

$$\sinh x \,\hat{=}\, \overline{AP}, \quad \cosh x \,\hat{=}\, \overline{OA}, \quad \tanh x \,\hat{=}\, \overline{BC}, \quad \coth x \,\hat{=}\, \overline{ED}.$$

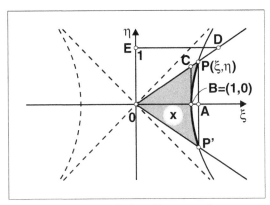

Zur geometrischen Deutung der
Hyperbelfunktionen

Da der Hyperbelpunkt $P(\xi, \eta)$ die Gleichung $\xi^2 - \eta^2 = 1$ erfüllt, gilt konsequenterweise:

$$\boxed{\cosh^2 x - \sinh^2 x = 1 \;\; \forall\, x \in \mathbb{R}.} \tag{5.29}$$

Wir kommen nun zu den **Umkehrfunktionen der Hyperbelfunktionen.** Die an den Graphen der Hyperbelfunktionen ersichtliche strenge Monotonie soll hier nicht im Einzelnen analytisch begründet werden. Wir orientieren uns an der Anschauung, welche die folgende Existenzaussage der Umkehrfunktionen motiviert:

Definition 5.90 *Die Umkehrfunktionen der Hyperbelfunktionen lauten wie folgt:*

1. *Die Umkehrfunktion der stetigen und streng monoton wachsenden Funktion*

$$\sinh : \mathbb{R} \to \mathbb{R}$$

   heißt **Area Sinus hyperbolicus,** *bezeichnet mit dem Funktionssymbol*

$$\mathrm{Ar}\,\sinh : \mathbb{R} \to \mathbb{R}.$$

2. *Auf den Monotonie-Intervallen der stetigen Funktion*

$$\cosh : \begin{cases} [0, +\infty) \to [1, +\infty),\ \text{streng monoton } \uparrow, \\ (-\infty, 0] \to [1, +\infty),\ \text{streng monoton } \downarrow, \end{cases}$$

   existieren Umkehrfunktionen. Diese heißen **positiver** *und* **negativer Zweig** *des* **Area Cosinus hyperbolicus,** *bezeichnet mit den Funktionssymbolen*

$$\mathrm{Ar}\,\cosh_+ : [1, +\infty) \to [0, +\infty),$$
$$\mathrm{Ar}\,\cosh_- : [1, +\infty) \to (-\infty, 0].$$

3. *Die Umkehrfunktion der stetigen, streng monoton wachsenden Funktion*

$$\tanh : \mathbb{R} \to (-1, +1)$$

   heißt **Area Tangens hyperbolicus,** *bezeichnet mit dem Funktionssymbol*

$$\mathrm{Ar}\,\tanh : (-1, +1) \to \mathbb{R}.$$

4. Auf den Stetigkeitsintervallen der streng monoton fallenden Funktion

$$\text{coth} : \mathbb{R} \setminus \{0\} \to (-\infty, -1) \cup (+1, +\infty)$$

existiert eine Umkehrfunktion. Diese heißt **Area Cotangens hyperbolicus**, *bezeichnet mit dem Funktionssymbol*

$$\text{Ar coth} : \mathbb{R} \setminus [-1, +1] \to \mathbb{R} \setminus \{0\}.$$

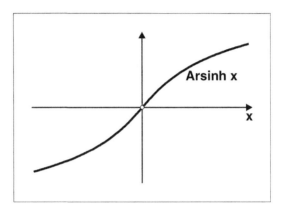

Graph der Funktion Ar sinh x

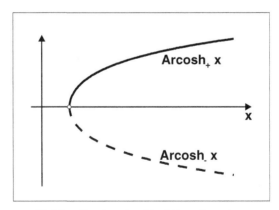

Beiden Zweige der Funktion Ar cosh x

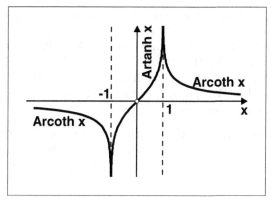

Graphen der Umkehrfunktionen
Ar tanh x **und** Ar coth x

Die hier eingeführten Area–Funktionen gestatten folgende analytische Darstellungen:

Satz 5.91 *Im Einzelnen gilt:*

1. Ar sinh $x = \ln\left(x + \sqrt{1+x^2}\right)$ $\forall\, x \in \mathbb{R}$.

2. Ar cosh$_\pm x = \pm\ln\left(x + \sqrt{x^2-1}\right)$ $\forall\, x \geq 1$.

3. Ar tanh $x = \dfrac{1}{2}\ln\left(\dfrac{1+x}{1-x}\right)$ $\forall\, x \in (-1,+1)$.

4. Ar coth $x = \dfrac{1}{2}\ln\left(\dfrac{x+1}{x-1}\right)$ $\forall\, x \in \mathbb{R} \setminus [-1,+1]$.

Beweis. Aus der Darstellung $x := \sinh y = \frac{1}{2}\left(e^y - e^{-y}\right)$ ergibt sich für e^y die quadratische Gleichung $2xe^y = e^{2y} - 1$ oder äquivalent $(e^y - x)^2 = 1 + x^2$.

Die eindeutig bestimmte *positive* Lösung lautet $e^y = x + \sqrt{1+x^2} > 0$, und durch Logarithmieren resultiert die angegebene Darstellung der Funktion Ar sinh x. Die anderen Darstellungen resultieren in ganz analoger Weise. qed

Der Begriff „Trigonometrie" (Dreiecksmessung) geht zurück auf den schlesischen Mathematiker und Theologen Bartholomäus Pitiscus (1561-1613). In seiner Schrift „Trigonometria: sive de solutione triangulorum tractatus brevis et perspicuus" aus dem Jahre 1595 verwendete er diesen erstmals.

Vorläufer der Trigonometrie reichen bis in die Antike. Der griechische Astronom und Mathematiker ARISTARCHOS VON SAMOS (310 v.Chr.-230 v.Chr.) benutzte Zusammenhänge im rechtwinkligen Dreieck, um Entfernungsverhältnisse zwischen Sonne, Mond und Erde zu berechnen. Auch in Indien und in der arabischen Welt wurden sehr früh die griechischen Ergebnisse übernommen, während in Europa erst im 15. Jahrhundert die Trigonometrie im Rahmen der Ballistik Einzug erhielt.

Der deutsche Astronom und Mathematiker JOHANNES MÜLLER, genannt REGIOMONTANUS, (1436-1476) begründete in seinem fünfbändigen Werk „De triangulis omnimodis" (1462-1464, gedruckt 1533) die neuzeitliche Trigonometrie.

Aufgaben

Aufgabe 5.64. Zeigen Sie mit Hilfe der Definitionen der Hyperpelfunktionen sinh und cosh folgende Identitäten:

a) $\tanh(x + y) = \dfrac{\tanh x + \tanh y}{1 + \tanh x \cdot \tanh y}$,

b) $\sinh(x + y) = \sinh x \cosh y + \cosh x \sinh y$.

Aufgabe 5.65. Welche der nachfolgenden Funktionen sind periodisch? Geben Sie im Falle der Periodizität die Periode P an. Untersuchen Sie zudem die Funktionen auf Beschränktheit und geben Sie in diesem Fall eine obere und untere Schranke an.

a) $f(x) = \dfrac{4}{3}\sin(x + 3)$,

b) $f(x) = \sinh(x + \sin x)$,

c) $f(x) = -e^{\cos 4x}$,

d) $f(x) = \ln(2\sin^2 x + 1)$.

Aufgabe 5.66. Sei $c \in \mathbb{R}$. Lösen Sie die Gleichung $\tanh x = c$ unter Verwendung der ln-Funktion. Gibt es dabei Einschränkungen für $c \in \mathbb{R}$?

Aufgabe 5.67. Sei i die imaginäre Einheit. Zeigen Sie für $x \in \mathbb{R}$ die Beziehungen

$$\cosh x = \cos(ix), \quad \sinh x = -i\sin(ix) \quad \text{und} \quad \tanh x = -i\tan(ix).$$

Aufgabe 5.68. Berechnen Sie die Darstellung

$$\text{Ar cosh}_{\pm} x = \pm \ln \left(x + \sqrt{x^2 - 1} \right) \ \forall \, x \geq 1.$$

Aufgabe 5.69. Leiten Sie der Vollständigkeit halber auch noch folgende Darstellungen her:

a) $\text{Ar tanh} \, x = \dfrac{1}{2} \ln \left(\dfrac{1 + x}{1 - x} \right) \ \forall \, x \in (-1, +1),$

b) $\text{Ar coth} \, x = \dfrac{1}{2} \ln \left(\dfrac{x + 1}{x - 1} \right) \ \forall \, x \in \mathbb{R} \setminus [-1, +1].$

Kapitel 6

Differentialrechnung in $\mathbb{R}$

6.1 Der Ableitungsbegriff

In der Euklidischen Ebene ist der Graph der *affinen Funktion*

$$T(x) := ax + b, \quad x \in D_T := \mathbb{R}, \quad a, b \in \mathbb{R} \text{ fest,} \tag{6.1}$$

die **Gerade** durch die Punkte $(0, b)$ und $(-\frac{b}{a}, 0)$. Wird ein *beliebiger* Punkt (x_0, y_0) der Euklidischen Ebene fixiert, so verläuft durch diesen Punkt ein ganzes **Geradenbüschel**

$$\frac{T(x) - y_0}{x - x_0} = \tan \alpha, \quad x \neq x_0, \tag{6.2}$$

mit dem Büschelparameter $\alpha \in [0, \pi]$.

Natürlich sind (6.1) und (6.2) äquivalente analytische Darstellungen der affinen Funktion, denn

$$a = \tan \alpha \quad \text{und} \quad b = y_0 - x_0 \tan \alpha.$$

In geometrischer Terminologie heißt a die **Steigung** der durch (6.1) beschriebenen Geraden, und b heißt der **Ordinatenabschnitt** der Geraden. Da die Steigung in jedem Punkt der Geraden dieselbe Konstante ist, resultiert für eine Gerade durch zwei vorgegebene Punkte (x_1, y_1) und (x_2, y_2) die analytische Darstellung

$$\frac{T(x) - y_1}{x - x_1} = \frac{y_2 - y_1}{x_2 - x_1} \quad (= \tan \alpha).$$

Lösen wir nach $T(x)$ auf, so erhalten wir die zu (6.1) äquivalente Form

W. Merz, P. Knabner,
Mathematik für Ingenieure und Naturwissenschaftler, Springer-Lehrbuch,
DOI 10.1007/978-3-642-29980-3_6, © Springer-Verlag Berlin Heidelberg 2013

$$T(x) = \frac{y_2 - y_1}{x_2 - x_1}\,(x - x_1) + y_1, \quad x \in \mathbb{R}. \tag{6.3}$$

Das **LEIBNIZsche Tangentenproblem** (GOTTFRIED WILHELM LEIBNIZ, 1646–1716) besteht in der Bestimmung derjenigen Geraden $T(x)$, die den Graph $G(f)$ einer gegebenen Funktion $f \in \mathrm{Abb}\,(\mathbb{R},\mathbb{R})$, $D_f \subset \mathbb{R}$, in einem Punkt (x_0, y_0), $x_0 \in D_f$, *möglichst gut approximiert.*

Es wird also in der *Nähe* der Stelle $x_0 \in D_f$ eine Darstellung der Form

$$f(x) = T(x) + R(x;x_0) \quad \text{mit} \quad \frac{f(x) - T(x)}{x - x_0} \to 0 \quad \text{für} \quad 0 < |x - x_0| \to 0 \tag{6.4}$$

gesucht.

Da die gesuchte Gerade mindestens den Punkt (x_0, y_0) mit dem Graphen $G(f)$ gemeinsam haben muss, folgern wir aus (6.2) die Darstellung $T(x) = (x - x_0)\tan\alpha + y_0$, und aus (6.4) ergeben sich dann mit $y_0 = f(x_0)$ die zwei folgenden zu erfüllenden Gleichungen:

$$f(x) - f(x_0) = (x - x_0)\tan\alpha + R(x;x_0), \quad x \in D_f, \tag{6.5}$$

$$\frac{f(x) - f(x_0)}{x - x_0} = \tan\alpha + \frac{R(x;x_0)}{x - x_0}, \quad 0 < |x - x_0| \to 0. \tag{6.6}$$

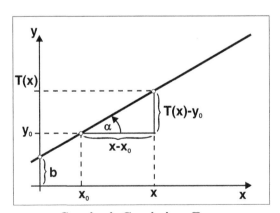

**Gerade als Graph der affinen
Funktion**

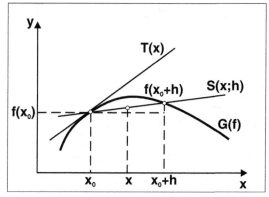

**Die Tangente ist der Grenzwert
der Sekantenfolge**

Aus der Grenzwertbeziehung (6.4) erhalten wir

$$\frac{R(x;x_0)}{x - x_0} = \frac{f(x) - T(x)}{x - x_0} \to 0$$

für $0 < |x - x_0| \to 0$. Dies impliziert insbesondere $R(x;x_0) \to 0$, falls $0 < |x - x_0| \to 0$.

Das LEIBNIZsche Tangentenproblem ist also eindeutig lösbar, falls

(1) Die Funktion f ist stetig in $x = x_0 \in D$, d.h., es gilt (6.5).

(2) Der **Differenzenquotient**

$$\frac{f(x) - f(x_0)}{x - x_0} \equiv \frac{f(x_0 + h) - f(x_0)}{h}$$

hat für $0 \neq x - x_0 := h \to 0$ den Grenzwert

$$f'(x_0) := \tan \alpha \in \mathbb{R},$$

d.h., es gilt (6.6).

Die gesuchte Gerade **bester Approximation** hat somit die Form

$$T(x) = (x - x_0) \lim_{h \to 0} \frac{f(x_0 + h) - f(x_0)}{h} + f(x_0) =: (x - x_0) \cdot f'(x_0) + f(x_0).$$

Die obige Grafik veranschaulicht die **geometrische Bedeutung** von T. Der Graph der affinen Funktion T ist diejenige Gerade, die für $h \to 0$ aus der Familie der **Sekanten**

$$S(x; h) = (x - x_0) \frac{f(x_0 + h) - f(x_0)}{h} + f(x_0), \quad x \in \mathbb{R}$$

hervorgeht.

Wir fassen zusammen:

Definition 6.1 *Sei* $f \in \text{Abb}(\mathbb{R}, \mathbb{R})$ *mit* $D \subset \mathbb{R}$.

1. *Die Funktion* f *heißt im Punkt* $x_0 \in D$ **differenzierbar**, *wenn der Grenzwert*

$$\lim_{x \to x_0} \frac{f(x) - f(x_0)}{x - x_0} \quad bzw. \quad \lim_{h \to 0} \frac{f(x_0 + h) - f(x_0)}{h} \tag{6.7}$$

   in $\mathbb{R}$ *existiert. Dieser Limes wird mit* $f'(x_0)$ *oder* $\frac{df}{dx}(x_0)$ *bezeichnet, und er heißt die* **Ableitung** *von* f *in* x_0.

2. *Die durch die Ableitung* $f'(x_0)$ *festgelegte affine Funktion*

$$T(x) := f'(x_0)(x - x_0) + f(x_0), \quad x \in \mathbb{R},$$

   heißt die **Tangente** *im Punkt* $(x_0, f(x_0))$ *an den Graph* $G(f)$ *der Funktion* f.

3. *Ist* x_0 *ein* **Randpunkt** *von* D, *so kann der Limes (6.7) nur als einseitiger Grenzwert existieren. In diesem Fall heißt*

   1) $\displaystyle\lim_{h \to 0+} \frac{1}{h}\left[f(x_0 + h) - f(x_0)\right] =: \frac{d^+ f}{dx}(x_0)$ **rechtsseitige Ableitung,**

   2) $\displaystyle\lim_{h \to 0-} \frac{1}{h}\left[f(x_0 + h) - f(x_0)\right] =: \frac{d^- f}{dx}(x_0)$ **linksseitige Ableitung**

   von f *in* x_0.

4. *Die Funktion* f *heißt* **differenzierbar auf** $X \subseteq D$, *wenn* f *in jedem Punkt* $x_0 \in X$ *differenzierbar ist.*

5. *Die Funktion* $f' : D_{f'} \to \mathbb{R}$ *mit* $D_{f'} := \{x_0 \in D_f : f'(x_0) \in \mathbb{R}$ *existiert*$\}$ *heißt* **Ableitung** *von* f.

Bemerkung 6.2 *Im allgemeinen Fall ist wohl zu unterscheiden zwischen den* **einseitigen Ableitungen** $\frac{d^{\pm} f}{dx}(x_0)$ *und den* **einseitigen Funktionen-**

limites $f'(x_0 \pm 0) := \lim\limits_{x \to x_0 \pm} f'(x)$ *in einem Punkt* $x_0 \in D(f)$. *Am Beispiel* $f(x) := \operatorname{sign} x,\ x \in \mathbb{R}$, *ist leicht zu verifizieren, dass im Punkt* $x_0 = 0$ *einseitige Ableitungen* $\frac{d^{\pm}f}{dx}(0)$ *nicht erklärt sind. Die Grenzwerte*

$$\lim_{h \to 0\pm} \frac{f(h) - f(0)}{h} = \lim_{h \to 0\pm} \frac{\pm 1}{h}$$

existieren nicht. Hingegen gilt $f'(0 \pm 0) = \lim\limits_{x \to 0\pm} 0 = 0$.

GOTTFRIED WILHELM LEIBNIZ wird allgemein als der Vater der Differentialrechnung angesehen. Von ihm stammt auch die *inkrementelle* Bezeichnungsweise

$$f'(x_0) \equiv \frac{df}{dx}(x_0) = \lim_{\Delta x \to 0} \frac{\Delta f}{\Delta x} \equiv \lim_{\Delta x \to 0} \frac{f(x_0 + \Delta x) - f(x_0)}{\Delta x},$$

d.h., die Darstellung des Differentialquotienten als Grenzwert der Folge der Differenzenquotienten. Diese Bezeichnungsweise bedeutet keineswegs, dass die Grenzwerte $\lim\limits_{\Delta x \to 0} \Delta f = df$ bzw. $\lim\limits_{\Delta x \to 0} \Delta x = dx$ existieren, vielmehr ist sogar

$$\lim_{\Delta x \to 0} \Delta f = 0 = \lim_{\Delta x \to 0} \Delta x.$$

Deshalb sind df und dx nicht als Zahlen im obigen Sinn erklärt, sondern nur als Symbole, deren Quotient $\frac{df}{dx} \in \mathbb{R}$ aber wohldefiniert ist. Der Buchstabe d in den Differentialen resultiert aus dem lateinischen Wort *differentia*.

Neben LEIBNIZ zählt auch ISAAC NEWTON (1643–1727) zu den Vätern der Differentialrechnung. Durch das Studium der Mechanik motiviert, führten NEWTONs Untersuchungen der zeitabhängigen Bewegung von starren Körpern zum Begriff der **Geschwindigkeit** als *Ableitung des Weges* $x(t)$ *nach der Zeit* t:

$$\frac{x(t) - x(t_0)}{t - t_0} \;\hat{=}\; \text{mittlere Geschwindigkeit im Zeitintervall } [t_0, t],$$

$$\lim_{t \to t_0} \frac{x(t) - x(t_0)}{t - t_0} \;\hat{=}\; \text{Momentangeschwindigkeit zur Zeit } t = t_0.$$

Die Ableitung einer differenzierbaren Funktion ist stets *eindeutig bestimmt*. Ferner setzt Differenzierbarkeit *notwendigerweise* Stetigkeit voraus:

Satz 6.3 *Sei* $f \in \operatorname{Abb}(\mathbb{R}, \mathbb{R})$.

1. *Die Funktion* f *kann in einem Punkt* $x_0 \in D$ *höchstens einen Differentialquotienten haben.*

> 2. Ist f im Punkt $x_0 \in D$ differenzierbar, so ist f in x_0 auch stetig.

Beweis.

1. Diese Aussage folgt aus der Eindeutigkeit von Grenzwerten.

2. Die Stetigkeit resultiert aus der Relation

$$\lim_{x \to x_0} \left[f(x) - f(x_0) \right] = \lim_{x \to x_0} \left[\frac{f(x) - f(x_0)}{x - x_0} (x - x_0) \right] = f'(x_0) \cdot 0 = 0.$$

qed

> **Beachten Sie:** Aussage 2. in Satz 6.3 ist nicht umkehrbar. Differenzierbarkeit ist eine **stärkere** Aussage als Stetigkeit!

Aufgaben

Aufgabe 6.1. Überprüfen Sie, ob der Grenzwert $G := \lim_{h \to 0} \frac{f(x_0+h)-f(x_0)}{h}$ für folgende Funktionen existiert:

$$a)\ f(x) = x^2,\ \ b)\ f(x) = x^3,\ \ c)\ f(x) = x^{\frac{1}{2}},\ \ d)\ f(x) = x^{\frac{1}{3}}.$$

Aufgabe 6.2. Berechnen Sie für die Funktionen aus der vorherigen Aufgabe die Tangenten jeweils im Punkt $x_0 = 1$.

Aufgabe 6.3. Gegeben sei $f : [0, \infty) \to \mathbb{R}$ mit $f(x) = \sqrt{x + 1} - \sqrt{|x - 1|}$.

a) Wo ist f differenzierbar?

b) Bestimmen Sie dort, wo f' nicht existiert, die rechts- und linksseitige Ableitung von f.

Aufgabe 6.4. Untersuchen Sie die Funktion

$$f(x) := \begin{cases} -x^2 & : \ x \leq 0, \\ \cosh x - 1 & : \ x > 0 \end{cases}$$

in $x_0 = 0$ auf Stetigkeit und Differenzierbarkeit.

Aufgabe 6.5. Untersuchen Sie die Funktion

$$f(x) := \begin{cases} |x| \ln |x| & : \ x \neq 0, \\ 0 & : \ x = 0 \end{cases}$$

auf Stetigkeit und Differenzierbarkeit in $\mathbb{R}$.

Aufgabe 6.6. Sei $D \subset \mathbb{R}$ und $a \in D$ ein Punkt derart, dass mindestens eine Folge $(x_n)_{n \in \mathbb{N}} \in D \setminus \{a\}$ existiert, mit $\lim_{n \to \infty} = a$. Zeigen Sie:

Eine Funktion $f : D \to \mathbb{R}$ ist genau dann in $x_0 = a$ differenzierbar, wenn es eine Konstante $c \in \mathbb{R}$ gibt, so dass

$$f(x) = f(a) + c(x - a) + \varphi(x),$$

wobei $x \in D$ und φ eine Funktion ist, für die

$$\lim_{x \to a} \frac{\varphi(x)}{x - a} = 0$$

gilt. In diesem Fall ist $c = f'(a)$.

6.2 Ableitungen elementarer Funktionen

Beispiel 6.4 *Ableitungen grundlegender Funktionen sind:*

a) Die **Betragsfunktion** $f(x) := |x|$ *ist stetig in jedem Punkt* $x_0 \in D := \mathbb{R}$. *Sie ist auch differenzierbar mit Ausnahme des Punktes* $x_0 = 0$, *denn dort gilt*

$$\frac{d^+ f}{dx}(x_0) = \lim_{h \to 0+} \frac{f(h) - f(0)}{h} = \lim_{h \to 0+} \frac{|h|}{h} = \lim_{h \to 0+} \frac{h}{h} = +1,$$

$$\frac{d^- f}{dx}(x_0) = \lim_{h \to 0-} \frac{f(h) - f(0)}{h} = \lim_{h \to 0-} \frac{|h|}{h} = -\lim_{h \to 0-} \frac{|h|}{|h|} = -1.$$

Wir haben in $x_0 = 0$ *verschiedene rechts- und linksseitige Grenzwerte, und deshalb existiert* $f'(0)$ *nicht. Insgesamt gilt*

$$f'(x) := \frac{d|x|}{dx} = \begin{cases} +1 & : x > 0, \\ -1 & : x < 0, \\ \not\exists & : x = 0, \end{cases}$$

eleganter geschrieben

$$(|x|)' = \operatorname{sign} x \ \forall \, x \neq 0.$$

b) Die **konstante Funktion** $f(x) := c$, $x \in D := \mathbb{R}$, *erfüllt*

$$\lim_{h \to 0} \frac{f(x_0 + h) - f(x_0)}{h} = \lim_{h \to 0} \frac{c - c}{h} = 0 = f'(x_0).$$

Es gilt also

$$f'(x) := (c)' = 0 \ \forall \, x \in \mathbb{R}, \quad c = const.$$

c) Die **Monome** $f(x) := x^n$, $x \in D := \mathbb{R}$, $n \in \mathbb{N}$, *erfüllen*

$$f'(x_0) = \lim_{h \to 0} \frac{(x_0 + h)^n - x_0^n}{h} = \lim_{h \to 0} \sum_{k=1}^{n} \binom{n}{k} h^{k-1} x_0^{n-k} = \binom{n}{1} x_0^{n-1}$$

$$= n x_0^{n-1}.$$

Das heißt

$$f'(x) := (x^n)' = n x^{n-1} \ \forall \, n \in \mathbb{N} \ \forall \, x \in \mathbb{R}.$$

d) Für die **negativen Potenzen** $f(x) := x^{-n}$, $x \in D := \mathbb{R} \setminus \{0\}$, $n \in \mathbb{N}$, *folgern wir aus den Vorgaben* $x_0, x_0 + h \in D$:

$$f'(x_0) = \lim_{h \to 0} \frac{1}{h} \left[\frac{1}{(x_0 + h)^n} - \frac{1}{x_0^n} \right] = \lim_{h \to 0} \frac{1}{x_0^n (x_0 + h)^n} \left[\frac{x_0^n - (x_0 + h)^n}{h} \right]$$

$$\overset{c)}{=} -n \frac{x_0^{n-1}}{x_0^{2n}} = -\frac{n}{x_0^{n+1}}.$$

Dies bedeutet

$$f'(x) := \left(\frac{1}{x^n} \right)' = -\frac{n}{x^{n+1}} \ \forall \, n \in \mathbb{N} \ \forall \, x \in \mathbb{R} \setminus \{0\}.$$

e) Die **Exponentialfunktion** $f(x) := e^x$, $x \in D := \mathbb{R}$, *erfüllt*

$$f'(x_0) = \lim_{h \to 0} \frac{e^{x_0+h} - e^{x_0}}{h} = e^{x_0} \lim_{h \to 0} \frac{e^h - 1}{h} = e^{x_0} \lim_{h \to 0} \frac{1}{h} \sum_{k=1}^{\infty} \frac{h^k}{k!} = e^{x_0}.$$

Somit

$$\boxed{f'(x) := (e^x)' = e^x \;\; \forall\, x \in \mathbb{R}.}$$

f) Für den **Sinus** *$f(x) := \sin x$, $x \in D := \mathbb{R}$, folgt aus den Additionstheoremen*

$$f'(x_0) = \lim_{h \to 0} \frac{\sin(x_0 + h) - \sin x_0}{h} = \lim_{h \to 0} \frac{\sin x_0 \,[\cos h - 1] + \cos x_0 \, \sin h}{h}$$

$$= \sin x_0 \lim_{h \to 0} \frac{\cos h - 1}{h} + \cos x_0 \lim_{h \to 0} \frac{\sin h}{h} = \cos x_0.$$

Demnach

$$\boxed{f'(x) := (\sin x)' = \cos x \;\; \forall\, x \in \mathbb{R}.}$$

g) Für den **Cosinus** *$f(x) := \cos x$, $x \in D := \mathbb{R}$, folgt aus den Additionstheoremen*

$$f'(x_0) = \lim_{h \to 0} \frac{\cos(x_0 + h) - \cos x_0}{h} = \lim_{h \to 0} \frac{\cos x_0 \,[\cos h - 1] - \sin x_0 \, \sin h}{h}$$

$$= \cos x_0 \lim_{h \to 0} \frac{\cos h - 1}{h} - \sin x_0 \lim_{h \to 0} \frac{\sin h}{h} = -\sin x_0.$$

Also

$$\boxed{f'(x) := (\cos x)' = -\sin x \;\; \forall\, x \in \mathbb{R}.}$$

Aufgaben

Aufgabe 6.7. Berechnen Sie mit Hilfe des Differenzenquotienten die Ableitung von

$$a)\; f(x) = x^2 + e^{-x}, \quad b)\; f(x) = x^{\frac{p}{q}}, \; p, q \in \mathbb{R}.$$

Hinweis. In Teilaufgabe b) genügt es, $x_0 = 1$ zu wählen. Begründen Sie dies!

Aufgabe 6.8. Berechnen Sie in $x_0 \in \mathbb{R}$ mit Hilfe des Differenzenquotienten die Ableitung von

$$a)\; f(x) = \frac{ax + b}{cx + d}, \; ad - bc \neq 0, \; x \neq -\frac{d}{c} \text{ falls } c \neq 0,$$

b) $g(x) = (ax + b)^{\frac{3}{2}}$, $a, b \in \mathbb{R}$,

c) $(ax - b)^n$, $a, b \in \mathbb{R}$, $n \in \mathbb{N}$.

Aufgabe 6.9. Versuchen Sie, die Differenzierbarkeit von $f(x) = \ln x$ mit Hilfe des Differenzenquotienten zu zeigen.

6.3 Ableitungsregeln

Wir erkennen an den vorangegangenen Beispielen und Aufgaben, dass die Berechnung der Ableitung einer Funktion in einem gegebenen Punkt $x_0 \in D$ unter Verwendung der Definition 6.1 bereits bei elementaren Funktionen ein recht mühsamer Prozess ist. Wir werden deshalb eine Reihe von *Differentiationsregeln* bereitstellen, mit deren Hilfe die komplizierte Grenzwertbestimmung vereinfacht wird.

Satz 6.5 (Summen-, Produkt-, Quotientenregel) *Die Funktionen* $f, g \in \mathrm{Abb}\,(\mathbb{R}, \mathbb{R})$ *seien im Punkt* $x_0 \in D_f \cap D_g \subset \mathbb{R}$ *differenzierbar. Dann sind die Funktionen* $f \pm g$, $f \cdot g$, *und im Falle* $g(x_0) \neq 0$ *auch* f/g, *im Punkt* x_0 *differenzierbar. Es gelten folgende Regeln:*

Summenregel: $\qquad (f \pm g)'(x_0) = f'(x_0) \pm g'(x_0).$

Produktregel: $\qquad (f \cdot g)'(x_0) = f'(x_0)g(x_0) + f(x_0)g'(x_0).$

Quotientenregel: $\qquad \left(\dfrac{f}{g}\right)'(x_0) = \dfrac{f'(x_0)g(x_0) - f(x_0)g'(x_0)}{g^2(x_0)}.$

Beweis. Diese Regeln werden auf die Definition der Ableitung zurückgeführt. Das Schema ist in jedem der drei Fälle identisch, weswegen wir uns auf den Nachweis der Quotientenregel beschränken. Es gilt

$$\lim_{h \to 0} \frac{1}{h}\left[\frac{f}{g}(x_0 + h) - \frac{f}{g}(x_0)\right]$$

$$= \lim_{h \to 0} \frac{1}{g(x_0)g(x_0 + h)}\left[g(x_0)\frac{f(x_0 + h) - f(x_0)}{h} - f(x_0)\frac{g(x_0 + h) - g(x_0)}{h}\right]$$

$$= \frac{1}{g^2(x_0)}\left[f'(x_0)g(x_0) - f(x_0)g'(x_0)\right].$$

Beim Grenzübergang $h \to 0$ haben wir die Stetigkeit der Funktion g im Punkt x_0 verwendet, die nach Satz 6.3 ja gegeben ist.   qed

Beispiel 6.6 *Nachfolgende Funktionen lassen sich auf die Ableitungen elementarer Funktionen zurückführen:*

a) *Da die Ableitung einer Konstanten $\lambda \in \mathbb{R}$ verschwindet, erhalten wir als Sonderfall der Produktregel folgende Regel:*

Ist die Funktion $f : D \to \mathbb{R}$ im Punkt $x_0 \in D$ differenzierbar, so gilt dies auch für λf, $\lambda \in \mathbb{R}$:

$$(\lambda f)'(x_0) = \lambda f'(x_0) \; \forall \, \lambda \in \mathbb{R}.$$

Daraus ergibt sich in Verbindung mit der Summenregel:

Jedes Polynom $P_n(x) := \sum\limits_{k=0}^{n} a_k x^k$, $a_k \in \mathbb{R}, a_n \neq 0$, ist in $\mathbb{R}$ differenzierbar:

$$(P_n)'(x) = \sum_{k=0}^{n} a_k \, k x^{k-1} = \sum_{k=1}^{n} a_k \, k x^{k-1} \; \forall \, x \in \mathbb{R}.$$

Unter Verwendung der Quotientenregel erhalten wir weiterhin:

Jede rationale Funktion $R(x) := \frac{P_n(x)}{Q_m(x)}$, $P_n, Q_m \in \mathbb{R}(x)$ sind reelle Polynome, ist auf der Menge $D_R := \{x \in \mathbb{R} : Q_m(x) \neq 0\}$ differenzierbar:

$$R'(x) = \frac{P_n'(x) Q_m(x) - P_n(x) Q_m'(x)}{Q_m^2(x)} \; \forall \, x \in D_R.$$

Dazu folgendes konkretes Zahlenbeispiel:

$$\left(\frac{x^5 - 3x^2 + 5x - 2}{(x-2)^2 (x+1)} \right)'$$

$$= \frac{(5x^4 - 6x + 5)(x-2)^2(x+1) - (x^5 - 3x^2 + 5x - 2)(x-2)3x}{(x-2)^4 (x+1)^2}$$

$$= \frac{2x^6 - 5x^5 - 10x^4 + 3x^3 - 4x^2 + 13x - 10}{(x-2)^3 (x+1)^2} \; \forall \, x \in \mathbb{R} \setminus \{-1, 2\}.$$

b) *Die Ableitung der beiden trigonometrischen Funktionen*

$$f(x) := \tan x, \; x \in D_{\tan} := \{x \in \mathbb{R} : x \neq (n + \tfrac{1}{2})\pi, \, n \in \mathbb{Z}\},$$

$$f(x) := \cot x, \; x \in D_{\cot} := \{x \in \mathbb{R} : x \neq n\pi, \, n \in \mathbb{Z}\},$$

berechnen sich unter Verwendung der Quotientenregel zu

$$(\tan x)' = \left(\frac{\sin x}{\cos x}\right)' = \frac{\cos^2 x + \sin^2 x}{\cos^2 x} = \frac{1}{\cos^2 x},$$

$$(\cot x)' = \left(\frac{\cos x}{\sin x}\right)' = \frac{-\sin^2 x - \cos^2 x}{\sin^2 x} = \frac{-1}{\sin^2 x}.$$

Wir haben insgesamt

$$\boxed{\begin{aligned} (\tan x)' &= \frac{1}{\cos^2 x} \ \forall \, x \neq (n + \tfrac{1}{2})\pi, \\ (\cot x)' &= \frac{-1}{\sin^2 x} \ \forall \, x \neq n\pi, \ n \in \mathbb{Z}. \end{aligned}}$$

c) Die Ableitung der abklingenden Exponentialfunktion

$$f(x) := e^{-x} = \frac{1}{e^x}, \ \ x \in D := \mathbb{R},$$

berechnen wir ebenfalls nach der Quotientenregel:

$$\boxed{\left(e^{-x}\right)' = \left(\frac{1}{e^x}\right)' = \frac{-e^x}{e^{2x}} = -e^{-x} \ \forall \, x \in \mathbb{R}.}$$

In Verbindung mit der Summenregel ergibt sich hieraus

$$2(\sinh x)' = (e^x - e^{-x})' = e^x + e^{-x} = 2\cosh x.$$

Analog ergibt sich mit $\cosh^2 x - \sinh^2 x = 1$ *die Zusammenfassung:*

$$\boxed{\begin{aligned} (\sinh x)' &= \cosh x, \quad\quad (\cosh x)' = \sinh x \ \forall \, x \in \mathbb{R}, \\ (\tanh x)' &= \left(\frac{\sinh x}{\cosh x}\right)' = \frac{1}{\cosh^2 x} \ \forall \, x \in \mathbb{R}, \\ (\coth x)' &= \left(\frac{\cosh x}{\sinh x}\right)' = \frac{-1}{\sinh^2 x} \ \forall \, x \in \mathbb{R} \setminus \{0\}. \end{aligned}}$$

Die *Kettenregel* ist eine der wichtigsten Differentiationsregeln:

Satz 6.7 (Kettenregel) *Für gegebene Funktionen $f, g \in \mathrm{Abb}(\mathbb{R}, \mathbb{R})$ sei die Hintereinanderausführung $g \circ f$ zumindest in einem offenen Intervall $X \subseteq D_f \subset \mathbb{R}$ erklärt. Sind die Funktionen f im Punkt $x_0 \in X$ und g im Punkt $f(x_0)$ differenzierbar, so ist auch $g \circ f$ in x_0 differenzierbar, und es gilt die Kettenregel:*

$$(g \circ f)'(x_0) = g'\left[f(x_0)\right] \cdot f'(x_0).$$

Beweis. Es sei $h \neq 0$ so bestimmt, dass $x_0 + h \in X$ gilt. Wir setzen $y_0 := f(x_0)$, ferner $y_0 + k := f(x_0 + h)$, wodurch eine Zahl $k = k(h)$ eindeutig festgelegt ist. Aus der Stetigkeit von f im Punkt x_0 schließen wir $\lim\limits_{h \to 0} k(h) = \lim\limits_{h \to 0}\left[f(x_0 + h) - f(x_0)\right] = 0$ und somit

$$\lim_{h \to 0} \frac{(g \circ f)(x_0 + h) - (g \circ f)(x_0)}{h} = \lim_{h \to 0} \frac{g(y_0 + k) - g(y_0)}{k} \cdot \frac{k}{h}$$

$$= \lim_{k \to 0} \frac{g(y_0 + k) - g(y_0)}{k} \cdot \lim_{h \to 0} \frac{f(x_0 + h) - f(x_0)}{h} = g'(y_0) \cdot f'(x_0).$$

qed

Bemerkung 6.8 *Setzen wir $h(x) := (g \circ f)(x) = g\left(f(x)\right)$, so kann die Kettenregel in der folgenden einprägsamen Form geschrieben werden:*

$$\frac{dh}{dx} = \frac{dg}{dy} \cdot \frac{dy}{dx} \; \text{ mit } \; y := f(x).$$

Bemerkung 6.9 *Bei allen Ableitungsregeln gelten natürlich* **Mehrfachverknüpfungen** *in der folgenden Form:*

$$(f \cdot g \cdot h)' = f' \cdot g \cdot h + f \cdot g' \cdot h + f \cdot g \cdot h',$$

$$(h \circ g \circ f)'(x) = \left\{h\left[g(f(x))\right]\right\}' = h'\left[g(f(x))\right] \cdot g'(f(x)) \cdot f'(x).$$

Beispiel 6.10 *Folgende Ableitungen ergeben sich durch (mehrfache) Anwendung der Kettenregel:*

a) $(a^x)' = (e^{x \ln a})' = \ln a \, e^{x \ln a} = a^x \ln a \; \forall \, x \in \mathbb{R}, \; a > 0,$

b) $(e^{\tan x})' = e^{\tan x} \dfrac{1}{\cos^2 x} \; \forall \, x \neq (n + \dfrac{1}{2})\pi, \; n \in \mathbb{Z},$

c) $(\sinh x^5)' = (\cosh x^5) \cdot 5x^4 \ \forall \, x \in \mathbb{R}$,

d) $(\cosh \cos x)' = (\sinh \cos x) \cdot (-\sin x) \ \forall \, x \in \mathbb{R}$,

e) $\left[\sin \left(\cos e^{\cot x} \right) \right]' = \cos(\cos e^{\cot x}) \cdot (-\sin e^{\cot x}) \cdot \dfrac{-e^{\cot x}}{\sin^2 x} \ \forall \, x \neq n\pi, \ n \in \mathbb{Z}$.

Die Berechnung der Ableitung von $f(x) := \ln x$ mit den bisherigen Regeln, erweist sich als schwieriges Unterfangen. Wir kennen aber deren Umkehrfunktion und führen die Differentiation darauf zurück. Allgemein gilt

---

Satz 6.11 (Ableitung der Umkehrfunktion) *Die reelle Funktion* $y = f(x)$ *sei auf einem Intervall* $X \subset \mathbb{R}$ *stetig und streng monoton, so dass die Umkehrfunktion* $f^{-1} : f(X) \to \mathbb{R}$ *existiert. Ist* f *im Punkt* $x_0 \in X$ *differenzierbar mit* $f'(x_0) \neq 0$, *so ist auch* f^{-1} *im Punkt* $y_0 := f(x_0)$ *differenzierbar, und es gilt*

$$\left(f^{-1} \right)'(y_0) = \frac{1}{f'(x_0)} = \frac{1}{f'[f^{-1}(y_0)]}.$$

Beweis. Für eine beliebige Nullfolge $0 \neq \varepsilon_n \in \mathbb{R}$ mit $y_0 + \varepsilon_n \in f(X)$ setzen wir $x_n := f^{-1}(y_0 + \varepsilon_n)$. Da die Umkehrfunktion f^{-1} stetig ist, folgern wir $\lim\limits_{n \to \infty} x_n = f^{-1}(y_0) = x_0$. Hieraus erschließen wir:

$$(f^{-1})'(y_0) = \lim_{n \to \infty} \frac{f^{-1}(y_0 + \varepsilon_n) - f^{-1}(y_0)}{\varepsilon_n} = \lim_{n \to \infty} \frac{x_n - x_0}{f(x_n) - f(x_0)}$$

$$= \lim_{n \to \infty} \left(\frac{f(x_n) - f(x_0)}{x_n - x_0} \right)^{-1} = \frac{1}{f'(x_0)}.$$

qed

Beispiel 6.12 *Wir differenzieren nun einige Standardfunktionen mit Hilfe des Satzes 6.11.*

a) *Die Ableitung des* **Logarithmus**. *Der Logarithmus* $\ln y$, $y > 0$, *ist gemäß Definition 5.69 die Umkehrfunktion von* $y = f(x) := e^x$. *Mit* $x = \ln y$ *ergibt sich*

$$(\ln y)' = \frac{1}{(e^x)'} = \frac{1}{e^x} = \frac{1}{e^{\ln y}} = \frac{1}{y} \ \forall y > 0.$$

Wir setzen nun anstelle der Variablen y *wieder die Variable* x *ein.*

In Verbindung mit der Kettenregel erhalten wir folgende Auflistung von Ableitungen:

$$(\ln x)' \quad = \frac{1}{x} \ \forall\, x > 0,$$

$$(x^p)' \quad = (e^{p\,\ln x})' = \frac{p}{x}\, e^{p\,\ln x} = p\, x^{p-1} \ \forall\, x > 0 \ \forall\, p \in \mathbb{R},$$

$$(\sqrt{x})' \quad = (x^{1/2})' = \frac{1}{2}\, x^{-1/2} = \frac{1}{2\sqrt{x}} \ \forall\, x > 0,$$

$$(^a\log x)' = \left(\frac{\ln x}{\ln a}\right)' = \frac{1}{x\,\ln a} \quad \left(= \frac{1}{x}\, ^a\log e\right) \ \forall\, x > 0 \ \forall\, 0 < a \neq 1,$$

$$(x^x)' \quad = (e^{x\,\ln x})' = (\ln x + \frac{x}{x})\, e^{x\,\ln x} = (1 + \ln x)\, x^x \ \forall\, x > 0.$$

b) *Die Ableitung der* **zyklometrischen Funktionen.** *Die Funktion*

$$\mathrm{arc}\ \sin_H : [-1, +1] \to [-\frac{\pi}{2}, +\frac{\pi}{2}]$$

ist gemäß Definition 5.75 die Umkehrfunktion von $\sin : [-\frac{\pi}{2}, +\frac{\pi}{2}] \to [-1, +1]$. *Es gilt* $(\sin x)' = \cos x \neq 0$ *nur für* $x \in (-\frac{\pi}{2}, +\frac{\pi}{2})$. *Auf diesem Intervall erhalten wir*

$$\Big(\mathrm{arc}\ \sin_H y\Big)' = \frac{1}{\cos x} = \frac{1}{+\sqrt{1 - \sin^2 x}} = \frac{1}{\sqrt{1 - y^2}} \ \forall\, y \in (-1, +1).$$

Wir setzen jetzt wieder x *an die Stelle der Variablen* y.

In ähnlicher Weise werden die Ableitungen der anderen zyklometrischen Funktionen berechnet, siehe Definition 5.84. Wir fassen zusammen:

$$\Big(\mathrm{arc}\ \sin_H x\Big)' = \frac{1}{\sqrt{1 - x^2}} \ \forall\, x \in (-1, +1),$$

$$\Big(\mathrm{arc}\ \cos_H x\Big)' = \frac{-1}{\sqrt{1 - x^2}} \ \forall\, x \in (-1, +1),$$

$$\Big(\mathrm{arc}\ \tan_H x\Big)' = \frac{1}{1 + x^2} \ \forall\, x \in \mathbb{R},$$

$$\Big(\mathrm{arc}\ \cot_H x\Big)' = \frac{-1}{1 + x^2} \ \forall\, x \in \mathbb{R}.$$

Die anderen Zweige der zyklometrischen Funktionen unterscheiden sich von den Hauptwerten jeweils um eine additive Konstante und eventuell um das Vorzeichen. Deshalb ergeben sich folgende Ableitungsformeln:

$$\left(\text{arc sin}_n x\right)' = -\left(\text{arc cos}_n x\right)' = \frac{(-1)^n}{\sqrt{1-x^2}} \ \forall \, x \in (-1,+1) \ \forall \, n \in \mathbb{Z},$$

$$\left(\text{arc tan}_n x\right)' = -\left(\text{arc cot}_n x\right)' = \frac{1}{1+x^2} \ \forall \, x \in \mathbb{R} \ \forall \, n \in \mathbb{Z}.$$

Weitere Ableitungsformeln, insbesondere für die Area–Funktionen, sind in den gängigen Formelsammlungen aufgelistet.

Beispiel 6.13 *Sei $f(x) = x + e^x$, $D = \mathbb{R}$. Da f streng monoton $\uparrow$ ist, existiert auf $\mathbb{R}$ die Umkehrfunktion. Explizit können wir diese jedoch nicht hinschreiben. Dennoch lässt sich die Ableitung der unbekannten Umkehrfunktion an einer Stelle $x_0 \in D$ berechnen. Mit $f'(x) = 1 + e^x$ erhalten wir an der Stelle $x_0 = 1$ folgende Auswertung:*

$f(0) = 1$, *d.h.* $f^{-1}(1) = 0$. *Aus* $f'(0) = 2$ *ergibt sich schließlich*

$$\left(f^{-1}\right)'(1) = \frac{1}{f'(0)} = \frac{1}{2}.$$

Eine Variante der Kettenregel ist die folgende Regel des *logarithmischen Differenzierens*:

Satz 6.14 (Logarithmisches Differenzieren) *Sei $f \in \text{Abb}\,(\mathbb{R}, \mathbb{R})$ im offenen Intervall $X \subseteq D_f \subset \mathbb{R}$ differenzierbar, und es gelte $f(x) \neq 0 \ \forall \, x \in X$. Dann ist auch die Funktion $g(x) := \ln |f(x)|$ in X differenzierbar, und es gilt $g'(x) = f'(x)/f(x) \ \forall \, x \in X$. Hieraus folgt die Regel des logarithmischen Differenzierens*

$$f'(x) = f(x) \cdot (\ln |f(x)|)' \ \ \forall \, x \in X.$$

Beweis. Es gilt entweder $f > 0$ oder $f < 0$ überall in X. In beiden Fällen resultiert jeweils unter Verwendung der Kettenregel:

(1) $f > 0 \implies g(x) = \ln f(x)$, und somit $g'(x) = f'(x)/f(x)$,

(2) $f < 0 \implies g(x) = \ln[-f(x)]$, und somit $g'(x) = -f'(x)/[-f(x)]$.

                                                                                      qed

Beispiel 6.15 *Auf dem offenen Intervall $X \subseteq \mathbb{R}$ seien die differenzierbaren Funktionen $f, g : X \to \mathbb{R}$ mit $f > 0$ gegeben. Für die Ableitung der Funktion*

$$h(x) := f(x)^{g(x)} = e^{g(x) \ln f(x)}$$

gilt gemäß Satz 6.14:

$$\frac{h'(x)}{h(x)} = \Big(\ln |h(x)| \Big)' = \Big(g(x) \ln f(x) \Big)' = g'(x) \ln f(x) + \frac{g(x) f'(x)}{f(x)}.$$

Auflösen nach $h'(x)$ ergibt

$$\boxed{\begin{aligned}\Big(f(x)^{g(x)} \Big)' &= f(x)^{g(x)} \cdot [g(x) \ln f(x)]' \\ &= f(x)^{g(x)} \cdot \Big[g'(x) \ln f(x) + \tfrac{g(x) f'(x)}{f(x)} \Big].\end{aligned}}$$

Dazu folgende konkrete Funktion:

$$\left(x^{\ln x} \right)' = x^{\ln x} \left(\ln^2 x \right)' = x^{\ln x} \, \frac{2 \ln x}{x} = 2 \ln x \cdot x^{\ln x - 1}, \quad x > 0.$$

Beispiel 6.16 „Nicht differenzierbare Funktionen".

a) *Ist die Funktion $f \in \mathrm{Abb}\,(\mathbb{R}, \mathbb{R})$ **unstetig** im Punkt $x_0 \in D$, so kann f in diesem Punkt keine Ableitung haben.*

Warnung: *Selbst im Falle, dass die Funktion f' in x_0 gleiche rechts- und linksseitige Funktionenlimites $f'(x_0+) = f'(x_0-)$ besitzt, ist eine Ableitung $f'(x_0)$ im Unstetigkeitspunkt x_0 **nicht** erklärt.*

Dieser Fall liegt z.B. bei der Funktion $f(x) := \mathrm{sign}\, x$ im Punkt $x_0 = 0$ vor. Wir haben hier $f'(x_0+) = 0 = f'(x_0-)$, und die beiden einseitigen Ableitungen $\frac{d^{\pm} f}{dx}(0)$ existieren nicht.

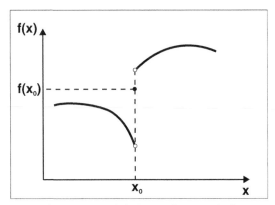

In einem Unstetigkeitspunkt x_0 existiert
$f'(x_0)$ nicht

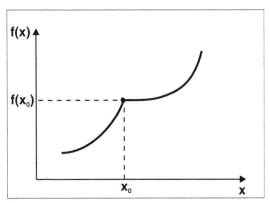

In einem Knickpunkt x_0 existiert
$f'(x_0)$ nicht

b) *Hat die Funktion $f \in \mathrm{Abb}\,(\mathbb{R}, \mathbb{R})$ im Punkt $x_0 \in D$ einen* **Knick**, *so ist f zwar stetig in x_0, aber es existieren* verschiedene rechts– und linksseitige Ableitungen $\frac{d^+ f}{dx}(x_0) \neq \frac{d^- f}{dx}(x_0)$. *Die Funktion f ist nicht differenzierbar in x_0.*

Dieser Fall liegt z.B. bei der Funktion $f(x) := |x|$ im Punkt $x_0 = 0$ vor. Wir haben hier $f'(x_0+) = \frac{d^+ f}{dx}(x_0) = +1 \neq -1 = \frac{d^- f}{dx}(x_0) = f'(x_0-)$.

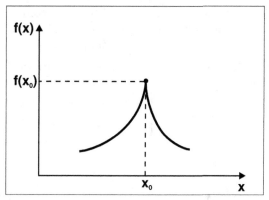

In einer Spitze x$_0$ existiert f$'$(x$_0$) nicht

c) Hat die Funktion $f \in$ Abb$(\mathbb{R}, \mathbb{R})$ im Punkt $x_0 \in D$ eine **Spitze,** *so ist f zwar stetig in x_0, es existieren aber* verschiedene uneigentliche rechts– und linksseitige Ableitungen $\pm\infty = \frac{d^+f}{dx}(x_0) \neq \frac{d^-f}{dx}(x_0) = \mp\infty$. *Die Funktion f ist nicht differenzierbar in x_0.*

Dieser Fall liegt z.B. bei der Funktion $f(x) := \sqrt{|x|}$ im Punkt $x_0 = 0$ vor. Wir haben hier

$$\frac{d^+f}{dx}(0) = \lim_{h \to 0+} \frac{\sqrt{h}}{h} = +\infty, \quad \frac{d^-f}{dx}(0) = \lim_{h \to 0-} \frac{\sqrt{|h|}}{-|h|} = -\infty.$$

d) Wir betrachten die Funktionen $f_n(x) := x^n \sin\frac{1}{x}$, $n := 0, 1, 2$.

    a. Die Funktion $f_0(x) = \sin\frac{1}{x}$ ist im Punkt $x_0 = 0$ **unstetig,** *da der Grenzwert $\lim\limits_{x \to 0} f_0(x)$ nicht existiert. Mithin ist f_0 in $x_0 = 0$* **nicht differenzierbar.**

    b. Die Funktion $f_1(x) = x \sin\frac{1}{x}$ ist im Punkt $x_0 = 0$ durch $f_1(0) := 0$ **stetig ergänzbar,** *denn es gilt $\lim\limits_{x \to 0} x \sin\frac{1}{x} = 0$. Der Differentialquotient*

$$f_1'(0) = \lim_{h \to 0} \frac{f_1(h) - f_1(0)}{h} = \lim_{h \to 0} \sin\frac{1}{h}$$

existiert jedoch nicht, so dass f_1 in $x_0 = 0$ **nicht differenzierbar** *ist.*

    c. Die Funktion $f_2(x) = x^2 \sin\frac{1}{x}$ ist im Punkt $x_0 = 0$ durch $f_2(0) := 0$ **stetig ergänzbar,** *denn es gilt wiederum $\lim\limits_{x \to 0} x^2 \sin\frac{1}{x} = 0$. Der Differentialquotient*

$$f_2'(0) = \lim_{h \to 0} \frac{f_2(h) - f_2(0)}{h} = \lim_{h \to 0} h \sin\frac{1}{h} = 0$$

existiert, so dass f_2 in $x_0 = 0$ **differenzierbar** *ist. Hingegen existieren* keine Funktionenlimites $f_2'(x_0\pm)$. *Für* $x \neq 0$ *berechnen wir* $f_2'(x) = 2x \sin \frac{1}{x} - \cos \frac{1}{x}$, *also* $f_2'(x_0\pm) = -\lim_{x \to 0\pm} \cos \frac{1}{x}$, *und diese Grenzwerte existieren nicht. Deshalb ist* f_2' **unstetig** *bei* $x_0 = 0$, *und wir haben*

$$f_2'(x) = \begin{cases} 2x \sin \frac{1}{x} - \cos \frac{1}{x} & : \ x \neq 0, \\ 0 & : \ x = 0. \end{cases}$$

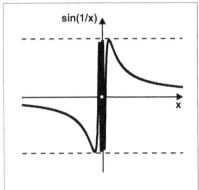
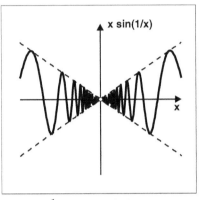

$\sin \frac{1}{x}$ ist unstetig bei $x_0 = 0$

$x \sin \frac{1}{x}$ ist stetig bei $x_0 = 0$, und nicht differenzierbar

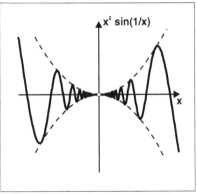

$x^2 \sin \frac{1}{x}$ ist differenzierbar bei $x_0 = 0$, und die Ableitung ist unstetig

Aufgaben

Aufgabe 6.10. Sei $f(x) = \arctan x + \arctan \dfrac{1-x}{1+x}$, $x \neq -1$. Vereinfachen und skizzieren Sie f. Bestimmen Sie f'.

Aufgabe 6.11. Bestimmen Sie den maximalen Definitionsbereich und die Ableitung der folgenden Funktionen:

a) $f(x) = \dfrac{1 - \sqrt[3]{2x}}{1 + \sqrt[3]{2x}}$,

b) $f(x) = \sin(\sin(\ln x))$,

c) $f(x) = \arctan(1 - \ln(\ln x))$,

d) $f(x) = \sqrt{1 + \tan^2 x} + \tan^4 x$,

e) $f(x) = \sqrt{x}^{\sqrt{\sin x}}$,

f) $f(x) = \arctan\left(\dfrac{2x}{1 - x^2}\right) - 2\arctan x$.

Aufgabe 6.12. Gegeben sei die Funktion

$$f(x) = \frac{e^{|x-5|}}{x - 1}.$$

Wo ist f definiert, stetig bzw. differenzierbar?

Aufgabe 6.13. Auf welchen Intervallen sind nachfolgende Funktionen f definiert, wo sind sie differenzierbar und wie lauten deren Ableitungen?

a) $f(x) = \ln|\tan x|$,

b) $f(x) = x^{-2}(2\sin x + \cos x)$,

c) $f(x) = (x + a)(x + b)x^{-n}$, $n \in \mathbb{N}$, $a, b \in \mathbb{R}$,

d) $f(x) = \arctan\left[(e^x - e^{-x})(e^x + e^{-x})\right]$.

Aufgabe 6.14. Auf welchen Intervallen sind nachfolgende Funktionen f definiert, wo sind sie differenzierbar und wie lauten deren Ableitungen?

a) $f(x) = \sqrt{x\sqrt{x\sqrt{x}}}$,

b) $f(x) = \cos(\sin(\cos x))$,

c) $f(x) = \dfrac{A}{\sqrt[3]{(x^2)}}$.

Aufgabe 6.15. Zeigen Sie, dass die Ableitung einer geraden Funktion ungerade und die Ableitung einer ungeraden Funktion gerade ist.

Aufgabe 6.16. Die Funktion $f(x) = x + e^{2x}$ ist auf ganz $\mathbb{R}$ streng monoton wachsend, also existiert die Umkehrfunktion $g := f^{-1}$. Bestimmen Sie $g(1)$ und $g'(1)$.

Aufgabe 6.17. Verwenden Sie den Satz über die Ableitung der Umkehrfunktion, und berechnen Sie damit die Ableitung von $f(x) = \ln(\sqrt{x})$, $x > 0$.

Aufgabe 6.18. Auf welchen Intervallen sind nachfolgende Funktionen f definiert, wo sind sie differenzierbar und wie lauten deren Ableitungen?

a) $f(x) = \arcsin[(x + 1)(x - 1)^{-1}]$,

b) $f(x) = \exp(x^3) - (\exp x)^3$,

c) $f(x) = \arctan x + \arctan \frac{1}{x}$.

Aufgabe 6.19. Auf welchen Intervallen sind nachfolgende Funktionen f definiert, wo sind sie differenzierbar und wie lauten deren Ableitungen?

a) $f(x) = x^n a^x$, $a > 0$,

b) $f(x) = (x \sin x + \cos x)(x \cos x - \sin x)^{-1}$,

c) $f(x) = \left[\arctan(x^2)\right]^{1/2}$.

Aufgabe 6.20. Berechnen Sie die Ableitungen folgender Funktionen f_k : $\mathbb{R} \to \mathbb{R}$, $k = 1, \ldots, 5$:

$$f_1(x) = x^{(x^x)}, \quad f_2(x) = (x^x)^x, \quad f_3(x) = x^{(x^a)},$$

$$f_4(x) = x^{(a^x)}, \quad f_5(x) = a^{(x^x)}.$$

Aufgabe 6.21. Berechnen Sie die Ableitungen nachstehender Funktionen:

a) $f(x) = \log_a(x)$,

b) $f(x) = x^{\ln x}$,

c) $\sqrt{x}^{\sqrt{\sin x}}$,

d) $\dfrac{de^x}{de} = ?$

Aufgabe 6.22. Bestimmen Sie annähernd die Volumenänderung eines Würfels mit der Kantenlänge x cm, wenn diese um 1% zunimmt.

6.4 Ableitungen komplexwertiger Funktionen

Die *analytische* Definition der Differenzierbarkeit lässt sich auch auf *komplexwertige* Funktionen $f \in \text{Abb}(\mathbb{R}, \mathbb{C})$ mit $D \subset \mathbb{R}$ übertragen. In diesem Sinne bleibt die Definition 6.1 gültig, wenn dort die Zielmenge $\mathbb{R}$ überall durch die Zielmenge $\mathbb{C}$ ersetzt wird.

Wegen der eineindeutigen Identifikation $\mathbb{C} \rightleftharpoons \mathbb{R}^2$ durch die GAUSSsche Zahlenebene ist eine komplexwertige Funktion $f : D \to \mathbb{C}$ geometrisch als Parameterdarstellung einer ebenen Kurve zu deuten. Die *Ableitung* $f'(x_0)$ im Punkt $x_0 \in D$ ist dann der *Vektor der Tangentenrichtung* an die Kurve $f(x)$ in $x = x_0$.

Wird die komplexwertige Funktion in Real– und Imaginärteil zerlegt, also

$$f(x) = u(x) + i\,v(x), \quad u, v : D \to \mathbb{R},$$

so ist Differenzierbarkeit von f in einem Punkt $x_0 \in D$ äquivalent mit der Differenzierbarkeit von u und v in x_0.

Folgerung 6.17 *Eine komplexwertige Funktion $f := u + i\,v : D \to \mathbb{C}$ mit $D \subset \mathbb{R}$ ist im Punkt $x_0 \in D$ genau dann differenzierbar, wenn beide Funktionen u und v in x_0 differenzierbar sind. Die Ableitung $f'(x_0)$ ist gegeben durch*

$$f'(x_0) = u'(x_0) + i\,v'(x_0).$$

Beispiel 6.18 *Für die Funktion*

$$f(x) := \frac{e^{ix}}{1 + \cos x} = \frac{\cos x}{1 + \cos x} + i\,\frac{\sin x}{1 + \cos x} =: u(x) + i\,v(x),$$

mit $x \in D := (-\pi, +\pi)$ haben wir

$$u'(x) = \left(\frac{\cos x}{1 + \cos x} \right)' = \frac{-\sin x}{(1 + \cos x)^2},$$

$$v'(x) = \left(\frac{\sin x}{1 + \cos x} \right)' = \frac{(1 + \cos x)\cos x + \sin^2 x}{(1 + \cos x)^2} = \frac{1}{1 + \cos x}.$$

Daraus resultiert

$$f'(x) = \frac{-\sin x}{(1 + \cos x)^2} + i \, \frac{1}{1 + \cos x} \quad \forall \, x \in D.$$

Bemerkung 6.19 *Für Ableitungsregeln im Komplexen gelten folgende Aussagen:*

1. *Summen–, Produkt– und Quotientenregel bleiben auch für komplexwertige Funktionen $f, g \in \mathrm{Abb}\,(\mathbb{R}, \mathbb{C})$ richtig, d.h., sie gelten auch hier auf der Menge $D_f \cap D_g$ in unveränderter Form.*

2. *Die Kettenregel kann für Funktionen $f \in \mathrm{Abb}\,(\mathbb{R}, \mathbb{R})$ und $g \in \mathrm{Abb}\,(\mathbb{R}, \mathbb{C})$ formuliert werden, sofern das Kompositum $g \circ f$ auf einer Teilmenge $X \subseteq D_f$ erklärt ist.*

3. *Die Ableitung der Umkehrfunktion kann **nicht** ins Komplexe übertragen werden, da der Monotoniebegriff nur für reellwertige Funktionen erklärt wurde.*

In Erweiterung der bisherigen Ableitungsregeln gilt bei komplexen Funktionen:

Satz 6.20 *Es sei $f \in \mathrm{Abb}\,(\mathbb{R}, \mathbb{C})$ differenzierbar für alle $x \in D \subset \mathbb{R}$. Dann gilt*

$$\overline{\left(f'(x) \right)} = \left(\bar{f} \right)'(x) \quad \forall \, x \in D.$$

Beweis. Aus der Zerlegung $f(x) = u(x) + i \, v(x)$ folgt unmittelbar die behauptete Relation

$$\overline{\left(f'(x) \right)} = \overline{\left(u'(x) + i \, v'(x) \right)} = u'(x) - i \, v'(x) = (u - i \, v)'(x) = \left(\bar{f} \right)'(x).$$

qed

Satz 6.21 *Es gilt*

$$\left(e^{\lambda x}\right)' = \lambda e^{\lambda x} \ \forall \, x \in \mathbb{R} \ \forall \, \lambda \in \mathbb{C}.$$

Beweis. Die Definition der Ableitung liefert

$$\left(e^{\lambda x}\right)' = \lim_{h \to 0} \frac{e^{\lambda\,(x+h)} - e^{\lambda x}}{h} = \lambda e^{\lambda x} \lim_{h \to 0} \left(1 + \sum_{k=2}^{\infty} \frac{h^{k-1}\lambda^{k-1}}{k!}\right).$$

Sei $|h| < 1$, dann gilt

$$\left|\sum_{k=2}^{\infty} \frac{h^{k-1}\lambda^{k-1}}{k!}\right| \leq |h| \sum_{k=2}^{\infty} \frac{|\lambda|^{k-1}}{k!} \to 0, \ h \to 0$$

und daraus folgt die behauptete Ableitungsregel.   qed

Beispiel 6.22 *Wir verwenden bei den nachfolgenden Beispielen Satz 6.21:*

a) *Wir betrachten die komplexwertige Funktion* $f(x) := e^{(1+i)x}$, $x \in D := \mathbb{R}$. *Es gilt* $f'(x) = (1+i)\,f(x)\ \forall\ x \in \mathbb{R}$, *und wegen* $1+i = \sqrt{2}\,e^{i\pi/4}$ *kann dafür auch* $f'(x) = \sqrt{2}\,e^{i\pi/4}\,f(x)$ *geschrieben werden. Zwischen dem Ortsvektor* $f(x)$ *und dem Tangentenvektor* $f'(x)$ *besteht somit der Zusammenhang*

$$|f'(x)| = \sqrt{2}\,|f(x)|, \quad \gamma := \sphericalangle\,(f', f) = \frac{\pi}{4} = const.$$

Die Funktion f *beschreibt in* $\mathbb{C}$ *eine* **logarithmische Spirale**.

b) *Wir betrachten aus Beispiel 6.18 die Funktion* $f(x) := (1 + \cos x)^{-1} e^{ix} = (2\cos^2 \frac{x}{2})^{-1} e^{ix}$, $x \in (-\pi, +\pi)$. *Wir berechnen nochmals* $f'(x)$:

$$f'(x) = \frac{i\cos^2 \frac{x}{2} + \sin \frac{x}{2}\cos \frac{x}{2}}{2\cos^4 \frac{x}{2}}\,e^{ix} = \left(i + \tan \frac{x}{2}\right) f(x) = \frac{ie^{-ix/2}}{\cos \frac{x}{2}}\,f(x)$$

$$= \frac{e^{i(\pi-x)/2}}{\cos \frac{x}{2}}\,f(x).$$

Zwischen dem Ortsvektor $f(x)$ *und dem Tangentenvektor* $f'(x)$ *besteht hier der Zusammenhang*

$$|f'(x)| = \frac{|f(x)|}{\cos \frac{x}{2}}, \quad \gamma := \sphericalangle\,(f', f) = \frac{\pi - x}{2}.$$

Die Funktion f beschreibt in $\mathbb{C}$ eine **Parabel** *mit Scheitel im Punkt $(u, v) := (\frac{1}{2}, 0)$. Um das einzusehen, verwenden wir die Polarkoordinaten $u = r(x) \cos x$, $v = r(x) \sin x$. Es ist klar, aus der Zerlegung $f(x) = u(x) + i\, v(x)$ erschließen wir $r(x) = (1 + \cos x)^{-1} = (1 + \frac{u}{r})^{-1}$ und somit $r(x) = 1 - u$. Demgemäß gilt $u^2 + v^2 = r^2 = (1-u)^2$, und durch Auflösen nach v erhalten wir die Normalform der Parabelgleichung*

$$v = \pm\sqrt{1 - 2u}, \ \ u \leq \frac{1}{2}.$$

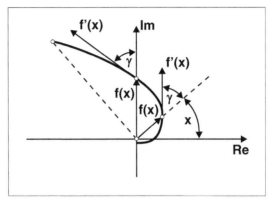

Logarithmische Spirale $f(x) := e^{(1+i)x}$

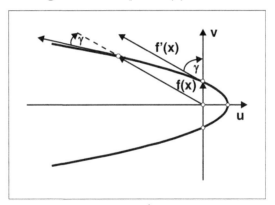

Parabel $f(x) := e^{ix}/(1 + \cos x)$

Aufgaben

Aufgabe 6.23. Differenzieren Sie die Funktion $f(x) = x^{\alpha + i\beta}$.

Aufgabe 6.24. Bilden Sie die Ableitung von $f(x) = \dfrac{x^{\alpha + i\beta}}{e^{(\alpha + i\beta)x}}$.

6.5 Höhere Ableitungen

Die höheren Ableitungen der *skalaren* Funktion $f \in \mathrm{Abb}\,(\mathbb{R}, \mathbb{K})$ (mit $\mathbb{K} := \mathbb{R}$ oder $\mathbb{K} := \mathbb{C}$) werden wie folgt rekursiv definiert:

Definition 6.23 *Es sei* $f : D \rightarrow \mathbb{K}$ *gegeben. Dann gelte* $f''(x) := \left(f'\right)'(x)$, $f'''(x) := \left(f''\right)'(x), \ldots$, *also allgemein formuliert*

$$f^{(n+1)}(x) := \left(f^{(n)}\right)'(x),$$

sofern diese Ausdrücke existieren. Wir nennen $f^{(n)}(x)$, $n \in \mathbb{N}_0$, *die n–te* **Ableitung** *der Funktion* f *im Punkt* $x \in D$, *wobei insbesondere* $f^{(0)}(x) := f(x)$ *gesetzt wird. Eine gleichwertige Schreibweise ist*

$$f^{(n)}(x) \equiv \frac{d^n f}{dx^n}(x).$$

Beispiel 6.24 *Folgende Ableitungen ergeben sich durch wiederholte Anwendung der bekannten Ableitungsregeln.*

a) *Für die Potenzfunktion* $f(x) = x^m$ *gilt:*

$$\left(x^m\right)^{(n)} = \begin{cases} \dfrac{m!\,x^{m-n}}{(m-n)!} & : n \leq m, \\[2mm] 0 & : n > m, \end{cases} \quad \forall\, x \in \mathbb{R}\ \forall\, m, n \in \mathbb{N}_0.$$

b) *Für die trigonometrischen Funktionen gilt:*

$$\left(e^{\lambda x}\right)^{(n)} = \lambda^n\, e^{\lambda x}, \ \forall\, x \in \mathbb{R},\ \lambda \in \mathbb{C},\ n \in \mathbb{N}_0,$$

$$(\sin x)^{(2n)} = (-1)^n \sin x, \ \forall\, x \in \mathbb{R},\ n \in \mathbb{N}_0,$$

$$(\cos x)^{(2n)} = (-1)^n \cos x \ \forall\, x \in \mathbb{R},\ n \in \mathbb{N}_0,$$

$$(\sin x)^{(2n+1)} = (-1)^n \cos x, \ \forall\, x \in \mathbb{R},\ n \in \mathbb{N}_0$$

$$(\cos x)^{(2n+1)} = (-1)^{n+1} \sin x \ \forall\, x \in \mathbb{R},\ n \in \mathbb{N}_0.$$

c) *Für Polynome* $P_n(x) := \sum_{k=0}^{n} a_k x^k$, $a_k \in \mathbb{K}, a_n \neq 0$, *folgt hieraus insbe-*
  sondere

$$P_n^{(n)}(x) = n! \, a_n, \quad P_n^{(n+1)}(x) = 0 \ \forall \, x \in \mathbb{R}.$$

Bezeichnung 6.25 *Ist $I \subset \mathbb{R}$ ein Intervall oder eine (nicht notwendig endli-*
che) Vereinigung von Intervallen. Für stetige bzw. (mehrfach) stetig differen-
zierbare Funktionen $f \in \text{Abb}(I, \mathbb{K})$ werden üblicherweise folgende Bezeich-
nungen verwendet:

1. *Die Menge aller auf I **stetigen** Funktionen $f \in \text{Abb}(I, \mathbb{K})$ werden zu-*
   sammengefasst mit dem Symbol

$$C^0(I) := C(I) := \{f : I \to \mathbb{K} : f(x) \text{ ist stetig } \forall \, x \in I\}.$$

2. *Ist $f \in C(I)$ auf der Menge I differenzierbar, und ist $f' : I \to \mathbb{K}$ wiederum*
   *stetig, so heißt f **stetig differenzierbar auf I**. Wir schreiben*

$$C^1(I) := \{f : I \to \mathbb{K} : f \text{ ist stetig differenzierbar auf } I\}.$$

3. *Allgemein setzen wir für $k \in \mathbb{N}$*

$$C^k(I) := \{f : I \to \mathbb{K} : f \text{ ist } k\text{--mal stetig differenzierbar auf } I\}.$$

Ebenso unmissverständlich ist die Schreibweise

$$(D^k f)(x) := f^{(k)}(x) = \frac{d^k f}{dx^k}(x), \ \ f \in C^k(I).$$

Wir formulieren im folgenden Satz eine Verallgemeinerung der Produktregel
auf n--te Ableitungen:

Satz 6.26 (Differentiationsregel nach LEIBNIZ) *Für die Funktio-*
nen $f, g \in C^n(I)$ existieren auf I die stetigen Ableitungen $D^k(fg)$, $0 \leq$
$k \leq n$, und es gilt

$$[D^k(fg)](x) = \sum_{j=0}^{k} \binom{k}{j}(D^j f)(x) \cdot (D^{k-j} g)(x) \ \forall \, x \in I; \quad D^0 := Id.$$

Die Aussage wird – ähnlich wie der binomische Lehrsatz – durch vollständige Induktion nach k bewiesen.

Beispiel 6.27 *Mit Hilfe der* LEIBNIZ*-Regel ergibt sich:*

$$D^4(\cos x \cosh x) = \cos x \cosh x + 4(-\sin x)\sinh x + 6(-\cos x)\cosh x$$

$$+4\sin x \sinh x + \cos x \cosh x$$

$$= -4\cos x \cosh x,$$

sowie

$$D^n(x^m\, e^{\lambda x}) = e^{\lambda x} \cdot \sum_{j=0}^{\min\{m,n\}} \binom{n}{j}\frac{m!}{(m-j)!}\, x^{m-j}\lambda^{n-j}, \quad \lambda \in \mathbb{C}, \ n,m \in \mathbb{N}.$$

Aufgaben

Aufgabe 6.25. Beweisen Sie jetzt Satz 6.26.

Aufgabe 6.26. Die Funktion $f(x) = x + e^{2x}$ ist auf ganz $\mathbb{R}$ streng monoton wachsend, also existiert die Umkehrfunktion $g := f^{-1}$. Bestimmen Sie $g''(1)$.

Aufgabe 6.27. Wir lautet die n-te Ableitung folgender Funktionen?

$$a)\ f(x) = \sqrt{1+x}, \quad b)\ f(x) = \ln(1+x).$$

Aufgabe 6.28. Berechnen Sie die n-te Ableitung der Funktionen:

$$a)\ f(x) = \frac{1+x}{1-x}, \quad b)\ f(x) = x^3 \ln x.$$

6.6 Ableitungen von vektorwertigen Funktionen

Der für skalarwertige Funktionen $f \in \text{Abb}\,(\mathbb{R},\mathbb{K})$, $D_f \subset \mathbb{R}$, erklärte Ableitungsbegriff lässt sich auf vektorwertige Funktionen $\mathbf{f} \in \text{Abb}\,(\mathbb{R},\mathbb{K}^n)$, $D_{\mathbf{f}} \subset \mathbb{R}$, übertragen.

Definition 6.28 *Unter einer vektorwertigen Funktion verstehen wir eine Abbildung* $\mathbf{f} : D_{\mathbf{f}} \to \mathbb{K}^n$ *gegeben durch*

$$\mathbf{f}(t) := \begin{pmatrix} f_1(t) \\ f_2(t) \\ \vdots \\ f_n(t) \end{pmatrix}, \quad f_k : D_{\mathbf{f}} \to \mathbb{K}, \; 1 \le k \le n,$$

mit den skalaren Komponentenfunktionen f_k, $1 \le k \le n$, *und der unabhängigen Variablen* $t \in D_{\mathbf{f}}$.

In Analogie zu Definition 4.64 definieren wir für vektorwertige Funktionen eine Norm wie folgt:

Definition 6.29 *Die* **EUKLIDische Norm** $\| \cdot \| : \mathbb{K}^n \to \mathbb{R}$ *einer reellen* **vektorwertigen** *Funktion ist erklärt durch*

$$\|\mathbf{f}\| := \sqrt{\sum_{k=1}^{n} |f_k|^2}\,.$$

Statt **Norm** *sagen wir auch* **Betrag** *oder* **Länge**.

Entsprechend erklären wir matrixwertige Funktionen wie folgt:

Definition 6.30 *Unter einer matrixwertigen Funktion verstehen wir eine Abbildung* $A : D_A \to \mathbb{K}^{(m,n)}$ *gegeben durch*

$$A(t) := \begin{pmatrix} a_{11}(t) & \cdots & a_{1n}(t) \\ \vdots & \ddots & \vdots \\ a_{m1}(t) & \cdots & a_{mn}(t) \end{pmatrix}, \quad a_{jk} : D_A \to \mathbb{K}, \; 1 \le j \le m, \; 1 \le k \le n,$$

mit den skalaren Komponentenfunktionen $a_{jk} : D_A \to \mathbb{K}$, $1 \le j \le m$, $1 \le k \le n$, *und der unabhängigen Variablen* $t \in D_A$.

Als Norm wählen wir die sog. FROBENIUS–Norm:

Definition 6.31 *Die Abbildung* $\| \cdot \| : \mathbb{K}^{(m,n)} \to \mathbb{R}$ *gegeben durch*

$$\|A\| := \sqrt{\sum_{j,k=1}^{n} |a_{jk}|^2}$$

ist eine Norm für matrixwertige Funktionen und heißt FROBENIUS– **Norm**.

Bemerkung 6.32 *Die für vektor– und matrixwertige Funktionen eingeführ-ten Normen erfüllen die Eigenschaften aus Satz 4.68. Weitere gängige Nor-men für Matrizen sind die Spaltensummen–, Zeilensummen– oder Spektral-norm. Dazu verweisen wir an dieser Stelle auf die gängige Literatur.*

Bemerkung 6.33 *Vektor– und matrixwertige Funktionen sind genau dann stetig in ihren Definitionsbereichen, wenn dies für ihre skalaren Komponen-tenfunktionen gilt.*

Definition 6.34 *Im* EUKLID*ischen Vektorraum* $\mathbb{R}^n$ *heißt eine Punkt-menge*

$$\Gamma := \left\{ \mathbf{f}(t) \in \mathbb{R}^n : \mathbf{f}(t) = \Big(f_1(t), f_2(t), \ldots, f_n(t)\Big)^T, \ t \in D_{\mathbf{f}} \right\}$$

eine (räumliche) **Kurve**, *wenn* $\mathbf{f}$ *stetig ist. Wir sprechen auch von einer* **Parameterdarstellung** *von* Γ.

Die Differenzierbarkeit vektorwertiger Funktionen ergibt sich aus der Diffe-renzierbarkeit der Komponentenfunktionen wie folgt:

Definition 6.35 *Eine vektorwertige Funktion* $\mathbf{f} : D_{\mathbf{f}} \to \mathbb{K}^n$ *ist genau dann in einem Punkt* $t_0 \in D_{\mathbf{f}} \subset \mathbb{R}$ *differenzierbar, wenn jede ihrer Kom-ponentenfunktionen* f_k, $1 \le k \le n$, *in* t_0 *differenzierbar ist.*

Mit Hilfe der Norm gilt dazu alternativ:

Definition 6.36 *Eine Funktion* $\mathbf{f} \in \text{Abb}\,(\mathbb{R}, \mathbb{K}^n)$ *heißt im Punkt* $t_0 \in D_{\mathbf{f}} \subset \mathbb{R}$ **differenzierbar**, *wenn es ein Element* $\mathbf{f}'(t_0) \in \mathbb{K}^n$ *gibt mit*

$$\lim_{n \to \infty} \left\| \frac{\mathbf{f}(t_0 + \varepsilon_n) - \mathbf{f}(t_0)}{\varepsilon_n} - \mathbf{f}'(t_0) \right\| = 0 \ \forall \ \textit{Nullfolgen } (\varepsilon_n)_{n \geq 0} \subset \mathbb{R}$$

mit $t_0 + \varepsilon_n \in D_{\mathbf{f}}$.

Bemerkung 6.37 *Entsprechende Differenzierbarkeitsaussagen gelten für matrixwertige Funktionen* $A : D_A \to \mathbb{K}^{(m,n)}$.

In beiden Fällen schreiben wir

$$\frac{d}{dt}\mathbf{f}(t) = \mathbf{f}'(t) := \begin{pmatrix} f_1'(t) \\ f_2'(t) \\ \vdots \\ f_n'(t) \end{pmatrix}, \quad \frac{d}{dt}A(t) = A'(t) := \begin{pmatrix} a_{11}'(t) & \cdots & a_{1n}'(t) \\ \vdots & \ddots & \vdots \\ a_{m1}'(t) & \cdots & a_{mn}'(t) \end{pmatrix}.$$

Für vektor– und matrixwertige Funktionen gelten verschiedene Formen der Produktregel, die sich jeweils aus der komponentenweisen Anwendung des Satzes 6.5 ergeben. Dabei setzen wir stets die Existenz aller auftretenden Ableitungen voraus.

Ableitungsregeln
(a) $\dfrac{d}{dt}\left(A(t)\mathbf{f}(t)\right) = A'(t)\mathbf{f}(t) + A(t)\mathbf{f}'(t)$ für $A : D_A \to \mathbb{K}^{(m,n)}$ und $\mathbf{f} : D_{\mathbf{f}} \to \mathbb{K}^n$
(b) $\dfrac{d}{dt}\left(g(t)\mathbf{f}(t)\right) = g'(t)\mathbf{f}(t) + g(t)\mathbf{f}'(t)$ für $g : D_g \to \mathbb{K}$ und $\mathbf{f} : D_{\mathbf{f}} \to \mathbb{K}^n$
(c) $\dfrac{d}{dt}\langle \mathbf{g}(t), \mathbf{f}(t)\rangle = \langle \mathbf{g}'(t), \mathbf{f}(t)\rangle + \langle \mathbf{g}(t), \mathbf{f}'(t)\rangle$ für $\mathbf{g} : D_{\mathbf{g}} \to \mathbb{K}^n$ und $\mathbf{f} : D_{\mathbf{f}} \to \mathbb{K}^n$
(d) $\dfrac{d}{dt}\langle \mathbf{f}(t), \mathbf{f}(t)\rangle = \dfrac{d}{dt}\|\mathbf{f}(t)\|^2 = 2\,\mathrm{Re}\,\langle \mathbf{f}(t), \mathbf{f}'(t)\rangle$ für $\mathbf{f} : D_{\mathbf{f}} \to \mathbb{K}^n$
(e) $\dfrac{d}{dt}\left(A(t)B(t)\right) = A'(t)B(t) + A(t)B'(t)$ für $A : D_A \to \mathbb{K}^{(m,n)}$ und $B : D_B \to \mathbb{K}^{(n,l)}$
(f) $\dfrac{d}{dt}\left[\mathbf{g}(t) \times \mathbf{f}(t)\right] = \mathbf{g}'(t) \times \mathbf{f}(t) + \mathbf{g}(t) \times \mathbf{f}'(t)$ für $\mathbf{g} : D_{\mathbf{g}} \to \mathbb{R}^3$ und $\mathbf{f} : D_{\mathbf{f}} \to \mathbb{R}^3$

$$(6.8)$$

Wir haben bereits festgelegt, was wir unter einer Kurve verstehen. Allgemeiner formulieren wir nun:

Definition 6.38 *Im* EUKLID*ischen Vektorraum* $\mathbb{R}^n$ *heißt eine Punktmenge*

$$\Gamma := \left\{ \mathbf{f}(t) \in \mathbb{R}^n \ : \ \mathbf{f}(t) = \Big(f_1(t), f_2(t), \ldots, f_n(t)\Big)^T, \ t \in I \right\}$$

eine **differenzierbare Kurve**, *wenn die Komponentenfunktionen*

$$f_1(t), f_2(t), \ldots, f_n(t), \ t \in I,$$

auf dem Intervall $I \subset \mathbb{R}$ *differenzierbar sind. Für jedes* $t \in I$ *heißt der Vektor*

$$\mathbf{f}'(t) := \Big(f_1'(t), f_2'(t), \ldots, f_n'(t)\Big)^T$$

der **Tangentenvektor** an Γ im **Punkt** $\mathbf{f}(t)$. Ist $\mathbf{f}'(t_0) \neq \mathbf{0}$ in einem Punkt $t_0 \in I$, so heißt die Gerade

$$T := \{\mathbf{x} \in \mathbb{R}^n \,:\, \mathbf{x} = \mathbf{f}(t_0) + \lambda\,\mathbf{f}'(t_0), \ \lambda \in \mathbb{R}\}$$

die **Tangente** an Γ im **Punkt** $\mathbf{f}(t_0)$. Ein Vektor $\mathbf{w} \in \mathbb{R}^n$ steht **im Punkt** $\mathbf{f}(t_0)$ **senkrecht auf** Γ, wenn

$$\langle \mathbf{w}, \mathbf{f}'(t_0) \rangle = 0.$$

Beispiel 6.39 *Es sei im $\mathbb{R}^3$ die Parameterdarstellung*

$$\mathbf{f}(t) := (r\cos t, r\sin t, \frac{ht}{2\pi})^T, \ t \in I := [0, 2\pi]$$

einer räumlichen Kurve Γ mit festgewählten $h, r > 0$ gegeben. Γ ist eine **Schraubenlinie** *vom Radius r und der Ganghöhe h. Der Tangentenvektor im Punkt $t \in I$ ist durch*

$$\mathbf{f}'(t) := \Big(-r\sin t, r\cos t, \frac{h}{2\pi} \Big)^T$$

bestimmt, und es gilt demnach $\|\mathbf{f}'(t)\| = \sqrt{r^2 + \left(\frac{h}{2\pi}\right)^2} > 0$. Die Tangente an Γ im Punkt $\mathbf{f}(t_0)$ ist gegeben durch

$$T: \qquad \mathbf{x} = \begin{pmatrix} r\cos t_0 \\ r\sin t_0 \\ \frac{ht_0}{2\pi} \end{pmatrix} + \lambda \begin{pmatrix} -r\sin t_0 \\ r\cos t_0 \\ \frac{h}{2\pi} \end{pmatrix}, \quad \lambda \in \mathbb{R}.$$

Ein Vektor $\mathbf{w} = (w_1, w_2, w_3)^T \in \mathbb{R}^3$ steht im Punkt $\mathbf{f}(t_0)$ senkrecht auf Γ, falls

$$\langle \mathbf{w}, \mathbf{f}'(t_0) \rangle = r(-w_1 \sin t_0 + w_2 \cos t_0) + \frac{hw_3}{2\pi} = 0$$

gilt. Der Vektor $\mathbf{w} := \lambda\,(\sin t_0, -\cos t_0, \frac{2\pi r}{h})^T$, $\lambda \in \mathbb{R}$, erfüllt beispielsweise diese Bedingung.

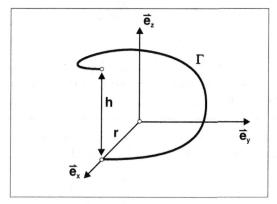

Schraubenlinie der Ganghöhe h

Bemerkung 6.40 Wird die Variable t als *physikalischer Zeitparameter* gedeutet, so beschreibt die Funktion **f** die **Bewegung** eines Körpers auf einer
Bahn Γ. In diesem Zusammenhang wählen wir die Bezeichnung

$$\boxed{\frac{d}{dt} =: "\cdot".}$$

Beschränken wir uns auf den Raum $\mathbb{R}^3$ als realen physikalischen Raum, so
heißen

$$\mathbf{v}(t) := \dot{\mathbf{f}}(t) = \left(\dot{f}_1(t), \dot{f}_2(t), \dot{f}_3(t) \right)^T \quad \textbf{Geschwindigkeitsvektor,}$$

$$\mathbf{b}(t) := \ddot{\mathbf{f}}(t) = \left(\ddot{f}_1(t), \ddot{f}_2(t), \ddot{f}_3(t) \right)^T \quad \textbf{Beschleunigungsvektor}$$

des Körpers zum Zeitpunkt t im Bahnpunkt $\mathbf{f}(t)$.

Beispiel 6.41 *Ein Körper auf der Bahnkurve*

$$\mathbf{f}(t) := \left(t - \cos t, 3 + \sin t, t + \cos 2t \right)^T, \ t \geq 0,$$

hat zum Zeitpunkt t den folgenden Geschwindigkeitsvektor $\mathbf{v}(t) = \dot{\mathbf{f}}(t)$ *und
den Beschleunigungsvektor* $\mathbf{b}(t) = \ddot{\mathbf{f}}(t)$:

$$\mathbf{v}(t) = \begin{pmatrix} 1 + \sin t \\ \cos t \\ 1 - 2\sin 2t \end{pmatrix}, \quad \mathbf{b}(t) = \begin{pmatrix} \cos t \\ -\sin t \\ -4\cos 2t \end{pmatrix}.$$

*Die (*EUKLID*ische) Länge $v(t) := \|\mathbf{v}(t)\|$ des Geschwindigkeitsvektors gibt die*
Absolutgeschwindigkeit *im Zeitpunkt t an. Wir haben hier*

$$v(t) = \sqrt{5 + 2\sin t - 4\sin 2t - 2\cos 4t}.$$

Der Geschwindigkeitsvektor $\mathbf{v}(t)$ fällt ganz offensichtlich mit dem Tangentenvektor $\dot{\mathbf{f}}(t)$ zusammen. Wir wollen feststellen, welche Richtung der Beschleunigungsvektor $\mathbf{b}(t)$ hat.

Definition 6.42 *Es sei* $\mathbf{f} \in C^2(I)$ *die Parameterdarstellung einer räumlichen Bahnkurve* Γ. *In jedem Punkt* $t \in I$ *mit* $\dot{\mathbf{f}}(t) \neq \mathbf{0}$ *ist der Vektor*

$$\mathbf{T}(t) := \frac{\dot{\mathbf{f}}(t)}{\|\dot{\mathbf{f}}(t)\|}$$

erklärt. Dieser heißt der **Tangenteneinheitsvektor** *an* Γ *im Punkt* $\mathbf{f}(t)$. *In jedem Punkt* $t \in I$ *mit* $\dot{\mathbf{f}}(t) \neq \mathbf{0} \neq \dot{\mathbf{T}}(t)$ *ist der Vektor*

$$\mathbf{N}(t) := \frac{\dot{\mathbf{T}}(t)}{\|\dot{\mathbf{T}}(t)\|}$$

erklärt. Dieser heiße der **Normalenvektor** *an* Γ *im Punkt* $\mathbf{f}(t)$.

Wir fassen einige Eigenschaften der o.g. Vektoren zusammen:

Satz 6.43 *Es sei* $\mathbf{f} \in C^2(I)$ *die Parameterdarstellung einer räumlichen Bahnkurve* Γ. *Dann gelten in jedem Punkt* $t \in I$ *mit* $\dot{\mathbf{f}}(t) \neq \mathbf{0} \neq \dot{\mathbf{T}}(t)$ *die Eigenschaften*

$$\|\mathbf{T}(t)\| = \|\mathbf{N}(t)\| = 1, \quad \langle \mathbf{T}(t), \mathbf{N}(t) \rangle = 0, \quad also \quad \mathbf{N}(t) \perp \mathbf{T}(t).$$

Beweis. Wir brauchen nur die Orthogonalität $\mathbf{N}(t) \perp \mathbf{T}(t)$ zu zeigen. Diese folgt aber aus der Produktregel (6.8.d):

$$0 = \frac{d}{dt} \underbrace{\|\mathbf{T}(t)\|^2}_{=1} = 2\langle \mathbf{T}(t), \dot{\mathbf{T}}(t) \rangle = 2\langle \mathbf{T}(t), \mathbf{N}(t) \rangle \|\dot{\mathbf{T}}(t)\|.$$

Da $\dot{\mathbf{T}}(t) \neq \mathbf{0}$, folgt nach Division $\langle \mathbf{T}(t), \mathbf{N}(t) \rangle = 0$.   qed

In jedem Punkt $t \in I$ mit $\dot{\mathbf{f}}(t) \neq \mathbf{0} \neq \dot{\mathbf{T}}(t)$ bilden die Vektoren $\mathbf{T}(t), \mathbf{N}(t)$ eine **ON–Basis** für den zweidimensionalen Unterraum $U(t) := \text{span}\{\mathbf{T}(t), \mathbf{N}(t)\}$.

Die Ebene $E(t) := \mathbf{f}(t) + U(t)$ enthält sowohl den Tangential– als auch den Normalenvektor der Bahnkurve Γ. Die Ebene $E(t)$ passt sich also im Punkt $\mathbf{f}(t)$ dem Verlauf der Bahnkurve Γ *bestmöglich* an:

Definition 6.44 *In einem Punkt $t \in I$ mit $\dot{\mathbf{f}}(t) \neq \mathbf{0} \neq \dot{\mathbf{T}}(t)$ heißt die Ebene*

$$E(t) := \{\mathbf{x} \in \mathbb{R}^3 \,:\, \mathbf{x} = \mathbf{f}(t) + \lambda\,\mathbf{T}(t) + \mu\,\mathbf{N}(t),\ \lambda, \mu \in \mathbb{R}\}$$

die **Schmiegebene** *im Punkt $\mathbf{f}(t)$ an die Bahnkurve Γ.*

Wir zeigen jetzt, dass der Beschleunigungsvektor $\mathbf{b}(t)$ in der Schmiegebene der Bahnkurve Γ liegt.

Satz 6.45 *Es existieren $\lambda = \lambda(t) \in \mathbb{R}$ und $\mu = \mu(t) \in \mathbb{R}$, so dass*

$$\mathbf{b}(t) = \lambda\,\mathbf{T}(t) + \mu\,\mathbf{N}(t).$$

Dabei heißt $\lambda\,\mathbf{T}(t)$ die Tangential– und $\mu\,\mathbf{N}(t)$ die Normalkomponente der Beschleunigung. Desweiteren gilt

$$\|\mathbf{b}(t)\|^2 = \lambda^2 + \mu^2.$$

Beweis. Wir haben $\mathbf{v}(t) = \dot{\mathbf{f}}(t) = \|\mathbf{v}(t)\|\,\mathbf{T}(t)$, und hieraus folgt durch Differentiation unter Verwendung der Produktregel (6.8.b):

$$\mathbf{b}(t) = \ddot{\mathbf{f}}(t) = \frac{d}{dt}\,\mathbf{v}(t) = \frac{d}{dt}\left(\|\mathbf{v}(t)\|\,\mathbf{T}(t)\right) = \left(\frac{d}{dt}\,\|\mathbf{v}(t)\|\right)\mathbf{T}(t) + \|\mathbf{v}(t)\|\,\dot{\mathbf{T}}(t)$$

$$= \underbrace{\frac{d}{dt}\,\|\mathbf{v}(t)\|}_{=:\lambda}\,\mathbf{T}(t) + \underbrace{\|\mathbf{v}(t)\|\,\|\dot{\mathbf{T}}(t)\|}_{=:\mu}\,\mathbf{N}(t).$$

Da $\mathbf{T}(t) \perp \mathbf{N}(t)$, folgt unmittelbar die zweite Aussage. qed

Beispiel 6.46 *Die Bahnkurve eines Körpers sei durch folgende vektorwertige Funktion gegeben:*

$$\mathbf{f}(t) := (t, \frac{1}{2}\,t^2, \frac{1}{3}\,t^3)^T,\ t \geq 0.$$

Wir berechnen in jedem Bahnpunkt die Tangential– und die Normalkomponente der Beschleunigung:

Der Geschwindigkeitsvektor $\mathbf{v}(t) = \dot{\mathbf{f}}(t) = (1, t, t^2)^T$ und der Beschleunigungsvektor $\mathbf{b}(t) = \ddot{\mathbf{f}}(t) = (0, 1, 2t)^T$ verschwinden zu keinem Zeitpunkt $t \geq 0$.

Die Absolutgeschwindigkeit $v(t) = \|\mathbf{v}(t)\| = \sqrt{1 + t^2 + t^4}$ *und* $\|\mathbf{b}(t)\| = \sqrt{1 + 4t^2}$.

Daraus erhalten wir

$$\lambda = \frac{d}{dt} v(t) = (t + 2t^3)/\sqrt{1 + t^2 + t^4},$$

$$\mu = \sqrt{\|\mathbf{b}(t)\|^2 - \lambda^2} = \sqrt{1 + 4t^2 + t^4}/\sqrt{1 + t^2 + t^4}.$$

Somit folgt

$$\mathbf{T}(t) = \frac{\mathbf{v}(t)}{v(t)} = \frac{1}{\sqrt{1 + t^2 + t^4}} \begin{pmatrix} 1 \\ t \\ t^2 \end{pmatrix}, \quad \mathbf{b}_{tang}(t) = \lambda \mathbf{T}(t) = \frac{t(1 + 2t^2)}{1 + t^2 + t^4} \begin{pmatrix} 1 \\ t \\ t^2 \end{pmatrix}.$$

Schließlich erhalten wir noch die Normalkomponente der Beschleunigung und den Normalenvektor

$$\mathbf{b}_{norm}(t) = \mathbf{b}(t) - \mathbf{b}_{tang}(t) = \frac{1}{1 + t^2 + t^4} \begin{pmatrix} -t - 2t^3 \\ 1 - t^4 \\ 2t + t^3 \end{pmatrix},$$

$$\mathbf{N}(t) = \frac{1}{\mu} \mathbf{b}_{norm}(t) = \frac{1}{\sqrt{(1 + 4t^2 + t^4)(1 + t^2 + t^4)}} \begin{pmatrix} -t - 2t^3 \\ 1 - t^4 \\ 2t + t^3 \end{pmatrix}.$$

Bemerkung 6.47 *Aus der Produktregel (6.8)(d) resultiert für jede* **stetig differenzierbare Kurve** Γ *gegeben durch* $\mathbf{f} : I \to \mathbb{R}^n$ *mit* $\|\mathbf{f}(t)\| = $ *const* $\forall t \in I$, *dass*

$$\frac{d}{dt} \|\mathbf{f}(t)\|^2 = 0 = 2\langle \mathbf{f}(t), \mathbf{f}'(t) \rangle.$$

In diesem Fall steht der Tangentenvektor $\mathbf{f}'(t)$ *an die Kurve* Γ *in jedem Punkt* $\mathbf{f}(t)$ **senkrecht** *auf dem Ortsvektor* $\mathbf{f}(t)$. *Speziell für die Bewegung eines Körpers auf einer Bahnkurve* $\Gamma \subset \mathbb{R}^3$ *folgt:*

1. *Liegt die Bahnbewegung eines Körpers auf einer Kugel* $\|\mathbf{f}(t)\| = r = $ *const, so ist der Geschwindigkeitsvektor* $\dot{\mathbf{f}}(t)$ *in jedem Punkt* **tangential** *zur Kugel.*

2. *Ist die Absolutgeschwindigkeit* $\|\dot{\mathbf{f}}(t)\|$ *der Bahnbewegung eines Körpers konstant, so hat der Beschleunigungsvektor* $\mathbf{b}(t) = \ddot{\mathbf{f}}(t)$ *nur eine Normal-*

komponente. Denn die Tangentialkomponente $\lambda\,\mathbf{T(t)}$ *verschwindet wegen* $\lambda = \frac{d}{dt}\|\mathbf{v}(t)\| = 0$.

Abschließend beschäftigen wir uns noch mit einer speziellen matrixwertigen Funktion. Sei dazu $Q : I \to \mathbb{K}^{(n,n)}$ eine stetig differenzierbare matrixwertige Funktion, welche für jedes $t \in I$ eine **unitäre** Matrix ist. Wegen $Q^*(t)Q(t) = Id = Q(t)Q^*(t)$ resultiert aus der Produktregel (6.8)(e):

$$\frac{d}{dt}\,Q^*(t)Q(t) = O = \dot{Q}^*(t)Q(t) + Q^*(t)\dot{Q}(t),$$

$$\frac{d}{dt}\,Q(t)Q^*(t) = O = \dot{Q}(t)Q^*(t) + Q(t)\dot{Q}^*(t).$$

Mit anderen Worten, die Matrizen $\dot{Q}^*(t)Q(t)$ und $\dot{Q}(t)Q^*(t)$ sind **antihermitesch**.

Beispiel 6.48 *Die folgende matrixwertige Funktion* $Q : \mathbb{R} \to \mathbb{R}^{(3,3)}$ *ist für jedes* $t \in \mathbb{R}$ *orthogonal:*

$$Q(t) := \begin{pmatrix} \cos t & 0 & -\sin t \\ 0 & 1 & 0 \\ \sin t & 0 & \cos t \end{pmatrix} \implies Q^T(t) = \begin{pmatrix} \cos t & 0 & \sin t \\ 0 & 1 & 0 \\ -\sin t & 0 & \cos t \end{pmatrix}.$$

Differentiation liefert

$$\dot{Q}(t) = \begin{pmatrix} -\sin t & 0 & -\cos t \\ 0 & 0 & 0 \\ \cos t & 0 & -\sin t \end{pmatrix}, \quad \dot{Q}^T(t) = \begin{pmatrix} -\sin t & 0 & \cos t \\ 0 & 0 & 0 \\ -\cos t & 0 & -\sin t \end{pmatrix},$$

und somit

$$\dot{Q}(t)Q^T(t) = \begin{pmatrix} 0 & 0 & -1 \\ 0 & 0 & 0 \\ 1 & 0 & 0 \end{pmatrix}, \quad Q(t)\dot{Q}^T(t) := \begin{pmatrix} 0 & 0 & 1 \\ 0 & 0 & 0 \\ -1 & 0 & 0 \end{pmatrix}.$$

Bedeutung in der Mechanik. Die Matrix $Q(t) \in \mathbb{R}^{(3,3)}$, $t \in I$, sei **orthogonal**. Dann beschreibt die vektorwertige Funktion

$$\mathbf{f}(t) := Q(t)\mathbf{x}_0,\ t \in I,\ \mathbf{x}_0 \in \mathbb{R}^3$$

eine zeitlich ablaufende **Raumdrehung**. Der Geschwindigkeitsvektor ist gegeben durch

$$\dot{\mathbf{f}}(t) = \dot{Q}(t)\mathbf{x}_0 = \dot{Q}(t)Q^T(t)[Q(t)\mathbf{x}_0] = \dot{Q}(t)Q^T(t)\mathbf{f}(t).$$

Die antisymmetrische Matrix $\dot{Q}(t)Q^T(t)$ heißt die **Spinmatrix** der Raum-drehung; sie ordnet jedem Punkt $\mathbf{f}(t)$ der Bewegungskurve den Geschwindig-keitsvektor $\dot{\mathbf{f}}(t) = \dot{Q}(t)Q^T(t)\mathbf{f}(t)$ zu. Aus Satz 4.158 erhalten wir die Relation

$$\|Q(t)\mathbf{x}_0\| = \|\mathbf{x}_0\| = const \ \ \forall\, t \in I.$$

Demzufolge gilt wiederum

$$0 = \frac{d}{dt}\|Q(t)\mathbf{x}_0\|^2 = 2\,\langle Q(t)\mathbf{x}_0, \dot{Q}(t)\mathbf{x}_0 \rangle = 2\langle \mathbf{f}(t), \dot{\mathbf{f}}(t) \rangle,$$

d.h., der Geschwindigkeitsvektor steht senkrecht auf dem Ortsvektor des Bahnpunktes: $\dot{\mathbf{f}}(t) \perp \mathbf{f}(t) \ \forall\, t \in I$.

Beispiel 6.49 *Gegeben seien*

$$Q(t) := \begin{pmatrix} \cos t & -\sin t \\ \sin t & \cos t \end{pmatrix},\ t \in \mathbb{R},\ \ \mathbf{x}_0 := \begin{pmatrix} 1 \\ 0 \end{pmatrix}.$$

Dann

$$\mathbf{f}(t) = Q(t)\mathbf{x}_0 = \begin{pmatrix} \cos t \\ \sin t \end{pmatrix},\ \ \dot{Q}(t)Q^T(t) = \begin{pmatrix} 0 & -1 \\ 1 & 0 \end{pmatrix}.$$

Hier beschreibt $\mathbf{f}(t)$ die Bewegung eines Körpers auf einer Kreisbahn vom Radius 1. Der Geschwindigkeitsvektor $\dot{\mathbf{f}}(t) = (-\sin t, \cos t)^T$ steht ganz of-fensichtlich senkrecht auf dem Ortsvektor $\mathbf{f}(t)$ des Bahnpunktes $\mathbf{f}(t)$.

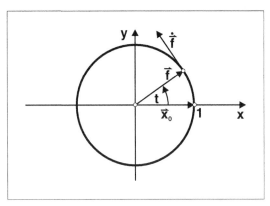

**Bewegung auf einer Kreisbahn vom
Radius 1**

Aufgaben

Aufgabe 6.29. Wir betrachten die Zykloide

$$\mathbf{f} : \mathbb{R} \to \mathbb{R}^2, \quad f(t) = (t - \sin t, 1 - \cos t)^T.$$

Berechnen Sie den Tangenteneinheitsvektor und den Einheitsnormalenvektor. Berechnen Sie weiter den Betrag der Geschwindigkeit und der Beschleunigung.

Aufgabe 6.30. Ein Massepunkt befinde sich zum Zeitpunkt $t > 0$ in einem Bahnpunkt der Kurve

$$\mathbf{f}(t) = e^t (2\sin t,\ 2\cos t,\ \sqrt{24})^T \in \mathbb{R}^3.$$

a) Berechnen Sie den Geschwindigkeitsvektor $\mathbf{v}(t) = \dot{\mathbf{f}}(t)$ und den Beschleunigungsvektor $\mathbf{b}(t) = \ddot{\mathbf{f}}(t)$ sowie die Beträge beider Größen.

b) Berechnen Sie weiter den Tangenteneinheitsvektor $\mathbf{T}(t)$ und den Normaleneinheitsvektor $\mathbf{N}(t)$ sowie die Schmiegebene $E(t) = \mathbf{f}(t) + U(t)$ der Bahnkurve, wobei $U(t) := \operatorname{span}\{\mathbf{T}(t), \mathbf{N}(t)\}$.

c) Zeigen Sie, dass $\mathbf{b}(t) \in U(t)$, und berechnen Sie die Tangential– und die Normalkomponente von $\mathbf{b}(t)$.

Aufgabe 6.31. Gegeben seien eine orthogonale Matrix $B \in \mathbb{R}^{3,3}$ mit $\det B = 1$ sowie die Matix

$$A(t) := \begin{pmatrix} \cos t & \sin t & 0 \\ -\sin t & \cos t & 0 \\ 0 & 0 & 1 \end{pmatrix}, \quad t \geq 0.$$

a) Zeigen Sie, dass $Q(t) := A(t)B$ eine orthogonale Matrix ist.

b) Zeigen Sie, dass $\mathbf{f}(t) := Q(t)\mathbf{x}_0,\ \mathbf{0} \neq \mathbf{x}_0 \in \mathbb{R}^3$, eine Raumdrehung beschreibt.

c) Berechnen Sie die Spin-Matrix $S(t)$ mit $(d/dt)\mathbf{f}(t) = S(t)\mathbf{f}(t)$, und zeigen Sie, dass $S(t)$ schiefsymmetrisch ist.

d) Berechnen Sie den unorientierten Winkel $\alpha := \sphericalangle\ (\mathbf{f}(t), (d/dt)\mathbf{f}(t))$.

e) Bestimmen Sie in Abhängigkeit von $S(t)$ die Winkelgeschwindigkeit $\boldsymbol{\omega}(t)$ mit $(d/dt)\mathbf{f}(t) = \boldsymbol{\omega}(t) \times \mathbf{f}(t)$.

6.7 Der Mittelwertsatz der Differentialrechnung

Für stetige **reellwertige** Funktionen $f : [a, b] \to \mathbb{R}$ existieren gemäß Satz 5.49 ein *absolutes* Minimum $f(\underline{x}) := \min\limits_{x \in [a,b]} f(x)$ und ein *absolutes* Maximum $f(\bar{x}) := \max\limits_{x \in [a,b]} f(x)$. Natürlich ist hiermit nichts darüber ausgesagt, wie der Graph $G(f)$ der Funktion f zwischen diesen beiden Extremwerten verläuft. Es braucht insbesondere nicht einmal Monotonie vorzuliegen.

Definition 6.50 *Für eine gegebene Funktion $f \in \text{Abb}(\mathbb{R}, \mathbb{R})$ heiße ein Punkt $x_0 \in D \subset \mathbb{R}$ ein* **relatives Extremum** *(relatives Maximum bzw. relatives Minimum), wenn es ein Intervall $[a, b] \subseteq D$ gibt, mit $x_0 \in (a, b)$ und*

$$f(x) \leq f(x_0) \ \forall \ x \in [a, b] \ : \ \text{relatives Maximum},$$

$$f(x) \geq f(x_0) \ \forall \ x \in [a, b] \ : \ \text{relatives Minimum}.$$

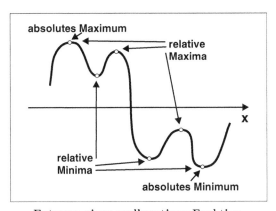

Extrema einer reellwertigen Funktion

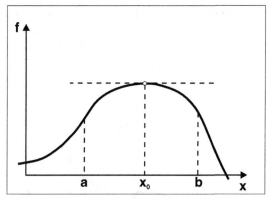

**Relative Extrema sind der geometrische
Ort horizontaler Tangenten**

Die Ableitung $f'(x_0)$ verschwindet in einem relativen Extremum $x_0 \in D$, falls f dort differenzierbar ist.

Satz 6.51 *Hat die reellwertige Funktion $f \in \text{Abb}(\mathbb{R}, \mathbb{R})$ in einem Punkt $x_0 \in D \subset \mathbb{R}$ ein relatives Extremum, und ist f in x_0 differenzierbar, so gilt notwendig $f'(x_0) = 0$.*

Beweis. Es sei $x_0 \in D$ ein relatives Maximum. Den Fall eines relativen Minimums beweist man ganz analog. Es gibt also ein Intervall $[a, b] \subseteq D$ mit $x_0 \in (a, b)$ und

$$\frac{\Delta f}{\Delta x} := \frac{f(x) - f(x_0)}{x - x_0} \quad \begin{cases} \leq 0 \ : \ x > x_0, \\ \geq 0 \ : \ x < x_0. \end{cases}$$

Da f in x_0 differenzierbar ist, existieren die Grenzwerte

$$0 \leq \lim_{x \to x_0-} \frac{\Delta f}{\Delta x} = f'(x_0) = \lim_{x \to x_0+} \frac{\Delta f}{\Delta x} \leq 0.$$

Also muss $f'(x_0) = 0$ gelten. qed

Bemerkung 6.52 *Die Bedingung $f'(x_0) = 0$ ist ein* **notwendiges Kriterium** *für die Existenz eines relativen Extremums bei $x_0 \in D$. Es ist keineswegs schon* hinreichend.

Beispiel 6.53 *Gegenbeispiele dazu sind:*

a) *Sei $f(x) := x^3$, $x \in D := \mathbb{R}$. Dann gilt $f'(x) = 3x^2$, und somit $f'(0) = 0$, obwohl im Punkt $x_0 = 0$ kein relatives Extremum liegt.*

b) Es können auch stetige, und nicht differenzierbare Funktionen (relative)
Extrema haben, wie $f(x) := |x|$, $x \in D := \mathbb{R}$. Diese Funktion hat im
Punkt $x_0 = 0$ ein absolutes Minimum, obwohl eine Ableitung $f'(x_0)$ nicht
erklärt ist.

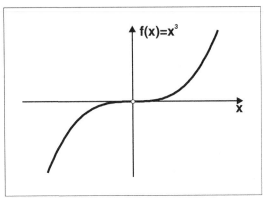

Für $f(x) := x^3$ gilt $f'(0) = 0$, obwohl bei
$x_0 = 0$ kein Extremum vorliegt

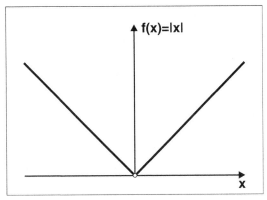

Die Funktion $f(x) := |x|$ hat bei $x_0 = 0$
ein Minimum, obwohl sie dort nicht
differenzierbar ist

Wir listen weitere Eigenschaften differenzierbarer Funktionen auf. Der nachfolgende Satz ist benannt nach dem französischen Mathematiker MICHEL
ROLLE (1652–1719).

Satz 6.54 (von ROLLE) *Die reellwertige Funktion $f \in \mathrm{Abb}\,(\mathbb{R}, \mathbb{R})$ sei*
in einem Intervall $[a, b] \subseteq \mathbb{R}$ stetig sowie differenzierbar in (a, b). Gelte
ferner $f(a) = f(b)$. Dann gibt es mindestens eine Zwischenstelle $\xi \in$
(a, b) mit $f'(\xi) = 0$.

Beweis. Falls die Funktion f auf $[a, b]$ konstant ist, so gilt $f'(\xi) = 0$ in jedem Punkt $\xi \in (a, b)$. Ist f nicht konstant, so nimmt die Funktion f im Intervall $[a, b]$ gemäß Satz 5.49 sowohl ihr absolutes Maximum als auch ihr absolutes Minimum an, und beide Extrema sind voneinander verschieden. Wegen $f(a) = f(b)$ muss eines der beiden Extrema ein relatives Extremum in einem *inneren* Punkt $\xi \in (a, b)$ sein, und aus dem vorherigen Satz folgt $f'(\xi) = 0$.

qed

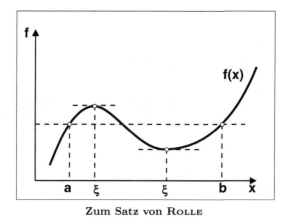

Zum Satz von ROLLE

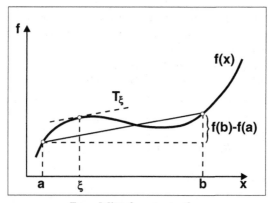

Zum Mittelwertsatz der
Differentialrechnung

Der Satz von ROLLE hat nur einen Hilfscharakter. Er wird zur Begründung des folgenden zentralen Satzes der Differentialrechnung verwendet:

Satz 6.55 (Mittelwertsatz der Differentialrechnung, MWS)
Die reellwertige Funktion $f \in \mathrm{Abb}\,(\mathbb{R}, \mathbb{R})$ sei stetig im Intervall $[a, b] \subseteq \mathbb{R}$ und differenzierbar in (a, b). Dann gilt:

$$\exists\, \xi \in (a, b)\ :\ f'(\xi) = \frac{f(b) - f(a)}{b - a}. \tag{6.9}$$

Beweis. Die Funktion

$$g(x) := f(x) - \frac{f(b) - f(a)}{b - a}\,(x - a)$$

hat die im Satz von ROLLE geforderten Stetigkeits– und Differenzierbarkeitseigenschaften. Außerdem erfüllt sie $g(a) = f(a) = g(b)$, so dass ein Punkt $\xi \in (a, b)$ existiert mit

$$g'(\xi) = 0 = f'(\xi) - \frac{f(b) - f(a)}{b - a}.$$

$$\text{qed}$$

Bemerkung 6.56 *Die* **geometrische** *Aussage des Mittelwertsatzes ist aus der obigen Skizze zu entnehmen. Es gibt einen Punkt $(\xi, f(\xi)) \in G(f)$, in welchem die Tangente T_ξ an den Graph $G(f)$* **parallel** *zu den Geraden durch die beiden Punkte $(a, f(a)) \in G(f)$ und $(b, f(b)) \in G(f)$ verläuft. Wo genau ein solcher Punkt $\xi \in (a, b)$ liegt, verrät der Mittelwertsatz nicht.*

Eine Anwendung dieses Satzes, geschrieben in der Form

$$f(b) - f(a) = f'(\xi)(b - a),\ \ \xi \in (a, b),$$

enthüllt das folgende Beispiel:

Beispiel 6.57 (Fehlerabschätzungen) *Durch Abschätzung der Ableitung $f'(\xi)$ kann häufig eine brauchbare Abschätzung für den Funktionswert $f(x)$ gefunden werden, sofern wir das Intervall $[a, x]$ in Betracht ziehen.*

Für $0 < x < 1$ betrachten wir auf $[0, x]$ die Funktion $f(t) := \mathrm{arc\ sin}_H\,t$. Dann existiert ein $\xi \in (0, x)$ mit

$$\mathrm{arc\ sin}_H\,x = f(x) - f(0) = f'(\xi)\,(x - 0) = \frac{x}{\sqrt{1 - \xi^2}}.$$

Daraus resultiert die Abschätzung

$$\text{arc }\sin_H x < \frac{x}{\sqrt{1-x^2}}.$$

Im angegebenen Bereich $0 < x < 1$ gilt bekanntlich auch $\sin x < x$, woraus insgesamt

$$x < \text{arc }\sin_H x < \frac{x}{\sqrt{1-x^2}}$$

folgt. Für $x := 0.01$ heißt dies $0.01 < \text{arc }\sin_H(0.01) < 0.010\,000\,5$. Das arithmetische Mittel von unterer und oberer Fehlerschranke ergibt den Näherungswert

$$\text{arc }\sin_H(0.01) \approx 0.010\,000\,25 \pm \varepsilon, \;\; 0 < \varepsilon < 2.5 \cdot 10^{-7},$$

welcher eine gute Approximation des eigentlichen Funktionswertes

$$\text{arc }\sin_H(0.01) \approx 0.010\,000\,166\,67$$

darstellt.

Mit Hilfe des Mittelwertsatzes gelingt es nun, die **Monotonie** einer differenzierbaren Funktion durch das Vorzeichen ihrer Ableitung zu charakterisieren.

Satz 6.58 *Die reellwertige Funktion $f \in \text{Abb}\,(\mathbb{R}, \mathbb{R})$ sei im Intervall $[a, b] \subseteq \mathbb{R}$ stetig und in (a, b) differenzierbar. Dann gilt:*

$$\begin{aligned} f'(x) > 0 \,\forall\, x \in (a,b) &\implies f : [a,b] \to \mathbb{R} \text{ \textbf{streng monoton} } \uparrow, \\ f'(x) < 0 \,\forall\, x \in (a,b) &\implies f : [a,b] \to \mathbb{R} \text{ \textbf{streng monoton} } \downarrow. \end{aligned} \qquad (6.10)$$

Beweis. Aus dem Mittelwertsatz folgern wir

$$f(x) = f(x_0) + f'(\xi)\,(x - x_0) \begin{cases} > f(x_0) \;\text{für}\; x > x_0, \;\text{sofern}\; f'(\xi) > 0, \\[2mm] < f(x_0) \;\text{für}\; x > x_0, \;\text{sofern}\; f'(\xi) < 0. \end{cases}$$

Ein Vergleich mit Definition 5.63 bestätigt die Behauptung. \hfill qed

Beispiel 6.59 *Das Polynom*

$$P_{21}(x) := x^{21} + 5x^{17} + 3x^9 + 2x - 11$$

erfüllt $P_{21}(1) = 0$. Ferner gilt

$$P'_{21}(x) = 21x^{20} + 85x^{16} + 27x^8 + 2 \geq 2 > 0 \;\; \forall\, x \in \mathbb{R},$$

d.h., $P_{21}(x)$ ist auf ganz $\mathbb{R}$ streng monoton $\uparrow$. Wegen $\lim\limits_{x \to \pm\infty} P_{21}(x) = \pm\infty$ hat $P_{21}(x)$ nur die eine Nullstelle $x_0 = 1$.

Eine weitere Anwendung des Mittelwertsatzes liefert

Satz 6.60 (Lipschitz–Stetigkeit) *Ist die stetige reellwertige Funktion $f : [a, b] \to \mathbb{R}$ in jedem Punkt $x \in (a, b)$ differenzierbar und sind die Ableitungen $f'(x)$ auf $[a, b]$ beschränkt, so ist f Lipschitz–stetig, d.h.*

$$\sup_{\xi \in (a,b)} |f'(\xi)| := M < +\infty \implies |f(x) - f(y)| \leq M\,|x - y| \ \forall\, x, y \in [a, b].$$
$$(6.11)$$

Beweis. Aus dem Mittelwertsatz folgt

$$f(x) - f(y) = f'(\xi)\,(x - y), \ \xi := y + \theta\,(x - y)$$

für ein $\theta \in (0, 1)$ und für $x, y \in [a, b]$. Nimmt man Beträge, so folgt daraus schon (6.11). 　　　　　　　　　　　　　　　　　　　　　　　　qed

Zur Interpretation der Lipschitz–Stetigkeit setzen wir in (6.11) $y = x + h$. Dann gilt

$$f(x) - M\,|h| \leq f(x + h) \leq f(x) + M\,|h|,$$

d.h., der Graph $G(f)$ verläuft im unten skizzierten Zwickel.

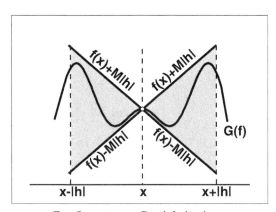

Zur Lipschitz–Stetigkeit einer Funktion

Satz 6.61 *Eine skalarwetige Funktion* $f \in \text{Abb}(\mathbb{R}, \mathbb{K})$ *sei auf dem Intervall* $[a, b] \subset D_f$ *stetig und differenzierbar in* (a, b). *Dann gilt*

$$\forall x \in [a, b] : f(x) = const \iff \forall x \in (a, b) : f'(x) = 0.$$

Insbesondere folgt für stetige $f, g : [a, b] \to \mathbb{K}$ *und in* (a, b) *differenzierbare Funktionen mit* $f'(x) = g'(x) \, \forall x \in (a, b)$, *dass*

$$f(x) = g(x) + const \, \forall x \in [a, b].$$

Beweis. Für konstantes f verschwindet natürlich die Ableitung. Gilt umgekehrt $f'(x) = 0 \, \forall x \in (a, b)$, dann bekommen wir für die komplexwertige Funktion $f(x) = u(x) + iv(x)$, dass $u'(x) = v'(x) = 0 \, \forall x \in (a, b)$. Für den Realteil (analog für den Imaginärteil) ergibt sich wiederum mit Hilfe des Mittelwertsatzes, dass zu festem $x \in (a, b]$ ein $\xi \in (a, x)$ existiert mit $u(x) = u(a) + u'(\xi)(x - a)$. Da aber die Ableitung verschwindet, ergibt sich

$$u(x) = u(a) = const \, \forall x \in [a, b].$$

qed

Beispiel 6.62 *Es sei*

$$f(x) := x + \text{arc} \tan_H \left(\frac{1}{\tan x} \right), \quad x \in D(f) := \mathbb{R} \setminus \{n\pi : n \in \mathbb{Z}\}.$$

Wir berechnen mit der Kettenregel die Ableitung

$$f'(x) = 1 + \frac{1}{1 + (1/\tan x)^2} \left(-\frac{1}{\tan^2 x} \right) \left(\frac{1}{\cos^2 x} \right)$$

$$= 1 - \frac{1}{\sin^2 x + \cos^2 x} = 1 - 1 = 0 \, \forall x \in D(f).$$

Nach dem letzten Satz ist f *auf den Intervallen* $I_n := (n\pi, (n+1)\pi)$, $n \in \mathbb{Z}$, *konstant. Zur Berechnung dieser Konstanten beachten wir*

$$\lim_{x \to n\pi \pm 0} \frac{1}{\tan x} = \pm\infty \implies \lim_{x \to n\pi \pm 0} \text{arc} \tan_H \left(\frac{1}{\tan x} \right) = \pm\frac{\pi}{2}.$$

Somit resultiert $f(x) = (n + \frac{1}{2})\pi \, \forall n \in I_n$, $n \in \mathbb{Z}$.

Beispiel 6.63 *Die Aussage des Satzes 6.61 darf auch komponentenweise auf* **vektorwertige** *Funktionen* $\mathbf{f} : [a, b] \to \mathbb{K}^n$ *angewendet werden:*

$$\mathbf{f}(x) = \mathbf{c} = const \ \forall \, x \in [a, b] \quad \Longleftrightarrow \quad \mathbf{f}'(x) = \mathbf{0} \ \forall \, x \in (a, b).$$

Wir betrachten hierzu die **Bewegung einer Punktmasse** m **im Feld einer Zentralkraft.** *Ein solches (zeit– und ortsabhängiges) Feld sei gegeben durch*

$$\mathbf{K} := -\kappa(t, \|\mathbf{x}\|) \, \mathbf{x}(t).$$

Aus dem NEWTON*schen Bewegungsgesetz folgt*

$$m \, \ddot{\mathbf{x}}(t) = \mathbf{K} = -\kappa(t, \|\mathbf{x}\|) \, \mathbf{x}(t).$$

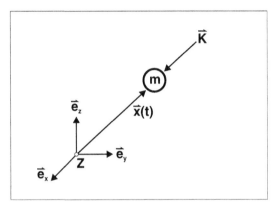

Punktmasse im Feld einer Zentralkraft

Unter Verwendung des **Drehimpulses** $\mathbf{J} := m \, \mathbf{x} \times \dot{\mathbf{x}}$ *ergibt sich dann*

$$\dot{\mathbf{J}}(t) = m \, \underbrace{\dot{\mathbf{x}}(t) \times \dot{\mathbf{x}}(t)}_{=\mathbf{0}} + \mathbf{x}(t) \times m \, \ddot{\mathbf{x}}(t) = -\kappa \, \underbrace{\mathbf{x}(t) \times \mathbf{x}(t)}_{=\mathbf{0}} = \mathbf{0}.$$

Folglich gilt $\mathbf{J}(t) = \mathbf{c} = const \in \mathbb{R}^3$. *Wir können hieraus zwei Schlüsse ziehen:*

(a) *Es gilt* $\langle \mathbf{J}(t), \mathbf{x}(t) \rangle = m \, \langle \mathbf{x}(t) \times \dot{\mathbf{x}}(t), \mathbf{x}(t) \rangle = m \, \det(\mathbf{x}(t), \dot{\mathbf{x}}(t), \mathbf{x}(t)) = 0 \ \forall \, t$, *und somit* $\mathbf{x}(t) \perp \mathbf{J}(t) = \mathbf{c}$. *Die Bahnkurve der Punktmasse* m *liegt in der* **Ebene** *durch den Ursprung* $\mathbf{0}$, *deren Normalenvektor* $\mathbf{c}$ *ist:* $\langle \mathbf{x}(t), \mathbf{c} \rangle = 0$.

(b) *Der Term* $\frac{1}{2} \|\mathbf{x}(t) \times \dot{\mathbf{x}}(t)\| = \frac{1}{2m} \|\mathbf{J}(t)\|$ *heißt die* **Flächengeschwindigkeit** *der Bahnbewegung. Aus* $\mathbf{J}(t) = \mathbf{c}$ *resultiert also: Unter der Wirkung einer Zentralkraft überstreicht der Strahl* $\mathbf{x}(t)$ *der Bahnkurve einer Punktmasse* m *in gleichen Zeiten gleiche Flächen. Dies ist das bekannte* 2. KEPLER*sche Gesetz der Planetenbewegung.*

Zum Schluss dieses Abschnitts zeigen wir noch eine Verallgemeinerung des Mittelwertsatzes.

Satz 6.64 (Verallgemeinerter MWS der Differentialrechnung)
Die beiden reellwertigen Funktionen $f, g \in \text{Abb}(\mathbb{R}, \mathbb{R})$ seien auf einem Intervall $[a, b] \subseteq D(f) \cap D(g)$ stetig und differenzierbar in (a, b). Gelte ferner $g'(x) \neq 0 \; \forall \, x \in (a, b)$. Dann folgt:

$$\exists \, \xi \in (a, b) \; : \; \frac{f(b) - f(a)}{g(b) - g(a)} = \frac{f'(\xi)}{g'(\xi)}. \tag{6.12}$$

Beweisidee. Wir setzen

$$\varphi(x) := [f(b) - f(a)]g(x) - [g(b) - g(a)]f(x), \quad x \in [a, b],$$

und wenden auf die Funktion φ den Satz von ROLLE an.   qed

Aufgaben

Aufgabe 6.32. Sei $f : \mathbb{R} \to \mathbb{R}$ eine Funktion mit der Eigenschaft $|f(x) - f(y)| \leq |x - y|^2$ für alle $x, y \in \mathbb{R}$.

a) Zeigen Sie, dass f differenzierbar ist.

b) Zeigen Sie, dass f konstant ist.

Aufgabe 6.33. Berechnen Sie eine „gute" Lipschitz-Konstante $L > 0$ von

$$F(x) = \frac{\pi}{4} \cdot \frac{1}{\sqrt{1 + \sin^2 x}}.$$

Aufgabe 6.34.

a) Gegeben sei die Funktion $k : [0, 1] \to \mathbb{R}$,

$$k(t) := \sqrt{(1 - \varepsilon^2)t + \varepsilon^2} \quad \text{mit } 0 \leq \varepsilon < 1.$$

Für welche ε ist k stetig, gleichmäßig stetig bzw. LIPSCHITZ-stetig?

b) Untersuchen Sie die Funktion $h : (0,1] \to \mathbb{R}$,

$$h(t) := \sin \frac{1}{t}$$

auf Stetigkeit und gleichmäßige Stetigkeit. Ist h LIPSCHITZ-stetig?

Aufgabe 6.35. Gegeben sei $f(x) = \dfrac{x}{1 + \sqrt{|x|}}$, $x \in \mathbb{R}$.

a) Ist f auf ganz $\mathbb{R}$ stetig? Wie lautet $\lim\limits_{x \to \pm\infty} f(x)$?

b) Ist f für alle $x \in \mathbb{R}$ differenzierbar?

c) Warum ist f invertierbar? Wie lautet die Inverse für $x > 0$?

Zusätzliche Information. Zu Aufgabe 6.35 ist bei der Online-Version dieses Kapitels (doi:10.1007/978-3-642-29980-3_6) ein Video enthalten.

Aufgabe 6.36. Ein Fahrzeug soll in möglichst kurzer Zeit vom Punkt (0 km, 0 km) zum Punkt (30 km, 10 km) fahren. Auf der Straße (im Modell die x-Achse) kann es 50 kmh^{-1} fahren, im Gelände (außerhalb der x-Achse) nur 20 kmh^{-1}. An welcher Stelle auf der x-Achse muss das Auto abbiegen?

Aufgabe 6.37. Gegeben sei die Funktion

$$f(x) = (x^2 - 7x + 12) \cdot \ln(x^2 + 1) \cdot \sqrt{\sin \frac{(x+1)\pi}{8}}, \quad -1 \le x \le 7.$$

Zeigen Sie, dass f' im Intervall $(-1,7)$ mindestens 4 Nullstellen hat.

6.8 Die Regeln von L'HOSPITAL

Der verallgemeinerte Mittelwertsatz findet bei den Regeln von L'HOSPITAL Anwendung. Die Berechnung des Grenzwertes $\lim\limits_{x \to x_0} \frac{f(x)}{g(x)}$ kann zu Schwierigkeiten führen, wenn beide Funktionen $f(x)$ und $g(x)$ für $x \to x_0$ gegen den Wert 0 oder gegen $\pm\infty$ streben. Wir diskutieren diesen Fall am nachfolgenden Beispiel.

Beispiel 6.65 Einschaltvorgang. *Eine Induktivität L und ein OHMscher Widerstand R seien in Reihe an eine Gleichspannungsquelle U geschaltet (RL–Glied). Aus den KIRCHHOFFschen Gesetzen resultiert*

$$\text{(i)} \quad U_R + U_L = U, \qquad \text{(ii)} \quad U_R = R\,I, \quad U_L = L\frac{dI}{dt}.$$

Durch Einsetzen von (ii) in (i) erhalten wir die Gleichung

$$L\frac{dI}{dt} + RI = U,\ t > 0,$$

für die zeitliche Veränderung der Stromstärke $I = I(t)$, *wenn die Spannung* U *zum Zeitpunkt* $t = 0$ *an das RL–Glied angelegt wurde. Man darf von der empirisch gewonnenen* **stationären Bedingung** $\lim\limits_{t\to+\infty} I(t) = U/R$ *ausgehen.*

Wie wir uns durch Nachrechnen überzeugen, wird diese Aufgabe von der Funktion

$$I(t) = \frac{U}{R}\left(1 - e^{-\frac{R}{L}t}\right),\ t \geq 0.$$

gelöst. Versuchen wir für $L \neq 0$ *den Grenzwert* $\lim\limits_{R\to 0+} I(t)$ *zu bilden, so erhalten wir formal einen unbestimmten Ausdruck von der Form* $\frac{0}{0}$.

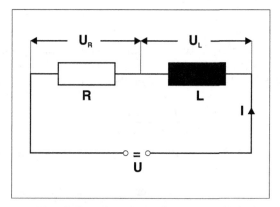

Einschaltvorgang bei einem RL-Glied

Auf einen solchen unbestimmten Ausdruck wird man auch in den folgenden Fällen geführt:

$$\frac{\sin x}{x}\ \text{für}\ x \to 0,\quad \left(x - \frac{\pi}{2}\right)\tan x = \frac{\tan x}{(x - \frac{\pi}{2})^{-1}}\ \text{für}\ x \to \frac{\pi}{2}.$$

Auch Fälle wie x^x für $x \to 0+$ oder $x^{1/x}$ für $x \to +\infty$ sowie $x^{1/x}$ für $x \to 0+$ sind interessant. Es treten allgemein die folgenden Typen von **unbestimmten Ausdrücken** auf:

$$\frac{0}{0},\ \frac{\infty}{\infty},\ \infty - \infty,\ 0^0,\ 1^\infty,\ \infty^0.$$

Nur die beiden ersten Fälle bedürfen einer mathematischen Analyse; die anderen Fälle lassen sich auf diese zurückführen.

Satz 6.66 (Regel von L'HOSPITAL für $\frac{0}{0}$) *Die reellen Funktionen $f, g \in \text{Abb}(\mathbb{R}, \mathbb{R})$ seien differenzierbar im gelochten Intervall $(a, b) \backslash \{x_0\}$, und es gelte*

$$\lim_{x \to x_0} f(x) = 0 = \lim_{x \to x_0} g(x), \quad g'(x) \neq 0 \ \forall \, x \in (a, b) \backslash \{x_0\}.$$

Existiert der Grenzwert $c := \lim_{x \to x_0} f'(x)/g'(x)$, so gilt für den unbestimmten Ausdruck

$$\lim_{x \to x_0} \frac{f(x)}{g(x)} = \lim_{x \to x_0} \frac{f'(x)}{g'(x)} = c. \tag{6.13}$$

Es kann auch $x_0 = a$ oder $x_0 = b$ gelten (einseitige Grenzwerte). Ferner sind die Fälle $x_0 = a = -\infty$ oder $x_0 = b = +\infty$ zugelassen, ebenso die uneigentlichen Grenzwerte $c = \pm\infty$.

Beweis. Es gelte zuerst $x_0 \in \mathbb{R}$. Dann sind die Funktionen f und g im Punkt x_0 stetig ergänzbar durch $f(x_0) = 0 = g(x_0)$. Aus dem verallgemeinerten Mittelwertsatz folgt die Existenz eines Zwischenwertes $\xi := x_0 + \theta (x - x_0)$, $\theta \in (0, 1)$, mit:

$$\frac{f(x)}{g(x)} = \frac{f(x) - f(x_0)}{g(x) - g(x_0)} = \frac{f'(\xi)}{g'(\xi)}.$$

Nun gilt offenkundig $\xi \to x_0$ für $x \to x_0$, so dass bereits die behauptete Relation (6.13) folgt.

Es gelte jetzt entweder $x_0 = -\infty$ oder $x_0 = +\infty$. Wir setzen $x := 1/y$ und haben nun die einseitigen Grenzwerte $y \to 0-$ bzw. $y \to 0+$ zu betrachten. Wegen

$$f'(x) = \frac{d}{dy} f\left(\frac{1}{y}\right) \cdot \frac{dy}{dx} = -y^2 \frac{d}{dy} f\left(\frac{1}{y}\right)$$

gilt hier

$$c = \lim_{x \to \pm\infty} \frac{f'(x)}{g'(x)} = \lim_{y \to 0\pm} \frac{\frac{d}{dy} f(\frac{1}{y})}{\frac{d}{dy} g(\frac{1}{y})},$$

und dieser Fall kann wie der erste behandelt werden.   qed

Beispiel 6.67 *Wir hatten für die zeitliche Änderung der Stromstärke $I = I(t)$ beim Anlegen der Spannung U an ein RL–Glied die Relation $I(t) = \frac{U}{R}(1 - e^{-Rt/L})$ begründet. Aus der Regel von L'HOSPITAL ergibt sich nun der Grenzwert*

$$\lim_{R \to 0+} I(t) = \lim_{R \to 0+} \frac{(Ut/L) \cdot e^{-Rt/L}}{1} = \frac{U}{L} t, \ t \geq 0.$$

Beispiel 6.68 *Die folgenden Grenzwerte wurden bereits mit anderen Methoden berechnet. Wir verwenden jetzt die Regel von* L'HOSPITAL *und erhalten*

a) $\lim\limits_{x \to 0} \dfrac{\sin x}{x} = \lim\limits_{x \to 0} \dfrac{\cos x}{1} = 1,$

b) $\lim\limits_{x \to 0} \dfrac{1 - \cos x}{x} = \lim\limits_{x \to 0} \dfrac{\sin x}{1} = 0,$

c) $\lim\limits_{x \to 0} \dfrac{2(1 - \cos x)}{x^2} = \lim\limits_{x \to 0} \dfrac{2 \sin x}{2x} = 1.$

Bemerkung 6.69 *Falls bei der Anwendung der Regel von* L'HOSPITAL *auch der Grenzwert* $\lim\limits_{x \to x_0} f'(x)/g'(x)$ *auf einen unbestimmten Ausdruck* 0/0 *führt, so lässt sich die Regel von* L'HOSPITAL *ein weiteres Mal anwenden, sofern der Quotient* $f'(x)/g'(x)$ *die erforderlichen Voraussetzungen erfüllt. Dieser Prozess kann solange wiederholt werden, bis ein definiter Grenzwert* $\lim\limits_{x \to x_0} f^{(n)}(x)/g^{(n)}(x)$ *auftritt.*

Beispiel 6.70 *Zweimalige Anwendung liefert*

a) $\lim\limits_{x \to 0} \dfrac{x - \sin x}{x \sin x} = \lim\limits_{x \to 0} \dfrac{1 - \cos x}{x \cos x + \sin x} = \lim\limits_{x \to 0} \dfrac{\sin x}{2 \cos x - x \sin x} = 0,$

b) $\lim\limits_{x \to 0} \dfrac{1 - \cos x}{1 - \cos 2x} = \lim\limits_{x \to 0} \dfrac{\sin x}{2 \sin 2x} = \lim\limits_{x \to 0} \dfrac{\cos x}{4 \cos 2x} = \dfrac{1}{4}.$

Ganz analog lässt sich die Regel von L'HOSPITAL in der folgenden Form nachweisen:

Satz 6.71 *Die reellen Funktionen* $f, g \in \text{Abb}(\mathbb{R}, \mathbb{R})$ *seien differenzierbar im gelochten Intervall* $(a, b) \setminus \{x_0\}$, *und es gelte*

$$\lim_{x \to x_0} \frac{1}{f(x)} = 0 = \lim_{x \to x_0} \frac{1}{g(x)}, \quad g'(x) \neq 0 \ \forall \, x \in (a, b) \setminus \{x_0\}.$$

Existiert der Grenzwert $c := \lim\limits_{x \to x_0} f'(x)/g'(x)$, *so gilt für den unbestimmten Ausdruck*

$$\lim_{x \to x_0} \frac{f(x)}{g(x)} = \lim_{x \to x_0} \frac{f'(x)}{g'(x)} = c. \tag{6.14}$$

Es kann auch $x_0 = a$ *oder* $x_0 = b$ *gelten (einseitige Grenzwerte). Ferner sind die Fälle* $x_0 = a = -\infty$ *oder* $x_0 = b = +\infty$ *zugelassen, ebenso die uneigentlichen Grenzwerte* $c = \pm\infty$.

Beispiel 6.72 *Wir verschaffen uns mit Hilfe des letzten Satzes einen Überblick über das Wachstumsverhalten der* **Exponentialfunktion** *im Unendlichen. Für beliebige Zahlen $\alpha > 0$, $\beta > 0$ gilt*

$$\lim_{x \to +\infty} \frac{e^{\alpha x}}{x} = \lim_{x \to +\infty} \frac{\alpha\, e^{\alpha x}}{1} = +\infty,$$

$$\lim_{x \to +\infty} \frac{e^{\alpha x}}{x^\beta} = \lim_{x \to +\infty} \left[\frac{e^{\alpha x/\beta}}{x} \right]^\beta = \left[\lim_{x \to +\infty} \frac{e^{\alpha x/\beta}}{x} \right]^\beta = +\infty.$$

Jede noch so kleine Potenz von e^x wächst im Unendlichen schneller als jede noch so große Potenz von x. Hieraus lässt sich insbesondere folgern, dass

$$\boxed{\lim_{x \to +\infty} P_n(x)\, e^{-\alpha x} = 0 \ \forall \ \alpha > 0 \ \text{und jedes Polynom } P_n(x).}$$

Beispiel 6.73 *Satz 6.71 liefert uns auch einen Überblick über das Wachstumsverhalten des* **Logarithmus** *im Unendlichen. Für beliebige Zahlen $\alpha > 0$, $\beta > 0$ gilt*

$$\lim_{x \to +\infty} \frac{\ln x}{x^\alpha} = \lim_{x \to +\infty} \frac{1}{\alpha\, x^\alpha} = 0,$$

$$\lim_{x \to +\infty} \frac{(\ln x)^\beta}{x^\alpha} = \lim_{x \to +\infty} \left[\frac{\ln x}{x^{\alpha/\beta}} \right]^\beta = \left[\lim_{x \to +\infty} \frac{\ln x}{x^{\alpha/\beta}} \right]^\beta = 0.$$

Jede noch so große Potenz von $\ln x$ wächst im Unendlichen schwächer als jede noch so kleine Potenz von x.

Wir setzen uns nun mit weiteren Fällen auseinander, die sich durch einfache Umformungen auf bekannte Fälle zurückführen lassen.

1.) $\boxed{0 \cdot \infty\text{:}}$ Dieser Fall entspricht einem Grenzwert $\lim\limits_{x \to x_0} f(x)g(x)$, worin $\lim\limits_{x \to x_0} f(x) = 0$ und $\lim\limits_{x \to x_0} g(x) = \infty$. Man betrachte stattdessen einen der beiden folgenden unbestimmten Ausdrücke:

$$\boxed{\lim_{x \to x_0} \frac{f(x)}{1/g(x)} = \frac{0}{0} \quad \text{oder} \quad \lim_{x \to x_0} \frac{g(x)}{1/f(x)} = \frac{\infty}{\infty}.}$$

Beispiel 6.74 *Die folgenden Grenzwerte sind vom Typ "$0 \cdot \infty$".*

a) Es seien wiederum $\alpha > 0$, $\beta > 0$ beliebige Zahlen.

$$\lim_{x \to 0+} x^\alpha \ln x = \lim_{x \to 0+} \frac{\ln x}{x^{-\alpha}} \overset{L'Hosp.}{=} \lim_{x \to 0+} \frac{1}{-\alpha\,x^{-\alpha}} = 0,$$

$$\lim_{x \to 0+} x^\alpha (\ln x)^\beta = \lim_{x \to 0+} \left[x^{\alpha/\beta} \ln x \right]^\beta = \left[\lim_{x \to 0+} x^{\alpha/\beta} \ln x \right]^\beta = 0.$$

b) $\lim\limits_{x \to +\infty} x \ln \left(1 + \dfrac{1}{x} \right) = \lim\limits_{x \to +\infty} \dfrac{\ln(1 + \frac{1}{x})}{x^{-1}}$

$$\overset{L'Hosp.}{=} \lim_{x \to +\infty} \frac{(1 + \frac{1}{x})^{-1}(-x^{-2})}{(-x^{-2})} = 1.$$

c) $\lim\limits_{x \to \frac{\pi}{2}\pm} \left(x - \dfrac{\pi}{2} \right) \tan x = \lim\limits_{x \to \frac{\pi}{2}\pm} \dfrac{(x - \frac{\pi}{2})}{\cot x}$

$$\overset{L'Hosp.}{=} \lim_{x \to \frac{\pi}{2}\pm} \frac{1}{-1/\sin^2 x} = -1.$$

2.) $\boxed{\infty - \infty:}$ Dieser Fall entspricht einem Grenzwert $\lim\limits_{x \to x_0} \big(f(x) - g(x) \big)$ mit $\lim\limits_{x \to x_0} f(x) = +\infty = \lim\limits_{x \to x_0} g(x)$. Wir betrachten stattdessen den unbestimmten Ausdruck

$$\boxed{\lim_{x \to x_0} f(x) \left[1 - \frac{g(x)}{f(x)} \right],}$$

wobei **zwei Fälle** zu unterscheiden sind:

a) $\lim\limits_{x \to x_0} \dfrac{g(x)}{f(x)} \neq 1 \quad \Longrightarrow \quad \lim\limits_{x \to x_0} \big(f(x) - g(x) \big) = \pm\infty.$

b) $\lim\limits_{x \to x_0} \dfrac{g(x)}{f(x)} = 1 \quad \Longrightarrow \quad \lim\limits_{x \to x_0} \big(f(x) - g(x) \big)$ hat die Form „$0 \cdot \infty$".

Beispiel 6.75 *Dazu entsprechend betrachten wir zwei Grenzwerte:*

a) $\lim\limits_{x \to 0+} \left[\dfrac{1}{x} - \dfrac{2}{\ln(1 + x)} \right] = \lim\limits_{x \to 0+} \dfrac{1}{x} \Big[1 - \underbrace{\dfrac{2x}{\ln(1 + x)}}_{\to 2} \Big] = -\infty.$

b) *Eine geringfügige Modifikation liefert jetzt*

$$\lim_{x \to 0+} \left[\frac{1}{x} - \frac{1}{\ln(1+x)} \right] \quad = \quad \lim_{x \to 0+} \frac{\ln(1+x) - x}{x \ln(1+x)}$$

$$\overset{1.L'Hosp.}{=} \quad \lim_{x \to 0+} \frac{1/(1+x) - 1}{x/(1+x) + \ln(1+x)}$$

$$= \quad \lim_{x \to 0+} \frac{-x}{x + (1+x) \ln(1+x)}$$

$$\overset{2.L'Hosp.}{=} \quad \lim_{x \to 0+} \frac{-1}{1 + \ln(1+x) + 1} = -\frac{1}{2}.$$

3.) $\boxed{0^0:}$ Dieser Fall entspricht $\lim_{x \to x_0} f(x)^{g(x)} = \lim_{x \to x_0} e^{g(x) \ln[f(x)]} = e^{0 \cdot \infty}$.

4.) $\boxed{\infty^0:}$ Dieser Fall entspricht $\lim_{x \to x_0} f(x)^{g(x)} = \lim_{x \to x_0} e^{g(x) \ln[f(x)]} = e^{0 \cdot \infty}$.

5.) $\boxed{1^\infty:}$ Dieser Fall entspricht $\lim_{x \to x_0} f(x)^{g(x)} = \lim_{x \to x_0} e^{g(x) \ln[f(x)]} = e^{\infty \cdot 0}$.

In allen drei Fällen berechnen wir demnach *zuerst* den Logarithmus der Grenzwerte und exponieren danach das Ergebnis wie folgt:

$$\boxed{\lim_{x \to x_0} f(x)^{g(x)} =: e^G \quad \Longleftrightarrow \quad G := \lim_{x \to x_0} g(x) \ln[f(x)].}$$

Beispiel 6.76 *Entsprechend betrachten wir dazu folgende Grenzwerte:*

a) *Zu „0^0":*

$$\lim_{x \to +\infty} \left(\frac{1}{x} \right)^{3/x^2} =: e^G \Longleftrightarrow G := \lim_{x \to +\infty} \left(-\frac{3 \ln x}{x^2} \right) = 0$$

$$\Longleftrightarrow e^G = 1.$$

b) *Zu „∞^0":*

$$\lim_{x \to \pi -} \left(2 + 3 \, e^{1/\sin x} \right)^{x - \pi} =: e^G$$

$$\Longleftrightarrow G := \lim_{x\to\pi-} (x-\pi)\ln\left(2+3\,e^{1/\sin x}\right)$$

$$= \lim_{x\to\pi-} (x-\pi)\Big[\underbrace{\frac{1}{\sin x} + \ln\left(2\,e^{-1/\sin x}+3\right)}_{\to\ln 3}\Big]$$

$$= \lim_{x\to\pi-} \frac{x-\pi}{\sin x} \overset{L'Hosp.}{=} \lim_{x\to\pi-} \frac{1}{\cos x} = -1$$

$$\Longleftrightarrow e^G = e^{-1}.$$

Eine ähnliche Rechnung ergibt

$$\lim_{x\to\pi+} \left(2+3\,e^{1/\sin x}\right)^{x-\pi} = 1.$$

c) *Zu* „1^∞ ":

$$\lim_{x\to 1} x^{1/(x-1)} =: e^G \Longleftrightarrow G := \lim_{x\to 1} \frac{\ln x}{x-1} \overset{L'Hosp.}{=} \lim_{x\to 1} \frac{1}{x} = 1$$

$$\Longleftrightarrow e^G = e^1 = e.$$

Bemerkung 6.77 *Die Regeln von* L'Hospital *können versagen, wenn die Voraussetzungen der beiden letzten Sätze nicht strikt beachtet werden.*

Beispiel 6.78 *Wir betrachten den Grenzwert*

$$\lim_{x\to+\infty} \frac{f(x)}{g(x)} := \lim_{x\to+\infty} \frac{e^x - e^{-x}}{e^x + e^{-x}} = \frac{\infty}{\infty}.$$

Durch Ableiten von Zähler und Nenner resultieren die sich alternierend reproduzierenden Quotienten

$$\frac{e^x + e^{-x}}{e^x - e^{-x}}, \quad \frac{e^x - e^{-x}}{e^x + e^{-x}}, \quad \ldots$$

Es existiert für keine der Ableitungen $f^{(n)}(x)/g^{(n)}(x)$ ein Grenzwert. Hingegen resultiert nach Division durch e^{-x} sofort der korrekte Grenzwert

$$\lim_{x\to+\infty} \frac{e^x - e^{-x}}{e^x + e^{-x}} = \lim_{x\to+\infty} \frac{1 - e^{-2x}}{1 + e^{-2x}} = 1.$$

Eine ähnliche Situation liegt bei dem unbestimmten Ausdruck

$$\lim_{x\to+\infty} \frac{f(x)}{g(x)} := \lim_{x\to+\infty} \frac{x + \sin x}{x - \sin x} = \frac{\infty}{\infty}$$

vor. Die Regel von L'HOSPITAL *darf hier* **nicht** *angewendet werden, denn der Grenzwert*

$$\lim_{x\to+\infty} \frac{1+\cos x}{1-\cos x} = \lim_{x\to+\infty} \frac{f'(x)}{g'(x)}$$

existiert nicht. *Es wäre ganz falsch, hier nochmals die Regel von* L'HOSPITAL *anwenden zu wollen. Wie man sofort verifiziert, würde dies auf einen Grenzwert* $c = -1$ *führen. Hingegen resultiert nach Division durch* x *sofort der korrekte Grenzwert*

$$\lim_{x\to+\infty} \frac{x+\sin x}{x-\sin x} = \lim_{x\to+\infty} \frac{1+\frac{\sin x}{x}}{1-\frac{\sin x}{x}} = 1.$$

GUILLAUME FRANCOIS ANTONE, MARQUIS DE L'HOSPITAL (1661-1704) war französischer Mathematiker. Die nach ihm benannte Regel wurde jedoch von dem Schweizer Mathematiker JOHANN BERNOULLI (1667-1748) formuliert.

Die Brüder JOHANN UND JAKOB BERNOULLI (1655-1705) beschäftigten sich vor ihrem Zerwürfnis gemeinsam mit der von GOTTFRIED WILHELM LEIBNIZ (1646-1716) verfassten Infinitesimalrechnung. Im Jahre 1691 begeisterte Johann während seines Aufenthaltes in Paris seinen Kollegen L'HOSPITAL mit der damals neuen Disziplin Analysis. L'HOSPITAL publizierte 1696 dazu das erste Buch über Differential- und Integralrechnung, welches auch Werke von JOHANN BERNOULLI enthielt.

Aufgaben

Aufgabe 6.38. Bestimmen Sie folgende Grenzwerte mit der Regel von L'HOSPITAL:

$a)\ \lim_{x\to 0} \frac{\sin x}{x^3+7x}, \quad b)\ \lim_{x\to\infty} \frac{\sqrt{x}}{\ln x}, \quad c)\ \lim_{x\to 0} \sqrt{x}\ln x, \quad d)\ \lim_{x\to 0} \frac{\sin(e^{x^2}-1)}{e^{\cos x}-e}.$

Aufgabe 6.39. Bestimmen Sie folgende Grenzwerte mit der Regel von L'HOSPITAL:

$a)\ \lim_{x\to\pm\infty} x^n \exp(x),\ \text{für } n\in\mathbb{Z}, \quad b)\ \lim_{x\to\infty} (x+3)(e^{\frac{2}{x}}-1), \quad c)\ \lim_{x\to 0} \frac{\cos(7x)-1}{x^3+2x^2}.$

Aufgabe 6.40. Bestimmen Sie folgende Grenzwerte mit der Regel von L'HOSPITAL:

$$a)\ \lim_{x\to\infty} \left(1 + e^{-x}\right)^{\frac{1}{\tan\frac{1}{x}}}, \quad b)\ \lim_{x\to 0} \frac{(\ln(x+1))^2}{1 - e^{-x^2}}, \quad c)\ \lim_{x\to 0+} \left(\frac{1}{x}\right)^{\sin x}.$$

Zusätzliche Information. Zu Aufgabe 6.40 ist bei der Online-Version dieses Kapitels (doi:10.1007/978-3-642-29980-3_6) ein Video enthalten.

Aufgabe 6.41. Bestimmen Sie folgende Grenzwerte mit der Regel von L'HOSPITAL:

$$a)\ \lim_{x\to\pi} (\tan nx)\cdot(\cot(mx)),\ m,n\in\mathbb{N}, \quad b)\ \lim_{x\to 1}\left(\frac{1}{1-e^{x-1}} - \frac{\pi}{\sin\pi x}\right),$$

$$c)\ \lim_{x\to 0+}(\ln x)\cdot\ln(1-x), \quad d)\ \lim_{x\to 1}\left(\frac{1}{x\ln x} - \frac{1}{x-1}\right).$$

Aufgabe 6.42. Warum versagt bei der Bestimmung von $\displaystyle\lim_{x\to\infty}\frac{x}{\sqrt{1+x^2}}$ die Regel von L'HOSPITAL? Wie lautet der Grenzwert?

6.9 Der Satz von TAYLOR

In (6.4) wurde das LEIBNIZsche Tangentenproblem mit Hilfe der Ableitung $f'(x_0)$ einer Funktion $f \in \text{Abb}\,(\mathbb{R},\mathbb{R})$ gelöst. Zur Erinnerung, es war diejenige affine Funktion $T(x) := ax + b$ zu bestimmen, die die Funktion f in einem Punkt $x_0 \in D_f$ **mindestens von der Ordnung 1 berührt**. Darunter verstehen wir Folgendes:

Definition 6.79 *Zwei Funktionen* $f, g \in \text{Abb}\,(\mathbb{R},\mathbb{R})$ *berühren sich im Punkt* $x_0 \in D_f \cap D_g$ **mindestens von der Ordnung** $n \in \mathbb{N}$, *wenn für* $x \in D_f \cap D_g$ *gilt:*

$$f(x) = g(x) + R_n(x;x_0) \quad und \quad \lim_{x\to x_0}\frac{R_n(x;x_0)}{(x-x_0)^n} = 0. \qquad (6.15)$$

Ist die Funktion f im Punkt $x_0 \in D_f$ differenzierbar, so berühren sich also f und die Tangente

$$T_1(x) := f(x_0) + f'(x_0)\,(x-x_0), \quad x\in\mathbb{R}, \qquad (6.16)$$

in x_0 mindestens von der Ordnung 1. Die folgende Fragestellung ist eine naheliegende Verallgemeinerung des LEIBNIZschen Tangentenproblems:

Zu einer gegebenen Funktion $f \in \mathrm{Abb}\,(\mathbb{R}, \mathbb{R})$ und zu einem Punkt $x_0 \in D_f$ ist ein Polynom T_n vom Grad höchstens $n \in \mathbb{N}$ derart zu bestimmen, dass sich f und T_n in x_0 mindestens von der Ordnung n berühren.

Im Fall $n = 1$ wird diese Aufgabe durch die Tangente $T_1(x)$ aus (6.16) gelöst, sofern die Funktion f im Punkt x_0 differenzierbar ist. Für den allgemeinen Fall zeigen wir in einem ersten Schritt, dass es zum obigen Problem höchstens eine Lösung $T_n(x)$ geben kann.

Satz 6.80 *Es gibt höchstens ein Polynom T_n vom Grad $\leq n \in \mathbb{N}$, welches eine gegebene Funktion $f \in \mathrm{Abb}\,(\mathbb{R}, \mathbb{R})$ in einem festen Punkt $x_0 \in D_f$ mindestens von der Ordnung n berührt.*

Beweis. Wären $T_n(x) := \sum\limits_{k=0}^{n} a_k(x - x_0)^k$ und $P_n(x) := \sum\limits_{k=0}^{n} b_k(x - x_0)^k$ zwei solche Polynome, so hätten wir

$$f(x) = T_n(x) + R_n(x; x_0), \quad \lim_{x \to x_0} \frac{R_n(x; x_0)}{(x - x_0)^n} = 0,$$

$$f(x) = P_n(x) + Q_n(x; x_0), \quad \lim_{x \to x_0} \frac{Q_n(x; x_0)}{(x - x_0)^n} = 0.$$

Setzen wir $L_n(x; x_0) := R_n(x; x_0) - Q_n(x; x_0)$, so gilt dann offenbar

$$0 = \sum_{k=0}^{n} (a_k - b_k)(x - x_0)^k + L_n(x; x_0), \quad \lim_{x \to x_0} \frac{L_n(x; x_0)}{(x - x_0)^n} = 0.$$

Wäre $0 \leq j \leq n$ der kleinste Index mit $a_j \neq b_j$, so erhielten wir nach Division der obigen Gleichung durch $(x - x_0)^j$ und Grenzwertbildung $x \to x_0$:

$$0 = a_j - b_j + \lim_{x \to x_0} \left[\frac{L_n(x; x_0)}{(x - x_0)^n} \cdot (x - x_0)^{n-j} \right] = a_j - b_j.$$

Also muss $a_j = b_j \;\forall\, 0 \leq j \leq n$ gelten.   qed

Dass ein solches Polynom T_n wirklich existiert, wurde bereits von BROOK TAYLOR (1685–1735) nachgewiesen:

Satz 6.81 (von der TAYLORschen Formel) *Für die gegebene Funktion $f \in \mathrm{Abb}(\mathbb{R}, \mathbb{R})$ gebe es ein Intervall $[a, b] \subseteq D_f$ derart, dass*

$f \in C^n([a,b])$ gilt. Dann existiert in jedem Punkt $x_0 \in (a,b)$ genau ein Polynom $T_n(x)$ vom Grad höchstens $n \in \mathbb{N}$ mit der Eigenschaft:

$$f(x) = T_n(x) + R_n(x; x_0) \ \forall \, x \in [a,b], \quad \lim_{x \to x_0} \frac{R_n(x; x_0)}{(x - x_0)^n} = 0. \quad (6.17)$$

Dieses ist das **TAYLOR–Polynom n-ten Grades der Funktion f im Entwicklungspunkt** x_0 mit der Darstellung

$$T_n(x) = \sum_{k=0}^{n} \frac{1}{k!} f^{(k)}(x_0) \cdot (x - x_0)^k, \quad x \in \mathbb{R}. \quad (6.18)$$

Existiert in jedem Punkt $x_0 \in (a,b)$ darüber hinaus noch die $(n+1)$-te Ableitung $f^{(n+1)}(x_0)$, so hat das **Restglied** die Darstellung

$$R_n(x; x_0) = \frac{(x - x_0)^{n+1}}{(n+1)!} f^{(n+1)}(\xi), \quad \xi := x_0 + \theta\,(x - x_0) \ \text{ für ein } \theta \in (0,1).$$
$$(6.19)$$

Das Restglied in der Form (6.19) heißt **LAGRANGEsches Restglied der TAYLOR–Formel.**

Beweis. Wir betrachten für festes $x_0 \in (a,b)$ und für $t \in [a,b]$ die Hilfsfunktion

$$g(t) := f(x) - \sum_{k=0}^{n-1} \frac{1}{k!} f^{(k)}(t)\,(x - t)^k, \quad x \in [a,b] \ \text{ fest}, \ x \neq x_0,$$

und wir setzen

$$G(t) := g(t) - g(x_0) \left(\frac{x - t}{x - x_0} \right)^n.$$

Die Funktion G ist in (a,b) differenzierbar, und es gilt $g(x) = 0$, $G(x) = 0 = G(x_0)$. In dieser Situation trifft der Satz von ROLLE (Satz 6.54) zu. Es gibt eine Zwischenstelle $\xi = x_0 + \theta\,(x - x_0)$, $\theta \in (0,1)$, mit

$$0 = G'(\xi) = g'(\xi) + g(x_0) \frac{n(x - \xi)^{n-1}}{(x - x_0)^n}.$$

Wir berechnen

$$g'(\xi) = -\frac{(x - \xi)^{n-1}}{(n-1)!} f^{(n)}(\xi), \ \text{ und somit } \ g(x_0) = \frac{(x - x_0)^n}{n!} f^{(n)}(\xi).$$

Wird dieser Ausdruck in die Definition der Funktion g eingesetzt, so resultiert nun

$$f(x) = \sum_{k=0}^{n-1} \frac{1}{k!}\, f^{(k)}(x_0)\,(x - x_0)^k + \frac{(x - x_0)^n}{n!}\, f^{(n)}(\xi). \qquad (6.20)$$

Nach Voraussetzung ist $f^{(n)}(x)$ stetig im Punkt $x = x_0$, und somit gilt sicher

$$f^{(n)}(\xi) = f^{(n)}(x_0) + L(\xi; x_0) \ \text{ mit } \ \lim_{\xi \to x_0} L(\xi; x_0) = 0.$$

Setzen wir hier $R_n(x; x_0) := L(\xi; x_0)(x - x_0)^n / n!$ so ergeben sich bereits die Darstellungen (6.17) und (6.18). Schließlich ist das LAGRANGEsche Restglied (6.19) direkt an (6.20) ablesbar, wenn man die höhere Differenzierbarkeitsvoraussetzung beachtet.   qed

Bemerkung 6.82 *Der Satz von der* TAYLOR *sagt nichts darüber aus, wie man die Zwischenstelle ξ findet. Man kann aber wie beim Mittelwertsatz die Restgliedformel zur Fehlerabschätzung verwenden (siehe Beispiel 6.57), wenn man für den Betrag der Ableitung $|f^{(n+1)}(\xi)|$ eine obere Schranke kennt.*

Beispiel 6.83 *Wir bestimmen die* TAYLOR*-Polynome der Funktionen*

$$f_1(x) := e^x, \ f_2(x) := \sin x, \ f_3(x) := \cos x, \ x \in D_{f_i} := \mathbb{R}, \ i = 1, 2, 3,$$

im Entwicklungspunkt $x_0 := 0$.

Es gelten folgende Relationen:

a) $f_1^{(k)}(x) = e^x \implies f_1^{(k)}(0) = 1 \ \forall\, k \in \mathbb{N}_0,$

b) Wir unterscheiden:

$$f_2^{(2k)}(x) = (-1)^k \sin x \quad \implies f_2^{(2k)}(0) = 0,$$
$$f_2^{(2k+1)}(x) = (-1)^k \cos x \implies f_2^{(2k+1)}(0) = (-1)^k \ \forall\, k \in \mathbb{N}_0.$$

c) Wir unterscheiden:

$$f_3^{(2k)}(x) = (-1)^k \cos x \quad \implies f_3^{(2k)}(0) = (-1)^k,$$
$$f_3^{(2k+1)}(x) = (-1)^{k+1} \sin x \implies f_3^{(2k+1)}(0) = 0 \ \forall\, k \in \mathbb{N}_0.$$

Somit erhalten wir aus (6.18) und (6.19) die Darstellungen:

$$
e^x = \sum_{k=0}^{n} \frac{x^k}{k!} + \frac{x^{n+1}}{(n+1)!}\, e^{\theta x} \quad mit \ 0 < \theta < 1,
$$

$$
\sin x = \sum_{k=0}^{n} \frac{(-1)^k x^{2k+1}}{(2k+1)!} + \frac{(-1)^{n+1} x^{2n+3}}{(2n+3)!}\cos\theta x \quad mit \ 0 < \theta < 1,
$$

$$
\cos x = \sum_{k=0}^{n} \frac{(-1)^k x^{2k}}{(2k)!} + \frac{(-1)^{n+1} x^{2n+2}}{(2n+2)!}\cos\theta x \quad mit \ 0 < \theta < 1.
$$

Wir haben also für f_1 das TAYLOR*-Polynom vom Grade n berechnet. Für f_2 und f_3 sind es dagegen die* TAYLOR*-Polynome vom Grade $2n + 1$, wegen verschwindender Ableitungen.*

Wegen $|\cos\theta x| \leq 1$ haben wir in diesen beiden Fällen eine Fehlerabschätzung:

$$
\left|\sin x - \sum_{k=0}^{n} \frac{(-1)^k x^{2k+1}}{(2k+1)!}\right| \leq \frac{|x|^{2n+3}}{(2n+3)!}, \quad \left|\cos x - \sum_{k=0}^{n} \frac{(-1)^k x^{2k}}{(2k)!}\right| \leq \frac{|x|^{2n+2}}{(2n+2)!}.
$$

Beispiel 6.84 *Wir bestimmen das* TAYLOR*-Polynom vom Grad $n \in \mathbb{N}$ der Funktion $f(x) := \ln x$, $x \in D_f := (0, +\infty)$, im Entwicklungspunkt $x_0 := 1$. Es gelten folgende Relationen:*

$$
f'(x) = \frac{1}{x}, \ f''(x) = \frac{-1!}{x^2}, \ldots, f^{(k)}(x) = \frac{(-1)^{k-1}(k-1)!}{x^k}
$$

$$
\implies f^{(0)}(1) = 0, \ f^{(k)}(1) = (-1)^{k-1}(k-1)! \ \forall \, k \in \mathbb{N}.
$$

Somit erhalten wir wiederum aus (6.18) und (6.19) für eine Zwischenstelle $\xi := 1 + \theta(x-1)$, $0 < \theta < 1$:

$$
\ln x = \sum_{k=1}^{n} \frac{(-1)^{k+1}}{k}(x-1)^k + \frac{(-1)^n (x-1)^{n+1}}{(n+1)\xi^{n+1}}.
$$

Wir stellen uns jetzt die Frage, wie groß $n \in \mathbb{N}$ höchstens gewählt werden muss, damit die Funktion $f(x) := \ln x$ im Bereich $|x-1| \leq 0.5$ durch das TAYLOR*-Polynom $T_n(x)$ im Entwicklungspunkt $x_0 := 1$ mit einer Genauigkeit von $\varepsilon := 10^{-4}$ approximiert wird.*

Wir brauchen n nur so groß zu machen, dass $|R_n(x; 1)| \leq \varepsilon$ für $0.5 \leq x \leq 1.5$ gilt. Wir haben hier:

$$|R_n(x;1)| = \frac{|x-1|^{n+1}}{(n+1)|\xi|^{n+1}} \leq \frac{(0.5)^{n+1}}{(n+1)(0.5)^{n+1}} = \frac{1}{n+1} \overset{!}{\leq} 10^{-4},$$

und diese Ungleichung ist sicher für $n = 10^4 - 1 = 9999$ erfüllt.

Beispiel 6.85 *Es sei $f(x) := P_n(x)$ ein Polynom vom Grad $n \in \mathbb{N}$. Dann gilt nach Satz 6.80 notwendigerweise $P_n(x) = T_n(x)$. Aus*

$$P_n(x) = [\cdots [[(x - x_0)a_n + P_1(x_0)](x - x_0) + P_2(x_0)](x - x_0) + \cdots$$

$$+ P_{n-1}(x_0)](x - x_0) + P_n(x_0)$$

$$= \sum_{k=0}^{n} d_k (x - x_0)^k \ \text{mit} \ d_k := P_{n-k}(x_0) \ \text{und} \ d_n := P_0(x_0) = a_n,$$

erhalten wir sofort die Beziehung $P_n^{(k)}(x_0) = k! P_{n-k}(x_0)$. Nun gilt gemäß Satz 6.81, dass

$$P_n(x) = T_n(x) = \sum_{k=0}^{n} \frac{1}{k!} P_n^{(k)}(x_0)\,(x - x_0)^k = \sum_{k=0}^{n} P_{n-k}(x_0)\,(x - x_0)^k \ \ \forall\, x \in \mathbb{R}.$$

Damit erreichen wir einen Zusammenhang zwischen den Koeffizienten des TAYLOR*-Polynoms im Entwicklungspunkt x_0 und dem vollständigen* HORNER*-Schema, wie es im folgenden konkreten Zahlenbeispiel dargestellt wird:*

Wir bestimmen die TAYLOR*-Entwicklung des Polynoms*

$$P_4(x) := 4x^4 - 5x^3 + 6x - 30$$

an der Stelle $x_0 = 2$. Wir berechnen dazu das vollständige HORNER*-Schema:*

$$
\begin{array}{r|rrrrr}
 & 4 & -5 & 0 & 6 & -30 \\
2 & * & 8 & 6 & 12 & 36 \\
\hline
 & 4 & 3 & 6 & 18 & \boxed{6} = P_4(2) \\
2 & * & 8 & 22 & 56 & \\
\hline
 & 4 & 11 & 28 & \boxed{74} & = \frac{1}{1!} \cdot P_4'(2) \\
2 & * & 8 & 38 & & \\
\hline
 & 4 & 19 & \boxed{66} & & = \frac{1}{2!} \cdot P_4''(2) \\
2 & * & 8 & & & \\
\hline
 & 4 & \boxed{27} & & & = \frac{1}{3!} \cdot P_4'''(2) \\
 & * & & & & \\
\hline
 & \boxed{4} & & & & = \frac{1}{4!} \cdot P_4^{(4)}(2)
\end{array}
$$

Aus den eingerahmten Koeffizienten ergibt sich die TAYLOR-*Entwicklung des Polynoms P_4 an der Stelle $x_0 = 2$ in der Form:*

$$P_4(x) = T_4(x) = 4(x-2)^4 + 27(x-2)^3 + 66(x-2)^2 + 74(x-2) + 6.$$

Das letzte Beispiel wirft die generelle Frage auf, für welche Funktionen f das TAYLOR–Polynom $T_n(x)$ aus (6.18) im Grenzwert $n \to +\infty$ gegen die Funktion f konvergiert. Wegen $|f(x) - T_n(x)| = |R_n(x; x_0)|$ liegt die Antwort schon auf der Hand:

Satz 6.86 *Gegeben seien eine Funktion $f \in \mathrm{Abb}\,(\mathbb{R}, \mathbb{R})$ und ein Intervall $[a, b] \subseteq D_f$, so dass $f \in C^\infty([a, b])$ gilt. Genau dann gestattet die Funktion f an der* **Stelle $x_0 \in (a, b)$** *die* **TAYLOR-Entwicklung**

$$f(x) = \sum_{k=0}^{\infty} \frac{1}{k!}\, f^{(k)}(x_0)\, (x - x_0)^k \ \ \forall\, x \in [a, b], \qquad (6.21)$$

wenn

$$\lim_{n \to \infty} R_n(x; x_0) = \lim_{n \to \infty} \frac{(x - x_0)^{n+1}}{(n+1)!}\, f^{(n+1)}(\xi) = 0 \ \ \forall\, x \in [a, b]$$

gilt. Die in (6.21) entwickelte Reihe heißt die **TAYLOR-Reihe** *von f.*

Beispiel 6.87 *Es gilt bekanntlich*

$$\lim_{n \to \infty} \frac{|x|^n}{n!} = 0$$

für jedes feste $x \in \mathbb{R}$. Für die in Beispiel 6.83 angegebenen Restglieder folgt hieraus jeweils $\lim\limits_{n\to\infty} |R_n(x;0)| = 0$ bei festgehaltenem $x \in \mathbb{R}$. Somit resultieren die folgenden TAYLOR*-Reihen:*

$$e^x = \sum_{k=0}^{\infty} \frac{x^k}{k!}, \quad \sin x = \sum_{k=0}^{\infty} \frac{(-1)^k x^{2k+1}}{(2k+1)!}, \quad \cos x = \sum_{k=0}^{\infty} \frac{(-1)^k x^{2k}}{(2k)!} \quad \forall\, x \in \mathbb{R}.$$

Beispiel 6.88 *Für das Restglied des Logarithmus in Beispiel 6.84 gilt folgende Abschätzung:*

$$|R_n(x;1)| = \frac{|x-1|^{n+1}}{(n+1)|\xi|^{n+1}} \leq \begin{cases} \dfrac{(\frac{1}{x}-1)^{n+1}}{n+1} = \dfrac{e^{(n+1)\ln(1-x)/x}}{n+1} & : \ 0 < x < 1, \\[2ex] \dfrac{(x-1)^{n+1}}{n+1} = \dfrac{e^{(n+1)\ln(x-1)}}{n+1} & : \ x \geq 1. \end{cases}$$

Es gilt $\ln(1-x)/x \leq 0$ für $0 < x < 1$ sowie $\ln(x-1) \leq 0$ für $1 \leq x \leq 2$. Deshalb erhalten wir $\lim\limits_{n\to\infty} |R_n(x;1)| = 0 \ \forall\, x \in (0,2]$, und somit

$$\ln x = \sum_{k=1}^{\infty} \frac{(-1)^{k+1}}{k} (x-1)^k \quad \forall\, x \in (0,2].$$

Setzen wir insbesondere $x = 2$ ein, so erhalten wir nun den Summenwert der **alternierenden harmonischen** *Reihe*

$$\ln 2 = -\sum_{k=1}^{\infty} \frac{(-1)^k}{k}.$$

Beispiel 6.89 *Die Funktion $F : \mathbb{R} \to \mathbb{R}$ mit*

$$F(x) := \frac{1}{x^2}\left(x^3 + \cos^2 x - 1\right), \quad x \neq 0,$$

ist in $x_0 = 0$ stetig ergänzbar.

Wir bestimmen $F(0)$ und verwenden dazu die bekannte TAYLOR*-Reihe für*

$$\cos 2x = 2\cos^2 x - 1.$$

Es gilt

$$\cos 2x = \sum_{k=0}^{\infty} \frac{(-1)^k (2x)^{2k}}{(2k)!} = 1 - 2x^2 + \frac{2}{3} x^4 + \sum_{k=3}^{\infty} \frac{(-1)^k (2x)^{2k}}{(2k)!},$$

und aus dieser Relation ergibt sich sofort

$$F(x) = \frac{1}{x^2} \left(x^3 + \frac{1}{2} \cos 2x - \frac{1}{2} \right) = -1 + x + \frac{1}{3} x^2 + 2 \sum_{k=3}^{\infty} \frac{(-1)^k (2x)^{2(k-1)}}{(2k)!}.$$

(6.22)

Daran erkennen wir sofort den gesuchten Funktionswert $F(0) = -1$.

BROOK TAYLOR (1685-1731) war britischer Mathematiker. Er beschäftigte sich mit verschiedenen Bereichen der Analysis und formulierte als Erster das bekannte mathematische Problem der schwingenden Saite nach mechanischen Prinzipien. TAYLOR und JOHANN BERNOULLI waren stark verfeindet. Nach dem Tode von LEIBNIZ im Jahre 1716 etablierte sich JOHANN BERNOULLI (1667-1748) zum Hauptvertreter der Analysis im kontinentalen Europa. Es entbrannte ein Prioritätenstreit mit englischen Mathematikern im Umfeld von ISAAC NEWTON (1642-1726), zu denen auch TAYLOR gehörte.

Aufgaben

Aufgabe 6.43. Wie lautet das TAYLOR-Polynom n-ten Grades von $f(x) = \sqrt{1+x}$ um den Entwicklungspunkt $x_0 = 3$?

Aufgabe 6.44.

a) Entwickeln Sie mit und ohne HORNER-Schema $P(x) = x^4 + 3x^2 + 2x + 2$ in ein TAYLOR-Polynom um $x_0 = 1$.

b) Wie lautet das Taylor-Polynom 4. Grades von $f(x) = \ln \frac{1+x}{1-x}$ um den Entwicklungspunkt $x_0 = 0$?

Aufgabe 6.45. Es sei $f : [-1, \infty) \to \mathbb{R}$ mit $f(x) = \sqrt{1+x}$ gegeben.

a) Bestimmen Sie mittels TAYLOR-Formel das Polynom 2. Grades p_2 (auch den Entwicklungspunkt x_0), für das gilt

$$\lim_{x \to 0} \frac{1}{x^2} (f(x) - p_2(x)) = 0.$$

b) Zeigen Sie für alle $x \in [0, \infty)$ die Abschätzung

$$|f(x) - p_2(x)| \le \frac{1}{16}x^3.$$

Aufgabe 6.46. Wir betrachten die Funktion

$$g : (-1, \infty) \to \mathbb{R}, \quad x \mapsto 2x - (x+1)\ln(x+1).$$

Zeigen Sie: Für alle $x > 0$ gilt

$$x - \frac{x^2}{2} + \frac{x^3}{6(1+x)^2} < g(x) < \min(x - \frac{1}{1+x}\frac{x^2}{2}, x - \frac{x^2}{2} + \frac{x^3}{6}).$$

Aufgabe 6.47. Gegeben sei die Funktion $f(x) = \dfrac{\ln(1+x)}{1+x}$, $x > -1$. Bestimmen Sie für $|x| < 1$ die zu f gehörige TAYLOR-Reihe um den Entwicklungspunkt $x_0 = 0$.

Aufgabe 6.48. Gegeben sei $f(x) = \operatorname{Ar} \tanh(\sin x)$:

a) Bestimmen Sie das TAYLOR-Polynom T_2 zweiten Grades um den Entwicklungspunkt $x_0 = 0$, das zugehörige Restglied und eine Abschätzung des Restgliedes für $|x| \le \dfrac{\pi}{6}$.

b) Bestimmen Sie $\lim\limits_{x \to 0} \dfrac{x^2 f(x)}{f(x^3)}$.

Aufgabe 6.49. Berechnen Sie das TAYLOR-Polynom T_6 sechsten Grades für die Funktion $f(x) = \cosh x$. Berechnen Sie mit Hilfe von T_6 den Wert $\cosh 1$ näherungsweise, und zeigen Sie, dass diese Näherung bis auf 3 Stellen hinter dem Komma genau ist.

Aufgabe 6.50. Berechnen Sie folgende Grenzwerte

$$i) \lim_{x \to 0} \frac{x \cos x - \sin x}{x^3}, \quad ii) \lim_{x \to 0} \frac{\cos x + \cosh x - 2 - \frac{1}{12}x^4}{2x^8}$$

a) mit Hilfe der Regel von L'HOSPITAL,

b) mit Hilfe der TAYLOR-Formel.

6.10 Extremwerte, Kurvendiskussion

Wir verschaffen uns am einfachsten einen Überblick über den Funktionsverlauf einer gegebenen Funktion $f \in \operatorname{Abb}(\mathbb{R}, \mathbb{R})$ durch Zeichnen des Graphen

$G(f)$. Hier sind insbesondere Kenntnisse über charakteristische Punkte der Funktion f von Wichtigkeit. Ist die Funktion f *differenzierbar*, so gibt der Satz 6.51 Auskunft über die Lage relativer Extrema. Allerdings genügt nach dem Extremalsatz 5.49 allein die *Stetigkeit* der Funktion f auf einem abgeschlossenen Intervall $[a, b]$, um dort die Existenz von Extremalwerten sicherzustellen.

Relative Extrema einer Funktion f suche man daher stets

1. unter den Nullstellen der Ableitung f' (notwendig für *innere* Extrema, sofern f differenzierbar ist),

2. in den Randpunkten des Definitionsbereichs D_f,

3. in Punkten $x = x_0$, in denen f nicht differenzierbar ist.

Zur weiteren Analyse des Graphen einer hinreichend oft stetig differenzierbaren Funktion definieren wir:

Definition 6.90 *Ein innerer Punkt $x_0 \in D_f$ einer gegebenen Funktion $f \in \text{Abb}(\mathbb{R}, \mathbb{R})$ heißt*

1. **Flachpunkt** *von f, wenn $f'(x_0) = 0$ gilt,*

2. **Wendepunkt** *von f, wenn f' in x_0 ein relatives Extremum hat (notwendig dafür ist die Bedingung $f''(x_0) = 0$), d.h., wenn die zweite Ableitung f'' in x_0 das Vorzeichen wechselt,*

3. **Sattelpunkt** *von f, wenn x_0 sowohl Wende- als auch Flachpunkt ist.*

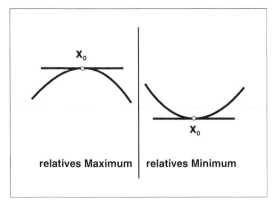

Flachpunkte von f

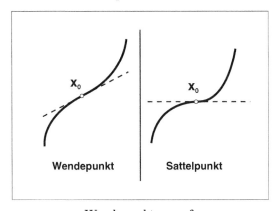

Wendepunkte von f

Der folgende Satz liefert eine analytische Entscheidungshilfe bei der Diskussion der oben definierten Ausnahmepunkte.

Satz 6.91 *Gegeben sei eine Funktion $f \in \mathrm{Abb}\,(\mathbb{R}, \mathbb{R})$. Für $[a, b] \subseteq D_f$ gelte $f \in C^n([a, b])$. Es gelte ferner in einem Punkt $x_0 \in (a, b)$*

$$f'(x_0) = 0 = f''(x_0) = \cdots = f^{(n-1)}(x_0), \quad aber \ f^{(n)}(x_0) \neq 0. \quad (6.23)$$

*Ist n eine **gerade Zahl**, so liegt in x_0 ein relatives **Extremum** vor, und zwar für*

$$f^{(n)}(x_0) > 0 \ \ ein \ relatives \ \mathbf{Minimum},$$

$$f^{(n)}(x_0) < 0 \ \ ein \ relatives \ \mathbf{Maximum}.$$

*Ist n eine **ungerade Zahl**, so liegt in x_0 ein **Sattelpunkt** vor.*

Beweis. Aus der TAYLORschen Formel ergibt sich

$$f(x) = f(x_0) + (x - x_0)^n \left[\frac{f^{(n)}(x_0)}{n!} + \frac{R_n(x; x_0)}{(x - x_0)^n} \right].$$

Da der letzte Summand im Grenzwert $x \to x_0$ verschwindet, hat der Klammerausdruck $[\cdots]$ für alle x in der Nähe von x_0 das Vorzeichen von $f^{(n)}(x_0)$. Ist n eine *gerade Zahl*, so gilt nun:

$f(x) \geq f(x_0)$, sofern $f^{(n)}(x_0) > 0$ ist; d.h., in x_0 liegt ein *Minimum*,

$f(x) \leq f(x_0)$, sofern $f^{(n)}(x_0) < 0$ ist; d.h., in x_0 liegt ein *Maximum*.

Ist n eine *ungerade Zahl*, so wechselt der Term $(x - x_0)^n$ in x_0 das Vorzeichen, und dies ist typisch für die Existenz eines *Sattelpunktes* in x_0.   qed

Beispiel 6.92 *Für die Funktion* $f(x) := x^3 - x^4 = x^3(1 - x)$, $x \in D_f := \mathbb{R}$, *berechnen wir sehr einfach*

$$f'(x) = x^2(3 - 4x), \ f''(x) = 6x(1 - 2x), \ f'''(x) = 6(1 - 4x), \ f^{(4)}(x) = -24.$$

Wir sehen, dass **Nullstellen** *von* f *bei* $x_0 = 0$ *und* $x_0 = 1$ *liegen.*

Flachpunkte *der Funktion* f *liegen in* $x_0 = 0$ *und* $x_0 = \frac{3}{4}$ *vor.*

Wegen $f''(0) = 0$ *und* $f'''(0) = 6$ *ist der Punkt* $x_0 = 0$ *ein* **Sattelpunkt.**

Hingegen liegt im Punkt $x_0 = \frac{3}{4}$ *wegen* $f''(\frac{3}{4}) = -\frac{9}{4} < 0$ *ein* **Maximum** *der Funktion* f. *Die Nullstellen von* f'' *sind die beiden Punkte* $x_0 = 0$ *und* $x_0 = \frac{1}{2}$.

Da die Funktion f'' *in beiden Punkten das Vorzeichen wechselt, liegen hier* **Wendepunkte** *vor.*

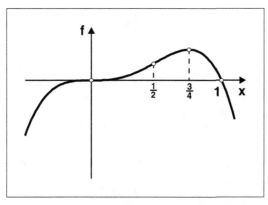

Graph der Funktion $f(x) := x^3 - x^4$

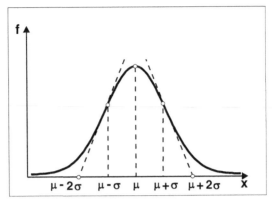

Die GAUSS-Normalverteilung

Beispiel 6.93 *Die in der Stochastik wichtige* **GAUSS**sche **Normalverteilung** *ist die Funktion*

$$f(x) := \frac{1}{\sigma\sqrt{2\pi}} \exp\left(-\frac{(x-\mu)^2}{2\sigma^2}\right), \quad x \in D_f := \mathbb{R}.$$

Die Parameter $\sigma > 0$ und $\mu > 0$ heißen **Streuung** *bzw.* **Mittelwert** *der Normalverteilung. Offenbar gilt $f(x) > 0 \; \forall x \in \mathbb{R}$, $\lim\limits_{x \to \pm\infty} f(x) = 0$. Zur Ermittlung relativer Extrema berechnen wir*

$$f'(x) = -\frac{x-\mu}{\sigma^3\sqrt{2\pi}} \exp\left(-\frac{(x-\mu)^2}{2\sigma^2}\right) = -\frac{x-\mu}{\sigma^2} f(x),$$

$$f''(x) = -\frac{1}{\sigma^3\sqrt{2\pi}}\left[1 - \frac{(x-\mu)^2}{\sigma^2}\right] \exp\left(-\frac{(x-\mu)^2}{2\sigma^2}\right)$$

$$= -\frac{1}{\sigma^2}\left[1 - \frac{(x-\mu)^2}{\sigma^2}\right] f(x),$$

$$f'''(x) = \frac{x-\mu}{\sigma^5\sqrt{2\pi}}\left[3 - \frac{(x-\mu)^2}{\sigma^2}\right] \exp\left(-\frac{(x-\mu)^2}{2\sigma^2}\right)$$

$$= -\frac{x-\mu}{\sigma^4}\left[3 - \frac{(x-\mu)^2}{\sigma^2}\right] f(x).$$

Wegen $f(x) > 0 \; \forall x \in \mathbb{R}$ hat die Gleichung $f'(x) = 0$ genau eine Lösung $x_0 = \mu$. Es gilt

$$f''(\mu) = -\frac{1}{\sigma^2} f(\mu) < 0,$$

so dass in diesem Punkt ein **Maximum** *liegt. Die Gleichung $f''(x) = 0$ hat die zwei Lösungen $x_\pm = \mu \pm \sigma$. Wir berechnen $f'''(x_+) = -f'''(x_-) =$*

$\frac{2}{\sigma^3} f(x_\pm) \neq 0$, *so dass die Punkte $x_\pm$* **Wendepunkte** *sind. Die Tangenten in den Wendepunkten heißen* **Wendetangenten**, *das sind hier die beiden affinen Funktionen*

$$T_1(x) := f(x_\pm)\left(2 - \frac{x - \mu}{\sigma}\right), \quad T_2(x) := f(x_\pm)\left(2 + \frac{x - \mu}{\sigma}\right), \quad x \in \mathbb{R},$$

mit den Nullstellen $x_1 := \mu + 2\sigma$ bzw. $x_2 := \mu - 2\sigma$.

Bemerkung 6.94 Die in Satz 6.91 aufgestellten Kriterien über die Existenz von Ausnahmepunkten verlieren ihre Gültigkeit, wenn f nicht mehr die erforderliche Differenzierbarkeitsstufe hat. Andererseits gibt es sogar Funktionen $f \in C^\infty(\mathbb{R})$, bei denen die Kriterien aus Satz 6.91 ebenfalls versagen.

Zu diesem Typ von Funktionen gehört z.B.

$$f(x) := \begin{cases} 0 & : x = 0, \\ \exp(-\frac{1}{x^2}) & : x \neq 0. \end{cases}$$

Diese Funktion hat die Eigenschaft $f^{(k)}(0) = 0 \; \forall \, k \in \mathbb{N}_0$. Obwohl f im Punkt $x_0 := 0$ ein absolutes Minimum hat, greift hier der Satz 6.91 nicht. Darüber hinaus verschwindet das TAYLOR–Polynom n–ten Grades im Entwicklungspunkt x_0 stets identisch, d.h.

$$T_n(x) = 0 \; \forall \, x \in \mathbb{R} \; \forall \, n \in \mathbb{N}.$$

Wir haben deshalb $|f(x) - T_n(x)| = |f(x)| > 0$ für $x \neq 0$, so dass das Restglied im Limes $n \to \infty$ außerhalb der Stelle $x_0 = 0$ nicht verschwindet.

Geometrische Bedeutung von f''. Das Vorzeichen der ersten Ableitung f' einer reellwertigen Funktion $f \in \mathrm{Abb}(\mathbb{R}, \mathbb{R})$ gibt Auskunft darüber, ob der Graph $G(f)$ steigt oder fällt. Dies haben wir in Satz 6.51 begründet. Will man noch eine zusätzliche Information darüber, ob sich der Graph $G(f)$ nach unten oder nach oben krümmt, so muss man das Vorzeichen der zweiten Ableitung f'' analysieren.

Definition 6.95 *Eine reellwertige Funktion $f \in \mathrm{Abb}(\mathbb{R}, \mathbb{R})$ heiße* **konvex** *auf einem Intervall $[a, b] \subseteq D_f$, wenn der Graph $G(f)$ stets* **unterhalb** *der Verbindungsgeraden zwischen zwei seiner Punkte $(x_1, f(x_1))$, $(x_2, f(x_2))$, $x_j \in [a, b]$, liegt. Liegt der Graph* **oberhalb** *der Verbindungsgeraden, so heiße die Funktion f* **konkav**. *Das heißt, für jedes Punktepaar $x_1, x_2 \in [a, b]$ gilt:*

$$f\left((1-t)x_1 + tx_2\right) \begin{cases} \leq (1-t)\,f(x_1) + t\,f(x_2)\ \forall\, t \in (0,1) \implies f \text{ \textbf{konvex}}, \\ \geq (1-t)\,f(x_1) + t\,f(x_2)\ \forall\, t \in (0,1) \implies f \text{ \textbf{konkav}}. \end{cases}$$
$$(6.24)$$

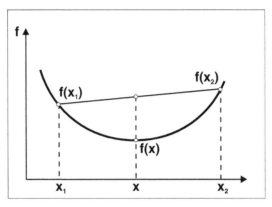

Graph einer konvexen Funktion

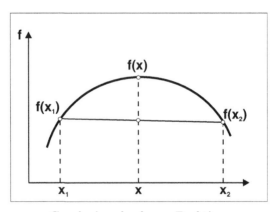

Graph einer konkaven Funktion

Satz 6.96 *Sei* $f \in \mathrm{Abb}\,(\mathbb{R}, \mathbb{R})$ *eine reellwertige Funktion.*

1. *f ist auf einem Intervall $[a, b] \subseteq D_f$ genau dann konvex, wenn dort die Funktion $-f$ konkav ist.*

2. *Gilt* $f \in C([a,b]) \cap C^2((a,b))$, *so ist* f *auf dem Intervall* $[a,b]$ *genau dann konvex (bzw. konkav), wenn* $f''(x) \geq 0$ *(bzw.* $f''(x) \leq 0$*)* $\forall\, x \in (a,b)$ *gilt.*

Beweis.

1. Diese Behauptung folgt direkt aus der in der obigen Definition formulierten Darstellung (6.24) durch Multiplikation mit (-1).

2. Wir setzen

$$x := (1-t)x_1 + tx_2 = x_1 + t(x_2 - x_1) = x_2 + (1-t)(x_1 - x_2).$$

Für $x_1 < x < x_2$ existieren nach dem Mittelwertsatz Zwischenstellen ξ_1, ξ_2 mit $x_1 < \xi_1 < x < \xi_2 < x_2$, so dass

$$f(x) - f(x_1) = f'(\xi_1)\,(x - x_1), \quad f(x_2) - f(x) = f'(\xi_2)\,(x_2 - x).$$

(1) Sei zunächst angenommen, dass die Funktion f konvex ist. Dann folgt unter Verwendung von (7.2):

$$f'(\xi_1) = \frac{f(x) - f(x_1)}{x - x_1} \leq \frac{t[f(x_2) - f(x_1)]}{t(x_2 - x_1)}$$

$$\leq \frac{(1-t)[f(x_2) - f(x)]}{(1-t)(x_2 - x)} = f'(\xi_2).$$

Also ist f' auf dem Intervall $[a,b]$ monoton wachsend, und dies ist genau dann der Fall, wenn $f''(x) \geq 0\ \forall\, x \in (a,b)$ gilt.

(2) Gelte umgekehrt $f''(x) \geq 0\ \forall\, x \in (a,b)$, so ist f' auf $[a,b]$ monoton wachsend, und wir erhalten

$$\frac{f(x) - f(x_1)}{x - x_1} = f'(\xi_1) \leq f'(\xi_2) = \frac{f(x_2) - f(x)}{x_2 - x}.$$

Wegen $x - x_1 = t(x_2 - x_1)$ und $x_2 - x = (1-t)(x_2 - x_1)$ ergibt sich die Bedingung (6.24).

qed

Beispiel 6.97 *Die Funktion* $f(x) := \sin\sqrt{x}$, $x \in D_f := [0, +\infty)$, *hat die Ableitungen*

$$f'(x) = \frac{\cos\sqrt{x}}{2\sqrt{x}}, \ x > 0, \quad f''(x) = -\frac{\sqrt{x}\sin\sqrt{x} + \cos\sqrt{x}}{4x\sqrt{x}}, \ x > 0.$$

Es gilt $f''(x) \le 0$ im Intervall $0 < x \le x_0$, worin $x_0 := \xi^2$ durch die Lösung $\xi \in (0, \pi)$ der transzendenten Gleichung $\xi = -\cot\xi$ eindeutig bestimmt ist.

Die Funktion $f(x)$ ist also auf dem Intervall $[0, x_0]$ konkav. In gleicher Weise können weitere Konkavitäts– und Konvexitätsintervalle gefunden werden.

Die Diskussion des Graphen $G(f)$ einer reellwertigen Funktion f, besonders hinsichtlich der Lage von Nullstellen, Extremwerten, Wendepunkten und der Asymptoten, nennen wir **Kurvendiskussion**. Es empfiehlt sich, bei Kurvendiskussionen systematisch vorzugehen, etwa nach folgenden Gesichtspunkten:

- Bestimmen Sie den maximalen Definitionsbereich der Funktion f. Prüfen Sie, ob die Funktion f Symmetrien aufweist.

- Bestimmen Sie die Nullstellen von f, f' und f''.

- Grenzen Sie mit diesen Nullstellen diejenigen Bereiche ab, in denen f positiv bzw. negativ ist, monoton wachsend bzw. monoton fallend, konvex bzw. konkav.

- Bestimmen Sie die relativen Extrema von f und diskutieren Sie, ob Maxima, Minima oder Sattelpunkte vorliegen. Bestimmen Sie die relativen Extrema von f' (Wendepunkte). In den Wendepunkten durchsetzt die Tangente den Graphen $G(f)$ (Wendetangente). Anschaulich ändert sich der Drehsinn der Tangente.

- Ist a ein Randpunkt von D_f, der eventuell nicht zu D_f gehört, so bestimmen Sie die Grenzwerte $\lim_{x \to a} f(x)$ und $\lim_{x \to a} f'(x)$.

Beispiel 6.98 *Wir diskutieren den Graphen der rationalen Funktion*

$$f(x) := \frac{x^2 - 1}{x^2 + x - 2} =: \frac{P(x)}{Q(x)}, \ x \in D(f) := \{x \in \mathbb{R} : Q(x) \ne 0\}.$$

Die Nullstellen von $Q(x) = x^2 + x - 2 = (x-1)(x+2)$ sind offenbar $x_0 = 1$ und $x_0 = -2$.

Wegen $P(x) = x^2 - 1 = (x-1)(x+1)$ ist f im Punkt $x_0 = 1$ stetig ergänzbar zu

$$f(1) = \lim_{x \to 1} \frac{P(x)}{Q(x)} = \lim_{x \to 1} \frac{2x}{2x+1} = \frac{2}{3},$$

wobei wir die Regel von L'HOSPITAL *angewendet haben. Hieraus ergibt sich der maximale Definitionsbereich $D_{\max}(f) = \mathbb{R} \setminus \{-2\}$ sowie*

$$f(x) = \begin{cases} \dfrac{x+1}{x+2} & : \ x \in D_{\max}(f) \setminus \{1\}, \\[2mm] \dfrac{2}{3} & : \ x = 1. \end{cases}$$

Wir erkennen $f(x_0) = 0$ *für* $x_0 = -1$ *sowie*

$$f'(x) = \frac{(x+2) - (x+1)}{(x+2)^2} = \frac{1}{(x+2)^2} > 0 \ \forall \, x \in D_{\max}(f).$$

Somit ist f in den Intervallen $(-\infty, -2)$ und $(-2, +\infty)$ streng monoton wachsend, während im Punkt $x_p = -2$ ein Pol 1. Ordnung mit Vorzeichenwechsel vorliegt. Weiterhin erhält man

$$f''(x) = \frac{-2}{(x+2)^3} \begin{cases} > 0 \ \forall \, x \in (-\infty, -2) \implies f \ \text{ist hier konvex}, \\[2mm] < 0 \ \forall \, x \in (-2, +\infty) \implies f \ \text{ist hier konkav}. \end{cases}$$

Es gilt ferner

$$f(x) \begin{cases} > 0 \ : \ x < -2, \\[1mm] < 0 \ : \ -2 < x < -1, \\[1mm] > 0 \ : \ -1 < x < +\infty. \end{cases}$$

Mit den Asymptoten

$$\lim_{x \to \pm\infty} f(x) = \lim_{x \to \pm\infty} \frac{1 + 1/x}{1 + 2/x} = 1, \qquad \lim_{x \to -2\pm 0} f(x) = \mp\infty$$

und einer Wertetabelle

x	-4	-3	0	1	2
$f(x)$	$\frac{3}{2}$	2	$\frac{1}{2}$	$\frac{2}{3}$	$\frac{3}{4}$

lässt sich nun der Graph $G(f)$ sehr präzise skizzieren.

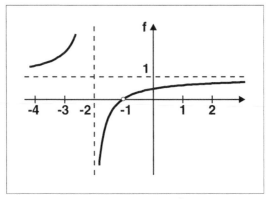

Graph von $f(x) := \frac{x^2-1}{x^2+x-2}$

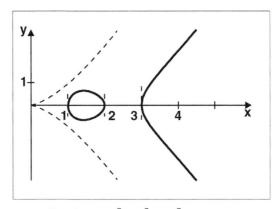

Graph von $y^2 = x^3 - 6x^2 + 11x - 6$

Beispiel 6.99 *Wir betrachten die durch die Gleichung*

$$\boxed{y^2 = x^3 - 6x^2 + 11x - 6 = (x-1)(x-2)(x-3)}$$

definierte algebraische Kurve. Diese zerfällt in die zwei Kurvenäste

$$f_\pm(x) = \pm\sqrt{(x-1)(x-2)(x-3)},$$

die spiegelsymmetrisch zur x–Achse liegen. Es genügt deshalb, nur den Graphen $G(f_+)$ zu diskutieren.

- *Maximaler Definitionsbereich: $D_{\max}(f_+) = [1,2] \cup [3, +\infty)$. Die Funktion f_+ ist auf $D_{\max}(f_+)$ stetig.*
- *Nullstellen: Es gilt $f_+(x_0) = 0$ für $x_0 = 1$, $x_0 = 2$, $x_0 = 3$.*

- *Relative Extrema:* Wir berechnen aus

$$f'_+(x) = \frac{3x^2 - 12x + 11}{2\sqrt{(x-1)(x-2)(x-3)}}$$

die Nullstelle $f'_+(x_h) = 0 \Longleftrightarrow x_h = 2 - \frac{1}{3}\sqrt{3} \in D_{\max}(f_+)$. Also ist der Punkt $(x_h, y_h := \frac{1}{3}\sqrt{2\sqrt{3}})$ der geometrische Ort einer horizontalen Tangente.

- *Vertikale Tangenten:* Es gilt $|f'_+(x_v)| = +\infty$ in den Nullstellen von f_+, so dass diese gleichzeitig geometrischer Ort vertikaler Tangenten sind.

- *Asymptote:* Für $x \gg 1$ kann $y^2 \sim x^3$ gesetzt werden, und dies führt auf $f_\pm(x) \sim \pm x^{3/2}$. Diese Kurve heißt die NEILLsche Parabel. Sie ist in der obigen Skizze als strichpunktierte Linie eingetragen.

- *Wendepunkte:* Wegen

$$f''_+(x) = \frac{15x^4 - 24x^3 + 66x^2 - 72x + 23}{4[(x-1)(x-2)(x-3)]^{3/2}}$$

können Nullstellen von f''_+ nicht mehr elementar bestimmt werden.

Aufgaben

Aufgabe 6.51. Gegeben sei $f(x) = x^3 - 4x^2 - 3x + 6$. Bestimmen Sie die Extremwerte sowie die Sattel- und Wendepunkte.

Aufgabe 6.52. Berechnen Sie die globalen Extremstellen und die globalen Extrema der Funktionen

a) $f : \left[\frac{1}{2}, 2\right] \to \mathbb{R}, \quad f(x) = \ln x - x$. (Dabei gilt $\ln 2 \in [0.6, 0.7]$.)

b) $g : \left[-\frac{\pi}{2}, \frac{\pi}{2}\right] \to \mathbb{R}, \quad g(x) = \sin x + \cos x$.

c) $h : [-\pi, \pi] \to \mathbb{R}, \quad h(x) = \sin x + \cos x$.

Aufgabe 6.53. Bestimmen Sie den Definitionsbereich, die Nullstellen, die Unendlichkeitsstellen, die relativen und absoluten Extremwerte, die Wendepunkte und die Gleichungen der dortigen Tangenten und das asymptotische Verhalten von

$$f(x) = \frac{x^3}{(x-1)^2}.$$

Aufgabe 6.54. Gegeben sei $f(x) = x^2 \cdot e^{-\frac{x}{2}}$. Bestimmen Sie den Definitions- und den Wertebereich, die Nullstellen, $\lim_{x \to \pm\infty} f(x)$, die Extremwerte, die Sattel- und die Wendepunkte.

Aufgabe 6.55. Wir betrachten die Funktion $f(x) = \left| \frac{1}{x} \ln \frac{1}{x} - e \right| + e$.

a) Bestimmen Sie den Definitionsbereich D und die Nullstellen.

b) Untersuchen Sie das Verhalten an den Grenzen von D.

c) Bestimmen Sie die lokalen und die globalen Extrema sowie die Wendepunkte.

d) Skizzieren Sie den Verlauf der Funktion.

Aufgabe 6.56. Gegeben sei die Funktion $F(x) = \dfrac{1}{x^5(e^{1/x} - 1)}$, $x > 0$.

a) Berechnen Sie $\lim_{x \to \infty} F(x)$ und $\lim_{x \to 0} F(x)$.

b) Zeigen Sie, dass F auf $\mathbb{R}_+$ genau ein lokales Maximum besitzt und dieses mit dem globalen Maximum übereinstimmt.

Aufgabe 6.57. Gegeben sei die Funktion $f(x) = \sqrt[3]{(x+1)^2} - \sqrt[3]{(x-1)^2}$. Diskutieren Sie f. Denken Sie dabei auch an die Symmetrieeigenschaften und an die Monotoniebereiche.

Aufgabe 6.58. Gegeben sei die Ellipse

$$E = \{(x,y) \in \mathbb{R}^2 : \frac{x^2}{a^2} + \frac{y^2}{b^2} = 1, \ a, b > 0\}.$$

Das Rechteck R sei derart in E eingebaut, dass R maximalen Flächeninhalt besitzt. Berechnen Sie dazu die Seitenlängen von R.

6.11 Nullstellen und Fixpunkte

Zahlreiche Problemstellungen führen auf die Bestimmung von Nullstellen einer stetigen bzw. differenzierbaren Funktion $F \in \text{Abb}(\mathbb{R}, \mathbb{R})$. Betrachten wir dazu ein Intervall $[a, b] \subset \mathbb{R}$, dann lässt sich die Existenz von Nullstellen sofort beantworten. Falls nämlich $F(a) \cdot F(b) < 0$ gilt, existiert mindestens ein $x^* \in [a, b]$ mit $F(x^*) = 0$. Die explizite Bestimmung der Nullstellen gelingt

i. Allg. nicht. Dazu sind **numerische Verfahren** erforderlich und das prominenteste dazu ist das NEWTON–Verfahren für differenzierbare Funktionen, bei dem sukzessive eine Näherungslösung berechnet wird.

Äquivalent mit der Lösung der Gleichung $F(x) = 0$ ist das Lösen einer Gleichung vom Typ $x = f(x)$, wenn man dazu $f(x) := F(x) + x$ setzt. Damit wollen wir unsere Betrachtungen nun beginnen und kommen dann auf das angekündigte NEWTON–Verfahren zurück.

Definition 6.100 *Ein Punkt $x \in D_f$ heißt ein* **Fixpunkt** *der Funktion $f \in \mathrm{Abb}\,(\mathbb{R}, \mathbb{R})$, wenn $x = f(x)$ gilt.*

Es liegt nahe, Fixpunkte der Funktion f mit der einfachen Iterationsvorschrift

$$x_{n+1} := f(x_n), \ n \in \mathbb{N}_0,$$

bei gegebenem Startwert $x_0 \in D_f$ zu berechnen. Wir geben nachfolgend zwei Kriterien an, wann eine solche Iterationsvorschrift einen Fixpunkt liefert.

Satz 6.101 *Die stetige Funktion $f : [a, b] \to \mathbb{R}$ erfülle die Bedingungen*

1. $f([a, b]) \subseteq [a, b]$,

2. $f : [a, b] \to \mathbb{R}$ monoton $\uparrow$.

Dann konvergiert die durch die Vorschrift

$$x_{n+1} := f(x_n), \ n \in \mathbb{N}_0, \ \mathbf{x_0} \in [\mathbf{a}, \mathbf{b}] \text{ beliebig}, \qquad (6.25)$$

definierte Folge $(x_n)_{n \geq 0}$ monoton gegen einen Fixpunkt

$$x^* = f(x^*) \in [a, b].$$

Beweis. Aus der ersten Voraussetzung folgt, dass mit dem Startwert $x_0 \in [a, b]$ auch jede Iterierte x_n, $n \in \mathbb{N}$, im Intervall $[a, b]$ liegt.

Im Falle $x_1 \leq x_0$ folgt aus der Monotonie $x_1 = f(x_0) \geq f(x_1) = x_2$, und somit sukzessive $x_n \geq x_{n+1} \ \forall\, n \in \mathbb{N}$. Die beschränkte Folge $(x_n)_{n \geq 0} \subset [a, b]$ ist monoton fallend und folglich konvergent.

Im Falle $x_1 > x_0$ gilt $x_1 = f(x_0) \leq f(x_1) = x_2$, und somit sukzessive $x_n \leq x_{n+1} \ \forall\, n \in \mathbb{N}$.

Nun ist die beschränkte Folge $(x_n)_{n \geq 0}$ monoton wachsend und somit wieder konvergent.

Es sei $x^* \in [a, b]$ deren Grenzwert. Aus der Stetigkeit von f erschließt man

$$x^* = \lim_{n \to \infty} x_{n+1} = \lim_{n \to \infty} f(x_n) = f(x^*).$$

Also ist dies der behauptete Fixpunkt.   qed

Bemerkung 6.102

1. *Die erste Bedingung des letzten Satzes besagt, dass der Graph $G(f)$ der Funktion f weder an der oberen noch an der unteren Kante aus dem Kasten $[a, b] \times [a, b]$ herausspringen darf.*

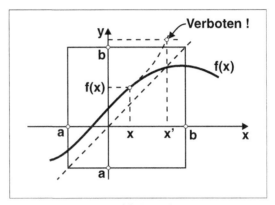

Der Graph G(f) darf den Kasten
[a, b] × [a, b] weder oben noch unten
verlassen

2. *Am Beispiel der Funktion $f(x) := x$ wird klar, dass die Funktion f mehrere, ja sogar beliebig viele Fixpunkte haben kann.*

3. *Ist die Funktion $f : [a, b] \to \mathbb{R}$ **monoton fallend**, so bleibt die Folge (6.25) unter der ersten Voraussetzung des Satzes auch dann noch konvergent gegen einen Fixpunkt $x^* = f(x^*)$, wenn f **nicht zu stark fällt**. Die genaue Bedingung $|f'(x)| < 1 \; \forall \, x \in [a, b]$ werden wir später in diesem Abschnitt begründen können. Allerdings geht in diesem Fall die monotone Konvergenz verloren. Die Folge $(x_n)_{n \geq 0}$ alterniert um den Fixpunkt.*

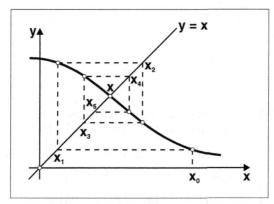

Fixpunktiteration bei monoton fallender Funktion

4. In der Aussage des Satzes 6.101 wurde das Teilresultat „$x_0 \in [a, b]$ beliebig" unterstrichen. Bei der noch anstehenden Formulierung des NEWTON– Verfahrens werden wir dazu eine Einschränkung hinnehmen müssen.

Beispiel 6.103 *Es seien $[a, b] := [-\pi, +\pi]$ und $f(x) := 2 \arctan_H x$ gegeben. Wegen $|f(x)| < \pi$ ist die erste Bedingung des Satzes 6.101 erfüllt. Zudem gilt natürlich die Monotoniebedingung.*

Die Funktion hat drei Fixpunkte, einer davon ist $x = 0$.

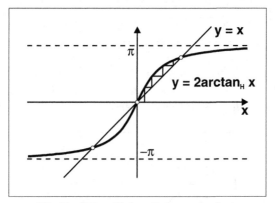

Die Funktion $f(x) := 2 \arctan_H x$ hat genau drei Fixpunkte

Bei Wahl eines Startwertes $x_0 > 0$ (bzw. $x_0 < 0$) konvergiert die Folge (6.25) gegen den Fixpunkt $x > 0$ (bzw. $x < 0$).

Der Fixpunkt $x = 0$ kann mit keinem Startwert $x_0 \neq 0$ erreicht werden. Wir haben in der nachstehenden Tabelle die numerischen Werte der Iteration (6.25) zusammengefasst, die bei Wahl des Startwertes $x_0 = 2$ resultieren. Die

Iteration bricht ab, wenn die festgelegte Genauigkeit $|x_{n+1} - x_n| < 10^{-9}$
erreicht wird.

Die Fixpunktiteration für $f(x) := 2 \arctan_H x$ ergibt:

n	x_n	$f(x_n)$	$|x_n - x|$
0	2.000 000 000	2.214 297 436	0.331 122 370
1	2.214 297 436	2.293 207 809	0.116 824 935
2	2.293 207 809	2.319 172 917	0.037 914 561
3	2.319 172 917	2.327 391 829	0.011 949 453
4	2.327 391 829	2.329 961 191	0.003 730 541
5	2.329 961 191	2.330 761 275	0.001 161 179
$\vdots$	$\vdots$	$\vdots$	$\vdots$
13	2.331 122 269	2.331 122 339	0.000 000 101
14	2.331 122 339	2.331 122 361	0.000 000 031
15	2.331 122 361	2.331 122 367	0.000 000 009
16	2.331 122 367	2.331 122 369	0.000 000 003
17	2.331 122 369	2.331 122 370	0.000 000 001
18	2.331 122 370	2.331 122 370	0.000 000 000

Beispiel 6.104 *Es seien* $[a, b] := [0, \frac{\pi}{2}]$ *und* $f(x) := \cos x$ *gegeben. Wegen*
$0 \leq \cos x \leq 1 \ \forall \ x \in [a, b]$ *ist die erste Bedingung des Satzes 6.101 erfüllt.*
Darüber hinaus ist der cos *auf dem Intervall* $[a, b]$ *monoton fallend.*

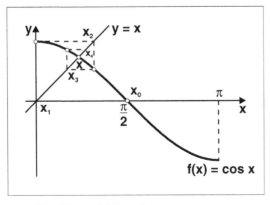

Zur Fixpunktiteration $x_{n+1} = \cos x_n$

Die Skizze zeigt, dass im Intervall $(0, \frac{\pi}{2})$ genau ein Fixpunkt liegen muss, gegen den die Folge (6.25) alternierend konvergiert. Die Ergebnisse der numerischen Rechnung sind in der nachstehenden Tabelle zusammengefasst, wobei der Startwert $x_0 = \pi/2$ gewählt wurde. Die Iteration bricht wiederum ab, wenn die Genauigkeit $|x_{n+1} - x_n| < 10^{-9}$ erreicht wird.

Die Fixpunktiteration für $f(x) := \cos x$ liefert folgende Werte:

n	x_n	$f(x_n)$	$|x_n - x|$
0	1.570 796 327	0.000 000 000	0.831 711 194
1	0.000 000 000	1.000 000 000	0.739 085 133
2	1.000 000 000	0.540 302 306	0.260 914 867
3	0.540 302 306	0.857 553 216	0.198 782 827
4	0.857 553 216	0.654 289 790	0.118 468 083
5	0.654 289 790	0.793 480 359	0.084 795 343
$\vdots$	$\vdots$	$\vdots$	$\vdots$
51	0.739 085 132	0.739 085 134	0.000 000 001
52	0.739 085 134	0.739 085 133	0.000 000 001
53	0.739 085 133	0.739 085 134	0.000 000 001
54	0.739 085 134	0.739 085 133	0.000 000 000
55	0.739 085 133	0.739 085 133	0.000 000 000

Der **Nachteil** des Fixpunktsatzes 6.101 liegt in der Tatsache, dass weder eine Eindeutigkeitsaussage noch eine Abschätzung des Fehlers $|x_n - x|$ möglich ist. Beide Nachteile beheben wir in einem weiteren Fixpunktsatz. Zunächst folgt

Definition 6.105 *Eine Funktion $f : D_f \to \mathbb{K}$ heißt auf einem Intervall $I \subseteq D_f$ **kontrahierend**, wenn gilt*

$$\exists q \in [0,1) : |f(x) - f(y)| \leq q|x - y| \ \forall x, y \in I. \tag{6.26}$$

Kontrahierende Funktionen sind also LIPSCHITZ–stetige Funktionen mit einer LIPSCHITZ–Konstanten $L < 1$.

Beispiel 6.106 *Es seien* $f(x) := \ln x$ *und* $I := [a,b]$ *mit* $1 < a < b$ *gegeben.*
Für $x, y \in I$ *setzen wir* $z := \ln \frac{x}{y}$. *Dann gilt*

$$\frac{|\ln x - \ln y|}{|x - y|} = \frac{|\ln \frac{x}{y}|}{|x||1 - \frac{y}{x}|} = \frac{|\ln \frac{x}{y}|}{|y||1 - \frac{x}{y}|}$$

$$\leq \frac{|z|}{a|1 - e^{|z|}|} \leq \frac{1}{a(1 + \frac{|z|}{2!})} \leq \frac{1}{a} =: q < 1.$$

Satz 6.107 (BANACHscher Fixpunktsatz) *Sei* $f : [a,b] \to [a,b]$
stetig und **kontrahierend**, *dann hat* f *im Intervall* $[a,b]$ *genau einen*
Fixpunkt $x = f(x)$ *als Grenzwert der Folge (6.25). Für alle* $n \in \mathbb{N}$ *gelten*
folgende Fehlerabschätzungen (FA):

$$|x - x_n| \leq \begin{cases} \dfrac{q^n}{1-q}|x_1 - x_0| & : \textbf{a–priori FA}, \\[3mm] \dfrac{q}{1-q}|x_n - x_{n-1}| & : \textbf{a–posteriori FA}, \end{cases} \qquad (6.27)$$

mit der Kontraktionskonstanten q *aus (6.26).*

Beweis. Wegen $f([a,b]) \subseteq [a,b]$ gilt wiederum $x_n \in [a,b] \; \forall \, n \in \mathbb{N}$, sofern wir
mit $x_0 \in [a,b]$ starten. Mit der Kontraktionsbedingung (6.26) erhalten wir
die Abschätzung

$$|x_{n+1} - x_n| = |f(x_n) - f(x_{n-1})| \leq q|x_n - x_{n-1}| \leq q^2|x_{n-1} - x_{n-2}|$$

$$\leq \cdots \leq q^n|x_1 - x_0|. \tag{6.28}$$

Mit Hilfe der Δ–Ungleichung schließen wir hieraus für beliebiges $k \in \mathbb{N}$:

$$|x_{n+k} - x_n| = \left| \sum_{j=1}^{k} (x_{n+j} - x_{n+j-1}) \right| \leq \sum_{j=1}^{k} |x_{n+j} - x_{n+j-1}|$$

$$\overset{(6.28)}{\leq} q^n|x_1 - x_0| \sum_{j=1}^{\infty} q^{j-1} = \frac{q^n}{1-q}|x_1 - x_0| \quad \text{bzw.}$$

$$\overset{(6.28)}{\leq} q|x_n - x_{n-1}| \sum_{j=1}^{\infty} q^{j-1} = \frac{q}{1-q}|x_n - x_{n-1}|.$$

Wegen $0 \leq q < 1$ resultiert aus dieser Abschätzung, dass $(x_n)_{n \geq 0} \subset [a,b]$ eine CAUCHY–Folge ist und wegen der Vollständigkeit des $\mathbb{R}$ gegen einen Grenzwert $x \in [a,b]$ konvergiert.

Wegen der Stetigkeit der Funktion f gilt $x = \lim\limits_{n \to \infty} x_{n+1} = \lim\limits_{n \to \infty} f(x_n) = f(x)$ sowie

$$|x - x_n| = |\lim\limits_{k \to \infty} x_{n+k} - x_n| \leq \begin{cases} \dfrac{q^n}{1-q} |x_1 - x_0|, \\[2ex] \dfrac{q}{1-q} |x_n - x_{n-1}|, \end{cases}$$

wie oben gezeigt. Wäre x nicht eindeutig bestimmt, d.h., wäre $y = f(y) \neq x$ ein weiterer Fixpunkt, so ergäbe sich aus (6.26)

$$0 < |x - y| = |f(x) - f(y)| \leq q|x - y|, \text{ also } 0 < (1-q)|x-y| \leq 0.$$

Dieser Widerspruch löst sich nur für $x = y$ auf. qed

Beispiel 6.108 *Auf dem Intervall $I := [1,2]$ sei die Funktion $f(x) := \frac{x+2}{x+1}$ gegeben. Da f auf I streng monoton fällt, gelten*

$$\max_{x \in I} f(x) = f(1) = \frac{3}{2}, \quad \min_{x \in I} f(x) = f(2) = \frac{4}{3}.$$

Hieraus folgt $f(I) \subset I$. Um die Kontraktionseigenschaft zu zeigen, seien $x, y \in I$ fixiert:

$$|f(x) - f(y)| = \left| \frac{y-x}{(x+1)(y+1)} \right| \leq \frac{|x-y|}{2 \cdot 2} = \frac{1}{4} |x-y|.$$

Es sind alle Voraussetzungen des BANACHschen Fixpunktsatzes erfüllt, und dieser liefert die Existenz genau eines Fixpunktes $x = f(x) \in I$. Es liegt hier der Glücksfall vor, dass x explizit berechnet werden kann. Denn die Fixpunktgleichung $x = f(x)$ lässt sich äquivalent schreiben als $x^2 + x = x + 2$, und hieraus folgt $x = \sqrt{2}$.

Die Fixpunktiteration für $f(x) := \frac{x+2}{x+1}$ hat die Werte:

n	x_n	$f(x_n)$	$\lvert x_n - x \rvert$	$\frac{q^n}{1-q}\lvert x_1 - x_0 \rvert$
0	1.000 000 000	1.500 000 000	0.414 213 562	0.666 666 667
1	1.500 000 000	1.400 000 000	0.085 786 438	0.166 666 667
2	1.400 000 000	1.416 666 667	0.014 213 562	0.041 666 667
3	1.416 666 667	1.413 793 103	0.002 453 104	0.010 416 667
4	1.413 793 103	1.414 285 714	0.000 420 459	0.002 604 167
5	1.414 285 714	1.414 201 183	0.000 072 152	0.000 651 042
6	1.414 201 183	1.414 215 686	0.000 012 379	0.000 162 760
7	1.414 215 686	1.414 213 198	0.000 002 124	0.000 040 690
8	1.414 213 198	1.414 213 625	0.000 000 364	0.000 010 173
9	1.414 213 625	1.414 213 552	0.000 000 062	0.000 002 543
10	1.414 213 552	1.414 213 564	0.000 000 011	0.000 000 636
11	1.414 213 564	1.414 213 562	0.000 000 002	0.000 000 159
12	1.414 213 562	1.414 213 562	0.000 000 000	0.000 000 040
13	$\boxed{1.414\,213\,562}$	1.414 213 562	0.000 000 000	0.000 000 010

Die numerische Berechnung des Fixpunktes mit der Iterationsfolge (6.25) führt auf die obigen Zahlenwerte, wenn der Startwert $x_0 = 1$ gewählt wird. In der letzten Spalte ist der aus (6.29) für $q := \frac{1}{4}$ resultierende Fehler berechnet worden. In der dritten Spalte steht der wahre Fehler $\lvert x_n - x \rvert$.

Wie versprochen, wenden wir uns jetzt dem **NEWTON–Verfahren** zu, d.h., wir lösen $F(x) = 0$, mit einer *stetig differenzierbaren* Abbildung $F \in \mathrm{Abb}\,(\mathbb{R}, \mathbb{R})$.

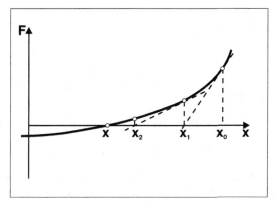

Zum NEWTON–Verfahren

Das NEWTON–Verfahren verwendet als Näherung der Funktion F zwischen zwei aufeinanderfolgenden Stützpunkten $(x_j, F(x_j))$, $j = n - 1, n$, die **Tangente** im Punkt $(x_n, F(x_n))$, wie es aus der Skizze ersichtlich ist.

Aus der Tangentengleichung $T(x) = F(x_n) + F'(x_n)\,(x - x_n)$ bestimmen wir die Nullstelle

$$T(x_{n+1}) = 0 = F(x_n) + F'(x_n)\,(x_{n+1} - x_n)$$

und betrachten x_{n+1} als Verbesserung der Näherung x_n für die gesuchte Lösung x.

Ausgehend von einem **passenden Startwert** $\mathbf{x_0} \in \mathbf{D_F}$, ergibt sich so die Iterationsvorschrift

$$\boxed{\;x_{n+1} = x_n - \frac{F(x_n)}{F'(x_n)}, \quad n \in \mathbb{N}_0, \;\; x_0 \in D_F \;\; \text{geeignet.}\;} \qquad (6.29)$$

Es ist die Frage zu beantworten, unter welchen Bedingungen die NEWTON–Folge (6.29) gegen eine Lösung x der Gleichung $F(x) = 0$ konvergiert. Wir werden eine Antwort mit Hilfe des BANACHschen Fixpunktsatzes geben. Dazu muss die Iterationsvorschrift (6.29) in die Form (6.25), nämlich $x_{n+1} = f(x_n)$, $n \in \mathbb{N}_0$, gebracht werden. Dies gelingt sehr einfach, indem wir

$$f(x) := x - \frac{F(x)}{F'(x)}, \quad x \in D_F \setminus \{x : F'(x) = 0\} \qquad (6.30)$$

setzen. Es sind nun die Voraussetzungen zum BANACHschen Fixpunktsatz zu verifizieren:

Satz 6.109 (NEWTON–Verfahren)

1. *Die Funktion $F \in \text{Abb}(\mathbb{R}, \mathbb{R})$ erfülle auf dem Intervall $[a,b] \subseteq D_F$ die Bedingungen*

   (N1) $F(a) \cdot F(b) < 0$,　(N2) $F \in C^2([a,b])$,　$F'(x) \neq 0$ *in* $[a,b]$.

   Dann hat die Gleichung $F(x) = 0$ genau eine Lösung $x \in (a,b)$.

2. *Unter den Bedingungen (N1) und (N2) seien für einen Startwert $x_0 \in (a,b)$ Zahlen $r > 0$ und $0 < q < 1$ derart bestimmt, dass mit $I := [x_0 - r, x_0 + r] \subseteq [a,b]$ gilt:*

   $$(\text{N3}) \quad \left| \frac{F(x) \cdot F''(x)}{F'^2(x)} \right| \leq q \ \forall \, x \in I, \quad (\text{N4}) \quad \left| \frac{F(x_0)}{F'(x_0)} \right| \leq (1-q)\, r.$$

   Dann konvergiert die NEWTON–Folge (6.29) mit dem Startwert x_0 gegen die Lösung $x \in (a,b)$, und es gilt die **a posteriori–FA**

   $$|x_n - x| \leq \frac{|F(x_n)|}{m}, \quad m := \min_{t \in I} |F'(t)|. \tag{6.31}$$

3. *Gilt zusätzlich $F \in C^3([a,b])$, so konvergiert die NEWTON–Folge (6.29) unter den Bedingungen (N1)–(N4) sogar* **quadratisch**. *Das heißt, mit einer von n unabhängigen Konstanten K gilt*

   $$|x_{n+1} - x| \leq K\, (x_n - x)^2 \ \forall \, n \in \mathbb{N}_0. \tag{6.32}$$

Beweis.

1. Diese Behauptung folgt aus dem Nullstellensatz von BOLZANO, Satz 5.54, und der Monotonie ($F'(x) \neq 0$!) der Funktion F.

2. Die Funktion f aus (6.30) ist stetig differenzierbar. Wegen (N3) gilt

$$|f'(x)| = \left| \frac{F(x) \cdot F''(x)}{F'^2(x)} \right| \leq q \ \forall \, x \in I,$$

so dass f auf dem Intervall I kontrahierend ist. Darüber hinaus haben wir wegen (N4):

$$|f(x_0) - x_0| = \left| \frac{F(x_0)}{F'(x_0)} \right| \leq (1-q)\, r < r \tag{6.33}$$

und somit $x_1 := f(x_0) \in I$. Wir zeigen nun durch vollständige Induktion die Eigenschaft $x_n \in I \; \forall \; n \in \mathbb{N}$. Für $n = 1$ haben wir dies soeben bewiesen.

Mit der Ungleichung (6.33) folgern wir nun aus der Induktionsannahme $|x_n - x_0| \leq r$, dass

$$|x_{n+1} - x_0| = |f(x_n) - x_0| \leq |f(x_n) - f(x_0)| + |f(x_0) - x_0|$$

$$\leq q|x_n - x_0| + (1 - q)r \leq r.$$

Der Fixpunktsatz 6.107 von BANACH ergibt 2. Behauptung.

Die Fehlerabschätzung (6.31) resultiert aus dem Mittelwertsatz: Für eine Zwischenstelle $\xi := x_n + \theta(x - x_n)$, $\theta \in (0,1)$, gilt nämlich

$$|F(x_n)| = |F(x_n) - F(x)| = |F'(\xi)| \, |x_n - x| \geq m \, |x_n - x|.$$

3. Mit zusätzlicher Regularität $F \in C^3([a,b])$ erhalten wir aus der TAYLOR– Formel

$$f(t) - f(x) = f'(x) \, (t - x) + \frac{1}{2!} \, f''[x + \theta(t - x)] \, (t - x)^2, \; \theta \in (0,1).$$

Setzen wir $t := x_n$ und verwenden $f(x_n) = x_{n+1}$ sowie $f(x) = x$ und

$$f'(x) = \frac{F(x)F''(x)}{F'^2(x)} = 0,$$

so resultiert die Ungleichung (6.32), wenn wir $K := \frac{1}{2} \max_{t \in I} |f''(t)|$ definieren.

qed

Bemerkung 6.110

1. *Neben der* **a posteriori**–*Fehlerabschätzung (6.31) hat man nach dem Fixpunktsatz 6.107 auch die* **a priori**–*Fehlerabschätzung*

$$\boxed{|x_n - x| \leq \frac{q^n}{1 - q} \, |x_1 - x_0| \; \forall \; n \in \mathbb{N}.} \qquad (6.34)$$

2. *Das* HERON–*Verfahren 3.1 (Babylonisches Wurzelziehen) ist nichts anderes als das* NEWTON–*Verfahren für die Gleichung* $F(x) := x^2 - a$, $a > 0$.

Der Algorithmus des NEWTON–Verfahrens liest sich wie folgt:

1:	Einlesen von $x_0, \varepsilon;\quad x := x_0;\ y := F(x);$
2:	`wiederhole:`
3:	$\quad x := x - y/F'(x);$
4:	$\quad y := F(x);$
5:	`bis` $|y| < \varepsilon.$

(6.35)

Die Iterationsvorschrift (6.29) lässt sich wieder sehr einfach algorithmisch fassen, wobei die Vorgabe eines *Abbruchkriteriums* zweckmäßig ist. Die Iteration wird solange wiederholt, bis zu vorgegebener Toleranz $\varepsilon > 0$ der Wert $|F(x_n)| < \varepsilon$ erreicht wird. Nach Beendigung der Iteration gibt die Variable $x \in [a, b]$ die gesuchte Näherungslösung an.

Beispiel 6.111 *Wir betrachten die Funktion $F(x) := e^{2x} \cdot \sin x - 1$. Auf dem Intervall $[a, b] := [0.4, 0.5]$ sind wenigstens die Bedingungen (N1) und (N2) des Satzes 6.109 erfüllt. Es gilt $F'(x) = e^{2x}(2 \sin x + \cos x)$.*

In der folgenden Tabelle sind die numerischen Resultate des NEWTON-*Verfahrens für dieses Beispiel zusammengestellt. Als Abbruchtoleranz wurde $\varepsilon := 10^{-10}$ vorgegeben.*

n	x_n	$F(x_n)$	$F'(x_n)$	$F(x_n)/F'(x_n)$
0	0.400 000 000	$-0.133\,333\,541$	3.783 191 858	$-0.035\,243\,664$
1	0.435 243 664	0.006 887 033	4.179 201 870	0.001 647 930
2	0.433 595 733	0.000 015 844	4.159 985 179	0.000 003 809
3	0.433 591 925	0.000 000 000	4.159 940 848	0.000 000 000

Beispiel 6.112 *Die m–te Wurzel einer positiven Zahl a ist die reelle Lösung der Gleichung $F(x) := x^m - a = 0,\ a > 0$. Das* NEWTON-*Verfahren (6.29) hat in diesem Fall die Form*

$$x_{n+1} = \frac{1}{m} \cdot \left(\frac{a}{(x_n)^{m-1}} + (m-1)x_n \right), \quad k \in \mathbb{N}_0.$$

(6.36)

Für $m = 2$ erhält man daraus das HERON-*Verfahren 3.1. Für $m = -1$ ergibt sich hingegen ein* **divisionsfreier Algorithmus** *zur Berechnung von $\frac{1}{a}$. Er lautet*

$$x_{n+1} = \left(2 - a \cdot x_n \right) x_n, \quad n \in \mathbb{N}_0.$$

Zusammenfassung: Das NEWTON–Verfahren konvergiert **quadratisch** und ist deswegen bei den Anwendern sehr beliebt. Allerdings ist dieses Verfahren nur **lokal**, d.h., der Startwert x_0 muss hinreichend nahe bei der unbekannten Nullstelle liegen.

Es ist somit oft schwierig, wenn nicht unmöglich, das Kontraktionsintervall I zu bestimmen und somit die Bedingungen (N1)–(N4) von Satz 6.109 zu verifizieren.

In der Praxis wird man sich nicht der mühevollen Analyse der Bedingungen (N1)–(N4) unterwerfen, sondern pragmatisch vorgehen. Hat man eine ungefähre Vorstellung von der Lage der gesuchten Nullstelle, so wird man das NEWTON–Verfahren mit einem entsprechenden Startwert x_0 initialisieren und seine Konvergenzeigenschaften beobachten.

Haben wir dagegen keinerlei Vorstellungen von der Lage der gesuchten Nullstelle (was meistens der Fall ist), so lassen sich beispielsweise „einige" Fixpunktiterationen vorschalten und den angenäherten Fixpunkt als Startwert für das NEWTON–Verfahren verwenden. Die Fixpunktiteration hat nur eine **lineare** Konvergenzordnung, ist jedoch ein **globales** Verfahren, d.h. $x_0 \in [a, b]$ kann beliebig gewählt werden. Siehe dazu Bemerkung 6.102, 3.

Bei jedem NEWTON–Schritt müssen *zwei* Funktionsauswertungen, nämlich $F(x_n)$ und $F'(x_n)$, vorgenommen werden. Das ist numerisch sehr aufwändig und kann durch ein **vereinfachtes NEWTON–Verfahren** etwas kompensiert werden. Dazu wird in (6.29) die Ableitung $F'(x)$ nur einmal für den (guten!) Startwert x_0 berechnet. Wir haben jetzt anstelle von (6.29) das weniger aufwändige Iterationsverfahren

$$x_{n+1} = x_n - \frac{F(x_n)}{F'(x_0)}, \quad k \in \mathbb{N}_0. \tag{6.37}$$

Die Konvergenz ist nun nicht mehr quadratisch, jedoch kann das Verfahren (6.37) bei geeignetem Startwert x_0 oft sehr schnell konvergieren.

Beispiel 6.113 *Sei $F(x) := e^{2x} \cdot \sin x - 1$ wie in Beispiel 6.111. Wir wählen die sehr gute Startnäherung $x_0 = 0.43$. Die folgende Tabelle zeigt die numerischen Ergebnisse zum vereinfachten NEWTON–Verfahren:*

n	x_n	$F(x_n)$	$F'(x_n)$	$F(x_n)/F'(x_n)$
0	0.430 000 000	$-0.014\,867\,305$	$4.118\,297\,521$	$-0.003\,610\,061$
1	0.433 610 061	$0.000\,075\,448$		$0.000\,018\,320$
2	0.433 591 741	$-0.000\,000\,765$		$-0.000\,000\,186$
3	0.433 591 927	$0.000\,000\,008$		$0.000\,000\,002$
4	$\boxed{0.433\,591\,925}$	$-0.000\,000\,000$		$-0.000\,000\,000$

Aufgaben

Aufgabe 6.59. Gegeben sei die Funktion $F(x) = \dfrac{1}{x^5(e^{1/x} - 1)}$, $x > 0$. Berechnen Sie den Wert x^* mit der Eigenschaft $F(x^*) = \max\limits_{x>0} F(x)$ mit Hilfe einer geeigneten Fixpunkt-Iteration mit einer Genauigkeit von 10^{-6}. Weisen Sie die Konvergenzeigenschaften nach.

Aufgabe 6.60. Lösen Sie die Gleichung $x = e^{x^2-2}$.

Aufgabe 6.61. Gegeben sei die Funktion $f(x) = x - \cos x$ für $x \in \mathbb{R}$.

a) Zeigen Sie, dass f genau eine Nullstelle $\xi \in \mathbb{R}$ besitzt. Geben Sie ein Intervall $I_n = [n, n+1]$, $n \in \mathbb{N}$ an mit $\xi \in I_n$.

b) Geben Sie eine Fixpunkt-Iteration $x_{i+1} = G(x_i)$ an, mit $\lim\limits_{i\to\infty} x_i = \xi$. Aus welchem Intervall I_n darf der Startwert x_0 gewählt werden? Weisen Sie nach, dass die Iteration in diesem Intervall dann auch konvergiert. Berechnen Sie die ersten 5 Iterationen und die zugehörigen Funktionswerte $f(x_i)$ bei günstiger Wahl des Startwertes.

c) Berechnen Sie die ersten 3 NEWTON-Iterationen und die zugehörigen Funktionswerte. Wählen Sie dazu als Startwerte $x_0 = 0,9$ und $x_0 = 4,7$.

Aufgabe 6.62. Berechnen Sie alle reellen Nullstellen des Polynoms $P(x) = x^5 - x - \frac{1}{5}$ mit einer Genauigkeit von 10^{-6}.

Aufgabe 6.63. Sei $0 < n \in \mathbb{N}$. Zeigen Sie, dass die Gleichung $x = \tan x$ im Intervall $\left((n - \frac{1}{2})\pi, (n + \frac{1}{2})\pi\right)$ genau eine Nullstelle ξ besitzt und dass die Folge

$$x_0 = (n + \tfrac{1}{2})\pi,$$

$$x_{k+1} = n\pi + \arctan x_k$$

gegen ξ konvergiert. Berechnen Sie ξ mit einer Genauigkeit von 10^{-6} für die Fälle $n = 1, 2, 3$.

Aufgabe 6.64. Bestimmen Sie mit dem NEWTON-Verfahren die Zahl π auf 6 Stellen genau aus der Gleichung

$$\tan\frac{x}{4} - \cot\frac{x}{4} = 0.$$

Aufgabe 6.65. Wir betrachten $f(x) = x^3 + x^2 + 2x + 1$.

a) Verifizieren Sie, dass f im Intervall $[-1, 0]$ genau eine Nullstelle hat.

b) Berechnen Sie mit der Newton-Iteration in 4-stelliger Rechnung mit Startwert $x_0 = -0,5$ eine Näherung dieser Nullstelle für $n = 0, 1, 2, 3$.

c) Berechnen Sie damit eine Approximation der restlichen beiden Nullstellen (HORNER-Schema).

d) Führen Sie mit dem selben Startwert für $n = 0, 1, 2, 3$ Fixpunkt-Iterationen durch und interpretieren Sie das Ergebnis.

Aufgabe 6.66. Wir suchen einen Fixpunkt von $f(x) = \ln(x+2)$ in $I = [1, 2]$. Begründen Sie, warum die Fixpunkt-Iteration hier funktioniert. Wieviele Iterations-Schritte sind notwendig, um eine Genauigkeit von $\varepsilon = 10^{-5}$ zu bekommen mit dem Startwert $x_0 = 1, 5$.

6.12 Numerische Differentiation

Die NEWTON–Iteration (6.29) beispielsweise erfordert die Berechnung von Ableitungen und deren Auswertungen an verschiedenen Stellen. Dies wird i. Allg. nicht mit Bleistift und Papier bewerkstelligt, sondern mit numerischen Methoden. Ist das NEWTON–Verfahren Teil einer langwierigen numerischen Berechnung, so ist die zu iterierende, in diskreter Form vorliegende Funktion dem Anwender gänzlich unbekannt und es bleibt – wie auch in vielen anderen Anwendungen – nur der numerische Zugang für die Differentiation.

Wir betrachten also die empirische Funktion $f \in \text{Abb}(\mathbb{R}, \mathbb{R})$, welche in den $n+1$ Stützpunkten $(x_j, y_j := f(x_j))$, $j = 0, 1, \ldots, n$, mit $x_j \neq x_k \, \forall \, j \neq k$ gegeben ist. Wir bestimmen aus diesen Vorgaben eine geeignete Näherung der n–ten Ableitung $f^{(n)}(x)$. Es ist sicher nicht abwegig, das LAGRANGE–Interpolationspolynom P_n zu den vorgegebenen Stützpunkten zu bilden und

n–mal nach x zu differenzieren. Die so erhaltene Ableitung $P_n^{(n)}$ verwenden wir als Approximation von $f^{(n)}$. Aus der Darstellung (2.27) aus Bemerkung 2.48 resultiert zunächst:

$$P_n^{(n)}(x) = n! \cdot \sum_{j=0}^{n} y_j \lambda_j \stackrel{!}{\approx} f^{(n)}(x). \tag{6.38}$$

Dieser Ausdruck ist offenkundig unabhängig von x. Deshalb bleibt die Frage offen, für welche Punkte x durch (6.38) eine brauchbare Approximation geliefert wird. Eine Antwort geben wir im

Satz 6.114 *Die reellwertige Funktion $y = f(x)$ sei in den $n + 1$ Stützpunkten (x_j, y_j), $j = 0, 1, \ldots, n$, mit $x_j \neq x_k \; \forall \; j \neq k$ gegeben. Es gelte $a := \min\limits_{0 \le j \le n} x_j$, $b := \max\limits_{0 \le j \le n} x_j$ sowie $f \in C^n([a, b])$. Dann existiert eine Zwischenstelle $\xi \in (a, b)$ mit*

$$f^{(n)}(\xi) = P_n^{(n)}(\xi) = n! \cdot \sum_{j=0}^{n} y_j \lambda_j, \tag{6.39}$$

worin $P_n(x)$ das LAGRANGE*–Interpolationspolynom (2.23) zu den gegebenen Stützpunkten bezeichnet.*

Beweis. Wir setzen $g(x) := f(x) - P_n(x)$. Dann gilt $g(x_j) = 0 \; \forall \; j = 0, 1, \ldots, n$. Zwischen je zwei aufeinanderfolgenden Nullstellen kann der Satz von ROLLE angewendet werden mit dem Ergebnis, dass g' in (a, b) mindestens n Nullstellen haben muss. Die wiederholte Anwendung des Satzes von ROLLE zeigt, dass g'' mindestens $n - 1$ Nullstellen in (a, b) haben muss, bis schließlich $g^{(n)}(x)$ mindestens eine Nullstelle $\xi \in (a, b)$ hat, d.h. $g^{(n)}(\xi) = f^{(n)}(\xi) - P_n^{(n)}(\xi) = 0$. Also gilt (6.39).   qed

Bemerkung 6.115 *Die Relation (6.38) heißt* **Regel der numerischen Differentiation**. *Im Allgemeinen wird sie nur für* **äquidistante Stützstellen** $x_j := x_0 + jh$, $j = 0, 1, \ldots, n$, $h > 0$, *verwendet. Unter Berücksichtigung von (6.38) resultiert in diesem Fall*

$$f^{(n)}(x) \approx \frac{1}{h^n} \cdot \sum_{j=0}^{n} (-1)^{n-j} \binom{n}{j} y_j. \tag{6.40}$$

Definition 6.116 *Der Ausdruck (6.40) heißt* n–*ter* **Differenzenquotient** *der* $n + 1$ *Stützwerte* y_j. *Insbesondere heißen*

$$\Delta_1 = \frac{y_1 - y_0}{h} \qquad \text{1. Differenzenquotient,}$$

$$\Delta_2 = \frac{y_2 - 2y_1 + y_0}{h^2} \qquad \text{2. Differenzenquotient,}$$

$$\Delta_3 = \frac{y_3 - 3y_2 + 3y_1 - y_0}{h^3} \qquad \text{3. Differenzenquotient.}$$

Über die Genauigkeit der Differenzenapproximation gibt Auskunft:

Satz 6.117 *Sei* $I := [x - h, x + h]$ *mit* $h > 0$.

1. *Ist* f *zweimal stetig differenzierbar auf* I, *dann gilt:*

$$f'(x) = \frac{f(x + h) - f(x)}{h} + hR \ ,$$

wobei R *eine von* f'' *abhängige, von* h *aber unabhängige Konstante ist.*

2. *Ist* f *viermal stetig differenzierbar auf* I, *dann gilt*

$$f''(x) = \frac{f(x + h) - 2f(x) + f(x - h)}{h^2} + h^2 R \ ,$$

wobei R *eine von* f'''' *abhängige, von* h *aber unabhängige Konstante ist.*

Beachten Sie dabei, dass also der 1. Differenzenquotient als Approximation von $f'(x_0)$ („vorwärtsgenommen"), der 2. Differenzenquotient wie im nachfolgenden Beispiel als Approximation von $f''(x_1)$ („zentral") interpretiert wird.

Beispiel 6.118 *Für die Funktion*

$$f(x) := e^{2x} \cdot \sin x$$

soll unter Verwendung der Formel aus Definition 6.116 die zweite Ableitung

$$f''(x) = e^{2x} \cdot (4\cos x + 3\sin x)$$

an der Stelle $x_1 := 0.5$ *näherungsweise berechnet werden.*

Es gilt bei analytischer Rechnung $f''(0.5) \doteq 13.451\,708\,113$.

In der folgenden Tabelle sind für verschiedene Schrittweiten $h > 0$ die numerischen Werte von y_0, y_2 und der resultierende Näherungswert für $f''(0.5)$ aufgelistet.

h	y_0	y_2	$f''(x_1) \approx$	$abs.\,Fehler$
0.1	0.866 666 459	1.874 679 031	13.491 803 094	0.040 094 981
0.01	1.253 962 085	1.353 810 585	13.452 109 124	0.000 401 011
0.001	1.298 228 507	1.308 212 405	13.451 704 945	0.000 003 168
0.0001	1.302 714 603	1.303 712 991	13.451 062 841	0.000 645 272
0.00001	1.303 163 811	1.303 263 650	13.387 762 010	0.063 946 103
0.000001	1.303 208 738	1.303 218 722	5.456 968 211	7.994 739 902

Mit kleiner werdender Schrittweite $h > 0$ tritt keinesfalls – wie vielleicht erwartet – Konvergenz gegen den exakten Wert auf. Vielmehr entstehen durch immer katastrophaler werdende Stellenauslöschungen (vgl. Beispiel 1.91 und nachfolgende Erklärung) völlig falsche Näherungswerte.

Was ist die Ursache für dieses erschreckende Verhalten der *Semikonvergenz*? Bisher erschien uns Ableiten einfach(er als Integrieren). Das ist aber nur richtig, solange man exakt und ohne Fehlerbehaftung rechnet, was für jede technische Anwendung i. Allg. falsch ist. Der Kern des Problems ist, dass die Zuordnung Funktion zu Ableitung in vernünftigen Abweichungsmessungen instabil ist. Dazu folgendes Beispiel:

$$f(x) := 1, \; x \in [0,1], \; \text{also} \; f'(x) \equiv 0.$$

Wir behaften nun f mit einer Störung g_ε, gegeben durch

$$g_\varepsilon(x) = \varepsilon \sin\left(\frac{x}{\varepsilon^2}\right).$$

Wir analysieren die Auswirkung auf die Ableitung $g_\varepsilon'(x) = \frac{1}{\varepsilon} \cos\left(\frac{x}{\varepsilon^2}\right)$:

Während die „Datenstörung" g_ε für $\varepsilon \to 0$ gegen 0 geht, explodiert der Fehler in der Ableitung. Die Differenzquotienten aus Definition 6.116 können als „Regularisierung" dieses Problems angesehen werden. Für feste $h > 0$ haben sie eine feste Fehlerverstärkung mit dem Faktor h^{-k}, $k = 1,2,3$, daher ist h eher groß zu wählen. Die Fehlerverstärkung z.B. beim 2. Differenzenquotient kann grob durch

$$\left| \frac{1}{h^2} \left(\varepsilon(x_2) - 2\varepsilon(x_1) + \varepsilon(x_0) \right) \right| \leq \frac{4}{h^2} \varepsilon$$

abgeschätzt werden, wenn $\varepsilon(x_i)$, $|\varepsilon(x_i)| \leq \varepsilon$, die Fehler in den Funktionswerten bezeichnen. Damit der Differenzenquotient die Ableitung gut approximiert, muss h eher klein gewählt werden. Nach Satz 6.117, 2. ist z.B. beim 2. Differenzenquotienten der Approximationsfehler Rh^2. Der Gesamtfehler ist nun eine Funktion vom Typ

$$e_\varepsilon(h) = 4h^{-2}\varepsilon + Rh^2.$$

Selbst bei „exakten" Funktionswerten hat ε mindestens die Größe des Rundungsfehlers bzw. der relativen Maschinengenauigkeit (vgl. Definition 1.87), ist also eine feste Größe, an die die Wahl von h optimal angepasst werden muss. Aus $e'_\varepsilon(h) = 0$ resultiert im obigen Fall die Wahl

$$h_{opt} = \left(\frac{4}{R}\varepsilon\right)^{1/4},$$

und damit $e_\varepsilon(h_{opt}) = 4R^{1/2}\varepsilon^{1/2}$. Selbst bei optimaler Wahl von h geht also die Hälfte der signifikanten Stellen verloren. Dies ist in der obigen Tabelle für $\varepsilon \approx 10^{-12}$ und damit für $h \approx 10^{-3}$ gut zu beobachten.

Wichtigste Merkregel: Numerische Differentiation ist i. Allg. ein gefährlicher Prozess. Der Limes $h \to 0$ ist aus numerischen Gründen wegen wachsender *Stellenauslöschung* nicht durchführbar.

Aufgaben

Aufgabe 6.67. Differenzieren Sie mit Ihrem Taschenrecher die folgenden Funktionen numerisch an einer beliebigen Stelle $x_0 \in \mathbb{R}$:

$$a)\ f(x) \equiv 5, \quad b)\ f(x) = x^2, \quad c)\ f(x) = e^{-x}.$$

Verwenden Sie dazu die Schrittweiten $h > 0$ aus der obigen Tabelle. Wenn Sie die Möglichkeit haben, führen Sie diese Aufgabe mit verschiedenen Taschenrechnern durch.

Aufgabe 6.68. Formulieren Sie gemäß Definition 6.116 die 4. und 5. Differenzenquotienten.

Aufgabe 6.69. Zeigen Sie Satz 6.117.
Hinweis: Machen Sie eine Taylor-Entwicklung von $f(x + h)$ bei x bzw. auch von $f(x - h)$ bis zur 1. (für 1.) bzw. 3. Ordnung (für 2.).

Kapitel 7

Integration von Funktionen in $\mathbb{R}$

7.1 Stammfunktionen und Integration

Die Notwendigkeit der **Integralrechnung** ist hinreichend motiviert durch die beiden folgenden Fragestellungen, die allerdings zwei Seiten derselben Sache betreffen:

(A) Wie lässt sich der Prozess der Differentiation umkehren, d.h., wie löst man die Gleichung $F'(x) = f(x)$ bei gegebener Funktion $f \in \mathrm{Abb}\,(\mathbb{R}, \mathbb{R})$ nach F auf?

(B) Wie lässt sich der Flächeninhalt krummlinig berandeter ebener Flächenstücke bestimmen?

Wir stellen die Diskussion des Problems (A) an den Anfang. *Zum Beispiel* hat die Aufgabe $F'(x) = 1/\cosh^2 x$ eine Lösung $F_0(x) := \tanh x$. Darüber hinaus ist aber auch $F_C(x) := \tanh x + C$ für jede Konstante $C \in \mathbb{R}$ eine Lösung. Diese Feststellung zeigt bereits, dass das Problem (A) in seiner allgemeinen Form **nicht eindeutig** lösbar ist.

Definition 7.1 *Gegeben sei die reellwertige Funktion $f \in \mathrm{Abb}\,(\mathbb{R}, \mathbb{R})$. Eine Funktion $F \in \mathrm{Abb}\,(\mathbb{R}, \mathbb{R})$ heißt auf einem Intervall $I \subseteq D_f \cap D_F$ eine* **Stammfunktion** *von f, wenn $F'(x) = f(x) \; \forall\, x \in I$ gilt.*

So hat z.B. die Funktion $f(x) := \sin x$ auf $I := \mathbb{R}$ eine Stammfunktion $F(x) := -\cos x$.

Über die **Eindeutigkeit** von Stammfunktionen treffen wir die folgende Aussage:

W. Merz, P. Knabner,
Mathematik für Ingenieure und Naturwissenschaftler, Springer-Lehrbuch,
DOI 10.1007/978-3-642-29980-3_7, © Springer-Verlag Berlin Heidelberg 2013

Satz 7.2 *Auf dem Intervall $I \subseteq \mathbb{R}$ seien F_1, F_2 Stammfunktionen einer gegebenen Funktion $f \in \mathrm{Abb}\,(\mathbb{R}, \mathbb{R})$. Dann gilt $F_2(x) - F_1(x) = C = const \,\forall\, x \in I$.*

Beweis. Wir haben $F_2'(x) - F_1'(x) = f(x) - f(x) = 0 \,\forall\, x \in I$, und somit folgt die Behauptung aus Satz 6.61   qed

---

Definition 7.3 *Ist F auf einem Intervall $I \subseteq D_f$ Stammfunktion der gegebenen Funktion $f \in \mathrm{Abb}\,(\mathbb{R}, \mathbb{R})$, so heißt F auch ein* **unbestimmtes Integral von** *f auf* I. *Dieses wird mit dem Symbol*

$$F(x) = \int f(x)\,dx \quad oder \quad \int f\,dx, \ \ x \in I \tag{7.1}$$

bezeichnet. Wir nennen $x \in I$ die **Integrationsvariable***. Durch*

$$\int f(x)\,dx = F_0(x) + C, \ \ C \in \mathbb{R}, \tag{7.2}$$

ist die Gesamtheit aller unbestimmten Integrale von f auf I festgelegt, wenn F_0 nur eine Stammfunktion von f ist. Wir nennen (7.2) auch **das unbestimmte Integral von f auf I***.*

Die obige Bezeichnung für die Integrale wurde von GOTTFRIED WILHELM LEIBNIZ (1646-1716) eingeführt. Dabei steht das Zeichen $\int dx$ für S von lat. *summa*.

Bemerkung 7.4 *Es gelten folgende Zusammenhänge zwischen Differenzieren und Integrieren:*

1. *Die unbestimmte Integration ist also die Umkehroperation der Differentiation:*

$$\frac{d}{dx}\left(\int f(x)\,dx\right) = f(x), \quad \int f'(x)\,dx = f(x) + C \ \ \forall\, x \in I.$$

2. *Die Richtigkeit einer Stammfunktion $F(x) = \int f(x)\,dx$ wird immer durch Differentiation verifiziert, d.h., wir überprüfen die Relation $F'(x) = f(x) \,\forall\, x \in I$. Aus dieser Beziehung ergibt sich sofort:*

> *Jede Ableitungsformel liefert eine Integrationsformel.*

Aus den Ableitungsformeln der Elementarfunktionen erhalten wir nun folgende Zusammenstellung von **Grundintegralen**:

	Unbestimmtes Integral	Definitionsbereich
(a)	$\displaystyle \int \lambda\,dx = \lambda\,x + C$	$x \in \mathbb{R},\ \lambda \in \mathbb{R}$
(b)	$\displaystyle \int x^p\,dx = \frac{x^{p+1}}{p+1} + C$	$\begin{cases} x \in \mathbb{R} & : p \in \mathbb{N}, \\ x \in (-\infty, 0)\ \text{oder}\ x \in (0, +\infty) & : p = -2, -3, -4, \ldots, \\ x \in (0, +\infty) & : p \in \mathbb{R} \setminus \{-1\}\ \text{sonst} \end{cases}$
(c)	$\displaystyle \int \frac{dx}{x} = \ln|x| + C$	$x \in (-\infty, 0)\ \text{oder}\ x \in (0, +\infty)$

Bemerkung 7.5 Spezialfälle der Formel (b), jeweils auf geeigneten Intervallen, sind:

$$\int \frac{dx}{x^2} = -\frac{1}{x} + C, \qquad \int \sqrt{x}\,dx = \frac{2}{3}\,x^{3/2} + C, \qquad \int \frac{dx}{\sqrt{x}} = 2\sqrt{x} + C.$$

In der Formel (c) darf der Betrag beim Logarithmus **nicht** vergessen werden. Denn für $x < 0$ gilt ja nach der Kettenregel:

$$\big[\ln|x|\big]' = \big[\ln(-x)\big]' = \frac{-1}{-x} = \frac{1}{x}.$$

	Unbestimmtes Integral	Definitionsbereich
(d)	$\displaystyle \int e^x\,dx = e^x + C$	$x \in \mathbb{R}$
(e)	$\displaystyle \int \cos x\,dx = \sin x + C, \quad \int \sin x\,dx = -\cos x + C$	$x \in \mathbb{R}$
(f)	$\displaystyle \int \cosh x\,dx = \sinh x + C, \quad \int \sinh x\,dx = \cosh x + C$	$x \in \mathbb{R}$

Aus den Ableitungsformeln der zyklometrischen Funktionen und der Area–Funktionen gilt weiterhin:

	Unbestimmtes Integral	Definitionsbereich
(g)	$\displaystyle\int \frac{dx}{1+x^2} = \arctan_H x + C$	$x \in \mathbb{R}$
(h)	$\displaystyle\int \frac{dx}{1-x^2} = \frac{1}{2}\ln\left\|\frac{1+x}{1-x}\right\| + C = \begin{cases} \text{Ar coth } x + C, \\ \text{Ar tanh } x + C, \end{cases}$	$\begin{array}{l} x \in (-\infty,-1) \text{ oder } x \in (1,+\infty) \\ x \in (-1,+1) \end{array}$
(i)	$\displaystyle\int \frac{dx}{\sqrt{1+x^2}} = \text{Ar sinh } x + C$	$x \in \mathbb{R}$
(j)	$\displaystyle\int \frac{dx}{\sqrt{1-x^2}} = \arcsin_H x + C$	$x \in (-1,+1)$
(k)	$\displaystyle\int \frac{dx}{\sqrt{x^2-1}} = \begin{cases} \text{Ar cosh } x + C, \\ -\text{Ar cosh}(-x) + C, \end{cases}$	$\begin{array}{l} x \in (1,+\infty) \\ x \in (-\infty,-1) \end{array}$

Falls die Funktion f für alle $x \in I$ differenzierbar ist und falls $f(x) \neq 0 \; \forall \, x \in I$ gilt, so ist ja $\left(\ln|f(x)|\right)' = f'(x)/f(x) \; \forall \, x \in I$. Hieraus ergibt sich

$$\boxed{\int \frac{f'(x)}{f(x)}\, dx = \ln|f(x)| + C, \;\; x \in I.} \tag{7.3}$$

Mit Hilfe dieser Integrationsregel berechnen sich die folgenden unbestimmten Integrale:

	Unbestimmtes Integral	Definitionsbereich
(l)	$\displaystyle\int \tan x \, dx = \int \frac{\sin x}{\cos x}\, dx = -\ln|\cos x| + C$	$x \neq (n + \frac{1}{2})\pi,\; n \in \mathbb{Z}$
(m)	$\displaystyle\int \cot x \, dx = \int \frac{\cos x}{\sin x}\, dx = \ln|\sin x| + C$	$x \neq n\pi,\; n \in \mathbb{Z}$
(n)	$\displaystyle\int \tanh x \, dx = \int \frac{\sinh x}{\cosh x}\, dx = \ln \cosh x + C$	$x \in \mathbb{R}$
(o)	$\displaystyle\int \coth x \, dx = \int \frac{\cosh x}{\sinh x}\, dx = \ln|\sinh x| + C$	$x \neq 0$

Verwenden wir die Ableitungsformeln von tan, cot, tanh und coth, so erhalten wir die folgenden unbestimmten Integrale:

	Unbestimmtes Integral	Definitionsbereich
(p)	$\int \dfrac{1}{\cos^2 x}\,dx = \tan x + C$	$x \neq (n + \frac{1}{2})\pi,\ n \in \mathbb{Z}$
(q)	$\int \dfrac{1}{\sin^2 x}\,dx = -\cot x + C$	$x \neq n\pi,\ n \in \mathbb{Z}$

	Unbestimmtes Integral	Definitionsbereich
(r)	$\int \dfrac{1}{\cosh^2 x}\,dx = \tanh x + C$	$x \in \mathbb{R}$
(s)	$\int \dfrac{1}{\sinh^2 x}\,dx = -\coth x + C$	$x \neq 0$

Beachten wir noch die Identität

$$\sin x = 2\sin\frac{x}{2}\cos\frac{x}{2} = 2\tan\frac{x}{2}\cos^2\frac{x}{2} =: \frac{f(x)}{f'(x)},\quad f(x) := \tan\frac{x}{2},$$

und eine analoge Identität für sinh, so resultieren aus der Regel (7.3) die folgenden unbestimmten Integrale:

	Unbestimmtes Integral	Definitionsbereich
(t)	$\int \dfrac{1}{\sin x}\,dx = \ln\left|\tan\frac{x}{2}\right| + C$	$x \neq n\pi,\ n \in \mathbb{Z}$
(u)	$\int \dfrac{1}{\sinh x}\,dx = \ln\left|\tanh\frac{x}{2}\right| + C$	$x \neq 0$

Weitere unbestimmte Integrale finden Sie in Formelsammlungen.

Ist F auf dem Intervall I eine Stammfunktion der gegebenen Funktion f, so muss F wegen Satz 6.3 notwendig in jedem Punkt $x \in I$ **stetig** sein. Mit dieser Feststellung treffen wir die folgende

Definition 7.6 *Es sei F auf dem Intervall I eine Stammfunktion der gegebenen Funktion $f \in \mathrm{Abb}\,(\mathbb{R}, \mathbb{R})$, und es gelte $[a, b] \subseteq I$. Dann heißt*

$$\int_a^b f(x)\,dx := F(b) - F(a) =: \Big[F(x)\Big]_a^b =: F(x)\Big|_a^b \qquad (7.4)$$

> *das* **bestimmte Integral von f über** $[a, b]$. *Die Punkte a und b heißen* **untere** *bzw.* **obere Integrationsgrenze.** *Die Funktion f wird* **Integrand** *genannt.*

Beispiel 7.7 *Es gilt*

$$\int_{-1}^{2} x^3\, dx = \frac{1}{4}\, x^4 \Big|_{-1}^{2} = \frac{1}{4}\,(16 - 1) = \frac{15}{4}.$$

Bemerkung 7.8 *Wir klären einige Stolperfallen.*

1. *Die Definition 7.6 des bestimmten Integrals ist* **unabhängig** *von der speziellen Wahl der Stammfunktion F. Ist F_0 auf dem Intervall I eine andere Stammfunktion der Funktion f, so muss wegen Satz 7.2 der Zusammenhang $F_0(x) = F(x) + C$ gelten. Dies führt auf $F_0(b) - F_0(a) = F(b) - F(a)$, unabhängig von der Konstanten $C \in \mathbb{R}$.*

2. *Es ist wichtig, dass das Intervall $[a, b]$ nicht über I hinausgeht, worin $F'(x) = f(x)\ \forall\, x \in I$ gilt.*

Dazu folgendes

Beispiel 7.9 *Die nachstehenden Berechnungen sind wegen Nichtbeachtung der letztgenannten Regel* **falsch***:*

a) *Gilt*

$$\int_{-1}^{2} \frac{dx}{\cos^2 x} = \tan x \Big|_{-1}^{2} = \tan 2 - \tan 1?$$

Dies ist **falsch***, weil die Funktion $\varphi_1(x) = \tan x$ an der Stelle $x = \frac{\pi}{2} \in [-1, 2]$* **unstetig** *ist.*

b) *Gilt*

$$\int_{-1}^{1} \frac{\operatorname{sign} x}{\sqrt{|x|}}\, dx = 2\sqrt{|x|}\, \Big|_{-1}^{1} = 2 - 2 = 0?$$

Auch dies ist **falsch***, weil die Funktion $\varphi_2(x) = \sqrt{|x|}$ an der Stelle $x = 0 \in [-1, +1]$ zwar stetig ist, dort aber eine Spitze hat, so dass sie bei $x = 0$* **nicht differenzierbar** *ist.*

Wir stellen grundlegende Eigenschaften und Regeln des bestimmten Integrals zusammen:

Satz 7.10 *Es sei F auf dem Intervall I eine Stammfunktion der gegebenen Funktion* $f \in \text{Abb}(\mathbb{R}, \mathbb{R})$.

1. *Es gelten die* $\forall\, a, b, c, x \in I$ *folgenden Regeln:*

$$\int_a^a f(x)\,dx = 0,$$

$$\int_a^b f(x)\,dx = -\int_b^a f(x)\,dx,$$

$$\int_a^b f(x)\,dx = \int_a^c f(x)\,dx + \int_c^b f(x)\,dx, \qquad (7.5)$$

$$\frac{d}{dx}\int_a^x f(t)\,dt = f(x), \quad \frac{d}{dx}\int_x^b f(t)\,dt = -f(x).$$

2. *Die* **Anfangswertaufgabe:** *Finden Sie eine Funktion* $y : I \to \mathbb{R}$ *mit* $y' = f(x)$ *für* $x \in I$ *und* $y(a) = y_0 \in \mathbb{R}$, *hat unter der Bedingung* $a \in I$ *die Lösung*

$$y(x) = y_0 + \int_a^x f(t)\,dt, \quad x \in I.$$

3. *Es sei* $I := [-x_0, +x_0]$ *ein* **symmetrisches** *Intervall. Dann gelten* $\forall\, a \in I$ *folgende Implikationen*

$$f(-x) = -f(x) \implies \int_{-a}^a f(x)\,dx = 0,$$

$$f(-x) = f(x) \implies \int_{-a}^a f(x)\,dx = 2\int_0^a f(x)\,dx, \qquad (7.6)$$

Beweis. Wir zeigen nur die Eigenschaft (7.6). In der Tat, wir haben

$$\Big(F(-x)\Big)' = -F'(-x) = -f(-x) = f(x) = F'(x).$$

Also ist F eine Stammfunktion von f, und es muss deshalb

$$F(-x) = F(x) + C \,\forall\, x \in I$$

gelten. Speziell für $0 \in I$ folgt daraus $F(0) = F(0) + C$, somit also $F(-x) = F(x)$. Hiermit gilt

$$\int\limits_{-a}^{a} f(x)\,dx = F(a) - F(-a) = 0.$$

Die zweite Relation wird ganz analog gezeigt.   qed

Aufgaben

Aufgabe 7.1. Finden Sie Stammfunktionen für folgende Integrale:

$$a)\ \int x^{-\frac{3}{2}}\,dx,\quad b)\ \int \frac{1}{\cos^2 x \tan x}\,dx,\quad c)\ \int \frac{1}{\sinh^2 x \coth x}\,dx.$$

Aufgabe 7.2. Berechnen Sie die Integrale

a) $\displaystyle I = \int_{-\frac{\pi}{2}}^{\frac{\pi}{2}} \frac{x^3 \ln(\cos x + 5)}{e^{\cosh x}}\,dx,$

b) $\displaystyle I = \int_{-\frac{\pi}{2}}^{\frac{\pi}{2}} \frac{\sin x}{3 + \sin^2 x}\,dx.$

Aufgabe 7.3. Berechnen Sie die Ableitung der folgenden Integrale:

a) $I_1(x) = \int_0^x t^2\,dt$ und $I_2(x) = \int_0^{\sin x} t^2\,dt,$

b) $I_1(x) = \int_0^x \sin t\,dt$ und $I_2(x) = \int_0^{x^2} \sin t\,dt.$

Aufgabe 7.4. Sei $G(x) = \int_{x^2}^{1} \frac{\sin\sqrt{t}}{\sqrt{t}}\,dt$ für $x > 0$. Bestimmen Sie eine Konstante $C \in \mathbb{R}$ so, dass für $x > 0$

$$G(x) = 2\cos x + C$$

gilt.

Hinweis: Berechnen Sie G'.

Aufgabe 7.5. Bestimmen Sie mit Hilfe der Regeln von L'HOSPITAL die folgenden Grenzwerte ohne vorherige Berechnung der Integrale

a) $\lim\limits_{x \to 0} \dfrac{1}{x^3} \int\limits_0^x (\cosh t - \cos t)\, dt$,

b) $\lim\limits_{x \to 0} \dfrac{1}{\sqrt{x^3}} \int\limits_x^0 \left(1 - \sqrt[3]{1 + \sqrt{t}}\right) dt$.

Aufgabe 7.6. Sei $f(x) = e^{(x^2)}$ und $F(x) = \int_0^x f(t)\, dt$. Warum existiert eine Umkehrfunktion $G := F^{-1}$?

7.2 Integrationsregeln

Die Integrationsformeln des vorherigen Abschnittes wurden aus bekannten Ableitungsformeln gewonnen. Wir zeigen in diesem Abschnitt, wie die allgemeinen Ableitungsregeln auf korrespondierende Integrationsregeln führen.

Satz 7.11 (Linearität des Integrals). *Haben die Funktionen f und g auf dem Intervall $I \subset \mathbb{R}$ Stammfunktionen F bzw. G, so ist die Funktion $\lambda\, F + \mu\, G$ auf I eine Stammfunktion von $\lambda\, f + \mu\, g$, $\lambda, \mu \in \mathbb{R}$:*

$$\int \Big(\lambda\, f(x) + \mu\, g(x)\Big)\, dx = \lambda \int f(x)\, dx + \mu \int g(x)\, dx,$$

$$\int_a^b \Big(\lambda\, f(x) + \mu\, g(x)\Big)\, dx = \lambda \int_a^b f(x)\, dx + \mu \int_a^b g(x)\, dx \ \ \forall\, a, b \in I.$$

$$(7.7)$$

Beweis. Die Linearität des Integrals ergibt sich sofort aus der Summenregel der Differentiation.   qed

Satz 7.12 (Partielle Integration). *Sind f und g im Intervall I diffe-renzierbar und hat die Funktion $f'g$ eine Stammfunktion H, so ist $fg - H$ eine Stammfunktion von fg':*

$$\int f(x)g'(x)\,dx = f(x)g(x) - \int f'(x)g(x)\,dx,$$

$$\int_a^b f(x)g'(x)\,dx = f(x)g(x)\Big|_a^b - \int_a^b f'(x)g(x)\,dx \ \ \forall\, a,b \in I. \tag{7.8}$$

Beweis. Mit der Produktregel der Differentiation ergibt sich:

$$(fg - H)'(x) = f'(x)g(x) + f(x)g'(x) - f'(x)g(x) = f(x)g'(x).$$

qed

Satz 7.13 (Substitutionsregel). *Hat die Funktion f auf dem Inter-vall $I \subseteq D_f$ eine Stammfunktion F und ist die Funktion $g : I_0 \to I$ differenzierbar, so ist $F \circ g$ auf dem Intervall I_0 eine Stammfunktion von $(f \circ g) \cdot g'$:*

$$\int f(u)\,du\Big|_{u=g(x)} = \int f[g(x)]\,g'(x)\,dx \ \ \forall\, x \in I_0,$$

$$\int_{g(a)}^{g(b)} f(u)\,du = \int_a^b f[g(x)]\,g'(x)\,dx \ \ \forall\, a,b \in I_0. \tag{7.9}$$

Gilt darüber hinaus $g \in C^1(I_0)$ sowie $g'(t) \neq 0 \ \forall\, t \in I_0$, so besitzt die Funktion g eine Inverse, und es gilt

$$\int_a^b f(x)\,dx = \int_{g^{-1}(a)}^{g^{-1}(b)} f[g(t)]\,g'(t)\,dt \ \ \forall\, a,b \in I. \tag{7.10}$$

Beweis. Aus der Kettenregel der Differentiation folgt:

$$\Big(F \circ g\Big)'(x) = F'\Big(g(x)\Big) \cdot g'(x) = f\Big(g(x)\Big) \cdot g'(x) = \Big(f \circ g\Big)(x) \cdot g'(x).$$

qed

Anhand zahlreicher Beispiele wollen wir nun die genannten Integrationsregeln anwenden.

Beispiel 7.14 „*Anwendung der Linearität*". *Die folgenden Integrale erhalten wir aus der Linearitätsaussage des Satzes 7.11:*

$$\int \cos^2 x \, dx = \int \frac{1}{2}(1 + \cos 2x) \, dx = \frac{x}{2} + \frac{1}{4} \sin 2x + C \ \ \forall \, x \in \mathbb{R},$$

$$\int \sin^2 x \, dx = \int \frac{1}{2}(1 - \cos 2x) \, dx = \frac{x}{2} - \frac{1}{4} \sin 2x + C \ \ \forall \, x \in \mathbb{R},$$

$$\int \Big(\sum_{k=0}^{n} a_k x^k\Big) \, dx = \sum_{k=0}^{n} a_k \frac{x^{k+1}}{k+1} + C \ \ \forall \, x \in \mathbb{R}.$$

Beispiel 7.15 „*Anwendung der partiellen Integration*". *Die Formel der partiellen Integration aus Satz 7.13 nimmt im Sonderfall $g(x) := x$ folgende Form an:*

$$\boxed{\int f(x) \, dx = x \, f(x) - \int x \, f'(x) \, dx.}$$

(7.11)

Wir verwenden die Formel (7.11), wenn entweder das Integral $\int x \, f'(x) \, dx$ oder das Integral $\int f(x) \, dx$ bekannt ist. In den nachstehenden Beispielen wird die jeweilige Wahl so getroffen, dass links das zu berechnende Integral steht.

$$\int \underbrace{\ln x}_{=:f(x)} \, dx = x \ln x - \int x \frac{1}{x} \, dx = x \ln x - x + C \ \forall \, x > 0,$$

$$\int \underbrace{x \, e^x}_{=:x \, f'(x)} \, dx = x \, e^x - \int e^x \, dx = (x-1) \, e^x + C \ \forall \, x \in \mathbb{R},$$

$$\int \underbrace{\operatorname{arc\,tan}_H x}_{=:f(x)} \, dx = x \operatorname{arc\,tan}_H x - \frac{1}{2} \int \underbrace{\frac{2x}{1+x^2}}_{=:h'(x)/h(x)} \, dx$$

$$= x \operatorname{arc\,tan}_H x - \frac{1}{2} \ln(1+x^2) + C \ \forall \, x \in \mathbb{R},$$

$$\int \underbrace{\operatorname{arc\,sin}_H x}_{=:f(x)} \, dx = x \operatorname{arc\,sin}_H x - \int \underbrace{\frac{x}{\sqrt{1-x^2}}}_{=-(\sqrt{1-x^2})'} \, dx$$

$$= x \operatorname{arc\,sin}_H x + \sqrt{1-x^2} + C \ \forall \, x \in (-1, +1).$$

Beispiel 7.16 „*Rekursionsformeln*". *Wir verwenden nochmals Regel (7.11), dieses Mal zur Berechnung des folgenden Integrals:*

$$I_n(x) := \int \underbrace{\Big(\ln x \Big)^n}_{=:f(x)} \, dx = x \Big(\ln x \Big)^n - n \int \Big(\ln x \Big)^{n-1} \, dx$$

$$= x \Big(\ln x \Big)^n - n \cdot I_{n-1}(x)$$

für $x > 0$, $n \geq 2$. Wir haben eine **Rekursionsformel** *gefunden, die es erlaubt, das Integral I_n, $n \geq 2$, sukzessive auf das bereits bekannte Integral $I_1(x) := x \, (\ln x - 1) + C$ zurückzuführen.*

So erhalten wir für $n = 3$:

$$I_3(x) = \int \Big(\ln x \Big)^3 \, dx = x \Big(\ln x \Big)^3 - 3x \Big(\ln x \Big)^2 + 6x \, \ln x - 6x + C.$$

Wie in diesem Beispiel gelingt es häufig auch in anderen Fällen, eine **Rekursionsformel** *durch* **ein– oder mehrfache** *partielle Integration zu erstellen. Dabei können verschiedene Fälle auftreten, die wir hier schematisch andeuten wollen. Es sei beispielsweise das Integral $I_n(x) := \int f_n(x) \, dx$, $n \in \mathbb{N}$, auszuwerten. Durch p–fache partielle Integration können dabei folgende Resultate entstehen:*

$$\boxed{I_n(x) \longrightarrow I_{n-p}(x)} \quad oder \quad \boxed{I_n(x) \longrightarrow I_{n+p}(x)} \quad oder \quad \boxed{I_n(x) \longrightarrow I_n(x).}$$

Im mittleren Fall löst man nach $I_{n+p}(x)$ auf, im letzten Fall nach $I_n(x)$, sofern dies möglich ist.

Wir wenden z.B. die Regel der partiellen Integration einmal auf den Integranden $f(x) \cdot g'(x) := x^n \cdot e^{\alpha x}, \alpha \neq 0$, an:

$$I_n(x) := \int x^n \cdot e^{\alpha x}\, dx = \frac{x^n}{\alpha} e^{\alpha x} - \frac{n}{\alpha} \int x^{n-1} \cdot e^{\alpha x}\, dx$$

$$= \frac{x^n}{\alpha} e^{\alpha x} - \frac{n}{\alpha} I_{n-1}(x).$$

Es gilt insbesondere $I_0(x) = \frac{1}{\alpha} e^{\alpha x} + C$, und mit obiger Rekursionsformel zeigt man durch vollständige Induktion nach n:

$$\boxed{\int x^n\, e^{\alpha x}\, dx = \frac{1}{\alpha} e^{\alpha x} \sum_{k=0}^{n} (-1)^k \frac{n!}{(n-k)!} \frac{1}{\alpha^k} x^{n-k} + C, \quad x \in \mathbb{R},\ n \in \mathbb{N}_0.}$$

Mit den beiden folgenden Beispielen schließen wir die Technik zur Entwicklung der Rekursionsformeln ab:

Beispiel 7.17 *Beim folgenden Integral verwenden wir die Regel (7.11) der partiellen Integration:*

$$I_n(x) := \int \underbrace{(1+x^2)^{-n}}_{=:f(x)}\, dx = \frac{x}{(1+x^2)^n} + 2n \int \frac{x^2 + 1 - 1}{(1+x^2)^{n+1}}\, dx$$

$$= \frac{x}{(1+x^2)^n} + 2n\, I_n(x) - 2n\, I_{n+1}(x).$$

Hier löst man nach $I_{n+1}(x)$ auf und erhält so folgende Rekursionsformel:

$$\boxed{\begin{aligned} I_{n+1}(x) &:= \int \frac{dx}{(1+x^2)^{n+1}} = \frac{1}{2n} \frac{x}{(1+x^2)^n} + \frac{2n-1}{2n} I_n(x), \quad x \in \mathbb{R},\ n \in \mathbb{N}, \\[2mm] I_1(x) &:= \int \frac{dx}{1+x^2} = \text{arc tan}_H\, x + C, \quad x \in \mathbb{R}. \end{aligned}}$$

Beispiel 7.18 „*Zweifache Anwendung der Regel (7.8) der partiellen Integration*". *Wir setzen jeweils $g'(x) := e^{ax}$. Nach der zweiten partiellen Integration tritt $F(x)$ wieder auf:*

$$F(x) := \int e^{ax} \sin bx \, dx \stackrel{\text{part.Int.}}{=} \frac{e^{ax}}{a} \sin bx - \frac{b}{a} \int e^{ax} \cos bx \, dx$$

$$\stackrel{\text{part.Int.}}{=} \frac{e^{ax}}{a} \sin bx - \frac{be^{ax}}{a^2} \cos bx - \left(\frac{b}{a}\right)^2 F(x).$$

Durch Auflösen nach $F(x)$ erhalten wir die gesuchte Integralformel. Ganz analog verfährt man, wenn anstelle von $\sin bx$ die Funktion $\cos bx$ im Integranden steht. Zusammenfassend gilt

$$\boxed{\begin{aligned} \int e^{ax} \sin bx \, dx &= \frac{a \sin bx - b \cos bx}{a^2 + b^2} e^{ax} + C, \quad x \in \mathbb{R}, \ a^2 + b^2 \neq 0, \\[2mm] \int e^{ax} \cos bx \, dx &= \frac{a \cos bx + b \sin bx}{a^2 + b^2} e^{ax} + C, \quad x \in \mathbb{R}, \ a^2 + b^2 \neq 0. \end{aligned}}$$

Beispiel 7.19 „Anwendung der Substitutionsregel". *Hat man insbesondere die Funktion $f(u) := u^p$, $p \neq -1$, vorliegen, so resultiert aus (7.9) der folgende Sonderfall der Substitutionsregel:*

$$\boxed{\begin{aligned} \int \left(g(x)\right)^p g'(x) \, dx &= \int u^p \, du|_{u=g(x)} = \frac{1}{1+p} \left(g(x)\right)^{p+1} + C, \\[2mm] \int \frac{g'(x)}{g(x)} \, dx &= \int \frac{du}{u}|_{u=g(x)} = \ln |g(x)| + C. \end{aligned}} \qquad (7.12)$$

Hierbei muss die Funktion g natürlich die Voraussetzungen des Satzes 7.13 erfüllen.

Im nun folgenden Beispiel setzen wir $g(x) := \arc\tan_H x$ und erhalten für $x \in \mathbb{R}$:

$$\int^x \left(\arc\tan_H x\right)^p \frac{dx}{1+x^2} = \begin{cases} \dfrac{1}{p+1} \left(\arc\tan_H x\right)^{p+1} + C & : \ p \neq -1, \\[4mm] \ln |\arc\tan_H x| + C & : \ p = -1. \end{cases}$$

Ganz analog erhält man für $g(x) := x^3 - 3x^2 + 5x + a$ auf jedem Intervall $I \subset \mathbb{R}$, welches keine Nullstelle der Funktion g enthält:

$$\int \frac{3x^2 - 6x + 5}{(x^3 - 3x^2 + 5x + a)^p} \, dx = \begin{cases} \dfrac{1}{1-p} \cdot \dfrac{1}{(x^3 - 3x^2 + 5x + a)^{p-1}} + C & : p \neq 1, \\[4mm] \ln |x^3 - 3x^2 + 5x + a| + C & : p = 1. \end{cases}$$

Im folgenden Beispiel wählen wir $g(x) := \sin x$ und $p := -\frac{1}{2}$:

$$\int \frac{\cos x}{\sqrt{\sin x}}\, dx = 2\sqrt{\sin x} + C, \quad x \in (0, \pi).$$

Für die richtige Anwendung der Substitutionsregel bedarf es oft einer gewissen Erfahrung und einer Portion Fingerspitzengefühl. Generell lässt sich sagen, dass das unbestimmte Integral $\int f(x)\, dx$ mit einer solchen Substitution $u = g(x)$ berechnet werden kann, deren Ableitung $g'(x)$ als Faktor von $f(x)$ auftritt.

Werden Substitutionen vom Typ $x = g^{-1}(u)$ verwendet, so ist sorgfältig auf die Bijektivität der Abbildung $u = g(x)$ zu achten. Für $g \in C^1(I_0)$ muss deshalb $g'(x) \neq 0 \ \forall\, x \in I_0$ gelten.

Beispiel 7.20 *Im folgenden Integral ist die Substitution*

$$u = g(x) := \frac{b}{a}\, x, \ du = \frac{b}{a}\, dx$$

erfolgreich:

$$\int \frac{dx}{a^2 + b^2 x^2} = \frac{1}{a^2} \int \frac{dx}{1 + (bx/a)^2} = \frac{1}{ab} \int \frac{du}{1 + u^2}$$

$$= \frac{1}{ab}\, \mathrm{arc\ tan}_H \left(\frac{bx}{a}\right) + C, \quad x \in \mathbb{R}, \ ab \neq 0.$$

Beispiel 7.21 *Jetzt verwenden wir die Substitution*

$$x = g^{-1}(u) := \sin u, \ dx = \cos u\, du, \ x \in [-1, +1].$$

Für $u \in [-\frac{\pi}{2}, +\frac{\pi}{2}]$ ist die erforderliche Bijektivität gewährleistet, und es gilt $u = \mathrm{arc\ sin}_H x$:

$$\int \sqrt{1 - x^2}\, dx = \int \cos^2 u\, du \overset{\text{Bsp. 7.14}}{=} \frac{u}{2} + \frac{1}{2} \sin u \cos u + C$$

$$= \frac{1}{2}\, \mathrm{arc\ sin}_H x + \frac{x}{2} \sqrt{1 - x^2} + C, \quad x \in [-1, +1].$$

Beispiel 7.22 *Im folgenden Integral ist die Substitution*

$$u = g(x) := x^2, \ du = 2x\, dx$$

erfolgreich:

$$\int x^5 e^{-x^2}\, dx = \frac{1}{2} \int u^2 e^{-u}\, du \stackrel{\text{Bsp. 7.16}}{=} -\frac{1}{2}\, e^{-u} \left(u^2 + 2u + 2 \right) + C$$

$$= -\frac{1}{2}\, e^{-x^2} \left(x^4 + 2x^2 + 2 \right) + C, \quad x \in \mathbb{R}.$$

Beispiel 7.23 *Im folgenden Integral verwenden wir die Zerlegung*

$$\cos x = \cos^2(x/2) - \sin^2(x/2) = \cos^2(x/2) \left(1 - \tan^2(x/2) \right).$$

Nun führt die Substitution

$$u = g(x) := \tan(x/2), \ du = dx \big/ \left(2 \cos^2(x/2) \right), \ x \in \left(-\frac{\pi}{2}, +\frac{\pi}{2} \right)$$

zum Ziel:

$$\int \frac{dx}{\cos x} = \int \frac{2\, du}{1 - u^2} = \int \left(\frac{1}{1 + u} + \frac{1}{1 - u} \right) du = \ln \left| \frac{1 + u}{1 - u} \right| + C$$

$$= \ln \left| \frac{1 + \tan(x/2)}{1 - \tan(x/2)} \right| + C, \quad x \in \left(-\frac{\pi}{2}, +\frac{\pi}{2} \right).$$

Wir wenden abschließend die Substitutionsregel auf bestimmte Integrale an.

Beispiel 7.24 *Wir berechnen das bestimmte Integral*

$$F(x) := \int\limits_0^{\sin^2 x} \text{arc } \sin_H \sqrt{t}\, dt.$$

Bei der naheliegenden Substitution

$$t = g^{-1}(u) := \sin^2 u, \ dt = 2 \sin u \cos u\, du = \sin 2u\, du$$

ist wiederum auf die Bijektiviät zu achten. Die Transformation $u = g(t) =$ arc $\sin_H \sqrt{t}$ *bildet offensichtlich das Intervall* $I_0 := [0, 1]$ *auf das Intervall* $I := [0, \frac{\pi}{2}]$ *ab. Also darf die Variable* x *nur das Intervall* I *durchlaufen. Wir erhalten durch partielle Integration*

$$F(x) = \int\limits_0^x u \sin 2u\, du = -\frac{u}{2} \cos 2u \, \Big|_0^x + \frac{1}{2} \int\limits_0^x \cos 2u\, du$$

$$= -\frac{x}{2} \cos 2x + \frac{1}{4} \sin 2x, \quad x \in I.$$

Wegen $\sin^2(x + \pi) = \sin^2 x$, $x \in \mathbb{R}$, *und* $\sin^2(\pi - x) = \sin^2 x$, $x \in [\frac{\pi}{2}, \pi]$, *resultiert somit für alle Werte* $x \in \mathbb{R}$:

$$F(x) = \begin{cases} \dfrac{1}{4} \sin 2x - \dfrac{x}{2} \cos 2x & : x \in [0, \dfrac{\pi}{2}], \\[2ex] F(\pi - x) = \dfrac{x - \pi}{2} \cos 2x - \dfrac{1}{4} \sin 2x & : x \in [\dfrac{\pi}{2}, \pi], \\[2ex] F(x + \pi) & : \text{über } [0, \pi] \text{ hinaus.} \end{cases}$$

Wir wenden uns jetzt der Integrierbarkeit von **Umkehrfunktionen** zu.

Satz 7.25 (Integration der Umkehrfunktion) *Die Funktion* f : $I \to \mathbb{R}$ *sei differenzierbar, und es gelte* $f'(x) \neq 0 \; \forall \; x \in I$. *Hat* f *auf dem Intervall* I *eine Stammfunktion* F, *so hat auch* f^{-1} *auf dem Intervall* $f(I)$ *eine Stammfunktion und es gilt*

$$\int f^{-1}(y)\, dy = y\, f^{-1}(y) - \int f(x)\, dx|_{x = f^{-1}(y)}, \quad y \in f(I). \tag{7.13}$$

Beweis. Die Funktion $y = f(x)$ besitzt eine differenzierbare Umkehrfunktion $x = f^{-1}(y)$. Diese setzen wir anstelle von f in die Formel (7.11) ein und erhalten

$$\int f^{-1}(y)\, dy = y\, f^{-1}(y) - \int y\, (f^{-1})'(y)\, dy.$$

Da $f'(x) \neq 0$, gilt wegen Satz 6.11

$$(f^{-1})'(y) = 1/f'(x).$$

Die Substitution

$$y = f(x), \; dy = f'(x)\, dx$$

im Integral auf der rechten Seite liefert das gewünschte Ergebnis.   qed

Beispiel 7.26 *Die Funktion* $f(x) := \cos x$, $x \in I := (0, \pi)$, *erfüllt die Voraussetzungen des letzten Satzes. Die Umkehrfunktion* $f^{-1}(y) = \arc \cos_H y$ *hat also auf dem Intervall* $f(I) = (-1, +1)$ *eine Stammfunktion, und es gilt gemäß (7.13)*

$$\int \text{arc}\,\cos_H y\,dy = y\,\text{arc}\,\cos_H y - \int \cos x\,dx\big|_{x=\text{arc}\,\cos_H y}$$

$$= y\,\text{arc}\,\cos_H y - \sin(\text{arc}\,\cos_H y) + C$$

$$= y\,\text{arc}\,\cos_H y - \sqrt{1 - \cos^2 x}\big|_{x=\text{arc}\,\cos_H y} + C$$

$$= y\,\text{arc}\,\cos_H y - \sqrt{1 - y^2} + C,\quad y \in (-1, +1).$$

Beispiel 7.27 *Sei* $f(x) = x + e^x$ *gegeben. Da* $f'(x) = 1 + e^x > 0$, *existiert die Umkehrfunktion* f^{-1}, *die wir nicht explizit hinzuschreiben können. Das* **bestimmte** *Integral*

$$\int\limits_a^b f^{-1}(y)\,dy = \int\limits_1^{1+e} f^{-1}(y)\,dy$$

dagegen schon. Mit $x = f^{-1}(y)$ *und*

$$f(0) = 1 \quad \Rightarrow f^{-1}(1) = 0$$

$$f(1) = 1 + e \Rightarrow f^{-1}(1 + e) = 1$$

ergeben sich die Integrationsgrenzen für die Variable x. *Damit gilt*

$$\int\limits_1^{1+e} f^{-1}(y)\,dy = y\,f^{-1}(y)\big|_1^{1+e} - \int\limits_0^1 (x + e^x)\,dx$$

$$= 1 + e - \left(\frac{x^2}{2} + e^x\right)\Big|_0^1 = \frac{3}{2}.$$

Die Integration einer **komplexwertigen Funktion** $f \in \text{Abb}\,(\mathbb{R}, \mathbb{C})$, gegeben durch $f(x) = u(x) + i\,v(x)$, wird auf die Integration von Real– und Imaginärteil zurückgeführt. Haben also die Funktionen u, v auf dem gemeinsamen Intervall I Stammfunktionen U bzw. V, so ist durch $F(x) := U(x) + i\,V(x)$ auf I eine Stammfunktion von f definiert. Das heißt, es gilt stets

$$f(x) := u(x) + i\,v(x) \Longrightarrow \int f(x)\,dx = \int u(x)\,dx + i \int v(x)\,dx,$$

sofern die Integrale über u und v existieren. Daraus resultiert:

$$\boxed{\text{Re} \int f(x)\,dx = \int \text{Re}\,(f(x))\,dx, \quad \text{Im} \int f(x)\,dx = \int \text{Im}\,(f(x))\,dx.} \quad (7.14)$$

Beispiel 7.28 *Für $a \in \mathbb{R}$ gilt $e^{iax} = \cos ax + i \sin ax = i (\sin ax - i \cos ax)$.*
Damit folgt

$$\int e^{iax}\, dx = \int \cos ax\, dx + i \int \sin ax\, dx = \frac{1}{a}\left(\sin ax - i \cos ax\right) + C$$

$$= \frac{1}{ia}\, e^{iax} + C, \quad x \in \mathbb{R},\ a \neq 0.$$

Allgemein gilt

$$\boxed{\int e^{\lambda x}\, dx = \frac{1}{\lambda}\, e^{\lambda x} + C \ \ \forall\, x \in \mathbb{R},\ 0 \neq \lambda \in \mathbb{C}.}$$

Mit Hilfe der Substitution $u = g(x) := \ln x$, $du = dx/x$, $x > 0$, kann nun das folgende komplexe Integral berechnet werden:

$$\int x^{\lambda}\, dx = \int e^{(\lambda+1)\ln x}\, \frac{dx}{x} = \int e^{(\lambda+1)u}\, du\big|_{u = \ln x}$$

$$= \frac{1}{\lambda + 1}\, x^{\lambda+1} + C \ \ \forall\, x > 0,\ -1 \neq \lambda \in \mathbb{C}.$$

Beispiel 7.29 *Manchmal vereinfacht der Umweg über das Komplexe die Berechnung reeller Integrale. Im folgenden Beispiel sei $\lambda := a + ib$, $a, b \in \mathbb{R}$, $a^2 + b^2 > 0$, gesetzt. Wegen $e^{ax} \sin bx = \operatorname{Im} e^{\lambda x}$ erhalten wir mit (7.14):*

$$\int e^{ax} \sin bx\, dx = \operatorname{Im} \int e^{\lambda x}\, dx = \frac{1}{|\lambda|^2} \operatorname{Im}\left(\bar{\lambda}\, e^{\lambda x}\right) + C$$

$$= \frac{a \sin bx - b \cos bx}{a^2 + b^2}\, e^{ax} + C.$$

Die **Partialbruchzerlegung** findet Anwendung bei der Integration **rationaler Funktionen**. Wir werden sehen, dass die Klasse der rationalen Funktionen elementar integrierbar ist, d.h., dass sich das unbestimmte Integral

$$\int \frac{P(x)}{Q(x)}\, dx = \int \frac{a_0 + a_1 x + \cdots + a_m x^m}{b_0 + b_1 x + \cdots + b_n x^n}\, dx$$

stets elementar berechnen lässt.

Wir gehen davon aus, dass der Integrand eine **echt gebrochen** rationale Funktion R ist. Es gelte zudem stets $a_k, b_k \in \mathbb{K}$, also $\mathbb{K} := \mathbb{R}$ oder $\mathbb{K} := \mathbb{C}$. Es gelte also folgende **Voraussetzung:**

Es sei $R(x) := \frac{P(x)}{Q(x)}$ eine echt gebrochen rationale Funktion, d.h.

$$m = \operatorname{Grad} P < \operatorname{Grad} Q = n.$$

Anderfalls muss in einem **Vorbereitungsschritt** mit Hilfe des EUKLIDischen Teileralgorithmus ein Polynom T so abgespalten werden, dass gilt:

$$\frac{P(x)}{Q(x)} = T(x) + \frac{\tilde{P}(x)}{Q(x)}, \quad \operatorname{Grad} \tilde{P} < \operatorname{Grad} Q.$$

Der Fundamentalsatz der Algebra, Satz 2.34 stellt sicher, dass das Polynom Q vom Grad $n \geq 1$ genau n Nullstellen in $\mathbb{C}$ hat. Jede Nullstelle wird ihrer Vielfachheit entsprechend oft gezählt. Mit Hilfe dieses Resultates konnten wir die *Linearfaktorzerlegung* eines Polynoms in Satz 2.36 beweisen:

Sind also $z_1, z_2, \ldots, z_p$, $p \leq n$, die paarweise verschiedenenen (komplexen) Nullstellen des Polynoms $Q(x) := \sum_{k=0}^{n} b_k x^k$, $b_n \neq 0$, und sind $k_1, k_2, \ldots, k_p$ ihre Vielfachheiten, so gilt $k_1 + k_2 + \cdots + k_p = n$, und wir bekommen die Linearfaktorzerlegung

$$Q(x) = b_n (x - z_1)^{k_1} (x - z_2)^{k_2} \cdots (x - z_p)^{k_p} \ \forall\, x \in \mathbb{R}. \tag{7.15}$$

Aus dieser Linearfaktorzerlegung resultiert

Satz 7.30 *Sei $R(x) := P(x)/Q(x)$ die echt gebrochen rationale Funktion mit $D_R := \{x \in \mathbb{R} : Q(x) \neq 0\}$. Es sei $z_0 \in \mathbb{C}$ eine k–fache Nullstelle des Nennerpolynoms Q, so dass $Q(x) = (x - z_0)^k \tilde{Q}(x)$ mit $\tilde{Q}(z_0) \neq 0$. Dann existieren ein eindeutig bestimmtes Polynom $\tilde{P}(x)$ und eine Konstante $A \in \mathbb{C}$ mit*

$$\frac{P(x)}{Q(x)} = \frac{A}{(x - z_0)^k} - \frac{\tilde{P}(x)}{(x - z_0)^{k-1} \tilde{Q}(x)} \ \forall\, x \in D_R. \tag{7.16}$$

Hierbei ist A durch die Vorschrift $A = P(z_0)/\tilde{Q}(z_0)$ festgelegt.

Beweis. Im Sinne einer Analyse betrachten wir (7.16) als Ansatz. Setzen wir

$$Q(x) = (x - z_0)^k \tilde{Q}(x)$$

in (7.16) ein, so folgt

$$\lim_{x \to z_0} \frac{(x - z_0)^k\, P(x)}{Q(x)} = \frac{P(z_0)}{\tilde{Q}(z_0)} \overset{(7.16)}{=} A - \lim_{x \to z_0} \frac{(x - z_0)\, \tilde{P}(x)}{\tilde{Q}(x)} = A.$$

Das heißt, die Konstante A ist durch den Ansatz (7.16) in der angegebenen Weise eindeutig festgelegt. Mit diesem Wert von A gilt $\lim_{x \to z_0} (A\tilde{Q}(x) - P(x)) = 0$, so dass das Polynom $A\tilde{(Q)}(x) - P(x)$ die Nullstelle $x = z_0$ besitzt. Somit gibt es ein eindeutig bestimmtes Polynom $\tilde{P}(x)$ mit $A\tilde{Q}(x) - P(x) = (x - z_0)\tilde{P}(x) \; \forall \; x \in \mathbb{R}$. Für $x \in D_R$ kann diese Gleichung durch $Q(x)$ dividiert werden, und es resultiert (7.16). qed

Da die Funktion $\tilde{R}(x) := \tilde{P}(x)/((x - z_0)^{k-1}\tilde{Q}(x))$ wiederum echt gebrochen rational ist, kann das Abspaltungsverfahren (7.16) erneut auf $\tilde{R}$ angewendet werden. Das Nennerpolynom hat nun bei $z_0 \in \mathbb{C}$ eine Nullstelle der Ordnung $k - 1$. Nach insgesamt k Schritten gelangen wir auf diese Weise zu einer echt gebrochen rationalen Funktion, deren Nennerpolynom nun keine Nullstelle z_0 besitzt. Wir führen das Verfahren mit der nächsten Nullstelle von $Q(x)$ fort. Nach insgesamt n Schritten liegt das folgende Resultat vor:

Satz 7.31 (Partialbruchzerlegung im Komplexen, PBZ) *Gegeben sei die echt gebrochen rationale Funktion $R(x) := P(x)/Q(x)$, $D_R := \{x \in \mathbb{R} \, : \, Q(x) \neq 0\}$. Das Nennerpolynom Q habe die Linearfaktorzerlegung (7.15) mit den paarweise verschiedenen Nullstellen $z_1, z_2, \ldots, z_p$ der Vielfachheiten $k_1, k_2, \ldots, k_p$. Dann gibt es eindeutig bestimmte Koeffizienten $A_{jk} \in \mathbb{C}$ mit*

$$
\begin{aligned}
R(x) &= \sum_{j=1}^{p} \sum_{k=1}^{k_j} \frac{A_{jk}}{(x - z_j)^k} \\
&= \frac{A_{11}}{x - z_1} + \frac{A_{12}}{(x - z_1)^2} + \cdots + \frac{A_{1k_1}}{(x - z_1)^{k_1}} \\
&\quad + \frac{A_{21}}{x - z_2} + \frac{A_{22}}{(x - z_2)^2} + \cdots + \frac{A_{2k_2}}{(x - z_2)^{k_2}} \\
&\quad \vdots \\
&\quad + \frac{A_{p1}}{x - z_p} + \frac{A_{p2}}{(x - z_p)^2} + \cdots + \frac{A_{pk_p}}{(x - z_p)^{k_p}}.
\end{aligned}
\tag{7.17}
$$

Die Darstellung (7.17) heißt die **komplexe Partialbruchzerlegung** *der rationalen Funktion R.*

Mit diesem Ergebnis ist die Integration $\int R(x)\, dx$ einer allgemeinen rationalen Funktion

$$
R(x) = P(x)/Q(x) =: T(x) + \tilde{P}(x)/Q(x) = T(x) + \tilde{R}(x)
$$

zurückgeführt auf die Integration eines Polynoms T und die Integration von Partialbrüchen der Form $(x-a)^{-k}$, $a \in \mathbb{C}$, $k \in \mathbb{N}$, die wir aus der Partialbruchzerlegung (7.17) der echt gebrochen rationalen Funktion $\tilde{R}$ gewinnen. Das unbestimmte Integral $\int R(x)\,dx$ ist also eine Linearkombination von unbestimmten Integralen der Form

$$
\begin{aligned}
I_0(x) &:= \int \sum_{j=0}^{r} c_j x^j \, dx = \sum_{j=0}^{r} \frac{c_j}{j+1}\, x^{j+1} + C, \\[2mm]
I_1(x) &:= \int \frac{dx}{(x-a)^k} =
\begin{cases}
-\dfrac{1}{k-1}\,\dfrac{1}{(x-a)^{k-1}} + C & : \ k > 1, \\[4mm]
\ln|x-a| + C & : \ k = 1.
\end{cases}
\end{aligned}
$$

Die Hauptarbeit ist somit bei der Berechnung der Nullstellen z_k des Nennerpolynoms und der Koeffizienten A_{jk} der Partialbruchzerlegung (7.17) zu leisten. Für die *Handrechnung* bedient man sich zweier Verfahren zur Bestimmung der A_{jk}. Dabei wird stets die Kenntnis aller Nullstellen des Nennerpolynoms vorausgesetzt.

(A) **Methode des Koeffizientenvergleichs.** Diese Methode ist aufwändig. Die Partialbruchzerlegung (7.17) wird mit unbestimmten Koeffizienten A_{jk} angesetzt.

Danach bringt man die Partialbrüche auf den gemeinsamen Nenner (dieser ist das Nennerpolynom Q). Im Zähler führe man Koeffizientenvergleich mit dem gegebenen Zählerpolynom $P(x)$ durch. Es resultiert ein lineares Gleichungssystem für die unbekannten Koeffizienten A_{jk}.

Beispiel 7.32 *Die Partialbruchzerlegung der echt gebrochen rationalen Funktion*

$$
R(x) := \frac{3+x}{x^4 - x^2}
$$

ist zu bestimmen. Wegen $Q(x) := x^4 - x^2 = x^2(x+1)(x-1)$ *erfordert die PBZ (7.17) den folgenden Ansatz:*

$$
\begin{aligned}
R(x) &= \frac{A}{x} + \frac{B}{x^2} + \frac{C}{x+1} + \frac{D}{x-1} \\[2mm]
&= \frac{(A+C+D)x^3 + (B-C+D)x^2 - Ax - B}{x^2(x^2-1)} \\[2mm]
&\overset{!}{=} \frac{3+x}{x^4 - x^2}.
\end{aligned}
$$

Durch Koeffizientenvergleich der beiden Zählerpolynome erhält man das folgende lineare Gleichungssystem:

$$[x^0]: \qquad -B = 3 \implies \qquad B = -3,$$

$$[x^1]: \qquad -A = 1 \implies \qquad A = -1,$$

$$[x^2]: B - C + D = 0 \implies D - C = \quad 3 \implies C = -1,$$

$$[x^3]: A + C + D = 0 \implies D + C = \quad 1 \implies D = 2.$$

Hieraus resultiert die gesuchte PBZ

$$R(x) = \frac{3+x}{x^4 - x^2} = -\frac{1}{x} - \frac{3}{x^2} - \frac{1}{x+1} + \frac{2}{x-1}.$$

(B) **Grenzwertmethode.** Diese Methode ist besonders effektiv, wenn alle Nullstellen des Nennerpolynoms Q **einfach** sind. Die Partialbruchzerlegung (7.17) wird wiederum mit unbestimmten Koeffizienten A_{jk} angesetzt.

Danach multipliziert man beide Seiten in der Zerlegung (7.17) mit dem Binom $(x - z_j)^{k_j}$ und bildet den Limes $x \to z_j$. Dieser Grenzwert liefert direkt den Koeffizienten A_{jk_j}.

Nun wird auf beiden Seiten der Zerlegung (7.17) der schon bekannte Ausdruck $A_{jk_j}/(x - z_j)^{k_j}$ subtrahiert. Multiplikation mit $(x - z_j)^{k_j - 1}$ und Grenzwertbildung $x \to z_j$ liefert den Koeffizienten $A_{jk_{j-1}}$ und so weiter.

Nachfolgendes Beispiel erklärt diesen Sachverhalt:

Beispiel 7.33 *Wir betrachten hier nochmals die gebrochen rationale Funktion R aus dem vorherigen Beispiel 7.32. Der Ansatz*

$$R(x) = \frac{3+x}{x^2(x+1)(x-1)} = \frac{A}{x} + \frac{B}{x^2} + \frac{C}{x+1} + \frac{D}{x-1}$$

führt vermöge der Grenzwertmethode wie folgt sofort auf die Konstanten B, C und D:

$$x^2 R(x)\Big|_{x=0} = \frac{3+x}{(x+1)(x-1)}\Big|_{x=0} = -3 = B,$$

$$(x+1)\,R(x)\Big|_{x=-1} = \frac{3+x}{x^2(x-1)}\Big|_{x=-1} = -1 = C,$$

$$(x-1)\,R(x)\Big|_{x=1} = \frac{3+x}{x^2(x+1)}\Big|_{x=1} = 2 = D.$$

Die Berechnung der Konstanten A kann nach dem oben geschilderten Verfahren unter Verwendung der Regel von L'HOSPITAL *vorgenommen werden. Wir erhalten*

$$A = \lim_{x \to 0} x \left(R(x) + \frac{3}{x^2} \right) = \lim_{x \to 0} \frac{1}{x} \underbrace{\left(\frac{3+x}{(x^2-1)} + 3 \right)}_{=:g(x);\ g(0)=0} = \lim_{x \to 0} g'(x) = -1.$$

Weit weniger aufwändig ist allerdings die Bestimmung von A durch **Einsetzen eines speziellen Wertes** x_0, wobei x_0 keine Nullstelle des Nennerpolynoms sein darf. Zum Beispiel gilt für $x_0 = 2$:

$$R(2) = \frac{5}{12} = \left(\frac{A}{x} - \frac{3}{x^2} - \frac{1}{x+1} + \frac{2}{x-1} \right)\Big|_{x=2} = \frac{A}{2} + \frac{11}{12}.$$

Auch hier ergibt sich wieder $A = -1$.

Beispiel 7.34 Wir bestimmen die Partialbruchzerlegung der echt gebrochen rationalen Funktion

$$R(x) := \frac{x+1}{x^4 - x^3 + x^2 - x}.$$

Das Nennerpolynom $Q(x) := x(x^3 - x^2 + x - 1)$ hat ganz offenkundig die einfache Nullstelle $z_1 = 0$. Eine weitere Nullstelle $z_2 = 1$ kann leicht erraten werden. Wir spalten den Linearfaktor $(x-1)$ unter Verwendung des HORNER–Schemas ab:

$$
\begin{array}{r|rrrr}
 & 1 & -1 & 1 & -1 \\
z_2 = 1 & * & 1 & 0 & 1 \\
\hline
 & 1 & 0 & 1 & \boxed{0}
\end{array}
$$

Somit erhalten wir die Linearfaktorzerlegung

$$Q(x) = x(x-1)(x^2+1) = x(x-1)(x+i)(x-i),$$

die den folgenden Ansatz der PBZ erfordert:

$$R(x) = \frac{x+1}{x(x-1)(x+i)(x-i)} = \frac{A}{x} + \frac{B}{x-1} + \frac{C}{x+i} + \frac{D}{x-i}.$$

Wir bestimmen die Koeffizienten A, B, C, D mit der Grenzwertmethode

$$xR(x)\Big|_{x=0} = \frac{x+1}{(x-1)(x^2+1)}\Big|_{x=0} = -1 = A,$$

$$(x-1)\,R(x)\Big|_{x=1} = \frac{x+1}{x(x^2+1)}\Big|_{x=1} = 1 = B,$$

$$(x+i)\,R(x)\Big|_{x=-i} = \frac{x+1}{x(x-1)(x-i)}\Big|_{x=-i} = -i/2 = C,$$

$$(x-i)\,R(x)\Big|_{x=i} = \frac{x+1}{x(x-1)(x+i)}\Big|_{x=i} = i/2 = D.$$

Hieraus resultiert die gesuchte PBZ

$$R(x) = \frac{x+1}{x^4 - x^3 + x^2 - x} = -\frac{1}{x} + \frac{1}{x-1} + \frac{i}{2}\left(\frac{1}{x-i} - \frac{1}{x+i}\right).$$

Fassen wir die beiden letzten Summanden zusammen, so ergibt sich ein **reeller** *Partialbruch mit quadratischem Nennerpolynom der Form*

$$\frac{C}{x+i} + \frac{D}{x-i} = \frac{(C+D)x + i(D-C)}{1+x^2} = -\frac{1}{1+x^2}.$$

Hiermit gelangt man zur folgenden **reellen Partialbruchzerlegung** *der rationalen Funktion $R(x)$:*

$$R(x) = -\frac{1}{x} + \frac{1}{x-1} - \frac{1}{1+x^2}.$$

Hat das Nennerpolynom Q der rationalen Funktion $R(x) = P(x)/Q(x)$ ausschließlich **reelle Koeffizienten**, so können komplexe Nullstellen nur als **konjugiert komplexe Paare** auftreten. Mit $z_0 := x_0 + iy_0$ ist auch $\bar{z}_0 = x_0 - iy_0$ eine Nullstelle von Q. Hat auch das Zählerpolynom P ausschließlich reelle Koeffizienten, so können Partialbrüche

$$\frac{C}{x-z_0} + \frac{D}{x-\bar{z}_0} = \frac{(C+D)x - (C\bar{z}_0 + Dz_0)}{x^2 - 2x_0 x + |z_0|^2} =: \frac{Ax+B}{x^2 + \alpha x + \beta},$$

$A, B, \alpha, \beta \in \mathbb{R}$, stets in **reeller Form** zusammengefasst werden. Sind z_0 und $\bar{z}_0$ jeweils k–fache Nullstellen, so treten in der Partialbruchzerlegung (7.17) Partialbrüche der Form

$$\frac{A_1 x + B_1}{x^2 + \alpha x + \beta} + \frac{A_2 x + B_2}{(x^2 + \alpha x + \beta)^2} + \cdots + \frac{A_k x + B_k}{(x^2 + \alpha x + \beta)^k} \tag{7.18}$$

auf. Sämtliche Koeffizienten sind reell. Die quadratischen Faktoren $q(x) := x^2 + \alpha x + \beta$ sind über $\mathbb{R}$ irreduzibel. Wegen

$$q(x) = 0 \quad \Longleftrightarrow \quad x = z_{\pm} := -\frac{\alpha}{2} \pm \frac{i}{2}\sqrt{4\beta - \alpha^2}$$

treten die Terme (7.18) genau dann auf, wenn

$$\boxed{4\beta > \alpha^2}$$

gilt. In diesem Fall spricht man von einer **Partialbruchzerlegung ratio-naler Funktionen im Reellen**. Mit der Zerlegung (7.18) kann das un-bestimmte Integral $\int R(x)\,dx$ im Reellen berechnet werden. Dazu sind die folgenden Teilintegrale auszuwerten:

$$I_2^{(1)}(x) := \int \frac{dx}{x^2 + \alpha x + \beta} = \frac{2}{\sqrt{4\beta - \alpha^2}} \arctan_H \left(\frac{2x + \alpha}{\sqrt{4\beta - \alpha^2}} \right) + C,$$

$$I_2^{(k)}(x) := \int \frac{dx}{(x^2 + \alpha x + \beta)^k}$$

$$= \frac{2x + \alpha}{(k-1)(4\beta - \alpha^2)(x^2 + \alpha x + \beta)^{k-1}} + \frac{2(2k-3)}{(k-1)(4\beta - \alpha^2)} I_2^{(k-1)}(x),$$

$$k \geq 2,$$

$$I_3^{(1)}(x) := \int \frac{Ax + B}{x^2 + \alpha x + \beta}\,dx = \frac{A}{2} \ln |x^2 + \alpha x + \beta| + \left(B - \frac{A\alpha}{2} \right) I_2^{(1)}(x),$$

$$I_3^{(k)}(x) := \int \frac{Ax + B}{(x^2 + \alpha x + \beta)^k}\,dx$$

$$= \frac{-A}{2(k-1)(x^2 + \alpha x + \beta)^{k-1}} + \left(B - \frac{A\alpha}{2} \right) I_2^{(k)}(x), \quad k \geq 2.$$

Beispiel 7.35 *Wir berechnen jetzt im Reellen das unbestimmte Integral $\int R(x)\,dx$ der gebrochen rationalen Funktion*

$$R(x) := \frac{-2x^4 + x^3 - 3x^2 - 4}{x^5 - x^4 + 2x^3 - 2x^2 + x - 1}.$$

Das Nennerpolynom $Q(x) := x^5 - x^4 + 2x^3 - 2x^2 + x - 1$ hat die leicht zu erratende Nullstelle $z_1 = 1$. Wir spalten den Linearfaktor $(x-1)$ unter Verwendung des HORNER*-Schemas ab:*

$$\begin{array}{c|ccccc} & 1 & -1\ 2 & -2\ 1 & -1 \\ z_1 = 1 & * & 1\ 0 & 2\ 0 & 1 \\ \hline & 1 & 0\ 2 & 0\ 1 & \boxed{0} \end{array}$$

Somit erhalten wir die Faktorzerlegung

$$Q(x) = (x-1)(x^4 + 2x^2 + 1) = (x-1)(x^2+1)^2 = (x-1)(x+i)^2(x-i)^2,$$

die im Reellen den folgenden Ansatz der PBZ erfordert:

$$R(x) = \frac{-2x^4 + x^3 - 3x^2 - 4}{x^5 - x^4 + 2x^3 - 2x^2 + x - 1} = \frac{A}{x-1} + \frac{Bx + C}{1 + x^2} + \frac{Dx + E}{(1+x^2)^2}.$$

Den Koeffizienten A erhält man mit der Grenzwertmethode

$$(x - 1)\,R(x)\Big|_{x=1} = \frac{-2x^4 + x^3 - 3x^2 - 4}{(1+x^2)^2}\Big|_{x=1} = -2 = A.$$

Zur Bestimmung der Koeffizienten B, C, D, E kann die Grenzwertmethode **nicht** *mehr verwendet werden. Es ist zweckmäßig, durch Einsetzen spezieller Werte x_j, $j = 1, 2, 3, 4$, in den obigen Ansatz ein lineares Gleichungssystem aufzubauen und dieses mit dem* GAUSS*-Algorithmus zu lösen:*

$$x = 0 \;\; : \quad 4 = 2 \;\; +C \;\; +E$$
$$x = -1 : \quad \tfrac{5}{4} = 1 + \tfrac{1}{2}C + \tfrac{1}{4}E - \tfrac{1}{2}B - \tfrac{1}{4}D$$
$$x = 2 \;\; : -\tfrac{40}{25} = -2 + \tfrac{1}{5}C + \tfrac{1}{25}E + \tfrac{2}{5}B + \tfrac{2}{25}D$$
$$x = -2 : \quad \tfrac{56}{75} = \tfrac{2}{3} + \tfrac{1}{5}C + \tfrac{1}{25}E - \tfrac{2}{5}B - \tfrac{2}{25}D$$

$$\Rightarrow$$

B	C	D	E	1
0	1	0	1	2
2	-2	1	-1	-1
10	5	2	1	10
10	-5	2	-1	-2

Dieses lineare Gleichungssystem hat die eindeutig bestimmte Lösung

$$B = 0, C = E = 1, D = 2,$$

und es resultiert die folgende PBZ:

$$R(x) = \frac{-2x^4 + x^3 - 3x^2 - 4}{x^5 - x^4 + 2x^3 - 2x^2 + x - 1} = -\frac{2}{x-1} + \frac{1}{1 + x^2} + \frac{2x+1}{(1+x^2)^2}.$$

Unter Verwendung der obigen Integralformeln erhält man nun das unbestimmte Integral

$$\int R(x)\,dx = -2\ln|x-1| + \arctan_H x + \frac{x-2}{2(1+x^2)} + \frac{1}{2}\arctan_H x + C.$$

Beispiel 7.36 *Man berechne im Reellen das unbestimmte Integral $\int R(x)\,dx$ der rationalen Funktion*

$$R(x) := \frac{x^5 + x^2 + x}{x^4 + 1}.$$

Da R nicht echt gebrochen rational ist, verwenden wir zunächst den EU-KLIDischen Teileralgorithmus zur Abspaltung des polynomialen Anteils T:

$$(x^5 + x^2 + x) : \overbrace{(x^4 + 1)}^{=Q(x)} = \overbrace{x}^{=:T(x)}$$

$$\underline{x^5 \qquad + x}$$

$$x^2 \qquad =: P(x)$$

Für die Partialbruchzerlegung der echt gebrochen rationalen Funktion

$$\tilde{R}(x) = \frac{P(x)}{Q(x)} = \frac{x^2}{x^4 + 1}$$

berechnen wir zunächst die Nullstellen des Nennerpolynoms $Q(x) := x^4 + 1$. Diese sind die komplexen Wurzeln

$$\sqrt[4]{-1} = \left\{ e^{i(\pi + 2k\pi)/4} \ : \ k = 0, 1, 2, 3 \right\}$$

$$= \left\{ \tfrac{1}{2}\sqrt{2}(1+i), -\tfrac{1}{2}\sqrt{2}(1-i), -\tfrac{1}{2}\sqrt{2}(1+i), \tfrac{1}{2}\sqrt{2}(1-i) \right\}.$$

Demgemäß erhält man die Faktorisierung

$$Q(x) = (x^2 - \sqrt{2}x + 1)(x^2 + \sqrt{2}x + 1),$$

und die Partialbruchzerlegung (7.18) erfordert den Ansatz

$$\tilde{R}(x) = \frac{x^2}{x^4 + 1} = \frac{Ax + B}{x^2 - \sqrt{2}x + 1} + \frac{Cx + D}{x^2 + \sqrt{2}x + 1}.$$

Wir berechnen die Koeffizienten A, B, C, D nach der Methode des Koeffizientenvergleichs. Es muss gelten:

$$(A+C)x^3 + (B+D+\sqrt{2}(A-C))x^2 + (A+C+\sqrt{2}(B-D))x + B+D \stackrel{!}{=} x^2.$$

Durch Vergleich der x–Potenzen erhält man

A	B	C	D	1
1	0	1	0	0
$\sqrt{2}$	1	$-\sqrt{2}$	1	1
1	$\sqrt{2}$	1	$-\sqrt{2}$	0
0	1	0	1	0

und dieses lineare Gleichungssystem hat die eindeutig bestimmte Lösung

$$B = D = 0, \quad A = -C = \sqrt{2}/4.$$

Es resultiert die folgende PBZ:

$$R(x) = \frac{x^5 + x^2 + x}{x^4 + 1} = x + \frac{\sqrt{2}}{4}\left(\frac{x}{x^2 - \sqrt{2}x + 1} - \frac{x}{x^2 + \sqrt{2}x + 1}\right).$$

Unter Verwendung der Integralformel für $I_3^{(1)}$ hat man schließlich

$$\int R(x)\,dx = \frac{x^2}{2} + \frac{\sqrt{2}}{8}\,\ln\left|\frac{x^2 - \sqrt{2}x + 1}{x^2 + \sqrt{2}x + 1}\right|$$

$$+ \frac{\sqrt{2}}{4}\left(\operatorname{arc\,tan}_H(\sqrt{2}x - 1) + \operatorname{arc\,tan}_H(\sqrt{2}x + 1)\right) + C.$$

Weitere Integrationsregeln fassen wir unter dem Begriff **Rationalisierung durch Substitution** zusammen. Denn häufig gelingt es, den Integranden durch eine geeignete Substitution in eine **rationale Funktion** zu transformieren. Dabei sind selbstverständlich die Substitutionsregeln aus Satz 7.13 zu beachten. Wir diskutieren hier drei Klassen von Integranden, bei denen mit Standardsubstitutionen die Rationalisierung erreicht wird.

(I) **Rationale Funktionen von e^x.** Es bezeichne R eine rationale Funktion.

$$\boxed{\int R(e^x)\,dx : \text{ Wir substituieren } u = g(x) := e^x, \, du = u\,dx, \, x \in \mathbb{R}.}$$

Da die hyperbolischen Funktionen rationale Funktionen von $u = e^x$ sind, nämlich

$$\sinh x = \frac{u^2 - 1}{2u}, \quad \cosh x = \frac{u^2 + 1}{2u}, \quad \tanh x = \frac{u^2 - 1}{u^2 + 1}, \quad \coth x = \frac{u^2 + 1}{u^2 - 1},$$

gilt in gleicher Weise

$$\int R(e^x, \sinh x, \cosh x, \tanh x, \coth x)\, dx \,:\, \text{Wir substituieren } u = g(x) := e^x.$$

Beispiel 7.37 *Für die rationale Funktion*

$$R(e^x) := \frac{e^{2x} - 7e^x}{e^{2x} - 2e^x - 3}$$

gilt nach der Substitution $u := e^x$:

$$R(u) = \frac{u - 7}{u^2 - 2u - 3}\, u = \frac{u - 7}{(u+1)(u-3)}\, u = \left(\frac{2}{u+1} - \frac{1}{u-3} \right) u.$$

Der Faktor u *kürzt sich bei der Substitution von* $dx = du/u$ *heraus, so dass wir schon die Partialbruchzerlegung des Integranden vorliegen haben. Wir erschließen*

$$\int R(e^x)\, dx = \int \left(\frac{2}{u+1} - \frac{1}{u-3} \right) du \bigg|_{u=e^x} = \ln \frac{(e^x + 1)^2}{|e^x - 3|} + C.$$

(II) **Rationale Funktionen von** $\sin x, \cos x$. Es bezeichne R wieder eine rationale Funktion.

$$\int R(\sin x, \cos x)\, dx \,:\, \text{Wir substituieren } u = g(x) := \tan \tfrac{x}{2}, \quad x \in$$
$(-\pi, +\pi)$, und verwenden die folgenden Transformationsformeln:

$$x = 2 \arctan_H u, \quad dx = \frac{2\, du}{1 + u^2},$$

$$\sin x = 2 \sin \frac{x}{2} \cos \frac{x}{2} = \frac{2 \tan \frac{x}{2}}{1 + \tan^2 \frac{x}{2}} = \frac{2u}{1 + u^2},$$

$$\cos x = \cos^2 \frac{x}{2} - \sin^2 \frac{x}{2} = \frac{1 - \tan^2 \frac{x}{2}}{1 + \tan^2 \frac{x}{2}} = \frac{1 - u^2}{1 + u^2}.$$

Die folgenden Spezialfälle lassen sich einfacher behandeln:

$$\int R(\cos x) \cdot \sin x \, dx : \text{Wir ubstituieren } u = g(x) := \cos x, \ du = -\sin x \, dx,$$

$$\int R(\sin x) \cdot \cos x \, dx : \text{Wir substituieren } u = g(x) := \sin x, \ du = \cos x \, dx.$$

Beispiel 7.38 *Für die rationale Funktion* $R(\cos x) := \dfrac{1}{\cos^3 x}$ *erhalten wir nach obiger Vorschrift*

$$\int R(\cos x) \, dx = \int \left(\frac{1+u^2}{1-u^2}\right)^3 \frac{2\,du}{1+u^2} = -2 \int \frac{(u^2+1)^2}{(u-1)^3(u+1)^3} \, du\Big|_{u=\tan(x/2)}.$$

Die Partialbruchzerlegung des rationalen Integranden erfordert den folgenden Ansatz:

$$\tilde{R}(u) := \frac{(u^2+1)^2}{(u-1)^3(u+1)^3} = \frac{A_1}{u-1} + \frac{B_1}{(u-1)^2} + \frac{C_1}{(u-1)^3}$$

$$+ \frac{A_2}{u+1} + \frac{B_2}{(u+1)^2} + \frac{C_2}{(u+1)^3}.$$

Hier können die Koeffizienten C_j mit der Grenzwertmethode berechnet werden:

$$C_1 = (u-1)^3 \tilde{R}(u)\Big|_{u=1} = \frac{1}{2}, \quad C_2 = (u+1)^3 \tilde{R}(u)\Big|_{u=-1} = -\frac{1}{2}.$$

Für die Koeffizienten B_j folgt nun ebenfalls nach der Grenzwertmethode unter Verwendung der Regel von L'HOSPITAL:

$$B_1 = \lim_{u \to 1}\left((u-1)^2 \tilde{R}(u) - \frac{1}{2(u-1)}\right) = \lim_{u \to 1} \frac{1}{u-1}\left(\frac{(u^2+1)^2}{(u+1)^3} - \frac{1}{2}\right)$$

$$\overset{\text{L'Hosp.}}{=} \frac{1}{8} \lim_{u \to 1}\left(4u(u^2+1) - \frac{3}{2}(u+1)^2\right) = \frac{1}{4},$$

$$B_2 = \lim_{u \to -1}\left((u+1)^2 \tilde{R}(u) + \frac{1}{2(u+1)}\right) = \lim_{u \to -1} \frac{1}{u+1}\left(\frac{(u^2+1)^2}{(u-1)^3} + \frac{1}{2}\right)$$

$$\overset{\text{L'Hosp.}}{=} -\frac{1}{8} \lim_{u \to -1}\left(4u(u^2+1) + \frac{3}{2}(u-1)^2\right) = \frac{1}{4}.$$

Die Berechnung der verbleibenden Koeffizienten A_j erfolgt am einfachsten durch Einsetzen spezieller Werte u in den obigen Ansatz:

$$u = 0 : \quad \tilde{R}(0) = -1 = -A_1 + \tfrac{1}{4} - \tfrac{1}{2} + A_2 + \tfrac{1}{4} + \tfrac{1}{2} \quad \Longrightarrow \quad -A_1 \quad +A_2 = -\tfrac{1}{2},$$

$$u = 2 : \quad \tilde{R}(2) = \tfrac{25}{27} = A_1 + \tfrac{1}{4} + \tfrac{1}{2} + \tfrac{1}{3} A_2 + \tfrac{1}{36} - \tfrac{1}{54} \quad \Longrightarrow \quad A_1 + \tfrac{1}{3} A_2 = \quad \tfrac{1}{6}.$$

Dieses lineare Gleichungssystem hat die eindeutige Lösung $A_1 = 1/4 = -A_2$, so dass die vollständige Partialbruchzerlegung in folgender Form vorgelegt ist:

$$\tilde{R}(u) := \frac{1}{4} \left(\frac{1}{u-1} + \frac{1}{(u-1)^2} + \frac{2}{(u-1)^3} - \frac{1}{u+1} + \frac{1}{(u+1)^2} - \frac{2}{(u+1)^3} \right).$$

Wir sind jetzt in der Lage, das unbestimmte Integral $\int R(\cos x)\, dx$ zu berechnen:

$$\int \frac{dx}{\cos^3 x} = -2 \int \tilde{R}(u)\, du \Big|_{u=\tan(x/2)}$$

$$= \frac{1}{2} \ln \left| \frac{\tan(x/2)+1}{\tan(x/2)-1} \right| + \frac{1}{2} \left(\frac{1}{\tan(x/2)-1} + \frac{1}{\tan(x/2)+1} \right)$$

$$+ \frac{1}{2} \left(\frac{1}{(\tan(x/2)-1)^2} - \frac{1}{(\tan(x/2)+1)^2} \right) + C$$

$$= \frac{1}{2} \ln \left| \frac{\tan(x/2)+1}{\tan(x/2)-1} \right| + \frac{\sin x}{2 \cos^2 x} + C.$$

(III) Rationale Funktionen von x und Wurzelfunktionen. Es bezeichne R auch hier eine rationale Funktion.

$$\int R(x; \sqrt{x^2+a^2})\, dx : \text{ Wir substituieren } x = g^{-1}(u) := a \sinh u,$$

$$dx = a \cosh u\, du, \quad \sqrt{\ } = a \cosh u,$$

$$\int R(x; \sqrt{x^2-a^2})\, dx : \text{ Wir substituieren } x = g^{-1}(u) := a \cosh u,$$

$$dx = a \sinh u\, du, \quad \sqrt{\ } = a \sinh u,$$

$$\int R(x; \sqrt{a^2-x^2})\, dx : \text{ Wir substituieren } x = g^{-1}(u) := a \sin u,$$

$$dx = a \cos u\, du, \quad \sqrt{\ } = a \cos u.$$

Beispiel 7.39 *Die Funktion* $f(x) := (4x - x^2)^{-3/2} = \left(4 - (x-2)^2\right)^{-3/2}$
geht mit der Substitution $t := x - 2$ *in einen Integranden vom obigen Typ,*
nämlich

$$R(t) := (4 - t^2)^{-3/2},$$

über. Die Standardsubstitution $t = g^{-1}(u) := 2\sin u,\ dt = 2\cos u\,du,\ führt$
nun zu folgendem Resultat:

$$\int_2^3 f(x)\,dx = \int_0^1 R(t)\,dt = \int_0^{\pi/6} \frac{2\cos u\,du}{(2\cos u)^3} = \frac{1}{4}\int_0^{\pi/6} \frac{du}{\cos^2 u} = \frac{1}{4}\tan\frac{\pi}{6} = \frac{1}{12}\sqrt{3}.$$

Aufgaben

Aufgabe 7.7. Berechnen Sie folgende Integrale:

a) $\displaystyle\int \frac{x\cos\sqrt{x^2+1}}{\sqrt{x^2+1}}\,dx,$

b) $\displaystyle\int \frac{\arcsin x}{\sqrt{x+1}}\,dx,\quad x \in (-1,1),$

c) $\displaystyle\int \frac{1}{\sqrt{x}\,(x+1)}\,dx,\quad x > 0.$

Aufgabe 7.8. Gegeben sei das Integral

$$I_n := \int \tan^n x\,dx,\ n \in \mathbb{N},\ n \geq 2,\ x \in \left(-\frac{\pi}{2}, \frac{\pi}{2}\right).$$

Zeigen Sie, dass

$$I_n = \frac{1}{n-1}\tan^{n-1}x - I_{n-2}$$

gilt. Bestimmen Sie damit $\int_0^{\pi/4} \tan^5 x\,dx$.

Aufgabe 7.9. Finden Sie eine Rekursionsformel für das Intergral

$$I_m := \int \sin^m x\,dx.$$

Aufgabe 7.10. Berechnen Sie folgende Integrale:

a) $I = \int_0^{\frac{\pi}{4}} \dfrac{\arctan x \, \mathrm{e}^{(\arctan x)^2}}{(x^2+1)\left(\mathrm{e}^{(\arctan x)^2}+1\right)} \, dx,$

b) $I = \int_0^{\frac{\pi}{2}} \dfrac{\sin x}{3+\sin^2 x} \, dx,$

c) $I = \int_1^{\mathrm{e}^2} \dfrac{\arcsin^2(\ln \sqrt{x})}{2x} \, dx.$

Aufgabe 7.11. Gegeben seien die Funktionen

$$f_1(x) = x \, \mathrm{e}^{x^2}, \ x \in I_1 := \mathbb{R} \ \text{ und } \ f_2(x) = \sin x + x, \ x \in I_2 := \left[0, \frac{\pi}{2}\right].$$

a) Warum sind die Funktionen f_i auf den jeweiligen Intervallen I_i, $i = 1, 2$, umkehrbar?

b) Berechnen Sie

$$a. \ \int_{-2\sqrt{\ln 2}}^{2\sqrt{\ln 2}} f_1^{-1}(y) \, dy, \qquad b. \ \int_{f_2(0)}^{f_2(\pi/4)} f_2^{-1}(y) \, dy.$$

Zusätzliche Information. Zu Aufgabe 7.11 ist bei der Online-Version dieses Kapitels (doi:10.1007/978-3-642-29980-3_7) ein Video enthalten.

Aufgabe 7.12. Berechnen Sie folgende Integrale:

a) $I = \int_{\sqrt{e}}^{e} \dfrac{1}{x\sqrt{\ln x(1-\ln x)}} \, dx.$

b) $I = \int_{\frac{1}{4}}^{\frac{3}{4}} \dfrac{1}{x\sqrt{1-x^2}} \, dx.$

Aufgabe 7.13. Berechnen Sie die Integrale I_1, I_2:

a) $I_1 = \int_e^{e^e} \dfrac{\ln(\ln x)}{\ln(x^x)} \, dx.$

b) $I_2 = \int_2^3 \dfrac{P(x)}{Q(x)} \, dx$, wobei

$P(x) = 3(x^2+1)^2 - x(x-1)$ und $Q(x) = x^5 - x^4 + 2x^3 - 2x^2 + x - 1.$

Hinweis: $Q(\pm i) = Q'(\pm i) = 0.$

Aufgabe 7.14. Berechnen Sie die unbestimmten Integrale

a) $I_1 = \int \dfrac{1}{x^3 + x} \, dx$,

b) $I_2 = \int \dfrac{x^3 - 3x^2 + 2x + 7}{x^2 - 4x + 3} \, dx$,

c) $I_3 = \int \dfrac{x^2}{(x^2 - 2x + 10)^2} \, dx$,

d) $I_4 = \int \dfrac{8x^2 - 2x - 43}{(x + 2)^2 (x - 5)} \, dx$.

Aufgabe 7.15. Berechnen Sie

$$I(x) = \int_0^x \left(F(x) - F(t) \right) dt,$$

wobei $F(x) = \int_0^x \frac{e^\tau - 1}{\tau} \, d\tau$. ($F(x)$ nicht berechnen!)

Aufgabe 7.16. Sei $f(x) = e^{(x^2)}$ und $F(x) = \int_0^x f(t) \, dt$.

a) Bestimmen Sie $I_1 = \displaystyle\int_0^{G(1)} \dfrac{f(t)}{1 + F^2(t)} \, dt$.

b) Bestimmen Sie $I_2 = \displaystyle\int_0^{F(1)} F^{-1}(t) \, dt$.

c) Bestimmen Sie $I_3 = \displaystyle\int_0^4 \dfrac{x - 2}{1 + \sqrt{|x - 2|}} \, dt$.

Aufgabe 7.17. Berechnen Sie die unbestimmten Integrale

a) $I_1 = \displaystyle\int \dfrac{1}{(x^2 + 1)^2} \, dx$ (Substitution : $z := \arctan x$),

b) $I_2 = \displaystyle\int \dfrac{2 \cosh x}{3 + \cosh^2 x} \, dx$.

Aufgabe 7.18. Berechnen Sie

a) $I_1 = \displaystyle\int \dfrac{1}{\sin x - \tan x} \, dx$,

b) $I_2 = \displaystyle\int \dfrac{dx}{2 \sin x - \cos x + 5}$,

c) $I_3 = \displaystyle\int \sqrt{1 - 4x^2}\,dx$,

d) $I_4 = \displaystyle\int \sqrt{x^2 + 6x + 10}\,dx$.

7.3 Das RIEMANN–Integral

Wir behandeln in diesem Abschnitt die Fragestellung (B), die wir am Anfang von Abschnitt 7.1 formulierten. Es sei auf einem Intervall $[a, b] \subset \mathbb{R}$ eine reellwertige Funktion $f \in \mathrm{Abb}\,(\mathbb{R}, \mathbb{R})$ gegeben. Wir fragen nach dem elementargeometrischen Flächeninhalt

$$A := \int\limits_{a}^{b} f(x)\,dx \tag{7.19}$$

der ebenen Fläche **unter dem Graphen** $G(f)$. Darunter verstehen wir das Flächenstück zwischen der x–Achse und $G(f)$. Ganz wesentlich für das Folgende wird die Vereinbarung einer **Orientierung von ebenen Flächenstücken** sein: Flächenstücke **oberhalb** der x–Achse werden stets mit **positivem** Inhalt gezählt; Flächenstücke **unterhalb** der x–Achse hingegen mit **negativem** Inhalt.

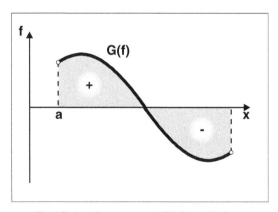

Zur Orientierung von Flächenstücken

Wir müssen noch erläutern, warum die Definition (7.19) über ihren symbolischen Charakter hinaus tatsächlich den Inhalt eines orientierten Flächenstückes bestimmt. Dazu muss sichergestellt sein, dass die Festlegung (7.19) verträglich ist mit den elementargeometrischen Eigenschaften der Flächenmessung. Dies ist z.B. der Fall bei der Funktion $f(x) := C = const$, deren

Graph im Intervall $[a, b]$ das Rechteck vom Inhalt $A = C(b - a)$ einschließt. Wir gelangen mit $\int_a^b f(x)\, dx = C(b - a)$ zum gleichen Resultat. Also gilt in diesem Fall (7.19).

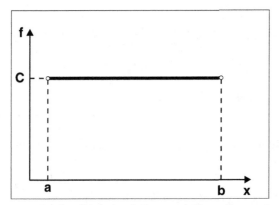

Rechteckinhalt als Integral über die Funktion $f(x) := C = const$

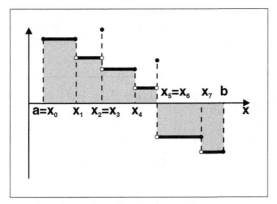

Fläche unter einer Treppenfunktion

Eine Verallgemeinerung dieser Elementareigenschaft auf endlich viele solcher Rechtecke lässt sich am einfachsten mit Hilfe von *Treppenfunktionen* (vgl. Beispiel 5.3, Abschnitt 5.1) formulieren. Wir hatten in Definition 5.4 den Begriff der **endlichen Zerlegung** eines Intervalls $[a, b] \subset \mathbb{R}$ eingeführt, den wir zur Voraussetzung für das Folgende machen:

Voraussetzung: Es sei eine endliche Zerlegung $Z_n := \{I_1, I_2, \ldots, I_n\}$ des endlichen Intervalls $I := [a, b] \subset \mathbb{R}$ gegeben, so dass die folgenden Eigenschaften gelten:

(Z1) $a =: x_0 \leq x_1 \leq x_2 \leq \cdots \leq x_n := b$,

(Z2) I_j hat die Randpunkte x_{j-1} und x_j, $I_j \neq \emptyset$, $\forall j = 1, 2, \dots, n$,

(Z3) $I_j \cap I_k = \emptyset$, $j \neq k$, $\bigcup\limits_{j=1}^{n} I_j = I$.

Ist $|I_j| := x_j - x_{j-1}$ die Länge des Intervalls I_j, so bezeichne die Zahl

$$|Z_n| := \max_{1 \leq j \leq n} |I_j|$$

das **Feinheitsmaß** der Zerlegung Z_n.

Eine Treppenfunktion $T_n : [a, b] \to \mathbb{R}$ bezüglich der Zerlegung Z_n ist nun eine Funktion der Form

$$T_n(x) := \sum_{j=1}^{n} y_j \chi_{I_j}(x) \ \forall \, x \in [a, b] \ \text{ mit } \ \chi_{I_j}(x) := \begin{cases} 1 \ : \ x \in I_j, \\ 0 \ : \ x \notin I_j. \end{cases} \tag{7.20}$$

Die Interpretation der Definition (7.19), die wir die RIEMANN–**Integrierbarkeit** der Funktion f nennen, soll die beiden folgenden Forderungen einschließen:

Forderung 1: Jede Treppenfunktion $T_n : [a, b] \to \mathbb{R}$ ist (RIEMANN–) integrierbar, und es gilt:

$$A = \int\limits_a^b T_n(x)\,dx = \sum_{j=1}^{n} y_j(x_j - x_{j-1}) = \sum_{j=1}^{n} y_j\,|I_j|.$$

Der Begriff der (RIEMANN–) Integrierbarkeit muss den Begriff des bestimmten Integrals umfassen, wenn die Funktion f auf dem Intervall $[a, b]$ eine Stammfunktion F hat:

Forderung 2: Ist $F(x)$ auf dem Intervall $I := [a, b]$ eine Stammfunktion der gegebenen Funktion $f : I \to \mathbb{R}$, und ist f (RIEMANN–) integrierbar, so gilt:

$$A = F(b) - F(a) = \int\limits_a^b f(x)\,dx.$$

Wir betonen hier, dass mit diesen Forderungen keineswegs eine Präzisierung des Begriffs der (Riemann–) Integrierbarkeit vorweggenommen werden soll. Die genaue Definition wird weiter unten erfolgen. Wir versuchen hier lediglich, einen neuen Begriff in einen bereits bekannten Rahmen einzupassen. Während durch die Forderung 1 der *elementargeometrische Aspekt* des Integralbegriffs unterstrichen wird, kommt in der Forderung 2 die in Abschnitt 7.1 diskutierte *Umkehroperation* der Differentiation zum Vorschein. Wir zeigen zunächst den folgenden Zusammenhang:

Ist $f : I \to \mathbb{R}$ *stetig*, so gilt die Implikation Forderung 1 $\Longrightarrow$ Forderung 2.

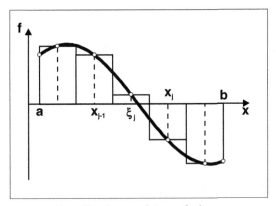

Zum Riemann–Integral einer Funktion f

In der Tat, ist F auf dem Intervall $I := [a, b]$ eine Stammfunktion von f, so gilt also $F'(x) = f(x) \; \forall \, x \in I$. Es sei Z_n eine endliche Zerlegung von I. Dann gilt auf jedem Teilintervall $I_j \in Z_n$ der Mittelwertsatz 6.55

$$F(x_j) - F(x_{j-1}) = f(\xi_j)\,(x_j - x_{j-1}), \quad x_{j-1} < \xi_j < x_j. \tag{7.21}$$

Gilt $x_{j-1} = x_j$, so setzen wir vereinbarungsgemäß $\xi_j := x_j$. Durch Summation von (7.21) über alle $j = 1, 2, \dots, n$ erhält man

$$F(b) - F(a) = \sum_{j=1}^{n} f(\xi_j)(x_j - x_{j-1}) = \sum_{j=1}^{n} f(\xi_j)\,|I_j|. \tag{7.22}$$

Auf der rechten Seite dieser Gleichung steht der Inhalt der von der Treppenfunktion

$$T_n(x) := \sum_{j=1}^{n} f(\xi_j)\chi_{I_j}(x)$$

begrenzten Fläche. Auf der linken Gleichungsseite steht das bestimmte Integral der Funktion f:

$$\int_a^b f(x)\,dx = \int_a^b T_n(x)\,dx = \sum_{j=1}^n f(\xi_j) \int_{x_{j-1}}^{x_j} dx = \sum_{j=1}^n f(\xi_j)\,|I_j|. \qquad (7.23)$$

Hier ist die linke Gleichungsseite unabhängig von der speziellen Wahl der Zerlegung Z_n, also insbesondere unabhängig von der Zahl n der Teilintervalle I_j. Deshalb darf auch die rechte Gleichungsseite nicht von n abhängen: Die konstante Folge $\left(\sum\limits_{j=1}^n f(\xi_j)\,|I_j| \right)_{n \geq 1}$ hat im Limes $|Z_n| \to 0$ den Grenzwert

$$F(b) - F(a) = \int_a^b f(x)\,dx.$$

Dieser ist gemäß der *geometrischen* Bedeutung der Summe $\sum\limits_{j=1}^n f(\xi_j)\,|I_j|$ der Flächeninhalt A unter dem Graphen $G(f)$.

Das Problem besteht nun im Auffinden der Zwischenstellen $\xi_j \in I_j$ in der Beziehung (7.21). Man darf erwarten, dass die Folge der Summen $\sum\limits_{j=1}^n f(\tau_j)\,|I_j|$ für **jede Wahl** einer Zwischenstelle $\tau_j \in I_j$ im Limes $|Z_n| \to 0$ gegen den obigen Grenzwert $F(b) - F(a)$ konvergiert.

Um dies zu zeigen, verwenden wir den Satz 5.61 von der **gleichmäßigen** Stetigkeit der Funktion $f : I \to \mathbb{R}$:

$$\forall\, \varepsilon > 0 \; \exists\, \delta = \delta(\varepsilon) \,:\, |f(x) - f(y)| < \varepsilon \;\; \forall\, x,y \in I \;\; \text{mit} \;\; 0 < |x-y| < \delta. \quad (7.24)$$

Zu $\varepsilon > 0$ sei nun ein solches $\delta(\varepsilon)$ gewählt. Falls schon $|Z_n| < \delta$ gilt, so folgt für die in (7.21) fixierte Zwischenstelle $\xi_j \in I_j$:

$$|f(\xi_j) - f(\tau_j)| < \varepsilon \;\; \forall\, \tau_j \in I_j.$$

Unter Verwendung der Gleichung (7.23) resultiert nun

$$\left| \int_a^b f(x)\,dx - \sum_{j=1}^n f(\tau_j)\,|I_j| \right| = \left| \sum_{j=1}^n \Big[f(\xi_j) - f(\tau_j) \Big]\,|I_j| \right| \leq \varepsilon \sum_{j=1}^n |I_j| = \varepsilon(b-a).$$

Das heißt, wir haben

$$F(b) - F(a) = \int\limits_a^b f(x)\,dx = \lim_{|Z_n|\to 0} \sum_{j=1}^n f(\tau_j)\,(x_j - x_{j-1}).$$

Motiviert durch dieses Resultat, wird die folgende Definition sinnvoll:

Definition 7.40 *Die Funktion* $f \in \text{Abb}\,(\mathbb{R},\mathbb{R})$ *heißt auf dem Intervall* $[a,b] \subset \mathbb{R}$ **RIEMANN–integrierbar** *(kurz: R–integrierbar), wenn die Folge der* **RIEMANN–Summen**

$$S_{Z_n} := \sum_{j=1}^n f(\xi_j)\,(x_j - x_{j-1}) \qquad (7.25)$$

für jede Wahl von Zerlegungen $Z_n = \{I_1, I_2, \ldots, I_n\}$ *des Intervalls* $[a,b]$ *und jede Wahl der Zwischenstellen* $\xi_j \in I_j$ *im Limes* $|Z_n| \to 0$ *demselben Grenzwert* S *zustrebt. In diesem Fall heißt* S *das* **RIEMANN–Integral** *(kurz: R–Integral) von* f *über* $[a,b]$:

$$S = \int\limits_a^b f(x)\,dx = \lim_{|Z_n|\to 0} S_{Z_n} = \lim_{|Z_n|\to 0} \sum_{j=1}^n f(\xi_j)\,(x_j - x_{j-1}).$$

Die Berechnung des R–Integrals einer Funktion f mit Hilfe der RIEMANN–Summen ist natürlich mit einem nicht zu vertretenden Aufwand verbunden. Aus der im Vorspann gegebenen Herleitung resultiert jedoch ein einfaches Verfahren zur Berechnung des Integrals $\int_a^b f(x)\,dx$:

Satz 7.41 (1. Hauptsatz der Differential- und Integralrechnung)
Die Funktion $F \in \text{Abb}\,(\mathbb{R},\mathbb{R})$ *habe eine auf dem Intervall* $[a,b] \subset \mathbb{R}$ *stetige oder auch nur R–integrierbare Ableitung* $F'(x) = f(x)$, $x \in [a,b]$. *Dann gilt*

$$\int\limits_a^b F'(x)\,dx = \int\limits_a^b f(x)\,dx = F(b) - F(a) =: F(x)\Big|_a^b. \qquad (7.26)$$

Beweis. Ist f stetig, so folgt die Behauptung aus den Betrachtungen im Vorspann. Ist f R–integrierbar, so ist F gemäß Vorgabe eine Stammfunktion von f, denn es gilt ja $F'(x) = f(x)$ auf dem Intervall $[a, b]$. Da die Funktion F notwendig stetig sein muss, gilt der Mittelwertsatz 6.55. Mit jeder endlichen Zerlegung Z_n des Intervalls $[a, b]$ gilt für geeignete Zwischenwerte $\xi_j \in I_j \in Z_n$, dass

$$F(b) - F(a) = \sum_{j=1}^{n} \Big(F(x_j) - F(x_{j-1}) \Big) = \sum_{j=1}^{n} f(\xi_j)\,(x_j - x_{j-1}) \overset{|Z_n| \to 0}{=} \int_{a}^{b} f(x)\,dx.$$

qed

Bemerkung 7.42 *Wir berechnen das R–Integral mit Hilfe von Stammfunktionen, und dies ist die gängigste und praktisch brauchbarste Methode. Wir müssen jedoch sorgfältig auseinander halten:*

Die Existenz einer Stammfunktion ist nicht dasselbe wie die Existenz des R–Integrals. Die Frage, ob es genügend viele R–integrierbare Funktionen gibt, werden wir später im zweiten Hauptsatz der Differential– und Integralrechnung beantworten. Vorerst genügt uns die Aussage von Satz 7.41:

„Hat die stetige Funktion $f \in \mathrm{Abb}\,(\mathbb{R}, \mathbb{R})$ auf dem Intervall $[a, b]$ eine Stammfunktion F, so ist sie dort R–integrierbar.“

Beispiel 7.43 *Bei der Berechnung der folgenden R–Integrale werden jeweils die Techniken zur Bestimmung einer Stammfunktion verwendet. R–Integral und bestimmtes Integral sind in diesen Fällen gleich.*

$$\int_{a}^{b} \lambda\,dx = \lambda x \Big|_{a}^{b} = \lambda\,(b - a) \ \ \forall\,\lambda \in \mathbb{R},$$

$$\int_{1}^{e} \frac{\ln x}{x}\,dx = \int_{1}^{e} f(x)\,f'(x)\,dx = \frac{1}{2} \Big(\ln x \Big)^{2} \Big|_{1}^{e} = \frac{1}{2},$$

$$\int_{-1}^{1} x e^{-x^2}\,dx = -\frac{1}{2} \int_{-1}^{1} e^{-x^2}\,(-2x)\,dx = -\frac{1}{2}\,e^{-x^2} \Big|_{-1}^{+1} = 0,$$

$$\int_{0}^{\pi} \cos^2 x\,dx = \frac{1}{2} \int_{0}^{\pi} (1 + \cos 2x)\,dx = \frac{1}{2} \Big(x + \frac{1}{2} \sin 2x \Big) \Big|_{0}^{\pi} = \frac{\pi}{2}.$$

Beispiel 7.44 *In den folgenden Integralen werden für Zahlen $n, m \in \mathbb{N}$ die Identitäten*

$$\cos mx \cdot \sin nx = \tfrac{1}{2}\Big(\sin(m+n)x - \sin(m-n)x \Big),$$

$$\cos mx \cdot \cos nx = \tfrac{1}{2}\Big(\cos(m-n)x + \cos(m+n)x \Big)$$

verwendet. Wir setzen

$$I_1 := \int\limits_0^{2\pi} \cos mx \cdot \sin nx\, dx,$$

$$I_2 := \int\limits_0^{2\pi} \cos mx \cdot \cos nx\, dx,$$

dann gilt

$$I_1 = \begin{cases} -\dfrac{1}{4n}\cos 2nx\Big|_0^{2\pi} = 0 & : n = m, \\[3mm] -\dfrac{1}{2}\left(\dfrac{1}{m+n}\cos(m+n)x - \dfrac{1}{m-n}\cos(m-n)x\right)\Big|_0^{2\pi} = 0 & : n \neq m, \end{cases}$$

$$I_2 = \begin{cases} \left(\dfrac{x}{2} + \dfrac{1}{4n}\sin 2nx\right)\Big|_0^{2\pi} = \pi & : n = m, \\[3mm] \dfrac{1}{2}\left(\dfrac{1}{m-n}\sin(m-n)x + \dfrac{1}{m+n}\sin(m+n)x\right)\Big|_0^{2\pi} = 0 & : n \neq m. \end{cases}$$

Eigenschaften, die wir bereits für das durch Stammfunktionen erklärte bestimmte Integral $\int\limits_a^b f(x)\, dx$ abgeleitet hatten, sollen auch für das R–Integral ihre Geltung behalten. Dies begründet die folgende

---

Definition 7.45 *Für jede reellwertige Funktion f mit $a \in D_f$ gelte*

$$\int\limits_a^a f(x)\, dx := 0. \tag{7.27}$$

Für $a < b$ und für jede R–integrierbare Funktion $f : [a,b] \to \mathbb{R}$ gelte

$$\int\limits_b^a f(x)\, dx := - \int\limits_a^b f(x)\, dx. \tag{7.28}$$

Satz 7.46 *Die reellwertigen Funktionen f, g seien auf dem Intervall $[a, b]$ R-integrierbar. Dann gelten*

1. *Die Funktion $\lambda f(x) + \mu g(x)$, $\lambda, \mu \in \mathbb{R}$ ist auf $[a, b]$ R-integrierbar, dann gilt die Linearitätseigenschaft*

$$\int\limits_a^b \Big(\lambda f(x) + \mu g(x) \Big) \, dx = \lambda \int\limits_a^b f(x) \, dx + \mu \int\limits_a^b g(x) \, dx. \qquad (7.29)$$

2. *Die Funktion $(f \cdot g)(x)$ ist auf $[a, b]$ R-integrierbar.*

3. *Gilt $g(x) \leq f(x) \, \forall \, x \in [a, b]$, so folgt*

$$\int\limits_a^b g(x) \, dx \leq \int\limits_a^b f(x) \, dx. \qquad (7.30)$$

4. *Die Funktion $|f(x)|$ ist auf $[a, b]$ R-integrierbar mit*

$$\left| \int\limits_a^b f(x) \, dx \right| \leq \int\limits_a^b |f(x)| \, dx. \qquad (7.31)$$

Diese Eigenschaften können direkt aus der Definition des R–Integrals abgeleitet werden. Die obige Linearitätsaussage besagt, dass die Klasse der auf $[a, b]$ R–integrierbaren Funktionen einen **Vektorraum über dem Körper** $\mathbb{R}$ bilden.

Satz 7.47 *Es seien $f \in \mathrm{Abb}(\mathbb{R}, \mathbb{R})$ und $c \in [a, b]$ gegeben. Genau dann ist die Funktion f auf dem Intervall $[a, b]$ R-integrierbar, wenn f auf jedem der beiden Teilintervalle $[a, c]$ und $[c, b]$ R-integrierbar ist. In diesem Fall gilt:*

$$\int\limits_a^b f(x) \, dx = \int\limits_a^c f(x) \, dx + \int\limits_c^b f(x) \, dx. \qquad (7.32)$$

Beweis. Sind Z_m und Z_n endliche Zerlegungen der Teilintervalle $[a, c]$ bzw. $[c, b]$, so ist $Z_{m+n} := Z_m \cup Z_n$ eine endliche Zerlegung des Intervalls $[a, b]$. Es gilt

$|Z_{m+n}| \to 0$ genau, wenn $|Z_m| \to 0$ und $|Z_n| \to 0$ streben. Ferner gilt für die zugeordneten RIEMANN–Summen:

$$S_{Z_{m+n}} = S_{Z_m} + S_{Z_n}.$$

Daraus folgt im Limes $|Z_{m+n}| \to 0$ die Behauptung.   qed

Setzen wir im letzten Satz $x := c$, so erhält man zu jeder R–integrierbaren Funktion $f : [a, b] \to \mathbb{R}$ die Existenz der Funktion

$$F(x) := \int\limits_a^x f(t)\, dt \ \ \forall\, x \in [a, b].$$

Wir folgern mit (7.28) und (7.32):

$$F(x) - F(y) = \int\limits_a^x f(t)\, dt - \int\limits_a^y f(t)\, dt = \int\limits_y^a f(t)\, dt + \int\limits_a^x f(t)\, dt$$

$$= \int\limits_y^x f(t)\, dt \ \ \forall\, x, y \in [a, b].$$

Ist die Funktion f auf $[a, b]$ *beschränkt*, so erhalten wir unter Verwendung von (7.31):

$$|F(x) - F(y)| \leq \sup_{t \in [a,b]} |f(t)| \cdot |x - y| \ \ \forall\, x, y \in [a, b],$$

d.h., die Funktion F ist auf dem Intervall $[a, b]$ LIPSCHITZ–stetig. Wir ergänzen:

Satz 7.48 *Die Funktion* $f : [a, b] \to \mathbb{R}$ *sei R–integrierbar. Dann ist* f *auf dem Intervall* $[a, b]$ *auch beschränkt, und die Funktion*

$$F(x) := \int\limits_a^x f(t)\, dt, \ \ x \in [a, b], \tag{7.33}$$

ist auf $[a, b]$ LIPSCHITZ*–stetig mit einer* LIPSCHITZ*–Konstanten*

$$L := \sup_{t \in [a,b]} |f(t)|.$$

Beweis. Wir brauchen offensichtlich nur noch die Beschränktheit der Funktion f zu zeigen. Wäre f nämlich unbeschränkt, so gäbe es einen Punkt $x_0 \in [a, b]$, und zu jeder Zahl $R > 0$ ein Intervall I_R mit Randpunkt x_0 derart, dass $|f(x)| \geq R \ \forall \ x \in I_R$ folgte. Wegen $\sup\limits_{x \in I_R} |f(x)| = +\infty$ gäbe es eine Zwischenstelle $\xi_R \in I_R$ mit

$$|f(\xi_R)| > \frac{1}{|I_R|}\Big(R + \int_a^b |f(x)|\, dx\Big).$$

Für jede Zerlegung Z_n des Intervalls $[a, b]$, die das Teilintervall I_R enthält, folgte dann

$$S_{Z_n} - \int\limits_a^b |f(x)|\, dx \geq |f(\xi_R)|\, |I_R| - \int\limits_a^b |f(x)|\, dx > R.$$

Dies widerspräche der Definition des R–Integrals von $|f(x)|$, nach der die Konvergenz $S_{Z_n} \to \int\limits_a^b |f(x)|\, dx$ erfolgt.   qed

Die Klasse der auf einem Intervall $[a, b]$ R–integrierbaren Funktionen bildet sicher keinen Unterraum des Vektorraums $C([a, b])$, da ja gemäß Forderung 1 auch die *unstetigen* Treppenfunktionen R–integrierbar sind. Es liegt jedoch nahe, auf der Basis der Relation (7.33) die Existenz von Stammfunktionen mit Hilfe des RIEMANN–Integrals zu begründen. Wir werden dieses Ziel in zwei Schritten erreichen.

Satz 7.49 (1. Mittelwertsatz der Integralrechnung) *Die Funktion $f : [a, b] \to \mathbb{R}$ sei R–integrierbar.*

1. *Gibt es Schranken m, M mit $m \leq f(x) \leq M \ \forall \ x \in [a, b]$, so folgt*

$$m(b - a) \leq \int\limits_a^b f(x)\, dx \leq M(b - a). \tag{7.34}$$

2. *Ist f auf $[a, b]$ stetig, so existiert eine Zwischenstelle $\xi \in [a, b]$ mit*

$$\int\limits_a^b f(x)\, dx = f(\xi)\, (b - a). \tag{7.35}$$

Beweis.

1. Wegen $m \leq f(x) \leq M$ erhalten wir aus (7.30):

$$m \int\limits_a^b 1 \, dx \leq \int\limits_a^b f(x) \, dx \leq M \int\limits_a^b 1 \, dx.$$

2. Wegen (a) liegt die Zahl $\eta := \frac{1}{b-a} \int\limits_a^b f(x) \, dx$ im Intervall $[m, M]$. Nach dem Zwischenwertsatz von BOLZANO (Satz 5.54) nimmt f jeden Wert zwischen $m := \min f(t)$ und $M := \max f(t)$ an. Also existiert eine Zwischenstelle $\xi \in [a, b]$ mit $f(\xi) = \eta$.

qed

Die Relation (7.35) besagt, dass die Rechteckfläche $f(\xi)\,(b-a)$ für eine Zwischenstelle $\xi \in [a, b]$ flächengleich ist mit der Fläche der Funktion f unterhalb des Graphen $G(f)$. Die Stelle ξ ist i. Allg. nicht eindeutig bestimmt.

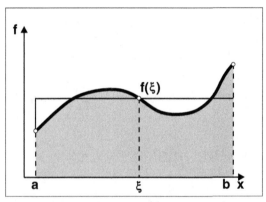

Integralmittelwert einer Funktion
f auf $[a, b]$

Definition 7.50 *Die Zahl*

$$\bar{f} := f(\xi) = \frac{1}{b-a} \int\limits_a^b f(x) \, dx$$

*heißt der (Integral–)***Mittelwert von f auf $[a, b]$***, sofern das R–Integral existiert.*

Das **quadratische Mittel** *von f auf* $[a, b]$ *ist die Zahl*

$$\|f\|_2 := \left(\frac{1}{b-a} \int_a^b f^2(x)\, dx \right)^{1/2},$$

ebenfalls unter der Voraussetzung der Existenz dieses Integrals.

Beispiel 7.51 *Wir berechnen die Mittelwerte eines Wechselstroms*

$$I(t) := I_1 \sin \omega_1 t + I_2 \sin \omega_2 t.$$

Die Kreisfrequenzen ω_j *sollen rational teilbar sein, d.h.* $\omega_1/\omega_2 = r > 0$ *mit* $r \in \mathbb{Q}$.

In diesem Fall haben die Teilströme $I_j(t) := I_j \sin \omega_j t$, $j = 1, 2$, *eine kleinste gemeinsame Periode* T. *Ist nämlich* $T_j := 2\pi/\omega_j$, $j = 1, 2$, *die Periode von* $I_j(t)$, *so muss es für eine kleinste gemeinsame Periode* T *Zahlen* $p, q \in \mathbb{N}$ *geben mit*

$$T = pT_1 = qT_2, \quad \text{also } \omega_1 T = 2\pi p, \ \omega_2 T = 2\pi q, \quad \text{oder } \frac{\omega_1}{\omega_2} = \frac{p}{q} = r.$$

Hieraus erschließen wir:

$$\bar{I} = \frac{1}{T} \int_0^T (I_1 \sin \omega_1 t + I_2 \sin \omega_2 t)\, dt = -\left[\frac{I_1}{T\omega_1} \cos \omega_1 t + \frac{I_2}{T\omega_2} \cos \omega_2 t \right]_0^T$$

$$= \frac{I_1}{T\omega_1} [1 - \cos 2\pi p] + \frac{I_2}{T\omega_2} [1 - \cos 2\pi q] = 0,$$

$$\|I\|_2^2 = \frac{1}{T} \int_0^T \left(I_1^2 \sin^2 \omega_1 t + I_2^2 \sin^2 \omega_2 t + 2I_1 I_2 \sin \omega_1 t \sin \omega_2 t \right) dt$$

$$= \frac{1}{T} \int_0^T \left(\frac{I_1^2 + I_2^2}{2} - \frac{1}{2} I_1^2 \cos 2\omega_1 t - \frac{1}{2} I_2^2 \cos 2\omega_2 t \right.$$

$$\left. + I_1 I_2 [\cos(\omega_1 - \omega_2)t - \cos(\omega_1 + \omega_2)t] \right) dt$$

$$= \frac{1}{2} (I_1^2 + I_2^2).$$

Hieraus erhalten wir die **effektive Stromstärke** $\|I\|_2 = \dfrac{1}{2}\sqrt{2(I_1^2 + I_2^2)}.$

Zwischen den beiden Mittelwerten einer Funktion f auf einem Intervall $[a, b]$ besteht folgende Relation:

$$\left| \bar{f} \right| = \left| \frac{1}{b-a} \int\limits_a^b f(x)\, dx \right| \le \left(\frac{1}{b-a} \int\limits_a^b f^2(x)\, dx \right)^{1/2} = \|f\|_2.$$

Diese Ungleichung ergibt sich als Spezialfall $g(x) := 1/(b - a)$ aus dem folgenden

Satz 7.52 (Ungleichung von SCHWARZ) *Für je zwei R–integrierbare Funktionen* $f, g : [a, b] \to \mathbb{R}$ *gilt:*

$$\left| \int\limits_a^b f(x)g(x)\, dx \right| \le \int\limits_a^b |f(x)g(x)|\, dx \le \left(\int\limits_a^b f^2(x)\, dx \right)^{1/2} \left(\int\limits_a^b g^2(x)\, dx \right)^{1/2}.$$

Beweis. Wir brauchen nur den hinteren Teil der Ungleichung zu zeigen. Dazu sei eine Folge Z_n endlicher Zerlegungen des Intervalls $[a, b]$ gegeben mit $|Z_n| \to 0$. Unter Verwendung der Ungleichung von CAUCHY–SCHWARZ (4.17) für den $\mathbb{R}^n$, ergibt sich für jede Zwischenstelle $\xi_j \in I_j \in Z_n$:

$$\sum_{j=1}^n |f(\xi_j)g(\xi_j)|\, |I_j| \le \left(\sum_{j=1}^n f^2(\xi_j)\, |I_j| \right)^{1/2} \left(\sum_{j=1}^n g^2(\xi_j)\, |I_j| \right)^{1/2}.$$

Im Limes $|Z_n| \to 0$ resultiert daraus die behauptete Ungleichung.   qed

Wir beweisen nun mit Hilfe des ersten Mittelwertsatzes der Integralrechnung das folgende zentrale Resultat der Infinitesimalrechnung:

Satz 7.53 (2. Hauptsatz der Differential- und Integralrechnung) *Für jede stetige Funktion* $f \in C([a, b])$ *gilt:*

1. Das RIEMANN*–Integral* $\int\limits_a^b f(x)\, dx$ *existiert.*

2. *Die Funktion*

$$F(x) := \int_a^x f(t)\,dt, \quad x \in [a,b],$$

ist auf dem Intervall $[a,b]$ eine Stammfunktion von f. Das heißt, es gilt $F'(x) = f(x) \; \forall\, x \in [a,b]$.

Beweis.

1. Es sei $Z_n = \{I_1, I_2, \ldots, I_n\}$, $n \in \mathbb{N}$, eine Folge endlicher Zerlegungen des Intervalls $[a,b]$ mit $|Z_n| \to 0$, und es seien $Z_{n_j} = \{I_{j1}, I_{j2}, \ldots, I_{jn_j}\}$ endliche Zerlegungen der Teilintervalle I_j, $j = 1, 2, \ldots, n$. Dann ist $Z := \bigcup\limits_{j=1}^{n} Z_{n_j}$ eine *Verfeinerung* der Zerlegung Z_n. Da die Funktion f auf dem Intervall $[a,b]$ gleichmäßig stetig ist, gilt die Beziehung

$$|f(x) - f(y)| < \varepsilon \;\; \forall\, x, y \in [a,b] \;\; \text{mit} \;\; 0 < |x - y| < \delta(\varepsilon).$$

Die Zahl $\delta = \delta(\varepsilon)$ hängt dabei nur von der beliebig wählbaren Zahl $\varepsilon > 0$ ab. Wir wählen zu festem $\varepsilon > 0$ die Zerlegung Z_n so, dass $|Z_n| < \delta$ gilt. Dann gilt für Zwischenstellen $\xi_j \in I_j$ und $\tau_{jk} \in I_{jk}$:

$$|S_{Z_n} - S_Z| = \left| \sum_{j=1}^{n} f(\xi_j)\,(x_j - x_{j-1}) - \sum_{j=1}^{n} \sum_{k=1}^{n_j} f(\tau_{jk})\,(x_{jk} - x_{j,k-1}) \right|$$

$$\leq \sum_{j=1}^{n} \sum_{k=1}^{n_j} \underbrace{|f(\xi_j) - f(\tau_{jk})|}_{<\varepsilon}\,(x_{jk} - x_{j,k-1}) < \varepsilon(b - a).$$

Da ε beliebig klein werden darf, ist $\left(S_{Z_n}\right)_{n \in \mathbb{N}} \subset \mathbb{R}$ eine CAUCHY–Folge und somit konvergent.

2. Wir wählen $x \in [a,b]$ fest und dazu $h \neq 0$ so, dass $x + h \in [a,b]$ gilt. Dann folgt unter Verwendung der Formel (7.35) aus dem ersten Mittelwertsatz **??** für eine Zwischenstelle $\xi = x + \theta h$, $\theta \in (0,1)$:

$$F'(x) = \lim_{h \to 0} \frac{F(x+h) - F(x)}{h} = \lim_{h \to 0} \frac{1}{h} \int_x^{x+h} f(t)\,dt = \lim_{h \to 0} f(\xi) = f(x).$$

qed

Beispiel 7.54 *Wir bestimmen Elementarfunktionen durch Integration gebrochen rationaler Funktionen:*

$$\ln x = \int\limits_1^x \frac{dt}{t} \ \forall\, x > 0, \quad \text{arc } \tan_H x = \int\limits_0^x \frac{dt}{1+t^2} \ \forall\, x \in \mathbb{R}.$$

Wie wir in Abschnitt 8.2 gesehen haben, lassen sich weitere transzendente Funktionen nicht durch Integration **rationaler** *Funktionen gewinnen.*

Beispiel 7.55 *Wir bestimmen nicht elementare Funktionen durch Integration von Elementarfunktionen.*

a) **Das GAUSSsche Fehlerintegral** *(error function) ist die Funktion*

$$\mathrm{erf}(x) := \frac{2}{\sqrt{\pi}} \int\limits_0^x e^{-t^2}\, dt \ \forall\, x \geq 0.$$

Der **Normierungsfaktor** $2/\sqrt{\pi}$ *gewährleistet den Grenzwert*

$$\lim_{x \to +\infty} \mathrm{erf}(x) = 1.$$

b) **Die FRESNELschen Integrale** *sind die beiden Funktionen*

$$C(x) := \int\limits_0^x \cos\left(\frac{\pi t^2}{2}\right) dt, \quad S(x) := \int\limits_0^x \sin\left(\frac{\pi t^2}{2}\right) dt \ \forall\, x \in \mathbb{R}.$$

Mit Hilfe der Substitution $u = g(t) := \pi t^2/2$, $du/\sqrt{u} = \sqrt{2\pi}\, dt$, *erhält man*

$$\int\limits_0^x \frac{\cos u}{\sqrt{u}}\, du = \sqrt{2\pi}\, C\left(\sqrt{\tfrac{2x}{\pi}}\right),$$

$$\int\limits_0^x \frac{\sin u}{\sqrt{u}}\, du = \sqrt{2\pi}\, S\left(\sqrt{\tfrac{2x}{\pi}}\right) \ \forall\, x \geq 0.$$

c) **Die elliptischen Integrale** *sind die Funktionen*

1. Gattung:	$F(\varphi, k) \; := \displaystyle\int_0^\varphi \frac{dt}{\sqrt{1 - k^2 \sin^2 t}},$	
2. Gattung:	$E(\varphi, k) \; := \displaystyle\int_0^\varphi \sqrt{1 - k^2 \sin^2 t}\, dt,$	
3. Gattung:	$\Pi(\varphi, n, k) := \displaystyle\int_0^\varphi \frac{dt}{(1 + n \sin^2 t)\,\sqrt{1 - k^2 \sin^2 t}},$	

jeweils für $0 \le \varphi \le \frac{\pi}{2}$, $k^2 \le 1$ und noch $n \in \mathbb{N}$ beim letzten Integral.

Für diese Funktionen existieren wie für die Elementarfunktionen Werte-tafeln.

Die Klasse der Treppenfunktionen auf dem Intervall $[a, b]$ bilden zusammen mit dem Vektorraum $C([a, b])$ der stetigen Funktionen bereits einen reichhaltigen Fundus R–integrierbarer Funktionen. Damit ist aber noch längst nicht die Gesamtheit der R–integrierbaren Funktionen ausgeschöpft. Die folgenden Beispiele sollen einerseits die Erweiterungsmöglichkeiten aufzeigen, andererseits aber auch die Grenzen des RIEMANNschen Integralbegriffs verdeutlichen.

Beispiel 7.56 *Die Funktion $f(x) := \frac{x}{2} + \operatorname{sign} x$, $x \in D_f := [-1, 2]$, ist im Punkt $x_0 = 0$ unstetig. Den Inhalt der Fläche unter dem Graphen $G(f)$ kann man jedoch elementargeometrisch mit Hilfe der Formel für den Trapezinhalt angeben:*

$$A = 2\left(1 + 0.5(2 - 1)\right) - 1\left(1 + 0.5(1.5 - 1)\right) = \frac{7}{4}.$$

Dieses Ergebnis steht im Einklang mit der R–Integration:

$$A = \int_{-1}^2 f(x)\, dx = \int_{-1}^0 \left(\frac{x}{2} - 1\right) dx + \int_0^2 \left(\frac{x}{2} + 1\right) dx$$

$$= \left.\left(\frac{x^2}{4} - x\right)\right|_{-1}^0 + \left.\left(\frac{x^2}{4} + x\right)\right|_0^2 = \frac{7}{4}.$$

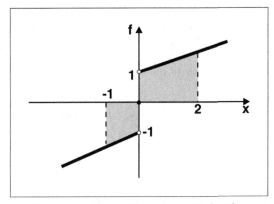

RIEMANN–Integration einer stückweise stetigen Funktion

Mit der Verallgemeinerung dieses Beispiels führen wir den folgenden Begriff ein:

Definition 7.57 *Eine Funktion* $f \in \mathrm{Abb}\,(\mathbb{R}, \mathbb{R})$ *heiße auf dem Intervall* $[a, b]$ **stückweise stetig,** *wenn* f *stetig ist in jedem Punkt* $x \in [a, b]$ *mit Ausnahme von höchstens endlich vielen Sprungstellen* $a \le x_0 < x_1 < \cdots < x_n \le b$, *in denen die Funktion* f *Sprünge von endlicher Höhe haben darf:* $|f(x_j - 0) - f(x_j + 0)| =: K_j < +\infty$, $j = 0, 1, \ldots, n$.

Damit formulieren wir den

Satz 7.58 *Jede auf dem Intervall* $[a, b]$ *beschränkte und stückweise stetige Funktion* f *ist R–integrierbar. Sind die Sprungstellen von* f *in der Reihenfolge* $a \le x_0 < x_1 < \cdots < x_n \le b$ *angeordnet, so gilt*

$$\int\limits_a^b f(x)\, dx = \int\limits_a^{x_0} f(x)\, dx + \sum_{j=1}^n \int\limits_{x_{j-1}}^{x_j} f(x)\, dx + \int\limits_{x_n}^b f(x)\, dx. \qquad (7.36)$$

Die Bedingung der stückweisen Stetigkeit in dem obigen Satz kann weiter abgeschwächt werden. Eine Funktion f ist auch dann noch auf dem Intervall $[a, b]$ R–integrierbar, wenn sie dort beschränkt und bis auf endlich viele Ausnahmestellen stetig ist. Dazu zeigen wir in einem ersten Schritt, dass eine auf dem endlichen **offenen** Intervall (a, b) stetige Funktion f R–integrierbar ist, wenn sie dort beschränkt ist.

Satz 7.59 *Die Funktion $f : (a,b) \to \mathbb{R}$ sei stetig und beschränkt, d.h.*
$\sup\limits_{x \in (a,b)} |f(x)| \leq M < +\infty$. *Dann ist f auf dem endlichen Intervall $[a,b] \subset$*
$\mathbb{R}$ *auch R–integrierbar, und es gilt*

$$\int\limits_a^b f(x)\,dx = \lim_{\varepsilon \to 0+} \int\limits_{a+\varepsilon}^{b-\varepsilon} f(x)\,dx. \tag{7.37}$$

Beweis. Für jedes $\varepsilon > 0$ ist $f : [a+\varepsilon, b-\varepsilon] \to \mathbb{R}$ stetig und somit R–
integrierbar. Es seien nun $Z_{kn_k} = \{I_{k1}, I_{k2}, \ldots, I_{kn_k}\}$, $k = 1,2,3$, endliche
Zerlegungen der Intervalle $[a, a+\varepsilon], [a+\varepsilon, b-\varepsilon]$ und $[b-\varepsilon, b]$. Dann ist
$Z := Z_{1n_1} \cup Z_{2n_2} \cup Z_{3n_3}$ eine endliche Zerlegung des Intervalls $[a,b]$, und es
gilt

$$\left| \lim_{|Z| \to 0} S_Z - \int\limits_{a+\varepsilon}^{b-\varepsilon} f(x)\,dx \right| \leq \limsup_{|Z| \to 0} \left\{ \sum_{j=1}^{n_1} |f(\tau_j)|\,|I_{1j}| + \sum_{j=1}^{n_3} |f(\sigma_j)|\,|I_{3j}| \right\}$$

$$\leq M\Big((a+\varepsilon - a) + (b - b + \varepsilon)\Big) = 2M\varepsilon.$$

Hierin bezeichnen $a < \tau_j \in I_{1j}$ und $b > \sigma_j \in I_{3j}$ die in den RIEMANN–
Summen auftretenden Zwischenstellen. Da $\varepsilon > 0$ beliebig klein gewählt werden darf, folgt dann aus der obigen Ungleichung die Behauptung.   qed

Indem man Satz 7.59 auf die offenen Intervalle (a, x_0), (x_{j-1}, x_j), (x_n, b), $j =$
$1, 2, \ldots, n$, anwendet, erhält man:

Satz 7.60 *Die Funktion $f : (a,b) \to \mathbb{R}$ sei beschränkt, und sie sei stetig*
mit Ausnahme von höchstens endlich vielen Unstetigkeitsstellen $a \leq x_0 <$
$x_1 < \cdots < x_n \leq b$. Dann ist f auf dem endlichen Intervall $[a,b] \subset \mathbb{R}$
R–integrierbar, und es gilt die Beziehung (7.36).

Bemerkung 7.61

1. *Die Regeln der partiellen Integration und die Substitutionsregeln aus den*
   Sätzen 7.12 und 7.13 gelten bei entsprechender Modifikation der Voraus-
   setzungen nun auch für R–integrierbare Funktionen.

2. *Zum Beispiel ist die Funktion $f(x) := \cos x \cdot \text{sign}\,(\sin x)$ auf jedem Teil-*
   intervall $[a,b] \subset \mathbb{R}$ stückweise stetig und somit R–integrierbar.

3. *Die Funktion $f(x) := \tan x$ ist auf dem Intervall $[0, \frac{\pi}{2}]$ **nicht** R–integrierbar. Sie ist zwar auf dem offenen Intervall $(0, \frac{\pi}{2})$ stetig, dort aber nicht mehr beschränkt.*

4. *Die Funktion $f(x) := \sin \frac{1}{x}$ ist auf dem Intervall $[-1, 1]$ R–integrierbar, denn sie ist dort beschränkt mit einer Unstetigkeitsstelle $x_0 = 0$.*

   *Da die einseitigen Funktionenlimites $f(x_0\pm)$ **nicht** existieren, ist die Stelle x_0 keine Sprungstelle. Wir können in diesem Fall jedoch den letzten Satz anwenden.*

   Überdies kann in dem vorliegenden Beispiel auch die Substitutionsregel angewendet werden. Für $x \neq 0$ setze man $u = g(x) := 1/x$, $du = -u^2 dx$. Dann folgt

$$\int\limits_{-1}^{1} \sin\frac{1}{x}\, dx = \int\limits_{-1}^{0-} \sin\frac{1}{x}\, dx + \int\limits_{0+}^{1} \sin\frac{1}{x}\, dx = \int\limits_{-\infty}^{-1} \frac{\sin u}{u^2}\, du + \int\limits_{1}^{+\infty} \frac{\sin u}{u^2}\, du.$$

   *Die beiden letzten Integrale existieren aber nicht im eigentlichen Sinn des R–Integrals, da kein endliches Integrationsintervall vorliegt. Solche uneigentlichen R–Integrale werden wir im Rahmen der **uneigentlichen Integration** besprechen.*

Abschließend betrachten wir ein Beispiel einer nicht R–integrierbaren Funktion.

Beispiel 7.62 *Die* DIRICHLET*–Funktion auf dem Intervall $[a, b]$*

$$f(x) := \begin{cases} 1 & : \ x \in \mathbb{Q} \cap [a, b], \\[2mm] 0 & : \ x \in [a, b], \ irrational \end{cases}$$

*ist **nicht** R–integrierbar, obwohl f beschränkt ist und auf der abzählbar unendlichen Menge $\mathbb{Q} \cap [a, b]$ Unstetigkeitsstellen besitzt. Die Funktion f ist aber bekanntlich in keinem Punkt $x \in [a, b]$ stetig. Wir geben eine Folge endlicher Zerlegungen $Z_n = \{I_1, I_2, \dots, I_n\}$ des Intervalls $[a, b]$ mit $|Z_n| \to 0$ vor. In der* RIEMANN*–Summe*

$$S_{Z_n} = \sum_{j=1}^{n} f(\xi_j)\, |I_j|, \quad \xi_j \in I_j,$$

kann die Zwischenstelle ξ_j stets in einem rationalen Punkt des Intervalls I_j gewählt werden, dann gilt $S_{Z_n} = b - a > 0$. Wird dagegen $\xi_j \in I_j$ in einen irrationalen Punkt gelegt, dann gilt $S_{Z_n} = 0$. Die Folge der RIEMANN*–Summen hat zwei Häufungspunkte, sie kann deshalb nicht konvergieren.*

Aufgaben

Aufgabe 7.19. Berechnen Sie $\int_3^5 (2x^2 + x - 3)\, dx$ mittels der RIEMANN-Summen.

Aufgabe 7.20. Sei $I := \int_a^b (Ax^2 + Bx + C)\, dx$ gegeben.

a) Berechnen Sie I.

b) Zeigen Sie, dass I in der Form $I = \frac{b-a}{6}(y_0 + 4y_1 + y_2)$ dargestellt werden kann, wobei y_0, y_1, y_2 die zu $x_0 = a, x_1 = \frac{a+b}{2}, x_2 = b$ zugehörigen Funktionswerte sind.

Aufgabe 7.21. Verwenden Sie den Mittelwertsatz der Integralrechnung, um eine Abschätzung für

$$I = \int\limits_0^{100} \frac{e^{-x}}{x + 100}\, dx$$

anzugeben. Verbessern Sie obige Abschätzung, indem Sie das Integrationsintervall in $[0, 10]$ und $[10, 100]$ aufteilen.

Aufgabe 7.22. Der Wert der nachfolgenden bestimmten Integrale ist durch gute Schranken nach unten und oben abzuschätzen, indem Sie zuerst die Integranden durch einfach zu integrierende Funktionen einschließen:

$$a)\ I = \int\limits_0^1 \frac{dx}{\sqrt{4 - x^2 + x^3}}, \quad b)\ I = \int\limits_0^1 \frac{dx}{\sqrt{4 - 3x + x^3}}, \quad c)\ I = \int\limits_0^1 \frac{1 + x^{30}}{1 + x^{60}}\, dx.$$

Aufgabe 7.23. Seien $f, g : \mathbb{R} \to \mathbb{R}$ zwei T-periodische Funktionen, welche den Beziehungen

$$f'(x)/f(x) = \alpha - \beta g(x),$$

$$g'(x)/g(x) = -\gamma + \delta f(x)$$

genügen, wobei $\alpha, \beta, \gamma, \delta > 0$. Berechnen Sie die Mittelwerte

$$\bar{f} = \frac{1}{T} \int\limits_0^T f(x)\, dx \quad \text{und} \quad \bar{g} = \frac{1}{T} \int\limits_0^T g(x)\, dx.$$

Zusätzliche Information. Zu Aufgabe 7.23 ist bei der Online-Version dieses Kapitels (doi:10.1007/978-3-642-29980-3_7) ein Video enthalten.

Aufgabe 7.24. Die Fehlerfunktion erf lautet $\operatorname{erf}(x) := \dfrac{2}{\sqrt{\pi}} \displaystyle\int_0^x e^{-t^2}\, dt$, wobei $\lim_{x\to\infty} \operatorname{erf}(x) = 1$. Berechnen Sie mit Hilfe partieller Integration

$$F(x) := \int_0^x t^2 \operatorname{erf}(t)\, dt - \frac{1}{3} x^3 \operatorname{erf}(x).$$

Aufgabe 7.25. Was haben die Autoren bei den nachfolgenden bestimmten Integralen übersehen?

a) $\displaystyle\int_{-1}^2 2x^{-3}dx = -x^{-2}\Big|_{-1}^2 = \frac{3}{4}.$

b) $\displaystyle\int_{-1}^1 x^{-1}dx = \ln|x|\,\Big|_{-1}^1 = 0.$

Aufgabe 7.26. Sei $f : [a,b] \to \mathbb{R}$ eine RIEMANN-integrierbare Funktion. Für diese gelte $f(x) \geq 0$ im Intervall $[a,b]$ sowie $f(x_0) > 0$ in einem Stetigkeitspunkt $x_0 \in [a,b]$. Zeigen Sie, dass dann $\int_a^b f(x)\, dx > 0$ gilt.

7.4 Uneigentliche Integrale

In unseren bisherigen Überlegungen zum RIEMANN–Integral haben wir stets vorausgesetzt, dass das Integrationsintervall $[a,b] \subset \mathbb{R}$ **endlich** ist und dass der Integrand f auf $[a,b]$ **beschränkt** ist. Wir werden zeigen, dass zu beiden Voraussetzungen Ausnahmen erlaubt sind, die wir hier unter dem Begriff des **uneigentlichen RIEMANN–Integrals** zusammenfassen.

Die beiden nachfolgenden Beispiele charakterisieren bereits die wichtigsten Typen uneigentlicher Integrale:

Beispiel 7.63 *Für eine feste Zahl $a \in \mathbb{R}$ und für $b > a$ betrachten wir*

$$I := \lim_{b\to+\infty} \int_a^b e^{-x}\, dx = \lim_{b\to+\infty} \left[-e^{-x} \right]_a^b = e^{-a} - \lim_{b\to+\infty} e^{-b} = e^{-a}.$$

*Wir schreiben formal $I = \displaystyle\int_0^{+\infty} e^{-x}\, dx = e^{-a}$. Das Integrationsintervall $[a, +\infty)$ ist also **unbeschränkt**; es liegt hier kein R–Integral im eigentlichen Sinn vor.*

Beispiel 7.64 *Wir betrachten nun die auf dem Intervall $[0,1)$ stetige Funktion $f(x) := 1/\sqrt{1 - x^2}$, die wegen $\lim_{x\to 1-} f(x) = +\infty$ auf $[0,1]$ **unbeschränkt***

ist. Das R–Integral darf auf $[0, 1]$ *im eigentlichen Sinn* nicht existieren. *Wir haben jedoch für* $0 < \varepsilon < 1$:

$$I := \lim_{\varepsilon \to 0+} \int_0^{1-\varepsilon} \frac{dx}{\sqrt{1 - x^2}} = \lim_{\varepsilon \to 0+} \text{arc sin}_H(1 - \varepsilon) = \frac{\pi}{2}.$$

Definition 7.65 *Sind im Integralausdruck*

$$I := \int_a^b f(x)\, dx \qquad\qquad (7.38)$$

nicht *beide Integrationsgrenzen* a *und* b **endlich**, *oder ist der Integrand* f **nicht** *an beiden (endlichen) Intervall-Enden* a *und* b **beschränkt**, *so dass* $\lim\limits_{x \to b-} |f(x)| = +\infty$ *und/oder* $\lim\limits_{x \to a+} |f(x)| = +\infty$ *gilt, so heißt das Integral (7.38) ein* **uneigentliches Integral**. *Existieren die Grenzwerte*

$$I = \lim_{b \to +\infty} \int_a^b f(x)\, dx \quad bzw. \quad \lim_{a \to -\infty} \int_a^b f(x)\, dx \quad bzw. \quad \lim_{\substack{a \to -\infty \\ b \to +\infty}} \int_a^b f(x)\, dx,$$

oder

$$I = \lim_{\varepsilon \to 0+} \int_a^{b-\varepsilon} f(x)\, dx \quad bzw. \quad \lim_{\varepsilon \to 0+} \int_{a+\varepsilon}^b f(x)\, dx \quad bzw. \quad \lim_{\varepsilon \to 0+} \int_{a+\varepsilon}^{b-\varepsilon} f(x)\, dx,$$

so heißt das uneigentliche Integral (7.38) **konvergent zum Integralwert I**.

Existiert auch das uneigentliche Integral $\int_a^b |f(x)|\, dx$ *in dem oben präzisierten Sinn, so heißt das uneigentliche Integral (7.38)* **absolut konvergent**.

Bemerkung 7.66 *Mit Hilfe der Ungleichung* $\left| \int_a^b f(x)\, dx \right| \leq \int_a^b |f(x)|\, dx$ *wird gezeigt, dass absolute Konvergenz stets auch einfache Konvergenz impliziert. Die Umkehrung gilt i. Allg. nicht. Ein bekanntes Beispiel für diesen Sachverhalt ist das einfach konvergente Integral*

$$I := \int_0^{+\infty} \frac{\sin x}{x}\, dx,$$

welches **nicht** *absolut konvergent ist.*

Beispiel 7.67 *Wir betrachten das* **doppelt uneigentliche Integral**

$$I := \int\limits_{0}^{+\infty} \frac{dx}{x^p} = \int\limits_{0}^{1} \frac{dx}{x^p} + \int\limits_{1}^{+\infty} \frac{dx}{x^p} = \lim_{\varepsilon \to 0+} \int\limits_{\varepsilon}^{1} \frac{dx}{x^p} + \lim_{b \to +\infty} \int\limits_{1}^{b} \frac{dx}{x^p} =: I_1 + I_2.$$

Es gilt hier:

$$I_1 = \lim_{\varepsilon \to 0+} \int\limits_{\varepsilon}^{1} \frac{dx}{x^p} = \begin{cases} \dfrac{1}{1-p} & : p < 1, \\[2mm] +\infty & : p \geq 1, \end{cases}$$

$$I_2 = \lim_{b \to +\infty} \int\limits_{1}^{b} \frac{dx}{x^p} = \begin{cases} \dfrac{1}{p-1} & : p > 1, \\[2mm] +\infty & : p \leq 1. \end{cases}$$

Das heißt, das uneigentliche Integral I existiert für keinen Exponenten $p \in \mathbb{R}$.

Hingegen existieren die Teilintegrale I_1 und I_2 auf verschiedenen Teilbereichen $p \in \mathbb{R}$.

Das Hauptproblem besteht im Nachweis der Konvergenz des uneigentlichen Integrals (7.38), **ohne** auf eine Stammfunktion des Integranden f zurückgreifen zu müssen. Mit dem folgenden zentralen Satz kann häufig diese Konvergenzfrage geklärt werden:

Satz 7.68 (Vergleichskriterium) *Die gegebenen Funktionen f, g seien auf jedem endlichen Teilintervall $[\alpha, \beta] \subset (a, b)$ R–integrierbar, und es gelte $0 \leq f(x) \leq g(x) \; \forall \, x \in (a, b)$.*

1. *Konvergiert das uneigentliche Integral*

$$\int\limits_{a}^{b} g(x)\, dx := \lim_{\substack{\alpha \to a+ \\ \beta \to b-}} \int\limits_{\alpha}^{\beta} g(x)\, dx,$$

   so ist auch $\int\limits_{a}^{b} f(x)\, dx$ konvergent.

2. *Divergiert das uneigentliche Integral $\int\limits_{a}^{b} f(x)\, dx$, so ist auch $\int\limits_{a}^{b} g(x)\, dx$ divergent.*

Beweis. Wir setzen

$$\beta_n := \begin{cases} n & : b = +\infty, \\ b - 1/n & : b < +\infty, \end{cases} \qquad \alpha_n := \begin{cases} -n & : a = -\infty, \\ a + 1/n & : a > -\infty. \end{cases}$$

Hierin sei $n \in \mathbb{N}$ eine hinreichend große Zahl. Wegen $f \geq 0$ ist die Zahlenfolge $I_n := \int_{\alpha_n}^{\beta_n} f(x)\,dx$ monoton steigend und nach oben durch $\int_a^b g(x)\,dx$ beschränkt. Daher folgt aus dem Hauptsatz über monotone Folgen, Satz 3.13, die Konvergenz.   qed

Das Vergleichskriterium ist besonders geeignet für den Nachweis der **absoluten Konvergenz** uneigentlicher Integrale. Man vergleicht $|f(x)|$ mit einer Funktion $g(x) \geq 0$, $x \in (a, b)$, für die das Konvergenzverhalten des Integrals $\int_a^b g(x)\,dx$ bekannt ist. Häufig wird die Vergleichsfunktion $g(x) := C/x^p$ verwendet und die Ergebnisse von Beispiel 7.67 genutzt.

Beispiel 7.69

a) *Für die Funktion $f(x) := \frac{\sin x}{x^p} \cdot \operatorname{sign}(\cos x)$ gilt auf dem Intervall $[1, +\infty)$ die Ungleichung $|f(x)| \leq 1/x^p =: g(x)$. Aus Beispiel 7.67 erhalten wir nun $\int_1^{+\infty} g(x)\,dx < +\infty$ genau für $p > 1$. Deshalb ist das uneigentliche Integral*

$$I := \int\limits_1^{+\infty} \frac{\sin x}{x^p} \cdot \operatorname{sign}(\cos x)\,dx$$

für $p > 1$ absolut konvergent.

b) *Wir betrachten auf dem Intervall $(0, 1]$ den Integranden $f(x) := \frac{\sinh x}{x^p}$. Wegen $(\sinh x)/x \geq 1$ erhalten wir $f(x) \geq 1/x^{p-1} =: g(x)$. Wiederum aus dem genannten Beispiel resultiert $\int_0^1 g(x)\,dx = +\infty$ für $p \geq 2$, so dass das uneigentliche Integral*

$$I := \int\limits_0^1 \frac{\sinh x}{x^p}\,dx$$

für jedes $p \geq 2$ divergent ist.

Hingegen folgt aus der Stetigkeit der Funktion $(\sinh x)/x$ im Punkte $x = 0$ die Existenz von $M := \max_{x \in [0,1]} \frac{\sinh x}{x}$. Wir haben deshalb $0 \leq f(x) \leq M/x^{p-1} =: g(x)$, und aus Beispiel 7.67 folgt

$$\int\limits_{0}^{1} g(x)\,dx < +\infty$$

für $p < 2$. Das heißt, das uneigentliche Integral I ist konvergent für jedes $p < 2$.

Das Vergleichskriterium kann also unter Verwendung der Vergleichsfunktion aus Beispiel 7.67 in folgenden Regeln zusammengefasst werden, wobei wir nur die obere Integrationsgrenze als uneigentlich betrachten. Analoge Regeln für die untere Integrationsgrenze lassen sich leicht ergänzen.

Folgerung 7.70 (Vergleichsregeln für uneigentliche Integrale)
Es seien $a \in \mathbb{R}$ und $b \leq +\infty$ gegeben. Die Funktion f sei stetig auf jedem Teilintervall $[a, \beta] \subset [a, b)$. Dann gelten folgende Implikationen:

1. $x^p |f(x)| \leq C < +\infty \; \forall \, x \geq R > a$ mit $p > 1 \implies$

$$\int\limits_{a}^{+\infty} f(x)\,dx \text{ \textbf{absolut konvergent},}$$

2. $0 \leq (b - x)^p |f(x)| \leq C < +\infty \; \forall \, x \in [a, b]$ mit $p < 1 \implies$

$$\int\limits_{a}^{b} f(x)\,dx \text{ \textbf{absolut konvergent},}$$

3. $x^p |f(x)| \geq C > 0 \; \forall \, x \geq R > a$ mit $p \leq 1 \implies$

$$\int\limits_{a}^{+\infty} f(x)\,dx \text{ \textbf{divergent},}$$

4. $(b - x)^p |f(x)| \geq C > 0 \; \forall \, x \in [a, b]$ mit $p \geq 1 \implies$

$$\int\limits_{a}^{b} f(x)\,dx \text{ \textbf{divergent}.}$$

Beispiel 7.71 *Wir untersuchen das uneigentliche Integral $I := \int\limits_{0}^{1} (1 - x^2)^{-p}\,dx$. Wir setzen $f(x) := (1 - x^2)^{-p} = (1 + x)^{-p}(1 - x)^{-p}$. Nun gilt:*

$$(1 - x)^p |f(x)| = (1 + x)^{-p} \leq 1 \ \forall \ x \in [0, 1] \overset{(b)}{\Longrightarrow} I \ \text{ist konvergent für } p < 1,$$

$$(1 - x)^p |f(x)| = (1 + x)^{-p} \geq \frac{1}{2^p} \ \forall \ x \in [0, 1] \overset{(d)}{\Longrightarrow} I \ \text{ist divergent für } p \geq 1.$$

Den Sonderfall $p = 1/2$ hatten wir bereits in Beispiel 7.64 behandelt.

Beispiel 7.72 *Wir untersuchen das uneigentliche Integral $I := \int\limits_{0}^{+\infty} (1 + x^2)^{-p}\,dx$. Wir setzen $f(x) := (1 + x^2)^{-p}$. Dann gilt:*

$$x^{2p} |f(x)| = (1 + \frac{1}{x^2})^{-p} \leq 1 \ \forall \ x \geq 1 \overset{(a)}{\Longrightarrow} I \ \text{ist konvergent für } p > 1/2,$$

$$x^{2p} |f(x)| = (1 + \frac{1}{x^2})^{-p} \geq \frac{1}{2^p} \ \forall \ x \geq 1 \overset{(c)}{\Longrightarrow} I \ \text{ist divergent für } p \leq 1/2.$$

Im Sonderfall $p = 1$ haben wir

$$\int\limits_{0}^{+\infty} \frac{dx}{1 + x^2} = \lim_{b \to +\infty} \int\limits_{0}^{b} \frac{dx}{1 + x^2} = \lim_{b \to +\infty} \text{arc} \tan_H b = \frac{\pi}{2}.$$

Das eben formulierte Vergleichskriterium ist ein *hinreichendes* Kriterium für die **absolute Konvergenz** uneigentlicher Integrale. Es kann beispielsweise nicht verwendet werden bei dem Integral

$$\int\limits_{0}^{+\infty} \frac{\sin \alpha x}{x}\,dx, \ \ \alpha > 0,$$

dessen **einfache Konvergenz** zum Integralwert $\pi/2$ bekannt ist, während absolute Konvergenz nicht vorliegt. Dieses Beispiel passt aber in den Rahmen des folgenden Konvergenzsatzes:

Satz 7.73 *Die Funktion $f : [a, +\infty) \to \mathbb{R}$, $a > 0$, sei stetig, und es sei $F(x) := \int_a^x f(t)\,dt$ beschränkt, d.h., es existiert ein $C \in \mathbb{R}_+$ mit $|F(x)| \leq C \ \forall \ x \geq a$. Dann ist das uneigentliche Integral $\int_a^{+\infty} \dfrac{f(x)}{x^p}\,dx$ konvergent für alle $p > 0$.*

Beweis. Durch partielle Integration folgt für jede Zahl $b > a$:

$$\int\limits_a^b \frac{f(x)}{x^p}\,dx = \frac{F(x)}{x^p}\Big|_a^b + p\int\limits_a^b \frac{F(x)}{x^{1+p}}\,dx = \frac{F(b)}{b^p} + p\int\limits_a^b \frac{F(x)}{x^{1+p}}\,dx.$$

Wegen $|F(x)| \leq C$ ergibt sich hieraus im Limes $b \to +\infty$:

$$\Big|\int\limits_a^{+\infty} \frac{f(x)}{x^p}\,dx\Big| \leq Cp\int\limits_a^{+\infty} \frac{dx}{x^{1+p}} = \frac{C}{a^p} < +\infty.$$

qed

Beispiel 7.74 *Das* FRESNEL*-Integral* $I := \int\limits_0^{+\infty} \sin x^2\,dx$ *lässt sich mit der Substitution* $u = g(x) := x^2$, $du = 2\sqrt{u}\,dx$ *in das folgende Integral transformieren:*

$$I = \frac{1}{2}\int\limits_0^{+\infty} \frac{\sin u}{\sqrt{u}}\,du = \frac{1}{2}\int\limits_0^{\pi/2} \frac{\sin u}{\sqrt{u}}\,du + \frac{1}{2}\int\limits_{\pi/2}^{+\infty} \frac{\sin u}{\sqrt{u}}\,du =: I_1 + I_2.$$

Die Funktion $(\sin u)/\sqrt{u}$ *ist auf dem Intervall* $[0, \pi/2]$ *stetig, und deshalb existiert das Integral* I_1. *Im Integral* I_2 *setzen wir* $f(u) := \sin u$. *Dann sind mit* $a := \pi/2$ *und*

$$F(x) := \int\limits_{\pi/2}^x \sin u\,du = -\cos x, \quad |F(x)| \leq 1, \quad x \geq a,$$

die Voraussetzungen des letzten Satzes erfüllt. Dieser liefert die Konvergenz des uneigentlichen Integrals I_2.

Aufgaben

Aufgabe 7.27. Untersuchen Sie die nachfolgenden uneigentlichen Integrale auf Existenz:

a) $\displaystyle\int\limits_2^\infty \frac{1}{x(1 + \ln^2 x)}\,dx,$ b) $\displaystyle\int\limits_2^\infty \frac{x^2}{x^4 - x^2 + 2}\,dx,$ c) $\displaystyle\int\limits_0^4 \frac{1}{\sinh(2x)}\,dx,$

d) $\displaystyle\int\limits_1^\infty \frac{\ln x}{\left(1 + \sqrt[3]{x^2}\right)^2}\,dx,$ e) $\displaystyle\int\limits_0^1 \frac{\ln(1/x)}{\sqrt{x - \sqrt{x^3}}}\,dx,$ f) $\displaystyle\int\limits_1^\infty \frac{\arctan x}{\sqrt{x^3}}\,dx.$

Aufgabe 7.28. Stellen Sie fest, ob die folgenden uneigentlichen Integrale existieren:

$$a) \int\limits_1^2 \frac{1}{\ln x}\, dx, \qquad b) \int\limits_0^\infty \frac{x^2}{x^3 + x + 1}\, dx, \quad c) \int\limits_{-1}^1 \frac{1 - \sqrt{1 - x^2}}{\sqrt{1 - x^2}}\, dx,$$

$$d) \int\limits_0^1 \frac{1}{(x^2 + 1)\sin\sqrt{x}}\, dx, \quad e) \int\limits_0^1 \cos(\ln x)\, dx, \qquad f) \int\limits_0^\infty x^x e^{-x^2}\, dx.$$

Aufgabe 7.29. Untersuchen Sie die folgenden uneigentlichen Integrale auf Konvergenz, indem für die Integranden geeignete obere und untere Schranken gefunden werden:

$$a) \int\limits_0^{\pi/2} \frac{\sin x}{x^2}\, dx, \quad b) \int\limits_0^\infty \frac{\sin x}{(x + 1)\,(x + 2)}\, dx, \quad c) \int\limits_0^\infty \frac{dx}{\sqrt{x\,\ln(1 + x)}}.$$

Aufgabe 7.30. Berechnen Sie das uneigentliche Integral

$$I = \int\limits_0^1 \frac{dx}{\sqrt{-\ln x}}.$$

7.5 Das Integralvergleichskriterium von CAUCHY

Mit Hilfe von uneigentlichen Integralen können wir jetzt ein Konvergenzkriterium für unendliche Zahlenreihen formulieren.

Satz 7.75 (Integralvergleichskriterium) *Für festes $m \in \mathbb{N}_0$ sei $f :$ $[m, +\infty) \to \mathbb{R}$ eine stetige, monoton fallende, positive Funktion, und es gelte $a_k := f(k) \ \forall \ k = m, m + 1, \ldots$ Dann haben die unendliche Reihe $\sum\limits_{k=m}^{\infty} a_k$ und das uneigentliche Integral $\int\limits_m^{+\infty} f(x)\, dx$ dasselbe Konvergenzverhalten.*

Beweis. Für $n > m$ entnimmt man der folgenden Skizze die Abschätzung

$$\sum_{k=m}^{n} a_k - a_m < \int_{m}^{n} f(x)\,dx < \sum_{k=m}^{n-1} a_k.$$

Hieraus erschließen wir die Konvergenz der Reihe, sofern das uneigentliche Integral konvergiert, sowie Divergenz der Reihe, wenn das uneigentliche Integral divergiert. qed

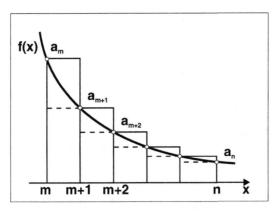

Zum Integralvergleichskriterium

Aus dem obigen Beweisgang erhält man unter den Voraussetzungen des letzten Satzes eine **Fehlerabschätzung** für den Reihenrest $R := \sum_{k=N}^{\infty} a_k$.

Für jede Zahl $N \geq m$ und für $n > N$ gilt ja

$$\sum_{k=N}^{n} a_k - a_N < \int_{N}^{n} f(x)\,dx < \sum_{k=N}^{n-1} a_k.$$

Für $n \to +\infty$ resultiert daraus die Fehlereinschließung

$$\int_{N}^{+\infty} f(x)\,dx \leq \sum_{k=N}^{\infty} a_k \leq a_N + \int_{N}^{+\infty} f(x)\,dx. \tag{7.39}$$

Beispiel 7.76 *Wir setzen $f(x) := 1/x^p$ für $x \geq 1$. Für $p > 0$ und $x \geq 1$ gilt*

$$f'(x) = -px^{-p-1} < 0,$$

so dass die Funktion f monoton fallend, stetig und positiv ist. Wir können das Integralvergleichskriterium anwenden. Das uneigentliche Integral

$$\int\limits_{1}^{+\infty} \frac{dx}{x^p} = \begin{cases} 1/(p-1) < +\infty & : p > 1, \\ \\ +\infty & : p \le 1, \end{cases}$$

führt zu folgender Konvergenzaussage:

$$\boxed{\sum_{k=1}^{\infty} \frac{1}{k^p} \begin{cases} p > 1 \; : \; \textbf{konvergent}, \\ p \le 1 \; : \; \textbf{divergent}. \end{cases}}$$

Beispiel 7.77 *Für $x \ge 2$ setzen wir $f(x) := (\ln x)/x^2$. Dann gilt*

$$f'(x) = (1 - 2\ln x)/x^3 < 0 \; \forall \; x \ge 2.$$

(Beachte $2\ln 2 = \ln 4 \approx 1.386 > 1$.) Somit ist die Funktion f monoton fallend, stetig und positiv. Wir können wiederum das Integralvergleichskriterium anwenden. Das uneigentliche Integral

$$\int\limits_{2}^{+\infty} \frac{\ln x \, dx}{x^2} = -\frac{\ln x}{x}\Big|_{2}^{+\infty} + \int\limits_{2}^{+\infty} \frac{dx}{x^2} = \frac{1}{2}\,(\ln 2 + 1) < +\infty$$

ist konvergent, und somit konvergiert auch die unendliche Reihe

$$S = \sum_{k=2}^{\infty} \frac{\ln k}{k^2}.$$

Wir wenden uns noch folgender Fragestellung zu:

Wie groß ist die Zahl N zu wählen, damit der Summenwert der obigen Reihe durch die Partialsumme $\sum\limits_{k=2}^{N-1} \frac{\ln k}{k^2}$ mit einer Genauigkeit $\varepsilon := 10^{-5}$ approximiert wird?

Wir verwenden die Fehlerabschätzung (7.39) aus dem Integralvergleichskriterium. Es folgt

$$F := \sum_{k=N}^{\infty} \frac{\ln k}{k^2} \le \frac{\ln N}{N^2} + \int\limits_{N}^{+\infty} f(x)\,dx = \frac{\ln N}{N^2} + \frac{1}{N}\,(\ln N + 1) \overset{!}{\le} 10^{-5}.$$

Man ermittelt mit dem Taschenrechner $\int\limits_{N}^{+\infty} f(x)dx \approx 1.4816 \cdot 10^{-5}$ *für* $N =$
10^6 *sowie* $a_N + \int\limits_{N}^{+\infty} f(x)dx \approx 1.7118 \cdot 10^{-6}$ *für* $N = 10^7$, *so dass die gesuchte*
Zahl N *zwischen* 10^6 *und* 10^7 *liegen muss.*

Aufgaben

Aufgabe 7.31. Bestimmen Sie die Zahl $R > 0$ so, dass

$$\int\limits_{R}^{\infty} \frac{\arctan x}{x^3 + 1}\, dx \leq 10^{-6}$$

gilt.

Aufgabe 7.32. Untersuchen Sie, ob die Reihe $\sum_{k=1}^{\infty} \frac{\ln k}{k}$ konvergiert.

Aufgabe 7.33. Die Reihe $\sum_{n=1}^{\infty} \frac{1}{n^2}$ konvergiert. Wo darf die Reihe abgebrochen werden, so dass der Fehler kleiner als 10^{-4} ist.

Aufgabe 7.34. Untersuchen Sie die unendliche Reihe $\sum_{n=1}^{\infty} \frac{1}{\sqrt{n}} \sin\left(\frac{1}{n^p}\right)$, $p >$ 0, auf Konvergenz. Betimmen Sie für $p = 2$ eine Zahl $N \in \mathbb{N}$ so, dass die angegebene Reihe durch ihre N-te Partialsumme mit einem Fehler kleiner als 10^{-4} approximiert wird.

7.6 Integral–Restglied der TAYLOR–Formel

Das in der TAYLOR–Formel (6.17) formulierte Restglied (6.19) lässt sich in äquivalenter Weise als Integraldarstellung formulieren. Dazu zunächst folgende verallgemeinerte Darstellung des Mittelwertsatzes ?? der Integralrechnung:

Satz 7.78 (2. oder erweiterter MWS der Integralrechnung)
Gegeben seien eine stetige Funktion $f \in C([a,b])$ *und eine R-integrierbare Funktion* $g : [a,b] \to \mathbb{R}$. *Falls überall auf* $[a,b]$ *entweder* $g \leq 0$ *oder* $g \geq 0$ *gilt, so existiert eine Zwischenstelle* $\xi \in [a,b]$ *mit*

$$\int\limits_a^b f(x)g(x)\,dx = f(\xi)\int\limits_a^b g(x)\,dx.$$

Beweis. Für $g = 0$ ist nichts zu zeigen. Gelte also z.B. $g \geq 0$ und $\int_a^b g(x)\,dx > 0$. Wir setzen $m = \min\limits_{x\in[a,b]} f(x)$ und $M = \max\limits_{x\in[a,b]} f(x)$, so dass folgt:

$$m\int\limits_a^b g(x)\,dx \leq \int\limits_a^b f(x)g(x)\,dx \leq M\int\limits_a^b g(x)\,dx.$$

Das heißt, die Zahl $\eta := \int\limits_a^b f(x)g(x)\,dx \Big/ \int\limits_a^b g(x)\,dx$ liegt im Intervall $[m, M]$. Da die Funktion f auf Grund des Zwischenwertsatzes von BOLZANO jeden Wert in diesem Intervall erreicht, gibt es eine Zwischenstelle $\xi \in [a, b]$ mit $f(\xi) = \eta$.   qed

---

Satz 7.79 (TAYLOR–Formel und Integral–Restglied) *Gegeben sei eine Funktion $f \in C^{n+1}([a,b])$. Dann gilt in jedem festen Punkt $x_0 \in [a,b]$ und für jedes $x \in [a,b]$:*

$$f(x) = \sum_{k=0}^n \frac{1}{k!}\, f^{(k)}(x_0)\,(x - x_0)^k + \frac{1}{n!}\int\limits_{x_0}^x (x-t)^n f^{(n+1)}(t)\,dt.$$

Beweis. Wir wenden den letzten Satz auf das obige Integral–Restglied an. Es existiert eine Zwischenstelle $\xi := x_0 + \theta(x - x_0)$, $\theta \in [0,1]$ mit

$$\frac{1}{n!}\int\limits_{x_0}^x (x-t)^n f^{(n+1)}(t)\,dt = f^{(n+1)}(\xi)\,\frac{1}{n!}\int\limits_{x_0}^x (x-t)^n\,dt = \frac{(x - x_0)^{n+1}}{(n + 1)!}\,f^{(n+1)}(\xi).$$

Rechts steht gerade das Restglied (6.19) von LAGRANGE.   qed

Bemerkung 7.80 *Durch partielle Integration des Integral–Restglieds erhält man das triviale Ergebnis*

$$\frac{1}{n!} \int_{x_0}^{x} (x - t)^n f^{(n+1)}(t)\, dt = f(x) - \sum_{k=0}^{n} \frac{1}{k!}\, f^{(k)}(x_0)\,(x - x_0)^k.$$

Deshalb kann das Integral-Restglied keinesfalls zur Berechnung des exakten Fehlers zwischen der Funktion f und dem TAYLOR–Polynom T_n vom Grad n verwendet werden. Wie das LAGRANGE–Restglied, ist das Integral-Restglied sehr gut für eine Fehlerabschätzung geeignet.

Beispiel 7.81 *Die Funktion $f(x) := \ln(1 + x)$ hat die Ableitungen*

$$f^{(k)}(x) = (-1)^{k+1} \frac{(k - 1)!}{(1 + x)^k}, \ k \geq 1.$$

Daraus berechnet man an der Stelle $x_0 = 0$:

$$\ln(1 + x) = \sum_{k=1}^{n} \frac{(-1)^{k+1} x^k}{k} + \frac{1}{n!} \int_{0}^{x} (-1)^n n! \frac{(x - t)^n}{(1 + t)^{n+1}}\, dt.$$

Für $x > 0$ ergibt sich sehr einfach folgende Abschätzung:

$$\left| \int_{0}^{x} (-1)^n \frac{(x - t)^n}{(1 + t)^{n+1}}\, dt \right| \leq \int_{0}^{x} (x - t)^n\, dt = \frac{x^{n+1}}{n + 1}.$$

Die gleiche Abschätzung gilt für $x > 0$ auch für das LAGRANGE–Restglied:

$$|R_n(x; x_0)| = \left| \frac{n! x^{n+1}}{(n + 1)!(1 + \xi)^{n+1}} \right| \leq \frac{x^{n+1}}{n + 1}.$$

Aufgaben

Aufgabe 7.35. Gegeben sei die Funktion

$$f(x) = x \cdot \arctan x - \frac{1}{2} \ln(1 + x^2).$$

Berechnen Sie das TAYLOR-Polynom T_2 zweiten Grades im Entwicklungspunkt $x_0 = 1$, das zugehörige Restglied und eine Abschätzung des Fehlers $|f(x) - T_2(x)|$ für $|x - 1| \leq 0,1$.

Aufgabe 7.36. Es sei $f(x) = x^{(x^2)}$ für $x \geq 0$ gegeben.

a) Bestimmen Sie ein größtmögliches Intervall $[a, \infty)$ auf dem f streng monoton wächst.

b) Beweisen Sie, dass $f : [a, \infty) \to \mathbb{R}$ eine stetige Umkehrfunktion $g(y) = f^{-1}(y)$ besitzt und bestimmen Sie deren Definitionsbereich D_g.

c) Berechnen Sie mittels partieller Integration

$$I := \int_1^{e^{(e^2)}} y g''(y)\, dy.$$

d) Berechnen Sie das TAYLOR-Polynom T_3 dritten Grades von g im Entwicklungspunkt $y_0 = 1$.

7.7 Anwendungen der Integralrechnung

7.7.1 Flächeninhalte

Sind zwei R–integrierbare Funktionen $f, g : [a, b] \to \mathbb{R}$ gegeben, so ist der **geometrische Flächeninhalt** A zwischen den Graphen $G(f)$ und $G(g)$ in der folgenden Weise definiert:

$$A = \int_a^b \Big(f(x) - g(x) \Big)\, dx, \quad \text{sofern } f(x) \geq g(x) \; \forall\, x \in [a, b].$$

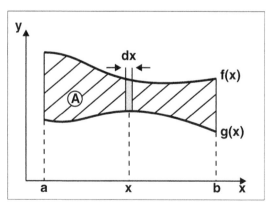

Flächeninhalt zwischen zwei Kurven
G(f) und G(g)

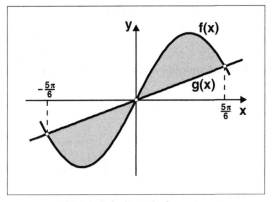

Flächeninhalt zwischen $\sin x$
und $3x/5\pi$

Beispiel 7.82 *Gesucht ist der Inhalt A des (endlichen) Flächenstückes zwischen den Graphen der Funktionen* $f(x) := \sin x$ *und* $g(x) := 3x/5\pi$.

Dazu überlegen wir uns graphisch, dass $f(x) = g(x)$ *genau für*

$$x_{-1} := -5\pi/6, \; x_0 := 0, \; x_1 := 5\pi/6$$

erfüllt ist, und dies bestätigt folgende Wertetabelle:

x	$-\frac{5\pi}{6}$	0	$\frac{5\pi}{6}$	2π
$f(x)$	$-\frac{1}{2}$	0	$\frac{1}{2}$	0
$g(x)$	$-\frac{1}{2}$	0	$\frac{1}{2}$	$\frac{6}{5} > 1$

Für $x \geq 2\pi$ *gilt* $g(x) \geq 6/5 > 1$, *so dass keine weiteren Nullstellen der Funktion* $f - g$ *auftreten. Es folgt aus dieser Vorüberlegung:*

$$A = \int_{-5\pi/6}^{0} \left(\frac{3x}{5\pi} - \sin x\right) dx + \int_{0}^{5\pi/6} \left(\sin x - \frac{3x}{5\pi}\right) dx$$

$$= \left[\frac{3x^2}{10\pi} + \cos x\right]_{-5\pi/6}^{0} - \left[\cos x + \frac{3x^2}{10\pi}\right]_{0}^{5\pi/6}$$

$$= 2 + \sqrt{3} - \frac{5\pi}{12}.$$

Beispiel 7.83 *Der Flächeninhalt eines Halbkreises vom Radius $r > 0$ ist mit den Mitteln der Integralrechnung zu bestimmen.*

Aus der Gleichung $x^2 + y^2 = r^2$ der Kreislinie vom Radius $r > 0$ erhält man für den oberen Halbkreisbogen die explizite Darstellung

$$y = f(x) = \sqrt{r^2 - x^2}, \ -r \le x \le r.$$

Das Integral

$$A = \int\limits_{-r}^{r} f(x)\, dx = 2r \int\limits_{0}^{r} \sqrt{1 - \left(\frac{x}{r}\right)^2}\, dx$$

berechnet man mit Hilfe der Substitution $x = r \sin u$, $dx = r \cos u\, du$:

$$A = 2r^2 \int\limits_{0}^{\pi/2} \cos^2 u\, du = r^2 \int\limits_{0}^{\pi/2} (1 + \cos 2u)\, du = r^2 \left[u + \frac{1}{2} \sin 2u \right]_{0}^{\pi/2} = \frac{1}{2} r^2 \pi.$$

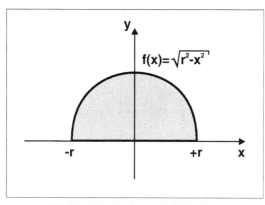

Flächeninhalt eines Halbkreises

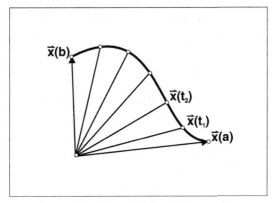

**Zum Inhalt einer Fläche, die von einer
ebenen Kurve x(t) berandet wird**

Beispiel 7.84 *Zu bestimmen ist der Inhalt A derjenigen Fläche, die von der
ebenen, stetig differenzierbaren Kurve $\mathbf{x} : [a, b] \to \mathbb{R}^2$ berandet wird und die
vom Ortsvektor $\mathbf{x}(t)$ im Intervall $a \leq t \leq b$ überstrichen wird.*

*In der folgenden Überlegung wird die Tatsache verwendet, dass der Flächen-
inhalt des von zwei Vektoren $\mathbf{x}_1$, $\mathbf{x}_2 \in \mathbb{R}^3$ aufgespannten Dreiecks durch
$\frac{1}{2} \|\mathbf{x}_1 \times \mathbf{x}_2\|$ bestimmt ist.*

*Es sei nun für ein $n \in \mathbb{N}$ eine äquidistante Zerlegung Z_n des Intervalls $[a, b]$
in der folgenden Weise induziert:*

$$h := \frac{b - a}{n}, \quad t_j := a + jh, \ j = 0, 1, \ldots, n.$$

*Eine Näherungssumme für den gesuchten Flächeninhalt A ist nun gemäß
obiger Skizze*

$$S_{Z_n} = \tfrac{1}{2} \sum_{j=1}^{n} \left\| \mathbf{x}[a + (j-1)h] \times \mathbf{x}(a + jh) \right\|$$

$$= \tfrac{h}{2} \sum_{j=1}^{n} \left\| \mathbf{x}[a + (j-1)h] \times \tfrac{1}{h}(\mathbf{x}(a + jh) - \mathbf{x}[a + (j-1)h]) \right\|,$$

wobei wir die allgemeingültige Relation $\mathbf{y} \times \mathbf{y} = \mathbf{0}$ verwendet haben.

*Da die Vektorfunktion $\mathbf{x}$ stetig differenzierbar ist, erhält man im Limes $h \to 0$
aus dieser Folge von* RIEMANN*-Summen das* RIEMANN*-Integral*

$$A = \frac{1}{2} \int_a^b \left\| \mathbf{x}(t) \times \frac{d}{dt}\mathbf{x}(t) \right\| dt. \tag{7.40}$$

Bei **allgemeiner Parameterdarstellung** $\mathbf{x}(t) := \big(x(t), y(t)\big)^T$ der ebenen Randkurve mit $x, y \in C^1([a, b])$ resultiert

$$\mathbf{x}(t) \times \frac{d}{dt}\mathbf{x}(t) = \begin{vmatrix} \mathbf{e}_x & x(t) & \dot{x}(t) \\ \mathbf{e}_y & y(t) & \dot{y}(t) \\ \mathbf{e}_z & 0 & 0 \end{vmatrix} = \big(x(t)\dot{y}(t) - y(t)\dot{x}(t)\big)\,\mathbf{e}_z,$$

und somit

$$A = \frac{1}{2}\int_a^b \big|x(t)\dot{y}(t) - y(t)\dot{x}(t)\big|\,dt. \qquad (7.41)$$

Beispiel 7.85 *Der Flächeninhalt der Ellipse mit den Halbachsen $a, b > 0$ hat die Parameterdarstellung*

$$x(t) = a\cos t,\; y(t) = b\sin t,\; t \in [0, 2\pi].$$

Hieraus resultiert

$$x(t)\dot{y}(t) - y(t)\dot{x}(t) = ab\,(\cos^2 t + \sin^2 t) = ab,$$

also

$$A_{Ell} = \frac{1}{2}\int_0^{2\pi} ab\,dt = \pi ab.$$

Im Grenzfall $a = b = r$ resultiert der Flächeninhalt $A_{Kr} = \pi r^2$ eines Kreises vom Radius $r > 0$.

In **Polarkoordinaten** $x(\varphi) = r(\varphi)\cos\varphi$, $y(\varphi) = r(\varphi)\sin\varphi$ mit $r \in C^1([\varphi_a, \varphi_b])$ gelten die Beziehungen

$$\dot{x}(\varphi) = \dot{r}(\varphi)\cos\varphi - r(\varphi)\sin\varphi, \quad \dot{y}(\varphi) = \dot{r}(\varphi)\sin\varphi + r(\varphi)\cos\varphi,$$

aus denen wir $x(\varphi)\dot{y}(\varphi) - y(\varphi)\dot{x}(\varphi) = r^2(\varphi)$ erhalten. Deshalb gilt nun

$$A = \frac{1}{2}\int_{\varphi_a}^{\varphi_b} r^2(\varphi)\,d\varphi. \qquad (7.42)$$

Beispiel 7.86 *Der Flächeninhalt der Kardioide ist in Polarkoordinaten durch die Gleichung*

$$r(\varphi) := a(1 + \cos\varphi), \quad \varphi \in [0, 2\pi],$$

bestimmt. Es gilt somit

$$A_{Kard.} = 2 \cdot \frac{1}{2} \int_0^\pi a^2 (1 + \cos\varphi)^2 \, d\varphi$$

$$= a^2 \int_0^\pi \left(1 + 2\cos\varphi + \frac{1}{2} + \frac{1}{2}\cos 2\varphi \right) d\varphi = \frac{3\pi}{2} a^2.$$

7.7.2 Flächenmomente und Schwerpunkte

Aus der Definition

$$\boxed{\textbf{Flächenmoment} := \textbf{Fläche} \times \textbf{Hebelarm}}$$

ergeben sich die beiden folgenden Momente, wenn wir wiederum $f(x) \geq g(x) \; \forall \, x \in [a, b]$ voraussetzen:

$$\boxed{\begin{aligned} M_x &:= \int_a^b x\Big(f(x) - g(x) \Big) \, dx, \\ M_y &:= \int_a^b \frac{1}{2} [f(x) + g(x)] \, [f(x) - g(x)] \, dx = \frac{1}{2} \int_a^b \Big(f^2(x) - g^2(x) \Big) \, dx. \end{aligned}}$$

Im **Schwerpunkt** $\mathbf{x}_S := (x_S, y_S)^T$ einer Fläche vom Inhalt A gelten die Relationen $A \cdot x_S = M_x$, $A \cdot y_S = M_y$, und daraus erhält man die Schwerpunktskoordinaten

$$\boxed{x_S = \frac{M_x}{A}, \quad y_S = \frac{M_y}{A}.}$$

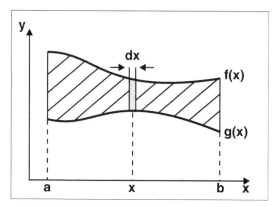

Zur Definition der Flächenmomente

Beispiel 7.87 *Es sind die Flächenmomente und der Schwerpunkt des oberen Halbkreises mit Radius $r > 0$ und Mittelpunkt $(0,0)$ zu bestimmen.*

Wir haben hier $f(x) := \sqrt{r^2 - x^2}$, $-r \le x \le r$, und $g(x) := 0$. Da der Integrand von M_x eine ungerade Funktion ist, resultiert:

$$M_x = \int\limits_{-r}^{r} x\sqrt{r^2 - x^2}\, dx = 0,$$

$$M_y = \int\limits_{-r}^{r} \frac{1}{2}\left(r^2 - x^2\right) dx = \int\limits_{0}^{r} \left(r^2 - x^2\right) dx = \left[r^2 x - \frac{1}{3}x^3\right]_0^r = \frac{2}{3}r^3.$$

Der Schwerpunkt liegt also im Punkt $\mathbf{x}_S = (0, \frac{4r}{3\pi})^T$.

7.7.3 Volumenbestimmung

Hat die Schnittfläche eines Körpers K mit der Ebene $x = const$ den Flächeninhalt $q(x)$, so berechnet sich das Gesamtvolumen von K nach dem CAVA-LIERIschen Prinzip gemäß

$$V = \int\limits_{a}^{b} q(x)\, dx.$$

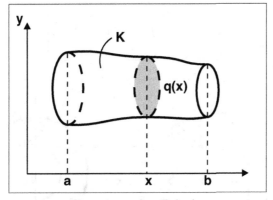

CAVALIERIsches Prinzip

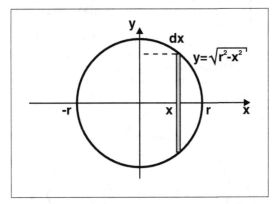

Zur Volumenberechnung einer Kugel

Beispiel 7.88 *Es ist das Volumen einer Kugel vom Radius $r > 0$ nach dem* CAVALIERI*schen Prinzip zu bestimmen.*

Die Schnittfläche der Kugel um den Mittelpunkt $(0,0)$ mit der Ebene $x = $ const hat den Flächeninhalt $q(x) = \pi y^2 = \pi(r^2 - x^2)$. Hieraus folgt

$$V_{Kugel} = \pi \int_{-r}^{r} (r^2 - x^2)\,dx = \frac{4}{3}\pi r^3.$$

Die Kugel ist der Spezialfall eines **Rotationskörpers**. Für die Volumina von Rotationskörpern gelten folgende Vereinfachungen.

(a) Bei **Rotation um die x-Achse**: Es gelte $f(x) \geq g(x)\ \forall\ x \in [a,b]$. Dann hat die Schnittfläche den Flächeninhalt $q(x) = \pi\left(f^2(x) - g^2(x)\right)$ und somit folgt

$$V_x = \pi \int\limits_a^b \left(f^2(x) - g^2(x) \right) \, dx.$$

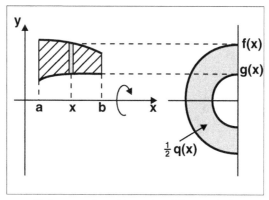

Volumen eines Rotationskörpers bei
Rotation um die x–Achse

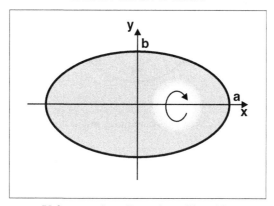

Volumen eines Rotationsellipsoids

Beispiel 7.89 *Zu bestimmen ist das Volumen desjenigen Rotationskörpers,*
der durch Rotation der Ellipse $\left(\frac{x}{a}\right)^2 + \left(\frac{y}{b}\right)^2 = 1$ *um die x–Achse entsteht.*

Wir haben hier $f(x) := \sqrt{b^2 \left(1 - \frac{x^2}{a^2}\right)}$, $g(x) := 0$, $-a \leq x \leq a$, *zu setzen. Es*
folgt

$$V_{Ell.} = \pi \int\limits_{-a}^a b^2 \left(1 - \frac{x^2}{a^2}\right) \, dx = \frac{4}{3}\pi b^2 a.$$

Hier ist auch der Sonderfall der Kugelvolumens mit $a = b = r$ *enthalten.*

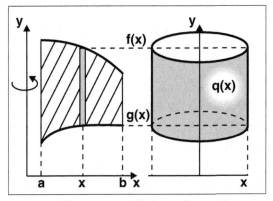

Volumen eines Rotationskörpers bei
Rotation um die y–Achse

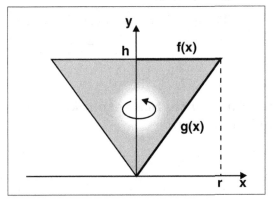

Volumen eines geraden Kreiskegels

(b) Bei **Rotation um die y–Achse**: Es gelte $f(x) \geq g(x) \ \forall \ x \in [a, b]$. Dann ist $q(x)$ ein Zylindermantel mit dem Flächeninhalt $q(x) = 2\pi x \, (f(x) - g(x))$, und somit folgt

$$V_y = 2\pi \int\limits_a^b x \, (f(x) - g(x)) \ dx.$$

Beispiel 7.90 *Wir bestimmen das Volumen eines geraden Kreiskegels der Höhe h und des Basiskreisradius $r > 0$.*

Wir haben hier $f(x) := h$, $g(x) := \frac{hx}{r}$, $0 \leq x \leq r$, zu setzen. Es gilt nun

$$x \, (f(x) - g(x)) = h \cdot \left(x - \frac{x^2}{r} \right)$$

und somit

$$V_{Kegel} = 2\pi h \int\limits_0^r \left(x - \frac{x^2}{r} \right) dx = \frac{1}{3}\pi r^2 h.$$

Bemerkung 7.91 *Vergleicht man die Volumina V_x, V_y mit den Formeln für die Flächenmomente M_x, M_y, so ergibt sich:*

$$V_x = 2\pi \cdot M_y = 2\pi \cdot A \cdot y_S, \quad V_y = 2\pi \cdot M_x = 2\pi \cdot A \cdot x_S.$$

Dieses Ergebnis heißt die **GULDINsche Regel** *für Rotationskörper:*

Volumen des Rotationskörpers

   = Flächeninhalt × Schwerpunktweg der Fläche.

7.7.4 Volumenmomente, Schwerpunkt und Trägheitsmomente.

Aus der Definition

Volumenmoment := Volumen × Hebelarm

ergeben sich in der Standardbasis des $\mathbb{R}^3$ drei Volumenmomente M_x, M_y, M_z. Verwenden wir wiederum das CAVALIERIsche Prinzip, so ergibt sich beispielsweise

$$M_x := \int\limits_a^b x q(x)\, dx.$$

Im **Schwerpunkt** $\mathbf{x}_S := (x_S, y_S, z_S)^T$ eines Volumens V gelten die Relationen

$$V \cdot x_S = M_x, \; V \cdot y_S = M_y, \; V \cdot z_S = M_z,$$

und daraus erhält man die Schwerpunktskoordinaten

$$x_S = \frac{M_x}{V}, \quad y_S = \frac{M_y}{V}, \quad z_S = \frac{M_z}{V}.$$

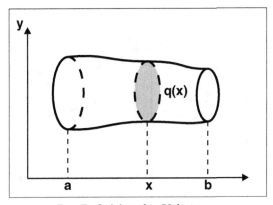

Zur Definition des Volumen–momentes M_x

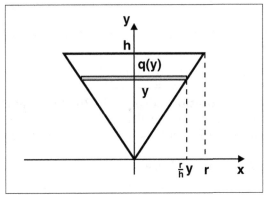

Volumenmoment M_y des geraden Kreiskegels

Bei Rotationskörpern liegt der Schwerpunkt aus Symmetriegründen **stets auf der Rotationsachse.**

Beispiel 7.92 *Wir berechnen den Schwerpunkt eines geraden Kreiskegels der Höhe h mit Spitze im Ursprung und dem Basiskreisradius $r > 0$.* Lösung: *Verwenden wir die Bezeichnungen der obigen Skizze, so muss der Schwerpunkt auf der y–Achse liegen. Wir haben hier $q(y) := \pi r^2 y^2 / h^2$, und somit*

$$M_y = \int\limits_0^h y\, q(y)\, dy = \frac{\pi r^2}{h^2} \int\limits_0^h y^3\, dy = \frac{\pi}{4}\, r^2 h^2,$$

$$y_S = \frac{M_y}{V_{Kegel}} = \frac{3}{4}\, h, \quad x_S = z_S = 0.$$

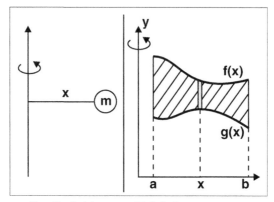

**Zur Definition von Trägheitsmomenten
bei Rotationskörpern**

Trägheitsmomente entstehen, wenn eine Masse m im Abstand x um eine feste Achse rotiert:

$$\Theta := mx^2.$$

Betrachten wir einen **Rotationskörper** mit Rotationsachse y oder x (siehe obige Skizze), der eine in der Schnittfläche $x = const$ konstante Dichteverteilung $\rho = \rho(x)$ hat, so ergeben sich die folgenden Trägheitsmomente:

a) Bei **Rotation um die y–Achse:**

$$\Theta = 2\pi \int_a^b \rho(x)x^3 \Big(f(x) - g(x)\Big)\, dx.$$

b) Bei **Rotation um die x–Achse:**

$$\Theta = \frac{\pi}{2} \int_a^b \rho(x) \left(f^2(x) - g^2(x)\right) \left(f^2(x) + g^2(x)\right)\, dx$$

$$= \frac{\pi}{2} \int_a^b \rho(x) \left(f^4(x) - g^4(x)\right)\, dx.$$

Beispiel 7.93 *Die Gesamtmasse und das Trägheitsmoment des obigen Kreiskegels sind bei homogener Dichteverteilung $\rho = const$ zu bestimmen.*

Die Gesamtmasse beträgt $m = \rho \cdot V_{Kegel} = \frac{1}{3}\pi\rho h r^2$. Für das Trägheitsmoment hingegen folgt

$$\Theta = 2\pi\rho \int\limits_0^r hx^3\left(1 - \frac{x}{r}\right)dx = \pi\rho h\frac{r^4}{10} = \frac{3}{10}\,r^2\,m.$$

Aufgaben

Aufgabe 7.37. Gegeben sei $f\,:\,[-a,a] \to \mathbb{R}$ mit $f(x) = \dfrac{1 + |x|}{1 + x^2}$.

a) Berechnen Sie den Inhalt der Fläche zwischen dem Graphen von f und der x-Achse.

b) Berechnen Sie das Rotationsvolumen um die x-Achse.

c) Bestimmen Sie den Flächeninhalt und das Rotationsvolumen für $a \to \infty$.

Aufgabe 7.38. Sei $F = \{(x,y)\,|\,0 \le x \le \pi,\ x \le y \le f(x) = x + \sin x\}$.
Berechnen Sie

a) den Flächeninhalt A von F,

b) das Volumen V_x bzw. V_y der Rotationskörper, d.h bei Rotation von F um die x- bzw. y-Achse,

c) den Schwerpunkt $S = (x_S, y_S)$ von F,

d) das Volumen V_a des Rotationskörpers bei Rotation um $y = 2x$,

e) das Trägheitsmoment Θ_x bzw. Θ_y der Rotationskörper aus b) bezüglich ihrer Rotationsachsen bei konstanter Dichte ϱ.

Aufgabe 7.39. Gegeben sei die Funktion $f(x) = 3\ln\left(\frac{x}{2}\right)$, $x \in [2,4]$.

a) Berechnen Sie den Flächeninhalt F zwischen $G(f)$ und der x-Achse.

b) Berechnen Sie die Volumina V_x und V_y derjenigen Körper, welche durch Rotation um die x-Achse und die y-Achse entstehen.

c) Bestimmen Sie die Trägheitsmomente Θ_x bzw. Θ_y bei Rotation um die x-Achse und die y-Achse, wenn die Fläche zwischen $G(f)$ und der x-Achse die Dichteverteilung $\varrho(x) = 1/x$, $x \in [2,4]$, besitzt.

d) Gegeben sei die Funktion $g(x) = x$, $x \in [2,4]$. Bestimmen Sie die Flächenmomente M_x und M_y der zwischen f und g liegenden Fläche B und die Schwerpunktkoordinaten (x_S, y_S) von B.

Aufgabe 7.40. Die Fläche F sei von den ebenen Kurven $f(x) := \sin x$ und $g(x) := 0$ mit $0 \leq x \leq \pi$ begrenzt. Berechnen Sie

a) den Flächeninhalt A, die Flächenmomente M_x, M_y und den Schwerpunkt S,

b) die Volumina V_x und V_y der Rotation von F um die x-Achse und die y-Achse,

c) die Schwerpunkte S und die Trägheitsmomente Θ der unter b) betrachteten Rotationskörper bei konstanter Dichte $\varrho(x) \equiv 1$.

Aufgabe 7.41. Die Kurven $y = \frac{2}{x-1}$ für $x > 0$, $y = 2e^{x-2}$ und die Geraden $x = -1$, $x = 3$, $y = 0$ begrenzen ein Flächenstück.

a) Welche Koordinaten hat der Schwerpunkt von F?

b) Ermitteln Sie mit der GULDINschen Regel das Volumen des Körpers bei Rotation von F um die x-Achse.

Aufgabe 7.42. Ein Bereich wird durch die Gerade $y = -\frac{2}{3}x + 2r$, $r > 0$, dem Kreisbogen $x^2 + y^2 = r^2$ und den Strecken $r \leq x \leq 3r$ sowie $r \leq y \leq 2r$ begrenzt. Berechnen Sie den Schwerpunkt mit der GULDINschen Regel.

Kapitel 8

Funktionenfolgen und Funktionenreihen

8.1 Potenzreihen

Wie in Abschnitt 6.9 ausführlich erörtert wurde, kann eine Funktion $f \in$ Abb$(\mathbb{R}, \mathbb{R})$ unter bestimmten Voraussetzungen in Punkten $x_0 \in D_f$ in eine TAYLOR–Reihe entwickelt werden:

$$f(x) = \sum_{k=0}^{\infty} \frac{1}{k!} f^{(k)}(x_0) (x - x_0)^k.$$

Diese Reihe ist ein Spezialfall von allgemeineren Reihen der Form

$$\boxed{P(x) := \sum_{k=0}^{\infty} a_k (x - x_0)^k, \quad a_k \in \mathbb{K} \text{ gegeben.}} \tag{8.1}$$

Hier bezeichnet $\mathbb{K}$ wieder den Körper der reellen ($\mathbb{K} := \mathbb{R}$) bzw. der komplexen ($\mathbb{K} := \mathbb{C}$) Zahlen.

Definition 8.1 *Eine Reihe der Form (8.1) heißt eine* **Potenzreihe** *mit Entwicklungspunkt oder Mittelpunkt x_0 und den Koeffizienten a_k. Insbesondere hat eine Potenzreihe mit Entwicklungspunkt $x_0 = 0$ die Form*

$$P(x) := \sum_{k=0}^{\infty} a_k x^k = a_0 + a_1 x + a_2 x^2 + \cdots \tag{8.2}$$

Bemerkung 8.2 Die Substitution $\xi := x - x_0$ führt die letztgenannten Potenzreihen in Reihen der Form (8.1) über. Es genügt daher, sich ausschließlich mit Potenzreihen vom Typ (8.2) zu befassen.

W. Merz, P. Knabner,
Mathematik für Ingenieure und Naturwissenschaftler, Springer-Lehrbuch,
DOI 10.1007/978-3-642-29980-3_8, © Springer-Verlag Berlin Heidelberg 2013

Setzen wir in (8.2) neue Koeffizienten

$$A_k := a_k x^k$$

an, so entscheidet das **Wurzelkriterium** aus Satz 3.47 darüber, ob die Reihe
$\sum\limits_{k=0}^{\infty} A_k$ absolut konvergent oder divergiert, je nach Größe des Grenzwertes

$$q := \limsup_{k \to \infty} \sqrt[k]{|A_k|} = \limsup_{k \to \infty} \sqrt[k]{|a_k||x|^k} = |x| \limsup_{k \to \infty} \sqrt[k]{|a_k|}.$$

Wir führen die von x unabhängige Größe

$$\rho := \frac{1}{\limsup\limits_{k \to \infty} \sqrt[k]{|a_k|}} \qquad (8.3)$$

ein. Dann folgen aus der Konvergenzaussage des Satzes 3.47 die Beziehungen:

$$q < 1 \quad \Longleftrightarrow \quad |x| < \rho \; : \quad \text{Reihe (8.1) ist \textbf{absolut konvergent,}}$$

$$q > 1 \quad \Longleftrightarrow \quad |x| > \rho \; : \quad \text{Reihe (8.1) ist \textbf{divergent.}}$$

Der Fall $q = 1$ bleibt nach wie vor mit dem Wurzelkriterium unentscheidbar. Offensichtlich ist es völlig ohne Belang, ob die Variable x reell oder komplex ist. Die Zahl ρ legt im Reellen wie im Komplexen in gleicher Weise den Konvergenz– und Divergenzbereich der Reihe (8.2) fest.

Definition 8.3 *Die der Potenzreihe (8.2) durch die Vorschrift (8.3) zugeordnete Größe $\rho \geq 0$ heißt der* **Konvergenzradius** *der Reihe (8.2). Dabei seien die Fälle $\frac{1}{0} := +\infty$ und $\frac{1}{\infty} := 0$ mit einbezogen. Im Fall $\rho = +\infty$ heißt die Potenzreihe (8.2)* **beständig konvergent.**

Es ergeben sich die folgenden Aussagen:

Satz 8.4 *Es sei ρ der Konvergenzradius der Potenzreihe (8.2). Dann konvergiert die Potenzreihe in jedem Punkt x innerhalb des* **Konvergenzkreises** $K_\rho(0) := \{x \in \mathbb{C} : |x| < \rho\}$, *und sie divergiert für $|x| > \rho$, also außerhalb $K_\rho(0)$. Im Fall $\rho = 0$ konvergiert die Reihe nur im Punkt $x = 0$ zum Summenwert a_0. Auf der Kreislinie $|x| = \rho$ ist keine allgemeine Konvergenzaussage möglich.*

Existieren die Grenzwerte

$$\rho_1 := \frac{1}{\lim\limits_{k \to \infty} \sqrt[k]{|a_k|}} \qquad und/oder \qquad \rho_2 := \lim\limits_{k \to \infty} \left| \frac{a_k}{a_{k+1}} \right|,$$

so gilt $\rho_1 = \rho = \rho_2$.

Dieser Satz reflektiert lediglich die Konvergenz– und Divergenzaussagen der beiden Sätze 3.47 und 3.50.

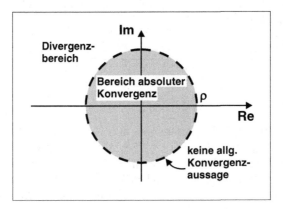

Konvergenzkreis einer Potenzreihe

Beispiel 8.5 *Wir betrachten die Potenzreihe* $P(x) := \sum\limits_{k=1}^{\infty} \frac{x^k}{k^\alpha}$. *Es gilt hier*

$$\rho := \lim\limits_{k \to \infty} k^{\alpha/k} = \lim\limits_{k \to \infty} e^{(\alpha \ln k)/k} = e^0 = 1 \ \forall \alpha \in \mathbb{R}.$$

Deshalb resultiert für jedes $\alpha \in \mathbb{R}$:

$$P(x) := \sum\limits_{k=1}^{\infty} \frac{x^k}{k^\alpha} \begin{cases} |x| < 1 \ : \ \textbf{absolut konvergent,} \\ |x| > 1 \ : \ \textbf{divergent.} \end{cases}$$

Für $x \in \mathbb{R}$ *lassen sich in den Randpunkten* $x = \pm 1$ *auch noch Konvergenzaussagen treffen:*

$$P(1) \ := \sum\limits_{k=1}^{\infty} \frac{1}{k^\alpha} \qquad \text{konvergiert } \forall \alpha > 1 \ (\textit{Integralvergleichskriterium}),$$

$$P(-1) := \sum\limits_{k=1}^{\infty} \frac{(-1)^k}{k^\alpha} \quad \text{konvergiert } \forall \alpha > 0 \ (\textsc{Leibniz}\textit{-Kriterium}).$$

Beispiel 8.6 *Wir betrachten die Potenzreihe* $P(x) := \sum\limits_{k=0}^{\infty} a^{k^2} x^k$ *für* $a \in \mathbb{R}$.
Es gilt hier

$$\rho := \lim_{k \to \infty} |a|^{-k} = \lim_{k \to \infty} e^{-k \ln |a|} = \begin{cases} 0 & : |a| > 1, \\ 1 & : |a| = 1, \\ +\infty & : |a| < 1. \end{cases}$$

Dementsprechend ist der Konvergenzkreis $K_\rho(0)$ *leer für* $|a| > 1$, *der Einheitskreis für* $|a| = 1$ *oder die ganze komplexe Ebene für* $|a| < 1$.

Beispiel 8.7 *Wir betrachten die Potenzreihe* $P(x) := \sum\limits_{k=0}^{\infty} a_k x^k$ *mit* $a_k := \cosh k$. *Es gilt hier*

$$\rho := \lim_{k \to \infty} \left| \frac{a_k}{a_{k+1}} \right| = \lim_{k \to \infty} \frac{e^k + e^{-k}}{e^{k+1} + e^{-(k+1)}} = \lim_{k \to \infty} \frac{1 + e^{-2k}}{e + e^{-(2k+1)}} = \frac{1}{e}.$$

Bemerkung 8.8

1. *Über das Verhalten der Potenzreihe auf dem Rand* $|x| = \rho$ *des Konvergenzkreises* $K_\rho(0)$ *wird in Satz 8.4 keine Aussage getroffen. Eine Analyse des Konvergenzverhaltens auf diesem Rand ist Sache der Funktionentheorie, und wird hier nicht weiter behandelt. Die reellen Randpunkte* $x = \pm \rho$ *müssen – sofern dies möglich ist – einer gesonderten Betrachtung unterzogen werden.*

2. *Die Funktionen* $f_k(x) := a_k x^k$, $k \in \mathbb{N}_0$, *sind besonders gutartig hinsichtlich der Differenzierbarkeitseigenschaft* $f_k \in C^\infty(\mathbb{R})$. *Wir werden im nächsten Abschnitt die Frage diskutieren, wie sich diese Eigenschaften von* f_k *auf die Reihe* $\sum\limits_{k=0}^{\infty} f_k(x)$ *übertragen.*

Aufgaben

Aufgabe 8.1. Bestimmen Sie die Konvergenzradien nachstehender Potenzreihen und damit die offenen Intervalle (a, b), in denen die Reihen konvergieren.

a) $s_1(x) = \sum\limits_{k=1}^{\infty} (-1)^{k+1} \dfrac{(x-1)^k}{k}$.

b) $s_2(x) = \sum\limits_{k=1}^{\infty} \dfrac{x^k}{k^2 \cdot 2^k}$.

c) $s_3(x) = \sum\limits_{k=1}^{\infty} k! \, (x+2)^k$.

Zusätzliche Information. Zu Aufgabe 8.1 ist bei der Online-Version dieses Kapitels (doi:10.1007/978-3-642-29980-3_8) ein Video enthalten.

Aufgabe 8.2. Sei $a_n = \dfrac{n+1}{n}$ und $b_n = a_n^{n^2}$.

a) Bestimmen Sie den Konvergenzradius von $f(x) = \displaystyle\sum_{n=1}^{\infty} b_n x^n$.

b) Summieren Sie $g(x) = \displaystyle\sum_{n=1}^{\infty} a_n x^n$ für $|x| < 1$.

Aufgabe 8.3. Bestimmen Sie die Konvergenzradien nachstehender Potenzreihen und damit die offenen Bereiche, in denen die Reihen konvergieren.

a) $S(x) = \displaystyle\sum_{n=1}^{\infty} \dfrac{x^n}{\ln n^n}$.

b) $K(z) = \displaystyle\sum_{n=1}^{\infty} \dfrac{z^n}{(n+1)^3 (1+i)^n}$, $z \in \mathbb{C}$ und i bezeichne die komplexe Einheit.

Aufgabe 8.4. Bestimmen Sie die Potenzreihe um $x_0 = 0$ für die Funktion

$$f(x) = 2^{2x^2}.$$

Wie groß ist der Konvergenzradius?

Aufgabe 8.5. Bestimmen Sie die Potenzreihen um den Entwicklungspunkt $x = 0$ für

a) $f(x) = \dfrac{1}{1-x} \ln(1-x)$,

b) $g(x) = \big[\ln(1-x) \big]^2$.

Aufgabe 8.6. Entwickeln Sie die Potenzreihen für $\sinh x$ und $\cosh x$. Wie lautet der Konvergenzradius?

Aufgabe 8.7. Bestimmen Sie die Potenzreihe um den Entwicklungspunkt $x = 0$ für

$$h(x) = \dfrac{x}{(1-x) \ln(1-x)}.$$

8.2 Gleichmäßige Konvergenz

Wir betrachten in diesem Abschnitt **Funktionenfolgen** $(f_k)_{k \in \mathbb{N}_0}$ unter der Voraussetzung, dass die Funktionenfamilie $f_k : D_{f_k} \to \mathbb{K}$ einen nichtleeren gemeinsamen Definitionsbereich

$$\emptyset \neq D := \bigcap_{k \in \mathbb{N}_0} D_{f_k} \subset \mathbb{R}$$

hat.

Definition 8.9 *Wir legen die Konvergenzbereiche folgendermaßen fest:*

1. *Die Menge* $K := \{x \in D : \lim\limits_{k \to \infty} f_k \text{ existiert}\}$ *heißt der* **Konvergenzbereich** *der Funktionenfolge* $(f_k)_{k \in \mathbb{N}_0}$.

2. *Wir definieren die Folge der Partialsummen*

$$s_n(x) := \sum_{k=0}^{n} f_k(x), \quad n \in \mathbb{N}, \ x \in D.$$

Die Menge $K := \{x \in D : \lim\limits_{n \to \infty} s_n \text{ existiert}\}$ *heißt der* **Konvergenzbereich** *der Funktionenreihe* $\sum\limits_{k=0}^{\infty} f_k(x)$.

Beispiel 8.10 *Es sei* $f_k(x) := x^k \ \forall \ x \in D := \mathbb{R}, \ k \in \mathbb{N}_0$. *Wir haben offenbar*

$$\lim_{k \to \infty} f_k(x) = \begin{cases} 1 & : \ x = 1, \\ 0 & : \ |x| < 1, \\ \text{divergent} & : \ x \notin (-1, +1]. \end{cases}$$

Der Konvergenzbereich der Funktionenfolge $(f_k)_{k \in \mathbb{N}_0}$ *ist das Intervall* $K := (-1, +1]$.

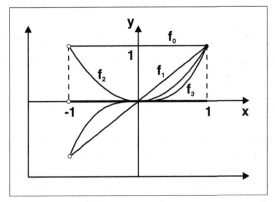

Konvergenzbereich der Folge $(x^k)_{k \geq 0}$

Beispiel 8.11 *Es sei* $f_k(x) := \dfrac{\sin kx}{k^2}$ $\forall\, x \in D := \mathbb{R}$, $k \in \mathbb{N}$. *Wegen*

$$\left| \sum_{k=1}^{\infty} \frac{\sin kx}{k^2} \right| \leq \sum_{k=1}^{\infty} \frac{1}{k^2} < +\infty$$

konvergiert die Funktionenreihe $\displaystyle\sum_{k=1}^{\infty} f_k(x)$ *für alle* $x \in \mathbb{R}$ *sogar absolut. Der Konvergenzbereich der Funktionenreihe ist* $K := \mathbb{R}$.

Auf dem Konvergenzbereich K wird durch die Zuordnungen

$$F(x) := \lim_{k \to \infty} f_k(x) \quad \text{bzw.} \quad F(x) := \sum_{k=0}^{\infty} f_k(x), \quad x \in K,$$

eine Funktion $F : K \to \mathbb{K}$ erklärt. Wir fragen nach den Stetigkeits- und Differenzierbarkeitseigenschaften, die von den Funktionen f_k auf die Grenzfunktion F vererbt werden.

Das obige Beispiel 8.10 zeigt schon die Problematik auf. Obwohl jede Funktion $f_k(x) = x^k$ zur Klasse $C^{\infty}(\mathbb{R})$ gehört, ist die Grenzfunktion F unstetig. Ähnliche Beispiele lassen sich auch für Funktionenreihen angeben. Wir wollen nun den Konvergenzbegriff so abändern, dass eine konvergente Folge oder Reihe stetiger Funktionen auch eine stetige Grenzfunktion besitzt.

Definition 8.12 *Die Funktionenfolge* $(f_k)_{k \in \mathbb{N}_0}$ *nennen wir auf der Menge* $K \subset \mathbb{R}$ **gleichmäßig konvergent** *gegen die Grenzfunktion* F, *wenn*

$$\forall\, \varepsilon > 0 \,\exists\, N = N(\varepsilon) : \sup_{x \in K} |F(x) - f_k(x)| \leq \varepsilon \ \forall\, k \geq N. \tag{8.4}$$

Die Funktionenreihe $\sum\limits_{k=0}^{\infty} f_k$ heißt auf der Menge K **gleichmäßig konvergent** gegen die Grenzfunktion F, wenn die Folge der Partialsummen $s_n(x) := \sum\limits_{k=0}^{n} f_k(x)$ dies tut.

Bemerkung 8.13 *Im Unterschied zur gewöhnlichen oder* **punktweisen** *Konvergenz* $f_k(x) \to F(x)$ *hängt die Zahl* $N(\varepsilon)$ *in der Bedingung (8.4) nicht von der Stelle* $x \in K$ *ab.* $N(\varepsilon)$ *kann eben* **gleichmäßig** *bezüglich* $x \in K$ *gewählt werden. Geometrisch bedeutet diese Bedingung, dass alle Funktionsgraphen* $G(f_k)$ *ab dem Index* $k = N(\varepsilon)$ *in einem* ε–*Schlauch um den Funktionsgraphen* $G(F)$ *verlaufen.*

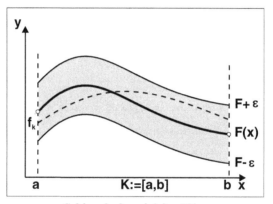

ε–Schlauch der gleichmäßigen
Konvergenz

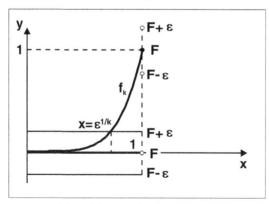

Nicht gleichmäßige Konvergenz
der Folge $f_k(x) := x^k$

Beispiel 8.14 *Wir behaupten, dass die Folge*

$$f_k(x) := x^{1+\frac{1}{k}} \quad auf \quad K := [0,1]$$

gleichmäßig gegen die Grenzfunktion $F(x) := x$ *konvergiert. Denn mit Hilfe der Differentialrechnung bestimmt man das Maximum der Funktion* $g(x) := x - x^{1+1/k}$. *Daraus folgt*

$$\sup_{x \in K} |f_k(x) - F(x)| = g(\bar{x}) = \left(\frac{k}{k+1} \right)^k \left(1 - \frac{k}{k+1} \right)$$

$$\leq \left(1 - \frac{k}{k+1} \right) = \frac{1}{k+1} \leq \varepsilon \ \forall \, k \geq N(\varepsilon) := \frac{1}{\varepsilon}.$$

Beispiel 8.15 *Wir hatten gezeigt, dass die Funktionenfolge* $f_k(x) := x^k$ *auf dem Teilintervall* $K := [0,1]$ *punktweise gegen die Grenzfunktion*

$$F(x) := \begin{cases} 0 \ : \ x \in [0,1), \\ 1 \ : \ x = 1 \end{cases}$$

konvergiert.

Die Konvergenz ist jedoch nicht *gleichmäßig. Die obige Skizze zeigt, dass jede Funktion* f_k *den* ε*-Schlauch um die Grenzfunktion* F *an der Stelle* $x := \varepsilon^{1/k} \in K$ *verlässt, sofern* $0 < \varepsilon < 1$ *gilt.*

Für Funktionenreihen existiert ein einfaches Kriterium, mit dessen Hilfe die gleichmäßige Konvergenz nachgeprüft werden kann:

Satz 8.16 (WEIERSTRASS–Kriterium) *Die Reihe* $\sum_{k=0}^{\infty} f_k$ *konvergiert* **gleichmäßig** *auf der Menge* K *gegen die Grenzfunktion* F, *wenn es eine Zahlenfolge* $(a_k)_{k \in \mathbb{N}_0}$ *gibt mit den Eigenschaften*

1. $|f_k(x)| \leq a_k \ \forall \, x \in K \ \forall \, k \in \mathbb{N}_0,$

2. $\sum_{k=0}^{\infty} a_k$ *konvergiert.*

Beweis. Wegen 2. existiert zu jedem $\varepsilon > 0$ eine Zahl $N(\varepsilon)$ mit $\sum_{k=N+1}^{\infty} a_k \leq \varepsilon$. Hieraus folgt für alle $n \geq N(\varepsilon)$:

$$\sup_{x \in K} |F(x) - s_n(x)| = \sup_{x \in K} \left| \sum_{k=n+1}^{\infty} f_k(x) \right| \leq \sum_{k=n+1}^{\infty} \sup_{x \in K} |f_k(x)| \leq \sum_{k=N+1}^{\infty} a_k \leq \varepsilon.$$

Dies ist aber gerade die Bedingung der gleichmäßigen Konvergenz.   qed

Beispiel 8.17 *Wir setzen*

$$f_k(x) := \frac{\cos(2k+1)\pi x}{(2k+1)^2}, \; x \in \mathbb{R}, \; k \geq 0.$$

Dann gilt $|f_k(x)| \leq (2k+1)^{-2} =: a_k \; \forall \, x \in \mathbb{R}$. *Die Reihe* $\sum\limits_{k=0}^{\infty} a_k$ *ist konvergent.*
Also sind die Bedingungen des WEIERSTRASS-*Kriteriums erfüllt, welches die*
gleichmäßige Konvergenz der Funktionenreihe

$$F(x) := \frac{1}{2} - \frac{4}{\pi^2} \sum_{k=0}^{\infty} \frac{\cos(2k+1)\pi x}{(2k+1)^2}, \; x \in \mathbb{R},$$

garantiert.

Mit Hilfe der sog. Theorie der FOURIER-*Reihen kann gezeigt werden, dass*
die Grenzfunktion F folgende stetige, periodische Funktion ist:

$$\boxed{F(x) = |x| \; \forall \, x \in [-1, +1], \quad F(x+2) = F(x) \; \forall \, x \in \mathbb{R},}$$

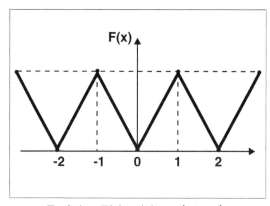

Funktion $\mathbf{F(x)} := |\mathbf{x}|, \; \mathbf{x} \in [-1, +1]$,
mit periodischer Fortsetzung
$\mathbf{F(x+2) = F(x) \; \forall \, x \in \mathbb{R}}$.

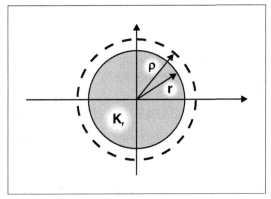

**Zur gleichmäßigen Konvergenz
von Potenzreihen**

Mit dieser Kenntnis kann F insbesondere an der Stelle $x = 1$ ausgewertet werden. Es gilt $F(1) = 1$. Mit $\cos(2k + 1)\pi = -1$ resultiert

$$\sum_{k=0}^{\infty} \frac{1}{(2k + 1)^2} = \frac{\pi^2}{8}.$$

Nun sind Potenzreihen natürlich spezielle Funktionenreihen. Mit Hilfe des WEIERSTRASS-Kriteriums lässt sich folgende Aussage über die gleichmäßige Konvergenz zeigen:

Satz 8.18 *Eine Potenzreihe $P(x) := \sum_{k=0}^{\infty} a_k x^k$ konvergiert* **gleichmäßig** *auf jeder abgeschlossenen Kreisscheibe $\overline{K}_r(0) := \{x \in \mathbb{C} : |x| \leq r\}$ vom Radius $r < \rho$, wobei ρ den Konvergenzradius der Potenzreihe P angibt.*

Beweis. Wir haben im letzten Abschnitt gezeigt, dass die Potenzreihe P für $|x| = r < \rho$ absolut konvergiert. Also ist die Reihe $\sum_{k=0}^{\infty} |a_k| r^k$ konvergent, und wegen $|a_k x^k| \leq |a_k| r^k \; \forall \; x \in \overline{K}_r(0)$, $k \in \mathbb{N}_0$, sind die Voraussetzungen Satzes 8.16 erfüllt. qed

Wir zeigen, dass bei gleichmäßiger Konvergenz Stetigkeitseigenschaften der Funktionen f_k auf die Grenzfunktion F vererbt werden. In diesem Sachverhalt liegt die besondere Bedeutung der gleichmäßigen Konvergenz.

Satz 8.19 *Es gelten folgende Aussagen:*

1. *Konvergiert die Folge stetiger Funktionen $f_k : K \to \mathbb{K}$ auf dem Intervall $K := [a, b]$ **gleichmäßig** gegen eine Grenzfunktion F, so ist $F : K \to \mathbb{K}$ stetig.*

2. *Für eine Folge stetiger Funktionen $f_k : K \to \mathbb{K}$ konvergiere die Funktionenreihe $\sum\limits_{k=0}^{\infty} f_k$ auf dem Intervall $K := [a, b]$ **gleichmäßig** gegen eine Grenzfunktion F. Dann ist $F : K \to \mathbb{K}$ stetig.*

3. *Die Grenzfunktion $P(x) := \sum\limits_{k=0}^{\infty} a_k x^k$ einer Potenzreihe ist auf dem gesamten Konvergenzkreis $K_\rho(0) = \{x \in \mathbb{C} : |x| < \rho\}$ stetig.*

Beweis.

1. Wir fixieren $x_0 \in K$ und beachten, dass auf Grund der Stetigkeit von f_k die Relation $\lim\limits_{x \to x_0} |f_k(x) - f_k(x_0)| = 0 \; \forall \, k \in \mathbb{N}_0$ gilt. Wir wählen nun zu $\varepsilon > 0$ eine Zahl $N(\varepsilon)$, dann gilt für alle $k \geq N(\varepsilon)$:

$$|F(x) - F(x_0)| \leq \underbrace{|F(x) - f_k(x)|}_{\leq \varepsilon} + |f_k(x) - f_k(x_0)| + \underbrace{|f_k(x_0) - F(x_0)|}_{\leq \varepsilon}.$$

   Hieraus erhält man $0 \leq \limsup\limits_{x \to x_0} |F(x) - F(x_0)| \leq 2\varepsilon \; \forall \, \varepsilon > 0$. Dies ist bereits die behauptete Stetigkeit der Funktion F.

2. Da die n–te Partialsumme $s_n(x) := \sum\limits_{k=0}^{n} f_k(x)$ auf dem Intervall K stetig ist, folgt aus der gleichmäßigen Konvergenz $s_n \to F$ gemäß 1.) die Stetigkeit der Grenzfunktion F.

3. Es sei $x_0 \in K_\rho(0)$ fest gewählt. Setzt man $r := (|x_0| + \rho)/2 < \rho$, so konvergiert die Potenzreihe P gleichmäßig auf der abgeschlossenen Kreisscheibe $\overline{K}_r(0)$. Wegen 2.) ist die Grenzfunktion P dort stetig, also insbesondere stetig im Punkt $x_0 \in \overline{K}_r(0)$.

                                                                                        qed

Beispiel 8.20 *Die gleichmäßige Konvergenz verbessert sogar die Qualität. Dazu betrachten wir die an* **keinem Punkt stetige** *Funktionenfolge*

$$f_n(x) := \begin{cases} \frac{1}{n} & : \; x \in \mathbb{Q}, \\[2mm] 0 & : \; x \in \mathbb{R} \setminus \mathbb{Q}. \end{cases}$$

Diese Folge konvergiert sogar gleichmäßig gegen die **stetige** *Grenzfunktion* $F(x) \equiv 0$.

Bei gleichmäßiger Konvergenz übertragen sich auch die Eigenschaften der R–Integrierbarkeit und der Differenzierbarkeit von f_k auf die Grenzfunktion F.

Satz 8.21 *Die Funktionen* $f_k : K \to \mathbb{K}$ *seien auf dem Intervall* $K :=$ $[a, b]$ *R-integrierbar, und die Funktionenreihe* $\sum\limits_{k=0}^{\infty} f_k$ *konvergiere auf* K **gleichmäßig** *gegen die Grenzfunktion* F. *Dann ist auch* F *auf* K *R-integrierbar, und es gilt*

$$\int\limits_a^b F(x)\, dx = \int\limits_a^b \left(\sum_{k=0}^{\infty} f_k(x) \right) dx = \sum_{k=0}^{\infty} \int\limits_a^b f_k(x)\, dx. \qquad (8.5)$$

Das heißt, eine **gleichmäßig konvergente** *Funktionenreihe darf gliedweise* **bestimmt** *integriert werden.*

Beweis. Da die Folge der Partialsummen $s_n(x) := \sum\limits_{k=0}^{n} f_k(x)$ nach Voraussetzung auf K gleichmäßig gegen die Grenzfunktion F konvergiert, existiert $\forall\, \varepsilon > 0$ ein $N = N(\varepsilon)$ mit der Eigenschaft

$$\sup_{x \in K} |s_n(x) - s_m(x)| \le \sup_{x \in K} |s_n(x) - F(x)| + \sup_{x \in K} |F(x) - s_m(x)| \le 2\varepsilon \ \forall\, n, m \ge N.$$
$$(8.6)$$

Wir setzen:

$$S_n := \int\limits_a^b s_n(x)\, dx = \sum_{k=0}^{n} \int\limits_a^b f_k(x)\, dx, \ n \in \mathbb{N}.$$

Dann folgt aus (8.6) für $n, m \ge N(\varepsilon)$:

$$|S_n - S_m| \le \int\limits_a^b \sup_{t \in K} |s_n(t) - s_m(t)|\, dx \le 2\varepsilon(b - a).$$

Das heißt, die Zahlenfolge $(S_n)_{n \in \mathbb{N}} \subset \mathbb{K}$ ist eine CAUCHY–Folge und ihr Grenzwert

$$S := \sum_{k=0}^{\infty} \int\limits_a^b f_k(x)\, dx \in \mathbb{K}$$

existiert.

Darüber hinaus gilt wegen (8.6) noch $|S - S_m| \leq 2\varepsilon(b - a) \ \forall \ m \geq N(\varepsilon)$. Wir zeigen hiermit $S = \int\limits_a^b F(x) \, dx$. In der Tat gilt für $m \geq N(\varepsilon)$:

$$\left| \int\limits_a^b F(x) \, dx - S \right| \leq \left| \int\limits_a^b F(x) \, dx - S_m \right| + |S_m - S|$$

$$\leq \int\limits_a^b \sup_{t \in K} |F(t) - s_m(t)| \, dx + 2\varepsilon(b - a) \leq 3\varepsilon(b - a).$$

Im Limes $\varepsilon \to 0+$ folgt hieraus, dass

$$S = \int\limits_a^b F(x) \, dx = \int\limits_a^b \left(\sum_{k=0}^\infty f_k(x) \right) dx = \sum_{k=0}^\infty \int\limits_a^b f_k(x) \, dx.$$

qed

Bemerkung 8.22 *Da sich die Funktionenfolge* $(f_k)_{k \in \mathbb{N}_0}$ *als Folge der Partialsummen* $s_n(x) := \sum_{k=0}^n \left(f_k(x) - f_{k-1}(x) \right)$ *mit* $f_{-1} = 0$ *schreiben lässt, gilt der obige Satz auch für Funktionenfolgen:*

Falls unter den Voraussetzungen des letzten Satzes die Konvergenz $f_k \to F$ *auf dem Intervall* K *gleichmäßig erfolgt, so ist die Grenzfunktion* F *R–integrierbar, und es gilt*

$$\lim_{k \to \infty} \int\limits_a^b f_k(x) \, dx = \int\limits_a^b F(x) \, dx.$$

Beispiel 8.23 *Die Funktionenreihe* $\sum_{k=1}^\infty \frac{1}{k^2} \sin \frac{x}{k^4}$ *konvergiert gemäß dem* WEIERSTRASS*–Kriterium* **gleichmäßig** *für alle* $x \in \mathbb{R}$. *Wir können Satz 8.21 anwenden und erhalten*

$$\int\limits_0^x \left(\sum_{k=1}^\infty \frac{1}{k^2} \sin \frac{t}{k^4} \right) dt = \sum_{k=1}^\infty k^2 \left(1 - \cos \frac{x}{k^4} \right).$$

Die Konvergenz dieser Reihe erschließt man aus dem asymptotischen Verhalten

$$k^2 \left(1 - \cos \frac{x}{k^4} \right) \sim \frac{x^2}{2k^6}, \ k \gg 1.$$

Hätte man hingegen die Funktionenreihe **unbestimmt** *integriert unter Verwendung der Stammfunktion* $-k^4 \cos \frac{x}{k^4} = \int \sin \frac{x}{k^4}\, dx$, *so wäre die resultierende Reihe* $-\sum_{k=1}^{\infty} k^2 \cos \frac{x}{k^4}$ *für* **kein** $x \in \mathbb{R}$ *konvergent.*

In diesem Sinne **merken** wir uns:

$$\boxed{\text{Satz 8.21 gilt i. Allg. nicht mehr bei } \textbf{unbestimmter Integration.}}$$

Satz 8.24 *Die Funktionen* $f_k : K \to \mathbb{K}$ *seien auf dem Intervall* $K :=$ $[a, b]$ *differenzierbar, und die Ableitungen* f_k' *seien auf* K *R–integrierbar.*

Falls die Funktionenreihe $\sum\limits_{k=0}^{\infty} f_k'$ *auf* K **gleichmäßig** *konvergiert und*

falls die Reihe $\sum\limits_{k=0}^{\infty} f_k(x_0)$ *wenigstens für ein* $x_0 \in K$ *konvergent ist, so*

ist die Grenzfunktion $F(x) := \sum\limits_{k=0}^{\infty} f_k(x)$ *auf* K *differenzierbar, und es*

gilt

$$F'(x) = \Big(\sum_{k=0}^{\infty} f_k(x) \Big)' = \sum_{k=0}^{\infty} f_k'(x) \ \ \forall\, x \in K. \tag{8.7}$$

Das heißt, die Funktionenreihe darf **gliedweise** *differenziert werden.*

Eine entsprechende Aussage gilt auch für die Grenzfunktion F *der Funktionenfolge* $(f_k)_{k \in \mathbb{N}_0}$. *Falls die Ableitungen* f_k' *auf* K *R–integrierbar sind und eine* **gleichmäßig** *konvergente Folge bilden, falls ferner* $\lim\limits_{k \to \infty} f_k(x_0) = F(x_0)$ *für wenigstens ein* $x_0 \in K$ *gilt, so existiert die differenzierbare Grenzfunktion* $F(x) = \lim\limits_{k \to \infty} f_k(x)$, *und es gilt*

$$F'(x) = \lim_{k \to \infty} f_k'(x) \ \ \forall\, x \in K.$$

Beweis. Die Funktionenreihe $\sum\limits_{k=0}^{\infty} f_k'$ darf wegen Satz 8.21 gliedweise integriert werden

$$\int\limits_{x_0}^{x} \Big(\sum_{k=0}^{\infty} f_k'(t) \Big)\, dt = \sum_{k=0}^{\infty} \Big(f_k(x) - f_k(x_0) \Big), \ \ x \in K.$$

Die Funktionenreihe $\sum\limits_{k=0}^{\infty} f_k$ ist konvergent, da dies nach Voraussetzung auf

die obige Reihe und die Reihe $\sum\limits_{k=0}^{\infty} f_k(x_0)$ zutrifft. Darüber hinaus gilt

$$F(x) := \sum_{k=0}^{\infty} f_k(x) = \sum_{k=0}^{\infty} f_k(x_0) + \int_{x_0}^{x} \left(\sum_{k=0}^{\infty} f'_k(t) \right) dt, \quad x \in K,$$

und durch Differentiation erhält man daraus die Relation (8.7).   qed

Beispiel 8.25 *Es seien f_k und F die Funktionen aus Beispiel 8.17. Durch gliedweise Differentiation erhalten wir*

$$-\frac{4}{\pi^2} \sum_{k=0}^{\infty} f'_k(x) = \frac{4}{\pi} \sum_{k=0}^{\infty} \frac{\sin(2k+1)\pi x}{2k+1}.$$

Für diese Reihe kann die gleichmäßige Konvergenz auf $K := [-1, +1]$ nicht nachgewiesen werden. Deshalb darf die Funktion $F(x) := |x| = \frac{1}{2} - \frac{4}{\pi^2} \sum_{k=0}^{\infty} f_k(x)$ auf K nicht differenziert werden. In der Tat, im Punkt $x = 0$ existiert keine Ableitung F', während $-\frac{4}{\pi^2} \sum_{k=0}^{\infty} f'_k(0) = 0$ liefert. Betrachten wir hingegen die Funktionenreihe

$$F(x) = \sum_{k=1}^{\infty} f_k(x) := \sum_{k=1}^{\infty} \frac{(-1)^k}{\sqrt{k}} e^{-x/k}, \quad x \in K := [0, +\infty),$$

so konvergiert nach dem LEIBNIZ–*Kriterium die Reihe*

$$\sum_{k=1}^{\infty} f_k(0) = \sum_{k=1}^{\infty} \frac{(-1)^k}{\sqrt{k}}.$$

Wegen $\sum_{k=1}^{\infty} |f'_k(x)| \leq \sum_{k=1}^{\infty} \frac{1}{k^{3/2}} < +\infty$ erhalten wir überdies auf K die gleichmäßige Konvergenz der Funktionenreihe $\sum_{k=1}^{\infty} f'_k$. Aus Satz 8.24 folgt deshalb

$$F'(x) = \sum_{k=1}^{\infty} f'_k(x) = -\sum_{k=1}^{\infty} \frac{(-1)^k}{k\sqrt{k}} e^{-x/k}, \quad x \in K.$$

Liegt speziell eine Potenzreihe $P(x) := \sum_{k=0}^{\infty} a_k x^k$ vor, so sind die Funktionen $f_k(x) := a_k x^k$ von jeder Ordnung stetig differenzierbar. Die gliedweise differenzierte Potenzreihe

$$\sum_{k=1}^{\infty} a_k k x^{k-1} = \sum_{k=0}^{\infty} a_{k+1}(k+1) x^k$$

ist wiederum eine Potenzreihe, und deren Konvergenzradius

$$\Big(\limsup_{k\to\infty} \sqrt[k]{|a_{k+1}|(k+1)}\Big)^{-1} = \Big(\limsup_{k\to\infty} \sqrt[k]{|a_{k+1}|}\Big)^{-1} = \rho$$

ist derselbe wie der Konvergenzradius der Ausgangsreihe P.

Wegen Satz 8.18 konvergiert nun die gliedweise differenzierte Potenzreihe gleichmäßig auf jeder abgeschlossenen Kreisscheibe $\overline{K}_r(0)$ vom Radius $r < \rho$. Somit ist Satz 8.24 anwendbar:

$$P'(x) = \Big(\sum_{k=0}^{\infty} a_k x^k\Big)' = \sum_{k=0}^{\infty} a_k k x^{k-1}.$$

Wenden wir diese Überlegungen nochmals auf $P'(x)$ an, danach auf weitere Ableitungen, so erhalten wir die folgende Aussage:

Satz 8.26 *Die Grenzfunktion P einer Potenzreihe $\sum\limits_{k=0}^{\infty} a_k x^k$ ist innerhalb des Konvergenzkreises $K_\rho(0)$ beliebig oft stetig differenzierbar. Ihre Ableitungen $P^{(n)}$ lassen sich durch gliedweise Differentiation bestimmen. Zusammenfassend gilt:*

$$P'(x) \;\;= \sum_{k=1}^{\infty} a_k k x^{k-1},$$

$$P''(x) \;\;= \sum_{k=2}^{\infty} a_k k(k-1) x^{k-2},$$

$$\vdots$$

$$P^{(n)}(x) = \sum_{k=n}^{\infty} a_k \binom{k}{n} n! x^{k-n}, \;\; n \in \mathbb{N}. \tag{8.8}$$

Jede dieser Reihen hat denselben Konvergenzkreis $K_\rho(0)$.

Aus der Beziehung (8.8) ergibt sich speziell $P^{(n)}(0) = n! a_n$, und somit $a_n = \frac{1}{n!} P^{(n)}(0) \;\forall\, n \in \mathbb{N}_0$. Es gilt also

$$P(x) = \sum_{k=0}^{\infty} \frac{1}{k!} P^{(k)}(0)\, x^k \;\; \forall\, x \in K_\rho(0)$$

und folglich:

Satz 8.27 *Jede Potenzreihe ist auf dem Konvergenzkreis die* TAYLOR–*Reihe ihrer Grenzfunktion.*

In Erweiterung des Integrationssatzes 8.21 für allgemeine Funktionenreihen dürfen Potenzreihen auch unbestimmt integriert werden.

Satz 8.28 *Die Grenzfunktion P der Potenzreihe $\sum\limits_{k=0}^{\infty} a_k x^k$ hat auf dem Konvergenzkreis $K_\rho(0)$ eine Stammfunktion $F(x) := \int P(x)\, dx$. Diese kann durch gliedweise Integration aus der Ausgangsreihe gewonnen werden:*

$$F(x) := \int P(x)\, dx = \sum_{k=0}^{\infty} a_k \int x^k \, dx = \sum_{k=0}^{\infty} \frac{a_k}{k+1} x^{k+1}. \tag{8.9}$$

Der Konvergenzkreis der Potenzreihe (8.9) ist wiederum $K_\rho(0)$.

Beweis. Die Potenzreihe (8.9) hat den Konvergenzradius

$$\left(\limsup_{k\to\infty} \sqrt[k]{\frac{|a_k|}{k+1}} \right)^{-1} = \left(\underbrace{\lim_{k\to\infty} \sqrt[k]{\frac{1}{k+1}}}_{=1} \limsup_{k\to\infty} \sqrt[k]{|a_k|} \right)^{-1} = \rho.$$

Wir können Satz 8.26 auf diese Potenzreihe anwenden. Durch gliedweises Differenzieren erhält man $F'(x) = P(x)\; \forall\, x \in K_\rho(0)$.   qed

Der Satz 8.19 trifft eine Aussage über die Stetigkeit der Grenzfunktion $P(x) := \sum\limits_{k=0}^{\infty} a_k x^k$ nur im Inneren der Kreisscheibe $K_\rho(0)$. Hinsichtlich der Stetigkeit in den Randpunkten $x = \pm\rho$ formulieren wir ohne Beweis den folgenden

---

Satz 8.29 (ABEL**scher Grenzwertsatz)** *Ist die Potenzreihe $P(x) := \sum\limits_{k=0}^{\infty} a_k x^k$ auch noch für $x = +\rho$ oder $x = -\rho$ konvergent, so ist die Grenzfunktion P in dem betreffenden Punkt $x = \pm\rho$ stetig:*

$$P(\pm\rho) = \lim_{x\to\pm\rho} \sum_{k=0}^{\infty} a_k x^k.$$

Mit den hier angegebenen Sätzen können in einfacher Weise die TAYLOR–Reihen zahlreicher Elementarfunktionen berechnet werden. Wir werden dies in einer Reihe von Beispielen aufzeigen und sehen, dass dies bei allen nachfolgenden Beispiel vollkommen nach „Schema F abläuft".

Beispiel 8.30 *Wir bestimmen die* TAYLOR*–Reihe der Funktion* $F(x) :=$ $\ln(1 + x)$ *im Entwicklungspunkt* $x_0 = 0$*. Es gilt* $F(0) = 0$ *sowie*

$$(\ln(1 + x))' = \frac{1}{1 + x} = \sum_{k=0}^{\infty}(-1)^k x^k \ \forall \, |x| < 1.$$

Unter Verwendung von Satz 8.28 erhält man daraus

$$\ln(1 + x) = F(x) - F(0) = \sum_{k=0}^{\infty}(-1)^k \int_0^x t^k \, dt = \sum_{k=0}^{\infty} \frac{(-1)^k}{k + 1} x^{k+1} \ \forall \, |x| < 1.$$

Nach dem LEIBNIZ*–Kriterium ist auch die Reihe* $\sum_{k=0}^{\infty} \frac{(-1)^k}{k+1}$ *konvergent, so dass wir aus dem* ABEL*schen Grenzwertsatz die Stetigkeit der Grenzfunktion* $F(x)$ *im Punkt* $x = 1$ *erschließen. Wir folgern*

$$F(1) = \ln 2 = \sum_{k=0}^{\infty} \frac{(-1)^k}{k + 1}.$$

Beispiel 8.31 *Wir bestimmen die* TAYLOR*–Reihe der Funktion* $F(x) :=$ $\arc \tan_H x$ *im Entwicklungspunkt* $x_0 = 0$*. Es gilt* $F(0) = 0$ *sowie*

$$\left(\arc \tan_H x\right)' = \frac{1}{1 + x^2} = \sum_{k=0}^{\infty}(-1)^k x^{2k} \ \forall \, |x| < 1.$$

Unter Verwendung von Satz 8.28 erhält man daraus

$$\arc \tan_H x = F(x) - F(0) = \sum_{k=0}^{\infty}(-1)^k \int_0^x t^{2k} \, dt$$

$$= \sum_{k=0}^{\infty} \frac{(-1)^k}{2k + 1} x^{2k+1} \ \forall \, |x| < 1.$$

In den Punkten $x = \pm 1$ *ist wiederum der* ABEL*sche Grenzwertsatz anwendbar:*

$$F(1) = \operatorname{arc\,tan}_H 1 = \frac{\pi}{4} = \sum_{k=0}^{\infty} \frac{(-1)^k}{2k+1} = -\operatorname{arc\,tan}_H(-1).$$

Beispiel 8.32 *Wir bestimmen die* TAYLOR*-Reihe der* GAUSS*-Fehlerfunktion*
$F(x) := \operatorname{erf} x = \frac{2}{\sqrt{\pi}} \int\limits_0^x e^{-t^2} \, dt$ *im Entwicklungspunkt* $x_0 = 0$. *Es gilt* $F(0) = 0$
sowie

$$\left(\operatorname{erf} x\right)' = \frac{2}{\sqrt{\pi}} e^{-x^2} = \frac{2}{\sqrt{\pi}} \sum_{k=0}^{\infty} \frac{(-1)^k}{k!} \, x^{2k} \ \ \forall \, x \in \mathbb{R}.$$

Unter Verwendung von Satz 8.28 erhält man daraus

$$\operatorname{erf} x = F(x) - F(0) = \frac{2}{\sqrt{\pi}} \sum_{k=0}^{\infty} \frac{(-1)^k}{k!} \int\limits_0^x t^{2k} \, dt$$

$$= \frac{2}{\sqrt{\pi}} \sum_{k=0}^{\infty} \frac{(-1)^k}{k!(2k+1)} \, x^{2k+1} \ \ \forall \, x \in \mathbb{R}.$$

Beispiel 8.33 *Wir bestimmen die* TAYLOR*-Reihe des Integralsinus* $F(x) :=$
$Si(x) := \int\limits_0^x \frac{\sin t}{t} \, dt$ *im Entwicklungspunkt* $x_0 = 0$. *Es gilt* $F(0) = 0$ *sowie*

$$\left(Si(x)\right)' = \frac{\sin x}{x} = \sum_{k=0}^{\infty} \frac{(-1)^k}{(2k+1)!} \, x^{2k} \ \ \forall \, x \in \mathbb{R}.$$

Unter Verwendung von Satz 8.28 erhält man daraus

$$Si(x) = F(x) - F(0) = \sum_{k=0}^{\infty} \frac{(-1)^k}{(2k+1)!} \int\limits_0^x t^{2k} \, dt$$

$$= \sum_{k=0}^{\infty} \frac{(-1)^k}{(2k+1)!(2k+1)} \, x^{2k+1} \ \ \forall \, x \in \mathbb{R}.$$

Die Frage, ob verschiedene Potenzreihen auf demselben Konvergenzkreis dieselbe Grenzfunktion haben können, beantworten wir in dem folgenden

Satz 8.34 (Identitätssatz für Potenzreihen) *Die beiden Potenzreihen* $P(x) := \sum_{k=0}^{\infty} a_k x^k$ *und* $Q(x) := \sum_{k=0}^{\infty} b_k x^k$ *seien konvergent in* $K_\rho(0)$, $\rho > 0$. *Genau dann haben wir Gleichheit* $P(x) = Q(x) \ \forall \, x \in K_\rho(0)$, *wenn* $a_k = b_k \ \forall \, k \geq 0$ *gilt.*

Beweis. Gilt $a_k = b_k \ \forall \ k \geq 0$, so ist trivialerweise $P = Q$. Gilt umgekehrt $P(x) = Q(x) \ \forall \ x \in K_\rho(0)$, so nehmen wir an, es sei $N \in \mathbb{N}_0$ der kleinste Index, für den $a_N \neq b_N$ erfüllt ist. Dann folgt

$$P(x) - Q(x) = 0 = \sum_{k=N}^{\infty} (a_k - b_k)x^k \ \forall \ x \in K_\rho(0).$$

Wird diese Identität durch x^N dividiert, so folgt danach im Limes $x \to 0$ die Bedingung $a_N = b_N$, entgegen der Annahme $a_N \neq b_N$. \hfill qed

Auf dem Identitätssatz beruht die **Methode des Koeffizientenvergleichs**: Gelten für dieselbe Funktion P zwei Potenzreihenentwicklungen

$$\sum_{k=0}^{\infty} a_k x^k = P(x) = \sum_{k=0}^{\infty} b_k x^k,$$

so folgt stets $a_k = b_k \ \forall \ k \geq 0$.

Beispiel 8.35 *Wir bestimmen die* TAYLOR*-Reihe der Funktion* $F(x) :=$ $\tan x$ *im Entwicklungspunkt* $x_0 = 0$ *mit der* **Methode der unbestimmten Koeffizienten**. *Da* F *eine ungerade Funktion ist, setzt man eine Potenzreihe mit unbestimmten Koeffizienten in der folgenden Form an:*

$$P(x) := \tan x = \sum_{k=0}^{\infty} a_k x^{2k+1} = \frac{\sin x}{\cos x}.$$

Unter Verwendung der bekannten Potenzreihenentwicklungen von $\sin$ *und* $\cos$ *erhält man mit Hilfe des* CAUCHY*-Produktes zweier Reihen:*

$$\sin x = \sum_{k=0}^{\infty} \frac{(-1)^k}{(2k+1)!} x^{2k+1} = \cos x \cdot \sum_{k=0}^{\infty} a_k x^{2k+1}$$

$$= \Big(\sum_{k=0}^{\infty} \frac{(-1)^k}{(2k)!} x^{2k} \Big) \cdot \Big(\sum_{k=0}^{\infty} a_k x^{2k+1} \Big)$$

$$= \sum_{k=0}^{\infty} \sum_{n=0}^{k} \frac{(-1)^n x^{2n} x^{2k-2n+1}}{(2n)!} a_{k-n} = \sum_{k=0}^{\infty} x^{2k+1} \sum_{n=0}^{k} \frac{(-1)^n}{(2n)!} a_{k-n}.$$

Durch Koeffizientenvergleich resultiert nun die folgende **Rekursionsformel***:*

$$\boxed{\frac{(-1)^k}{(2k+1)!} = \sum_{n=0}^{k} \frac{(-1)^n}{(2n)!} a_{k-n} \ \forall \ k \in \mathbb{N}_0.}$$

Aus dieser Formel können die unbestimmten Koeffizienten a_k sukzessive berechnet werden. Man verifiziert mit einigem elementaren Rechenaufwand die folgenden Zahlen:

$$a_0 = 1, \quad a_1 = \frac{1}{3}, \quad a_2 = \frac{2}{3 \cdot 5}, \quad a_3 = \frac{17}{3^2 \cdot 5 \cdot 7},$$

Hieraus folgt

$$\tan x = x + \frac{x^3}{3} + \frac{2x^5}{15} + \frac{17x^7}{315} + \cdots + \frac{(-1)^n 2^{2n}(2^{2n}-1)B_{2n}}{(2n)!} x^{2n-1} + \cdots$$

Die hier verwendeten Zahlen B_{2n} sind die BERNOULLI-*Zahlen:*

Definition 8.36 *Gegeben seien Zahlen $t \in \mathbb{R}$ und $z \in \mathbb{C}$ mit $|z| < 2\pi$. Die in der Potenzreihenentwicklung*

$$\frac{z e^{tz}}{e^z - 1} = \sum_{j=0}^{+\infty} B_j(t) \frac{z^j}{j!} \tag{8.10}$$

auftretenden Polynome $B_j(t)$ mit $\operatorname{Grad} B_j = j$ *heißen* BERNOULLI-**Polynome**. *Die Zahlen*

$$B_j := B_j(0) \ \forall\, j = 0, 1, \ldots, \tag{8.11}$$

heißen **BERNOULLI-Zahlen.**

Bemerkung 8.37 *Die ersten* BERNOULLI-*Zahlen lauten:*

$$B_0 = 1, \quad B_1 = -\tfrac{1}{2}, \quad B_2 = \tfrac{1}{6}, \quad B_3 = 0, \quad B_4 = -\tfrac{1}{30}, \quad B_5 = 0,$$

$$B_6 = \tfrac{1}{42}, \quad B_7 = 0, \quad B_8 = -\tfrac{1}{30}, \quad B_9 = 0, \quad B_{10} = \tfrac{5}{66}, \quad B_{11} = 0.$$

Stets gilt $B_{2n+1} = 0 \ \forall\, n \in \mathbb{N}$.

Der Konvergenzradius *der nach der Methode der unbestimmten Koeffizienten berechneten Potenzreihe ist i. Allg. schwierig zu bestimmen. Sicher wird der Konvergenzradius ρ im Fall der Reihe*

$$\sum_{k=0}^{\infty} a_k x^k = \frac{P(x)}{Q(x)}, \quad Q(0) \neq 0,$$

höchstens bis zur betragskleinsten Nullstelle der Funktion $Q(x)$ reichen. Im Beispiel der Tangens-Reihe gilt also sicher $\rho \leq \pi/2$.

Aus Satz 8.26 folgt unmittelbar, dass die Grenzfunktion P einer Potenzreihe auf dem Konvergenzkreis $K_\rho(0)$ eine C^∞–Funktion ist. Es wäre umgekehrt falsch zu glauben, dass jede C^∞–Funktion $f(x)$ auch eine Potenzreihenentwicklung zulässt. Formal darf man in jedem C^∞–Punkt x_0 die TAYLOR–Reihe

$$\sum_{k=0}^\infty \frac{1}{k!} f^{(k)}(x_0)\,(x-x_0)^k$$

der Funktion f hinschreiben, jedoch braucht diese Reihe für keinen Wert $x \neq x_0$ die Funktion f darzustellen. Wir hatten diese Tatsache bereits im Abschnitt über TAYLOR–Reihen diskutiert.

Dort wurde die Funktion

$$f(x) := \begin{cases} 0 & : x = 0, \\[2mm] \exp\left(-\frac{1}{x^2}\right) & : x \neq 0 \end{cases}$$

genannt mit den Eigenschaften $f \in C^\infty(\mathbb{R})$ sowie $f^{(k)}(0) = 0\ \forall k \in \mathbb{N}_0$. Die formale TAYLOR–Reihe $\sum_{k=0}^\infty \frac{1}{k!}\, f^{(k)}(0)\, x^k = 0$ stellt die gegebene Funktion f nur im Punkt $x_0 = 0$ dar.

Wir erinnern an Satz 6.86. Dieser besagt, dass die C^∞–Funktion f genau dann an der Stelle x_0 in eine TAYLOR–Reihe entwickelbar ist, wenn für alle x in einer Umgebung des Punktes x_0 folgende Eigenschaft gilt:

$$\lim_{n \to \infty} R_n(x; x_0) := \lim_{n \to \infty} \frac{(x-x_0)^{n+1}}{(n+1)!}\, f^{(n+1)}(\xi) = 0. \qquad (8.12)$$

Im obigen Beispiel ist diese Bedingung nur im Punkt $x_0 = 0$ erfüllt. Es gilt nun ganz allgemein:

Satz 8.38 *Zu gegebener Funktion $f \in C^\infty([a,b])$ existiere eine Zahl $M > 0$ mit der Eigenschaft $|f^{(k)}(x)| \leq M < +\infty\ \forall\, x \in [a,b]\ \forall\, k \in \mathbb{N}_0$. Dann gilt an jeder Stelle $x_0 \in (a,b)$ die TAYLOR–Entwicklung*

$$f(x) = \sum_{k=0}^\infty \frac{1}{k!}\, f^{(k)}(x_0)\,(x-x_0)^k \quad \forall\, x \in [a,b].$$

Beweis. Wir zeigen, dass das LAGRANGE–Restglied die Bedingung (8.12) erfüllt. Es gilt

$$0 \leq \lim_{n\to\infty} |R_n(x; x_0)| = \lim_{n\to\infty} \frac{|x - x_0|^{n+1}}{(n+1)!} |f^{(n+1)}(\xi)| \leq M \lim_{n\to\infty} \frac{|x - x_0|^{n+1}}{(n+1)!} = 0.$$

qed

Wir treffen in diesem Zusammenhang folgende

Definition 8.39 *Eine Funktion f heißt im Intervall $[a, b]$* **analytisch**, *wenn f in jedem Punkt $x_0 \in (a, b)$ in eine Potenzreihe entwickelbar ist. Die Klasse der über dem Intervall $[a, b]$ analytischen Funktionen bezeichnen wir mit $C^\omega(a, b)$.*

Beispiel 8.40 *Die Funktion $f(x) := \sin x$ gehört zur Klasse $C^\omega(\mathbb{R})$. Denn wegen*

$$|f^{(k)}(x)| = \begin{cases} |\cos x| \leq 1 & : \ k \ \text{gerade}, \\[2mm] |\sin x| \leq 1 & : \ k \ \text{ungerade}, \end{cases}$$

sind die Voraussetzungen von Satz 8.38 mit $M = 1$ erfüllt.

Aufgaben

Aufgabe 8.8. Berechnen Sie zu den angegebenen Funktionenfolgen $(f_n)_{n\in\mathbb{N}}$ den punktweisen Limes und entscheiden Sie jeweils, ob die Folge auf dem angegebenen Intervall I gleichmäßig konvergiert.

a) $f_n(x) = \dfrac{1}{1 + |x|^n}$, $\quad I = \mathbb{R}$.

b) $f_n(x) = \sin\left(\dfrac{x}{n}\right)$, $\quad I = [-1, 1]$.

c) $f_n(x) = \dfrac{1}{(1 + x)^n}$, $\quad I = \mathbb{R}$.

Aufgabe 8.9. Die Funktionenfolge $\{f_n\}_{n\in\mathbb{N}}$ sei definiert durch

$$f_n(x) := \frac{x}{1 + nx^2}, \quad x \in \mathbb{R}, \ n \in \mathbb{N}.$$

Zeigen Sie, dass $\{f_n\}_{n\in\mathbb{N}}$ gleichmäßig gegen eine stetige Funktion f konvergiert.

Aufgabe 8.10. Die Funktionenfolge $\{f_n\}_{n\in\mathbb{N}}$ sei auf $\mathbb{R}$ definiert durch

$$f_n(x) := \begin{cases} 0 & : x < \frac{1}{n+1}, \\ \sin^2 \frac{\pi}{n} & : \frac{1}{n+1} \leq x \leq \frac{1}{n}, \\ 0 & : \frac{1}{n} < x. \end{cases}$$

Zeigen Sie, dass $\{f_n\}_{n\in\mathbb{N}}$ punktweise und nicht gleichmäßig gegen eine stetige Funktion konvergiert.

Aufgabe 8.11. Untersuchen Sie die Funktionenreihe

$$\sum_{k=0}^{\infty} x^2 \frac{1}{(1+x^2)^k}, \quad x \in \mathbb{R},$$

auf punktweise und gleichmäßige Konvergenz. Falls eine Grenzfunktion existiert, untersuchen Sie diese auf Stetigkeit.

Aufgabe 8.12. Untersuchen Sie die Funktionenreihen

a) $\sum\limits_{n=0}^{\infty} x(1-x^2)^n$, $|x| < \sqrt{2}$,

b) $\sum\limits_{n=1}^{\infty} \frac{1}{2^{n-1}\sqrt{1+nx}}$, $x \geq 0$

auf punktweise und gleichmäßige Konvergenz. Falls Grenzfunktionen existieren, untersuchen Sie diese auf Stetigkeit.

Aufgabe 8.13. Sei $F(x) = \sum\limits_{n=1}^{\infty} \frac{a_n}{2^n} \sin\left(\frac{x}{n}\right)$. Warum gilt

$$F'(x) = \sum_{n=1}^{\infty} \frac{a_n}{2^n n} \cos\left(\frac{x}{n}\right)?$$

Aufgabe 8.14. Gegeben sei die Potenzreihe

$$P(x) := \sum_{k=1}^{\infty} \frac{1}{\sqrt{k}} \left(\frac{x}{2}\right)^k, \quad x \in \mathbb{R}.$$

Bestimmen Sie alle Punkte $x \in \mathbb{R}$ der Konvergenz und der Divergenz der Reihe.

Aufgabe 8.15. Nun sei

$$F(x) := \sum_{k=1}^{\infty} f_k(x) := \sum_{k=1}^{\infty} \frac{1}{\sqrt{k}} \tanh\left(\frac{x}{2^k}\right).$$

a) Zeigen Sie, dass die Reihe $\sum_{k=1}^{\infty} f_k'(x)$ auf ganz $\mathbb{R}$ gleichmäßig konvergiert.

b) Zeigen Sie, dass F auf ganz $\mathbb{R}$ definiert und dort stetig ist.

c) Begründen Sie den Zusammenhang $P(1) = F'(0)$.

Aufgabe 8.16. Gegeben sei

$$a_k := \frac{\sqrt{k}}{(2k+1)(2k+3)}, \quad k \in \mathbb{N}.$$

a) Zeigen Sie mit dem Majorantenkriterium die Konvergenz der Reihe $\sum_{k=1}^{\infty} a_k$.

b) Zeigen Sie, dass die Funktion $y = f(x) := \sum_{k=1}^{\infty} a_k \arctan\left(\frac{x}{\sqrt{k}}\right)$ für alle $x \in \mathbb{R}$ stetig und stetig differenzierbar ist. (WEIERSTRASS-Kriterium!)

c) Zeigen Sie die Existenz der Umkehrfunktion $x = f^{-1}(y)$.

d) Berechnen Sie die Ableitung von f^{-1} und zeigen Sie $f^{-1}(y_0) = 6$ im Punkt $y_0 := f(0)$.

   Hinweis: Teleskop-Reihe.

Aufgabe 8.17. $||$: Mathematik $:||^1$

---

^{1} Lösung: Die Musiker unter Ihnen erkennen hier sofort die Wiederholungszeichen, und wissen, dass jede Wiederholung beser und besser und bessser macht!

Literaturverzeichnis

FISCHER, G.: *Lineare Algebra.* 17. Aufl., Vieweg + Teubner, 2009.

FORSTER, O.: *Analysis 1, Differential– und Integralrechnung einer Veränderlichen.* 10. Aufl., Vieweg + Teubner, 2011.

HACKBUSCH, W., SCHWARZ, H.R., ZEIDLER, E.: *Teubner–Taschenbuch der Mathematik.* 2. Aufl., Stuttgart: Teubner, 2003.

HÄMMERLIN, G., HOFFMANN, K.–H.: *Numerische Mathematik.* 4. Aufl., Berlin: Springer, 1994.

KÖNIGSBERGER, K.: *Analysis 1.* 6. Aufl., Berlin Heidelberg: Springer, 2004.

MEYBERG, K., VACHENAUER, P.: *Höhere Mathematik 1, Differential– und Integralrechnung, Vektor– und Matrizenrechnung.* 6. Aufl., Berlin Heidelberg: Springer, 2001.

WENZEL, H., HEINRICH, G.: *Übungsaufgaben zur Analysis.* 1. Aufl., Wiesbaden: Teubner, 2005.

WIKIPEDIA: *Historische Anmerkungen.*

W. Merz, P. Knabner,
Mathematik für Ingenieure und Naturwissenschaftler, Springer-Lehrbuch,
DOI 10.1007/978-3-642-29980-3, © Springer-Verlag Berlin Heidelberg 2013

Sachverzeichnis